高等院校“十二五”精品规划教材

画法几何及工程制图

主编 胡守忠 乌 云 苏日娜

主审 杨玉艳 王彦惠

中国水利水电出版社
www.waterpub.com.cn

内 容 提 要

本书分为画法几何及专业制图两部分，主要内容包括：制图基本知识，投影原理，点、直线、平面、立体的投影，立体表面相交，组合体，轴测投影，工程形体的表达方法，标高投影，水利工程图，钢筋混凝土结构及钢结构图，房屋建筑图，机械制图及计算机辅助绘图等。

本书可供水利类、土建类专业使用，也可供相关技术人员参考。本书配套有《画法几何及工程制图习题集》，可供选用。

图书在版编目（CIP）数据

画法几何及工程制图 / 胡守忠，乌云，苏日娜主编
. -- 北京 ： 中国水利水电出版社，2012.8（2021.8 重印）
高等院校“十二五”精品规划教材
ISBN 978-7-5084-9795-2

Ⅰ. ①画… Ⅱ. ①胡… ②乌… ③苏… Ⅲ. ①画法几何－高等学校－教材②工程制图－高等学校－教材 Ⅳ. ①TB23

中国版本图书馆CIP数据核字(2012)第101827号

策划编辑：杨庆川　　责任编辑：宋俊娥　　封面设计：李　佳

书　名	高等院校“十二五”精品规划教材 **画法几何及工程制图**
作　者	主编　胡守忠　乌　云　苏日娜 主审　杨玉艳　王彦惠
出版发行	中国水利水电出版社 （北京市海淀区玉渊潭南路 1 号 D 座　100038） 网址：www.waterpub.com.cn E-mail：mchannel@263.net（万水） sales@waterpub.com.cn 电话：（010）68367658（营销中心）、82562819（万水）
经　售	全国各地新华书店和相关出版物销售网点
排　版	北京万水电子信息有限公司
印　刷	三河市鑫金马印装有限公司
规　格	184mm×260mm　16 开本　23.25 印张　590 千字
版　次	2012 年 8 月第 1 版　2021 年 8 月第 4 次印刷
印　数	10001—11000 册
定　价	43.00 元

凡购买我社图书，如有缺页、倒页、脱页的，本社营销中心负责调换

前　言

本书继承了第一版《画法几何及水利工程制图》的固有特色，并总结该书在实际使用过程中的体验，进一步开拓创新并修订而成。本书增加了教材的实用性，及与工程设计、施工、管理的紧密联系性，修正了某些图例中的笔误，并按照最新国家标准订正有关名词术语。本书是“高等院校‘十二五’精品规划教材”之一。

本书的特点是：

（1）严格按照国家教育部《关于“十二五”期间普通高校教育教材建设与改革的意见》的文件精神和最新的行业规范而编写。

（2）在水利类的基础上，拓宽其他专业面的应用。本书适合作为水利水电工程、土木工程、给排水工程和机械工程制图的教材，也可作为相关专业技术人员的参考书。

（3）内容上重视理论基础，选择上突出重点，文字上力求简洁，概念上力求严谨。

（4）与本书配套的有《画法几何及工程制图习题集》，供教学使用。

本书由内蒙古农业大学胡守忠、乌云、苏日娜主编，沈阳农业大学杨玉艳、河北农业大学王彦惠主审。东北农业大学李红艳、宁夏大学唐莲、甘肃农业大学邵世禄参编。参加编写的人员有：胡守忠（前言、绪论、第二章至第六章），杨玉艳（第一章、第七章、第九章、第十六章），王彦惠（第八章、第十二章），唐莲（第十章、第十一章），李红艳（第十三章、第十四章），苏日娜（第十七章）、邵世禄（第十八章）、乌云（第十五章、第十九章）。

由于编者水平有限，时间仓促，本书难免存在不完善乃至错误或不足之处，恳请读者批评指正。

作　者

2012 年 6 月

目　录

绪　　论

一、本课程的性质

工程图学是研究工程与产品信息表达、交流与传递的学问。工程图形是工程与产品信息的载体，是工程界表达、交流的语言。

在工程设计中，工程图形作为构思、设计与制造中工程与产品信息的定义、表达和传递的主要媒介，在机械、土木、建筑、水利、园林等领域的技术工作与管理工作中有着广泛的应用；在科学研究中，图形作为直观表达实验数据、反映科学规律，对于人们把握事物的内在联系，掌握问题的变化趋势，具有重要的意义；在表达、交流信息，及形象思维的过程中，图形的形象性、直观性和简洁性是人们认识规律、探索未知的重要工具。

工程图形是工程技术部门的一项重要技术文件。它可以用二维图形表达，也可以用三维图形表达；可以用手工绘制，也可以由计算机生成。

本课程理论严谨，实践性强，与工程实践有密切联系，对培养学生掌握科学思维方法，增强工程和创新意识有重要的作用，是普通高等院校本科专业重要的技术基础课程。

二、本课程的任务

（1）培养使用投影的方法在二维平面图形表达三维空间形状的能力。

（2）培养对空间形体的形象思维能力。

（3）培养创造性构型设计能力。

（4）培养使用绘图软件绘制工程图样及进行三维造型设计的能力。

（5）培养仪器绘制、徒手绘画和阅读专业图样的能力。

（6）培养工程意识，贯彻、执行国家标准的意识的能力。

三、本课程的内容结构

本课程内容可分工程图学基础和专业绘图基础两大部分。建议授课学时：工程图学基础（含计算机绘图）36～68学时，专业绘图基础36～68学时；建议授课对象：工程图学基础可包括理、工、农、经等专业，专业绘图基础可包括机械类、近机械类、土木类、建筑类、水利类、园林类等专业。

工程图学基础部分的内容有：

（1）投影理论基础。

（2）构型方法基础。

（3）表达技术基础。

（4）绘图能力基础。

（5）工程规范基础。

专业绘图基础部分包括机械类、近机械类、土木类、建筑类、水利类、园林类等专业绘图的内容。

四、水利类各专业

能绘制和阅读与本专业相关的工程图样，做到对形状、尺寸、技术要求正确理解。

1. 标高投影图

（1）掌握点、直线、平面、圆锥面、同坡曲面、地形面的标高投影表示方法。

（2）掌握求解开挖线、坡脚线和坡面交线的一般方法。

2. 水利工程图

（1）了解总平面图的表达内容和基本表达方法，常用图例符号等。

（2）了解水工结构图和施工图的视图名称和配置方法，习惯画法，规定画法。

（3）掌握各类水工图的图线、比例、尺寸标注等专业制图标准中的有关规定。

（4）了解常见水工曲面的类型、形成及应用。掌握扭面、渐变段的图示方法。

（5）掌握绘制和阅读小型水工建筑物（如水闸、拦河坝、管涵）结构图的方法。绘制的图样图示方法正确，图例符号正确，尺寸标注完整、清晰、符合标准、基本合理。

3. 相关专业图

（1）掌握钢筋混凝土结构图的表达方法，图示特点，能绘制梁板等钢筋混凝土构件图，图示正确，钢筋标注清楚。

（2）了解钢筋结构图、房屋图、机械图样的表达方法，图示特点。

第一章　制图基本知识

第一节　基本制图标准

工程图样是工程界的共同语言，是行业中设计、制造和施工的重要技术文件。为了使工程图样达到基本统一，便于生产和管理、进行技术交流，绘制的工程图样必须遵守统一的规定，这个统一的规定就是制图标准。这些规定由国家制定和颁布实施。目前国内执行的主要有《技术制图标准》、《机械制图标准》、《建筑制图标准》、《水利水电工程制图标准》等。

一、图纸的幅面及标题栏

图纸的幅面简称图幅。为了便于装订、使用和管理图纸，制图标准对绘制工程图样的图纸幅面作了规定。

绘制技术图样时，应优先选用表 1-1 中规定的基本幅面尺寸，必要时，也允许按规定的方法加长图纸幅面。

表 1-1　图纸幅面尺寸

幅面代号	A_0	A_1	A_2	A_3	A_4
$B \times L$	841×1189	594×841	420×594	297×420	210×297
c	10			5	
a	25				
e	20		10		

绘制图样时，图纸可横放，也可竖放。需要装订的图样，其图框格式如图 1-1 所示。当图样不需要留装订边时，其图框格式如图 1-2 所示，此时周边尺寸均为 e，其数值见表 1-1。图样中图框线要用粗实线绘制。

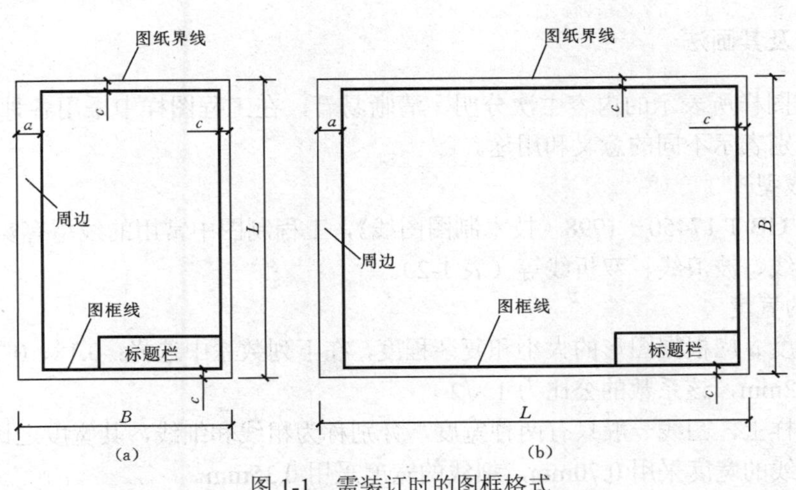

图 1-1　需装订时的图框格式

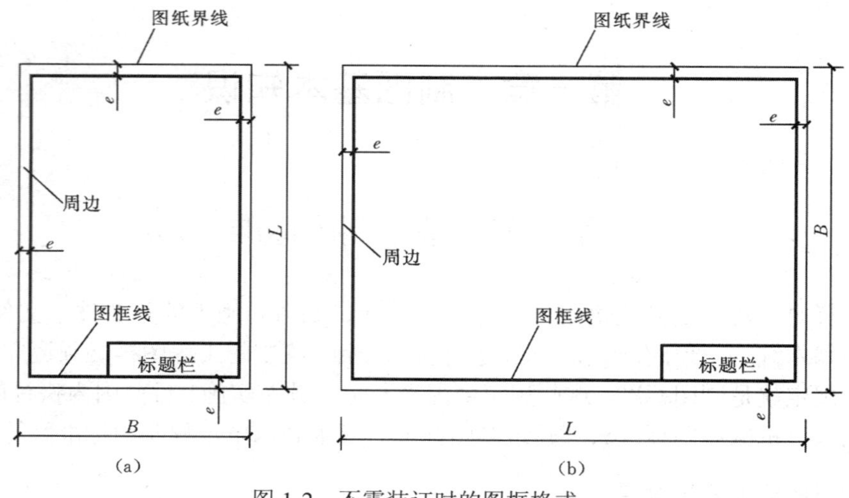

图 1-2　不需装订时的图框格式

每张图样的右下角必须有标题栏，如图 1-1、图 1-2 所示。标题栏中的文字方向为看图方向。标题栏的格式及项目一般由各设计单位自定。在本课程作业中采用图 1-3 的格式。

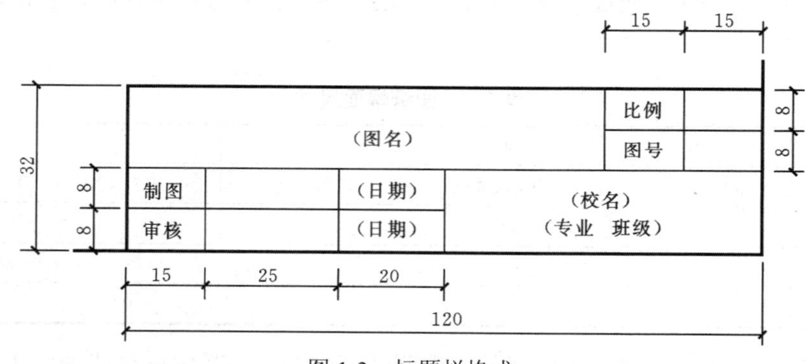

图 1-3　标题栏格式

注：①图中数字单位为 mm。②图框线和标题栏的外框线用粗实线，标题栏内分格线用细实线（见图线部分）。③标题栏内的字体：图名用 10 号字，校名用 7 号字，其余用 7 号字（见字体部分）。

二、图线及其画法

为了保证图样所表示的内容主次分明、清晰易看，在工程图样中采用各种不同形式和粗细的图线，分别表示不同的意义和用途。

1. 基本线型

根据国标 GB/T 17450－1998《技术制图图线》，工程制图中常用的线型有实线、虚线、点画线、双点画线、波浪线、双折线等（表 1-2）。

2. 图线的宽度

图线的宽度 d 应根据图形的大小和复杂程度，在下列数系中选择：0.18、0.25、0.35、0.5、0.7、1、1.4、2mm，该系数的公比为 $1:\sqrt{2}$ 。

在水工图样上，图线一般只有两种宽度，分别称为粗线和细线，其宽度之比为 2:1。在通常情况下，粗线的宽度采用 0.70mm，细线的宽度采用 0.35mm。

表 1-2　图线

图线名称	线型	宽度	主要用途
粗实线		d	可见轮廓线
虚线	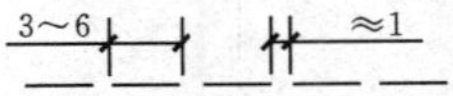 3～6　≈1	$d/2$	不可见轮廓线
细实线			尺寸线、尺寸界线、指引线、剖面线
点画线	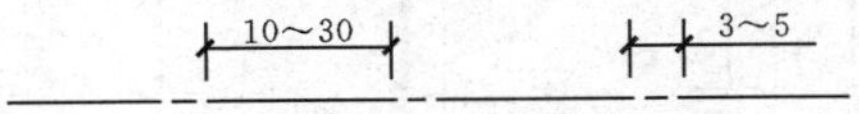 10～30　3～5		轴线、中心线、对称线
双点画线	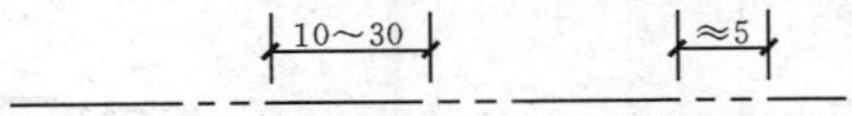 10～30　≈5		假想轮廓线
折断线	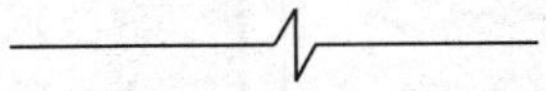		断开线
波浪线			断开线

注　图中单位为 mm。

3．图线的应用

表 1-3 为上述几种图线的应用举例。在图示工程形体的视图上，粗实线表达工程形体的可见轮廓线，虚线表达不可见轮廓线，细实线表达尺寸线、尺寸界线及剖面线，波浪线表达断裂上的边界线及视图和剖视的分界线，细点画线表达对称中心线及轴线，双点画线表达相邻辅助形体的轮廓线及极限位置轮廓线。

表 1-3　图线用法举例

粗实线、虚线、细实线、点画线的用法	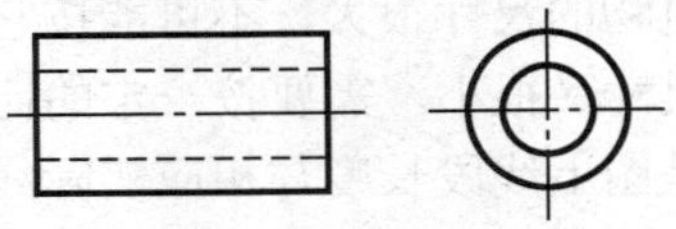
折断线的用法：只需画出图形的一部分时，用折断线把画出的部分断开	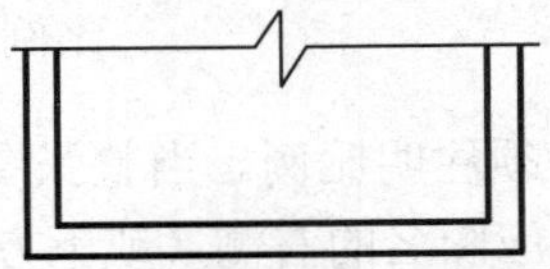
波浪线的用法：图形只需画出一部分或做局部剖切处理时，用波浪线断开或分开	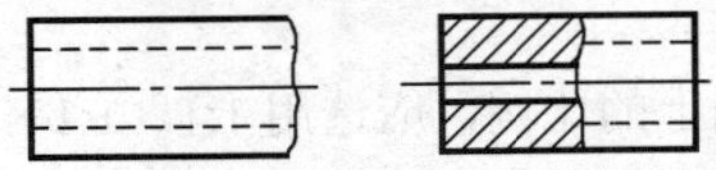

4．图线的画法

在图纸上的图线，应清晰整齐、均匀一致、粗细分明、交接正确。

（1）同一图样中，同类图线的宽度应基本一致，虚线、点画线及双点画线的线段长度和间隔应各自大致相等，其长度可根据图形的大小决定。

（2）绘制圆的对称中心线时，圆心应为线段的交点。点画线的首末两端应是线段而不是短画，且应超出图形外约 2～5mm。在较小的图形上绘制点画线或双点画线有困难时，可用细实线代替。

（3）虚线的画法如表 1-2 所示。当虚线与虚线，或虚线与粗实线相交时，应该是线段相交。当虚线是粗实线的延长线时，在连接处应断开。

表 1-4 为图线相交时的画法。

表 1-4 图线相交时的画法

	正确	错误
接头要整齐		
各种图线相交时，均应交于画线处，不应交于间隔处或交于“点”	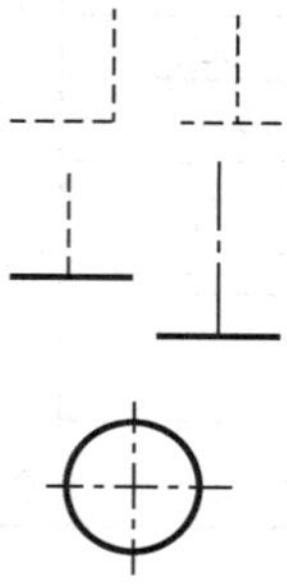	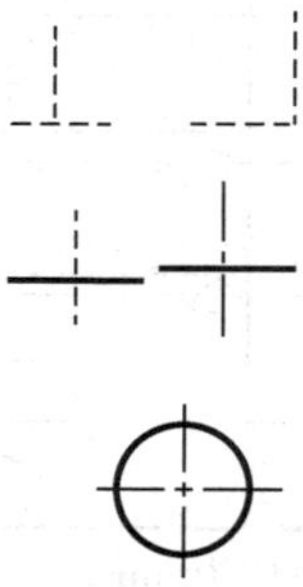
虚线为实线的延长线时，交接处虚线应留间隙		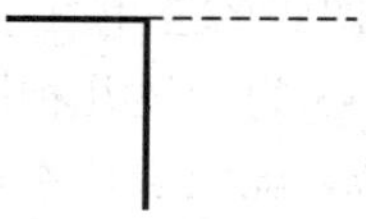

三、比例

工程建筑物的尺寸很大，不可能按它们的实际尺寸画图，需要按一定的比例缩小来绘图。有些机件的尺寸又很小，需要按一定的比例放大来画。

比例就是图上线段长度与相应实际线段长度之比，即

$$\text{比例}=\frac{\text{图上线段长度}}{\text{实际线段长度}}$$

在工程图上必须注明比例。当整张图纸中只用一种比例时，应统一注写在标题栏内。否则应分别注写在相应图名的右侧（或下方），如：

<u>平面图 1:200</u>

水工图上的比例，应选用 1:1、$1:1\times10^n$、$1:2\times10^n$、$1:5\times10^n$（n 为正整数）。必要时也可用 $1:2.5\times10^n$、$1:3\times10^n$、$1:4\times10^n$。

绘制图形所采用的比例不论是多少，在标注尺寸时，仍应按实际尺寸标注，与绘图的比例无关。同一形体的各个视图应采用相同的比例。

四、字体

图样中的汉字、数字、字母都很重要。在书写时必须做到书写端正、笔画清晰、排列整齐、间隔均匀。

字体的高度（用 h 表示）代表字体的号数（简称字号）。图样中字号分为：1.8，2.5，3.5，5，7，10，14，20。字体的高宽比为 $\sqrt{2}:1$，见表 1-5。

表 1-5　字的大小

字号	2.5	3.5	5	7	10	14	20
高×宽（mm×mm）	2.5×1.8	3.5×2.5	5×3.5	7×5	10×7	14×10	20×14

1. 汉字

汉字应采用国家正式公布的简化字，工程上采用长仿宋体，字高不应小于 3.5mm，字例见图 1-4。

长仿宋体字例

10号

枢纽布置图工程平面图闸室结构图水闸设计图集水井分水闸涵洞中墩结构泄水闸渡槽溢流坝消力池输水廊道悬臂式挡土墙水电站跌水施工导流布置图钢筋混凝土结构图桁架结构详图立面图塔式放水涵洞剖视图坝体防渗结构图塑性斜墙横向排水沟截水槽浆砌石重力坝检修闸门反滤层挑流式消能尾水渠堰体无压拱涵固结灌浆

7号

农业水土工程专业水利水电工程专业水库管理处水利局水利建筑工程队水土保持工作站灌区管理处河务局水资源管理办公室规划室环评室设计室灌溉研究所水利勘测设计研究所水利水电工程局水文站排灌站工程质检处河闸管理处水利科技信息处

5号

比例制图设计审核图号剖视图高程水准原点基准坝轴线坐标示坡线尺寸单位纵剖视图表达了水闸高度与水闸长度方向的结构大小材料相互位置及建筑物与地面的联系水液体天然土壤混凝土干砌块石木材金属岩基钢筋沙浆

图 1-4　长仿宋体汉字字例

长仿宋体的特点是：笔画挺直，粗细一致，钩长锋锐，整齐秀丽。

长仿宋体字的基本笔画和写法见表 1-6。

表 1-6　长仿宋字的基本笔画和写法

笔画名称	形状及运笔方法	写法要领	字例
横		起笔露锋，笔画平直而略向右上方倾斜（约 5°）。收笔时在笔画上方形成微凸棱角	三
竖	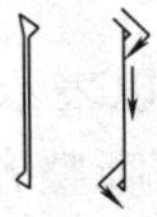	笔画要直，起笔露锋。收笔时在笔画左方形成微凸棱角	川

续表

笔画名称	形状及运笔方法	写法要领	字例
撇		起笔露锋，全画略呈弧形，渐变细，末端尖锐	斤
捺		起笔较轻，逐渐加重，末端顿笔后向右横挑出（斜捺）或向右上方斜挑出（平捺）	途
点		起笔较尖，逐渐加重，向左（左斜点）或右（右斜点）微弯，顿笔后向上提起再带回，似三角形	点
挑		起笔露锋，顿笔后向右上方急挑出	北
折		由横与竖组合而成，相接处成棱角	日
钩		顿笔后出钩，钩要长直锋利。用笔可由下向上，由粗变尖，也可由上向下，先轻后重地倒接	利

书写长仿宋体字要注意以下几点：

（1）基本笔画。横画应平而略向右上方倾斜。竖画要直，笔画要挺直有力。大多数笔画在起笔、收笔及转折处要写出微凸出高度不能超过笔画的粗度。每笔应一次写成，不要涂描。笔画宽度约为字高的 1/14。

（2）高度足格。为使字体大小整齐，一般字的四周都应有笔画顶到格线。但为纠正视觉误差，靠格线的长笔画应适当缩进一点。例如："工"字应上下缩格；"门"字应左右缩格；"图"字应左右缩格，上下笔锋顶格。

（3）结构匀称。笔画在方格中布置应匀称。平行笔画多的字（如"置"、"制"）应尽量保持笔画平行、间隔均等（下面间隔可略大一点）。字形左右基本对称的字（如"平"、"宋"）应使重心居中，捺、撇基本对称。偏旁组合的字，既要适当分配其所占比例，又要有适当穿插，如"纽"、"泵"等，使字成一整体。"土"、"石"、"立"、"钅"、"纟"在字左边时，下面应留空隙，"阝"、"口"在字右边时，应写得下一点，如"堆"、"砌"、"钢"、"缝"、"部"、"知"。

2. 字母、数字

字母、数字一般均用斜体字（向右倾斜约 75°），如图 1-5 所示。拉丁字母、罗马字母及阿拉伯数字字例见图 1-6。

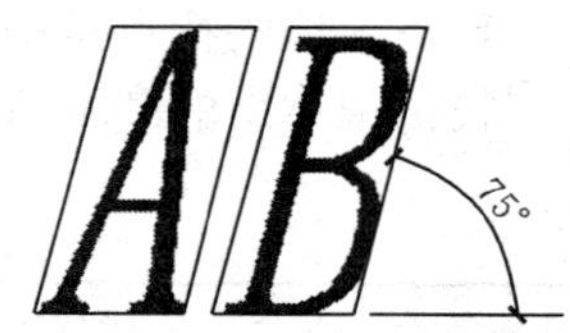

图 1-5 斜体字格式

五、尺寸注法

图样上除表示物体的图形外，还需标注出物体的实际尺寸，以表示物体各部分的大小和相对位置。图上的尺寸是施工的重要依据，所以必须注写正确，清晰整齐。工程图上必须标注尺寸后才能使用。

ABCDEFGHIJKLMNO
PQRSTUVWXYZ
abcdefghijklmnopqr
stuvwxyz

(a)

I II III IV V VI VII VIII IX X XI XII

(b)

0123456789

(c)

图 1-6　拉丁字母、罗马数字及阿拉伯数字字例

(a) 拉丁字母；(b) 罗马数字；(c) 阿拉伯数字

1. 尺寸标注的基本要求

(1) 要正确合理，即标注方式符合国家制图标准规定。

(2) 要完整划一，即尺寸必须齐全，不在同一张图纸上但相同部位的尺寸要一致。

(3) 要清晰整齐，即注写的部位要恰当、明显、排列有序。

尺寸注写，对各专业图纸有不同要求，在此仅介绍都应遵守的一般规则。

2. 尺寸的组成

一个完整尺寸由尺寸数字、尺寸线、尺寸界线、尺寸起止符号（箭头或斜线）组成，如图 1-7 所示。

3. 尺寸界线的画法

(1) 尺寸界线是被注长度的界限线。

(2) 尺寸界线应用细实线绘制，并应从图形的轮廓线、轴线或中心线引出，轮廓线、轴线或对称中心线也作为尺寸界线。

(3) 尺寸界线与轮廓线之间需留隙（一般≥2mm）。

(4) 尺寸界线与一般尺寸线垂直，并宜超出尺寸线 2～3mm，如图 1-8 所示。

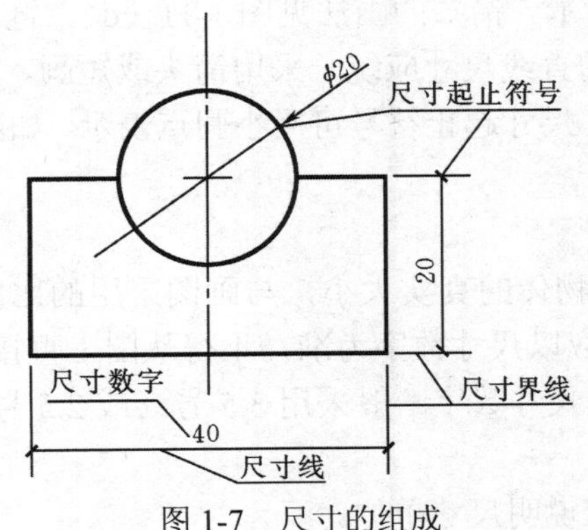

图 1-7　尺寸的组成

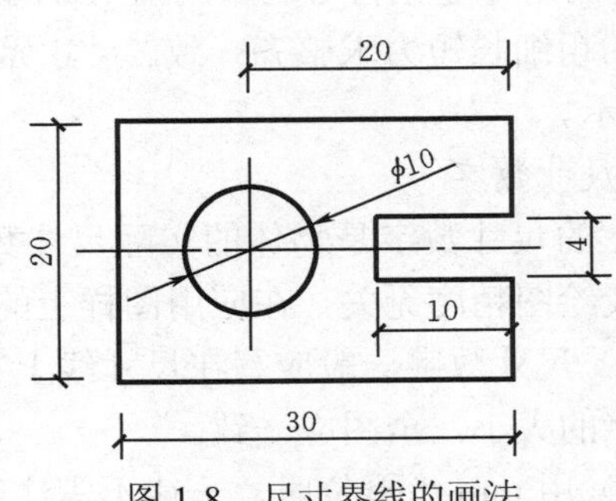

图 1-8　尺寸界线的画法

4. 尺寸线的画法

尺寸线为被注长度的度量线。

（1）尺寸线应用细实线绘制，并与被注线段平行。

（2）不能利用轮廓线、轴线、中心线或其延长线等任何图线作为尺寸线，如图 1-9 所示。

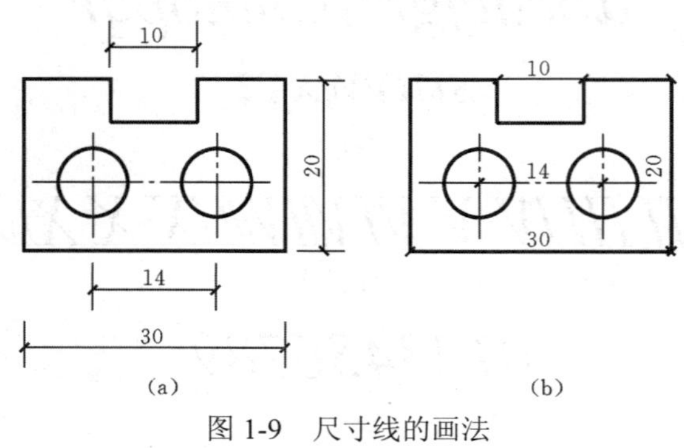

图 1-9 尺寸线的画法

（a）正确；（b）错误

（3）尺寸线两端应指到且不超出尺寸界线。

（4）尺寸线应接近被注线段，且尽可能画在轮廓线外边。

（5）标注互相平行的尺寸时，应把小尺寸注在里边，大尺寸注在外边。两平行尺寸线之间及尺寸线与轮廓线之间的距离应不小于 5mm，且应保持间距一致，如图 1-10 所示。

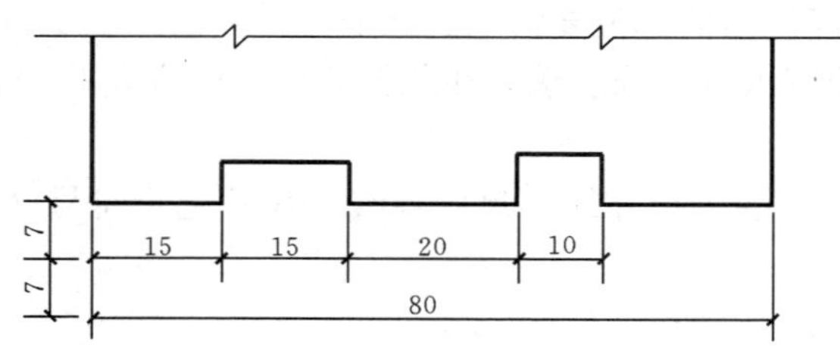

图 1-10 平行尺寸线的排列

5. 尺寸起止符号的画法

尺寸起止符号是尺寸线起讫上所画的符号。直线尺寸的起止符号一般用与尺寸界线顺时针方向成 45° 细实线短画绘制，短画应通过尺寸线与尺寸界线的交点，长约 3mm。水平方向尺寸短画的方向如图 1-11（a）所示，垂直方向尺寸短画的方向如图 1-11（b）所示。直线尺寸的起止符号也可以用箭头表示，如图 1-11（c）所示。箭头的画法见图 1-11（d）。直径、半径、角度的尺寸起止符号均采用箭头。同一张图上的直线尺寸应统一采用箭头或短画，且箭头或短画的粗细长短力求整齐一致。尺寸界线过密时，尺寸起止符号可用小圆点表示，如图 1-11（e）所示。

6. 尺寸数字

图上的尺寸数字是物体的实际尺寸数字，表示物体的真实大小，与画图采用的比例、图形大小及绘图精度无关。在应用图样上的尺寸时，应以尺寸数字为准，不得从图上直接量取。

（1）尺寸数字一般应写在尺寸线上方的中部。尺寸数字一般采用 3.5 号（或 2.5 号）字。尺寸数字的大小，全图应一致。

（2）用 mm 为单位时，一律不需注明，否则应说明尺寸单位。

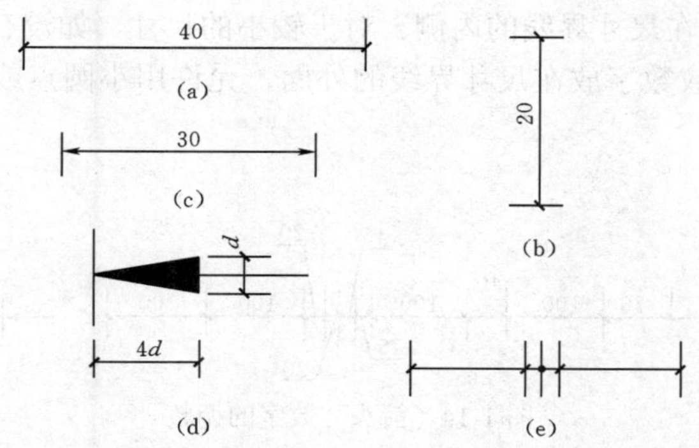

图 1-11　尺寸起止符号的画法

（a）水平方向斜线画法；（b）竖直方向斜线画法；（c）箭头画法；（d）箭头大小；（e）小圆点

（3）尺寸数字顺尺寸线注写。当尺寸线为水平或倾斜方向时，字头向上；当尺寸线为垂直方向时，字头向左。如需在图中阴影线所示 30° 范围内注写尺寸时，也可用引出线的形式标注，如图 1-12 所示。

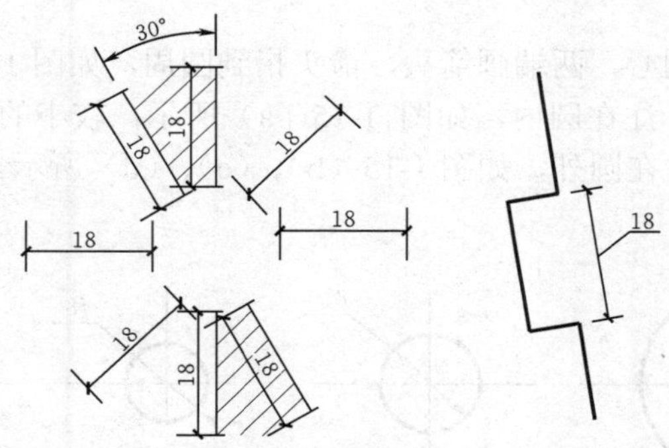

图 1-12　尺寸数字的书写方向

（4）为了保证图上的尺寸数字清晰，任何图线、符号都不允许穿过尺寸数字。当无法避免时，应将该图线断开，或将尺寸数字让开，如图 1-13 所示。

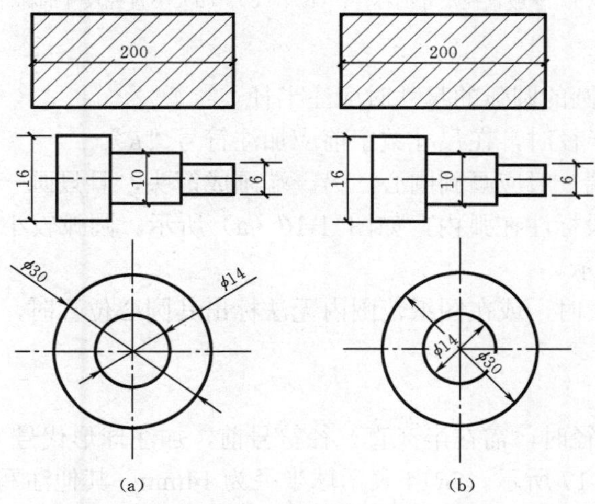

图 1-13　尺寸数字处图线断开

（a）正确；（b）错误

（5）箭头应尽量画在尺寸界线的内侧。对于较小的尺寸，如没有足够的位置画箭头或注写数字时，也可将箭头或数字放在尺寸界线的外面，允许用小圆点或细斜线代替箭头，如图1-14所示。

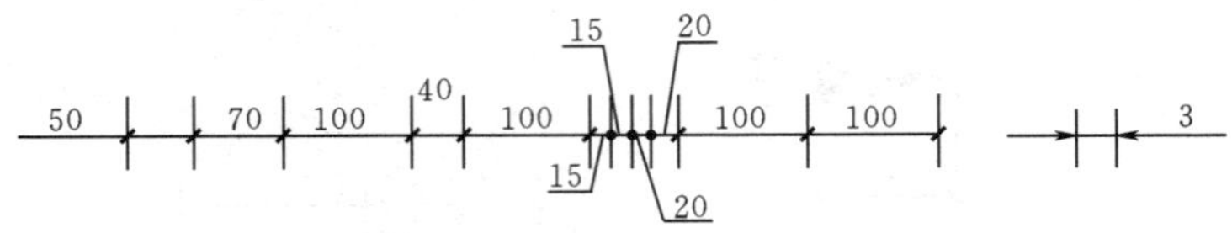

图 1-14 箭头与数字的调整

（6）当尺寸界线距离较小时，最外边的尺寸数字可标注在尺寸界线的外侧；中部的尺寸数字，可在尺寸线的上、下边错开标注，必要时也可引出标注。

7. 圆的直径注法

标注圆及大于半圆的圆弧的尺寸时应注直径。

（1）圆的直径尺寸数字前，应加注直径符号“ϕ”。直径可以标在圆弧上，也可标在圆成为直线的投影上。

（2）尺寸线应通过圆心，两端画箭头，箭头指到圆周，如图1-15所示。

（3）直径尺寸一般标注在圆内，如图 1-15（a）所示；较小的圆（中心线可用细实线代替点画线），尺寸可以标注在圆外，如图1-15（b）、（c）、（d）所示。

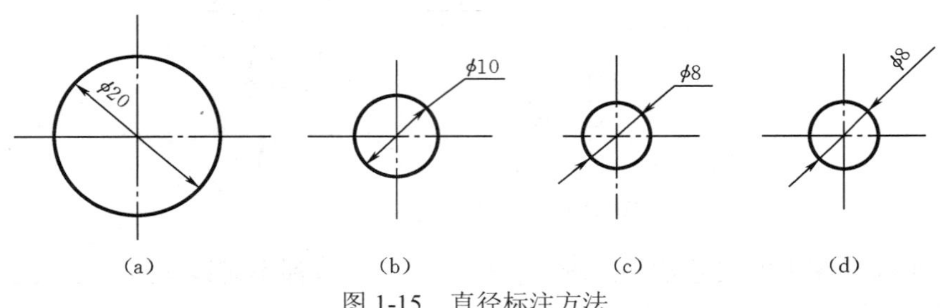

图 1-15 直径标注方法

（a）一般直径尺寸的标注；（b）、（c）、（d）小直径尺寸的标注

8. 圆弧的半径注法

标注半圆及小于半圆的圆弧的尺寸时应注半径。

（1）标注圆弧的半径时，在尺寸数字前应加注符号“R”。

（2）尺寸线的一端一般应画到圆心，另一端画成箭头，且只画一个箭头，指到圆弧。

（3）半径尺寸一般标注在弧内，如图 1-16（a）所示。圆弧较小时，可以标注在弧外，如图1-16（b）、（c）所示。

（4）圆弧半径很大时，或在图纸范围内无法标出其圆心位置时，可用线作为尺寸线，如图1-16（d）所示。

9. 球径

标注球的半径或直径时，需在半（直）径符号前，加注球形代号“S”，如 $S\phi600$ 表示球直径为600mm，如图1-17所示。$SR14$ 表示球半径为14mm。其他注写规则与圆半（直）径的相同。

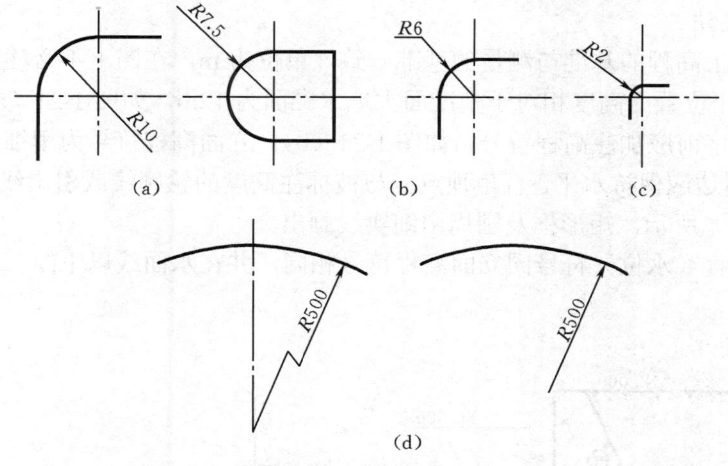

图 1-16　半径标注方法

10. 角度的注法

(1) 标注角度的尺寸界线应沿径向引出，尺寸线是以角顶点为圆心的圆弧，尺寸起止符号采用箭头，如图 1-18 所示。

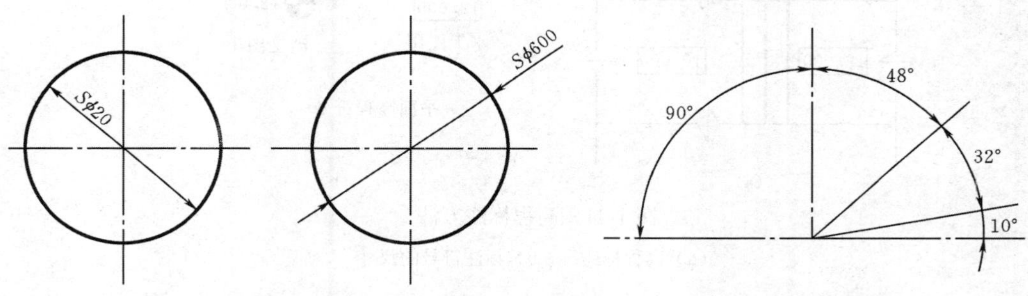

图 1-17　球径标注方法　　图 1-18　角度标注方法

(2) 角度数字一律水平注写在尺寸线的上方或外侧，也可引出标注，并在数字的右上角加度、分、秒符号。

11. 弧长

尺寸线应是与该圆弧同心的细线圆弧。尺寸界线应垂直于该圆弧的弦。起止符号应画成箭头，如图 1-19 所示。弧长数字上方应加注圆弧符号“⌒”。

12. 弦长

尺寸线应为平行于该圆弧的弦的细直线。尺寸界线应垂直于该弦。起止符号用斜短线，如图 1-20 所示。

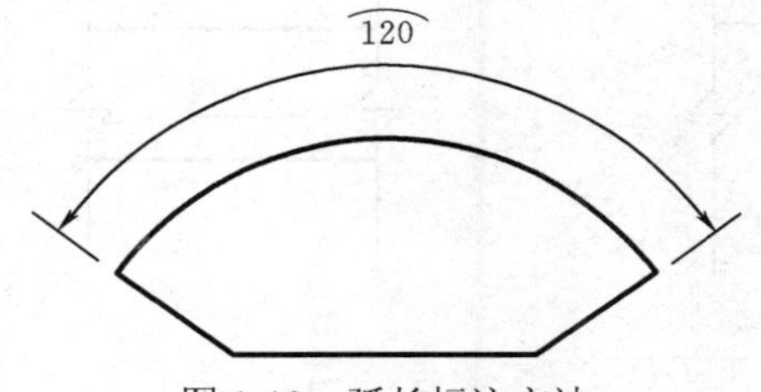

图 1-19　弧长标注方法

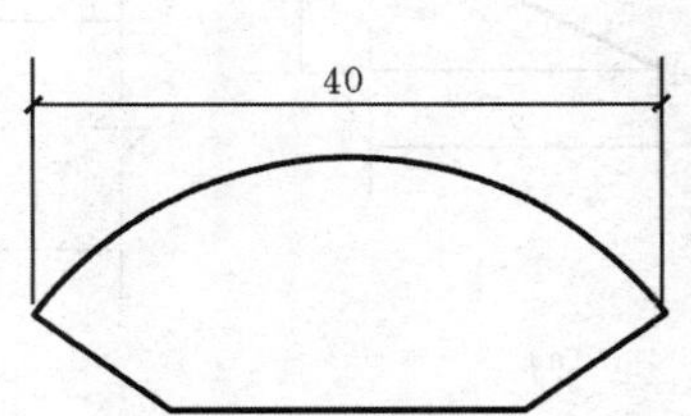

图 1-20　弦长标注方法

13. 高程的注法

（1）水工图上高程的基准与测量的基准一致，单位为 m，在图上不必注明。例如高程为 12 时，即表示这个位置的高度相对于基准面大地水准面为 12m，如图 1-21（a）所示。

（2）高程数字前应加注高程符号，如图 1-21（b）。立面高程符号为用细实线的等腰直角三角形表示，其斜边应保持水平，直角顶点应与被标注高度的轮廓线或引出线接触。平面高程符号如图 1-21（b）所示，矩形框及圆周用细实线画出。

（3）水面高程（水位）符号同立面高程符号相同，并在水面线以下绘三条细实线，如图 1-21（a）所示。

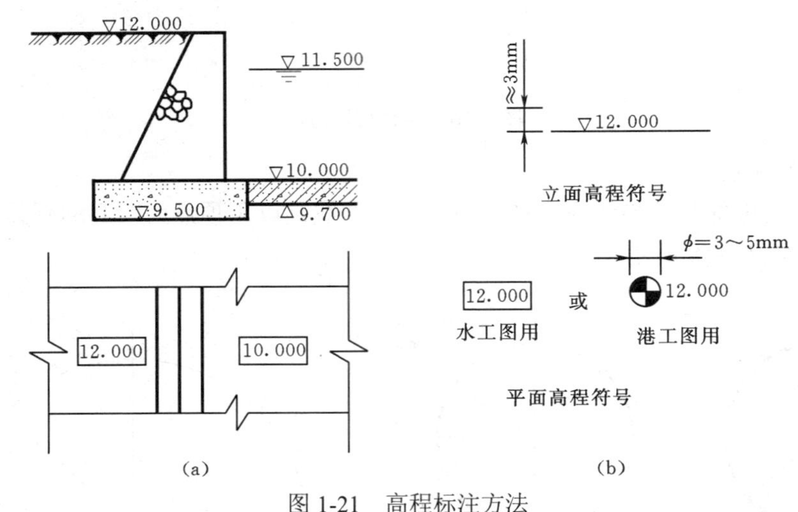

图 1-21 高程标注方法

（a）高程标注；（b）标注符号的尺寸

14. 坡度的注法

（1）坡度$=\dfrac{\text{两点间的高度差}}{\text{两点间的水平距离}}$，如图 1-22（a）中：$BC$=1，$AB$=2，则 AC 的坡度=1/2，写成 1:2，如图 1-22（b）所示。

（2）当坡度平缓时，坡度可用百分数表示，标注方法如图 1-22（c）所示，箭头表示下坡方向。

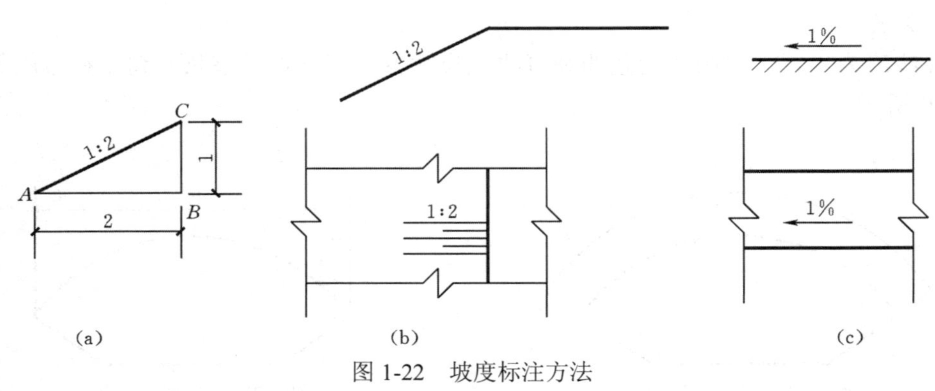

图 1-22 坡度标注方法

（a）坡度的定义；（b）坡度的标注；（c）百分数表示坡度

15. 多层结构尺寸的注法

指引线应通过并垂直于被引注的各层。文字说明的次序应与构造的层次一致，如图 1-23 所示。

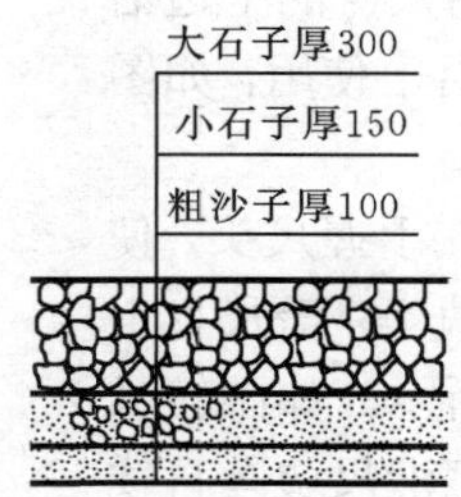

图 1-23　多层结构尺寸标注方法

第二节　制图工具及其使用

各种工程图及正式的投影图，都是具有一定精度要求的图，必须使用绘图工具及仪器绘制。

正确地使用绘图工具和仪器，对保证绘图质量和提高绘图速度起着重要的作用。经常进行绘图实践并不断总结经验，才能逐步提高绘图技能。当然也可利用计算机绘图。

常用的绘图工具和仪器有：图板、丁字尺、三角板、圆规、分规、铅笔、比例尺和曲线板等。

一、图板和丁字尺

1. 绘图板

绘图板简称图板（图 1-24），供垫放图纸用。与图纸相对应，图板也有多种型号。图板表面应平整无裂缝；左边为工作边，需平、直、硬，以保证与丁字尺内侧边的紧密接触。其大小宜与所使用的图纸幅面相适应，图纸应小于图板。图板不能用水洗或曝晒，更不能刻画，致使板面凹凸不平。

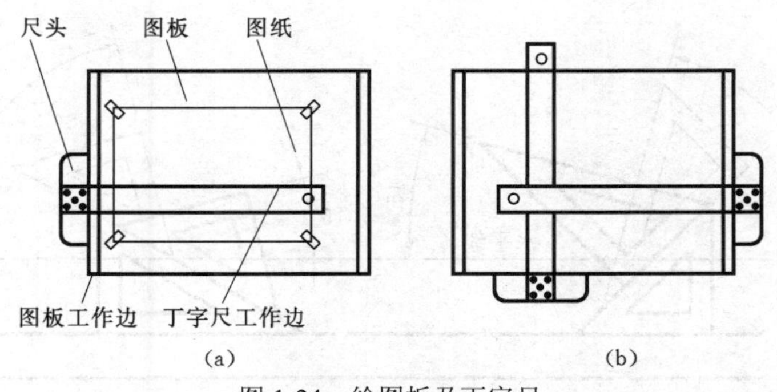

图 1-24　绘图板及丁字尺

（a）正确；（b）错误

2. 丁字尺

丁字尺（图 1-24）由尺身和尺头组成，尺头与尺身垂直，且连接牢固。尺身的上边沿为工作边，常带有刻度，要求平直、光滑、无刻痕。丁字尺的长度选择也要与图板长度相适应，一般两者等长为好。

使用时尺头必须而且只能紧靠图板工作边上下移动，以保证沿尺身工作边可画出互相平行的水平线。应特别注意的是，不能用尺身的下边沿画线，亦不能调头靠在图板的其他边沿上使用，如图1-24（b）所示。

用丁字尺画水平线的要领是：用左手握尺头，使其紧靠图板的左侧并上下移动，右手执笔，沿尺身上部工作边自左向右画线，如图 1-25 所示。如画较长的水平线时，左手应按牢尺身。用铅笔沿尺边画直线时，笔杆应稍向外倾斜，尽量使笔尖贴靠尺边。

丁字尺使用后应挂起来，以免弯曲变形或折断。

图 1-25 水平方向线段的画法

二、三角板

绘图用的三角板为两块直角三角形板（图 1-26），一块具有 30°、60°角，另一块具有45°角，合称一副。有的边上带有刻度，可用于度量尺寸。本课程选用的三角板的规格尺寸以不小于 200mm 为宜。三角板的规格尺寸指 45°三角板的斜边长度和 30°、60°三角板的长直角边长度。

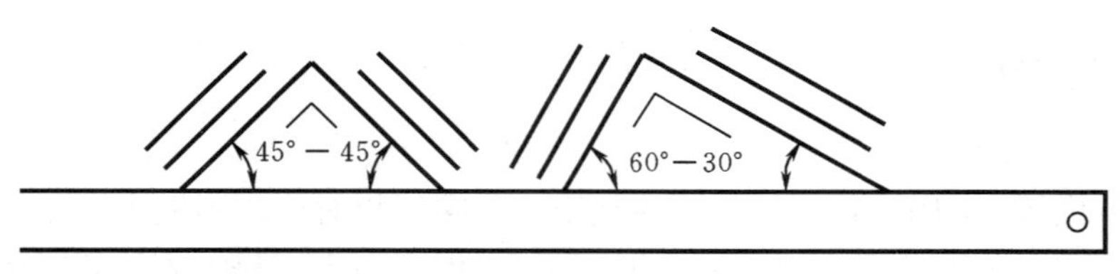

图 1-26 三角板

三角板每副有两块，与丁字尺配合，可以画垂直线及与水平线成 15°倍角的斜线，如图 1-27 所示。

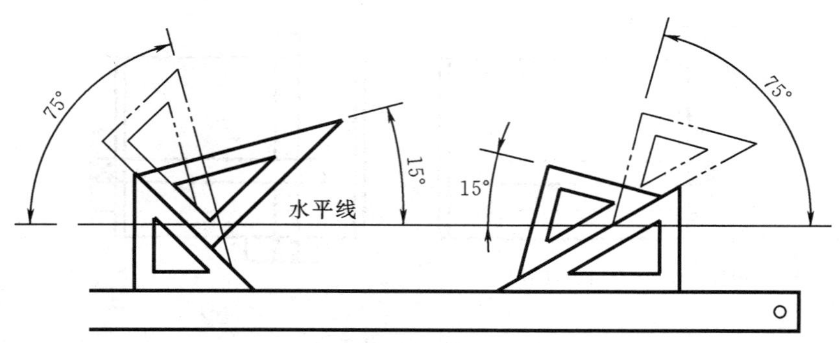

图 1-27 三角板绘制 15°倍数的斜线

也可用两块三角板配合画任意角度的平行线，应用时，一块三角板沿另一块三角板推移，可画任一直线的平行线，如图 1-28（a）所示，或任一直线的垂直线，如图 1-28（b）所示。

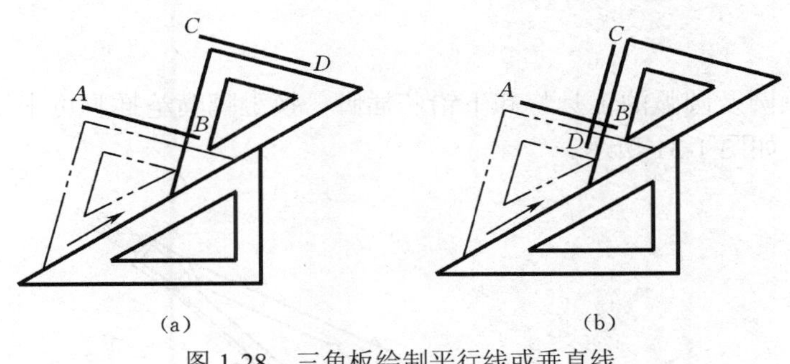

图 1-28　三角板绘制平行线或垂直线

（a）绘制平行线；（b）绘制垂直线

也可用三角板画垂直线，其要领是：先把丁字尺定好位，使尺头紧靠图板，然后用左手按住尺身，再将三角板放在右边并紧靠丁字尺，同时用手按住。画线时从下向上画，如图 1-29 所示。

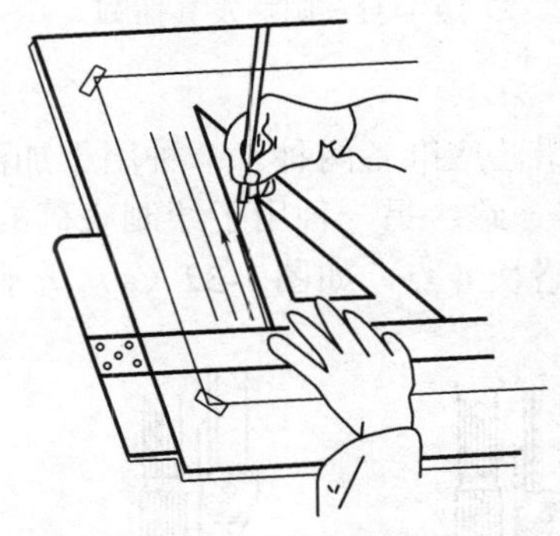

图 1-29　垂直方向线段的画法

三、分规

分规是用来量取线段和分割线段的工具。为了准确地度量尺寸，分规的两尖应平齐，针尖合拢时应会合于一点。分割线段时，将分规的两针尖调整到所需的距离，然后用右手拇指、食指捏住分规手柄，使分规的两针尖沿线段作为圆心交替旋转前进，如图 1-30 所示。

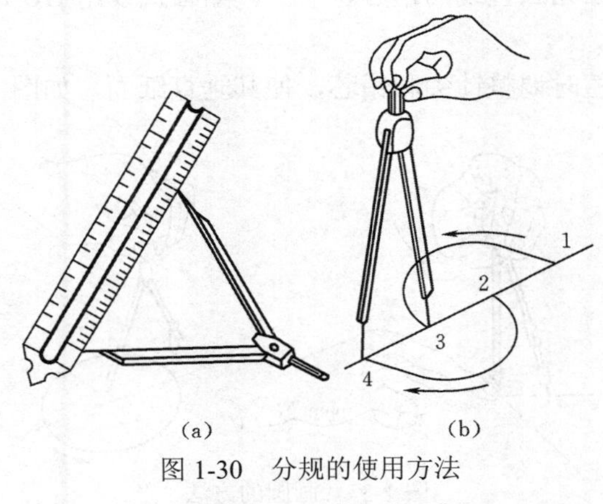

图 1-30　分规的使用方法

（a）量取尺寸；（b）等分线段

四、圆规

圆规是用来画圆及圆弧的工具。卸下铅芯插脚，换上鸭嘴笔插脚可上墨画圆，换上钢针插脚可作分规用，如图 1-31 所示。

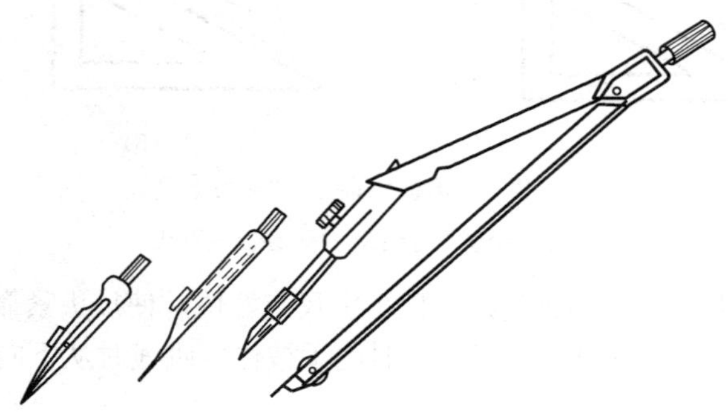

图 1-31 圆规及其插脚

画图前必须做好准备工作。

（1）磨好圆规上的铅芯。铅芯应准备两种。一种用于加深图线的铅芯，其宽度 d 与绘制同类直线的铅笔的铅芯宽度保持一致；另一种用于绘制底稿的铅芯。

（2）圆规的针尖应比铅芯略长一点，如图 1-32（a）所示。

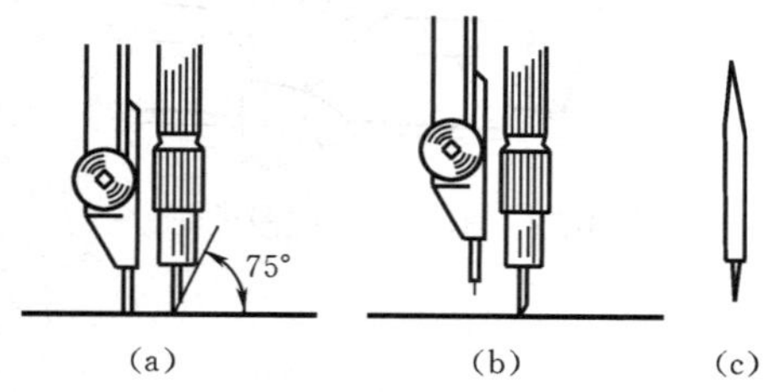

图 1-32 圆规针脚的使用方法

（a）正确；（b）错误；（c）针尖放大图

（3）画圆时，针尖用台阶形的一端。

（4）圆规中的铅芯应比画直线的铅芯软一号。如画直线用 HB 铅笔，则圆规中宜用 B 的铅芯。

（5）画圆时，注意随时调整针尖和铅芯，使其垂直纸面，如图 1-33 所示。

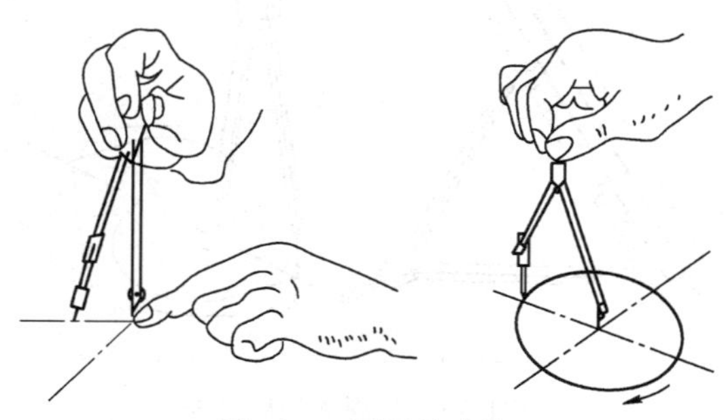

图 1-33 画圆的方法

（6）画大圆时可装上延伸杆（同样要保持针尖和铅芯垂直纸面），如图 1-34 所示。

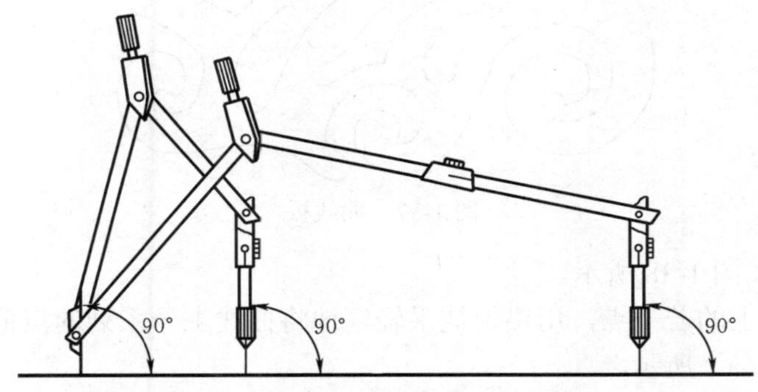

图 1-34　延伸杆的用法

画圆时的要领是：用右手大拇指和食指捏住圆规的顶部，用左手的食指推送针尖到圆心的位置（图 1-33）。旋转时的速度、用力都要均匀，并使圆规稍向旋转方向倾斜一些，如图 1-33 所示。

五、比例尺

比例尺是按比例量取尺寸的工具，分为三棱式和平板式两种。图 1-35 所示为三棱式比例尺，图 1-36 所示是平板式比例尺。在比例尺的尺面上刻有不同的比例。尺子上的长度单位一般都是米（m）。刻度数值表示相应比例时该段长度代表的实际长度。

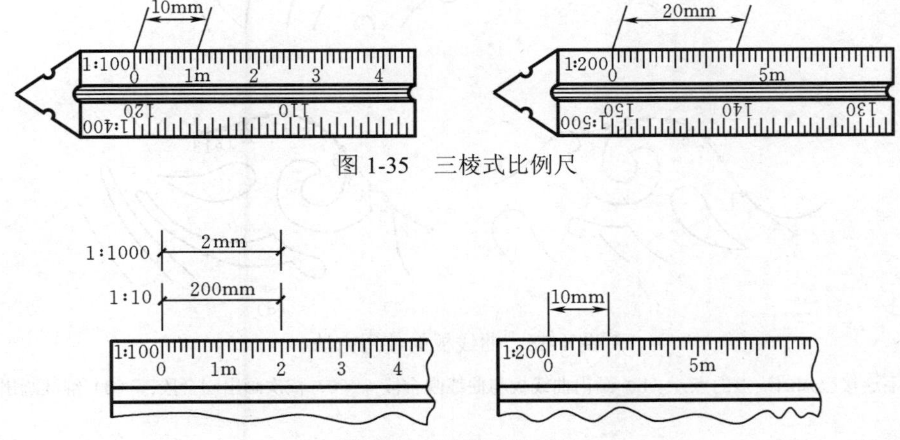

图 1-35　三棱式比例尺

图 1-36　平板式比例尺

采用比例尺上已有的比例绘图时，可直接用尺上刻度量取尺寸，不需进行计算。

利用同一比例刻度可以读出几种比例的数值，如图 1-36 所示，可用 1:100 的比例去量画 1:10 或 1:1000 的线段，不过应将对应的读数缩小或放大 10 倍。

六、曲线板

曲线板是用来画非圆曲线的工具，其轮廓线由多段不同曲率半径的曲线组成，如图 1-37 所示。

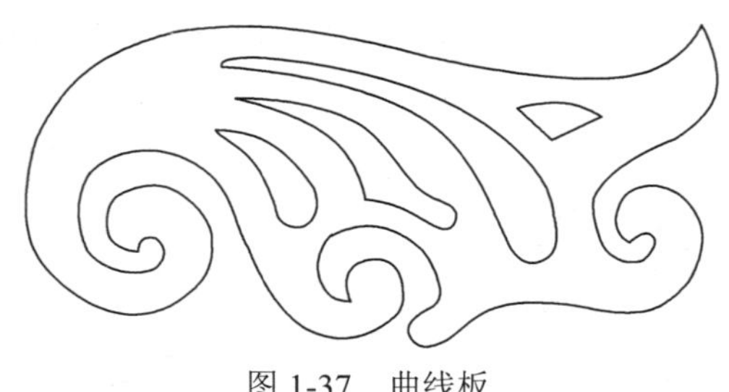

图 1-37 曲线板

画曲线的过程如图 1-38 所示。

（1）已知曲线上的若干点，用铅笔徒手轻轻地将曲线上一系列的点依次地连接成一条光滑曲线，如图 1-38（a）所示。

（2）在曲线板上选择曲率合适的部分与徒手连接的曲线贴合，并将曲线加深。每次连接应至少通过曲线上四个点，并注意每画一段线，都要比曲线板边与曲线贴合的部分稍短一些，这样才能使所画的曲线光滑地过渡，如图 1-38（b）所示。

（3）用同样的方法分若干段将曲线画完，应注意画图时有一段与已画完曲线段相吻合，如图 1-38（c）、（d）所示。注意每两次间曲线搭接部分要光滑连接。

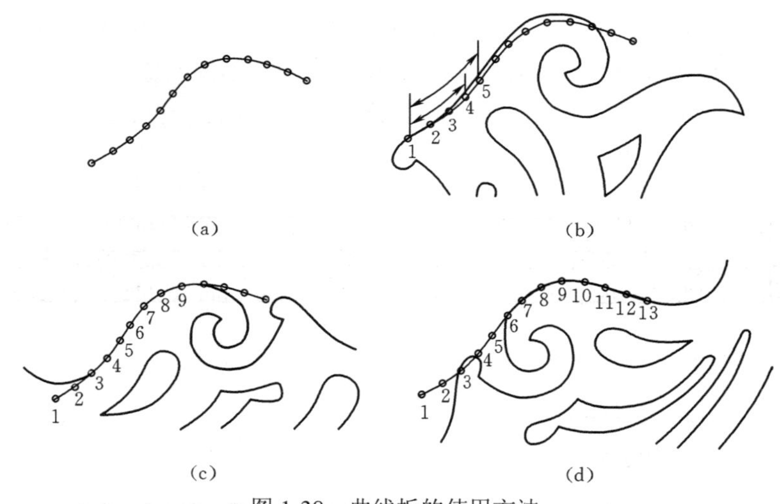

图 1-38 曲线板的使用方法

（a）徒手连接已知曲线上的点；（b）画出曲线板与曲线吻合段；（c）依次画出吻合段；（d）继续画出吻合段

七、铅笔及其他

1. 铅笔

铅芯的软硬用字母“B”及“H”表示，“H”前面的数字愈大表示铅芯愈硬，“B”前面的数字愈大表示铅芯愈软、愈黑。绘图时要使用“绘图铅笔”，画图时不要用过硬或过软的铅芯。建议准备以下几种铅笔：

HB 或 B 用于绘制粗实线、虚线及细线。

H 或 HB 用于书写汉字、字线、数字及画箭头等。

2H 用于绘制图样底稿及细线。

铅笔削法：

铅笔的护木应削成圆锥形，铅芯可用砂纸磨成圆锥形或楔形（顶端为矩形，宽度等于线条宽度）。楔形只用于加深粗线，图 1-39（a）所示，其宽度 d 为 0.7mm 或 1mm；打底稿、画细线、写字、画符号均用圆锥形，图 1-39（b）所示，其宽度为 $d/3$。

运笔要领：

（1）铅笔与纸面和尺身的相互位置如图 1-40 所示。

（2）画线时速度要均匀，即匀速前进。

（3）画长线时是肘臂移动而手腕不转动，用力应均匀。

（4）要经常转动铅笔，使笔芯各方向磨损均匀。

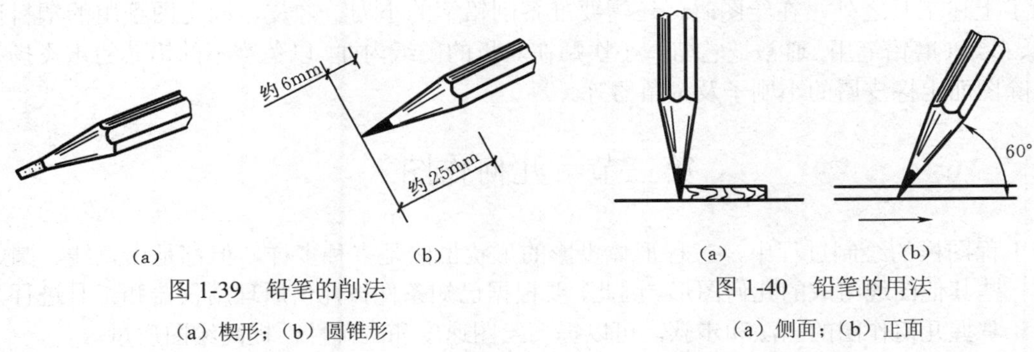

图 1-39　铅笔的削法

（a）楔形；（b）圆锥形

图 1-40　铅笔的用法

（a）侧面；（b）正面

2. 绘图机

绘图机是一种效率较高的绘图机械，如图 1-41 所示。

图板固定在机架或绘图桌上，可以调节倾斜角度。绘图纸固定在图板上，两把互相垂直的直尺可分别画水平、铅垂方向的直线。因此，它可以代替丁字尺、三角板、比例尺和量角器，提高绘图速度。

3. 制图模板

制图模板是一种量画结合的工具，上面刻有各种形状不同的孔洞和比例尺，能直接利月它们画出各种图形和符号，以提高绘图效率和质量。

针对专业不同，制图模板的种类很多。模板上的不同图案，可适应绘制不同专业工程图的需要。

4. 擦图片

擦图片是擦图线用的。使用时把擦图片的孔洞对准要擦去的图线，然后用橡皮擦去，如图 1-42 所示。

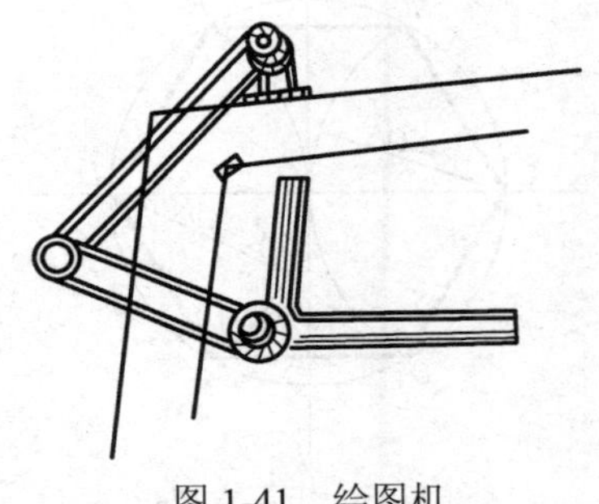

图 1-41　绘图机

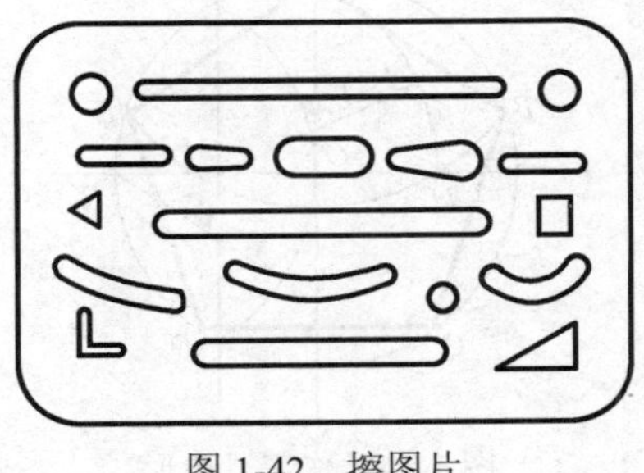

图 1-42　擦图片

5. 管笔

绘图墨水笔，也称针管笔，是一种能吸存墨水的画墨线工具，其笔尖是一支吸针管。其他部分及充墨方法与钢笔相同，如图 1-43 所示。笔尖的针径有多种规格，可根据线型的粗细选用。这种笔携带方便。必须注意，用毕后将墨水挤出并洗净才能放起来。针管笔必须使用碳素墨水。

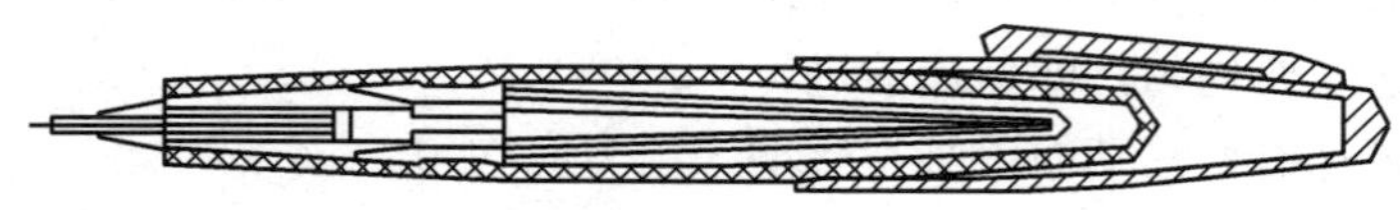

图 1-43 针管笔

除了上述工具之外，在绘图时，还需要准备削铅笔的小刀、橡皮、固定图纸用的塑料透明胶纸、砂纸（磨铅笔用，通常把它剪一小块贴在对折的硬纸内面，以免磨下的铅芯粉末飞扬），以及清除图面上橡皮屑的小刷子及量角器等。

第三节 几何作图

在工程图样的绘制过程中，工程形体投影的形状虽然是多种多样，但都是由直线、圆、圆弧和一些其他图线组成的几何图形。因此，要根据已知条件按几何原理用仪器和工具进行几何作图。掌握几何作图的画法和步骤，可以提高绘图速度和准确性，提高绘图质量。

一、作圆的内接正多边形

正多边形的作图，根据已知条件的不同有多种方法，这里仅介绍已知多边形外接圆时画该正多边形的方法。

1. 作圆的内接正五边形

如图 1-44 所示为正五边形的作图方法。

（1）作出外接圆一半径 *ON* 的中分点 *M*。

（2）以 *M* 为圆心，*MA* 为半径作弧，交出 *H* 点，*AH* 即为正五边形的边长。

（3）在圆周上以边长 *AH* 为半径作弧，交出各顶点，依次相连，得正五边形 *ABCDE*。

2. 作圆的内接正六边形

分别以直径的两端点 *A*、*D* 为圆心，以 *R* 为半径画圆弧，与圆周交于 *B*、*F*、*E*、*C* 四点；依次连接各点，得正六边形 *ABCDEF*，如图 1-45 所示。

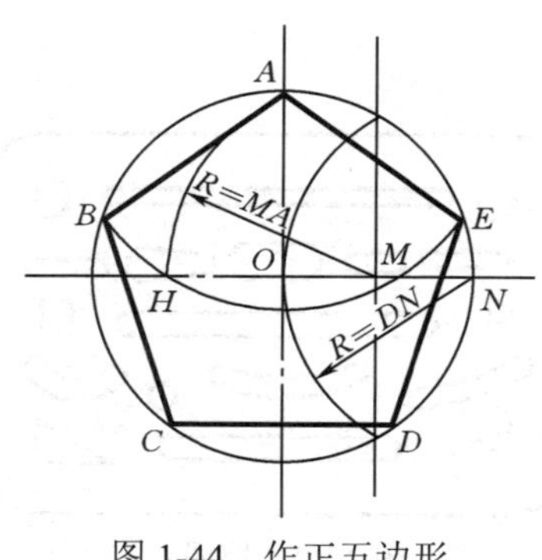

图 1-44 作正五边形

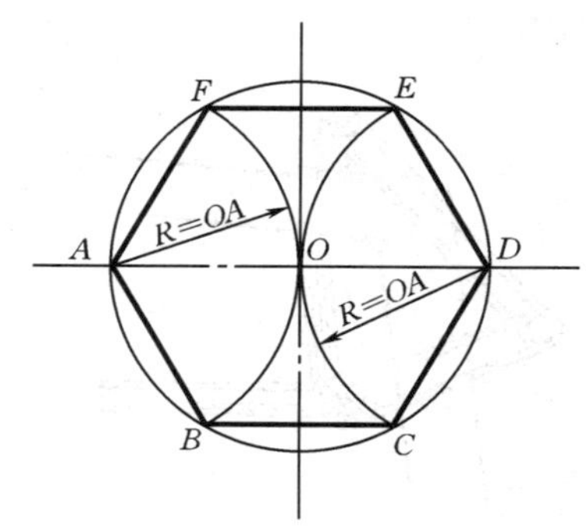

图 1-45 作正六边形

3. 作圆的内接正多边形

如图 1-46 所示为正多边形（本图为正七边形）。

（1）把直径 *AM* 分为七等份。

（2）再以 *M*（或 *A*）为圆心，*MA* 为半径画圆弧，与 *LK* 的延长线交于 *N*、*P* 两点。

（3）过 *N*、*P* 两点与直径 *MA* 上的偶数分点（或奇数分点）连线，并延长与圆周交于 *B*、*C*、*D*、*E*、*F*、*G* 各点。顺次连接 *A*、*B*、*C*、*D*、*E*、*F*、*G*、*A* 各点，得正七边形 *ABCDEFG*。

二、已知圆弧定圆心

作图方法如图 1-47 所示。

（1）在 $\overset{\frown}{AB}$ 上任取一点 *K*，并连接 *AK*、*BK*。

（2）分别作 *AK*、*BK* 的垂直平分线，其交点 *O* 即为所求圆弧的圆心。

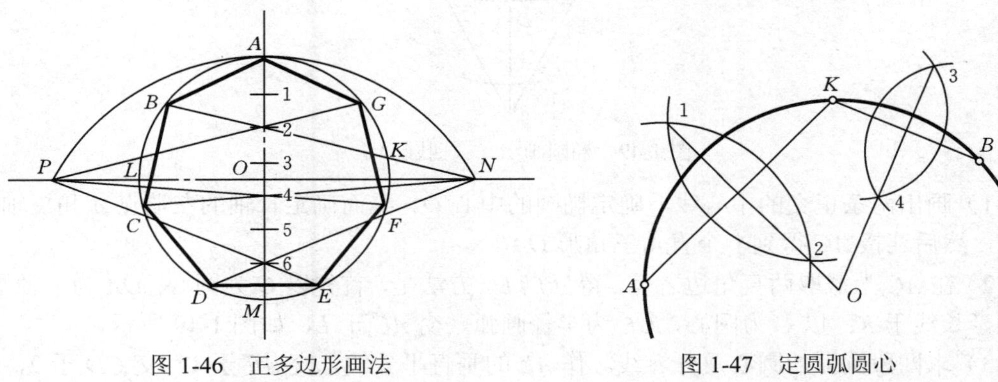

图 1-46　正多边形画法　　图 1-47　定圆弧圆心

三、已知椭圆长轴 *AB* 及短轴 *CD*，画椭圆

1. 同心圆法

（1）以 *O* 为圆心，分别以长轴 *AB*、短轴 *CD* 为直径画两个同心圆。过点 *O* 作任意条放射线（图中每 30° 画一条），与大、小圆分别交于 1、2、3、…、12 和 1′、2′、3′、…、12′等点。

（2）过 1、2、3、…、12 等点分别画短轴的平行线，过 1′、2′、3′、…、12′等点分别画长轴的平行线，两组相应直线的交点 *E*、*F*、*C*、*G*、*H*、…、*A* 即为椭圆上的点。用曲线板依次光滑连接，则求得一椭圆，如图 1-48 所示。

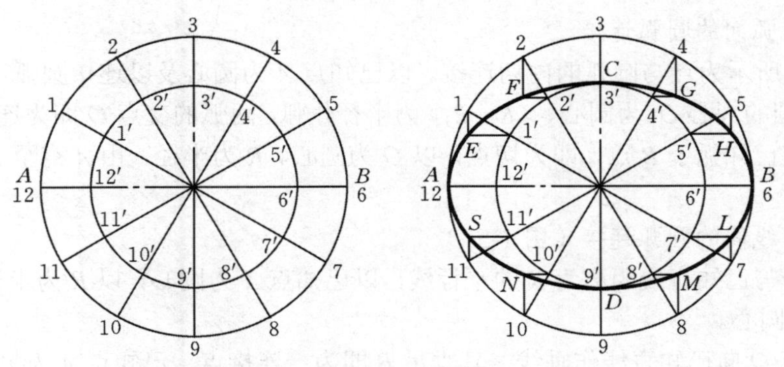

图 1-48　椭圆画法一（同心圆法）

2. 椭圆的近似画法——四圆心法

精确绘制椭圆应用椭圆规或用计算机来完成，图 1-49 所示为常用的一种尺规近似画法。这种近似画法是根据已知椭圆的长轴和短轴，用四段圆弧来实现的，通常称之为四圆心法。

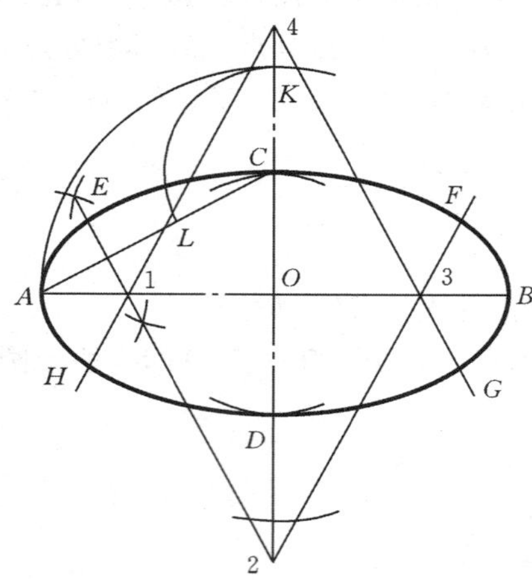

图 1-49 椭圆画法二（四圆心法）

（1）画出两条正交的中心线，确定椭圆的中心 O。继而确定长轴的左端点 A 和短轴的上端点 C，然后连接 AC 得到一个直角三角形 OAC。

（2）在 AC 上截取两直角边之差，得分点 L。方法是，首先以 O 为圆心，OA 为半径画弧，交短轴延长线于 K；以 C 为圆心，CK 为半径画弧，交 AC 于 L，如图 1-49 所示。

（3）求四段圆弧的圆心及分界线。作 AL 的垂直平分线，交 AB 于 1，交 CD 于 2，然后求 1、2 相对于长轴 AB、短轴 CD 的对称点 3 和 4，则 1、2、3、4 即为四段圆弧的圆心。连接 21、23、41、43 并延长，即得四段圆弧的分界线，如图 1-49 所示。

（4）分别以 1、3 和 2、4 为圆心，以 $1A$（或 $3B$）和 $2C$（或 $4D$）为半径画小圆弧和大圆弧至分界线，得 E、F、G、H，即可完成作图。

四、圆弧连接

用指定半径的圆弧，将已知点与已知圆弧，或将已知直线与圆弧，或将直线与直线，或将圆弧与圆弧，光滑地连接起来，称为圆弧连接。作图时，必须准确地求出连接圆弧的圆心和切点。

1. 点与圆弧间的圆弧连接

如图 1-50 所示为点与圆弧的内切连接。以已知点 A 为圆心及以连接圆弧半径 R 为半径作圆弧，以已知圆的圆心 O_1 为圆心、$(R-R_1)$ 为半径作弧，两弧的交点 O 即为连接圆弧的圆心，连 O 与 O_1，交已知弧于 B 点，即为切点，以 O 为圆心、R 为半径，由 A 点至 B 点画弧，即完成连接。

2. 点与直线间的圆弧连接（图 1-51）

（1）作一与已知直线距离为 R 的平行线，以已知点 A 为圆心，以 R 为半径画圆弧，二者的交点 O 即为圆心。

（2）自点 O 向已知直线作垂线，其垂足 B 即为一连接点，已知点 A 为另一连接点。

（3）以 O 为圆心，以 R 为半径画圆弧，从 A 点画到 B 点，则完成连接。

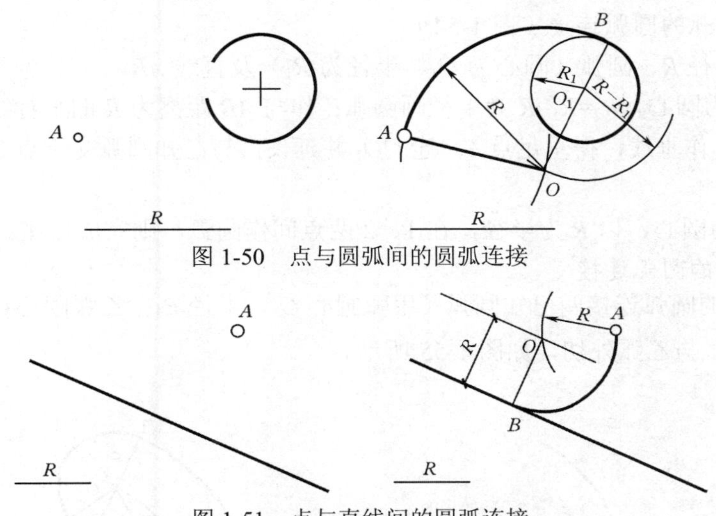

图 1-50　点与圆弧间的圆弧连接

图 1-51　点与直线间的圆弧连接

3. 两已知直线的圆弧连接

（1）两直线相交任意角时的作法（图 1-52）。

①已知半径 R 及直线 AB、BC；②分别作与 AB、BC 距离为 R 的平行线，这两条直线相交于点 O；③过点 O 作 AB、BC 的垂线，与 AB、BC 交于 1、2 两点，此两点为切点。以 O 为圆心，$R=O1=O2$ 为半径，在 1、2 两点间作圆弧，则完成连接。

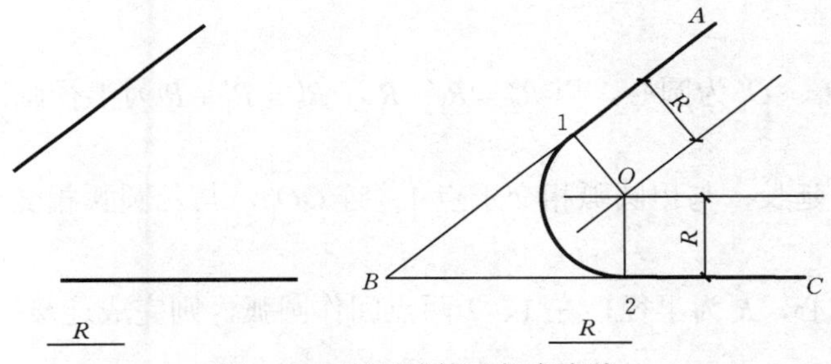

图 1-52　圆弧连接两相交直线

（2）两直线垂直相交时的作法（图 1-53）。

①已知半径 R 及相互垂直的直线 AB、BC；②以 B 为圆心，以 R 为半径作圆弧，与 AB、BC 交于 1、2 两点（1、2 两点即为所求切点）；③以 1、2 为圆心，以 R 为半径画圆弧，交于点 O；④以 O 为圆心，以 R 为半径，在 1、2 两点间作圆弧，则完成连接。

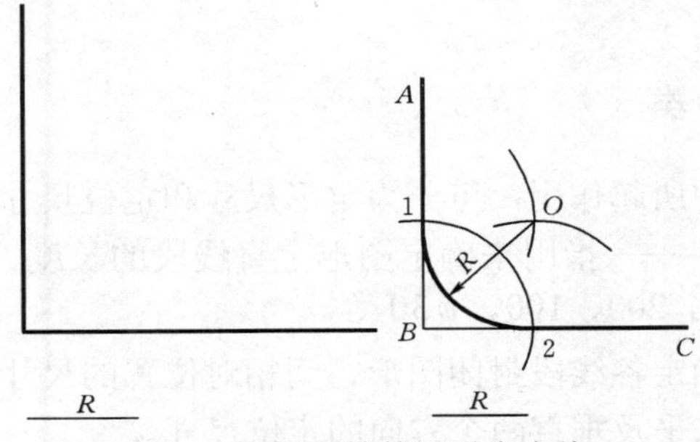

图 1-53　圆弧连接两垂直直线

4. 直线及圆弧的圆弧连接（图 1-54）

（1）已知半径 R、圆弧（圆心为 O_1、半径为 R_1）及直线 AB。

（2）以 O_1 为圆心，$R_2=R_1-R$ 为半径画圆弧；作与 AB 距离为 R 的平行线，两者相交于点 O。过点 O 向 AB 作垂线，得垂足点 1。连 OO_1 并延长，与已知圆弧交于点 2。1、2 两点即为切点。

（3）以 O 为圆心，以 R 为半径，在 1、2 两点间作圆弧，则完成连接。

5. 两圆弧间的圆弧连接

用半径为 R 的圆弧连接两已知圆弧（甲弧圆心 O_1，半径 R_1；乙弧圆心 O_1'，半径 R_1'），并使它与甲弧内切，与乙弧外切，如图 1-55 所示。

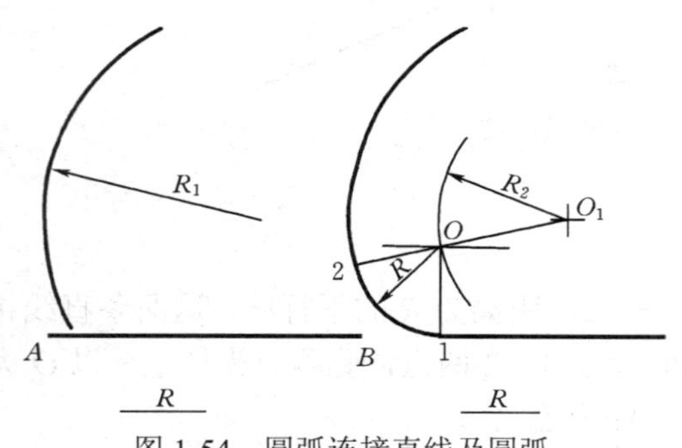

图 1-54 圆弧连接直线及圆弧

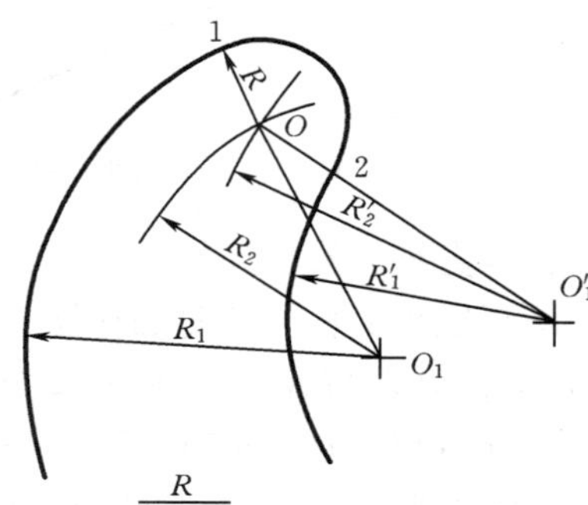

图 1-55 两圆弧间的圆弧连接

作图过程如下：

（1）分别以 O_1、O_1' 为圆心，以 $R_2=R_1-R$，$R_2'=R_1'+R$ 为半径画圆弧，两圆弧相交于点 O。

（2）连 OO_1 并延长，与甲圆弧相交于点 1；连 OO_1'，与乙圆弧相交于点 2。1、2 两点即为切点。

（3）以 O 为圆心，R 为半径，在 1、2 两点间作圆弧，则完成连接。

第四节 平面图形的分析

物体的投影图都是由一些直线段及曲线段按一定规则组合成的平面图形。画图时，应根据平面图形上所注的尺寸，确定各线段的绘制顺序。标注尺寸时，要分析应标注尺寸的数量，做到尺寸齐全、正确、清晰，既不能遗漏，也不重复甚至发生矛盾，还要符合国家制图标准规定的尺寸标注规则。

一、平面图形尺寸的分类

根据尺寸在平面图形中所起作用，可分为定形尺寸和定位尺寸两类。

定形尺寸（大小尺寸）——指用来确定图形上直线段的长度、圆及圆弧的半径、直径等的尺寸，如图 1-56 中的尺寸 200、100、$\phi 30$ 等。

定位尺寸——指用来确定各线段封闭图形之间相对位置的尺寸，如图 1-56 中的尺寸 110、40。对于平面图形，应有水平及垂直两个方向的定位尺寸。

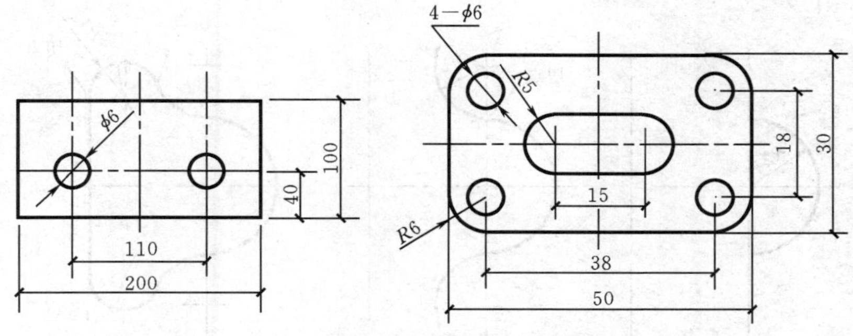

图 1-56　平面图形的尺寸分析

标注定位尺寸时，必须以图形中的某些点或线段作为度量尺寸的起点。这些点或线段称为尺寸基准。平面图形中应有水平及垂直两个方向的基准。常用的尺寸基准有对称图形的中心线，较大圆的中心线或图形中的主要轮廓线。

图 1-56 中尺寸 110 的基准是图形的对称线，尺寸 40 的基准是边线。

二、平面图形的线段分析

平面图形分析的目的，是为了了解组成平面图形各线段的类别及相互关系，从而确定作图的步骤。

1. 线段分析

根据所注尺寸的数量，平面图形上的线段（直线段或圆弧）分为三种。

（1）已知线段——指尺寸齐全，根据所注尺寸直接绘制的线段。例如已知半径及圆心的两个方向定位尺寸的圆弧，已知两端点的直线。图 1-57 中的线段Ⅰ、Ⅱ即为已知线段。

（2）中间线段——指注有定形尺寸和一个方向的定位尺寸，另一个方向与其他线段有连接要求的线段。作图时，需要依靠与相邻线段相切的几何关系求出另一定位尺寸。例如缺圆心一个方向的定位尺寸的圆弧。图 1-57 中的线段Ⅲ为中间线段，由于缺少圆心垂直方向的定位尺寸，需在线段Ⅰ画出后才能根据相切的条件绘制。

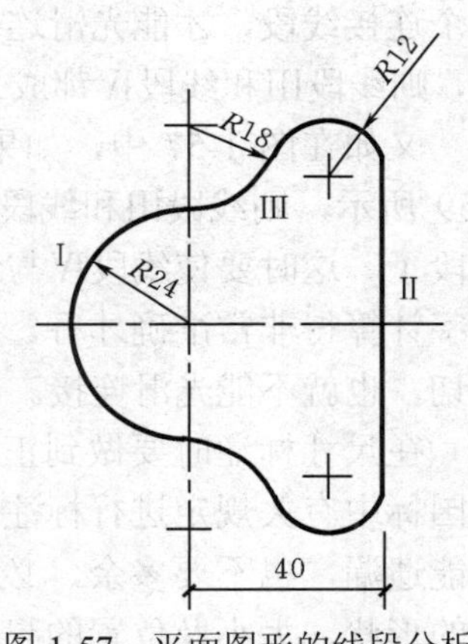

图 1-57　平面图形的线段分析

（3）连接线段——指只有定形尺寸但与其他线段具有连接要求的线段，例如只注有半径的圆弧。作图时需要依靠与其两端相邻线段相切的几何关系用几何作图的方法求出。

2. 画图顺序

从以上分析可知，对于一个有圆弧连接的封闭图形，其画图顺序应是：

（1）画作图基准线，确定出所画图形在图纸中的恰当位置，并画出图形主要位置线或图形的主要轮廓线。

（2）画各已知线段。

（3）画中间线段。

（4）画连接线段。

（5）检查全图，加深图线。

（6）标注尺寸，如图 1-58 所示。

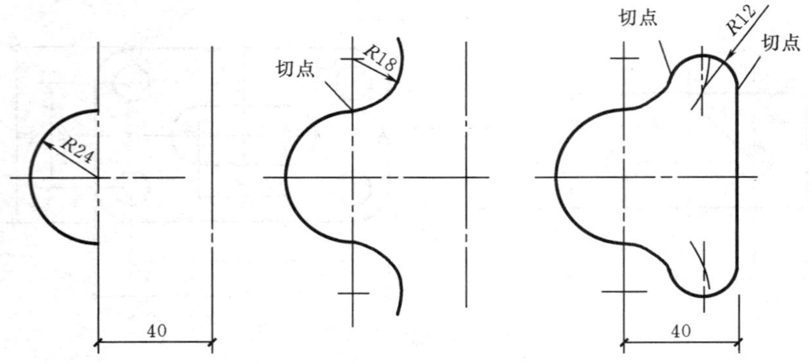

图 1-58 平面图形的画图顺序

三、平面图形的尺寸标注

图形与尺寸的关系极为密切，能不能正确地画出图形，要看图样中所注尺寸是否齐全。

标注平面图形的尺寸时，先分析图形结构，确定尺寸基准。较复杂的图形在一个方向上可能有多个基准，应确定一个为主，其他为辅。

标注平面图形尺寸的步骤是先注定形尺寸，后注定位尺寸。

在有圆弧连接的平面图形上注尺寸时，必须注意：在两个已知线段间，只能而且必须有一个连接线段，才能光滑连接。例如在图 1-57 中，如果线段Ⅲ的圆心不在 *R*24 圆弧的中心线上，则线段Ⅲ和线段Ⅳ都成了连接线段，*R*18、*R*12 的圆心都无法确定，所以图形也不能定形。

又如在图 1-57 中，如果多标注出一个尺寸 *l*，则为如图 1-59 所示，则线段Ⅲ和线段Ⅳ都成了中间线段，而没有连接线段了。这时要使线段Ⅳ与线段Ⅲ光滑连接，除非尺寸 *l* 的数字计算得非常准确才行。否则就不能保证线段Ⅳ和线段Ⅲ相切，也就不能光滑连接。

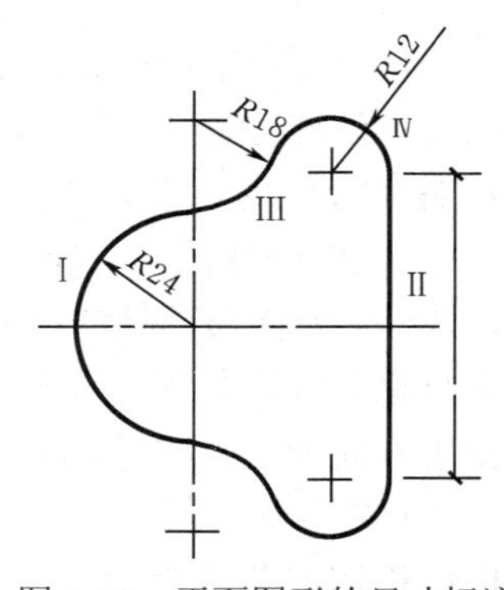

图 1-59 平面图形的尺寸标注

在尺寸标注时要做到正确、完整、清晰。正确——要按照国标中有关规定进行标注。完整——尺寸要标注齐全，既不能遗漏，也不要多余，必须是唯一地确定图形上各部分结构的形状、大小及位置的尺寸。清晰——为了看图方便，一般将尺寸安排在明显处。相互平行的几个尺寸将小尺寸安排在里侧（靠近图形），大尺寸安排在外，避免尺寸线与尺寸界线相交。尺寸布局要合理整齐。

第五节 画图步骤和方法

一、画图步骤

为了保证画图的质量，提高画图的速度，保持图面整洁清晰，除应遵守制图的有关标准和正确使用各种制图工具外，还应注意画图的基本步骤。

1. 画图前的准备工作

（1）阅读必要的参考资料，对所画图形的内容与要求进行了解。

（2）准备好必要的制图工具，将铅笔与圆规内的铅芯削好。用清洁软布将图板、丁字尺、三角板等擦干净，把手洗干净，以免弄脏图纸。

（3）选取合适的图纸幅面，选取时必须遵守制图标准的规定。用胶带纸将图纸固定在图板左下方，如图 1-60 所示。固定图纸时，应使图纸的上下边与丁字尺的尺身平行，图纸与图板边应留有适当空隙。

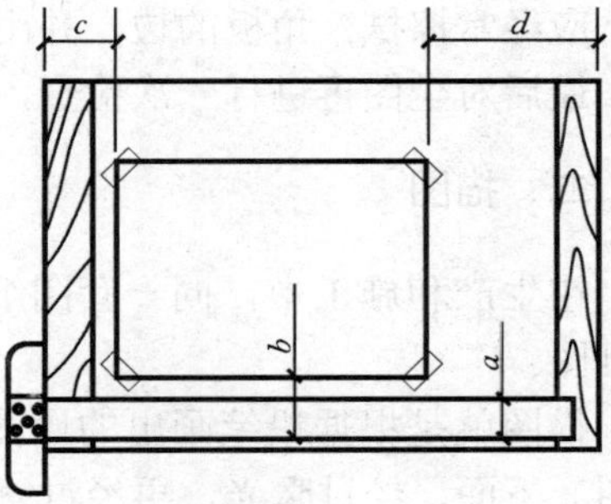

（4）把工具、资料放在宜于取用又不影响作图的地方。画幅较大时，要用干净的纸张把图纸盖上，只需露出要画图的部分，以免弄脏图纸。

图 1-60 图纸的固定位置

2. 画底稿

步骤如下：

（1）画图框及标题栏。

（2）确定比例，布置图形，使图形在图纸上的位置和大小适中，各图形间应留有适当空隙及标注尺寸的位置。注意各图形在图纸上要分布均匀，不可偏挤一边，互相之间既不可太拥挤，亦不能相距甚远显得松散。

（3）先画图形的基准线、对称线、中心线及主要轮廓线，然后由大到小，由整体到局部，画出其他所有的图线。

画底稿用 2H 或 H 铅笔，画出的线条应轻而细，并要区分线型类别，但不分粗细。作图线应画得更轻，只要能看清就行。

画底稿时，应一丝不苟，精确量画，避免错误。一旦出错，不要急于擦除、修正，以利于图纸清洁。可作出标记，待底稿完成后一次擦除、修正。底稿完成后，应认真检查，改正错误，并擦去多余的作图线。

作图过程中，应科学地安排画线的顺序，合理地使用工具，以节省作图时间，提高画图速度。绘制底稿时，点画线和虚线可用极淡的细实线代替，以提高绘图速度和加深后的图纸质量。

3. 铅笔加深

加深是指将粗实线描粗、描黑；将细实线、点画线、虚线描黑成型。

加深应按照先细线后粗线（或先粗线后细线），先曲线后直线，先图形后尺寸，先图线后符号、文字的顺序，从上到下，从左到右进行。

不同线型的粗细比例应符合标准，同类型的线条粗细浓淡应一致。加深时，铅芯要经常削磨。削磨后的铅芯应先试画，检查所画线粗细是否一致。

图线要光滑，接头要整齐准确，如图 1-61 所示。加深粗线要以底稿线为中心线，以保证图形准确，连接光滑，如图 1-62 所示。

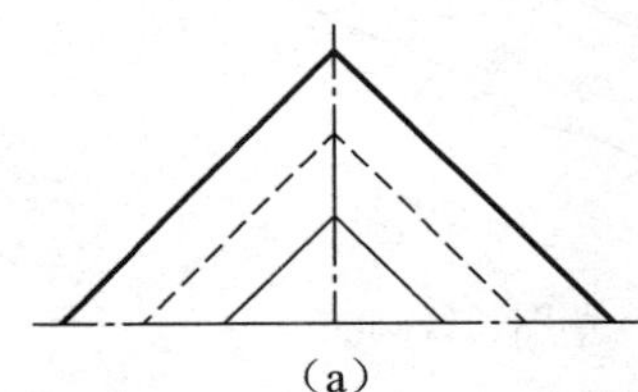

(a) (b)

图 1-61 图线接头要求

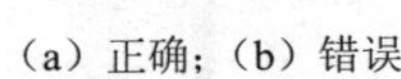

（a）正确；（b）错误

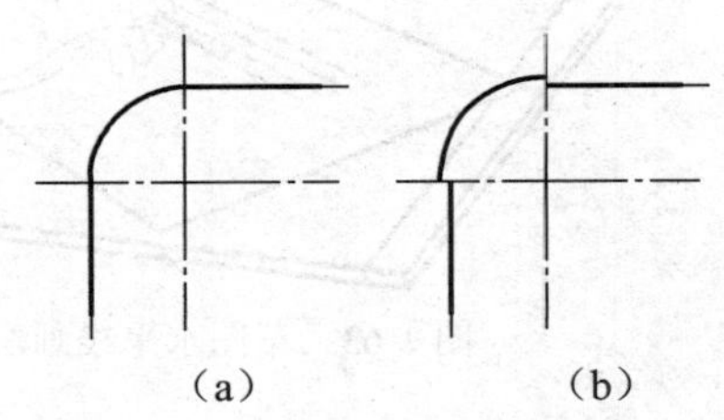

(a) (b)

图 1-62 图线加深要求

（a）正确；（b）错误

图线画错或画坏时，可用擦图片控制擦线范围，然后用橡皮将图线擦净。

应经常擦拭三角板的边，并用干净手帕或毛刷掸去图面上的碎屑，以免弄脏图面。

最后对全图再进行一次检查，改正错误，清理图面。

二、描图

在生产和施工中，同一套图纸经常需要若干份，因此图纸需要复制。常用的方法是描图后晒图。

描图就是根据铅笔画出的原图用墨线描绘在描图纸上。把晒图纸放在描好的描图纸（即底图）下面，经过曝光，再经过氨气熏，就得到复制的图样，称为蓝图。

描图时用鸭嘴笔或针管笔画线，用绘图小钢笔写字、画符号。

描图的步骤与铅笔加深基本相同。

三、草图的画法

草图是用目测比例、徒手绘制的图样。工程技术人员在设计时，常常先绘制草图，以便能进行构思和表达设计思想。因此，草图也是设计的技术资料。在参观和技术交流时，也常用草图进行记录和交流。因此，工程技术人员必须学习和掌握绘制草图的基本技能。

草图虽然是目测比例、徒手绘制，但决非潦草之图。草图也应按照投影关系和比例关系进行绘制，并遵守制图标准，图形要完整、清晰，表达正确，绘图要迅速。

草图一般是用较软的铅笔（HB、B）画在方格纸上。铅笔的笔杆要长，笔尖要圆，不要太尖锐。

1. 直线的画法

画直线时，铅笔要握得轻松自然，手腕稍抬起，小手指微触纸面，眼睛要注视画线的起止点。画短线时，主要是手腕或手指运动；画长线则主要靠手臂运动，在方格纸上画直线时，应画在格线上。

画水平线：为了画线顺手，可将图纸斜放（30° ～45° ），然后自左向右画线，如图 1-63 所示。如果画线较长时，难于一笔画好，可把笔尖离开纸面，来回空画几次后，再轻轻地分段画线，最后描深，如图 1-64 所示。

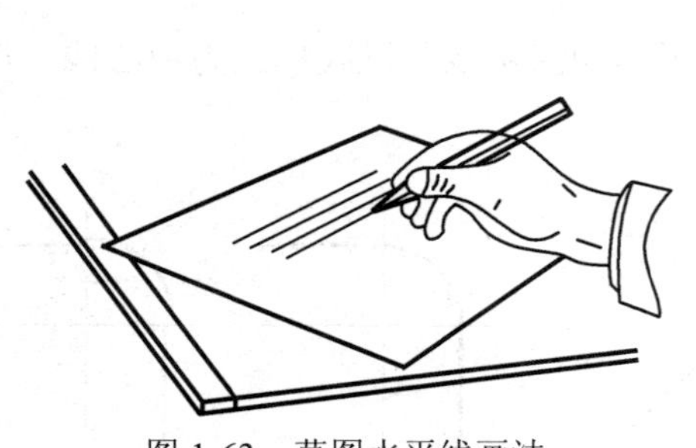

图 1-63 草图水平线画法

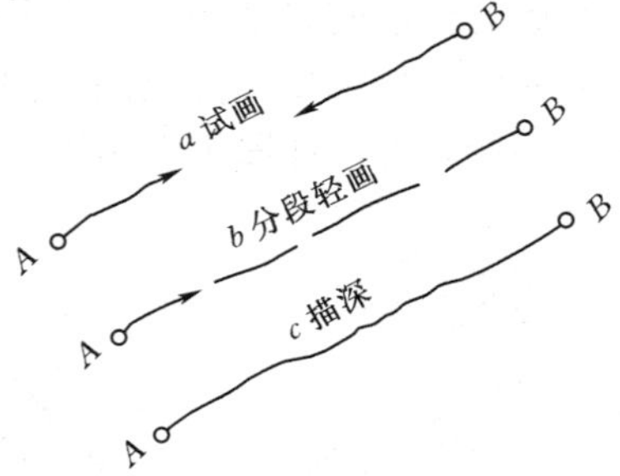

图 1-64 草图长线画法

画竖线：一般自上向下画线，如图 1-65 所示。如竖线较长时，也可分段画线最后描深。

画斜线，自左向右画线，如图 1-66 所示。

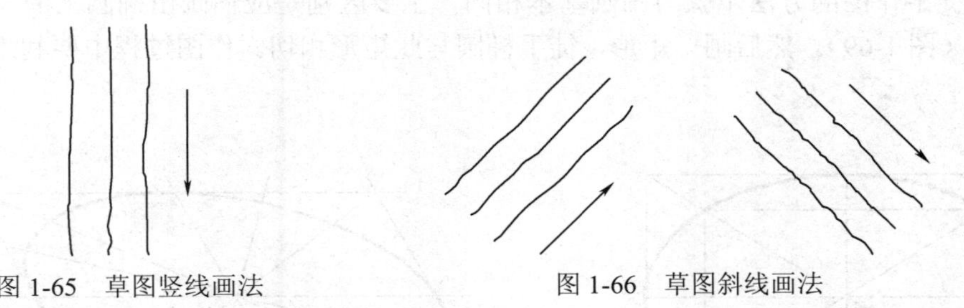

图 1-65　草图竖线画法　　图 1-66　草图斜线画法

2. 常见角度线的画法

画线时，可根据两直角边的近似比例关系，先定出两个端点，然后画线，如图 1-67（a）、（b）所示。画 10°、15° 可先画 30° 角及圆弧，然后按需要近似地等分即可，如图 1-67（c）所示。

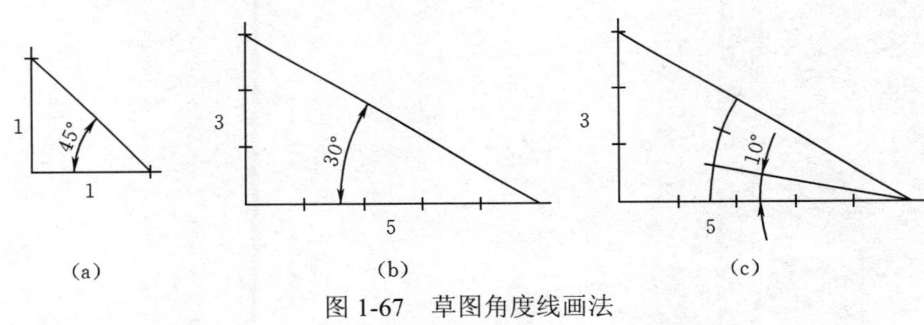

图 1-67　草图角度线画法

特殊角度线时，可按直角三角形或圆弧等分点定点。

3. 圆的画法

画小圆时，一般只画垂直相交的中心线，并在其上按半径定出四个点，然后勾画成圆（图 1-68）。画较大圆，可加画两条 45° 斜线，并按半径在其上再定四个点，连成一圆（图 1-68）。更大的圆，可先画出圆的外切正方形，并将任一对角线的一半等分三份，在 2/3 多一点处定出圆周上一点，再相应画出对角线上的其他三点，将八点连成圆（图 1-68）。

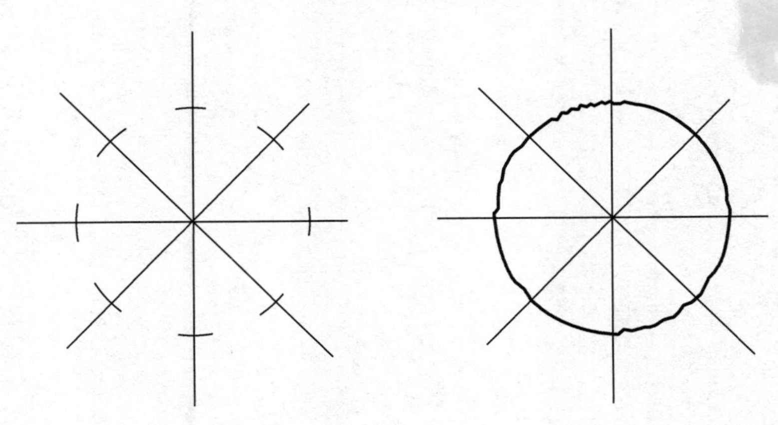

图 1-68 草图圆画法

4. 椭圆的画法

椭圆的徒手作图的方法步骤与画圆基本相同，主要区别是应估画出椭圆上的长短轴或共轭直径端点（图 1-69）。然后画一矩形，徒手椭圆与此矩形相切。作图过程中要利用椭圆的对称性。

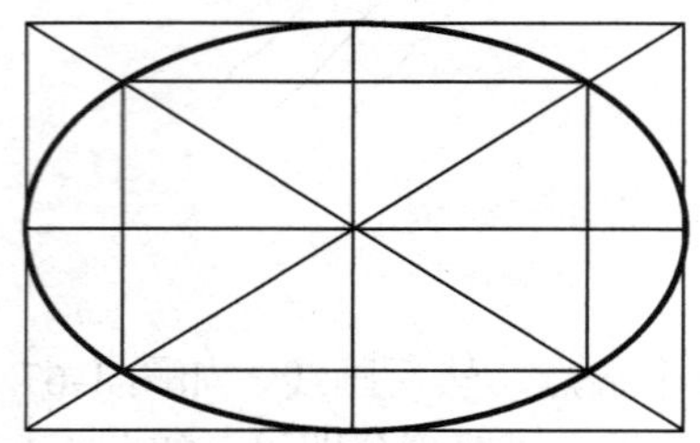

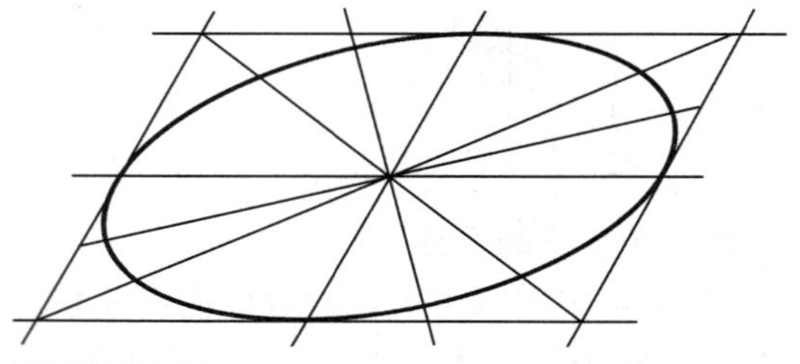

图 1-69 草图椭圆画法

第二章　投影原理

第一节　投影的基本知识

一、投影的形成和分类

物体在光源照射下产生影子，在日常生活中，这是常看到的投影现象。例如在夜晚，将一个四棱锥放在灯光和地面之间，四棱锥在地面上便投下了影子即投影［图 2-1（a)］。但是影子只反映了四棱锥底面的外形轮廓，至于四棱锥四个棱面的形状均未表示出来。如果要表示区分它们，就必须对这种自然投影现象加以科学的抽象，按投影的方法进行投影［图 2-1（b)］，得出了投影法。

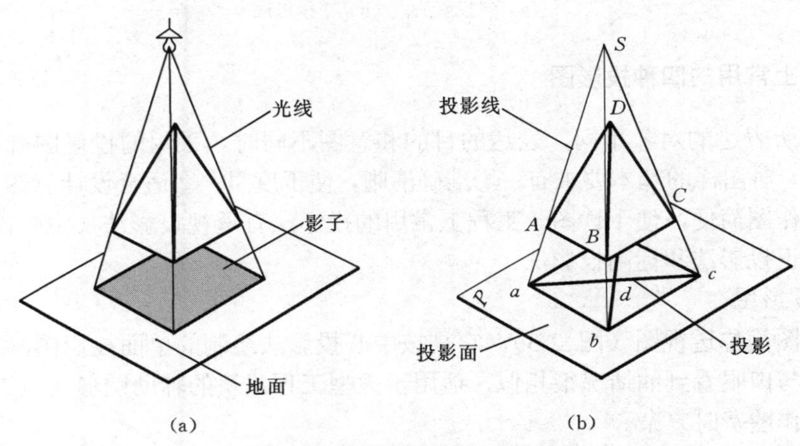

图 2-1　四棱锥的影子和投影

如图 2-1（b），把光源 *S* 称作投影中心，影子所在的平面称为投影面，通过四棱锥的光线（如 *SA*）称为投影线。**投影线与投影面的交点（如 *a*、*b*…）称为点在该投影面上的投影**。相应点的投影连线，即得四棱锥的投影。投影线、被投影的物体和投影面是在进行投影时必须具备的三要素。

投影方法称为投影法。投影法分中心投影法和平行投影法两大类。

1. 中心投影法

当投影中心 *S* 距投影面为有限远时，所有的投影线都交会于一点 *S*，这种投影法称为中心投影法［图 2-1（b)］。用这种方法所得的投影称为中心投影（透视投影）。例如放电影、照相及肉眼观看景物等都可以看作中心投影法。

2. 平行投影法

当投影中心 *S* 移到距投影面为无限远时，所有的投影线均可视为互相平行，这种投影法称为平行投影法（图 2-2)。当投影线与投影面的方向不同时，平行投影法又可分为斜投影法和正投影法两种。

（1）斜投影法。当投影线与投影面倾斜时的平行投影法，称为斜投影法［图 2-2（a）］。

（2）正投影法。当投影线与投影面垂直时的平行投影法，称为正投影法［图 2-2（b）］。

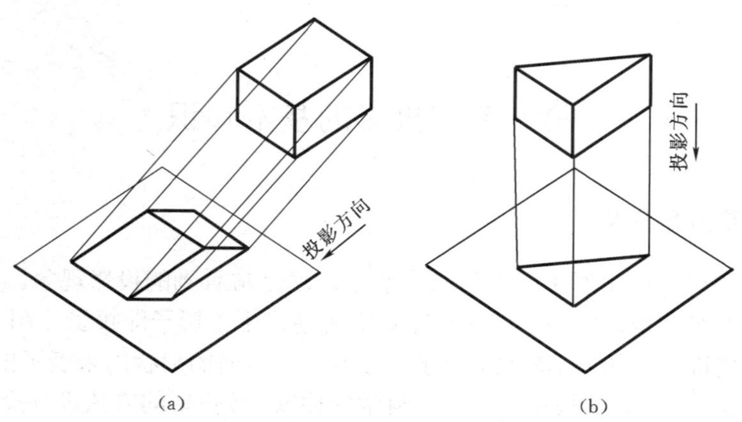

图 2-2 平行投影法

（a）斜投影法；（b）正投影法

二、工程上常用的四种投影图

根据图形所表达的对象不同，表达的目的和意图不同时，采用的投影图就不同。无论采用哪种投影图，对图样的基本要求有：①准确清晰，便于度量；②适合设计意图并富有直观性和立体感；③作图简便，便于读图。工程上常用的投影法有透视投影法（中心投影法）、轴测投影法、多面正投影法和标高投影法。

1. 透视投影图

透视投影图简称透视图（图 2-3），它是按中心投影法绘制的单面投影图，这种图的优点是形象逼真，与肉眼看到的情况很相似，适用于大型工程建筑的辅助图形（渲染图），其缺点是度量性差，作图费时复杂。

2. 轴测投影图

轴测投影图简称轴测图（图 2-4），它是按平行投影法绘制的单面投影图。这种投影图的特点是立体感强，直观性好；其缺点是度量性较差，作图较麻烦，工程中常用作辅助图样。

3. 多面投影图

用正投影法将物体向多个互相垂直的投影面进行投影所得的图形称为多面正投影图（图 2-5），简称为正投影图。这种图的优点是能准确地反映物体的形状和结构，作图方便，度量性好，所以在工程上广泛采用。其缺点是立体感差，需要有一定的投影知识才能读懂。

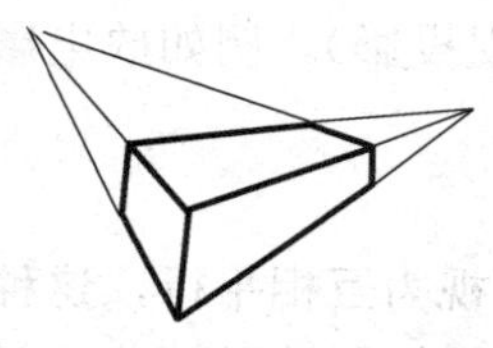

图 2-3 透视投影图

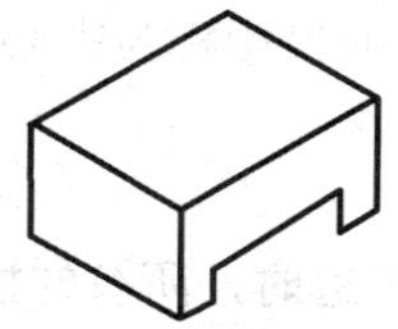

图 2-4 轴测投影图

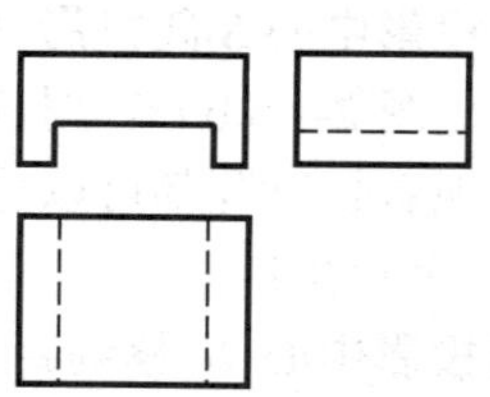

图 2-5 多面正投影图

4. 标高投影图

标高投影图是一种单面正投影图。图 2-6（a）是图 2-6（b）所示小山丘的标高投影图。它是假想用一组高差相等的水平面将地面剖切，将剖切面与地面的交线按正投影的方法投影到基准面上（H），用数字标注其高程按一定的比例而得到的投影图。

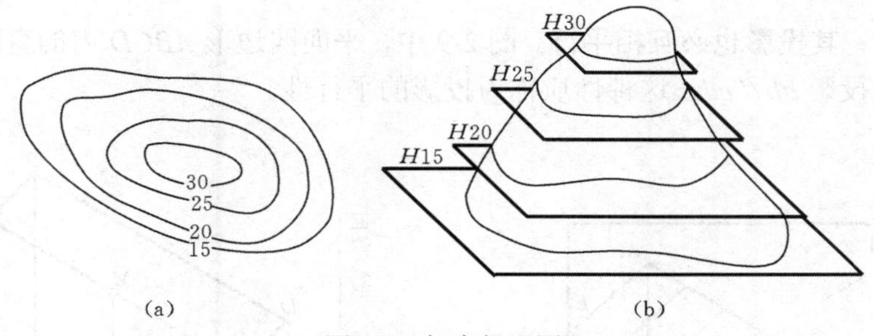

图 2-6　标高投影图

标高投影图的缺点是立体感差，其优点是在一个投影面上能表达地面上的地物和地貌，所以常用它来表达复杂的曲面和地形面。

上述四种投影图都将在本书的有关章节中研究。

因为正投影法被广泛用来绘制工程图样，所以正投影法是本书讲授的重点。以后所讲的投影，如无特别说明均指正投影。

第二节　平行投影的一些基本性质

一、全等性

如图 2-7，已知△ABC 平面平行于投影面 V。投影时，分别过 A、B、C 三点作投影面的垂线，其交点 a'、b'、c' 即是空间点 A、B、C 的正投影，a'、b'、c' 三点的连线△$a'b'c'$ 就是△ABC 的投影。其中 $a'b'$ 为直线 AB 的正投影，因 AB 平行于投影面，所以 $Aa' = Bb'$，平行四边形 $ABb'a'$ 是矩形。同理 $b'c' = BC$，$c'a' = CA$，则△$a'b'c' \cong$△ABC，由此可得：**平行于投影面的直线段或平面图形，在该投影面上的投影反映线段实长或平面图形的实形。这种投影性质称为投影的全等性。**

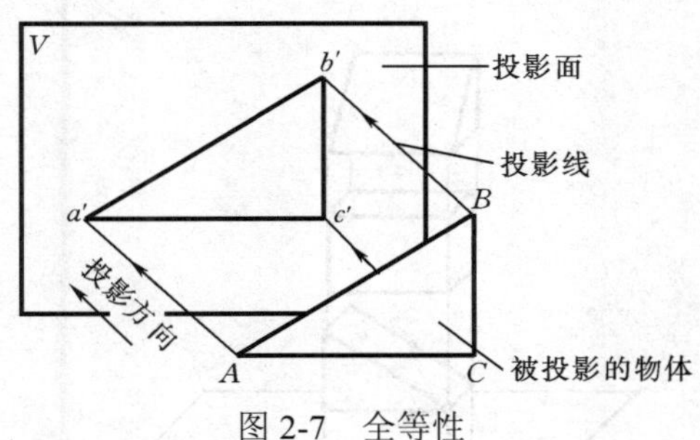

图 2-7　全等性

二、积聚性

如图 2-8，$ABED$ 是三角块的顶面，因它与投影方向平行，与投影面 V 垂直，所以平面 $ABED$

在投影面 V 上的投影重合为一直线。直线 AD 也与投影方向平行，它的投影重合为一点。由此可得：**平行于投影方向（或垂直于投影面）的直线或平面，在投影面上的投影积聚成一点或直线。这种投影性质称为投影的积聚性。**

三、平行性

两直线平行，其投影也必互相平行。图 2-9 中，平面四边形 $ABCD$ 内的直线 $AB // CD$，它们在投影面内的投影 $ab // cd$，这种性质称为投影的平行性。

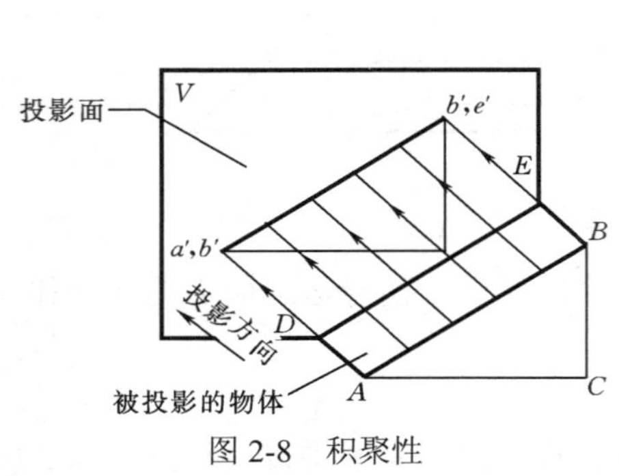

图 2-8 积聚性

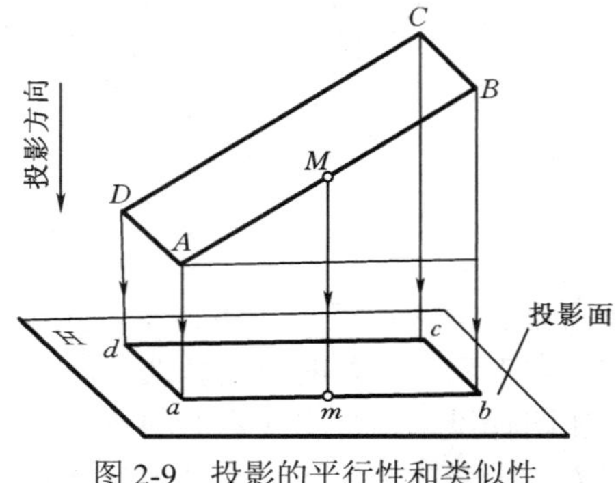

图 2-9 投影的平行性和类似性

四、类似性

图 2-9 中，平面四边形 $ABCD$ 对投影面 H 既不平行也不垂直，**这时它在该投影面上的投影既不反映实形也无积聚性，而是比原形小，并与原形类似的图形。这种投影性质称为投影的类似性。**

第三节 物体的三面正投影图

一、三面投影图的建立

图 2-10 中，三个不同形状的物体，因其在水平面上的投影都是相同的，所以在一般情况下，只凭物体的一个投影不能确定该物体的形状和大小。

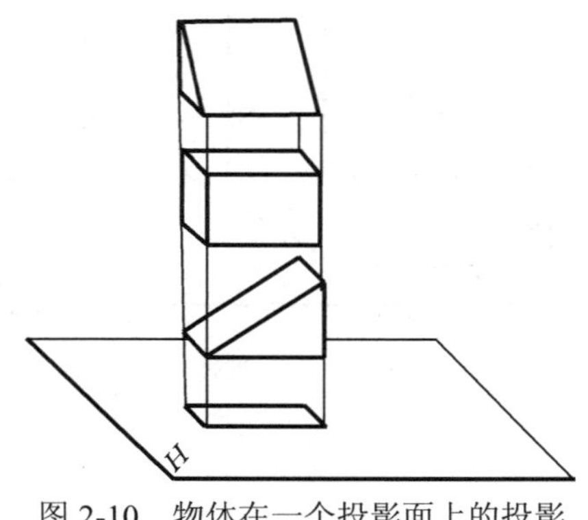

图 2-10 物体在一个投影面上的投影

如图 2-11（a）、（b）、（c）所示，一般来说，两面投影可以确定物体的形状，有时根据两个相应的投影不能确定它们的空间形状。因此必须增加第三投影面，问题就可以解决了。为此增加一个投影面 *W*，使其同时与 *V*、*H* 面垂直，从而形成一个三投影面体系，简称三面体系［图 2-12（a）］。**我们把正立投影面 *V* 称为正面，水平投影面 *H* 称为水平面，侧立投影面 *W* 称为侧面，投影面之间的交线称为投影轴**，*V*、*H* 面交线为 *X* 轴；*H*、*W* 面交线为 *Y* 轴；*V*、*W* 面交线为 *Z* 轴。物体在这三个投影面的投影分别称为正面投影、水平投影、侧面投影。

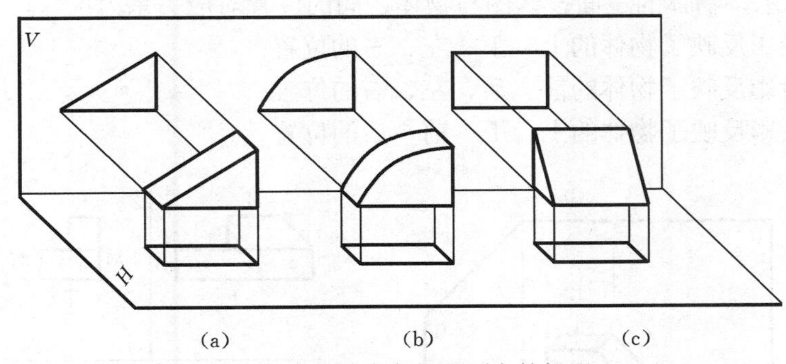

（a）　　（b）　　（c）

图 2-11　物体在各投影面上的投影

图 2-12（a）中，对三角块进行投影时，利用平行投影的特性，为了作图方便，要求物体的前表面平行于 *V* 面，底面平行于 *H* 面，当移开物体时，根据这三个投影就能确定物体的形状。但是，为了能够把三个投影画在一张图纸上，便于绘图和阅读，需要把三个投影面展开成一个平面。其方法是：固定 *V* 面，让 *H* 面和 *W* 面分别绕相应轴旋转到与 *V* 面重合的位置。在实际作图时，只要画出物体的三个投影而不需要画投影面的边框和投影轴［图 2-12（b）］就可以了。

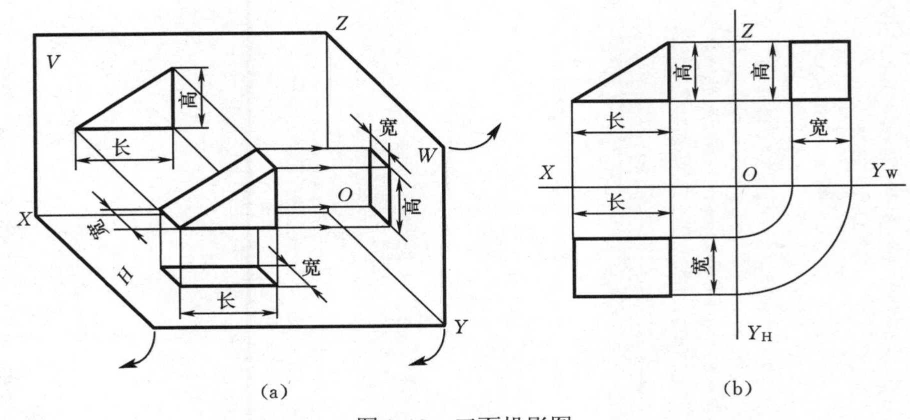

（a）　　（b）

图 2-12　三面投影图

二、三面投影图的基本规律

1. 度量对应关系

如图 2-12 所示，正面投影反映物体的长和高；水平投影反映物体的长和宽；侧面投影反映物体的宽和高。任意两个投影反映物体的长、宽、高三个方向的尺寸，因而三面投影图的度量对应关系如下：

（1）正面投影和水平投影的长度相等对正。

（2）正面投影和侧面投影的高度相等平齐。

（3）水平投影和侧面投影的宽度相等。

上述关系通常称为**长对正、高平齐、宽相等**，这种关系**常称为三面投影图的投影规律，简称为三等规律**。

2. 位置对应关系

如图 2-13 所示，物体的三面投影图与物体之间的位置对应关系为：

（1）正面投影反映了物体的上、下、左、右的位置；

（2）水平投影反映了物体的前、后、左、右的位置；

（3）侧面投影反映了物体的上、下、前、后的位置。

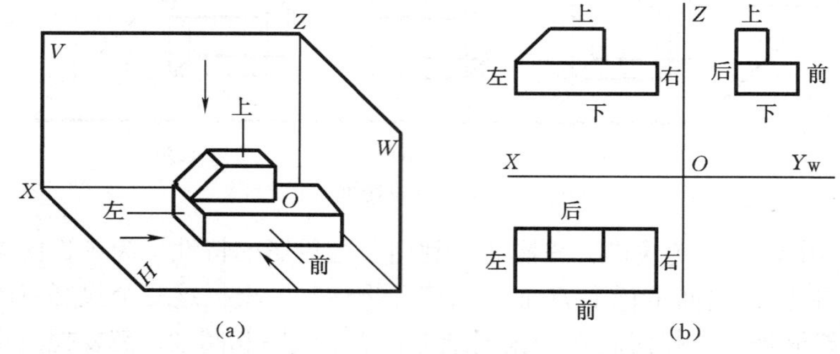

图 2-13 投影图和物体的位置对应关系

应当注意：**水平投影和侧面投影中远离正面投影的一边都是物体的前面。**

第三章　点

任何物体的表面都可看成是由点、线和面（基本几何元素）所组成。因此基本几何元素点、线和面的表示方法与平行投影特性是画法几何的重要基础。所以要解决形体的投影问题，首先要研究点的投影。

第一节　点的二面投影

一、二面体系的建立

图 2-10 中已经说明，仅凭物体的一个投影不能确定该物体的空间位置和形状。同样，仅凭点的一个投影不能确定该点的空间位置。在图 3-1（b）中，*B* 点的水平投影 *b*，并不能确定 *B* 点的空间位置，空间点 B_0、B_1、B_2 投影都为 *b*，但如图 3-1（a）所示，若投影方向确定后，*A* 点就有唯一确定的投影 *a*。因此，需要利用点的多面投影来确定点的空间位置。下面首先研究二面投影体系。

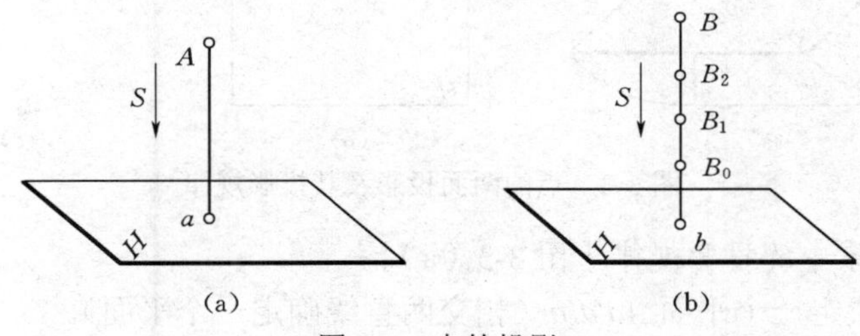

图 3-1　点的投影

已知空间两个互相垂直的投影面（图 3-2）：正面 *V*（简称 *V* 面或正投影面）和水平面 *H*（简称 *H* 面或水平投影面），它们形成了一个二面投影面体系，简称二面体系。两个投影面的交线 *OX* 轴称为投影轴。*OX* 轴把 *V* 面分成上下两半，把 *H* 面分成前后两半。整个空间被互相垂直的两个投影面分成四部分，每一部分称为一个分角，即 *V* 面的前方和 *H* 面的上方组成第一个分角Ⅰ，*V* 面的后方和 *H* 面的上方组成第二个分角Ⅱ，并以图 3-2 中规定的顺序，分别组成第三个分角Ⅲ和第四个分角Ⅳ。

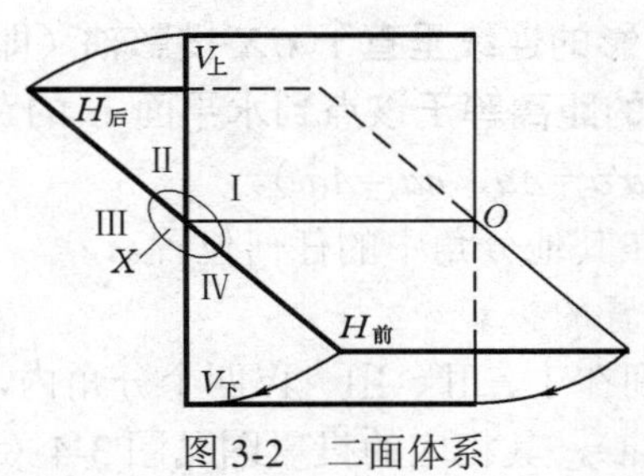

图 3-2　二面体系

二、点的二面投影及其投影规律

1. 点在二面体系中的投影

以第一分角Ⅰ为例来说明点在二面体系中的投影规律。已知空间一点 A［图 3-3（a）］，分别过 A 点向 V 面和 H 面作投影，a' 和 a 分别称为 A 点的正面投影和水平投影（空间点用大写字母 A、B、C…表示，正面投影用 a'、b'、c'…表示；水平投影用 a、b、c…表示）。现在如果去掉 A 点，过正面投影 a' 作 V 面的垂线 $a'A$，过水平投影 a 作 H 面的垂线 aA，则这两条垂线必交于 A 点。因此，根据空间一点的两个投影就可以完全唯一地确定空间点的位置。

图 3-3（a）中，A 点的两个投影 a' 和 a 分别在两个不同的平面内，在实践当中画投影图时，为了画图方便，需要把两个投影画在同一平面内，因此需要把空间的两个投影面展成同一个平面。其方法是：V 面不动，让 H 面绕 OX 轴向下旋转 90°，使 H 面与 V 面重合变成一个平面［图 3-3（a）］，结果得到 A 点的二面投影图［图 3-3（b）］。

画投影图时，一般不画投影面的边界，只画投影轴 OX，在投影图中也不标记 V、H［图 3-3（c）］。

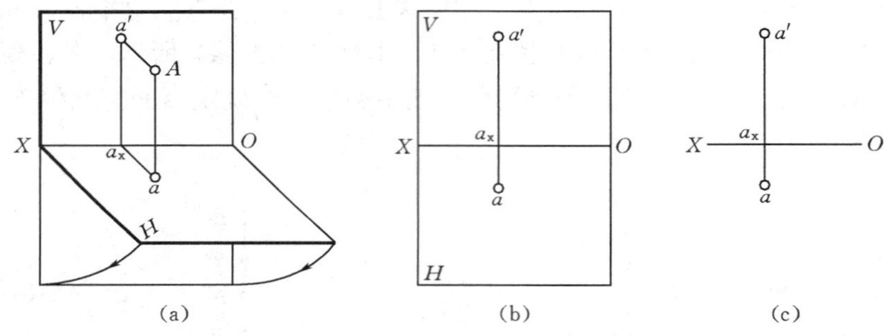

图 3-3　点的两面投影及其投影规律

2. 点在二面体系中的投影规律［图 3-3（a）］

（1）Aa'、Aa 决定一个平面 $Aa'a_xa$（相交两直线确定一个平面）。

（2）平面 $Aa'a_xa$ 同时垂直于 V、H 面（如果一直线垂直一平面，包含此直线所作的一切平面都垂直该平面）。

（3）$OX\perp$ 平面 $Aa'a_xa$（若相交两平面垂直于第三平面，则其交线也垂直于第三平面）。

（4）$OX\perp a'a_x$，$OX\perp a_xa$（一直线垂直于一平面，则此直线必垂直于该平面内过垂足的一切直线）。

当 a 绕 OX 轴向下旋转 90° 而与 V 面重合时，OX 轴与 a_xa 的垂直关系不变，即：$\angle aa_xX=90°$，而 $\angle a'a_xX=90°$，故 $a'a_xa$ 为一垂直于 OX 轴的直线［图 3-3（c）］。又 Aaa_xa' 是一个矩形，$a'a_x$ 与 Aa 平行且相等，因此求得点的投影规律如下：

1）**点的正面投影和水平投影的连线垂直于 OX 投影轴**（即 $a'a\perp OX$）；

2）**点的正面投影到 OX 轴的距离等于该点到水平面 H 的距离，水平投影到 OX 轴的距离等于该点到正面 V 的距离**（即 $a'a_x=Aa$，$aa_x=Aa'$）。

以上投影规律也适用于点在其他分角中的任何位置。

3. 点在二面体系中各种位置的投影

空间四点 A、B、C、D 分别在Ⅰ、Ⅱ、Ⅲ、Ⅳ四个分角内，E 点在 H 面上，F 点在 OX 轴上，它们的空间投影见图 3-4（a），其相应的投影图见图 3-4（b）。

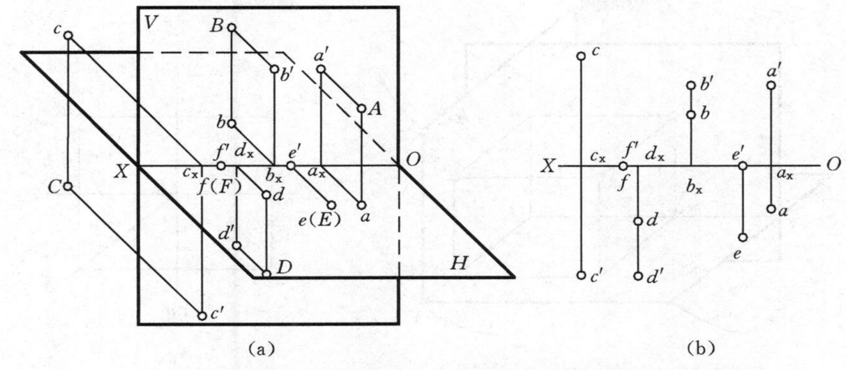

（a）　　　　　　　　　　　　　　（b）

图 3-4　点在两面体系中各种位置的投影

4. 根据点的轴测图画点的投影图

已知图 3-5（a）是 A 点的轴测图，根据点的投影规律画出 A 点的二面投影图，求解过程如下：

（1）作投影图中的 OX 轴，自 O 点向左截取 a_x 点，使 Oa_x 等于轴测图中的 Oa_x［图 3-5（b）］。

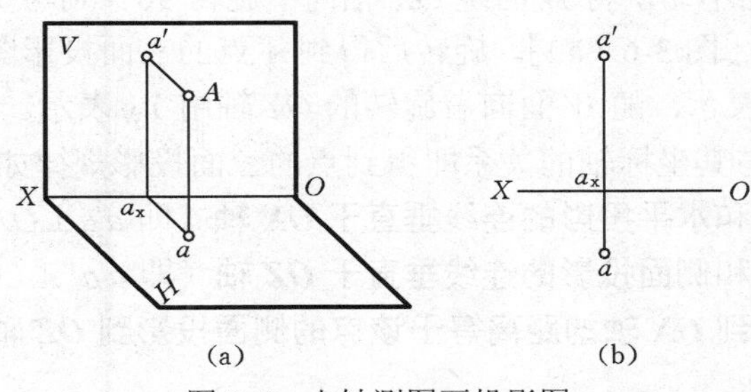

（a）　　　　　　　　（b）

图 3-5　由轴测图画投影图

（2）过 a_x 作 OX 轴的垂线。

（3）自 a_x 向上截取 a_xa' 等于轴测图中的 Aa 而得 a'，再由 a_x 向下截取 a_xa 等于轴测图中的 Aa' 而得 a。

第二节　点的三面投影

在第二章第三节中已经叙述了建立三面体系的原因、必要性以及三面体系的投影规律，详见图 2-12。在三面体系中，每两个投影面的交线分别称为 OX 轴、OY 轴、OZ 轴，三个投影轴的交点 O（即三面共点）称为原点（图 3-6）。

一、三面体系与直角坐标系的关系

若将三面体系当作笛卡儿直角坐标系，则投影面 V、H、W 相当于坐标面，投影轴 OX、OY、OZ 相当于 X、Y、Z；三轴的交点 O 就是坐标原点。原点把每一轴分成两半，规定 X 轴从 O 向左为正，向右为负，Y 轴向前为正，向后为负，Z 轴向上为正，向下为负。图 3-6 中的 X、Y、Z 均为正值。

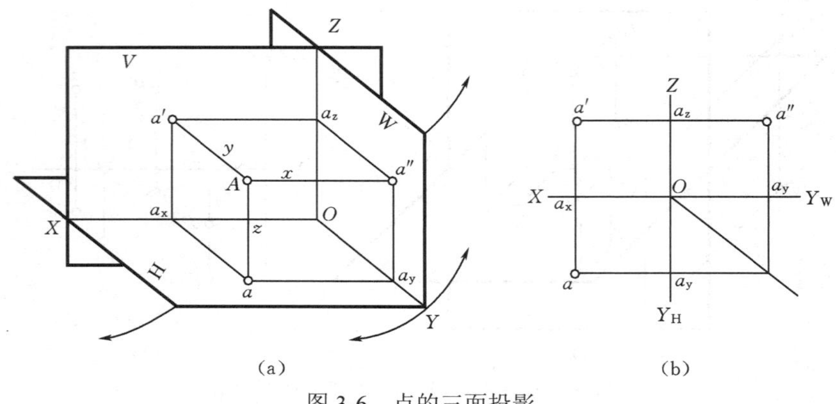

(a) (b)

图 3-6 点的三面投影

二、点的三面投影极其投影规律

图 3-6（a），过 A 点分别向 V、H、W 面作投影线 Aa'、Aa、Aa''，其垂足 a'、a、a''为 A 点的三个投影，其中 a''为 A 点在 W 面上的投影，称为 A 点的侧面投影（侧面投影用 a''、b''、c''… 表示）。

投影面展开时，V 面不动，将 H 面绕 OX 轴向下旋转 90° 到与 V 面重合，W 面绕 OZ 轴旋转 90° 到与 V 面重合［图 3-6（a）］。旋转后得到 A 点的三面投影图［图 3-6（b）］。随 H 面向下旋转的 OY 轴用 Y_H 表示，随 W 面向右旋转的 OY 轴用 Y_W 表示。

根据点的三面投影与其坐标轴的关系即得到点的三面投影规律如下：

（1）**点的正面投影和水平投影的连线垂直于 *OX* 轴**（即 $a'a \perp OX$）。

（2）**点的正面投影和侧面投影的连线垂直于 *OZ* 轴**（即 $a'a'' \perp OZ$）。

（3）**点的水平投影到 *OX* 轴的距离等于该点的侧面投影到 *OZ* 轴的距离**（即 $aa_x = a''a_z$）。

三、点的坐标

【例 3-1】已知 A 点坐标 x=20mm，y=15mm，z=25mm，即 A（20，15，25），求 a'、a、a''。

解 根据 A 点的坐标，A 点在第一分角内，作图如下：

（1）画 OX 轴，在 OX 轴上自 O 向左截取 x=20 得 a_x 点［图 3-7（a）］。

（2）过 a_x 点作 OX 轴的垂线，并向下截取 y=15 得 a 点，向上截取 z=25 得 a'点［图 3-7（b）］。

（3）由 a'作 OZ 轴的垂线得 a_z 点，从 a_z 向右截取 y=15 得 a''点［图 3-7（c）］。或者用图［3-6（b）］所示的作 45° 斜线的方法求得 a''。或以 O 为圆心，Oa_{yH} 为半径作弧也可求得 a''。

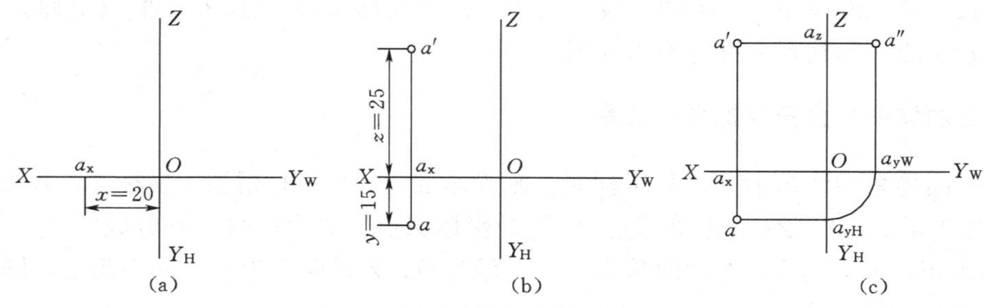

(a) (b) (c)

图 3-7 根据点的坐标作投影图

【例 3-2】已知 C 点的两个投影 c'、c''，求作第三投影 c［图 3-8（a）］。

解

（1）过 c'作 OX 轴的垂线。

（2）过 c''作 OY_W 的垂线交于 c_{yW} 点。

（3）以 O 为圆心，Oc_{yW} 为半径画弧即可求得 c 点［图 3-8（b）］。

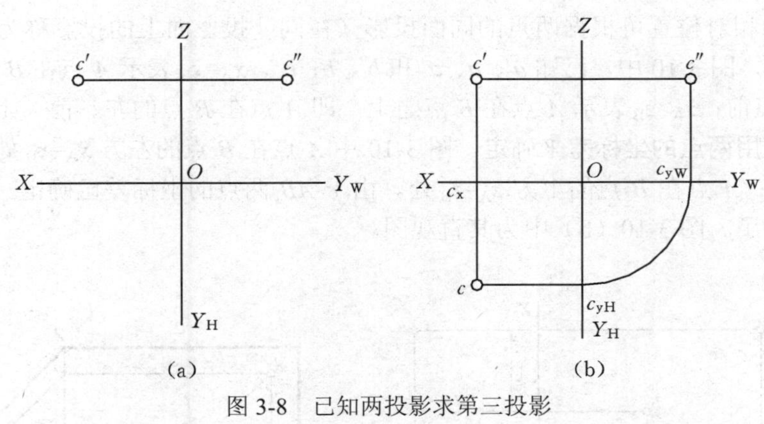

图 3-8　已知两投影求第三投影

四、点的直观图画法

点的直观图画法是根据轴测投影法画出的。

【例 3-3】已知 A（15，10，15），求 a'、a、a''和 A 点的直观图。

作图（图 3-9）：

（1）画三面体系的直观图。过原点 O 作水平线得 OX 轴，过 O 作铅垂线得 OZ 轴，作与 OX 轴成 30°～45°斜线得 OY 轴，如图 3-9（a）所示。

（2）画 A 点的三面投影的直观图。自原点 O 分别在 OX、OY、OZ 轴上量取 15、10、15 而得 a_x、a_y、a_z 三点，过此三点分别画出各轴的平行线，这些平行线两两相交，其交点 a'、a、a''即为所求［图 3-9（b）］。

（3）画 A 点的直观图。分别从 a'、a、a''作 OY、OZ、OX 的平行线，它们的交点 A 即为所求［图 3-9（c）］。

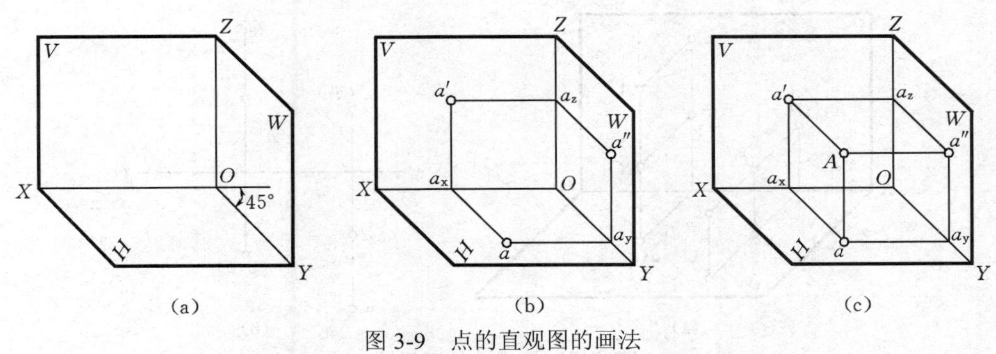

图 3-9　点的直观图的画法

第三节 两点的相对位置

两点的相对位置是指空间两点之间的相对位置关系。

一、两点相对位置的判别和确定

空间两点的相对位置可根据两点的同面投影（在同一投影面上的投影称为同面投影）的坐标关系来判别。图 3-10 中，已知 a'、a、a''和 b'、b、b''。$x_A>x_B$ 表示 A 点在 B 点之左；$y_A>y_B$ 表示 A 点在 B 点前；$z_A>z_B$ 表示 A 点在 B 点之上，即 A 点在 B 点的左、前、上方。**若要知道其确切位置则可用两点的坐标差**来确定。图 3-10 中 A 点在 B 点的左方 x_A-x_B 处；A 点在 B 点的前方 y_A-y_B 处；A 点在 B 点的上方 z_A-z_B 处。由于 AB 两点的坐标差已确定，这两点的相对位置就完全确定了。图 3-10（b）中为其直观图。

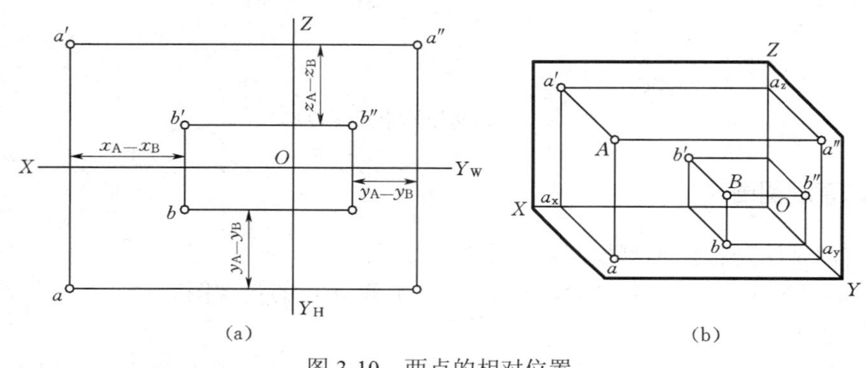

图 3-10 两点的相对位置

二、重影点和可见性判别

位于某一投影面上的同一条投影面垂直线（即投影线）**上的两点，在该投影面上的投影重合为一点，则称这两点为对该投影面的重影点。**

图 3-11 中，A、B 两点位于同一条对 H 面的垂直线上，它们在 H 面上的投影重合为一点 a（b）。则 A、B 两点就称为对 H 面的重影点。同理 C、D 两点称为对 V 面的重影点。

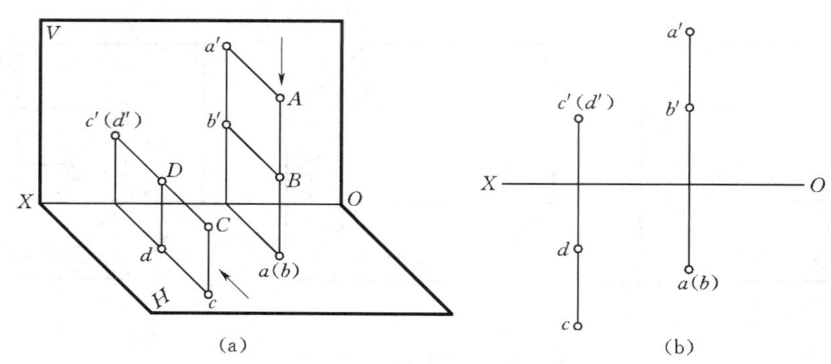

图 3-11 重影点的可见性

当空间两点在某一投影面上的投影重合时，其中必有一点遮住了另一点，必然存在着可见性问题的判别。图 3-11 中 *A* 点和 *B* 点在 *H* 面上的投影重合为 *a*（*b*）点，由于 $z_A>z_B$，所以 *A* 点遮住了 *B* 点，因此 *A* 点的水平投影 *a* 是可见的，而 *B* 点的水平投影（*b*）点是不可见的（点的某一投影不可见时，加括号表示）。同理 $y_C>y_D$，*c'*为可见，（*d'*）为不可见。**判别重影点的可见与不可见，是根据它们不重合的同面投影来判别的，坐标值大的为可见，坐标值小的为不可见。**

第四章　直线

第一节　直线的投影

直线的投影一般仍为直线。在图 4-1（a）中，通过直线 AB 上两端点 A、B 分别作投影面的垂线，与投影面的交点的连线就是直线 AB 对该投影线面的投影。只有当直线垂直于投影面时，其投影才积聚成为一点，图 4-1（a）中所示的 CD。

任何直线都可以由该直线上任意两点确定，所以直线的投影实质上就是点的投影，**可由直线上两点的同面投影来确定**，如图 4-1（c）所示。

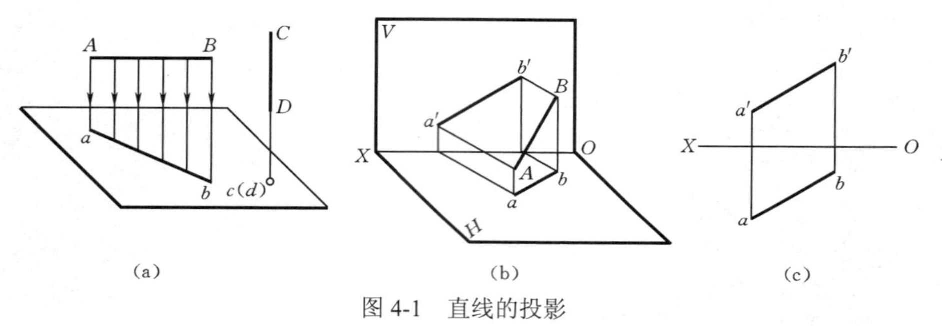

图 4-1　直线的投影

第二节　直线对投影面的各种相对位置

在投影体系中，根据直线与投影面的相对位置不同，直线可以分为投影面平行线、投影面垂直线和一般位置直线。前两种直线都称为特殊位置直线。

一、投影面平行线

只平行于一个投影面而与其他两个投影面倾斜的直线称为投影面平行线。

平行于 V 面的直线称为正平线；

平行于 H 面的直线称为水平线；

平行于 W 面的直线称为侧平线。

下面以正平线为例说明投影面平行线的投影特性。

从表 4-1 中可知，直线 $AB /\!/ V$ 面，直线 AB 的正面投影反映该线段的实长。又因为直线 AB 倾斜于其他两个投影面，该直线的正面投影与投影轴的夹角α、γ反映空间直线与 H 面和 W 面的倾角，而且在 H 面和 W 面上的投影要比空间直线 AB 要短。由于直线 AB 上各点均与 V 面距离相等，所以 $ab /\!/ OX$，$a''b'' /\!/ OZ$，详见表 4-1。

表 4-1　投影面平行线的投影特性

	轴测图	投影图	投影特性
正平线	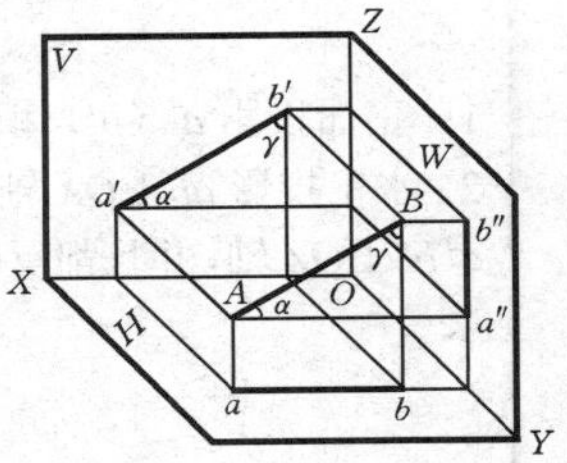	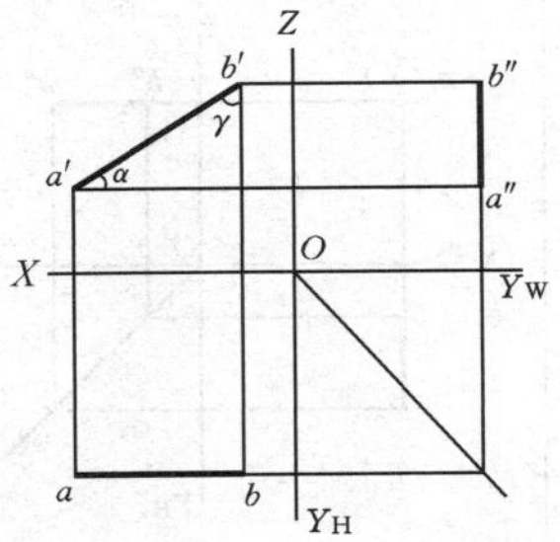	1．正面投影 $a'b'$反映线段实长，它与 OX、OZ 轴的夹角即α、γ 2．水平投影 ab // OX 轴 3．侧面投影 $a''b''$ // OZ 轴
水平线	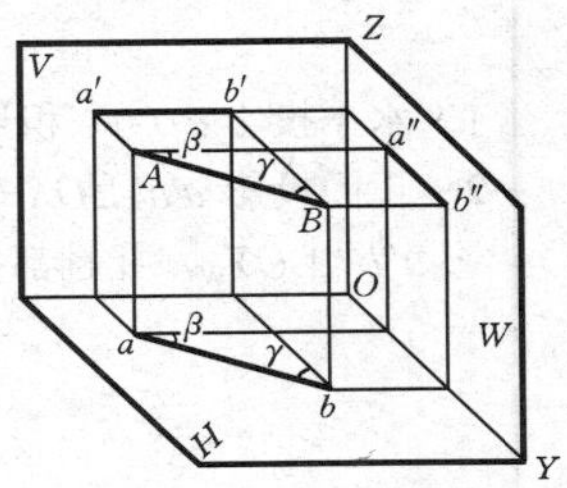	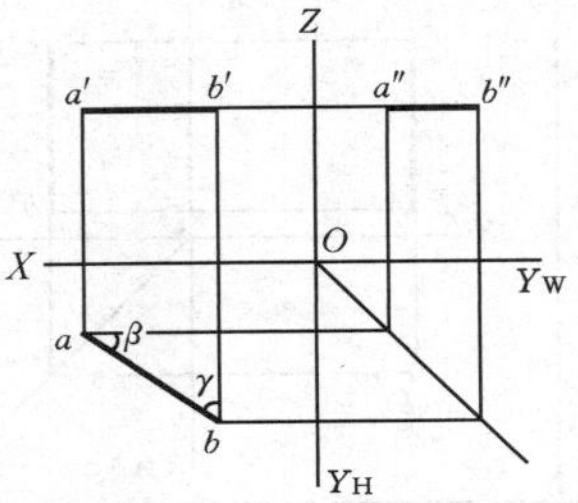	1．水平投影 ab 反映线段实长，它与 OX、OY_H 轴的夹角即β、γ 2．正面投影 $a'b'$ // OX 轴 3．侧面投影 $a''b''$ // OY_W 轴
侧平线	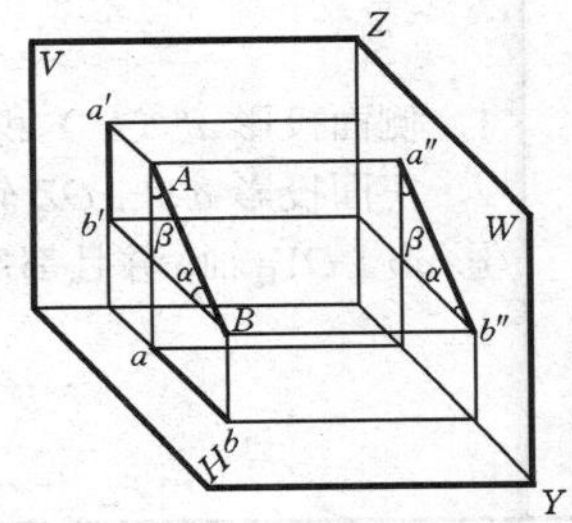	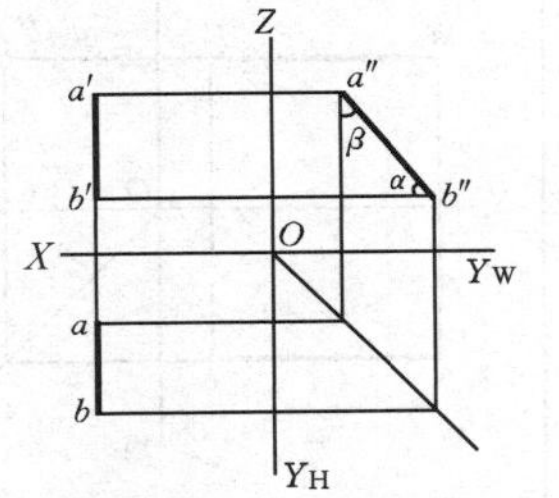	1．侧面投影 $a''b''$反映线段实长，它与 OY_W、OZ 轴的夹角即α、β 2．正面投影 $a'b'$ // OZ 轴 3．水平投影 ab // OY_H 轴

由表 4-1 可归纳出投影面平行线的投影特性为：

（1）**直线在它所平行的投影面上的投影，反映该线段的实长和对其他两投影面的倾角；**

（2）**直线在其他两个投影面上的投影分别平行于相应的投影轴，且都小于该线段的实长。**

二、投影面垂直线

垂直于一个投影面，同时平行于其他两个投影面的直线称为投影面垂直线。

垂直于 V 面的直线称为正垂线；

垂直于 H 面的直线称为铅垂线；

垂直于 W 面的直线称为侧垂线。

现将投影面垂直线的投影特性列表（表 4-2）说明如下。

由表 4-2 可归纳出投影面垂直线的投影特性为：

（1）**直线在它所垂直的投影面上的投影积聚成一点；**

（2）**直线在其他两个投影面上的投影分别垂直于相应的投影轴，且反映该直线段实长。**

表 4-2 投影面垂直线的投影特性

	轴测图	投影图	投影特性
正垂线	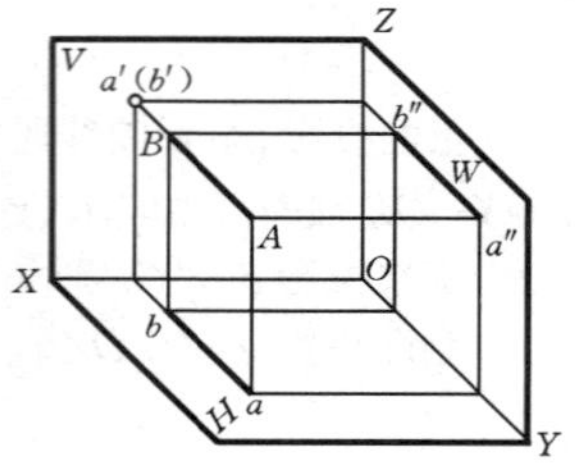	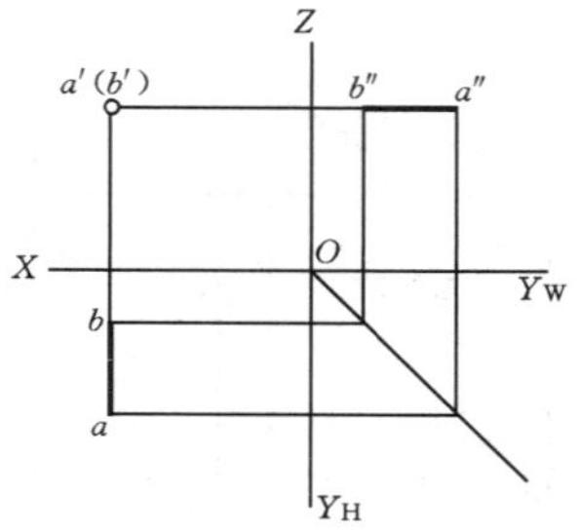	1．正面投影 a'（b'）积聚成一点 2．水平投影 $ab \perp OX$ 轴，侧面投影 $a''b'' \perp OZ$ 轴，并且都反映线段的实长
铅垂线	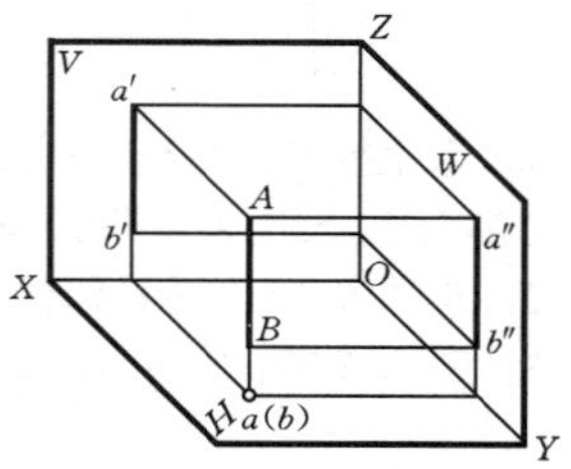	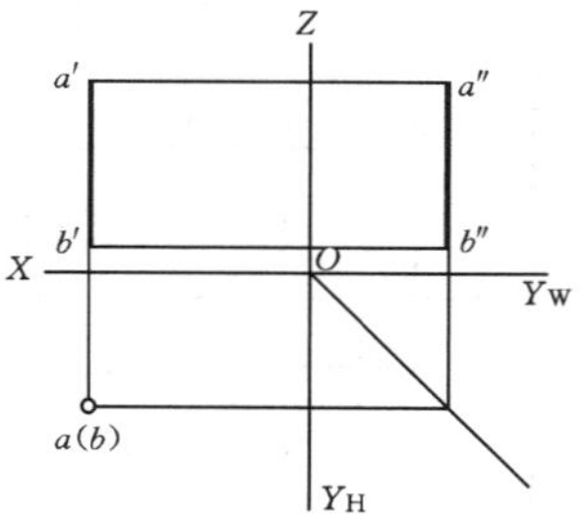	1．水平投影 a（b）积聚成一点 2．正面投影 $a'b' \perp OX$ 轴，侧面投影 $a''b'' \perp OY_W$，并且都反映线段实长
侧垂线	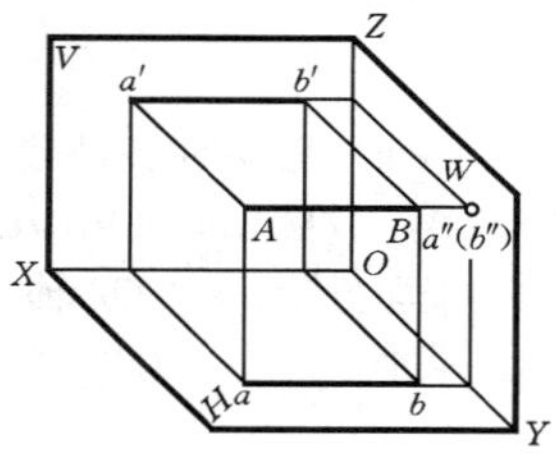	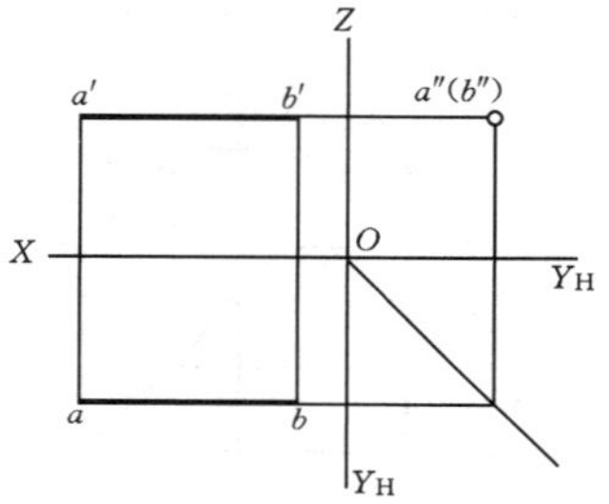	1．侧面投影 a''（b''）积聚成一点 2．正面投影 $a'b' \perp OZ$ 轴，水平投影 $ab \perp OY_H$ 轴，并且都反映线段实长

三、一般位置直线

对三个投影面都倾斜的直线为一般位置的直线。图 4-2（a）中，直线 AB 同时倾斜于 H、V、W 三个投影面，它与 H、V、W 的倾角分别为 α、β、γ。

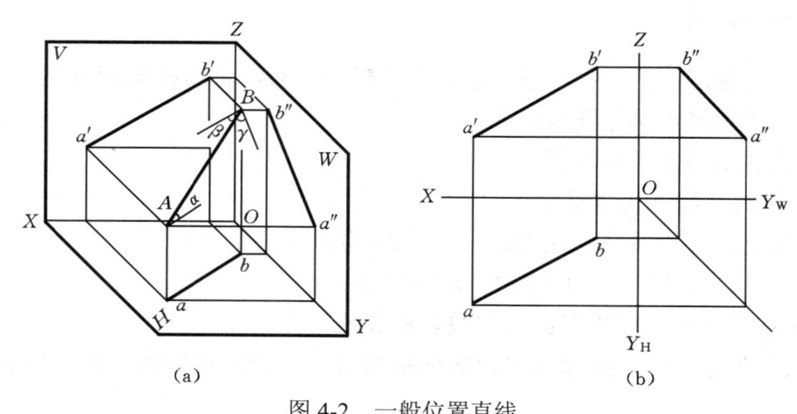

图 4-2 一般位置直线

一般位置直线的投影特性：**直线 *AB* 的各投影都不反映该线段的实长，也无积聚性。**虽然一般位置直线的投影不直接反映其实长和倾角，但只要利用空间线段及其投影之间的几何关系，就可以用图解的方法求得实长和倾角。

第三节 直线的实长及其对投影面的倾角

虽然一般位置直线的投影不反映线段的实长和对投影面的倾角。但是利用投影的特性，直线的两个投影完全可以确定空间直线的位置，所以完全可以求出直线的实长和倾角。

图 4-3（a）中，自 A 引 $AB_1 /\!/ ab$ 得直角三角形 AB_1B，$\angle B_1AB$ 就是直线 AB 与 H 面的倾角，其中直角三角形的一直角边为 $AB_1=ab$，另一直角边 BB_1 等于 B 点和 A 点的高差，其高差可由 b'和 a'到 OX 轴的距离（坐标）差 z_B-z_A 来确定。所以，根据直线的投影就可以作出与$\triangle AB_1B$ 全等的一个直角三角形，从而求得直线的实长及其对投影面的倾角。

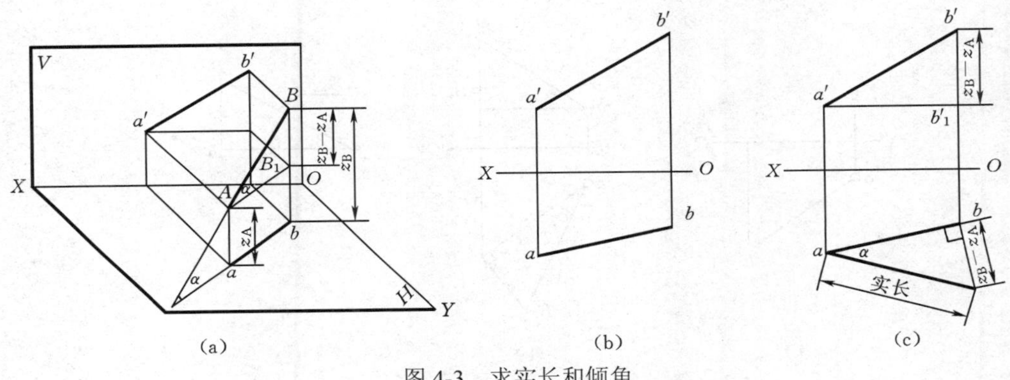

图 4-3 求实长和倾角

【例 4-1】已知直线 AB 的二面投影［图 4-3（b）］，求 AB 直线的实长和对水平面的倾角α。

解 作图步骤如下［图 4-3（c）］：

（1）过 a'作 OX 轴的平行线，交 bb'于 b_1'，$b'b_1'=z_B-z_A$。

（2）以 ab 为一直角边，过 a 或 b 作 ab 的垂线，并在垂线上截取 z_B-z_A 为另一直角边，直角三角形的斜边就是 AB 直线的实长，斜边与 ab 边的夹角α就是直线 AB 与水平面的倾角。

【例 4-2】已知直线 AB 的二面投影（图 4-4），求 AB 直线的实长和对正面的倾角β。

解 作图步骤如下［图 4-4（b）］：

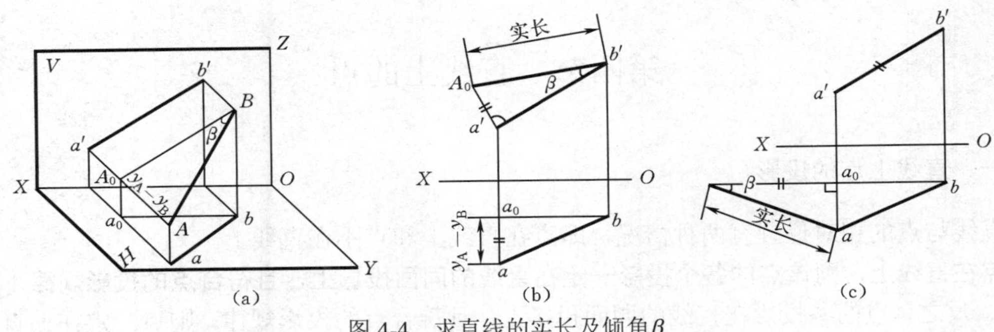

图 4-4 求直线的实长及倾角β

（1）以 $a'b'$为一直角边，过 a'或 b'作 $a'b'$的垂线，并在此线上截取 $a'A_0=y_A-y_B$。

（2）连接 $b'A_0$，则 $b'A_0$就是 AB 的实长，而$\angle a'b'A_0$即直线 AB 与正面的倾角β。另一种求解方法是以图 4-4（c）中的水平投影为基础，以 y 坐标差为一直角边，取 $a'b'$的长度作为直角三角形的另一直角边。

上述求直线的实长及其对投影面的倾角的方法称为直角三角形法。作图的方法如下：

以直线在某一投影面上的投影为一直角边，以直线两端点到该投影面的距离差（即坐标差）为另一直角边，所构成的直角三角形的斜边就是线段的实长，此斜边与该投影的夹角，就等于该直线对投影面的倾角。需要进一步说明的是：**在直角三角形的四要素（投影长、坐标差、实长及倾角）中，只要知道其中任意两个，就可以作出该直角三角形，即可以求出其他两个要素**。直角三角形可以画在图纸的任何空白地方。

【例 4-3】已知直线 AB 的水平投影 ab 和 A 点的正面投影 a'，AB 对 H 面的倾角为$\alpha=30°$，完成 $a'b'$［图 4-5（a）］的正面投影。

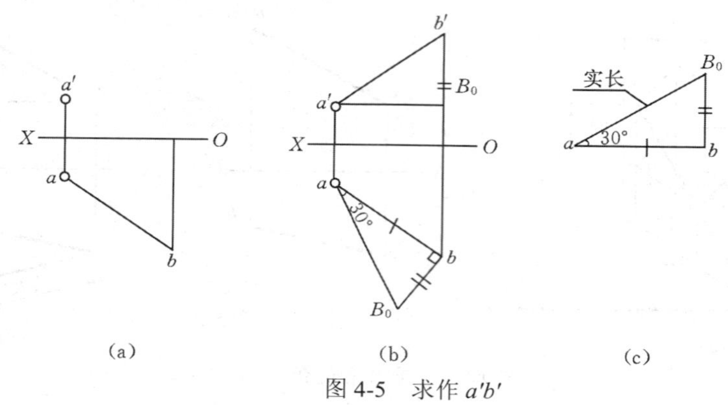

图 4-5 求作 $a'b'$

分析 根据直角三角形法，如果要求直线 AB 对 H 面的倾角α，必须以 AB 的水平投影 ab 为一直角边，以正面投影 $a'b'$两点的 z 坐标差为另一直角边，作直角三角形。

作图

（1）如图 4-5（b），以 ab 为一直角边，过 a 对 ab 作 30° 角的斜线，此斜线与过 b 点的垂线交于 B_0 点，bB_0即为另一直角边，即 z 坐标差；也可以在图纸适当的地方作图，如图 4-5（c）。

（2）利用 bB_0即可确定 b'。

本题有两解，请思考。

第四节 直线上的点

一、直线上点的投影

直线与点的相对位置有两种情况，即点在直线上和点不在直线上。

点在直线上，则该点的各个投影一定在直线的同面投影上，且符合点的投影规律［图 4-6（a）］。反之，点的各投影在直线的同面投影上，且符合点的投影规律，则点一定在该直线上。

图 4-6（b）中，c'在 $a'b'$上，c 在 ab 上，所以 C 点在 AB 上［图 4-6（c）］。这是因为 AB

是一般位置直线。凡正面投影在 $a'b'$ 上的空间点，必位于过 $a'b'$ 而垂直于 V 面的平面 P 内；同样，凡水平投影在 ab 上的空间点必在过 ab 而垂直于 H 面的 Q 面内，因此，C 点一定在 Q 面和 P 面的交线上。

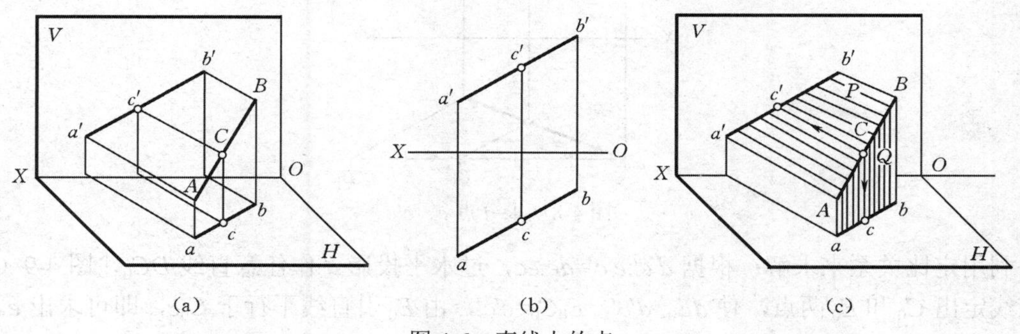

图 4-6　直线上的点

但是有一例外，当已知直线是侧平线时（图 4-7），仅靠点的正面投影和水平投影在直线的同面投影上，就不能确定该点是否在直线上。还需要利用其他方法求解（第三面法和定比法）。图 4-7（b）为第三面法。

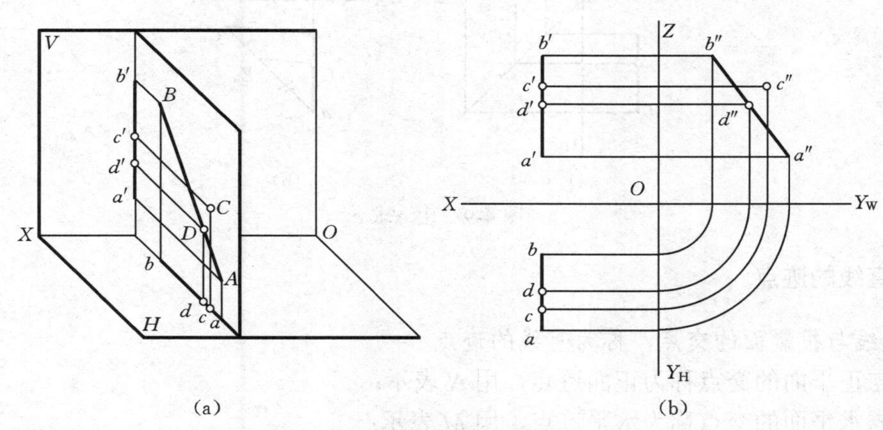

图 4-7　C 点不在直线上

二、分割线段成定比

图 4-6（a）中 C 点把 AB 分成 AC 和 CB 两段，设这两段的长度之比为 $m:n$，由于经各点向一投影面所引出的投影线是相互平行的，即 $Aa // Cc // Bb$，$Aa' // Cc' // Bb'$。所以 $AC:CB=ac:cb=a'c':c'b'=m:n$。即：**如果点在直线上，该点的各个投影必将该直线的同面投影分成相同的比例。这个关系称为定比关系。**

【例 4-4】C 点把线段 AB 以 3:2 分为 AC 和 CB 两段，求 C 点的两个投影（图 4-8）。

解　按几何关系直接把 ab 分成 3:2，即 $aC_0:C_0B_0=3:2$，按相似关系由 C_0 就作出 c、c'。

【例 4-5】已知侧平线 CD 上一点 E 的正面投影 e'，求 e（图 4-9）。

解　因为 E 点在直线 CD 上，它的各个投影均应在直线的同面投影上，所以利用直线的侧面投影 $c''d''$，由 e' 定出 e''，再求出 E 的水平投影 e［图 4-9（a）］。

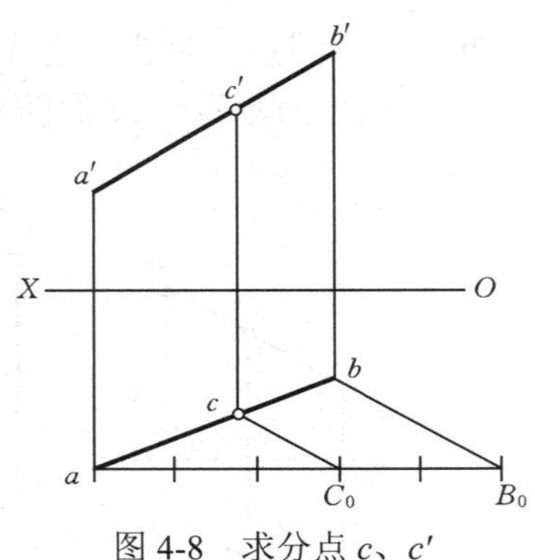

图 4-8 求分点 c、c'

利用定比关系来求解：根据 $d'e':e'c'=de:ec$，过水平投影 d 作任意直线 DC_0［图 4-9（b）］。在该线定出 C_0 和 E_0 两点，使 $dE_0=d'e'$，$E_0C_0=e'c'$，由 E_0 引直线平行于 C_0c，即可求出 e。

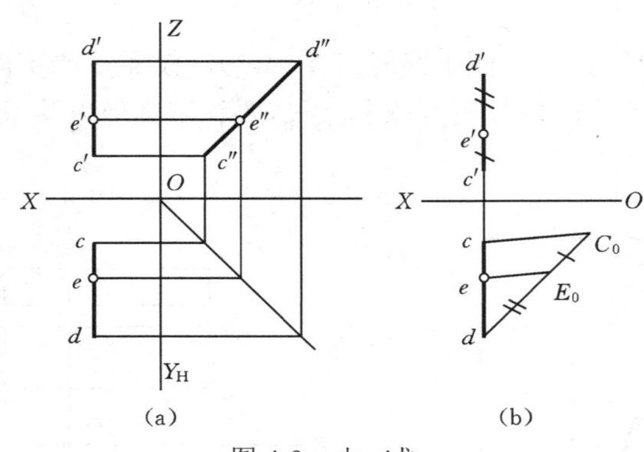

图 4-9 由 e'求 e

三、直线的迹点

1. 直线与投影面的交点，称为直线的迹点

直线与正平面的交点称为正面迹点，用 N 表示；

直线与水平面的交点称为水平迹点，用 M 表示；

直线与侧平面的交点称为侧面迹点，用 S 表示。

2. 迹点的特性和画法

因为迹点是直线和投影面的公共点，所以它们的投影有以下特性：

（1）作为投影面上的点，它在该投影面上的投影必与它本身重合，而另一投影必在投影轴上。

（2）作为直线上的点，它的各个投影必在该直线的同面投影上。

图 4-10（a）中，正面迹点 N 的正面投影 n'与迹点本身重合，并且在直线的正面投影 $a'b'$上；N 的水平投影 n 必在 OX 轴上，又在 ab 上，即 n 为 ab 的延长线与 OX 轴的交点。同样，水平迹点 M 的水平投影 m 与迹点 M 本身重合，而且在 ab 上；M 的正面投影 m'必在 OX 轴上，又在 $a'b'$上，即 m'为 $a'b'$的延长线与 OX 轴的交点。由此可知，直线的投影与投影轴的交点一定是某迹点的一个投影，作图时首先求出迹点的这个投影，再求迹点的另一个投影。详细作法见图 4-10（b）。

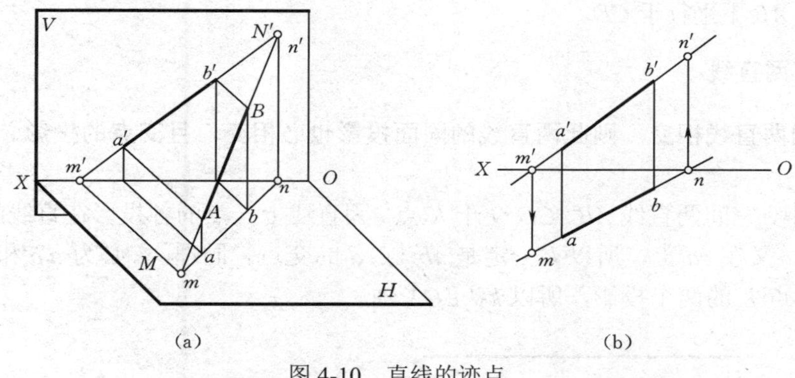

(a)　　　　　　　　　　(b)

图 4-10　直线的迹点

第五节　两直线的相对位置

两直线在空间的相对位置有三种：平行、相交和交叉。现述如下：

一、平行两直线

如果空间两直线互相平行，则此两直线的同面投影必互相平行；反之，如果两直线的各组同面投影互相平行，则此两直线在空间也一定互相平行。

图 4-11（a）中，已知直线 *AB* // *CD*，通过 *AB* 和 *CD* 向水平投影面作垂直面 *ABba* 和 *CDdc*，因 *AB* // *CD*，*Aa* // *Cc*，所以此两平面互相平行，则它们与该投影面的交线 *ab* 和 *cd* 也必互相平行；同理 *a′b′* // *c′d′*，*a″b″* // *c″d″*。

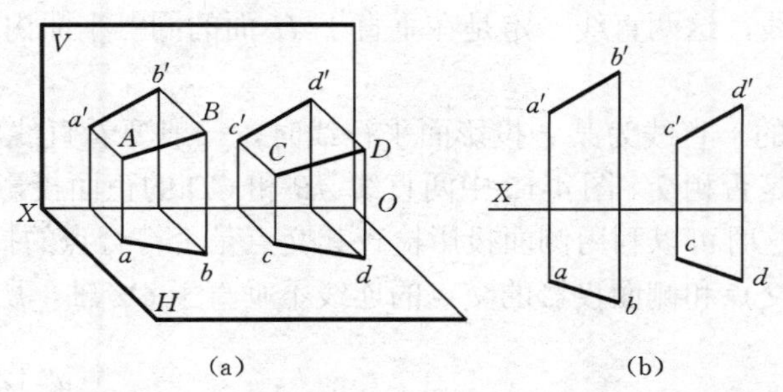

(a)　　　　　　　　　　(b)

图 4-11　平行两直线

就一般位置的两直线而言，如图 4-11（b）所示，仅根据它们的水平投影和正面投影互相平行，就可判定其在空间也互相平行。这是因为各投影及其投影线所形成的平面 *ABba* // *CDdc*，*ABb′a′* // *CDd′c′*［图 4-11（a）］。所以两对平行平面的交线也必互相平行，即 *AB* // *CD*。

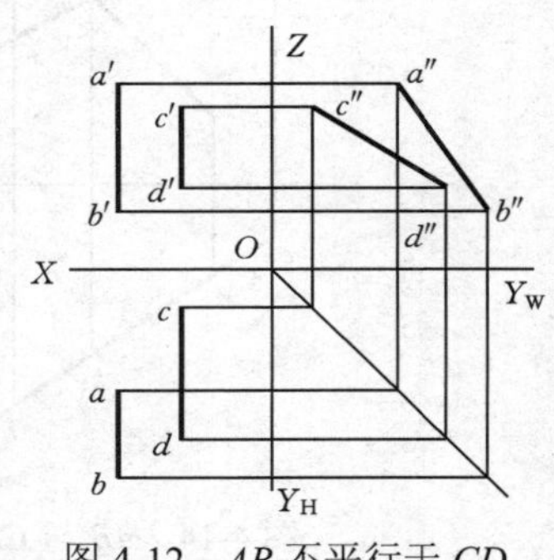

图 4-12　*AB* 不平行于 *CD*

但是，当两直线同时为某一投影面平行线时，若要判别两直线是否平行，一般还要看两直线所平行的那个投影面上的投影才能确定。图 4-12 中，直线 *AB* 和 *CD* 都是侧平线，它们的正面投影和水平投影都是平行的，但它们的侧面投影不平行。所以 *AB* 不平行于 *CD*。

二、相交两直线

如果空间两直线相交，则此两直线的同面投影也必相交，且交点的投影必符合点的投影规律。

图 4-13 中，空间两直线 *AB*、*CD* 交于 *K* 点。因直线上一点的各投影在直线的同面投影上，即 *k* 在 *ab* 上，又在 *cd* 上，所以 *k* 一定是 *ab* 与 *cd* 的交点。同理，*k'*必为 *a'b'*和 *c'd'*的交点。*k* 和 *k'*是空间一点 *K* 的两个投影，所以 $kk' \perp OX$ 轴。

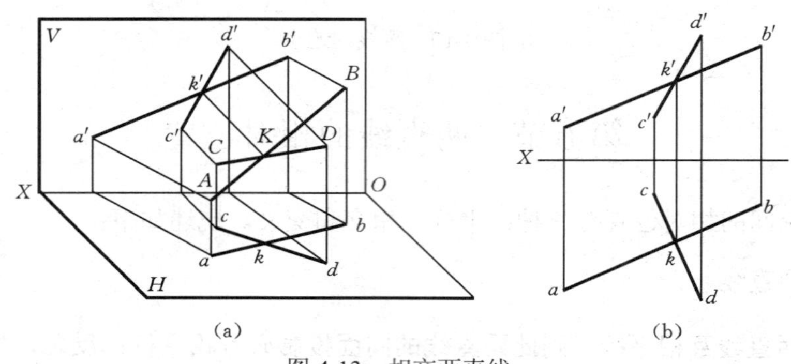

图 4-13 相交两直线

反过来，如果两直线的同面投影均相交，且投影的交点符合点的投影规律，则此两直线在空间也一定相交。

在投影图上如何判断空间直线是否相交：如果当两直线都为一般位置直线时，只需用两组同面投影判断即可。图 4-13（b），可判定 *AB* 和 *CD* 是相交两直线。图 4-14 中 *AB* 和 *CD* 的水平投影积聚成一直线，这两直线一定是在垂直于 *H* 面的同一平面内，所以它们是相交的，交点为 *K*。

但是当两直线中的一直线为某一投影面平行线时，一般要看直线所平行的那个投影面上的投影才能确定它们是否相交。图 4-15 中两直线 *AB* 和 *CD* 的正面投影和水平投影均相交，由于 *AB* 是一侧平线，这时可以利用侧面投影检查其交点是否符合点的投影规律。从图 4-15 中可以看出正面投影的交点和侧面投影的交点的连线不垂直于 *OZ* 轴，所以 *AB* 和 *CD* 不相交。

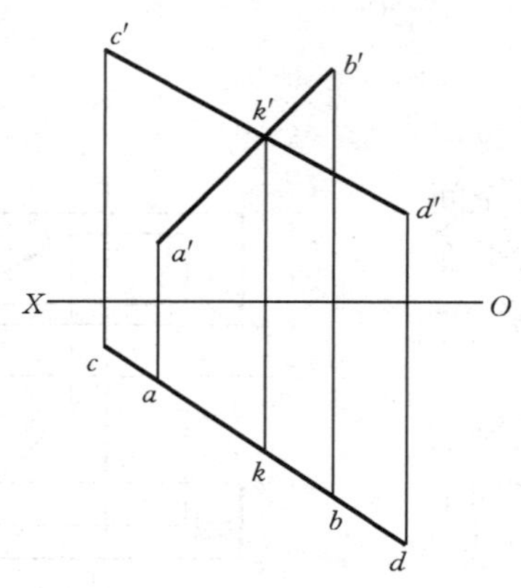

图 4-14 *AB* 与 *CD* 相交

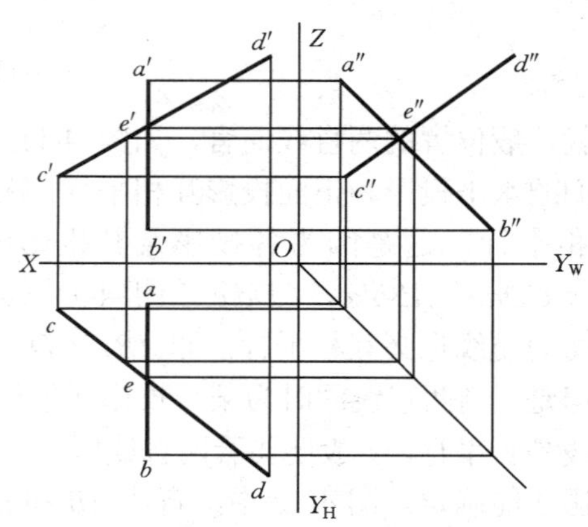

图 4-15 *AB* 与 *CD* 不相交

此题也可以利用定比关系来判别直线是否相交。图 4-15 中，$a'e':e'b' \neq ae:eb$，可以判定 E 点不是直线 AB 上的点，即 E 点不是两直线的交点，所以 AB 和 CD 不相交。

三、交叉两直线

既不平行也不相交的两空间直线，称为交叉两直线。

交叉两直线的同面投影可能有两组同面投影都互相平行，但不可能三面投影都互相平行，如图 4-16 所示。交叉两直线的同面投影可能三组同面投影均相交但其三个交点决不符合同一点的投影规律，这种交点实际上是重影点的投影，即两直线上不同两点在某投影面上的重合投影。如图 4-16（a）所示，直线 AB 和 CD 的水平投影 ab 和 cd 的交点 3（4），只是 AB 上 3 点和 CD 上 4 点在 H 面上的重合投影；$c'd'$和 $a'b'$的交点 1′（2′）也只是 CD 上 1 点和 AB 上的 2 点在 V 面上的重合投影。在投影图［图 4-16（b）］正面投影的交点 1′（2′）和水平投影的交点 3（4）的连线不垂直于 OX 轴，即不符合点的投影规律，这说明 AB 和 CD 是交叉两直线。

交叉两直线的重影点，存在着可见性问题。图 4-16（a），1 点和 2 点是对 V 面的一对重影点，由于 $y_1>y_2$ 即 1 点离 V 面较远，直线 CD 上的 1 点挡住了 AB 上的 2 点，所以 1 点可见，2 点不可见。在投影图［图 4-16（b）］中，CD 和 AB 的正面投影有一交点 1′（2′），过此点向下作一铅垂直线，先交 AB 于 2 点，后交 cd 于 1 点，从图中可以看出 $y_1>y_2$，即 1 点在前，2 点在后，所以 1 点可见，2 点不可见。

同理，3 点和 4 点是对 H 面的一对重影点，因 $z_3>z_4$，所以 3 点可见，4 点不可见。

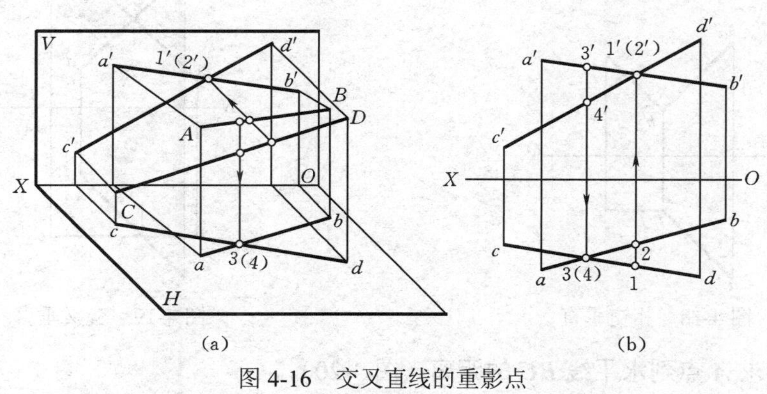

图 4-16　交叉直线的重影点

第六节　垂直两直线的投影

当垂直两直线的两边同时平行于一投影面时，在该投影面上的投影仍为直角；当垂直两直线的两边都不平行于某投影面时，在该投影面上的投影必不互相垂直。还有另一种情况，就是常用的直角的投影定理。

定理　若直角中有一边平行于某一投影面，则它在该投影面上的投影仍为直角。

图 4-17（a）中，已知 $BC \perp AB$，且 $BC /\!/ H$ 面，AB 是一般位置直线。求证：$bc \perp ab$。

证　因为 $BC \perp AB$，$BC \perp Bb$，故 $BC \perp$ 平面 $ABba$，又因为 $BC /\!/ H$ 面，所以 $bc /\!/ BC$，则 $bc \perp$ 平面 $ABba$，故 $bc \perp ab$，即$\angle abc$ 为直角［图 4-17（b）］。

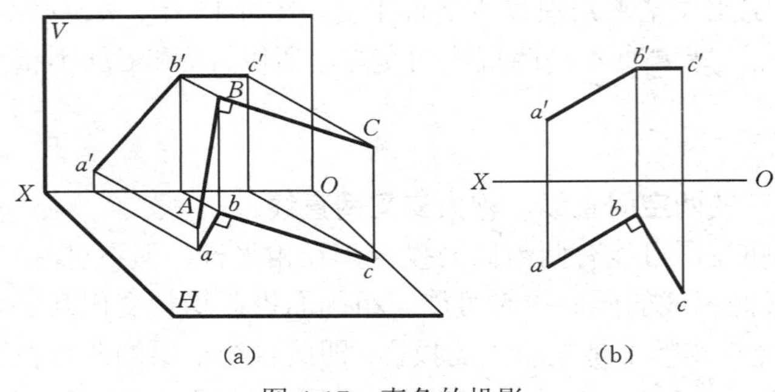

图 4-17 直角的投影

逆定理 **若一角在某投影面上的投影为直角，且有一边平行于该投影面，则该两直线空间一定垂直。**

在图 4-18 中，$\angle a'b'c'=90°$，又因 $bc /\!/ OX$ 轴，BC 为正平线，所以空间两直线 AB 和 CD 互相垂直。

直角的投影定理既适用于互相垂直的相交两直线，也适用于交叉垂直的两直线。如图 4-19 所示，AB、CD 是交叉两直线，因为 $ab /\!/ OX$ 轴，AB 是正平线，$a'b' \perp c'd'$，所以 AB 和 CD 是互相垂直的，这称为交叉垂直。

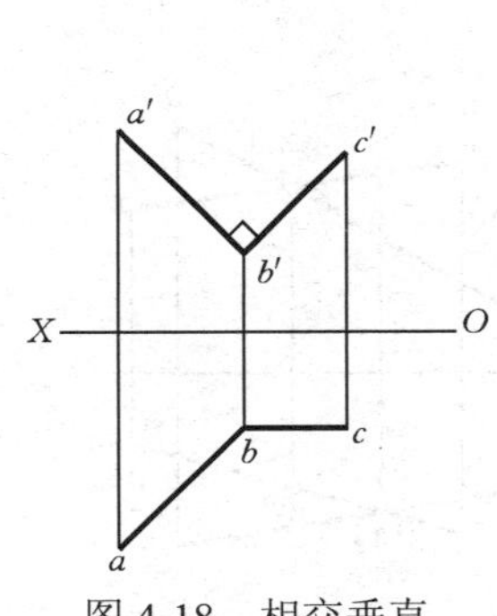

图 4-18 相交垂直

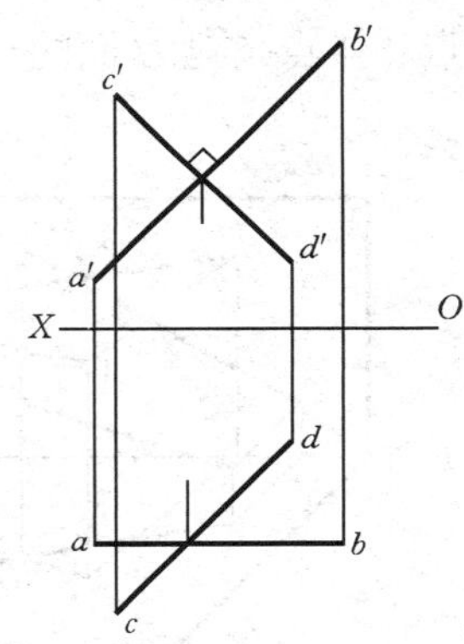

图 4-19 交叉垂直

【例 4-6】求 A 点到水平线 BC 的距离（图 4-20）。

分析 根据直角的投影定理可知：要使 $AK \perp BC$，则 $ak \perp bc$。

作图

（1）过 a 作 $ak \perp bc$，得交点 k。

（2）由 k 作 OX 轴的垂线交 $b'c'$ 于 k'。

（3）连 a'、k'，则 $a'k'$ 和 ak 即为所求距离的两个投影。

（4）用直角三角形法求出距离的实长 $a'K_0$，即为所求。

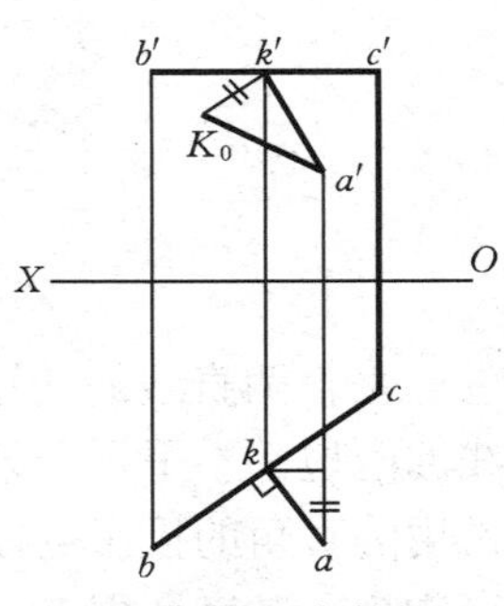

图 4-20 求距离的投影

第五章　平面

第一节　平面的表示法

一、几何元素表示法

根据初等几何学可知，不在同一直线上的三点可以确定一个平面的空间位置。在画法几何中常常用不在同一直线上的三点［图 5-1（a）］或由上述三点转换成的其他形式（图 5-1）来表达一个平面。具体是：

（1）不在同一直线上的三点［图 5-1（a）］。

（2）一直线和该直线外一点［图 5-1（b）］。

（3）平行两直线［图 5-1（c）］。

（4）相交两直线［图 5-1（d）］。

（5）平面图形［图 5-1（e）］。

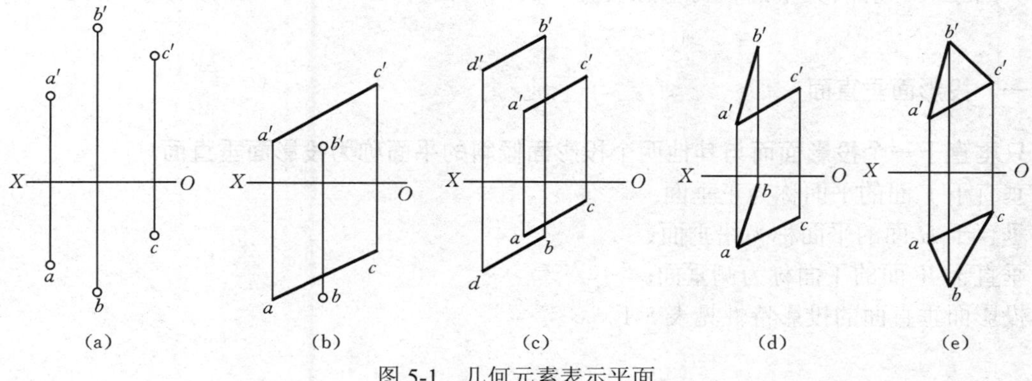

图 5-1　几何元素表示平面

因此，在投影图中可以用上述任一组几何元素的两面投影来表示平面。上述各种形式之间可以互相转换，但当不在同一直线上的三点给定以后，则无论转换成何种形式，平面在空间的位置也始终不变。

二、迹线表示法

平面与投影面的交线称为平面的迹线（图 5-2）。

平面 P 与 H 面的交线称为水平迹线，用 P_H 表示；

平面 P 与 V 面的交线称为正面迹线，用 P_V 表示；

平面 P 与 W 面的交线称为侧面迹线，用 P_W 表示。

平面与投影轴的交点称为迹线集合点（P_X、P_Y、P_Z）。

图 5-2（a）所示的平面 P，实质上就是相交两直线 P_H 与 P_V 所表示的平面。图 5-2（b）

中的平面 Q，实质上也就是平行两直线 Q_H 和 Q_V 所表示的平面。

迹线的投影特点和表示方法为：**迹线既是投影面内的一条直线，也是某一平面内的一条直线**。图 5-2 中，P_H 是 H 面内的一条直线，也是 P 面内的一条直线，P_H 的水平投影与本身重合，其正面投影与 OX 轴重合。P_V 也有类似的情况，在投影图中，只需将迹线与本身重合的那个投影画出并标记符号（如 P_V、P_H 等）即可。凡是与投影轴重合的投影均不标记。

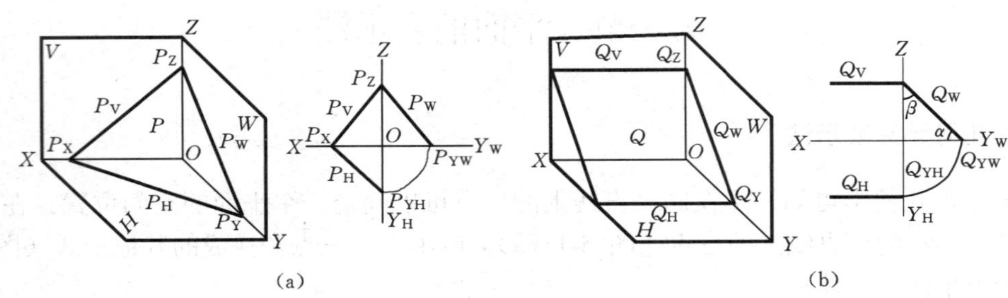

图 5-2 迹线表示平面

第二节 各种位置平面的投影

根据平面与投影面的相对位置不同，平面可以分为投影面垂直面、投影面平行面和一般位置平面三类。前两类平面称为特殊位置平面。平面对 H、V、W 面的倾角分别以 α、β、γ 表示。

一、投影面垂直面

只垂直于一个投影面而与其他两个投影面倾斜的平面称为投影面垂直面。

垂直于 V 面的平面称为正垂面；

垂直于 H 面的平面称为铅垂面；

垂直于 W 面的平面称为侧垂面。

投影面垂直面的投影特性见表 5-1。

表 5-1 投影面垂直面的投影特性

	轴测图	投影图	投影特性
正垂面			1. 正面投影积聚成一倾斜直线，它与 OX、OZ 轴夹角即 α 和 γ 2. 水平投影和侧面投影均为类似形

续表

	轴测图	投影图	投影特性
铅垂面			1. 水平投影积聚成一倾斜直线，它与 OX、OY_H 轴夹角即 β 和 γ 2. 正面投影和侧面投影均为类似形
侧垂面			1. 侧面投影积聚成一倾斜直线，它与 OY_W、OZ 轴夹角即 α 和 β 2. 正面投影和水平投影均为类似形

以正垂面为例：从表 5-1 中可知，平面 ABC 垂直于正面，其正面投影积聚成一直线，该直线与 OX 轴、OZ 轴的夹角分别反映正垂面与 H、W 面的倾角为 α、γ。由于平面 ABC 倾斜于 H、W 面，所以其水平投影 abc 和侧面投影 $a''b''c''$ 都为类似图形。

投影面垂直面的投影特性如下：

（1）平面在其所垂直的投影面上的投影积聚成一直线，该直线与投影轴所成的夹角即为平面对投影面的倾角。

（2）平面的其他两投影均为类似图形。

有时为了作图方便也用迹线表示平面。图 5-3 中，平面 P 是正垂面，其投影特性是：① P_V 是有积聚性的倾斜直线，它与 OX 轴、OZ 轴的夹角分别反映平面与 H 面、W 面的倾角 α、γ。② $P_H \perp OX$ 轴，$P_W \perp OZ$ 轴。

图 5-4 中，平面 Q 是铅垂面。

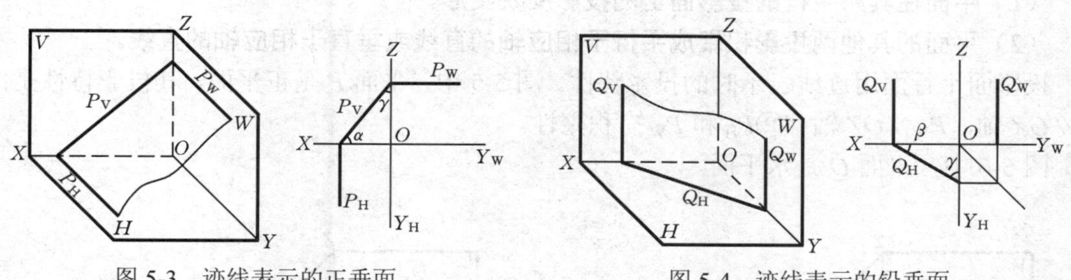

图 5-3　迹线表示的正垂面　　　　图 5-4　迹线表示的铅垂面

二、投影面平行面

平行于一个投影面，同时垂直于其他两个投影面的平面称为投影面平行面。

平行于 V 面的平面称为正平面；

平行于 H 面的平面称为水平面；

平行于 W 面的平面称为侧平面。

正平面、水平面和侧平面的投影特性列表说明如表 5-2 所示。

表 5-2　投影面平行面的投影特性

	轴测图	投影图	投影特性
正平面			1. 正面投影反映实形 2. 水平投影积聚成水平直线，即平行于 OX 轴 3. 侧面投影积聚成铅垂直线，即平行于 OZ 轴
水平面			1. 水平投影反映实形 2. 正面投影积聚成水平直线，即平行于 OX 轴 3. 侧面投影积聚成水平直线，即平行于 OY_W 轴
侧平面			1. 侧面投影反映实形 2. 正面投影积聚成铅垂直线，即平行于 OZ 轴 3. 水平投影积聚成正垂直线，即平行于 OY_H 轴

投影面平行面的投影特性如下：

（1）平面在其所平行的投影面上的投影反映实形。

（2）平面的其他两投影积聚成平行于相应轴的直线或垂直于相应轴的直线。

投影面平行面用迹线表示时的投影特性。图 5-5 中，平面 P 是正平面，其投影特性是：① $P_H // OX$ 轴，$P_W // OZ$ 轴；② P_H 和 P_W 有积聚性。

图 5-6 中，平面 Q 是水平面。

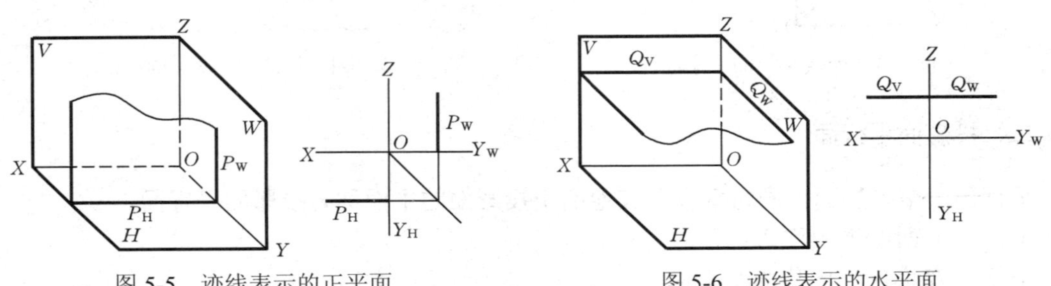

图 5-5　迹线表示的正平面　　图 5-6　迹线表示的水平面

三、一般位置平面

因一般位置平面与投影面都倾斜，所以在投影面上的投影均为类似图形［图 5-1（e）］。用迹线表示的一般位置平面的各迹线均无积聚性，且与各投影轴的夹角都不反映平面对投影面的倾角，没有迹线与投影轴相垂直［图 5-2（a）］。

第三节　平面内的直线和点

一、在平面内取直线和点

1. 直线在平面内的几何条件（必要和充分条件）

（1）若直线通过平面内的两个已知点，则该直线在平面内。图 5-7（a）中平面 *P* 是由两相交直线 *AB* 和 *BC* 所确定的，今在 *AB* 和 *BC* 各取一点 *D* 和 *E*，则由该两点所决定的直线 *DE* 一定在平面 *P* 内。

（2）若直线通过平面内一已知点，且平行于该平面内的一直线，则该直线在此平面内。如图 5-7（b）所示中的 *CF*。

2. 在平面内取直线的方法

（1）在平面内取两个已知点连接成直线。

（2）在平面内过一已知点引一直线与该平面内某一已知直线平行。

【例 5-1】图 5-8（a）中已知平面 *ABC*，试在该平面内任作一直线。

解　在图 5-8（b）中，在直线 *AB* 上任取一点 *D*（*d'*，*d*），在直线 *BC* 上任取一点（*e'*，*e*），则直线 *DE*（*d'e'*，*de*）就一定在已知平面内；通过平面内一已知点 *C*（*c'*，*c*），作直线 *CF*（*c'f'*，*cf*）// *AB*，则 *CF* 也必在已知平面内。

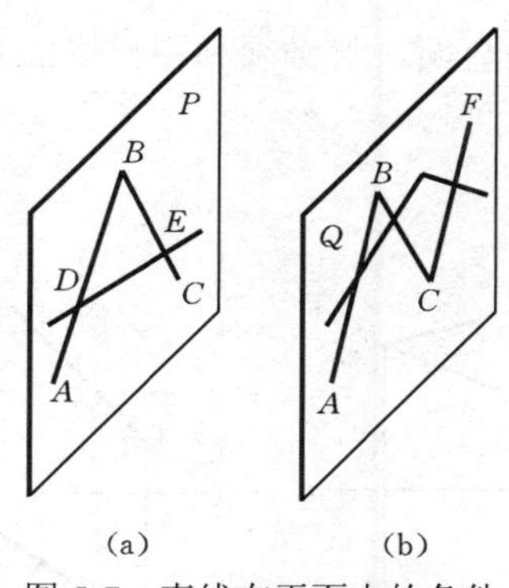

图 5-7　直线在平面内的条件

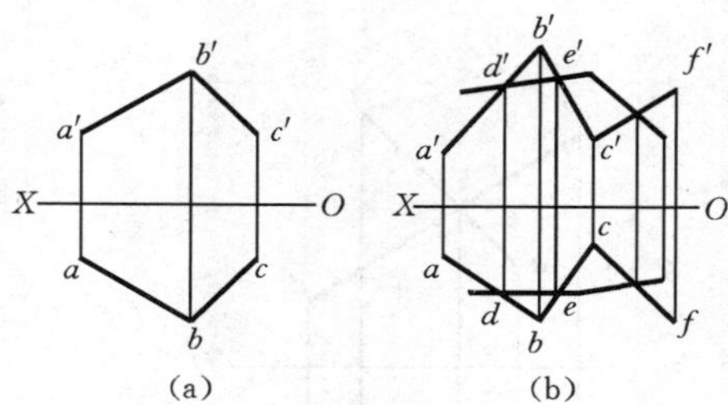

图 5-8　在平面内取直线

3. 点在面内的几何条件

若点位于平面内的任一直线上，则此点在平面上。

4. 在平面内取点的方法

（1）直接在平面内的已知直线上取点。

（2）先在平面内取直线（该直线要满足直线在平面内的几何条件），然后在该直线上取符合要求的点。

【例 5-2】图 5-9（a）中，已知平面 *ABCD*，*K* 点在此平面内，并知 *K* 的水平投影 *k*，求 *k*′。

解 图 5-9（b）中，过 *K* 作一直线，使与 *AB*、*CD* 交于Ⅰ、Ⅱ点。即过 *k* 任作一直线交 *ab* 于 1 点，交 *cd* 于 2 点，然后求 1′、2′，连 1′2′，再在 1′2′上求 *k*′。

【例 5-3】试检查图 5-10（a）中的 *N*（*n*′，*n*）点是否是平面 *ABC* 内的点。

解 图 5-10（b）中，在平面△*ABC* 内任作辅助直线 *DE*（*d*′*e*′，*de*），使 *d*′*e*′过 *n*′（或使 *de* 过 *n*），再作 *de*。若 *de* 也通过 *n*（或 *d*′*e*′过 *n*′），则 *N* 点一定在△*ABC* 内，从图 5-10（b）可知 *N* 点不在△*ABC* 内。如果 *N* 点在△*ABC* 外，检查的方法也是一样。

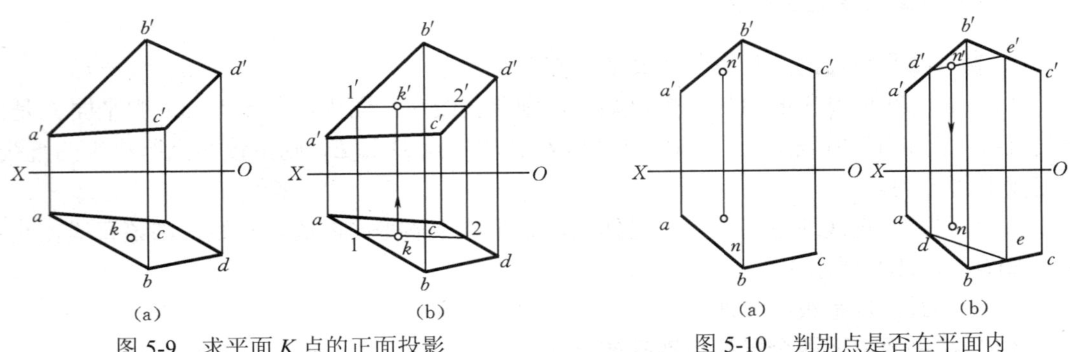

图 5-9 求平面 *K* 点的正面投影　　图 5-10 判别点是否在平面内

二、包含直线或点作平面

如果没有限制条件，包含一直线可作无数个平面。

1. 包含一般位置直线可作一般位置平面和投影面垂直面

（1）作一般位置平面。图 5-11 中过已知直线 *AB* 上任一点 *K* 作一直线 *CD*，则 *AB* 与 *CD* 决定的平面必包含直线 *AB*。

（2）作投影面垂直面。要包含直线 *AB* 作投影面垂直面，就必须利用投影面垂直面的积聚性进行作图。图 5-12 示出了作图方法（图中 *b* 为迹线面）。

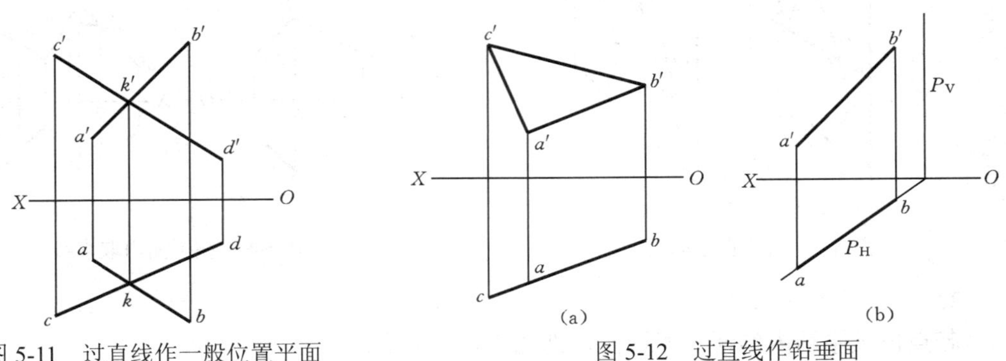

图 5-11 过直线作一般位置平面　　图 5-12 过直线作铅垂面

2. 包含投影面垂直线作平面（图 5-13）

包含投影面垂直线不能作一般位置平面，只能作投影面垂直面［图 5-13（a）］和投影面平行面［图 5-13（b）］。

3．包含投影面平行线作平面（图 5-14）

包含投影面平行线可以作投影面平行面[图 5-14（a）]，也可作投影面垂直面[图 5-14（b）]。

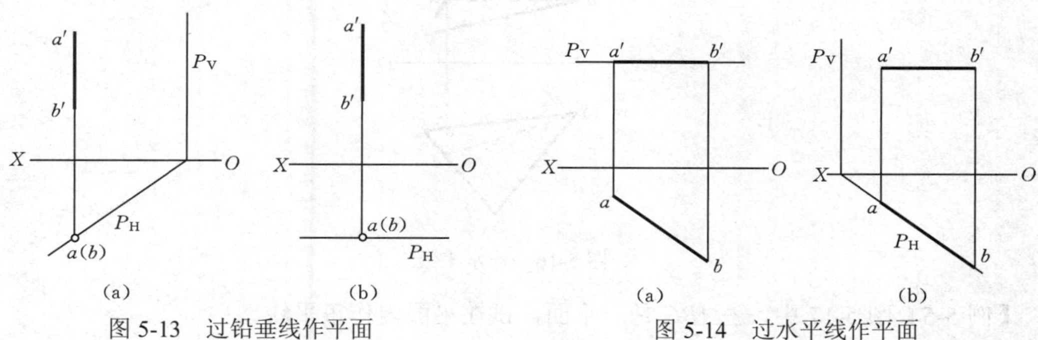

图 5-13　过铅垂线作平面　　　　图 5-14　过水平线作平面

4．包含空间一点作平面

包含空间一点作平面时，如果没有附加条件，也可以作无数个平面（作图略）。

三、平面内的特殊位置直线

平面内的特殊位置直线有两类：**一是平面上的投影面平行线，一是垂直于投影面平行线的直线，称平面的最大斜度线。**

1．平面上的投影面平行线

平面上平行于 *H*、*V*、*W* 面的直线分别称为平面上的水平线、正平线和侧平线。平面的迹线是平面上的投影面平行线的特例。平面上的投影面平行线，既是平面上的直线，又是投影面平行线，它除了具有一般投影面平行线的投影特性外，还具有直线在平面内的几何条件。如图 5-15 所示，直线 *AB* 是平面 *P* 内的水平线，它的投影除了具有水平线的投影特点（即 *AB* 的正面投影 *a'b'*平行于 *OX* 轴）外，它的水平投影 *ab* 也平行于水平迹线 P_H。为此，就可以在投影图中作投影面平行线。

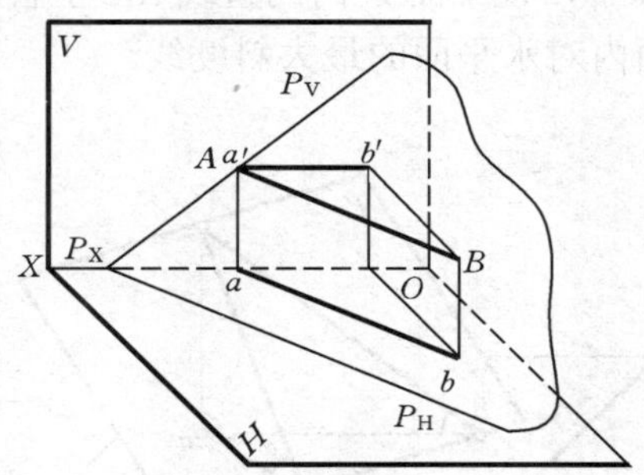

图 5-15　平面内的水平线

【例 5-4】图 5-16 中，已知平面△*ABC*，试在平面内作水平线。

解　过△*ABC* 内一已知点 *A*（*a*′，*a*），作水平线 *AD*。因为水平线的正面投影平行于 *OX* 轴，所以过 *a*′作 *a*′*d*′ // *OX* 轴，而与 *b*′*c*′交于 *d*′，由 *d*′作出 *d*，连接 *a*、*d* 即得 *AD* 的水平投影 *ad*。

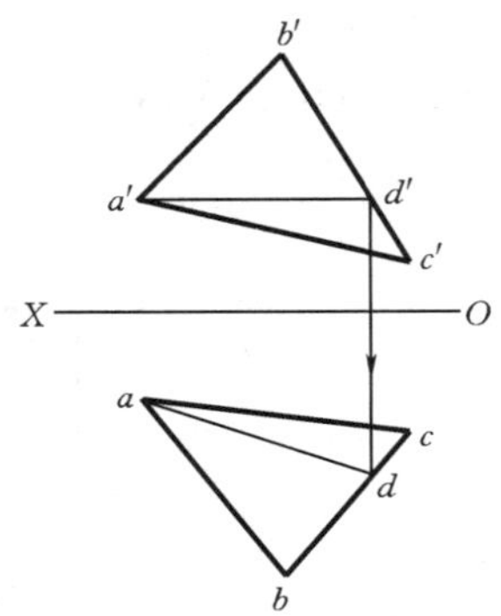

图 5-16 作水平线

【例 5-5】图 5-17 中，$\triangle ABC$ 是一平面，试在平面内作正平线。

解 略

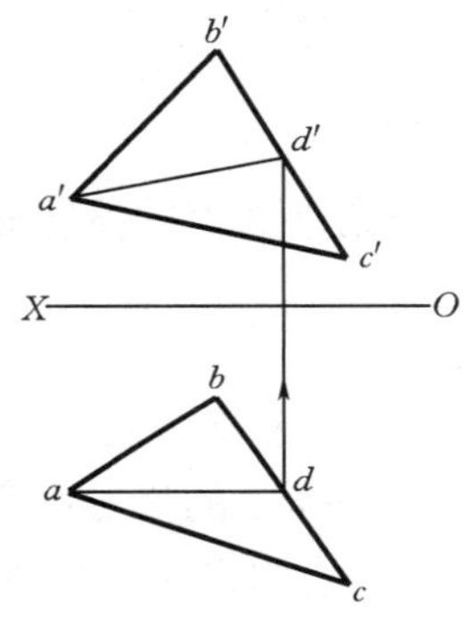

图 5-17 作正平线

2. 平面内的最大斜度线

（1）平面内的最大斜度线的含义。**平面内对投影面成最大倾角的直线，称为平面内对该投影面的最大斜度线**。图 5-18 中，设平面 P 内的直线 AK 垂直于该平面内的水平线或 P 面的水平迹线 P_H，则 AK 就是 P 面内对水平面的最大斜度线。

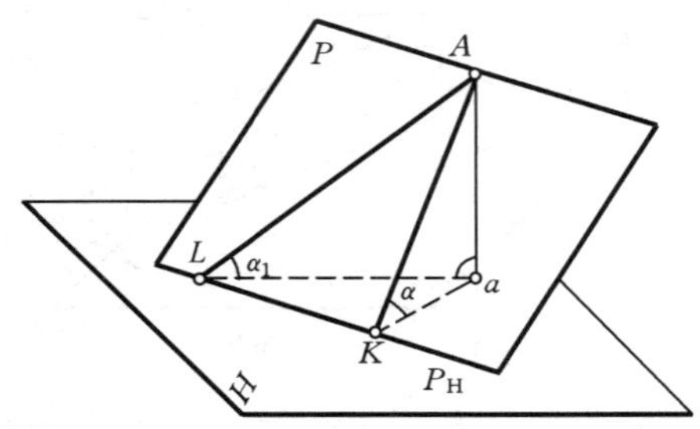

图 5-18 最大斜度线

（2）证明最大斜度线对投影面的倾角最大。在平面上取一点 A，过 A 点作 AK 直线垂直于水平迹线，求出 AK 的水平投影 aK，AK 与 aK 的夹角 α，就是 AK 与 H 面的倾角。在平面 P 上过 A 点任作另一条直线 AL，它与 H 面的倾角为 α_1。因 $AK \perp P_H$，则 $AL > AK$。比较两直角

三角形 ALa 和 AKa，因有相等的直角边 Aa，$AL>AK$，$aL>aK$，α是△ALK 的外角，所以 $\alpha_1<\alpha$，即α为最大倾角，所以 AK 为 H 面的最大斜度线。

（3）最大斜度线的投影特性。平面内对水平面的最大斜度线的水平投影必垂直于该平面内水平线的水平投影（包括水平迹线）；平面内对正面（或侧面）的最大斜度线的正面（或侧面）投影必垂直于该平面内正平线（或侧平线）的正面（或侧面）投影（包括正面迹线或侧面迹线）。

（4）最大斜度线的几何意义。平面内对投影面的最大斜度线与投影面的倾角就是该平面与投影面的倾角。平面内对水平面的最大斜度线在工程上被称为坡度线。在工程上用坡度线来表示平面对水平面的倾斜问题。

【例 5-6】求（图 5-19）平面△ABC 对 H 面的倾角α。

解　求△ABC 平面对 H 面的倾角就是求该平面内对 H 面的最大斜度线与 H 面的倾角。利用最大斜度线的特性，在平面内任作一水平线 AD（$a'd'$，ad），作 $bk\perp ad$，bk 就是最大斜度线的水平投影。用直角三角形法在水平投影中作 BK 的实长 kB_0，所求的α夹角即为答案［图 5-19（c)］。

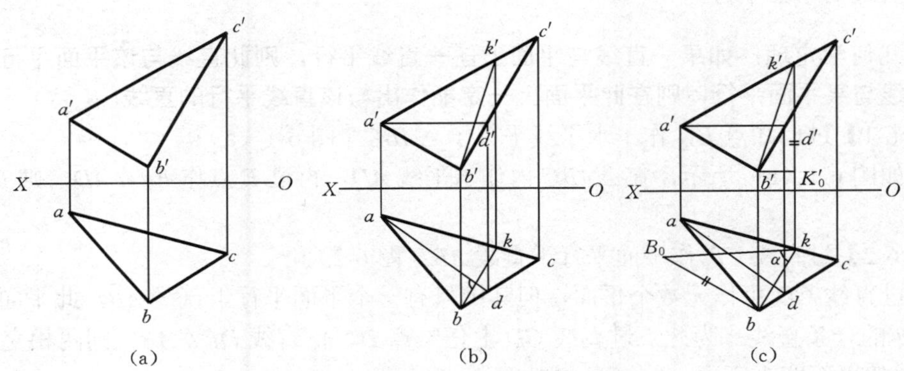

图 5-19　求平面对水平面的倾角α

第六章　直线与平面、平面与平面的相对位置

直线与平面，平面与平面之间的相对位置有：

（1）从属。直线在平面上。

（2）平行。直线与平面平行，平面与平面平行。

（3）相交。直线与平面相交，平面与平面相交。

（4）垂直。直线与平面垂直，平面与平面垂直。

第一种情况已在前面介绍过。

第一节　平行问题

一、直线与平面平行

初等几何学定理：**如果一直线与平面上任一直线平行，则此直线与该平面平行。反之，如果一直线与某平面平行，则在此平面上一定能作出与该直线平行的直线。**

【例 6-1】过已知点 *E*，作一水平线平行于△*ABC*［图 6-1（a）］。

解　如图 6-1（b）所示，在△*ABC* 内作水平线 *AD*，再过 *E* 点作 *EF*∥*AD*，则 *EF* 必平行于△*ABC*。

【例 6-2】过直线 *CD* 作平面平行于直线 *AB*（图 6-2）。

解　过直线 *CD* 可作无数个平面，但其中只有一个平面平行于直线 *AB*，此平面必须包含平行于 *AB* 的一条直线。为此，过直线 *CD* 上任一点 *D*，作直线 *DE*∥*AB*，则两相交直线 *CD*、*DE* 所决定的平面即为所求。

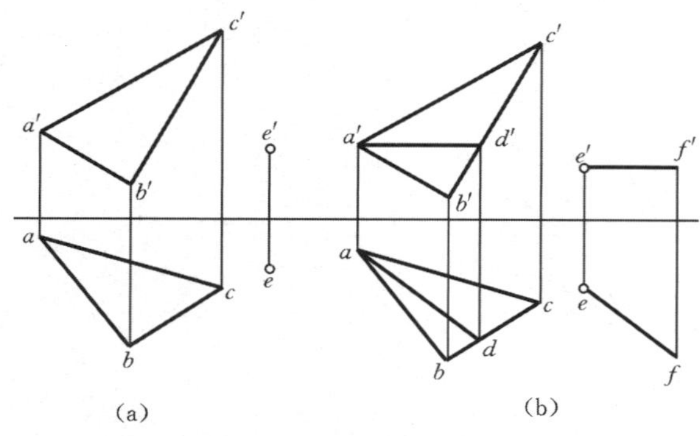

图 6-1　作直线平行于平面

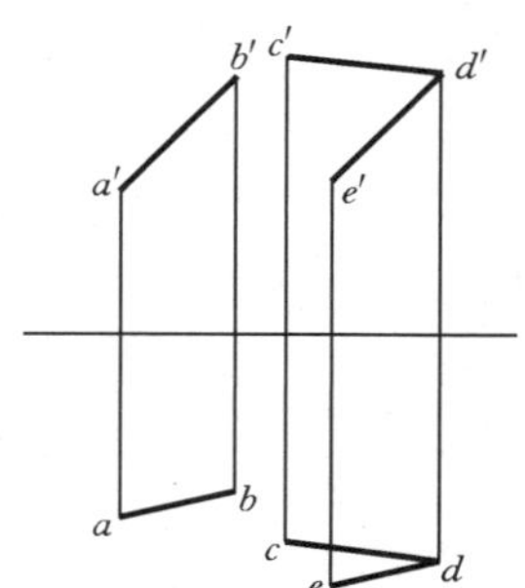

图 6-2　作平面平行于直线

二、两平面互相平行

由初等几何学定理可知：**如果一平面内的一对相交两直线对应地平行于另一平面内的一对相交两直线，则此两平面互相平行。**

图 6-3 中，因为平面 *P* 内的相交两直线 *AB* 和 *BC* 对应地平行于平面 *Q* 内的相交两直线

A_1B_1 和 B_1C_1，所以平面 P（$AB\times BC$）和平面 Q（$A_1B_1\times B_1C_1$）互相平行。

【例 6-3】判断△ABC 和△DEF 是否互相平行（图 6-4）。

解　根据定理，为了作图方便，在△ABC 内任作一正平线 AH 和水平线 CG；再在△DEF 内作一正平线 FN 和水平线 DM。如果 $a'h'/\!/f'n'$，$ah/\!/fn$，$c'g'/\!/d'm'$，$cg/\!/dm$，则以此两平面互相平行，反之不平行。图中两直线平行。

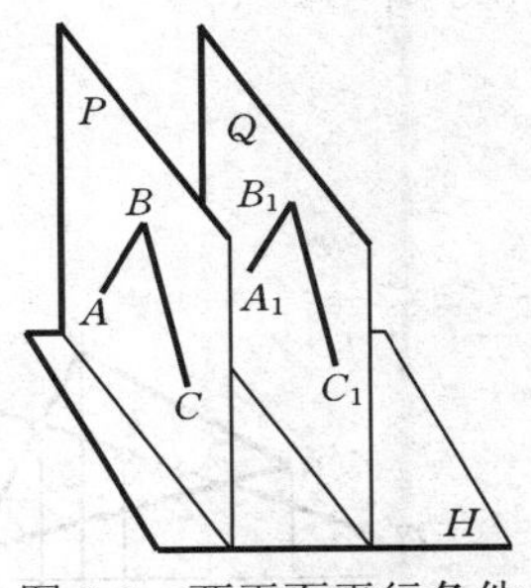

图 6-3　两平面平行条件

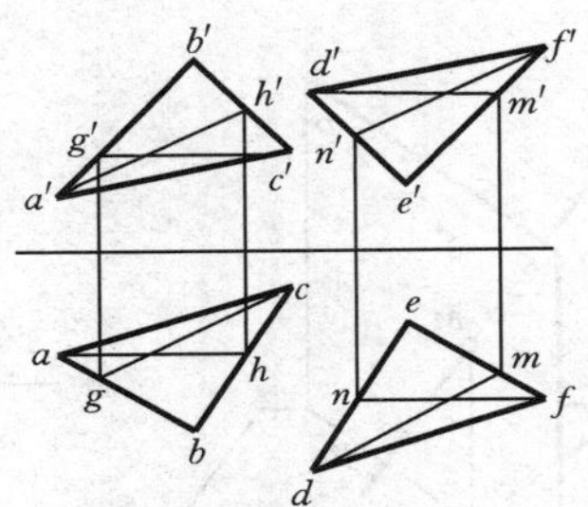

图 6-4　判断两平面平行

【例 6-4】已知由平行两直线 AB、CD 所确定的平面，过 K 点作一平面平行于已知平面　（图 6-5）。

解　根据定理，只要过 K 点作相交两直线对应地平行于已知平面的相交两直线，则所作的相交两直线所确定的平面即为所求的平面。在已知平面内找出相交两直线。但已知平面是由一对平行线所决定的，所以要在该平面内引一条辅助直线 MN 与它们相交。然后过 K 点作相交两直线 EF 和 GH 分别平行于 AB 和 MN，则相交两直线 EF 和 GH 所确定的平面即为所求。如图 6-6 所示两铅垂面的水平投影互相平行，这两个平面必互相平行。

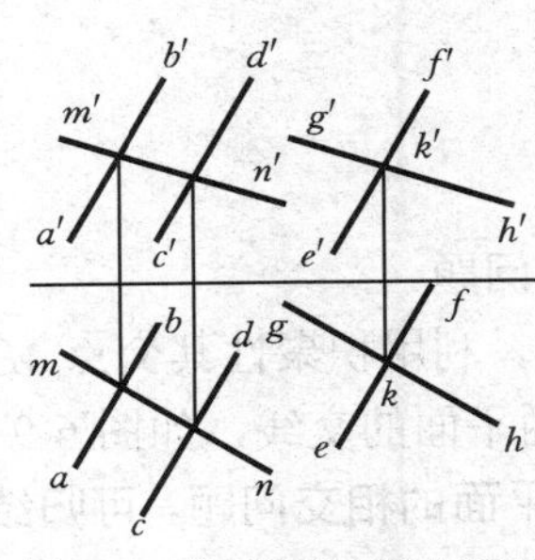

图 6-5　作平面平行于平面

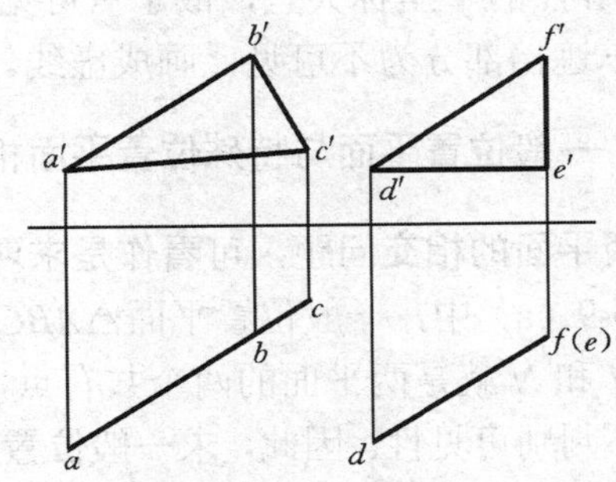

图 6-6　两垂直面平行

第二节　相交问题

如果直线与平面不平行，就一定相交。直线与平面的交点既在直线上又在平面内，是直线与平面的共有点。

如果两平面不平行，就一定相交。两平面的交线是一条直线，此直线为两平面所共有。只要求出两平面的两个共有点或共有点加上共有线方向，即可确定两平面的交线。

一、直线与特殊位置平面相交

特殊位置平面至少有一个投影（或迹线）有积聚性（平行面、垂直面），利用这一特性就可以从图上直接求出交点。

图 6-7（a）中，已知直线 *AB* 和铅垂面 *P* 交于 *M* 点，因为 *M* 点是直线与平面的共有点，所以 *M* 点的各个投影一定在直线 *AB* 的同面投影上，又因平面有积聚性，所以 *M* 点的水平投影一定积聚在直线 P_H 上（水平迹线）。这样 *M* 点的水平投影 *m* 就是 *ab* 和 P_H 的交点。在图 6-7（b）中，由 *m* 可直接作出 *m′*。*m′* 和 *m* 即为所求交点的两个投影。在投影时，迹线平面不判别可见性，若该平面为几何图形时，应判别可见性，如图 6-8 所示。

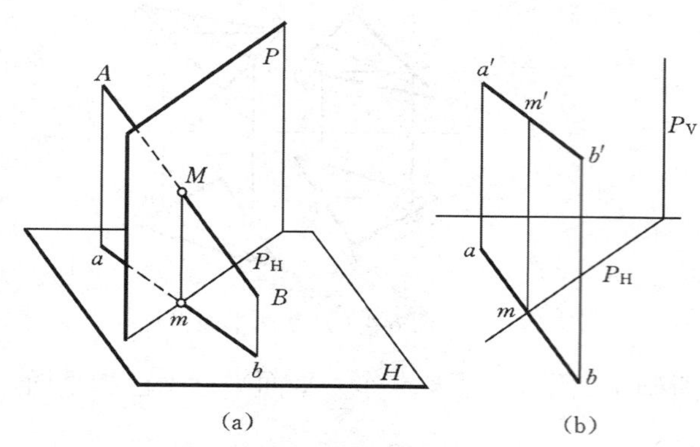

图 6-7 直线与铅垂面 *P* 相交

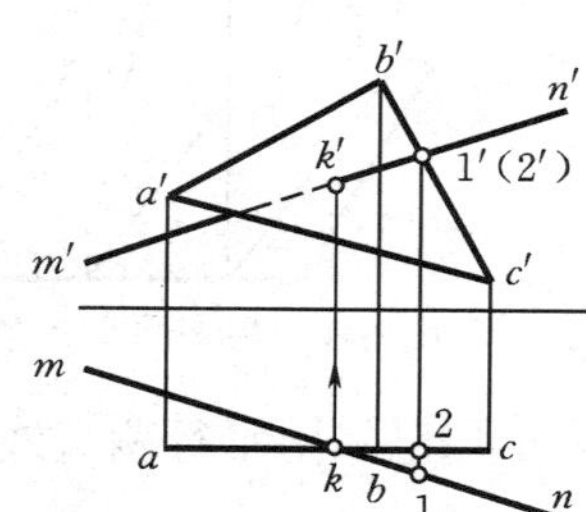

图 6-8 直线与铅垂面△*ABC* 相交

图 6-8 中，△*ABC* 的水平投影积聚成一直线，因此水平投影 *mn* 与水平投影△*abc* 的交点 *k*，便是交点 *K* 的水平投影。由 *k* 求得 *k′*，*k* 和 *k′*即为所求交点的两个投影。

交点 *K* 求出以后，还要判断直线的可见性。交点的正面投影 *k′*就是可见与不可见的分界点。在图 6-8 中，判别直线的可见性要利用正面投影的重影点，位于 *MN* 上Ⅰ点的 *y* 坐标比 *BC* 上的Ⅱ点的 *y* 坐标大些，故Ⅰ点可见，Ⅱ点不可见。对 *V* 面来说 *n′k′*可见，而 *k′m′*线段上被△*a′b′c′*遮挡部分为不可见，画成虚线。

二、一般位置平面与特殊位置平面相交

求两平面的相交问题，可看作是求两个平面的共有点问题。

图 6-9（a）中，一般位置平面△*ABC* 与铅垂面 *P* 相交，利用积聚性其交点 *M* 和 *N* 可直接求出，*M* 和 *N* 就是两平面的两个共有点，连线 *MN* 就是两平面的交线，如图 6-9（b）所示。迹线面不判别可见性。因此，**求一般位置平面与特殊位置平面的相交问题，可归结为求一般位置平面内的两条直线与特殊位置平面的两个交点问题。**

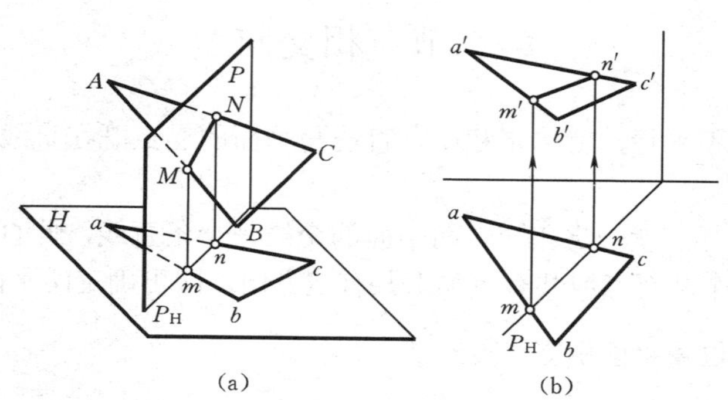

图 6-9 一般位置平面与铅垂面相交

图 6-10 中是一般位置平面平行四边形 *DEFG* 与水平面 *ABC* 求交线的作图过程。△*ABC* 的正面投影有积聚性，所以直线 *MN*（*m′n′*，*mn*）就是两平面的交线。在水平投影中，因为 *d′* 和 *e′* 均位于 *a′b′c′* 的下方，所以 *md* 和 *ne* 在△*abc* 图形内的部分是看不见的，用虚线表示。

三、一般位置平面与特殊位置直线相交

在图 6-11 中，铅垂线与△*ABC* 相交。由于 *DE* 的水平投影有积聚性，所以交点的水平投影 *k* 与 *d*、*e* 积聚为一点，其正面投影可用平面内取点的方法求出。直线 *DE* 的正面投影的可见性可利用 *DE* 与平面内的直线 *AB*（*DE* 与 *AB* 为交叉两直线）对 *V* 面重影点Ⅰ、Ⅱ来判别。从图中可以看出，*DE* 上的Ⅰ点在前，*AB* 上的Ⅱ点在后，故 1′可见，线段 1′*k*′也可见。

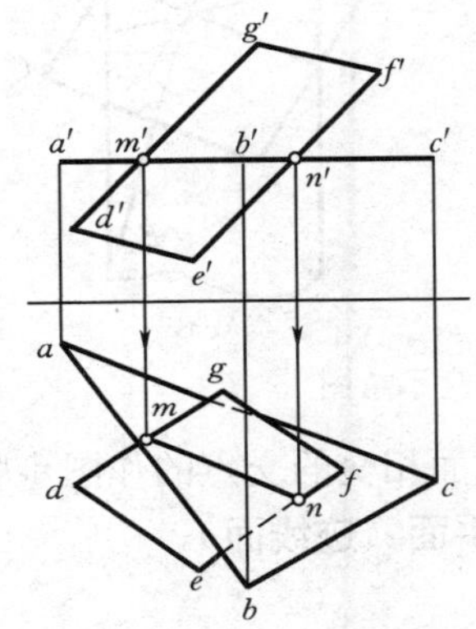

图 6-10　水平面与一般面相交

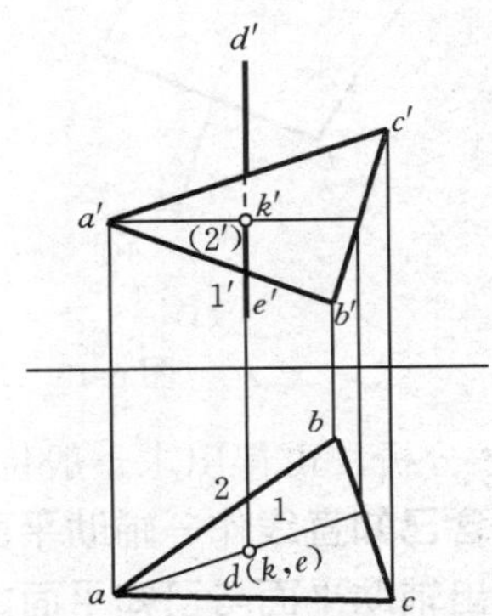

图 6-11　特殊位置直线与△*ABC* 相交

四、两特殊位置平面相交

图 6-12 中，两个铅垂面 *ABC* 与 *EFGH* 相交，该两相交平面的水平投影积聚成两相交直线。此两直线的交点必为两平面交线（铅垂线）*MN* 的水平投影。交线 *MN* 的正面投影一定在两平面的正面投影的重叠范围内。显然，水平投影不产生可见性问题。从水平投影中可以判别正面投影的可见性，其可见性如图 6-12 所示。

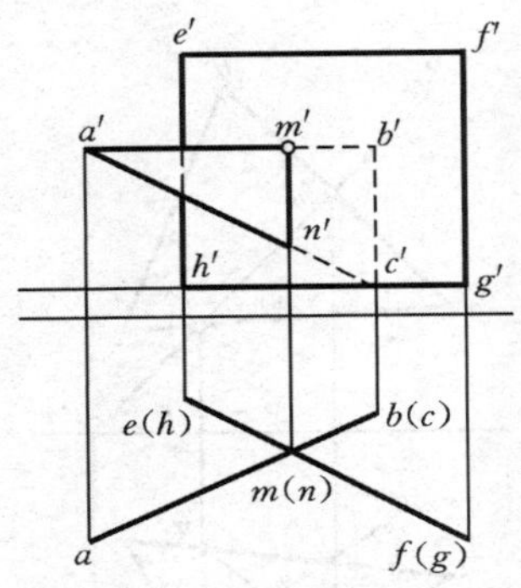

图 6-12　两特殊位置平面相交

五、一般位置直线与一般位置平面相交

因为一般位置直线和一般位置平面都没有积聚性，所以不能直接确定交点的投影，而需

要通过作辅助平面来解决。

从图 6-13（a）中知，直线 *DE* 与 *ABCF* 的交点 *K* 是 *ABCF* 内的点，它一定在 *ABCF* 内的一条直线上，例如在直线 *MN* 上［图 6-13（b）］。这样，过交点 *K* 的直线 *MN* 就和已知直线 *DE* 构成一个辅助平面 *R*［图 6-13（c）］。显然，直线 *MN* 就是已知平面 *ABCF* 和辅助平面 *R* 的交线。交线 *MN* 与已知直线 *DE* 的交点 *K* 就是直线 *DE* 与平面 *ABCF* 的交点。

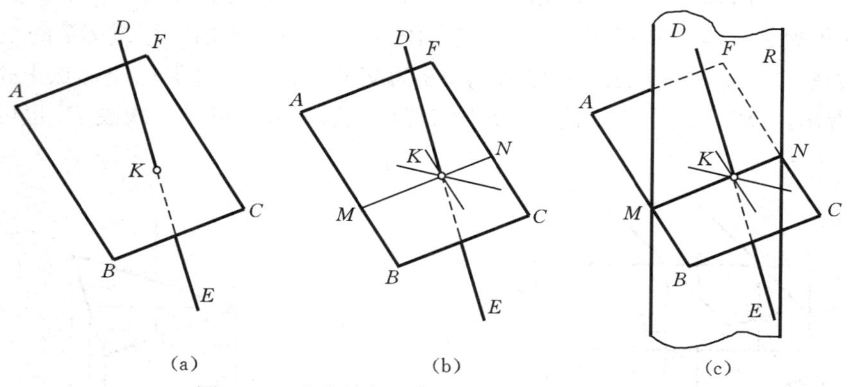

图 6-13　求直线与一般位置平面相交示意图

根据上述分析，可得出求一般位置直线与一般位置平面相交的交点的作图步骤如下：

（1）**包含已知直线作一辅助平面，一般取特殊位置平面（迹线面）。**

（2）**求出辅助平面与已知平面的交线。**

（3）**求出交线与已知直线的交点。**

【例 6-5】 求直线 *DE* 与△*ABC* 平面的交点［图 6-14（a）］。

解　作图步骤如下：

（1）包含直线 *DE* 作正垂面 *R*（或作铅垂面），它的正面迹线 R_V 有积聚性，如图 6-14（b）所示。

（2）求出辅助平面 *R* 与△*ABC* 的交线 *MN*（*m'n'*，*mn*），如图 6-14（b）所示。

（3）求出交线 *MN* 与直线 *DE* 的交点 *K*（*k'*，*k*）就是直线与平面的交点［图 6-14（c）］。

（4）判断可见性［图 6-14（c）］。

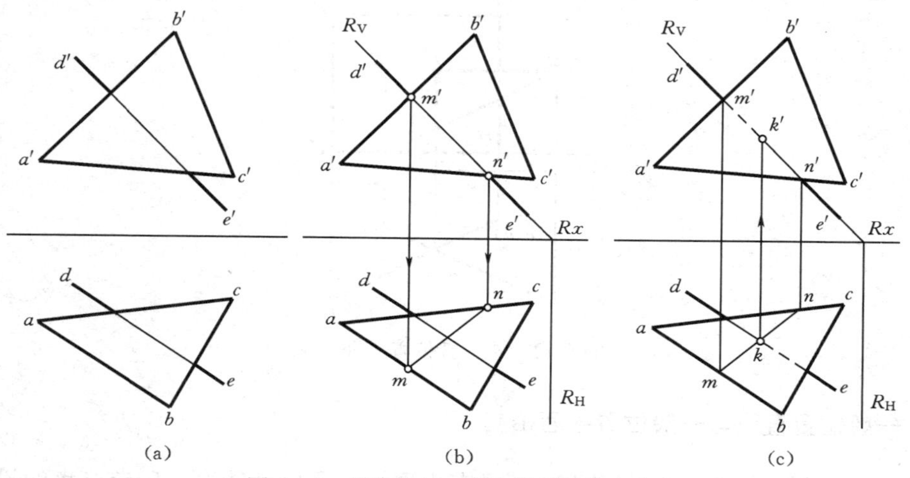

图 6-14　求直线与一般位置平面的交点

求两个一般位置平面相交的交线同样需要求出两个共有点，其方法是：可以在一个平面内任取两直线，或在两个平面内各任取一直线，分别求出此两直线对另一平面的交点，即得两个共有点。

图 6-15（a）所示的两个三角形 *ABC* 和 *DEF* 相交，分别包含 *DE*、*DF*，作辅助正垂面 *P* 和 *Q*，用图 6-14 的方法分别求 *DE*、*DF* 与△*ABC* 的两交点 *M*（*m'*，*m*）和 *N*（*n'*，*n*），则 *MN*（*m'n'*，*mn*）即为两个三角形的交线。

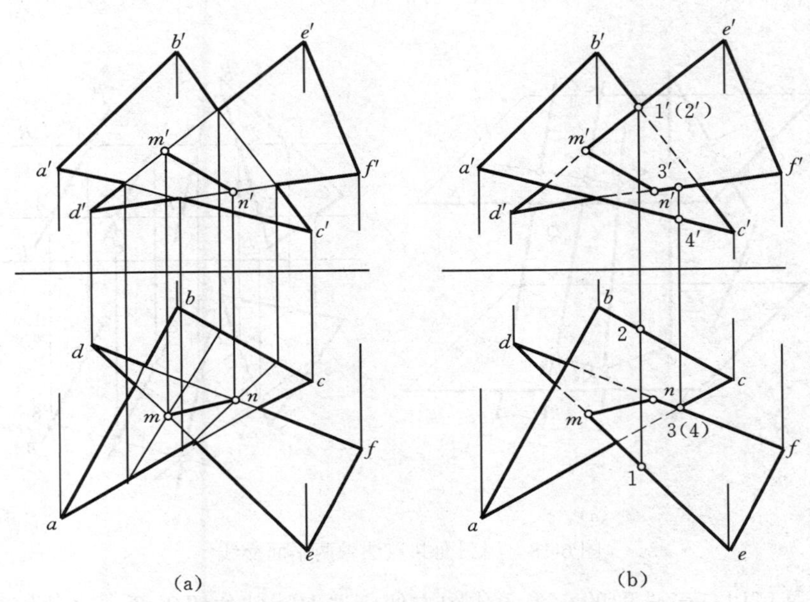

图 6-15　求两个一般位置平面的交线

两个三角形 *ABC* 和 *DEF* 在投影图上可见性判别的方法为，利用判别交叉两直线重影点的方法。利用正面投影 *d'e'*和 *b'c'*相交于 1'（2'）点，然后找出水平投影中相应的 1、2 点，即可确定 *m'e'*为可见，同法也可确定 *n'f'*为可见。同法，利用水平投影中 *df* 和 *ac* 的重影点投影 3（4），可判别水平投影中两个三角形的投影重叠部分的可见性。

六、两个一般位置平面相交的形式

两平面图形相交，可有两种情况：图 6-16 所示为“全交”。图 6-17 为“互交”。

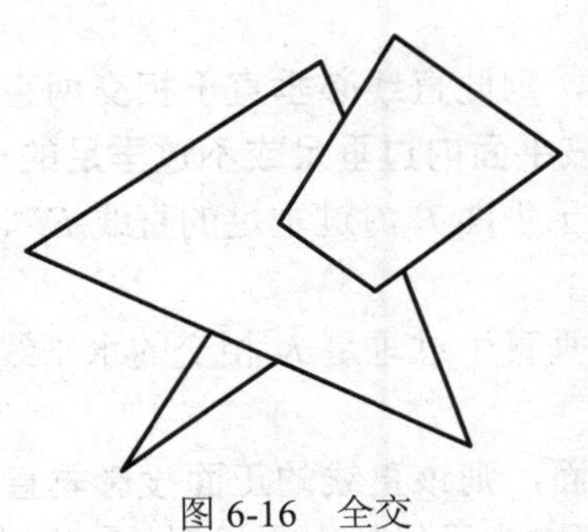
图 6-16　全交

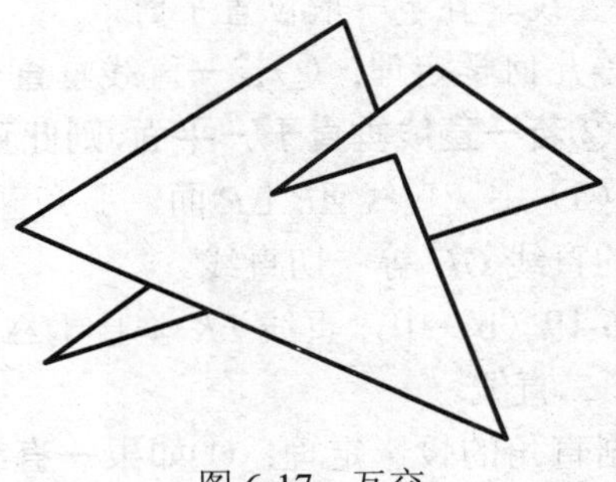
图 6-17　互交

七、用三面共点原理求两平面的交线（简称三面共点法）

在图 6-18（a）中为了求出平面 P 与平面 Q 的交线，可作一辅助平面 R 分别与 P、Q 二平面相交，其交线为ⅠⅡ和ⅢⅣ，其交点为 K_1，即 P、Q 两平面的共有点。同理，可做一辅助平面 S 分别与 P、Q 两平面相交，又可求出另一个共有点 K_2，K_1K_2 即为 P、Q 两平面的交线。

在图 6-18（b）中分别作两个水平辅助平面 R_V、S_V，然后求出 k_1k_2 再求出 $k_1'k_2'$ 即两平面的交线。

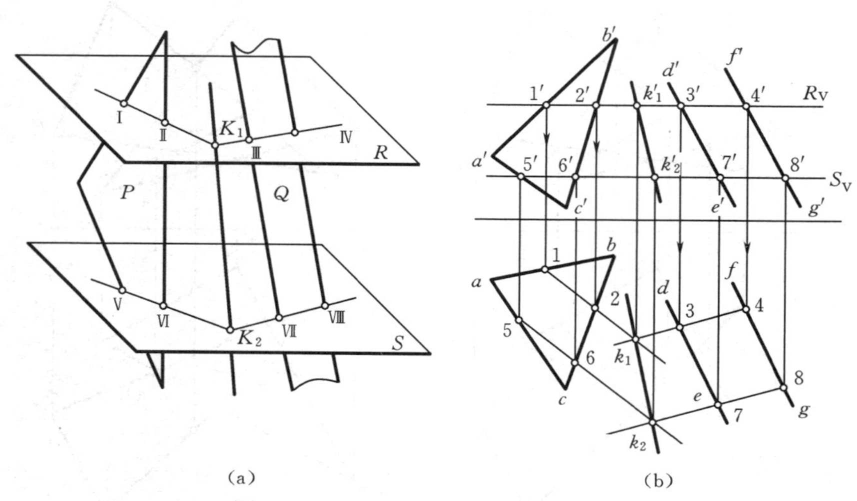

图 6-18 用三面共点法求两平面交线

辅助平面是可以任意选取的，为了作图方便应选取特殊位置平面。这种作图方法应用了“三面共点”的原理，故称三面共点法。

第三节 垂直问题

一、直线与平面垂直

直线与平面垂直问题是直线与平面相交的一种特殊情况。

1. 直线垂直于一般位置平面

初等几何学定理：①**若一直线垂直于相交两直线，则此直线必垂直于相交两直线所决定的平面；②若一直线垂直于一平面，则此直线必垂直于该平面内过垂足或不过垂足的一切直线。**图 6-19（a）中，直线 $AB \perp P$ 面，那么直线 AB 必垂直于平面 P 内过垂足的直线 EF、CD 和不过垂足的直线 GH 等一切直线。

图 6-19（b）中，直线 LK 垂直于△ABC，它也必垂直于过垂足 K 相交的水平线 FG 和正平线 DE 二直线。

根据直角的投影定理：①**如果一直线垂直于一平面，则该直线的正面投影垂直于该平面内正平线的正面投影，该直线的水平投影垂直于该平面内水平线的水平投影。**②反过来说，如果一直线的正面投影垂直于平面内正平线的正面投影，该直线的水平投影垂直于平面内水平线的水平投影，则此直线必垂直于该平面。

图 6-19（c）是一般位置直线与平面垂直的投影图，由于 $LK\perp\triangle ABC$，所以 $l'k'\perp d'e'$，$lk\perp fg$。

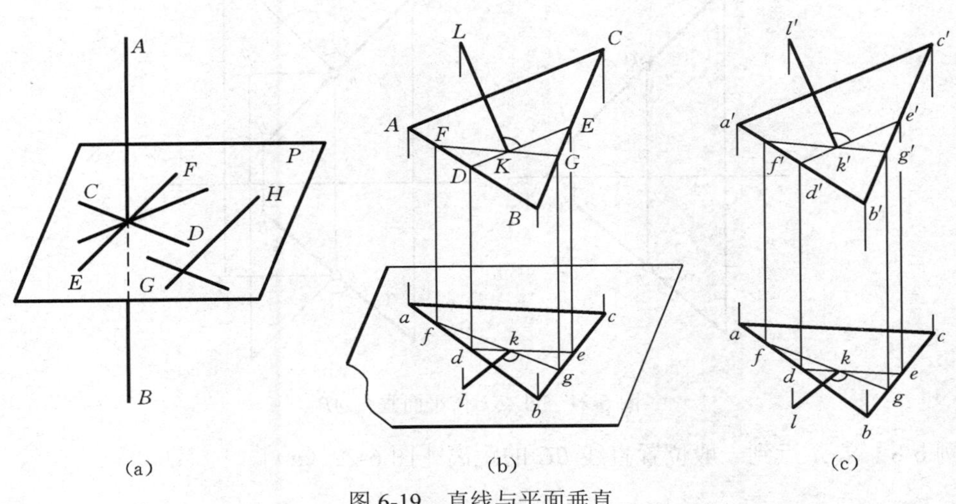

图 6-19　直线与平面垂直

【例 6-6】求 D 点到$\triangle ABC$ 的距离（图 6-20）。

解　在$\triangle ABC$ 内作一正平线 AF（$a'f'$，af）和一水平线 AH（$a'h'$，ah），如图 6-20（b）所示；过 D 点作直线 $DE\perp\triangle ABC$ 即作 $d'e'\perp a'f'$，$de\perp ah$［图 6-20（b）］；然后包含直线 DE 作辅助正垂面 P，即包含 $d'e'$作 P_V，求出 DE 与$\triangle ABC$ 的交点 K（k'，k）［图 6-20（c）］；最后用直角三角形法求出线段 DK（$d'k'$，dk）的实长 D_0k'，即为所求。

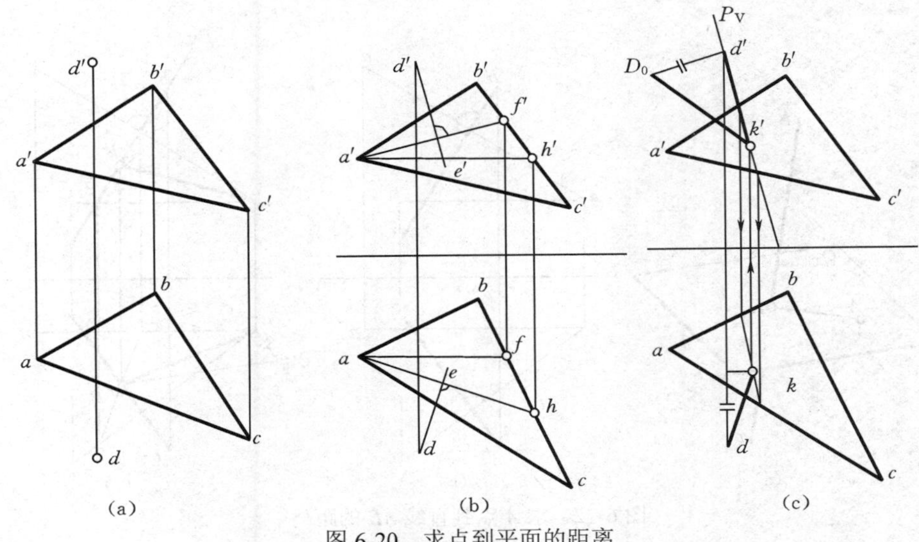

图 6-20　求点到平面的距离

【例 6-7】过直线上一点 K，作平面垂直于直线 AB［图 6-21（a）］。

解　根据直线垂直于平面的几何条件，所作的平面必须包含于直线 AB 的相交直线，同时此平面又必须通过 K 点。为此，在图 6-21（b）中，过直线上一点 K（k'，k）作正平线 KC（$k'c'$，

kc)，$k'c' \perp a'b'$，过 K 点作水平线 KD（$k'd'$，kd），$kd \perp ab$。相交直线 KC 和 KD 所确定的平面即为所求。

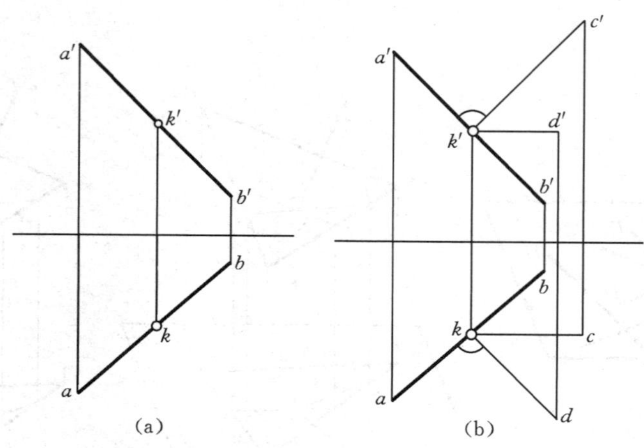

图 6-21 过点 k 作平面垂直 AB

【例 6-8】求 A 点到一般位置直线 BC 的距离［图 6-22（a）］。

解

（1）过 A 点作辅助平面 Q 垂直于 BC，Q 面由正平线 AD 和水平线 AE 所给定。图 6-22（b）中，$a'd' \perp b'c'$，$ae \perp bc$。

（2）求出直线 BC 与辅助平面 Q 的交点 K［图 6-22（c）］。为此过 BC 作一辅助正垂面 P（图中以 P_V 表示），求出 P 面与 Q 面的交线 I II（1′2′，12），从而求出交点 K（k'，k）。

（3）连接 A、K，则 AK（$a'k'$，ak）即为所求垂线。

（4）求出线段 AK（$a'k'$，ak）的实长 A_0k，即为 A 点到 BC 的距离。

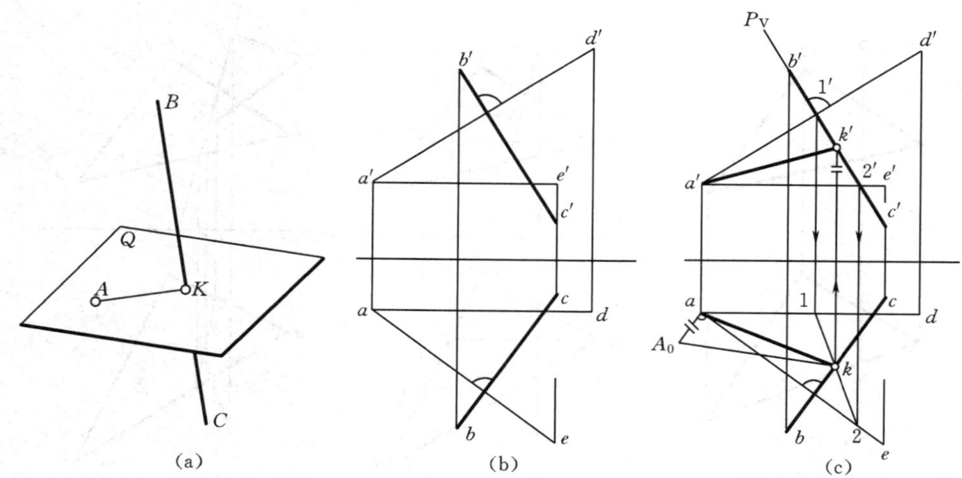

图 6-22 求 A 点到直线 AB 的距离

2. 直线垂直于投影面垂直面和投影面平行面

当直线垂直于某投影面垂直面时，则此直线必为该投影面的平行线；当直线垂直于某投影面平行面时，则此直线必为该投影面的垂直线，如图 6-23（a）和图 6-23（b）所示。

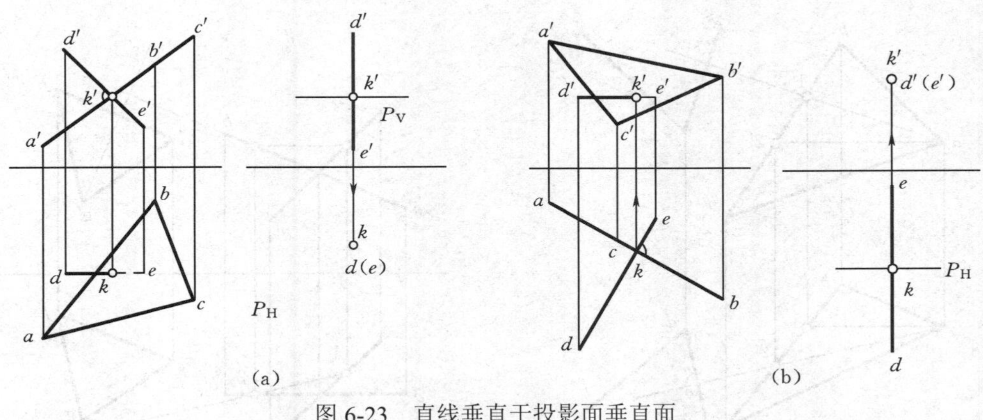

(a)　(b)

图 6-23　直线垂直于投影面垂直面

二、两平面互相垂直

由初等几何学定理可知：**如果一直线垂直于一平面，则包含此直线的一切平面都垂直于该平面**。图 6-24（a）中，因为 $AB \perp R$ 平面，所以 P 和 Q 等平面均垂直于平面 R。反之，**如果两平面互相垂直，则由第一平面内一点向第二平面内所作的垂线，一定在第一平面内**。图 6-24（b）中，A 点是平面Ⅰ内的任一点，直线 AB 垂直于平面Ⅱ，因直线 AB 在第一平面内，所以两平面互相垂直。图 6-25 中，直线 AB 也垂直于平面Ⅱ，但直线不在平面Ⅰ内，所以两平面不相垂直。

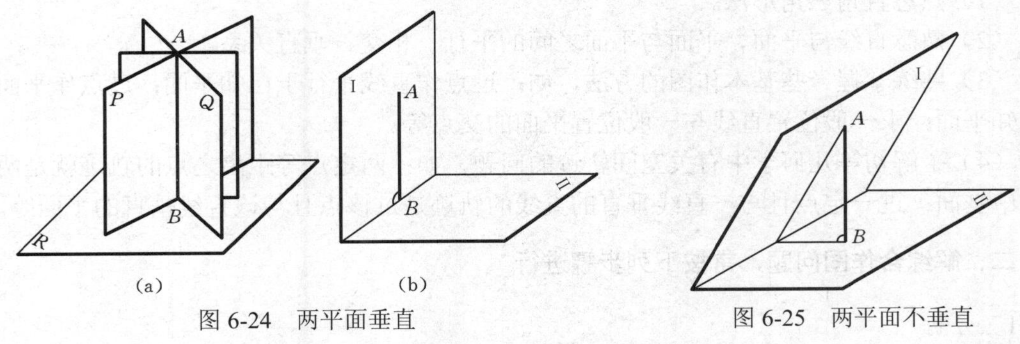

(a)　(b)

图 6-24　两平面垂直　　图 6-25　两平面不垂直

【例 6-9】过 D 点作平面垂直于由△ABC 所给定的平面（图 6-26）。

解　过 D 点作一直线 DE 垂直于△ABC，则包含 DE 的一切平面都垂直于△ABC，本题有无穷多解。任作一直线 DF（$d'f'$，df）与 DE 相交，则 DE 所确定的平面便是其中一个解。

【例 6-10】试判别△EFG 与相交两直线 AB 和 CD 所确定的平面是否互相垂直(图 6-27)。

解　在平面△EFG 内任取一点 G，过 G 点向第二平面作垂线。若此垂线在△EFG 内，则和两个平面互相垂直。

从 GS（$g's'$，gs）在投影图中的情况可以看出：GS 与 EFG 平面内的直线 EF 既不相交也不平行，即 GS 不是平面内的直线，故两平面不互相垂直。

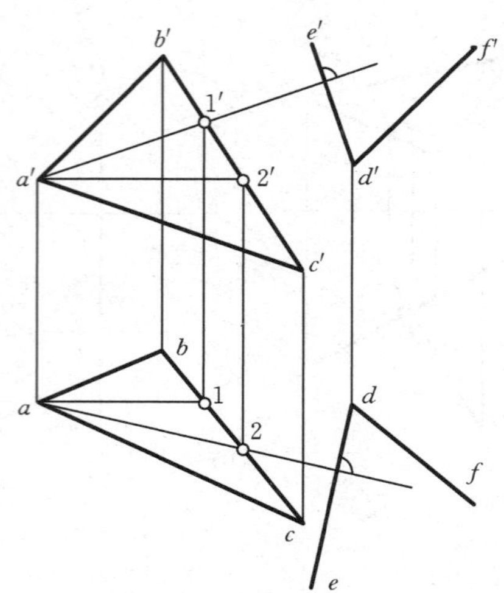

图 6-26 过 *D* 点作平面垂直于平面

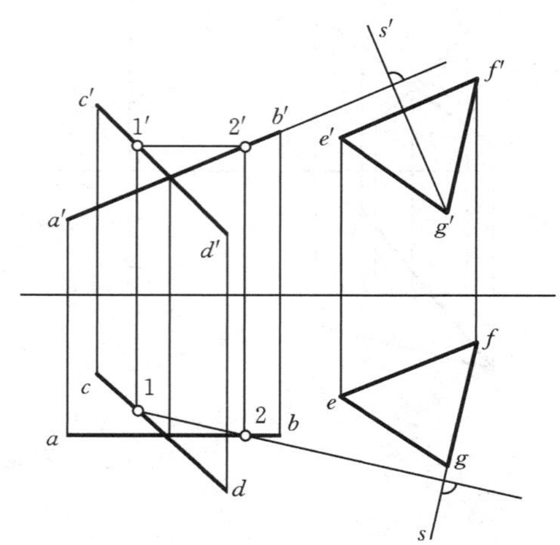

图 6-27 两平面不互相垂直

第四节 点、直线、平面的综合作图问题

点、线、面的投影规律是画法几何的基础和重点，只有掌握了它，才能熟练掌握综合作图问题的求解。

一、解决综合问题作图时通常都要综合运用几方面的基本概念和作图方法

（1）熟悉直角三角形法。

（2）熟悉直线与平面、平面与平面之间的平行、相交、垂直关系。

（3）熟练掌握一些基本作图的方法，如：过点作直线平行于已知平面；过点作平面平行于已知平面；求一般位置直线与一般位置平面的交点等。

（4）了解初等几何学中有关空间轨迹的问题，如：两定点等距离之点的轨迹就是两点连线的中垂面；过一定点且与一直线垂直的直线的轨迹是过该点且与该直线垂直的平面等。

二、解综合作图问题，常按下列步骤进行

1. 分析

（1）相对位置关系分析法（或称逆推分析法）。

（2）轨迹分析法。

2. 作图

按照分析中得出的空间解题步骤，正确地进行投影作图。

3. 相关问题的讨论

【例 6-11】过 *E* 点作直线 *EF* 与交叉二直线 *AB*、*CD* 均相交［图 6-28（a）］。

分析 图 6-28（b）中，利用逆推法，假设所求直线 *EF* 已经作出，*EF* 与直线 *AB* 交于 *M* 点，与直线 *CD* 交于 *N* 点，直线 *EF* 分别与直线 *AB*、*CD* 决定平面 *P* 和平面 *Q*，*EF* 为 *P*、*Q* 二平面交线。为此，可求直线 *CD* 与 *P* 面（*E*、*AB*）的一个交点，也可以求直线 *AB* 与 *Q* 面（*E*、*CD*）的一个交点。最后连接 *EN* 或 *EM* 即为所求直线。

（1）求直线 CD（c'd'，cd）与△ABE（△a'b'e'，△abe）的交点（n'，n）；

（2）连 EN（e'n'，en）即所求直线 EF（e'f'，ef）。

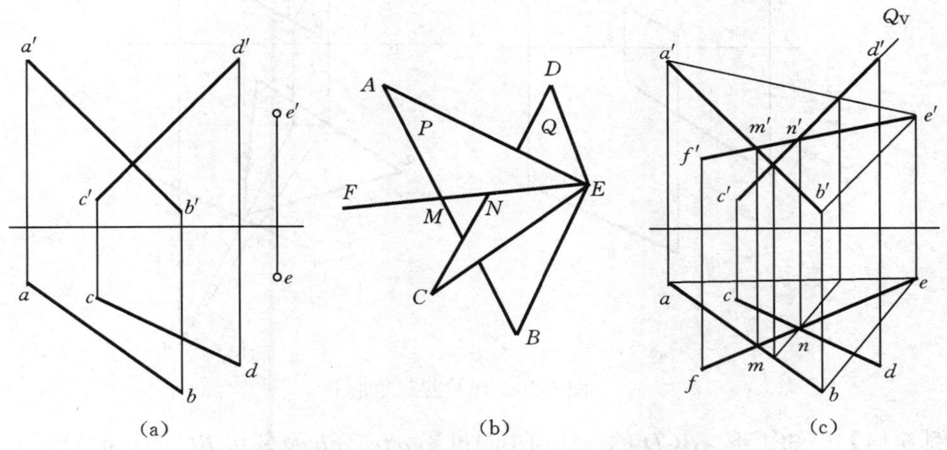

图 6-28　过点作直线与交叉二直线相交

【例 6-12】过 A 点作一直线与已知直线 EF 相交，且平行于△BCD［图 6-29（a）］。

分析　图 6-29（b）中，过 A 点作一平面与△BCD 平行。求直线 EF 与此平面的交点 K，连接 A、K 即为所求直线。

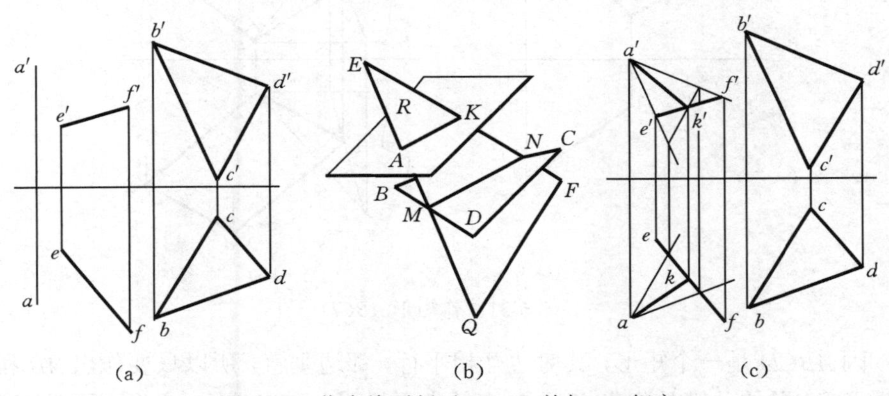

图 6-29　作直线平行于△BCD 并与 EF 相交

作图　如图 6-29（c）所示：

（1）过 A 点作平行于△BCD 的平面 P；

（2）求直线 EF 与 P 面的交点 K（k'，k）。

【例 6-13】以直线 AB 为底边，作一等腰△ABC，使其顶点 C 落在直线 DE 上［图 6-30（a）］。

解　利用等腰三角形的特性，与 A、B 两点等距离之点的轨迹就是直线 AB 的中垂面，它与直线 DE 的交点就是所求三角形的顶点 C。因此，先在直线 AB 上取中点 M，过 M 点作 AB 的中垂面，然后作出直线 DE 与中垂面的交点 C（图 6-30），即为所求。

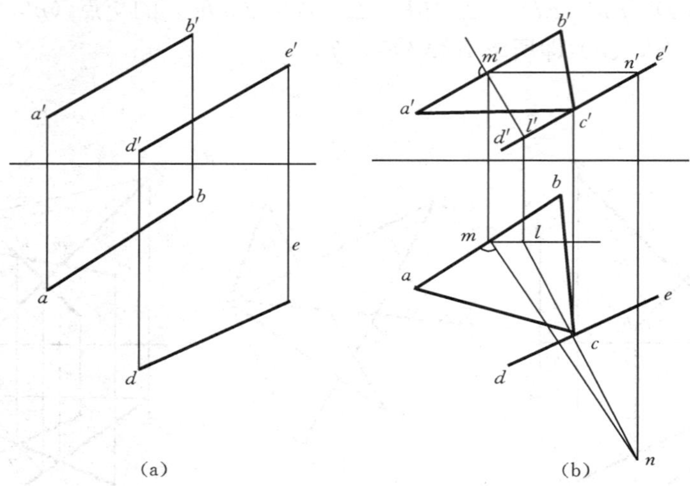

图 6-30 作等腰三角形

【例 6-14】已知矩形 *ABCD* 的一边 *AB* 的投影 *a'b'*、*ab* 及邻边 *BC* 的正面投影 *b'c'*，完成矩形的投影［图 6-31（a）］。

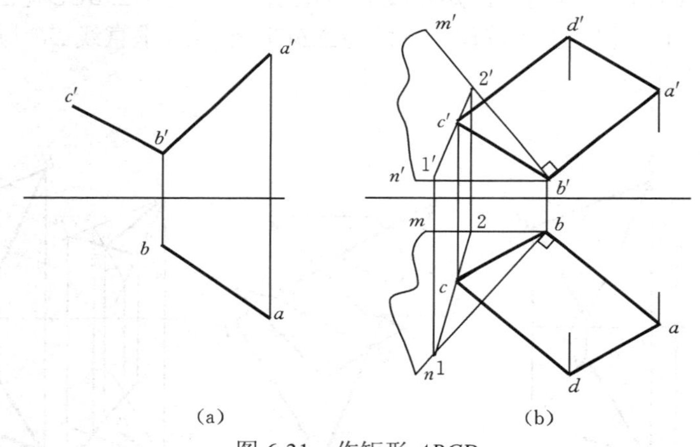

图 6-31 作矩形 *ABCD*

分析 因 *ABCD* 是一个矩形，其对边互相平行，邻边垂直，所以只要作出 *AB* 和 *BC* 两边，就可作出矩形。本题的关键是作出 *C* 或 *D* 点的水平投影 *c* 和 *d*，过 *B* 点作平面垂直于直线 *AB*，*C* 点一定在此平面内。利用在面上取点的方法即可求出 *C*。

作图 如图 6-31（b）所示：

（1）完成矩形 *ABCD* 的投影 *a'b'c'd'*。

（2）过 *B* 点作正平线 *BM*，水平线 *BN* 与直线 *AB* 垂直。

（3）在由两相交直线 *BM*、*BN* 所决定的平面内作辅助直线Ⅰ Ⅱ（使 1'2'通过 *c'*）求出 *C* 点的水平投影 *c*，并作对应边的平行线，最后完成矩形的水平投影 *abcd*。

第七章　投影变换

第一节　概述

在工程实践中，要解决一系列有关点、线、面等几何元素之间的空间几何问题。这些问题大致可分为两大类：

（1）定位问题。定位问题指有关几何元素在空间的相对位置而言，包括求直线和平面的交点位置、平面和平面的交线、平面截断立体时的截交线以及立体与立体相交的相贯线等的位置和形状问题。

（2）度量问题。度量问题是指确定距离、角度、实长、实形等，包括求直线的实长和平面的实形，点到直线或平面的距离、二平行线的距离、二交叉直线的距离、二平行面的距离，以及直线对投影面的倾角、平面对投影面的倾角、两平面的夹角和直线对平面的倾角等的大小问题。

这些问题只要知道各几何元素的两个投影，一般是可能解决的。但由于几何中元素与投影面的相对位置不同，解决问题的难易程度就不同。当几何元素对投影面处于特殊位置（平行或垂直）时，某些度量或定位问题便易于解决。

图 7-1（a）中，当直线平行于 V 面时，线段 AB 的正面投影反映实长；图 7-1（b）中，当平面△ABC 平行于 H 面时，三角形的水平投影反映实形；图 7-1（c）中，当直线 AB 垂直于 V 面时，交叉直线 AB 和 CD 之间的距离的实长在正面投影中反映出来；图 7-1（d）中，△ABC 垂直于 V 面时，它与直线 EF 的交点很易确定。

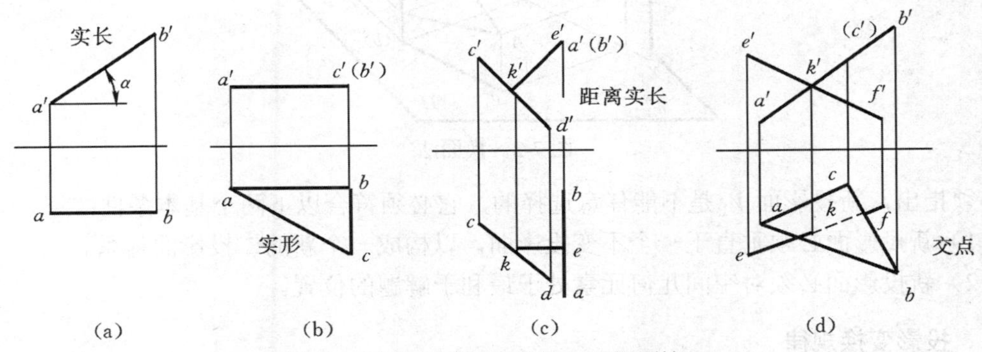

图 7-1　几何元素处于特殊位置解题情况

（a）$a'b'$反映实长；（b）△abc 反映实形；（c）$k'e'$反映距离实长；（d）K 为交点

但是，许多问题中的几何元素并不对投影面处于特殊位置，这时就需要采用一定的方法来改变空间几何元素对投影面的相对位置，以便达到简化解题的目的。**这种把空间几何元素对投影面的相对位置由原来的一般位置改变成特殊位置，从而解决度量问题和定位问题的方法称为投影变换法。**

投影变换的方法很多，其中最常用的有下面两种：

（1）换面法。几何元素不动，用新的投影面代替旧投影面，使几何元素与新投影面的位置有利于解题，并求出几何元素在新投影面上的投影。这种方法称为变换投影面法，简称换面法。

（2）旋转法。投影面体系不动，几何元素绕某轴线旋转至有利于解题的位置，再求出它们旋转后的新投影。这种方法称为旋转法。

第二节　换面法

一、基本概念

换面法就是保持空间几何元素的位置不动，而用新的投影面代替原来的投影面，使几何元素对新投影面的相对位置处于有利解题的位置。如图 7-2 所示，铅垂面△*ABC* 在 *V* 面和 *H* 面的投影体系（以后简称 *V*/*H* 体系）中的两个投影都不反映实形。如果选取一个既平行于铅垂面△*ABC* 又垂直于 *H* 面的 V_1 面来代替 *V* 面，则新的 V_1 面和不变的 *H* 面构成一个新的二面体系 V_1/H。此时△*ABC* 在 V_1/H 体系中的投影 $a_1'b_1'c_1'$就反映△*ABC* 的实形。再以 V_1 面和 *H* 面的交线 X_1 为轴，使 V_1 面旋转到和 *H* 面重合，就得出△*ABC* 在 V_1/H 体系中的投影图。这样的方法称为变换投影面法，简称换面法。

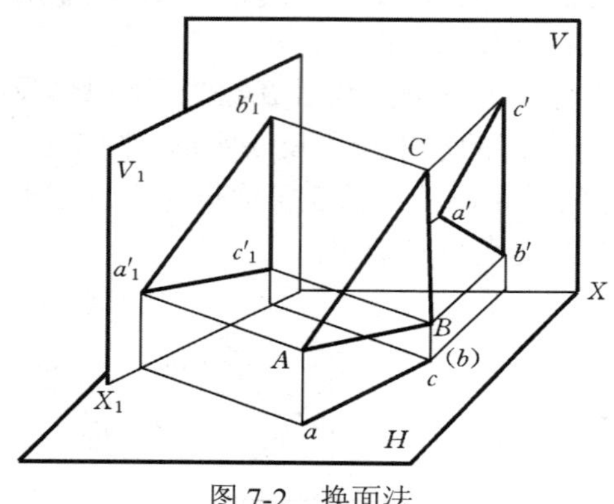

图 7-2　换面法

必须指出，新投影面 V_1 是不能任意选择的，它必须符合以下两个基本条件：

（1）新投影面必须垂直于一个不变投影面，以构成一个新的二投影面体系。

（2）新投影面必须对空间几何元素处于最利于解题的位置。

二、投影变换规律

由于点是一切几何形体最基本的几何元素，也是作图的基础，在了解投影变换时，必须先研究点的投影变换规律。

1. 点的一次变换

图 7-3（a）中，*V*/*H* 体系中有一点 *A*，其正面投影为 *a*′，水平投影为 *a*，为了改变 *A* 点的正面投影，用 V_1 面代替 *V* 面，使 V_1 面垂直于 *H* 面，以便形成新的二投影面体系，这时 *V* 面称为旧投影面。*H* 面称为不变投影面，V_1 面称为新投影面。*X* 轴称为旧投影轴，简称旧轴；X_1 轴称

为新投影轴，简称新轴。应当指出，不管投影面如何变换，我们都是向新投影面作正投影。

图 7-3 中，由 A 点向 V_1 面作正投影 a'_1，这时 a'称为旧投影，a'_1 称为新投影，它们之间有下列关系：

（1）由于这两个体系具有公共的水平面 H，所以 A 点到 H 面的距离（z 坐标）在新旧体系中都是相同的，即 $a'_1a_x=Aa=a'_1a_{x1}$。

（2）当 V_1 面绕 X_1 轴旋转重合 H 面上时，根据点的投影规律可知 aa'_1 必垂直于 X_1 轴，这和 $aa'\perp X$ 轴的性质是一样的。

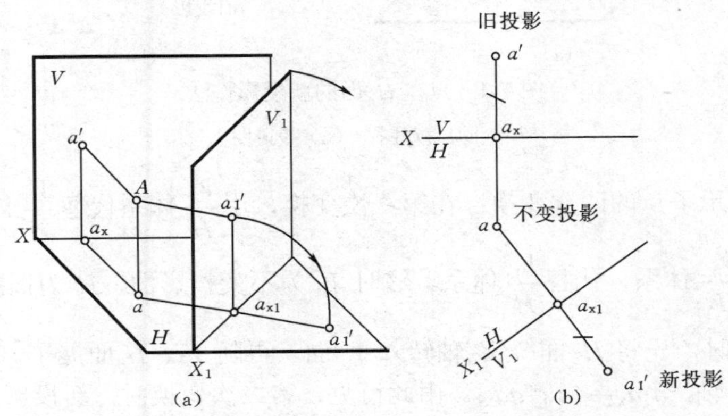

图 7-3 点在 V_1 面的新投影的作法

（a）直观图；（b）投影图

根据以上分析，可得点的投影变换规律如下［图 7-3（b）]：

（1）点的新投影和不变投影的连线必垂直于新投影轴。

（2）点的新投影到新投影轴的距离等于旧投影到旧投影轴的距离。

图 7-3（b）表示根据上述规律，由 $\dfrac{V}{H}$ 体系中 A 点的投影（a'、a）求出 $\dfrac{V_1}{H}$ 体系中的投影 a'_1，其作法步骤如下：

（1）按要求条件画出新轴 X_1（新投影轴确定了新投影面在投影图上的位置)。

（2）过 a 点作 X_1 的垂线。

（3）在此垂线上截取 $a'_1a_{x1}=a'a_x$，则 a'_1 即为所求的新投影。水平投影 a 为新、旧投影面体系所共有，故称不变投影。

若要变换水平面，则可选 H_1 面代替 H 面，且使 H_1 面垂直于 V 面，H_1 面和 V 面构成新投影体系 $\dfrac{V}{H_1}$ ［图 7-4（a)]。在 H_1 面内求出新投影 a_1。因新旧两体系具有公共的 V 面，所以 $aa_x=Aa'=a_1a_{x1}$。

图 7-4（b）表示在投影图上由 a'、a 求作 a_1 的过程：

（1）作 X_1 轴。

（2）过 a'作 $a'a_{x1}\perp X_1$。

（3）在垂直线上截取 $a_1a_{x1}=aa_x$，则 a_1 即为所求。

上述的两种变换情况均只变换了一个投影面，称为一次变换。

2. 点的两次变换

在运用换面法解决实用问题时，有时需要变换两次或更多次。

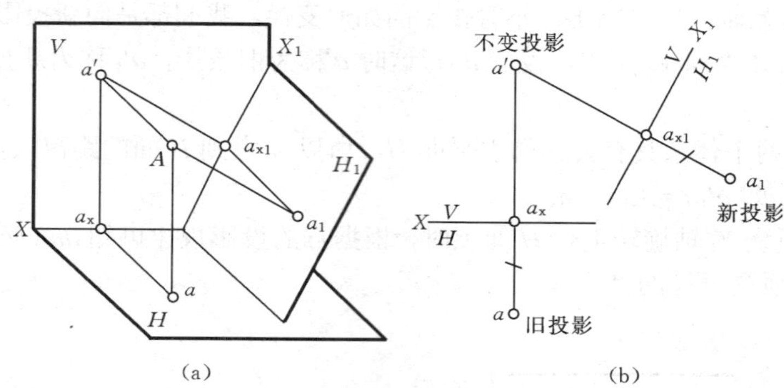

(a) (b)

图 7-4 点在 H_1 面的新投影作法

(a) 直观图；(b) 投影图

图 7-5（a）表示了点的两次变换：在第一次变换，用 $\frac{V_1}{H}$ 体系代替 $\frac{V}{H}$ 体系后，再作 H_2 面垂直 V_1 面，形成 $\frac{V_1}{H_2}$ 体系，代替 $\frac{V_1}{H}$ 体系。这时 V_1 为不变投影面，H 为旧投影面，X_1 为旧投影轴。投影面展开时，先将 H_2 面绕 X_2 轴转入 V_1 面，再随 V_1、H 面展平。因 H_2 与 H 都垂直 V_1 面，故 $a'_1a_2 \perp X_2$ 轴，$a_2a_{x2}=Aa'_1=aa_{x1}$。由此可见，第二次变换时，新投影的求法与第一次变换相同，只是"旧投影"及"旧投影轴"不同而已。

两次变换可按 $\frac{V}{H} \to \frac{V_1}{H} \to \frac{V_1}{H_2}$ 的顺序，如图 7-5（b）所示，也可按 $\frac{V}{H} \to \frac{V}{H_1} \to \frac{V_2}{H_1}$ 顺序，如图 7-6 所示。应当注意再进行变换。

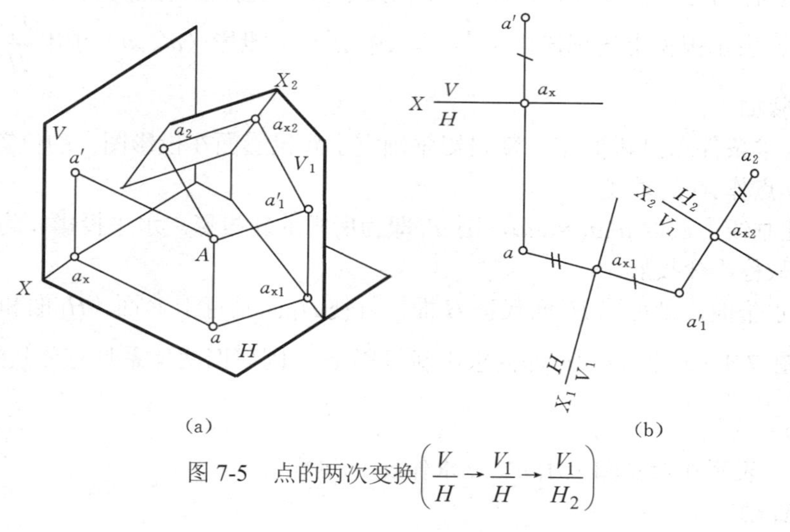

(a) (b)

图 7-5 点的两次变换 $\left(\frac{V}{H} \to \frac{V_1}{H} \to \frac{V_1}{H_2}\right)$

(a) 直观图；(b) 投影图

变换投影面时，新投影面的选择必须符合前面所述的基本条件，每次只能变换一个投影面，必须一个变换完之后再变换另一个。即在变换过程中，正立面和水平面的变换必须交替进行。

以上作图过程可以归纳出下述结论：换面法的作图基础是求作点的新投影。求作点的新投影的过程，称为换面法的基本作图。具体的作图步骤如下：

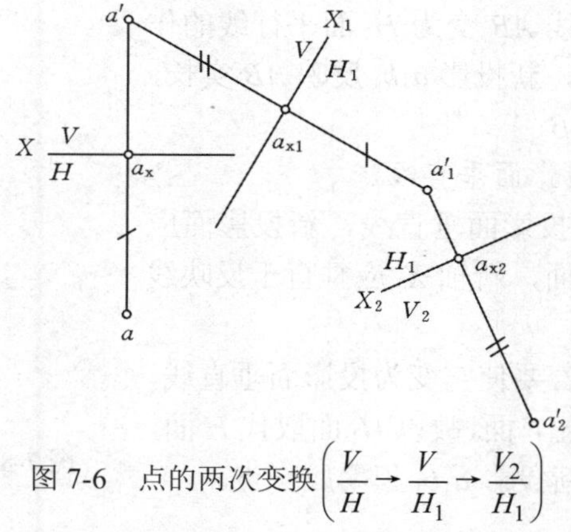

图 7-6　点的两次变换$\left(\frac{V}{H}\rightarrow\frac{V}{H_1}\rightarrow\frac{V_2}{H_1}\right)$

（1）保留某一投影，在该投影一侧的适当位置，按解题需要所选定的方向作新投影轴。

（2）过点的投影作新轴的垂线，在垂线上，从新轴向另一侧量取被更换的投影到被更换的投影轴的距离，即得该点的新投影。

三、基本作图问题

用换面法求解点、直线、平面之间的定位及度量问题时，常常将直线变换为投影面平行线或投影面垂直线，将平面变换为投影面垂直面或投影面平行面，因而必须掌握下述的 6 个基本问题。

1. 变一般位置线为投影面平行线

欲将一般位置直线变为投影面平行线，新投影面必须平行于此直线，新投影轴 X_1 应与直线的不变投影平行。直线的新投影反映线段实长及与不变投影面的倾角。

如图 7-7 所示，直线 AB 在 $\frac{V}{H}$ 体系中为一般位置线，若求其实长及倾角 α，则应使 H 面为不变投影面，采用平行于 AB 且垂直于 H 的 V_1 面为新投影面。作图时，取 X_1 轴 $/\!/ ab$（距离可任意确定），并求出 a_1' 及 b_1'，连接 $a_1'b_1'$，即为 AB 的 V_1 面投影。AB 平行于 V_1 投影面。$a_1'b_1'$ 等于 AB 实长，它与 X_1 轴的夹角即为 AB 与 H 面的倾角 α。

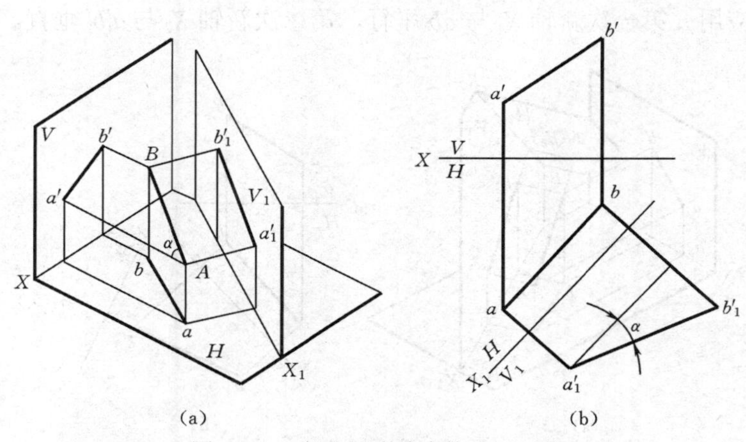

图 7-7　一般位置直线交换为正平线

（a）直观图；（b）投影图

如图 7-8 所示，为将直线 AB 变为 H_1 面平行线的作图。此时 X_1 轴应与 $a'b'$ 平行，新投影 a_1b_1 反映 AB 实长，a_1b_1 与 X_1 轴的夹角反映倾角 β。

2. 变投影面平行线为投影面垂直线

欲将投影面平行线变为投影面垂直线，新投影面应垂直于该直线所平行的投影面，新轴 X_1 应垂直于反映线段实长的投影。

图 7-9 中 AB 平行 V 面，若要使它变为投影面垂直线，新投影面垂直 AB 必同时垂直 V 面，故以 H_1 面取代 H 面，X_1 轴应与 $a'b'$ 垂直，这时，新投影 a_1b_1 积聚成一点。

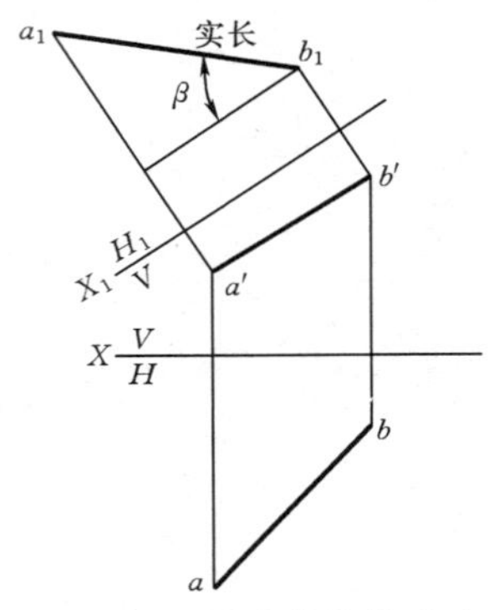

图 7-8 一般位置直线变换为水平线

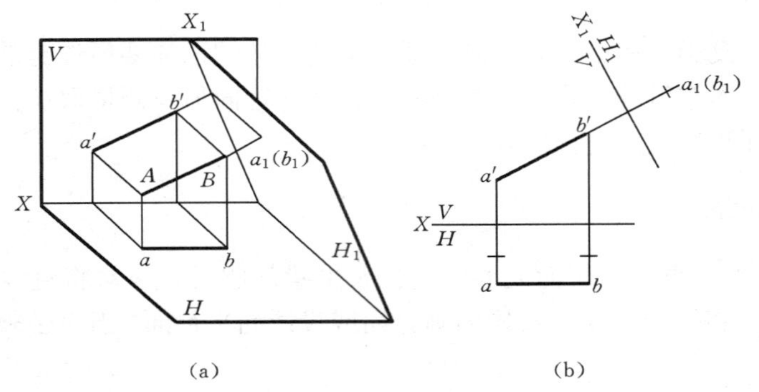

图 7-9 投影面平行线变换为投影面垂直线

（a）直观图；（b）投影图

上述两种情况都只需改变直线与一个投影面的相对位置，只需变换一次。

3. 变一般位置直线为投影面垂直线

将一般位置线 AB 变为投影面垂直线时，与 AB 垂直的新投影面是一般位置平面，不能与 V 面或 H 面组成互相垂直的投影面体系，因此一次变换不能实现。要解决此问题，需要变换两次投影面：先将直线变为一个新投影面的平行线，再将它变为另一新投影面的垂直线。

如图 7-10 所示，先将 AB 变为 V_1 面平行线，再变为 H_2 面垂直线。具体作图方法即图 7-7 与图 7-9 的综合应用。第一次新轴 X_1 与 ab 平行，第二次新轴 X_2 与 $a_1'b_1'$ 垂直。

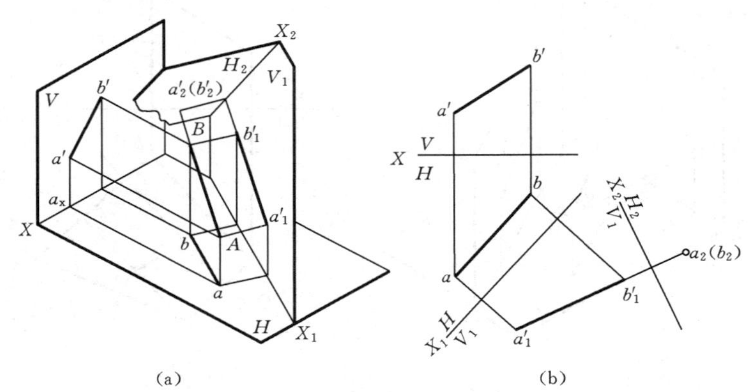

图 7-10 一般位置直线变换为投影面的铅垂线

（a）直观图；（b）投影图

图 7-11 所示为先将 AB 变为 H_1 面平行线，再变为 V_2 面垂直线。

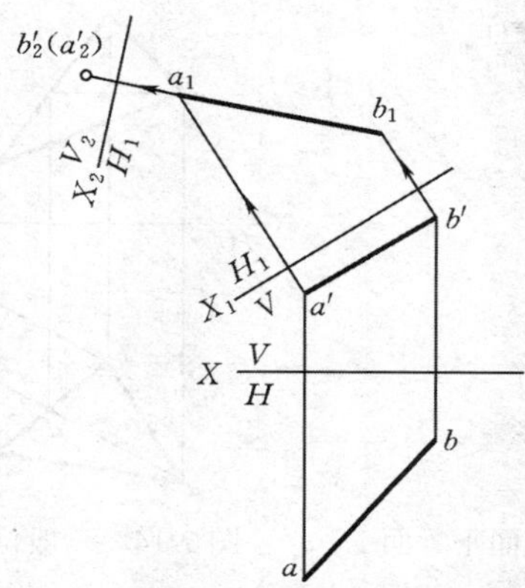

图 7-11　一般位置直线变换为投影面的正垂线

4．变一般位置平面为投影面垂直面

如图 7-12 所示，要将一般位置平面变换成 V_1 面垂直面，必须使 V_1 面与平面 ABC 内一条直线垂直。一般位置直线变换为投影面垂直线需变换两次，而投影面平行线变换成投影面垂直线只需变换一次。所以，先在平面 ABC 上作一水平线 AD，使 V_1 面与 AD 垂直（X_1 轴⊥ad），这时平面 ABC 必与 V_1 面垂直，平面的新投影 $a'_1b'_1c'_1d'_1$ 必积聚成一直线，此直线与 X_1 轴的夹角即为平面 ABC 与 H 面的倾角 α。

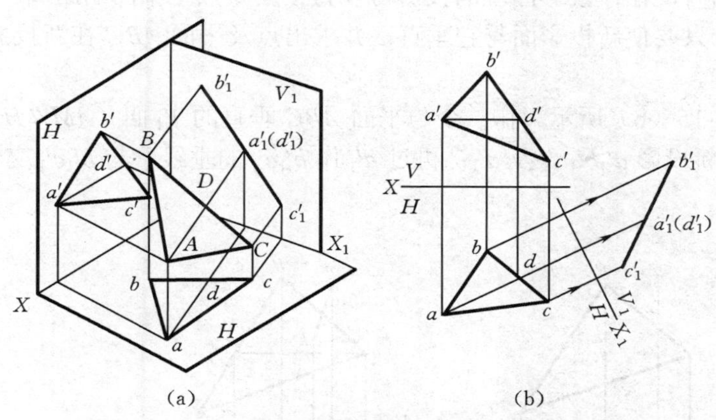

（a）　　（b）

图 7-12　一般位置平面变换为投影面的垂直面

（a）直观图；（b）投影图

如何将此平面 ABC 变换成 H_1 面垂直面？请自行作图。

5．变投影面垂直面为投影面平行面

如图 7-12 和图 7-13 所示，欲将某投影面垂直面变换成投影面平行面，必须使新投影面垂直于该投影面，并使新轴 X_1 平行于该平面有积聚性的投影。这时，平面的新投影反映平面的实形。在图 7-13 中，新轴 X_1 平行平面 ABC 的正面投影 $a'b'c'$。

6．变一般位置平面为投影面平行面

把一般位置平面变为投影面平行面，需要经过两次变换，先把一般位置平面变为新投影面的垂直面，再把它变为另一新投影面的平行面。作图方法如图 7-14 所示。

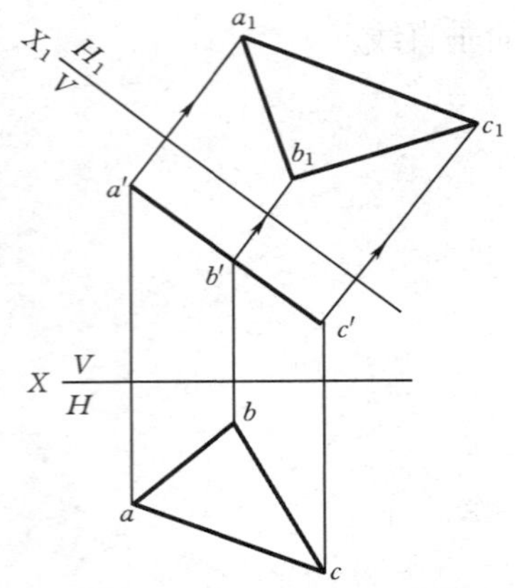

图 7-13　投影面的垂直面变换为投影面平行面

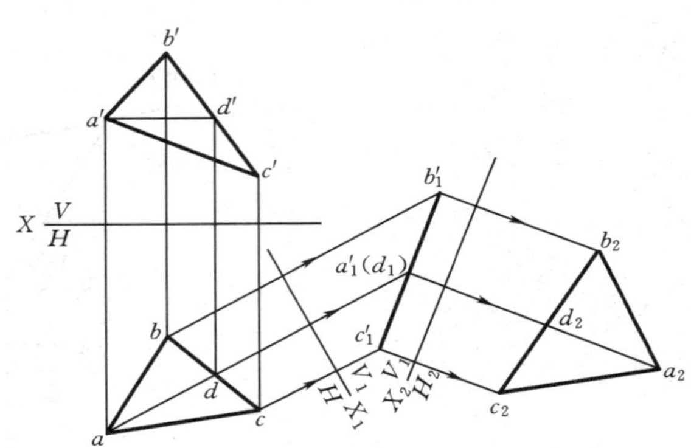

图 7-14　一般位置平面变换为投影面的平行面

四、应用举例

在应用投影变换解题之前，首先要根据已知条件及要求进行空间分析，要考虑使几何元素处于什么特殊位置才有利于解题，需要几次变换及如何变换。明确解题思路后，再按基本作图方法进行作图。

【例 7-1】求图 7-15（a）中点 D 至平面 ABC 的距离。

分析　求点到平面的距离一般需要过点作垂线、求垂足及求距离实长三个步骤。但当平面垂直于某投影面时，在该投影面上的投影可以直接反映点至平面的距离。本题中平面 ABC 为一般位置平面，只要使新投影面与它垂直，并求出点及平面 ABC 在新投影面上的投影，则可方便地得到答案。

作图　如图 7-15（b）所示。作一个与平面 ABC 垂直的 V_1 面（$AM/\!/H$，$X_1 \perp am$），求平面 ABC 及点 D 的新投影 $a'_1b'_1c'_1$ 及 d'_1；再过 d'_1 作 $b'_1c'_1$ 的垂线，与 $b'_1c'_1$ 交于 k'_1。$d'_1k'_1$ 即所求距离。

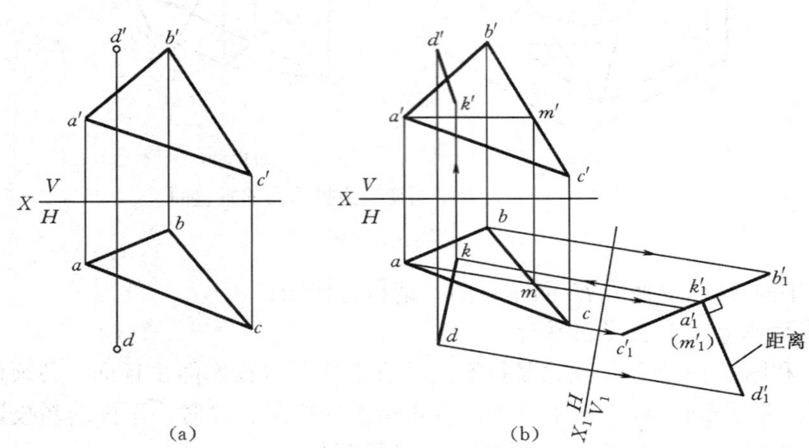

图 7-15　点至平面的距离

（a）已知条件；（b）作图过程

图中还示出求垂线及垂足 K 在 H、V 面上投影的方法，因为 DK 垂直于平面 ABC，为 V_1 面平行线，故 $dk/\!/X_1$ 轴，且 $kk'_1 \perp X_1$ 轴；根据 k、k'_1 可定出 k'。

【例 7-2】过点 M 作直线与直线 AB 正交［图 7-16（a）］。

本题可以用前面讨论过的原理来解决。若采用换面法，则可以简化作图。

分析　一条直线处在什么位置，在投影图上才能直接反映另一直线和它正交。根据直角投影定理：互相垂直的两直线，其中有一条直线平行于某一投影面时，则两直线在该投影面上的投影仍反映直角。由此可以确定，为了由点 M 能直接在投影图上向直线 AB 作正交线，必须把直线 AB 变为投影面平行线。

作图　把一般位置直线变为投影面平行线，只要变换一次投影面（变换 H 面或 V 面都可）。图 7-16（b）中变换 V 面，使直线 AB 成为新投影面的平行线，取新投影轴 X_1 平行于 ab。求出直线 AB 及点 M 的新投影 $a'_1b'_1$ 及 $m'k'$，由 m'_1 向 $a'_1b'_1$ 作垂线，并和 $a'_1b'_1$ 相交于 k'_1。再由 k'_1 求出旧投影体系中的点 k 及 k'。连接 mk 和 $m'k'$即为所求正交线的投影。

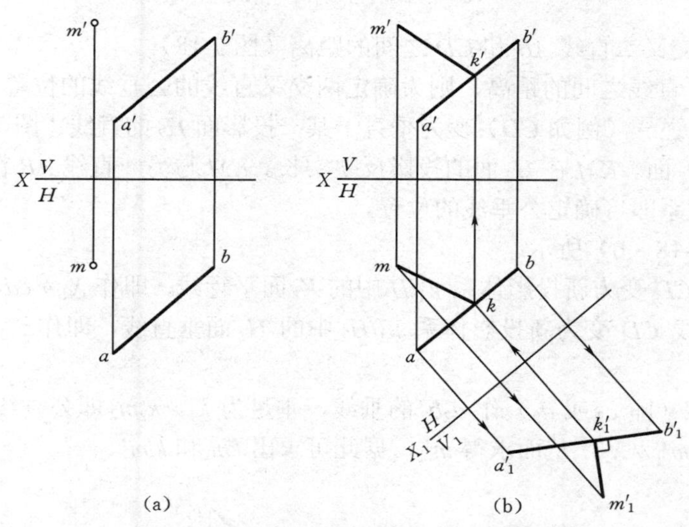

图 7-16　过点 M 作直线与直线 AB 正交

（a）已知条件；（b）作图过程

若还要求出点 M 到直线 AB 的距离，可再换一次投影面，使 MK 成为新投影面的平行线，它的新投影便反映实际距离。

【例 7-3】等边三角形 ABC 为一正垂面，已知一边 AB 的二面投影，完成三角形 ABC 的投影。

分析　如图 7-17（a）所示，因为三角形 ABC 为正垂面，如作新投影面 H_1 与之平行，则三角形 ABC 在 H_1 面上的投影一定反映三角形 ABC 的实形。则根据此投影可求出 c_1，再进一步作出 c'及 c。

作图　如图 7-17（b）所示：

（1）作新投影轴 $X_1 /\!/ a'b'$，求出 H_1 面的投影 a_1b_1。

（2）以 a_1b_1 为边作等边三角形 $a_1b_1c_1$，求出 c_1 点。

（3）根据 c_1 可确定 c'在 $a'b'$上的位置，再由 c_1 及 c'求出 c。

（4）连接 ac 和 bc，则完成三角形 ABC 的投影。

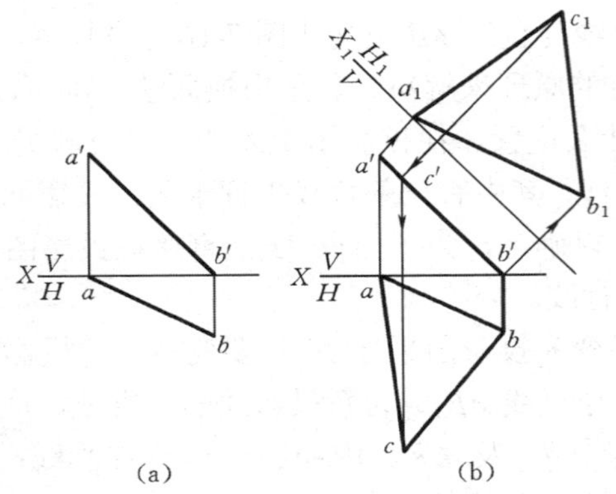

(a)　　(b)

图 7-17　完成三角形 *ABC* 的投影

（a）已知条件；（b）作图过程

【例 7-4】求交叉二直线 *AB* 和 *CD* 之间的距离（图 7-18）。

分析　交叉二直线之间的距离，则为确定两交叉直线的公垂线的位置及该线段的实长。如果把两交叉直线之一（例如 *CD*）变为垂直于某一投影面 H_2 的直线［图 7-18（a)］，则公垂线 *KM* 必平行于 H_2 面。*KM* 在 H_2 面的投影反映实长。*KM* 与另一直线 *AB* 在 H_2 面的投影反映直角。利用这个关系即可确定公垂线的位置。

作图　如图 7-18（b）所示：

（1）把直线 *CD* 变为新投影体系 V_1/H 中的 V_1 面平行线，即作 $X_1 /\!/ cd$，求 $c'_1d'_1$ 和 $a'_1b'_1$。

（2）再把直线 *CD* 变为新投影体系 V_1/H_2 中的 H_2 面垂直线，即作 $X_2 \perp c'_1d'_1$，然后求出 c_2d_2 和 a_2b_2。

（3）过 m_2 点（即 c_2 或 d_2）作 a_2b_2 的垂线，垂足为 k_2。k_2m_2 即公垂线 *KL* 的实长。求出 k'_1 后，过 k'_1 作 $k'_1m'_1 /\!/ X_2$，从而求得 m'_1，据此可求出 km 和 $k'm'$。

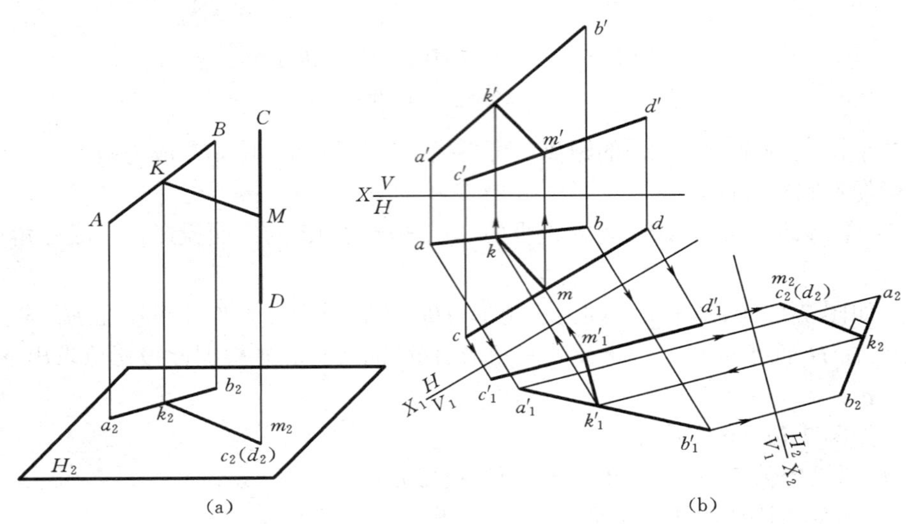

(a)　　(b)

图 7-18　求交叉二直线的距离

（a）直观图；（b）投影图

【例 7-5】求平面 *ABC* 和平面 *ABD* 之间的夹角［图 7-19（a)］。

分析　由图 7-19（b）示意图可以看出，当两平面同时成为投影面的垂直面时，则该两平面的新投影反映两平面的夹角。要使两平面同时变为投影面垂直面，必须使它们的交线 AB 变为该投影面垂直线。因此解决本题的途径归结为把两平面的交线 AB 变成投影面垂直线，然后求出两平面的新投影，这样便获得夹角的真实大小。

作图　交线 AB 是一般位置的直线，必须更换两次投影面，才能变成为投影面垂直线。如图 7-19（a）所示。作 $X_1 /\!/ ab$，使交线 AB 在新体系 $\frac{V_1}{H}$ 中成为投影面平行线，求出平面 ABC 和平面 ABD 的新投影 $a'_1b'_1c'_1$ 和 $a'_1b'_1d'_1$。再作 $X_2 \perp a'_1b'_1$，使交线 AB 在 $\frac{V_1}{H_2}$ 体系中成为投影面垂直线。

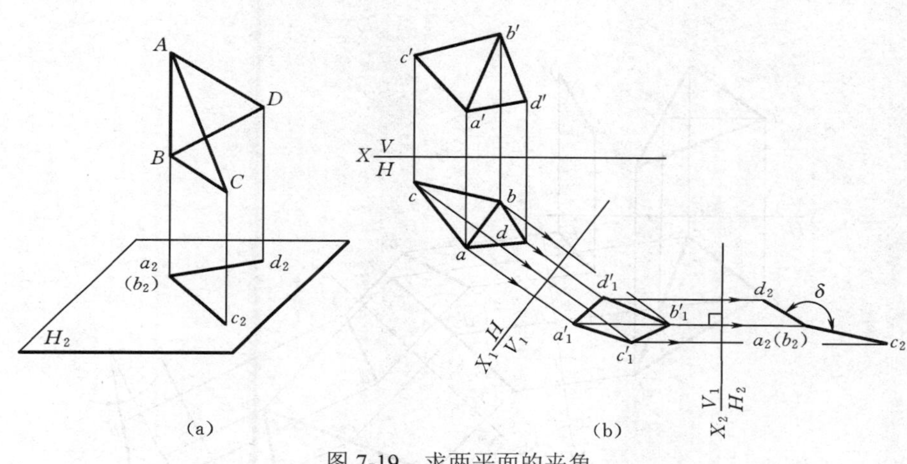

图 7-19　求两平面的夹角

（a）直观图；（b）投影图

求出两平面在 $\frac{V_1}{H_2}$ 中的新投影 $a_2b_2c_2$ 和 $a_2b_2d_2$ 的夹角即为两平面间的夹角 δ。

【例 7-6】直线 MN 与平面 ABC 平行且相距 20mm，已知平面 ABC 的两个投影及 MN 的正面投影，求作 MN 的水平投影（图 7-20）。

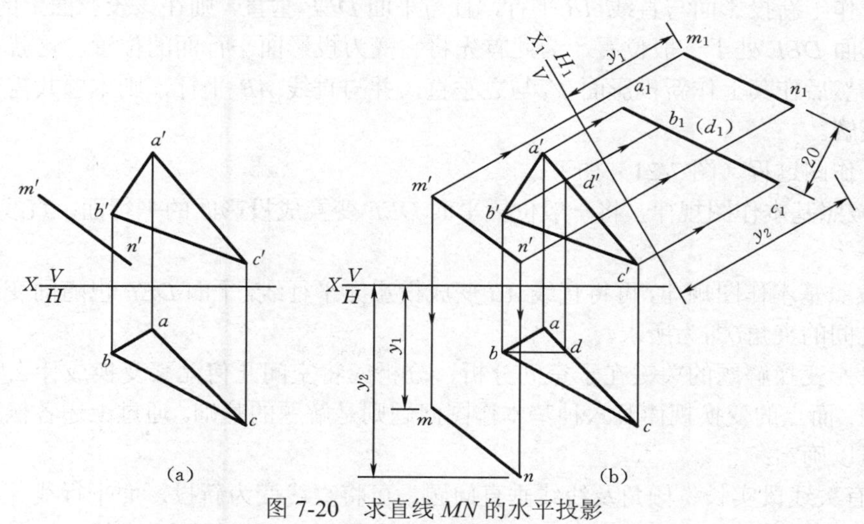

图 7-20　求直线 MN 的水平投影

（a）已知条件；（b）作图过程

分析 因直线 MN 平行平面 ABC 且相距 20mm，所以 MN 必定位于与平面 ABC 平行且相距 20mm 的平面 P 上。

作图 用变换投影面法，经一次变换可使平面 ABC 变成投影面垂直面，再作与平面 ABC 平行且相距为 20mm 的平面，设为平面 P，MN 即在此平面内。具体作图过程如下（图 7-20）：

（1）将平面 ABC 变为投影面的垂直面（垂直于新投影面 H_1）。

（2）作 $P_{H1} /\!/ a_1b_1c_1$，且相距 20mm。

（3）因 MN 在平面 P 上，而平面 P 在 H_1 上的迹线 P_{H1} 有积聚性，所以可直接求出 m_1n_1。

（4）返回到 H 面上，求出 mn（按点的变换规律作图）。

【例 7-7】求直线 AB 与平面 DEF 之间的夹角 θ（图 7-21）。

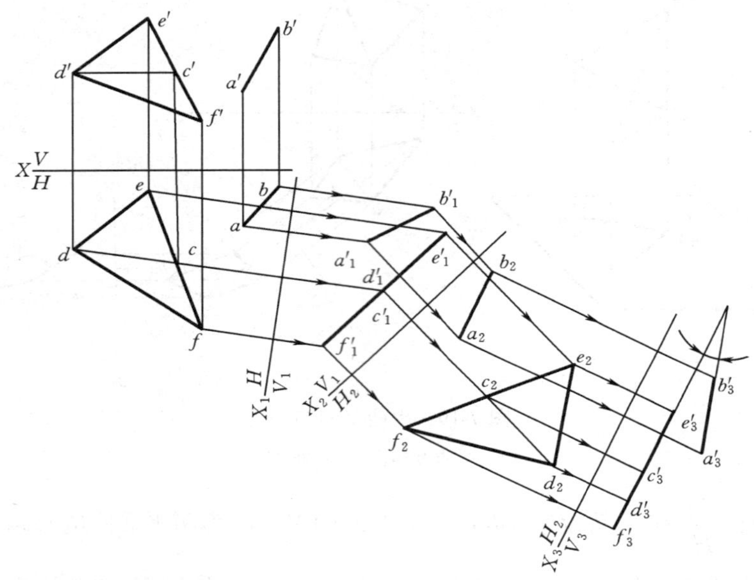

图 7-21 求直线 AB 与平面 DEF 之间的夹角 θ

分析 作一新投影面与直线 AB 平行，且与平面 DEF 垂直，则在该投影面上的投影反映 θ 角。由于平面 DEF 处于一般位置，为此首先将它变为投影面平行面的位置，这就需要变换两次投影面。然后在其上作新投影面 V_3 与之垂直，并与直线 AB 平行，则本题共需变换三次投影面才能获解。

作图 作图过程（图 7-21）如下：

（1）按照基本作图规律，将一般位置平面 DEF 变换成投影面的平行面，直线 AB 随同一起变换。

（2）按照基本作图规律，再将直线 AB 变成投影面平行线，平面 DEF 也随同变换。则 $a'_3b'_3$ 与 $f_3d'_3e'_3$ 之间的夹角 θ 即为所求。

利用投影变换解题的关键在于空间分析，分析应将空间几何元素变换成什么特殊位置才有利于解题；而点的变换规律及六种基本作图问题则是解题的基础。通过上述各例及前面几章的学习，可以确定：

（1）有关线段实长、倾角及线线垂直问题，可将直线变为新投影面平行线。

（2）有关点线、线线距离问题，可将其中一直线变为新投影面垂直线，这时该直线的垂线平行于新投影面，新投影可直接反映距离，如图 7-15 和图 7-18 所示；求相交两平面夹角时，可将交线变为新投影面的垂直线，如图 7-19（b）所示。

（3）有关点面或面面距离、线面或面面平行、线面交点或面面交线问题，可将平面变为新投影面垂直面，如图 7-20 所示。

（4）有关同一平面内几何元素间的定位及度量问题（如平面实形、相交两直线夹角、点与直线或两平行线的距离等），可将平面变为新投影面平行面，如图 7-17（b）及图 7-21 所示；直线与平面及两平面的夹角问题，可以转化为求相交两直线的夹角问题解决。

第三节　旋转法——绕投影面垂直轴旋转

一、旋转法的基本概念

旋转法是投影面保持不动，使空间几何元素绕某一轴旋转，旋转到有利于解题的位置。 例如图 7-22 表示一铅垂面三角形 ABC，绕垂直于 H 面的边 AB（此处 AB 即为旋转轴）旋转，使三角形旋转成为正平面 ABC_1。此时平面 ABC_1 的正面投影 $a'b'c'_1$ 反映三角形 ABC 的实形。

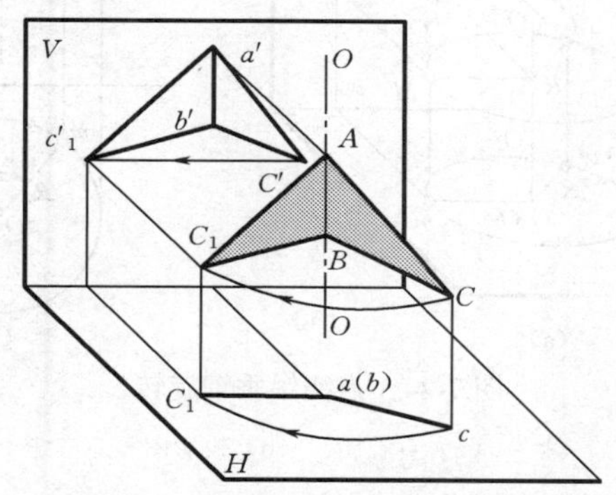

图 7-22　平面 ABC 旋转为正平面

本节主要讨论几何元素绕垂直于投影面的轴旋转。

二、点旋转

图 7-23（a）表示点 M 绕处于正垂线位置的轴旋转时，点 M 的投影变化情况。当点 M 旋转时，它必在垂直于旋转轴亦即平行于 V 面的平面内作圆周运动。因此点的旋转轨迹在 H 面上的投影，是一垂直于旋转轴的投影的直线（平行于 OX）；在 V 面上的投影，则反映其实形，即形成一个以旋转轴投影 O'为中心，以旋转半径 R 为半径的圆周。假如点 M 旋转一任意角 α 到新位置 M_1 时，那么它的正面投影同样旋转一 α 角，旋转轨迹的正面投影是一段圆弧 $m'm'_1$，而其水平投影为一直线 mm_1。

图 7-23（b）表示投影图的作法。

图 7-24（a）和图 7-24（b）表示点 M 绕处于铅垂线位置的轴旋转时的情况。这里点 M 在垂直于旋转轴，亦即平行于 H 面的平面内作圆周运动。因此点 M 的运动轨迹在 H 面上的投影反映实形，形成与旋转轨迹相同的圆周；而在 V 面上的投影，是一垂直于旋转轴的投影且等于圆周直径长度的直线（平行于 OX）。

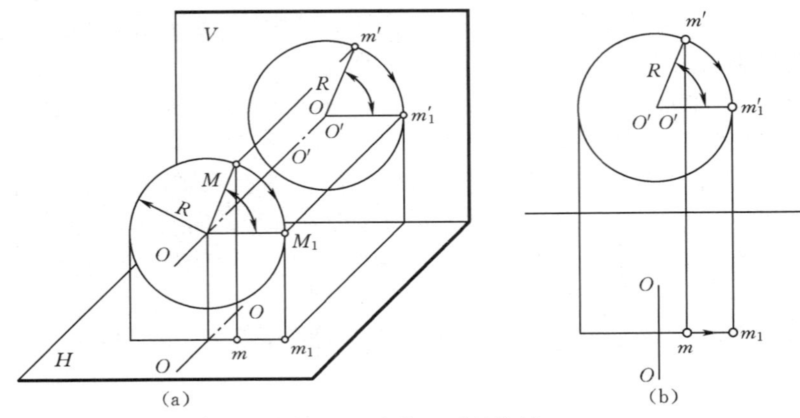

(a)　　　　　　　　　　　　(b)

图 7-23　点绕正垂轴旋转

（a）直观图；（b）投影图

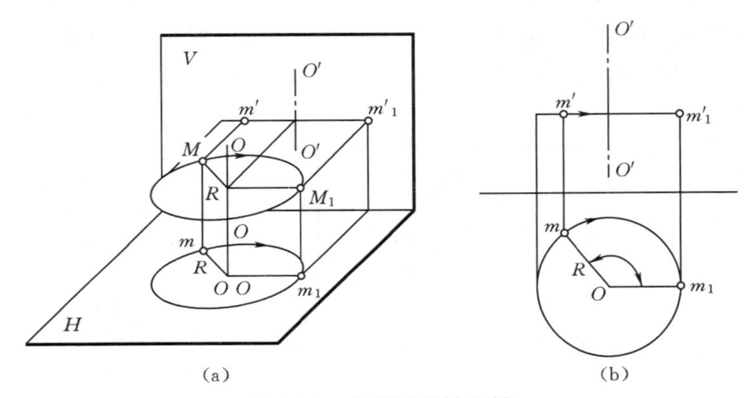

(a)　　　　　　　　　　　　(b)

图 7-24　点绕铅垂轴旋转

（a）直观图；（b）投影图

由此可知：当点绕投影面垂直轴旋转时，其运动轨迹在该投影面上的投影为一圆，另一投影为平行于投影轴的线段。

欲求空间几何元素旋转后的新投影，只需求出其所有控制点的新投影并依次连接即可。但为了保持一组空间几何元素的相对位置在旋转时不发生变化，必须使它们的每一点绕同一轴向同一方向旋转同一角度。

三、直线的旋转

直线段的位置由两端点确定，只需将两端点绕同一轴向同一方向旋转同一角度，求出其新投影，就可确定直线旋转后的新投影。为了简化作图，在单独旋转一条直线时，通常使轴线通过线段的一个端点，该端点旋转后位置不变，只需求出另一端点的新投影即可。

从图 7-25（a）可以看出，当直线 *AB* 绕铅垂轴 *AO* 旋转时，直线 *AB* 与旋转轴的夹角及对 *H* 面的倾角α都保持不变，直线的水平投影只发生位置变化，而长度保持不变。由此可得结论：当直线绕垂直于某投影面的轴旋转时，直线对该投影面的倾角保持不变，在该投影面上的投影长度也不改变。

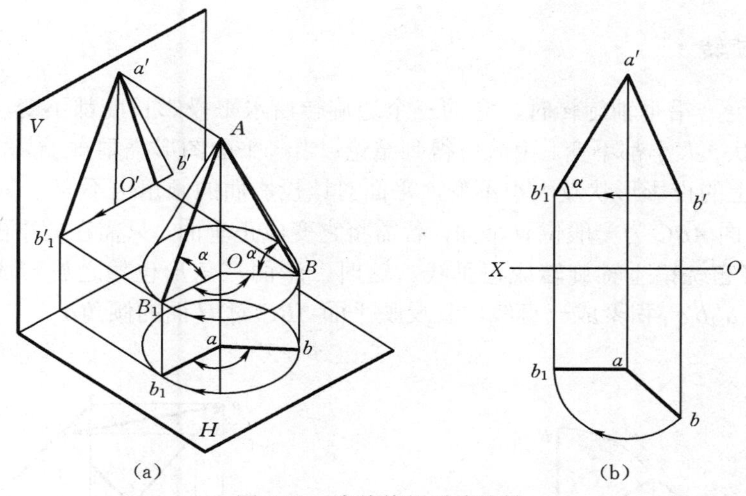

图 7-25　直线绕铅垂线旋转

（a）直观图；（b）投影图

当直线 AB 绕过点 A 铅垂线旋转至与 V 面平行时，$ab_1 /\!/ OX$，$a'b'_1$ 反映 AB 实长及其对 H 面的倾角α。作图方法见图 7-25（b），以 a 为圆心，将 ab 旋转至与 OX 平行的位置 ab_1，求出相应的 b'_1，连 ab_1，ab_1 及 $a'b'_1$ 即为一对新投影。

图 7-26 表示了直线 AB 绕过点 B 的正垂线旋转成水平线的作图。a_1b 反映 AB 实长及对 V 面的倾角β。

由图 7-25、图 7-26 可知：欲求直线对某投影面的倾角，旋转轴应垂直于该投影面，将直线旋转成与另一投影面平行。

如图 7-27 所示，要将正平线旋转成铅垂线，需将α变成 90°，而β角仍保持为 0°，因此轴线应垂直 V 面。即：要将投影面平行线旋转成投影面垂直线，旋转轴应垂直于该直线所平行的投影面。

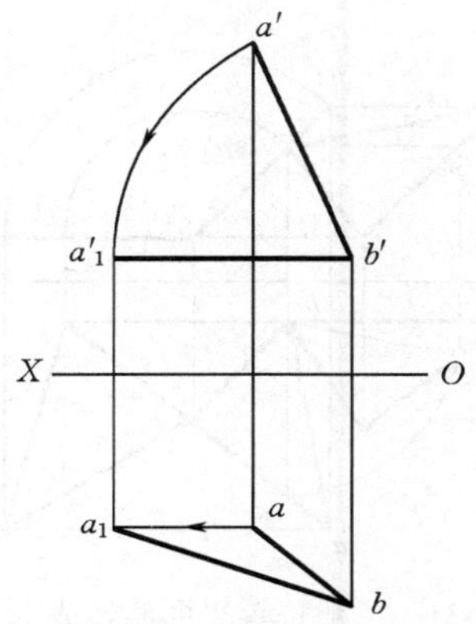

图 7-26　直线绕正垂线旋转

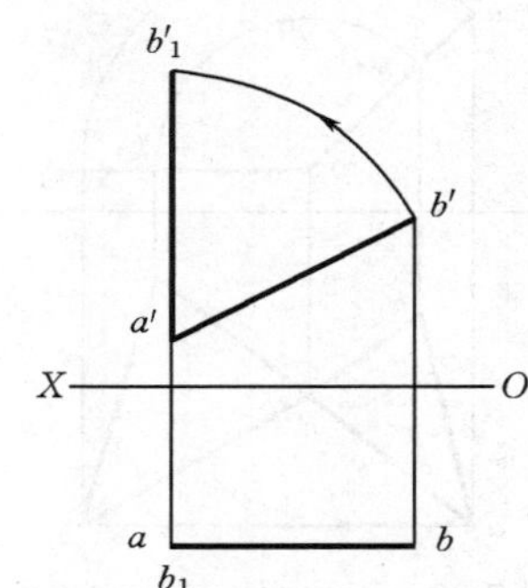

图 7-27　正平线旋转成铅垂线

若要将一般位置直线旋转成投影面垂直线，需要改变它与两个投影面的倾角，因此需要旋转两次：先旋转成投影面平行线，再旋转成投影面垂直线，如图 7-28 所示。

由于铅垂轴的正面投影及正垂轴的水平投影在作图时毫无用处，故一般均省略不画。

四、平面的旋转

当一三角形绕一铅垂轴旋转时，它的三个边旋转后水平投影长度都不变，因此三角形旋转后水平投影形状、大小都不变。由此可得到结论：当一平面图形绕垂直于某投影面的轴旋转时，在该投影面上的投影形状及大小不变，平面对该投影面的倾角也不变。

图 7-29 中平面 *ABC* 为一般位置平面，若需将它变成正垂面，只需在此平面上任取一水平线（如 *BD*），将它绕铅垂轴旋转成正垂线。这时，平面三角形也随之旋转成正垂面。图中 $\triangle a_1bc_1 \cong \triangle abc$，$a'_1b'c'_1$ 积聚成一直线，且反映平面 *ABC* 对 *H* 面的倾角 α。

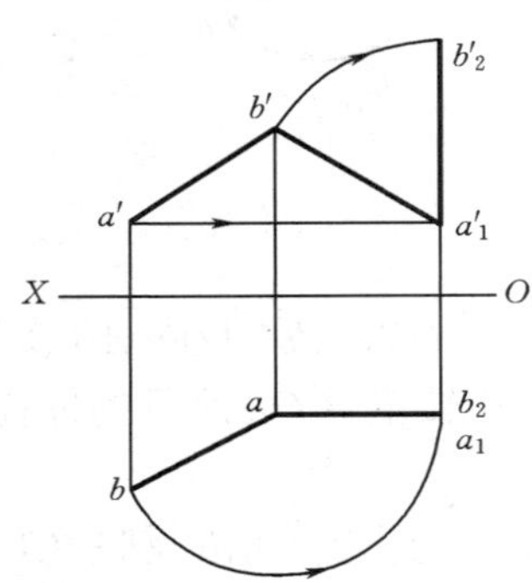

图 7-28　一般位置直线旋转成投影面垂直线

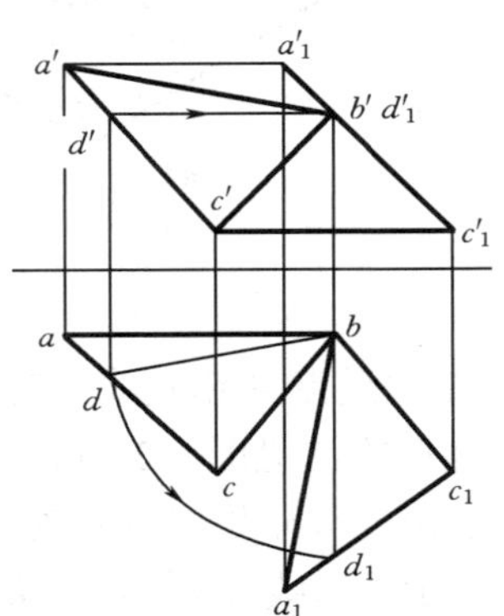

图 7-29　一般位置平面旋转正垂面

图 7-30 中 $\triangle ABC$ 为正垂面。只需绕正垂轴旋转一次，即可变成水平面。图中 $\triangle a_1b_1c$ 反映 $\triangle ABC$ 的实形。

因一次旋转只能改变与一个投影面的倾角，所以将一般位置平面旋转成投影面平行面需旋转两次：先将一般位置平面旋转成投影面垂直面，再将投影面垂直面旋转成投影面平行面，如图 7-31 所示。两次旋转时，交替采用铅垂线及正垂线作旋转轴。

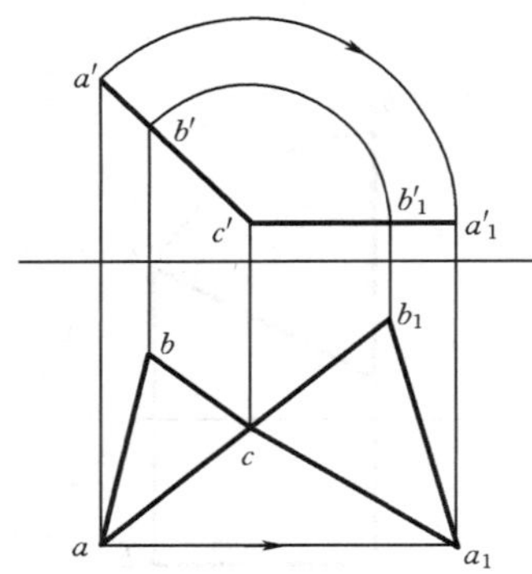

图 7-30　正垂面旋转成水平面

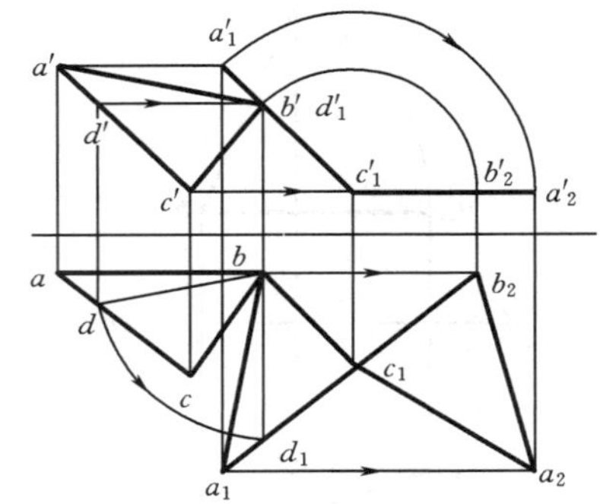

图 7-31　一般位置平面旋转成水平面

五、解题举例

【例 7-8】求平行两直线 *KL*、*MN* 的距离（图 7-32）。

解　若将两直线旋转成投影面的垂直线，即可得出两平行线的距离。由于此二直线是正平线，所以只需绕正垂轴旋转一次即可。作图方法如图 7-32（a）所示。

注意两直线必须绕同一轴旋转，图 7-32（b）的作法是错误的。

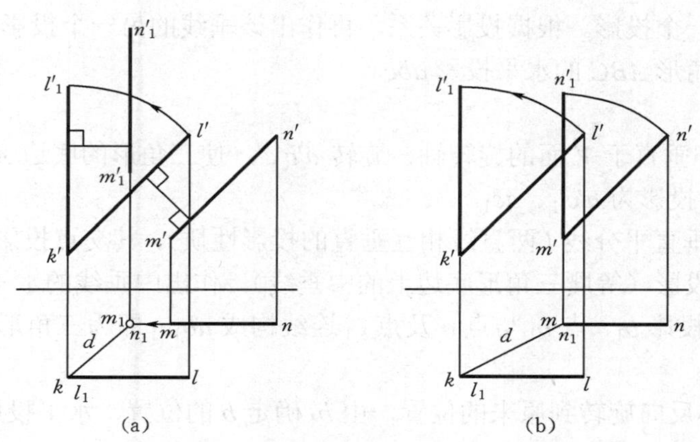

图 7-32　求两平行直线间的距离

（a）正确；（b）错误

【例 7-9】求点 E 到平面 ABC 的距离（图 7-33）。

分析　如果平面 ABC 为投影面的垂直面，则点到平面的距离可直接反映出来。因此，要将一般位置平面 ABC 旋转成投影面的垂直面。必须注意在旋转上时点 E 与平面 ABC 绕同一轴、向同一方向、旋转同一角度，才能保证它们的相对位置不变。

作图　在平面 ABC 上作一正平线 CD，以过 C 点的正垂轴，将平面旋转为铅垂面。得新投影 a_1b_1c 和 $a'_1b'_1c'$。将点 E 旋转到 E_1 位置，其投影为 e_1、e'_1。通过 e_1 向 a_1b_1c 作垂直线，相交于 f_1，e_1f_1 则为点 E 到平面 ABC 的距离。

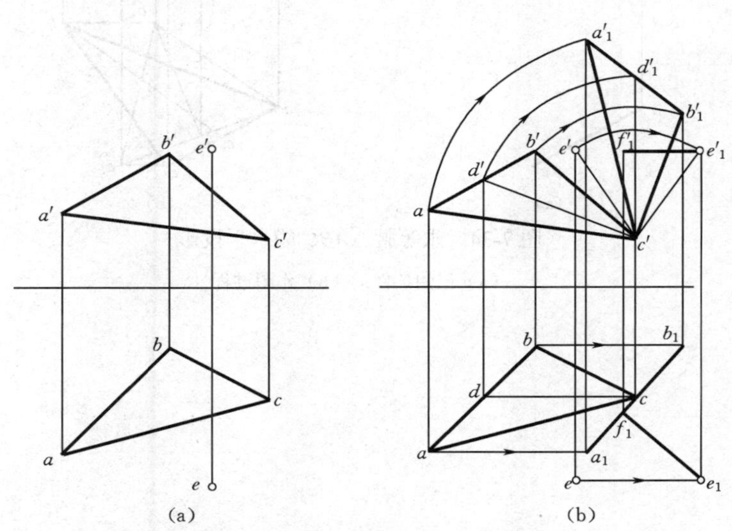

图 7-33　求点到平面的距离

（a）已知条件；（b）作图过程

【例 7-10】已知等腰三角形 ABC 的正面投影 $a'b'c'$ 及其底边 AC 的水平投影 ac，求三角形 ABC 的水平投影（图 7-34）。

分析 求三角形 ABC 的水平投影主要是确定 B 点的水平投影 b。因为 ABC 是等腰三角形，所以 BE 垂直且平分 AC，点 E 是 AC 的中点。因此将 AC 变换为投影面的平行线，运用两直线垂直的投影性质便可过 E 点作出与 AC 垂直的线的投影，在 $a'b'c'$ 的底边 $a'c'$ 的中点 e' 与 b' 的连线即为所作垂线的一个投影。根据投影关系，再作出该垂线的另一个投影。确定了点 B 的投影 b 之后，则得三角形 ABC 的水平投影 abc。

作图

（1）过 A 点作垂直于 V 面的旋转轴，旋转 $a'b'c'$，使三角形的底边 AC 平行于 H 面，即 AC 为水平线，其新投影为 $a'c'_1$、ac_1。

（2）作 ac_1 的垂直平分线（两直线相互垂直的投影性质），其交点投影为 e'_1、e_1，则 $e'_1b'_1$ 为所作垂线的正面投影（等腰三角形底边上的中垂线）。作出中垂线的水平投影，在其上确定 b'_1 投影对应的水平投影 b_1，点 b_1 与点 a 及点 c_1 连线构成 ab_1c_1 即为三角形 ABC 旋转后的水平投影。

（3）将三角形反向旋转到原来的位置，由 b_1 确定 b 的位置，水平投影 abc 即为所求。

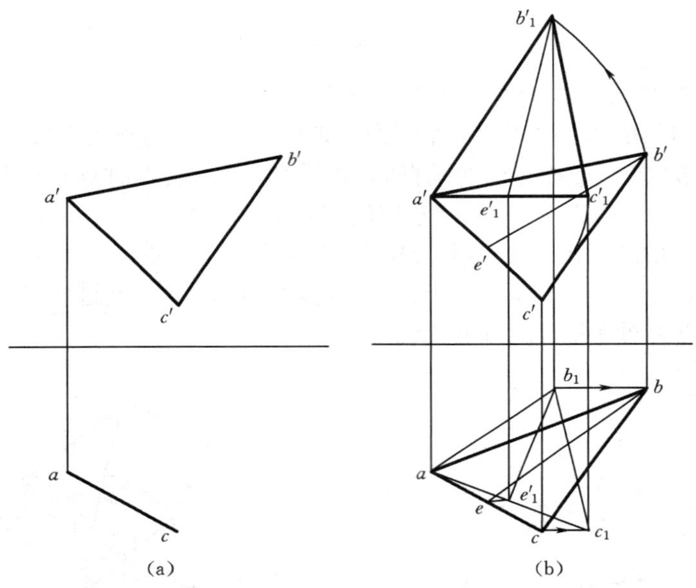

图 7-34 求等腰△ABC 的水平投影

（a）已知条件；（b）作图过程

第八章　曲线、曲面和立体

水工建筑物的形状虽然多种多样，但都可以看成是由一些最简单的基本立体组成的。表面均为平面的立体称为平面立体，如棱柱、棱锥等；表面除平面外还有曲面或所有表面均为曲面的立体称为曲面立体，如圆柱、圆锥、圆球、圆环等。本章主要讨论基本立体。

第一节　平面立体及其表面上的点和线

一、棱柱

棱柱是最常见的平面立体，由两个相互平行的底面（为两个全等的多边形）和若干个侧面组成，相邻两侧面的交线称为棱线，所有棱线均相互平行。若两底面均为正多边形，且棱线垂直于底面时，称为正棱柱。

1. 棱柱的投影

图 8-1 所示为正六棱柱的投影，由图 8-1（a）可知该棱柱竖直放置，两底面为水平面，其水平投影反映实形，另两面投影均积聚为直线；六个矩形侧面中有两个为正平面，其正面投影显示实形，另两面投影积聚为直线，其余四个侧面为铅垂面，水平投影积聚为直线，另外两面投影均为类似形；六条棱线均为铅垂线，其水平投影积聚为点，另两面投影均显示实长。

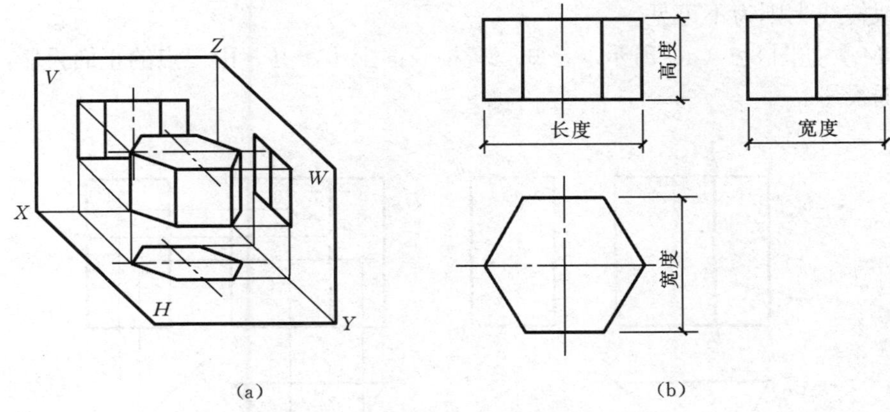

图 8-1　正六棱柱的投影

作其投影图时，首先应作出底面的水平投影（显示实形，为正六边形，其六个顶点既是底面六边形的六个顶点，也是六条棱线的积聚投影），然后根据三面投影规律，分别过六个顶点向上作竖直线（实现与正面投影的“长对正”关系），并在六条竖直线上截取棱柱高度，作出正面投影；再根据正面投影与侧面投影“高平齐”，水平投影与侧面投影“宽相等”的关系，即可作出侧面投影，如图 8-1（b）所示。

【例 8-1】完成图 8-2（a）所示斜放三棱柱的侧面投影。

解 分析可知该三棱柱两底面为正垂面，其正面投影积聚为直线，另两面投影为类似形；各侧面均为一般位置面，其三面投影也均为类似形；三条侧棱均为正平线，正面投影显示实长，水平及侧面投影分别沿水平及竖直方向。

根据三面投影规律，可先作出三条侧棱的侧面投影，然后分别连接各对应点，同时注意判别可见性。*BE* 和 *CF* 棱线分别位于三棱柱的最前和最后位置，而 *AD* 棱线在 *BE* 和 *CF* 棱线的右侧，所以 *AD* 棱线的侧面投影 *a″d″*为不可见，由于 *A* 点位于三棱柱的最高位置，所以 *a″*是可见的，但 *d″*不可见，因此 *d″e″*及 *d″f″*亦不可见，如图 8-2（b）所示。

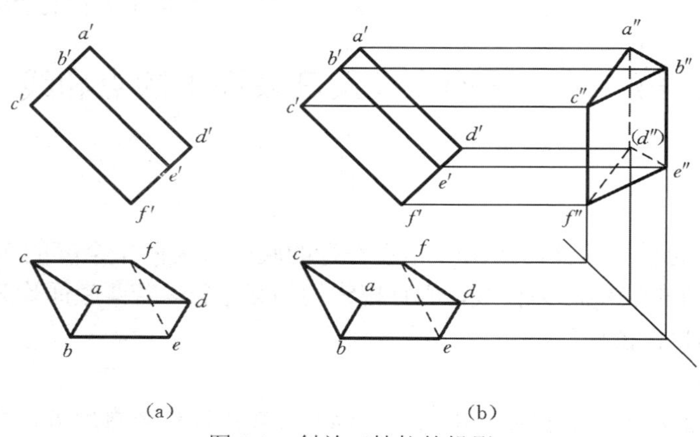

图 8-2 斜放三棱柱的投影

2. 棱柱表面上取点、取线

由于棱柱所有的表面都是平面，所以棱柱表面取点、取线的实质是在平面上取点、取线，但需对这些点、线进行可见性判别。如果它们位于可见表面或棱线上为可见；反之，若位于不可见表面或棱线上则为不可见。

【例 8-2】如图 8-3（a）所示，已知三棱柱表面上Ⅰ、Ⅱ、Ⅲ三点的正面投影，试作出它们的另两面投影。

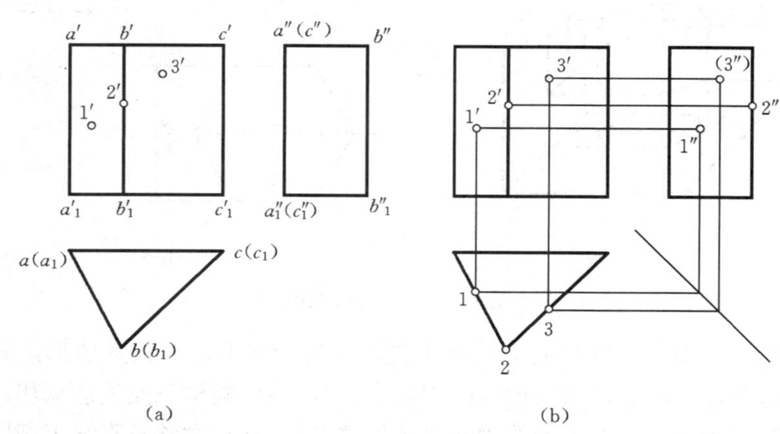

图 8-3 三棱柱表面取点

解 由于该棱柱为直棱柱，所以三个侧面、三条棱线均与水平投影面垂直，其水平投影均具有积聚性，其上取点时，均可直接利用积聚性求得点的水平投影。投影图见图 8-3（b）和图 8-4。

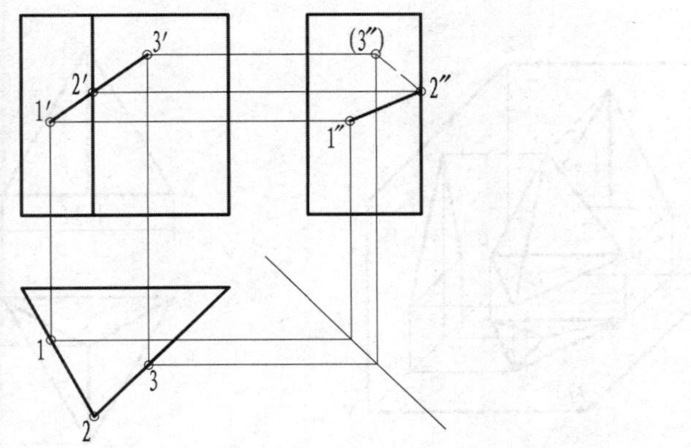

图 8-4 三棱柱表面取线

【例 8-3】完成如图 8-5（a）所示图形的侧面投影。

解 分析可知，该图形为正四棱柱，其表面上有 *ABCD* 和 *CDEF* 两个线框，由于该两线框分别位于四棱柱的两个侧面上，所以应分别求出。在线框的投影中，*c″e″*、*e″f″*和 *d″f″*三段线均不可见，应用虚线表示，但恰好分别与 *a″c″*、*a″b″*和 *b″d″*三段线重合，所以显示实线，如图 8-5（b）所示。

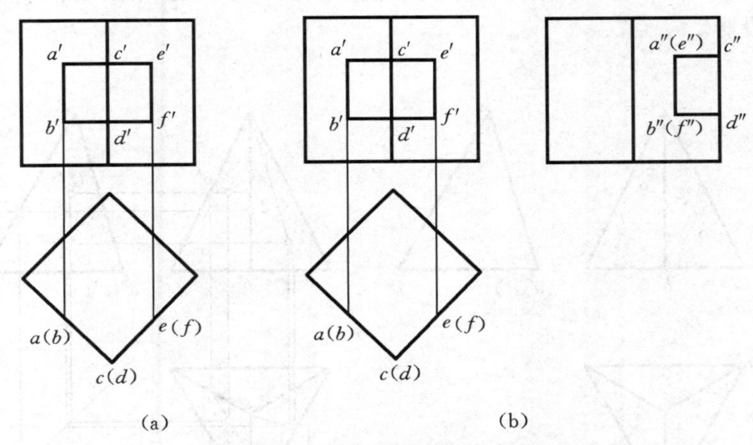

图 8-5 棱柱表面上线框的投影

二、棱锥

棱锥底面为多边形，各棱线均交于一点，称为锥顶，各侧面均为三角形。若棱锥底面为正多边形，且锥顶与正多边形中心的连线垂直于底面时，称为正棱锥。

1. 棱锥的投影

图 8-6 所示为正三棱锥的投影，由图 8-6（a）可知该棱锥竖直放置，底面为水平面，其水平投影显示实形，另两面投影均积聚为直线；三个侧面中，*SAC* 为侧垂面，其侧面投影积聚为直线，另两面投影为类似形，*SAB* 与 *SBC* 均为一般位置面，其三面投影也均为类似形。

首先应作出底面的水平投影，显示实形，为正三角形，三角形中心即为锥顶的水平投影，分别连接锥顶与三角形的三个顶点，便得到三条棱线的水平投影，同时完成三棱锥的水平投影；再根据投影规律可完成其另两面投影，如图 8-6（b）所示。

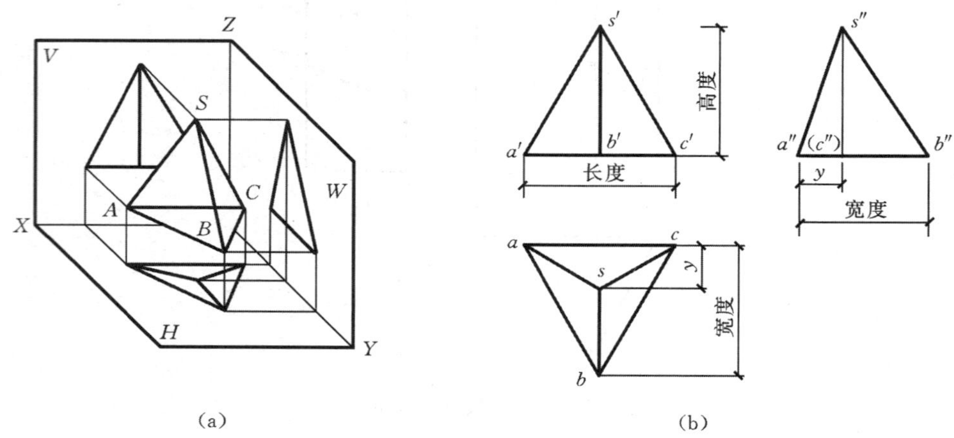

图 8-6 正三棱锥的投影

2. 棱锥表面上取点、取线

由于棱锥各侧面不一定有积聚性，所以在棱锥表面上取点需过已知点在棱锥表面作一条辅助线，该辅助线一般应通过锥顶点或平行于某一底边，然后求出辅助线的投影，进而求得点的投影。这种取点的方法称为辅助线法。

【例 8-4】如图 8-7（a）所示，已知正三棱锥表面上Ⅰ、Ⅱ、Ⅲ三点的正面投影，试作出它们的另两面投影。

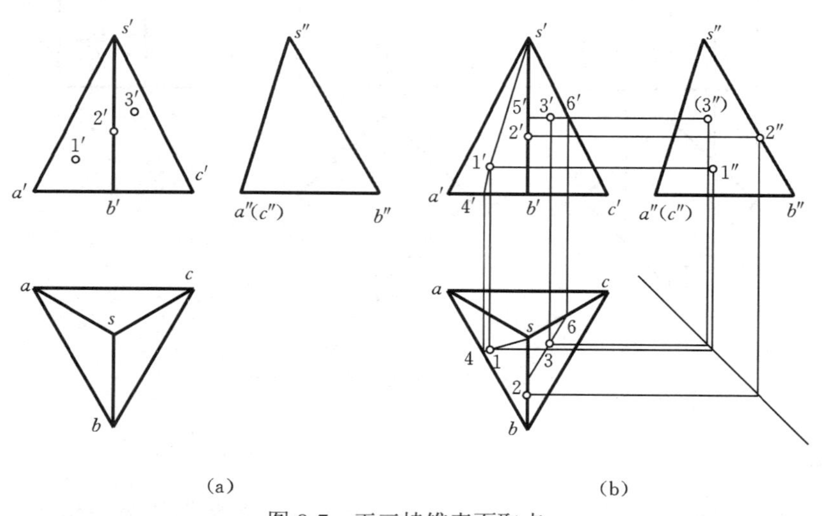

图 8-7 正三棱锥表面取点

解 分析可知，点Ⅰ和点Ⅲ分别位于侧面 *SAB* 和 *SBC* 上，该两面均为一般位置平面，点Ⅱ在侧棱 *SB* 上。通过“高平齐”可直接得到Ⅱ点的侧面投影 2″，再通过“长对正”和“宽相等”可求得其水平投影 2；连接 1′与 *s*′并延长至与底边 *a*′*b*′交于 4′，可见点Ⅳ在 *AB* 上，直接利用“长对正”可得到点Ⅳ的水平投影 4，连接 4*s*，由于 *S* Ⅰ Ⅳ三点共线，所以点Ⅰ的水平投影 1 就在 4*s* 上，再根据投影规律可得到 1″；过 3′作 5′6′与 *b*′*c*′平行，可见点Ⅵ位于 *SC* 上，直接求出点Ⅵ的水平投影 6，再过 6 做 *bc* 的平行线，则 3 在该平行线上，再根据投影规律可得到（3″），为不可见，如图 8-7（b）所示。

与棱柱表面取线类似，分别连接图 8-7（b）中ⅠⅡ和ⅡⅢ的同面投影，同时注意可见性判别，就在该三棱锥表面上作出了两条线，其三面投影如图 8-8 所示。

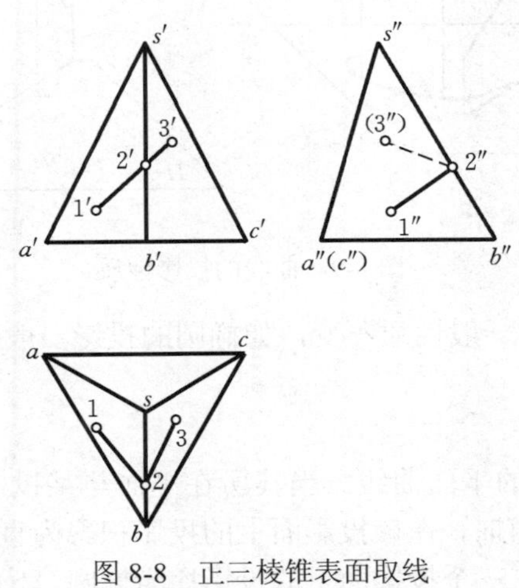

图 8-8 正三棱锥表面取线

第二节 曲线

一、曲线的形成和分类

曲线可以看成一个点作连续运动的轨迹。

按照其运动轨迹是否位于同一平面，可将曲线分为平面曲线和空间曲线。一般地，若曲线上连续四个点不在同一平面上，则称为空间曲线，如螺旋线就是一种常见的空间曲线，本章第四节将对其作出讨论；而圆、椭圆、双曲线、抛物线等，其上所有的点均位于同一平面上，则为平面曲线。

按照点的运动是否有规律，又可将曲线分为规则曲线和不规则曲线。规则曲线一般可用代数方程来描述，如圆、螺旋线等。

二、曲线的投影

我们知道，欲求直线段的投影，可以采取先求出确定该直线段两端点的投影后再连接的方法。同样，由于曲线可看成点的运动轨迹，所以可求出曲线上若干个点的投影，再按顺序光滑连接各点，便可得到曲线的投影。为了较准确地绘制出曲线的形状，一般应求出曲线上一些特殊点（如最高点、最低点等）的投影。

曲线的投影性质：

（1）曲线的投影一般仍为曲线，如图 8-9（a）所示。对于平面曲线，当其所在平面平行于某投影面时，在该投影面上的投影反映曲线的真实形状；当其所在平面垂直于某投影面时，在该投影面上的投影为直线，如图 8-9（b）所示。

（2）曲线上某点的切线在某投影面上的投影仍与曲线在该投影面上的投影相切，且切点亦为原切点的投影，如图 8-9（a）所示。

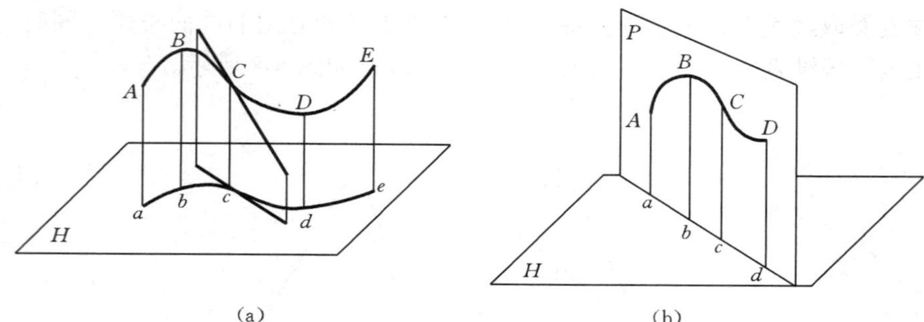

（a）　　　　（b）

图 8-9　曲线的投影性质

（3）二次曲线投影后，一般性质不变，如椭圆的投影一般仍为椭圆。

三、圆的投影

圆是最基本的、最常见的平面曲线。当其所在平面与某投影面平行时，在该投影面上的投影仍为圆；与某投影面垂直时，在该投影面上的投影积聚为直线，另两面投影为椭圆；当其所在平面处于一般位置时，在三个投影面上的投影均为椭圆。下面仅讨论圆所在平面与某投影面垂直时的投影。

【例 8-5】如图 8-10（a）所示，已知处于铅垂面中圆的水平投影，试完成其正面投影，圆心到水平投影面的距离自定。

解　分析可知，水平投影的线段长度即为圆的直径尺寸 D，线段中点就是圆心的水平投影 O，按题目要求，先定出圆心的正面投影 O'，然后可作出 1′、2′、3′、4′四点。作椭圆投影时，习惯上取八个点，另外四个点可通过换面法求得，按顺序光滑连接各点的正面投影即可，如图 8-10（b）所示。

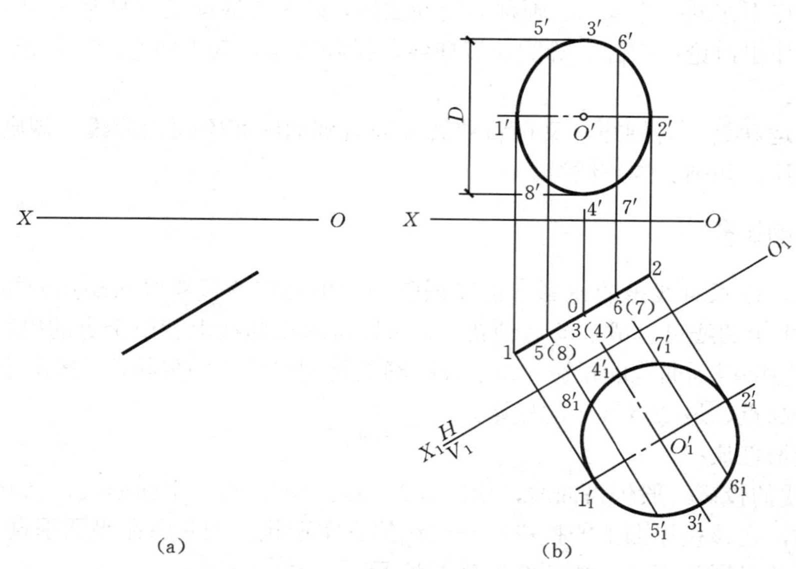

（a）　　　　（b）

图 8-10　投影面垂直面上圆的投影

当圆位于一般位置平面上时，需已知该平面的两面投影、圆心位置及圆的半径，通过二次换面的方法，可完成圆的投影，读者可自行分析。

第三节　曲面、曲面立体及其表面上的点和线

一、曲面的形成和分类

曲面可看作动线作连续运动的轨迹，动线称为母线。母线在曲面上的任一位置，称为曲面的素线。控制母线运动的线或面，分别称为导线（准线）或导面。

按母线的运动是否有规律，曲面可分为规则曲面和不规则曲面。本章仅讨论规则曲面。

按母线是直线还是曲线，曲面可分为直线（又称直纹）面和曲线面。如图 8-11 中，图 8-11（a）和图 8-11（b）均为直线面，图 8-11（c）为曲线面。

另外，根据母线运动时有无回转轴，曲面又分为回转面和非回转面，如图 8-11 中，图 8-11（b）和图 8-11（c）为回转面，图 8-11（a）为非回转面。回转面中母线上任一点的轨迹均为圆，称为纬圆，纬圆所在的平面垂直于回转轴。

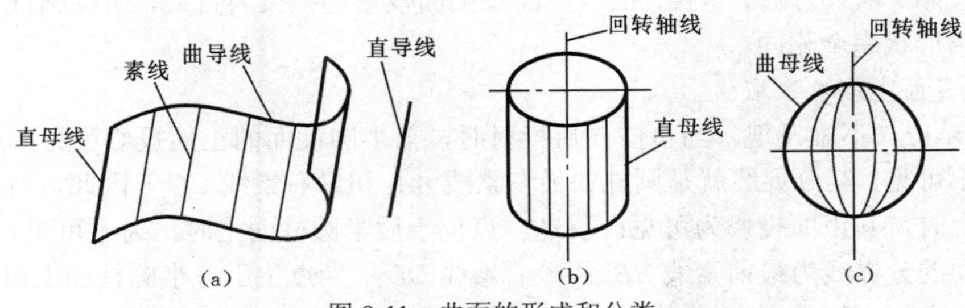

图 8-11　曲面的形成和分类

二、曲面投影的表示方法

规则曲面应能表示出其母线形状及母线运动规律，一般可通过绘制曲面沿不同投射方向的外形轮廓线的投影来表示。详见本章相关内容。

如图 8-12（a）所示，为一竖直方向的直母线绕与之平行的回转轴线旋转一周所得到的圆柱面。分别沿与三个投影面垂直的方向将其投射至三个投影面上，所得到的外形轮廓线分别为圆和长方形，如图 8-12（b）所示，即为圆柱面的三面投影图。

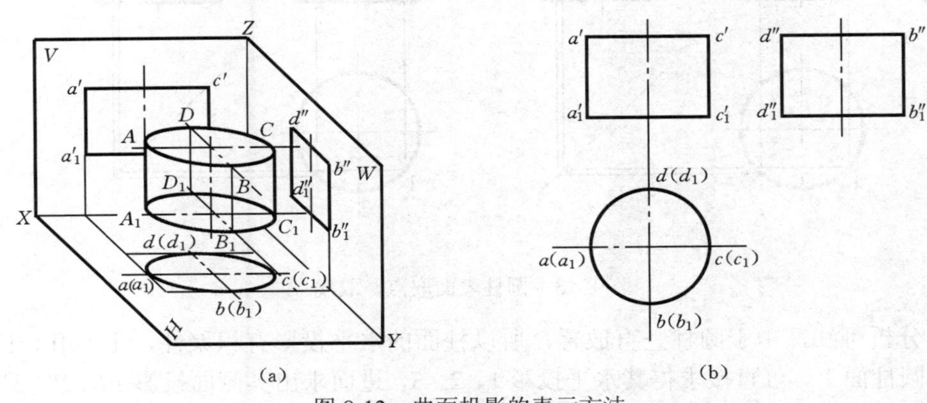

图 8-12　曲面投影的表示方法

三、曲面立体及其表面上的点和线

由曲面围成或由曲面和平面围成的立体称为曲面立体，最常见的曲面立体是回转体，如圆柱、圆锥、圆球、圆环等。本节仅讨论常见回转体及其表面上的点和线。

（一）圆柱

1. 圆柱的形成和投影

圆柱是由圆柱面和上、下底面围成的立体。通过图 8-12，我们已经知道圆柱面是由一条直母线绕与之平行的轴线回转一周形成的，回转过程中，素线有四个特殊位置，分别位于圆柱面的最左、最前、最右和最后，即图 8-12（a）中的 AA_1、BB_1、CC_1 和 DD_1，分别称为圆柱的最左素线、最前素线、最右素线和最后素线。这四条特殊位置素线，就是圆柱体的四条外形轮廓线。注意，最左、最右素线的侧面投影与轴线重合，不需表示；最前、最后素线的正面投影亦与轴线重合，也不需表示。

对于竖直放置的圆柱体，上、下底面处于水平位置，其水平投影为圆，显示实形，与圆柱面的水平投影（积聚为圆）重合，而其正面及侧面投影均积聚为直线，所以圆柱体的投影与圆柱面的投影形状完全相同。

2. 圆柱表面上取点、取线

观察图 8-12，不难发现，当自前向后投射时，前半圆柱面的正面投影可见，后半圆柱面的正面投影不可见，其分界线就是圆柱的最左素线 AA_1 和最右素线 CC_1，因此，当点或线位于前半圆柱面上时，其正面投影为可见；反之，点位于后半圆柱面上时，为不可见。同理，左、右两半圆柱面的分界线为最前素线 BB_1 和最后素线 DD_1，当点位于左半圆柱面上时，其侧面投影为可见；反之，点位于右半圆柱面上时，为不可见。

当柱面投影有积聚性时，可直接利用积聚性求柱面上点的投影。

【例 8-6】如图 8-13（a）所示，已知圆柱表面上Ⅰ、Ⅱ、Ⅲ三点的正面投影，试作出它们的另两面投影；并将三点连接成线，完成其三面投影。

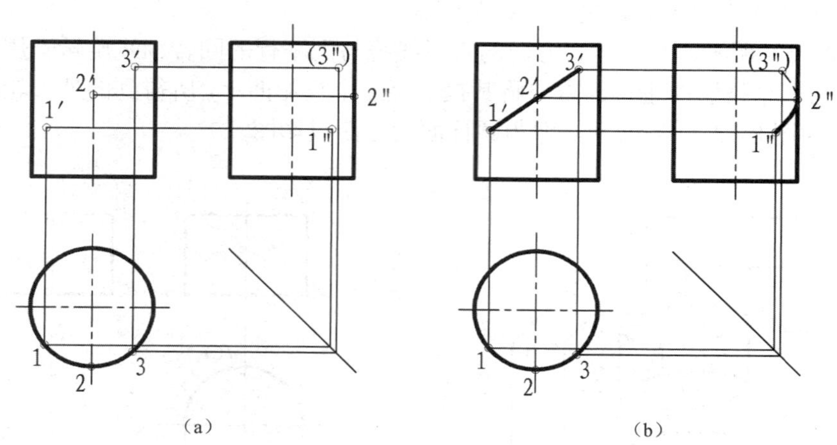

图 8-13 圆柱表面取点、取线

解 分析可知，由于圆柱竖直放置，所以柱面的水平投影有积聚性，Ⅰ、Ⅱ、Ⅲ三点均位于前半圆柱面上，可直接求得其水平投影 1、2、3，进而求出其侧面投影 1″、2″、3″；又Ⅰ、Ⅲ两点分别位于左、右两半圆柱面上，点Ⅱ位于最前素线上，所以在侧面投影中，只有点 3″

为不可见，如图 8-13（a）所示。

若将Ⅰ、Ⅱ、Ⅲ三点按顺序连接成光滑曲线，其三面投影如图 8-13（b）所示。

（二）圆锥

1. 圆锥的形成和投影

圆锥是由圆锥面和底面围成的立体。圆锥面是由一条直母线绕与之相交的轴线回转一周形成的，该交点称为锥顶。显然圆锥面上所有的素线都过锥顶。注意圆锥面上只有素线是直线。与圆柱面相同，圆锥面上也有最左、最右、最前和最后四条特殊素线，它们也是圆锥体的四条外形轮廓线，如图 8-14（a）所示的 *SA*、*SC*、*SB* 和 *SD*。显然，此时圆锥的三面投影形状分别为圆和三角形，如图 8-14（b）所示。其中水平投影中的圆，既反映圆锥底面圆的实形，也反映圆锥面的投影，但圆锥面本身无积聚投影。

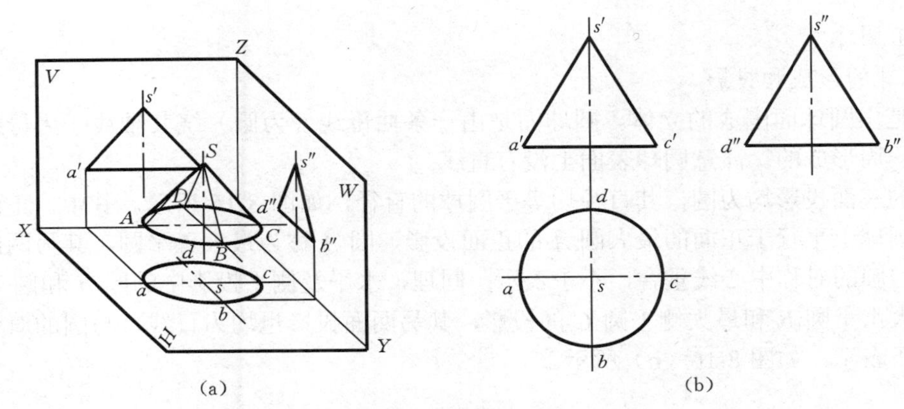

图 8-14　圆锥的投影

2. 圆锥表面上取点、取线

同圆柱面一样，位于前半圆锥面上的点，其正面投影可见，位于后半圆锥面上的点，其正面投影不可见；位于左、右两半圆锥面上的点，其侧面投影分别为可见和不可见。

由于圆锥面无积聚性，所以在圆锥表面上取点时，需在圆锥面上作辅助线，常用的方法有辅助素线法和辅助圆法（也称纬圆法）。

【例 8-7】如图 8-15（a）所示，已知圆锥表面上Ⅰ、Ⅱ、Ⅲ三点的正面投影，试作出它们的另两面投影；并将三点连接成线，完成其三面投影。

解　分析可知，Ⅰ、Ⅱ、Ⅲ三点均位于前半圆锥面上，且Ⅰ、Ⅲ两点分别位于左、右两半圆锥面上，点Ⅱ位于最前素线上。

下面用辅助素线法求点Ⅰ的投影：连接 *s*′1′，并延长至与底面圆交于点 4′，可直接求出点 4，然后连接 *s*4，则点 1 在 *s*4 上，再利用投影规律可求得点 1″。

由于点Ⅱ位于最前素线上，可直接求出点 2″，进而求出点 2。

求点Ⅲ的投影，采用纬圆法，由于纬圆与圆锥轴线垂直，也就是与底面圆平行，所以其正面投影为一条垂直于轴线的直线，该直线与最左和最右两素线交点间的长度就是纬圆的直径；纬圆的水平投影为一个与底面圆同心的圆。具体作法如下：过点 3′作一条轴线的垂直线，分别交最左、最右素线于点 5′、点 6′，点 5′6′的长度就是纬圆的直径，作出纬圆的水平投影，则 3 就在该圆上，再求出 3″即可，如图 8-15（a）所示。

若将Ⅰ、Ⅱ、Ⅲ三点按顺序连接成线，其三面投影如图 8-15（b）所示。

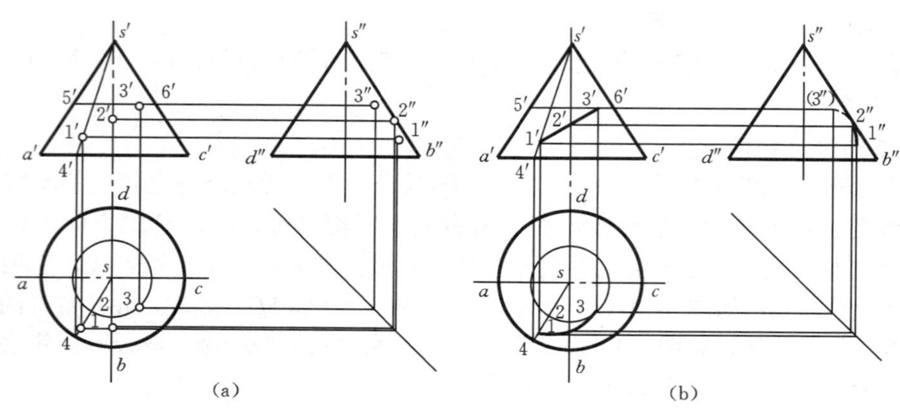

图 8-15　圆锥表面取点、取线

（三）圆球

1. 圆球的形成和投影

圆球是由圆球面围成的立体。圆球面是由一条曲母线（为圆）绕其轴线（为母线圆的直径）回转一周形成的。注意圆球表面上没有直线。

圆球的三面投影均为圆，其直径均等于圆球的直径，如图 8-16 所示。其中，正面投影中的圆 a'是圆球上平行于正面的最大圆 A 的正面投影，圆 A 称为最大正平圆，其另两面投影均为直线，与圆的对称中心线重合，不予表示；同理，水平及侧平投影中的圆 b 和圆 c''分别为圆球上最大水平圆 B 和最大侧平圆 C 的投影，其另两面投影也均为直线，与圆的对称中心线重合，不予表示，如图 8-16（b）所示。

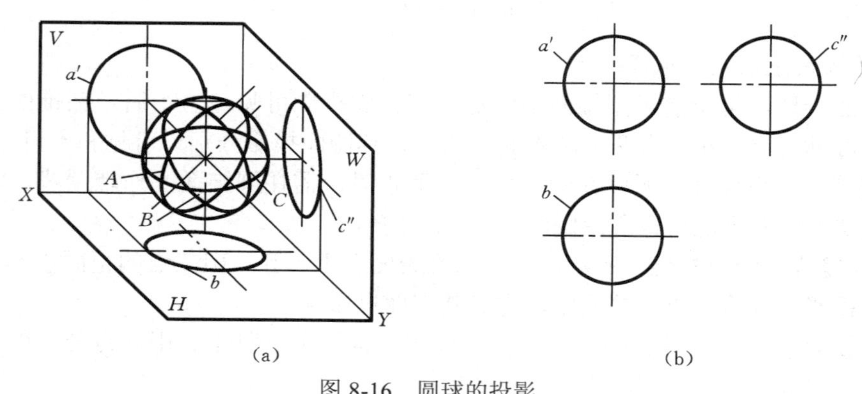

图 8-16　圆球的投影

A、B、C 三个圆分别将圆球分为前后半球、上下半球和左右半球。

2. 圆球表面上取点、取线

圆球表面没有积聚性，球面上也没有直线，所以在圆球表面上取点除特殊位置点外只能采用纬圆法。

【例 8-8】如图 8-17（a）所示，已知圆球表面上Ⅰ、Ⅱ、Ⅲ三点的正面投影，试做出它们的另两面投影；并将三点连接成线，完成其三面投影。

解　分析可知，Ⅰ、Ⅱ、Ⅲ三点均位于上半球面和前半球面上，且Ⅰ、Ⅲ两点分别位于左、右两半球面上，点Ⅱ位于最大侧平圆上。下面用纬圆法分别求三点的投影。

过点Ⅰ作辅助水平圆，该水平圆的正面投影为 4′5′，4′5′的长度为其直径，作出其显示为圆的水平投影，则点 1 在该圆上，利用投影规律可求得点 1″。

由于点Ⅱ位于最大侧平圆上，可直接求出点 2″，进而求出点 2。

过点Ⅲ作辅助侧平圆，该侧平圆的正面投影为 6′7′，6′7′的长度为其直径，作出其显示为圆的侧面投影，则点 3″在该圆上，再利用投影规律可求得点 3，如图 8-17（a）所示。

若将Ⅰ、Ⅱ、Ⅲ三点按顺序连接成线，其三面投影如图 8-17（b）所示。

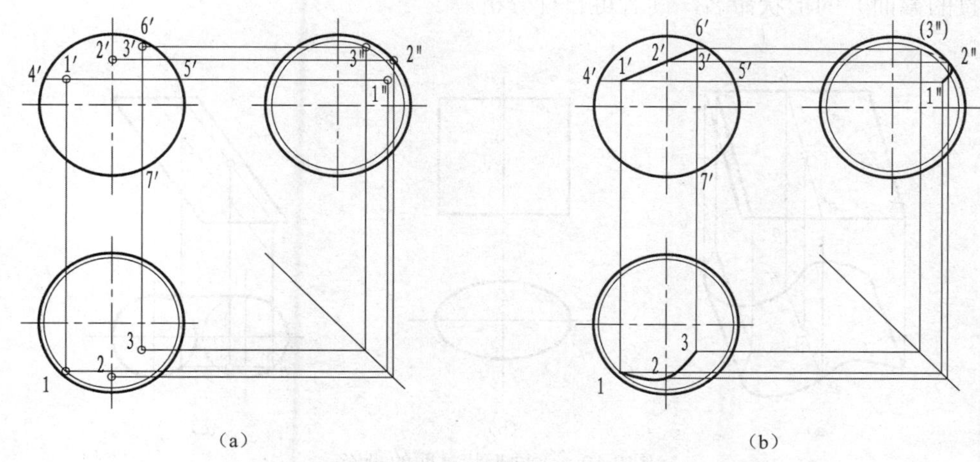

图 8-17　圆球表面取点、取线

（四）圆环

圆环是由圆环面围成的立体。圆环面是由一条曲母线（为圆）绕其轴线（为与母线圆共面，且不与圆周相交的直线）回转一周形成的。圆环表面上也没有直线。

圆环的投影一般采用如图 8-18（b）所示的形式表示。

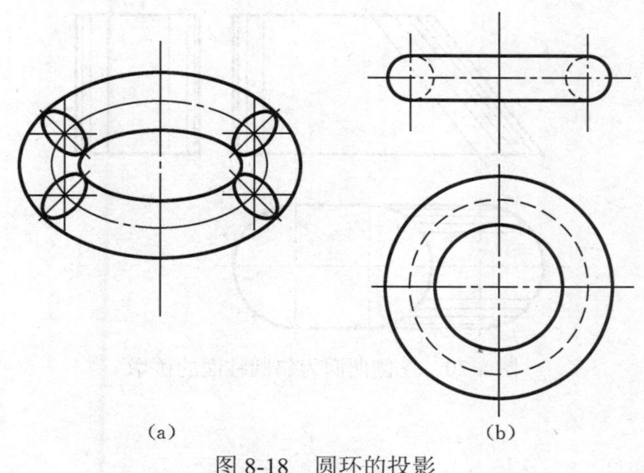

图 8-18　圆环的投影

第四节　水工建筑物中的常见曲面

水工建筑物中，为了改善水流条件、受力状况或为了节省材料，一些表面常做成曲面。

一、柱面

直母线沿曲导线运动，且始终平行于一条直导线，所形成的曲面称为柱面。曲导线可以是不闭合的，也可以是闭合的，如图 8-11（a）、图 8-11（b）及图 8-19 所示。

柱面可根据曲导线的形状及直导线与曲导线的相对位置关系命名，如图 8-19（b）和图 8-19（c）所示；若曲导线形状任意，则为一般柱面，如图 8-19（a）所示。柱面也可根据正截面（与素线垂直的截面）的形状命名，读者可自行分析。

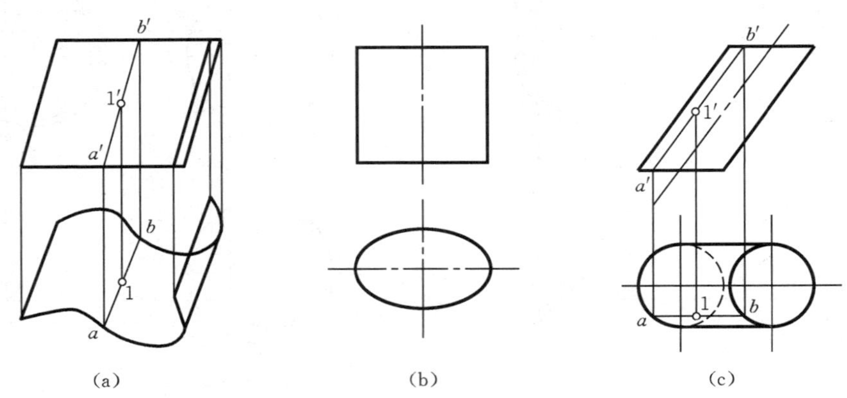

图 8-19 不同形状柱面的投影

绘制柱面投影，应同时绘出曲导线及若干条素线（如外形轮廓线）的投影，而直导线本身的投影可省略不画，如图 8-19 所示。

柱面上取点，一般采用辅助素线法，如图 8-19（a）和图 8-19（c）所示。

图 8-20 为斜圆柱面的应用。

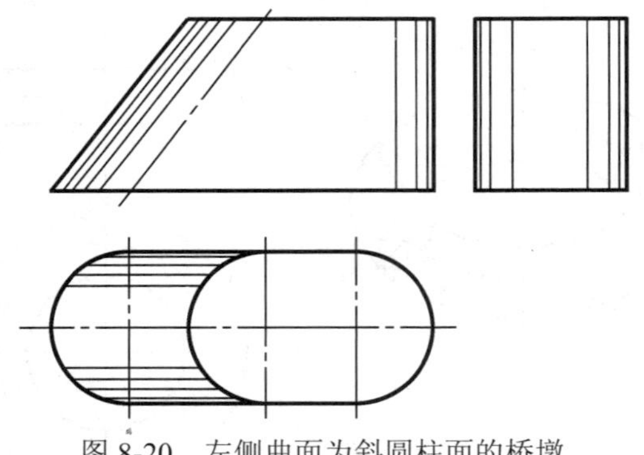

图 8-20 左侧曲面为斜圆柱面的桥墩

二、锥面

直母线沿曲导线运动，且始终通过定点所形成的曲面称为锥面，如图 8-21 所示。

绘制锥面投影，应同时绘出锥顶、曲导线及若干条表示外形轮廓的素线的投影。

锥面上取点，一般采用辅助素线法，如图 8-21（b）所示。

图 8-22 为锥面的应用。

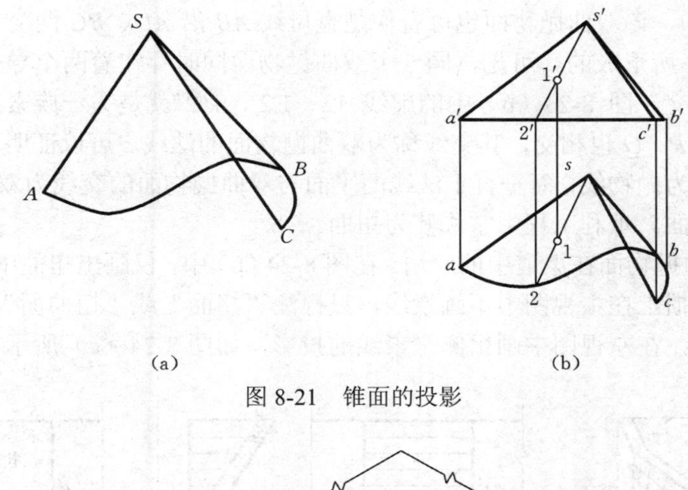

图 8-21　锥面的投影

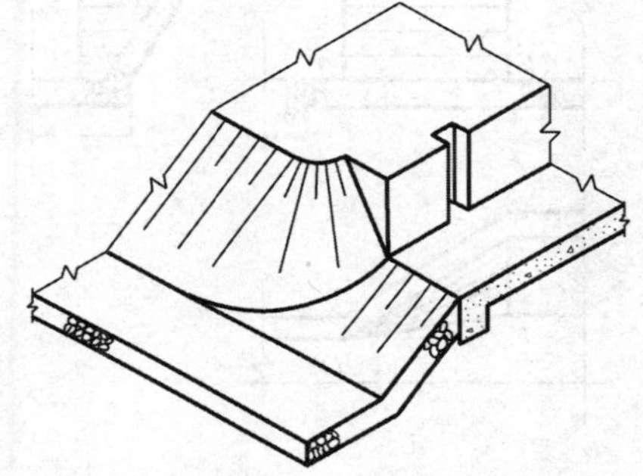

图 8-22　锥面应用于渠道进水口护坡处

三、双曲抛物面

直母线沿两条交叉直导线运动，且始终平行于某一个导平面，所形成的曲面称为双曲抛物面，如图 8-23（a）所示。图中 AC 为直母线，两端点 A 和 C 分别沿两交叉直导线 AB、CD 运动，且始终与某平面 P 平行。可见，双曲抛物面上所有的素线互成交叉位置，且都与导平面平行。

绘制双曲抛物面的投影，一般只需绘出两条直导线及若干条间隔相等的素线的投影，而不必绘出导平面的投影，如图 8-23（b）所示。

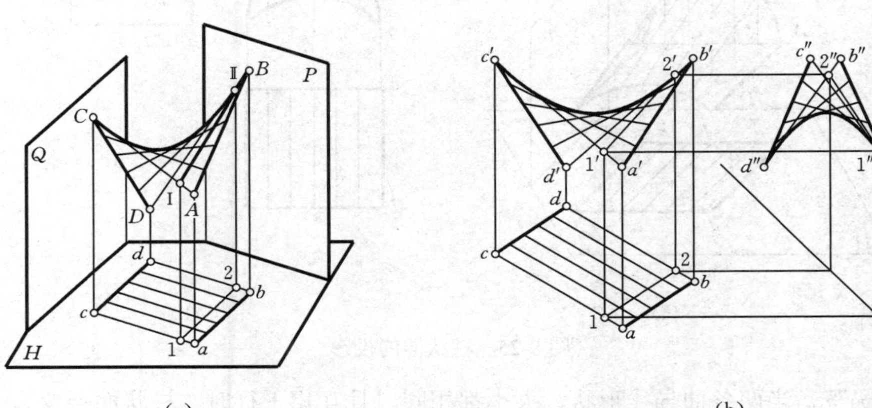

图 8-23　双曲抛物面的投影

由图 8-23 可知，该双曲抛物面也可看作是直母线 AB 沿 AD、BC 两交叉直导线运动，且始终平行导平面 Q 所形成的。可见，同一个双曲抛物面同时存在着两个导平面、两族素线，且两族素线彼此相交，图 8-23（b）中的虚线 12、1′2′、1″2″就是另一族素线中 Ⅰ Ⅱ 素线的三面投影；两导平面 P、Q 也相交，其交线称为双曲抛物面的法线。可以证明，过法线的平面与双曲抛物面的交线为抛物线；而垂直于法线的平面与双曲抛物面的交线为双曲线，因此，该种曲面称为双曲抛物面。水利工程中常称其为扭面。

图 8-24 为双曲抛物面在渠道中的应用。在图 8-24（b）中，仅画出扭面中水平素线的投影。水利工程图中，习惯上在主视图中不画素线，只标注“扭面”或“扭曲面”，而在俯视图中画出水平素线的投影，在左视图中画出侧平素线的投影，如图 8-24（c）所示。

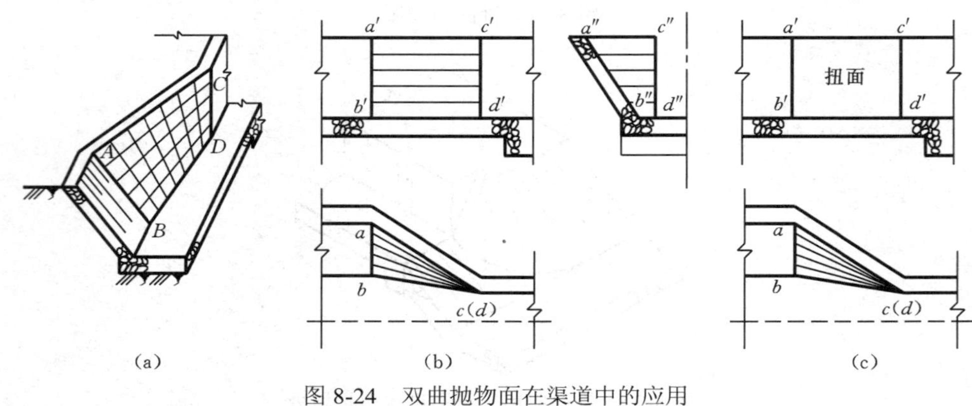

图 8-24 双曲抛物面在渠道中的应用

四、柱状面

直母线沿两条曲导线运动，且始终平行于一个导平面，所形成的曲面称为柱状面，如图 8-25（a）所示。可见，柱状面上所有的素线互成交叉位置，且都与某一导平面平行。

绘制柱状面的投影，一般只需绘出两条曲导线及若干条间隔相等的素线的投影，而不必绘出导平面的投影，如图 8-25（b）所示。

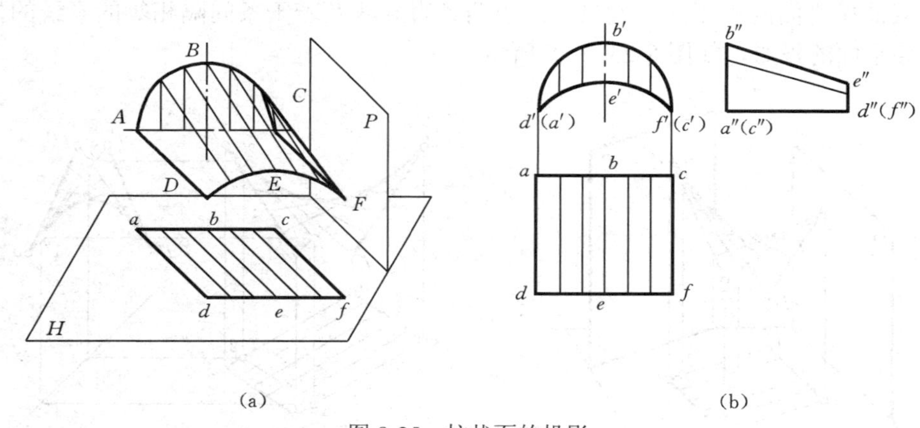

图 8-25 柱状面的投影

特殊情况下，当两条曲导线形状、大小都相同，且互相平行时，柱状面会变为一般柱面，如图 8-19（a）所示。

图 8-26 为柱状面的应用。

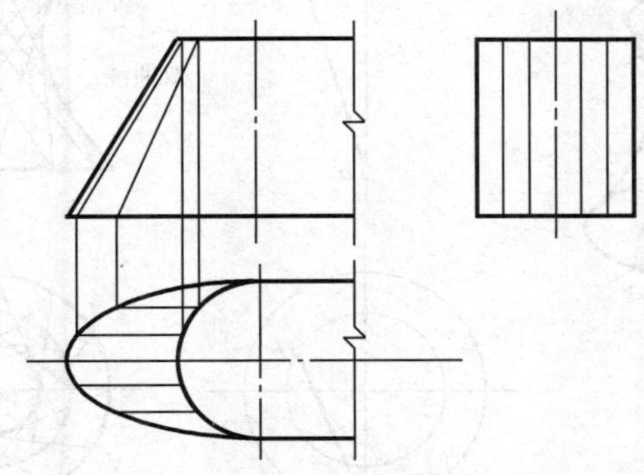

图 8-26　桥墩左侧曲面为柱状面

五、锥状面

直母线沿一条直导线和一条曲导线运动，且始终平行于一个导平面，所形成的曲面称为锥状面，如图 8-27（a）所示。可见，锥状面上所有的素线互成交叉位置，且都与某一导平面平行。

绘制锥状面的投影，一般只需绘出直导线、曲导线及若干条间隔相等素线的投影，而不必绘出导平面的投影，如图 8-27（b）所示。

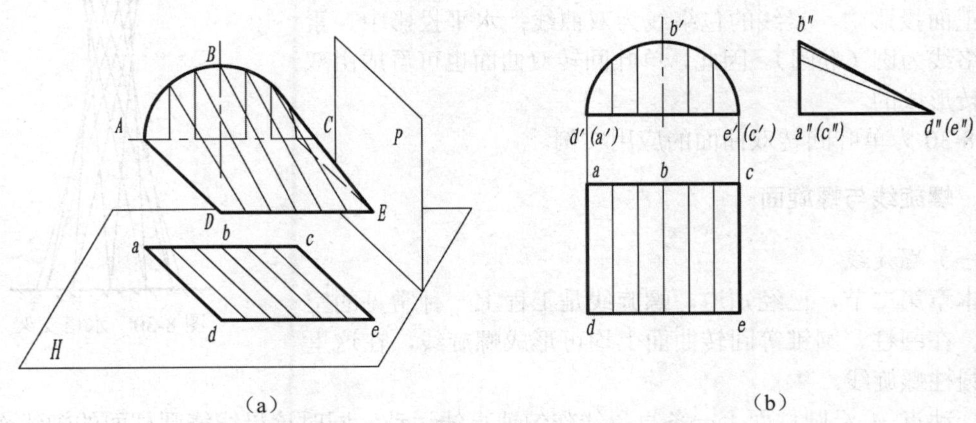

图 8-27　锥状面的投影

特殊情况下，当直导线蜕化为一点时，锥状面变为一般锥面，如图 8-21 所示。

锥状面广泛应用于建筑工程中，如屋面等。图 8-28 为锥状面在水利工程的应用。

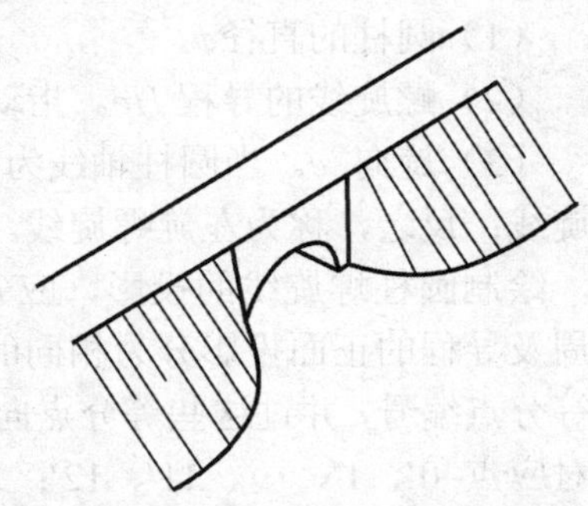

图 8-28　锥状面应用于水利工程中

六、单叶回转双曲面

直母线绕与其交叉的轴线（直线）回转一周，所形成的曲面称为单叶回转双曲面，如图 8-29（a）所示。可见，单叶回转双曲面上所有的素线互成交叉位置。直母线上各点的轨迹均为圆，其中距回转轴线最近点的轨迹圆最小，称为喉圆，如图 8-29（c）所示。

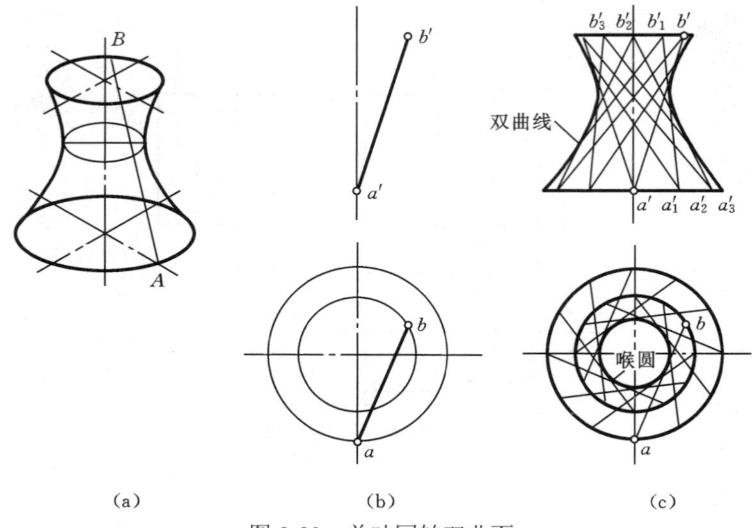

图 8-29　单叶回转双曲面

（a）、（b）已知条件；（c）作图结果

绘制单叶回转双曲面的投影，应绘出回转轴、直母线两端点轨迹的投影、若干条素线及素线的包络线，如图 8-29（c）所示。该图中，回转轴线为铅垂线；直母线两端点的轨迹均为水平圆；正面投影中，素线的包络线为双曲线；水平投影中，素线的包络线为圆（喉圆）。因此，单叶回转双曲面也可看成由双曲线回转形成的。

图 8-30 为单叶回转双曲面的应用实例。

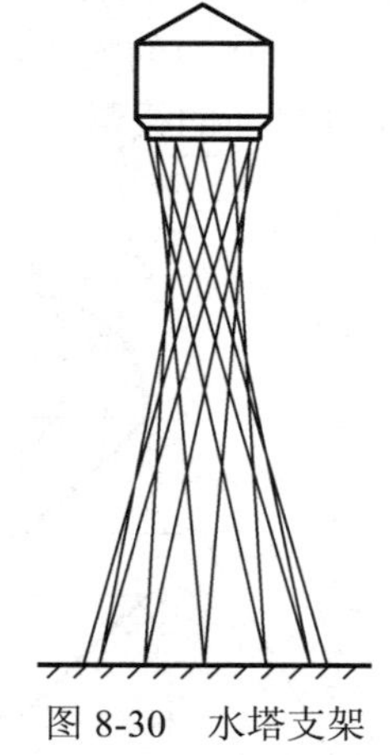

图 8-30　水塔支架

七、螺旋线与螺旋面

（一）螺旋线

由本章第二节，已经知道，螺旋线是工程上一种常见的空间曲线。在圆柱、圆锥等回转曲面上均可形成螺旋线，在这里仅讨论圆柱螺旋线。

当一动点 A 沿圆柱面上一条直母线作匀速直线运动，同时该母线绕圆柱面的轴线作匀速回转运动时，该点的运动轨迹为圆柱螺旋线，如图 8-31（a）所示。

圆柱螺旋线一般由以下三个要素决定：

（1）圆柱的直径ϕ。

（2）螺旋线的导程 He。指动点随直母线绕轴线回转一周，沿轴线方向移动的距离。

（3）旋向 e。当圆柱轴线为铅垂方向时，若螺旋线的可见部分自左向右升高，称为右旋螺旋线；反之，称为左旋螺旋线。图 8-31 所示为右旋螺旋线。

绘制圆柱螺旋线的投影，应先绘出圆柱面的投影，并定出导程的正面投影；然后分别将圆周及导程的正面投影分为相同的等份（图 8-31 中分为 12 等份）；再按旋向对水平投影中的各等分点编号，并过这些等分点向上作竖直线，与正面投影中过各等分点所作的水平线分别交于对应点 0′、1′、…、11′、12′；最后，用光滑曲线依次连接各点，并注意可见性判别，如图 8-31（b）所示。

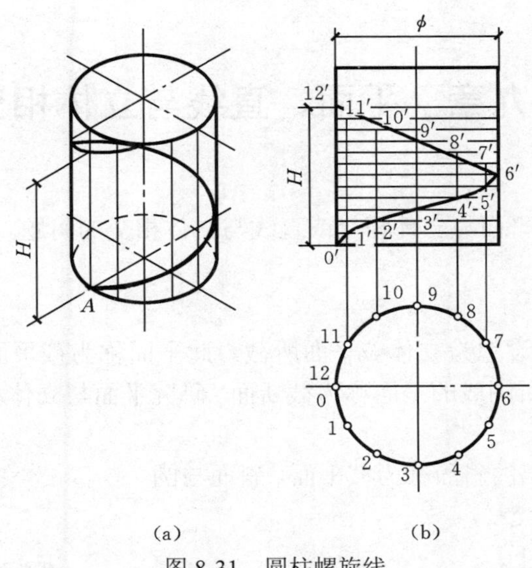

图 8-31　圆柱螺旋线

（二）螺旋面

母线两端点分别沿圆柱螺旋线移动，且始终与轴线成一定角度，所形成的曲面称为圆柱螺旋面。若母线始终与轴线成 90° 角，则称为正圆柱螺旋面，如图 8-32 所示；若不为 90° 角，则称为斜圆柱螺旋面，这里仅介绍正圆柱螺旋面。

螺旋面的投影与螺旋线的投影作法大致相同。在图 8-32（c）中，两条导线均为圆柱螺旋线，且该两螺旋线的导程和旋向均相同，只有圆柱的直径不同。

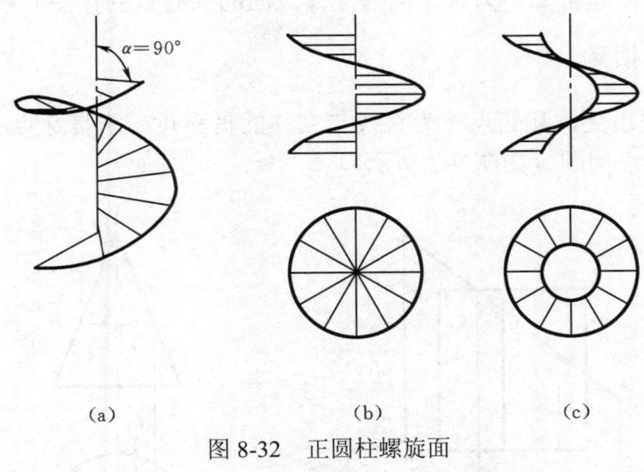

图 8-32　正圆柱螺旋面

常见到的螺旋楼梯就是正螺旋面在工程中的应用实例。

第九章　平面、直线与立体相交

在工程上常常会遇到平面与立体相交或直线与立体相交的问题。

一、平面与立体相交

平面与立体相交，可设想为立体被平面所截。此平面称为截平面。截平面与立体表面的交线称为截交线，截交线所围成的平面称为截断面。研究平面与立体相交的目的是求截交线的投影。

如图 9-1 所示，挡土墙的斜面称为截平面，斜面与圆形管道表面的交线称为截交线。

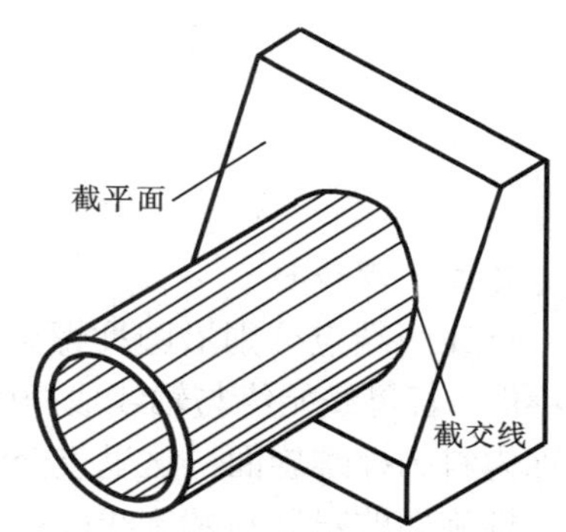

图 9-1　截交线工程实例

截交线的一般性质如下：

（1）截交线既在截平面上，又在立体表面上，因此截交线是截平面与立体表面的共有线。截交线上的点为截平面与立体表面的共有点。

（2）由于立体表面是封闭的，因此截交线必定是一个或若干个封闭的平面图形。

（3）截交线的形状决定于立体表面的形状和截平面与立体的相对位置。

因此求截交线的问题可归结为求平面与立体表面的共有点的作图问题。

二、直线与立体相交

直线与立体表面相交，其交点称为直线与立体的贯穿点。求贯穿点的问题，实质就是求直线与立体表面的交点问题，如图 9-2 所示。

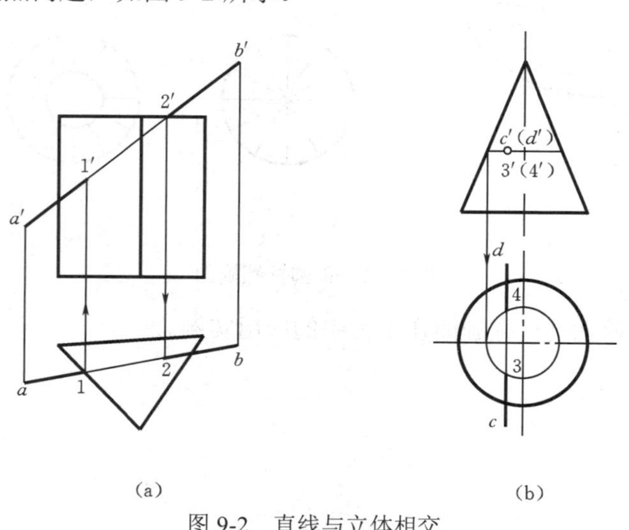

图 9-2　直线与立体相交

（a）直线与平面体相交；（b）直线与曲面体相交

贯穿点具有的一般性质如下：

（1）贯穿点既在直线上，又在立体表面上，因此贯穿点是直线与立体表面的共有点。它也是分界点，把直线分成两部分，一部分在立体内部，一部分在立体外部。直线穿入立体的一段和立体形成一个整体，在立体内部不存在线条，其投影不画出或用细实线表示。

（2）由于立体表面是封闭的，一般情况下必定是成对出现的。有一穿入点，即有一穿出点。

第一节　平面与立体表面相交

平面立体的表面是由若干个平面图形组成的，因此平面与平面立体相交，截交线为多边形。图 9-3 中三棱锥与截平面 *P* 相交，其截交线为封闭的平面折线 *D*—*E*—*F*—*D*。折线的各边为三棱锥的棱面与截平面 *P* 的交点。因此求平面与平面立体截交线的方法就是求平面体各棱线与截平面的交点或求平面体各棱面与截平面的交线。依次将所求结果连成多边形，即为截交线。

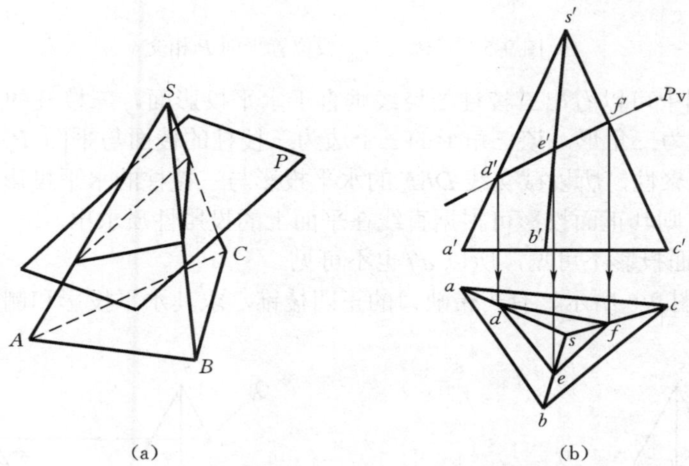

图 9-3　平面截三棱锥

（a）直观图；（b）投影图

【例 9-1】求三棱锥 *SABC* 被正垂面 *P* 所截的截交线，并求截断面的实形（图 9-4）。

解　截交线为截平面与立体表面的共有线，而截平面 *P* 为正垂面，正面投影有积聚性，则 P_V 上的线段 *d'e'f'g'* 即为截交线的正面投影。*e'*、*f'* 为棱线 *SB*、*SC* 与截平面交点Ⅱ、Ⅲ的正面投影，*d'*、*g'* 为底边 *AB*、*AC* 与截平面交点 *D*、*G* 的正面投影。在 *sb*、*sc*、*ab*、*ac* 上定出相应的 *e*、*f*、*d*、*g* 点，并依次连接，得到截交线的水平投影。

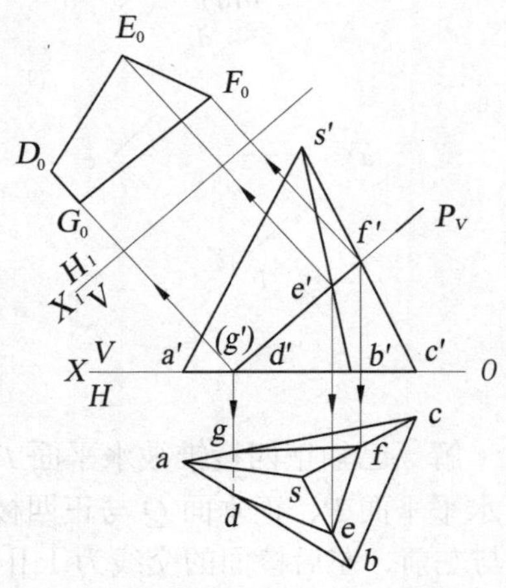

图 9-4　正垂面 *P* 截三棱锥

截交线的可见性根据它所在立体表面的可见性来判断。在本例题中棱锥的三个棱面的水平投影均为可见，而底面的水平投影为不可见，所以 *de*、*ef*、*fg* 均为可见，dg 为不可见。

求截断面的实形可以用变换投影面的方法求出。图 9-4 中是采用变换投影面方法，求出 $DEFG$ 的实形，图中 $D_0E_0F_0G_0$ 为截断面的实形。

【例 9-2】三棱柱与一般位置平面 P 相交，求截交线（图 9-5）。

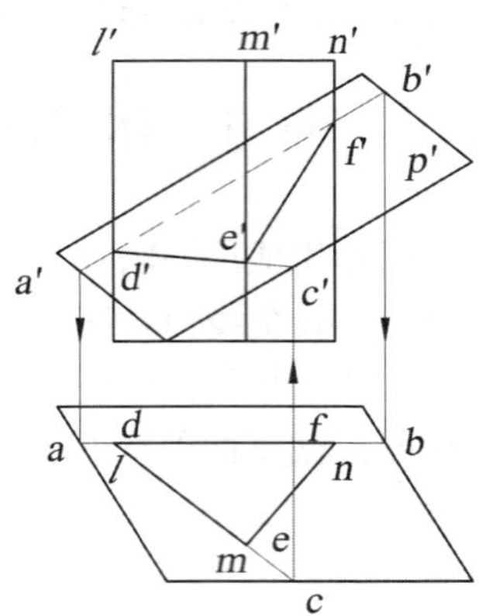

图 9-5 三棱柱与一般位置平面 P 相交

解 在投影图中可以看出三棱柱的棱线垂直于水平投影面，三棱柱的上、下底面均未参与相交，则截交线为三角形。该三角形的三个边为三棱柱的棱面与平面 P 相交的交线。因棱面的水平投影有积聚性，所以截交线 DEF 的水平投影与三棱柱的水平投影 lmn 重合。又因截交线在平面 P 内，则其正面投影可根据直线在平面上的投影性质求出。

棱面 LN 的正面投影不可见，所以 $d'f'$ 也不可见。

【例 9-3】如图 9-6 所示，有一带缺口的正四棱锥，求其水平投影和侧面投影。

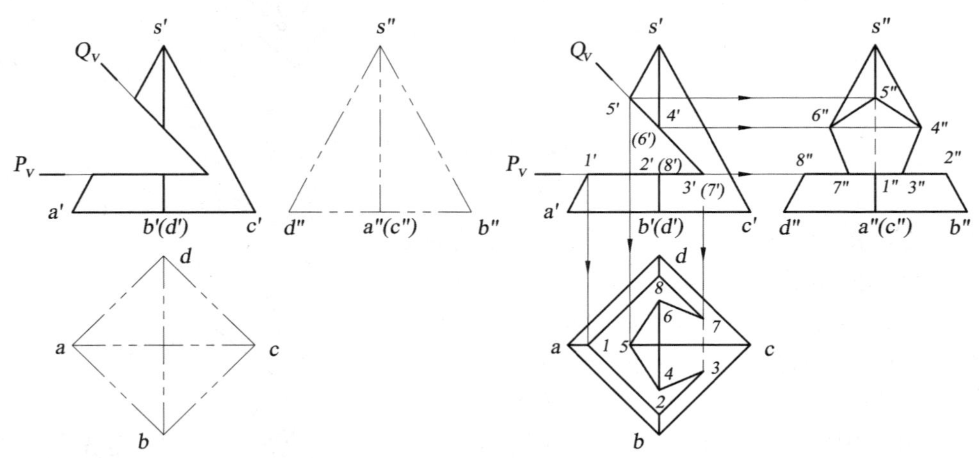

图 9-6 四棱锥被截的投影

（a）已知条件；（b）作图过程

解 已知正四棱锥被水平面 P 和正垂面 Q 所截。V 面投影中分析缺口。可以看出，缺口由水平平面 P、正垂面 Q 与正四棱锥表面的交线，以及截平面 P 与 Q 的交线所组成。水平面 P 与左前、左后棱面的交线为Ⅰ Ⅱ、Ⅰ Ⅷ，与右前、右后棱面的交线为Ⅱ Ⅲ、Ⅷ Ⅶ；正垂面 Q 与右前、右后棱面的交线为Ⅲ Ⅳ、Ⅶ Ⅵ，与左前、左后棱面的交线为Ⅳ Ⅴ、Ⅵ Ⅴ。显然，在前、后棱面上的交线的 V 面投影应互相重合。通过分析，水平面 P 的截交线与正四棱锥的底边平行。由于截平面 P 和正垂面 Q 都垂直于 V 面，所以它们在缺口内的交线Ⅲ Ⅶ也垂直于 V 面。

作出缺口的 H 面投影和 W 面投影。由 $s'a'$ 上的点 $1'$ 作投影连线，得出 sa 上的点 1。由点 1 引 12、18 分别平行于 ab、ad，并与 sb、sd 交得点 2、点 8；再由点 2、点 8 作 23、87 分别平行 bc、dc，并经点 $3'$、点 $7'$ 作投影连线，交得点 3、点 7，于是作出了平面 P 与正四棱锥表面的全部交线的 H 面投影。由Ⅰ、Ⅱ、Ⅷ、Ⅲ、Ⅶ等点的 V 面投影和 H 面投影作出它们的 W 面投影点 $1''$、点 $2''$、点 $8''$、点 $3''$、点 $7''$，并连成平面 P 与正四棱锥表面全部交线的 W 面投影。它们位于水平面 P 上，其 W 面投影积聚成线。然后分别由 $s'b'$、$s'd'$ 上的点 $4'$、点 $6'$ 作投影连线，在 $s''b''$、$s''d''$ 作出点 $4''$、点 $6''$；再由点 $4''$、点 $6''$ 作投影连线，在 sb、sd 上分别作出点 4 和点 6；由 $s'a'$ 上的点 $5'$ 作投影连线，在 sa、$s''a''$ 分别作出 5 和 $5''$。于是作出平面 Q 与正四棱锥表面全部交线的 V 面投影和 H 面投影。显然可见：P、Q 两平面在正四棱锥缺口内的交线为Ⅲ Ⅶ，其 V 面投影 $3'7'$ 积聚成一点，W 面投影 $3''7''$ 积聚在平面 P 的 W 面投影上。H 面投影 3、7 则可由连接点 3 和点 7 作出。上述这些交线的 H 面投影和 W 面投影，只有 P、Q 两平面的交线的Ⅲ Ⅶ的 H 面投影 3、7 被遮而画成虚线，其余交线的投影都可见，用实线画出。

补全有缺口的正四棱锥的 H 面投影和 W 面投影。从 V 面投影中可以清楚地看出，正四棱锥截割成缺口后，左侧棱线 SA 上的ⅤⅠ段、前面棱线 SB 上的ⅣⅡ段、后面棱线 SD 上的ⅣⅧ段被截去而不存在。所以这三段棱线的三面投影都不应画出，而其余图线都仍存在。按规定的线型画出这个有缺口的正四棱锥的全部轮廓线，就补全了它的 H 面投影和 W 面投影。值得注意的是：棱线 SC 的侧面投影 $s''c''$ 是不可见的，按该形体的投影结果中间的一段则应画成虚线。

在图 9-6 中完成了全部作图过程后，清理图面，按规定要求加深图线，作图的最后结果如图 9-6（b）所示。

【例 9-4】完成带切口的四棱柱的投影图（图 9-7）。

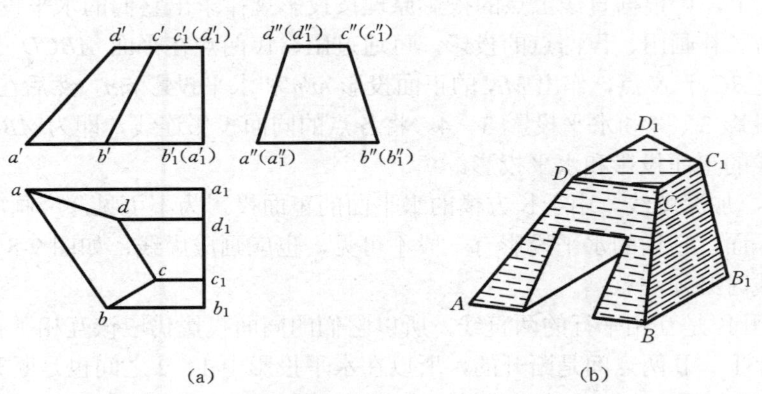

图 9-7　带切口的四棱柱

（a）四棱柱的投影图；（b）四棱柱直观图

解　按图 9-7 中所示的箭头方向为主视方向，则四棱柱的四根棱线 AA_1、BB_1、CC_1、DD_1 均为侧垂线，上、下底面 CDD_1C_1 及 ABB_1A_1 为水平面，两个侧棱面 CBB_1C_1 及 ADD_1A_1 均为侧垂面。中间的槽由两个正平面和一个水平面切割而成。这三个平面的侧面投影有积聚性，反映了长方槽的高度和宽度。

（1）由于长方槽是左右贯通的，所以该槽的三个平面与一般位置平面 *ABCD* 有三条交线Ⅰ Ⅲ、Ⅲ Ⅳ及Ⅱ Ⅳ。它们的侧面投影积聚在长方槽三个平面的侧面投影上，所以是已知投影。

（2）作图时，先画出四棱柱的投影图。画出四棱柱右端面的侧面投影，然后画四条棱线（侧垂线）的正面投影和水平投影。由右端面上的四个顶点 $A_1B_1C_1D_1$ 的正面投影（或水平投影）开始，量取各条棱线的实长，从而确定四棱柱上的一般位置平面上 *A*、*B*、*C*、*D* 四个点的投影。连接它们的同面投影最后即得四棱柱的投影。

根据长方槽的宽和高，画出长方槽有积聚性的侧面投影，它也是 *ABCD* 平面与长方槽三个侧面的三条交线的侧面投影 1″3″、3″4″及 2″4″（图 9-8）。

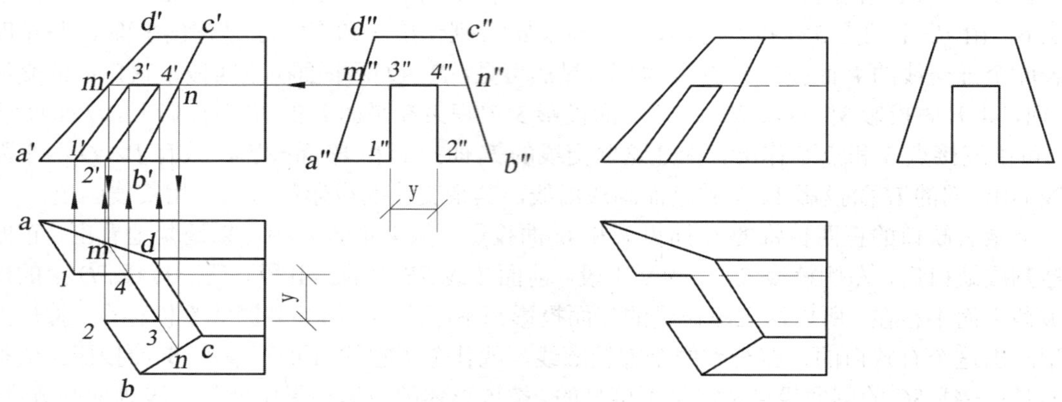

图 9-8 带切口的四棱柱的投影图

（a）作图过程；（b）切割后投影图

（3）利用面上取点的作图方法，确定Ⅰ、Ⅱ、Ⅲ、Ⅳ点的投影。如图 9-8 所示，Ⅰ、Ⅱ两点在 *AB* 直线上，可根据直线上点的投影原理按投影规律求出它们的水平投影 1、2 和正面投影 1′、2′。为了补画Ⅲ、Ⅳ两点的投影，可通过Ⅲ、Ⅳ两点在平面 *ABCD* 上作一辅助线交 *AD* 于 *M* 点，交 *BC* 于 *N* 点，作出 *MN* 的正面投影 *m′n′*和水平投影 *mn*，然后在 *MN* 线确定Ⅲ、Ⅳ两点的正面投影 3′、4′和水平投影 3、4。将各点的同面投影连线，即为 *ABCD* 平面与长方槽三个侧面交线的正面投影和水平投影。

（4）整理、加深图线。由于长方槽的水平面的正面投影为不可见，应画成虚线。长方槽两个侧面为正平面，它们的水平投影有一段不可见，也应画成虚线，如图 9-8 所示。

在整理图线时必须注意：

1）ⅠⅢ和ⅡⅣ是互相平行的两直线，所以它们的同面投影仍应该互相平行。

2）*AB* 线上Ⅰ、Ⅱ两点间是断开的，所以在水平投影中 1、2 之间也是断开的。

【例 9-5】正六棱柱上、下端部开槽，求截交线的正面投影和水平投影（图 9-9）。

解 正六棱柱上端部开槽是由两个正平面和一个水平面组合切割而成，两个正平面切六棱柱所得截交线为两矩形，其正面投影反映实形，水平投影和侧面投影都为直线。

水平面切六棱柱所得截交线为六边形，其水平面投影反映实形，正面投影和侧面投影都为直线。

六棱柱下端部开槽被两个铅垂面和一个侧垂面组合截切而成，截交线的一面投影为直线，另两面投影都为类似形。

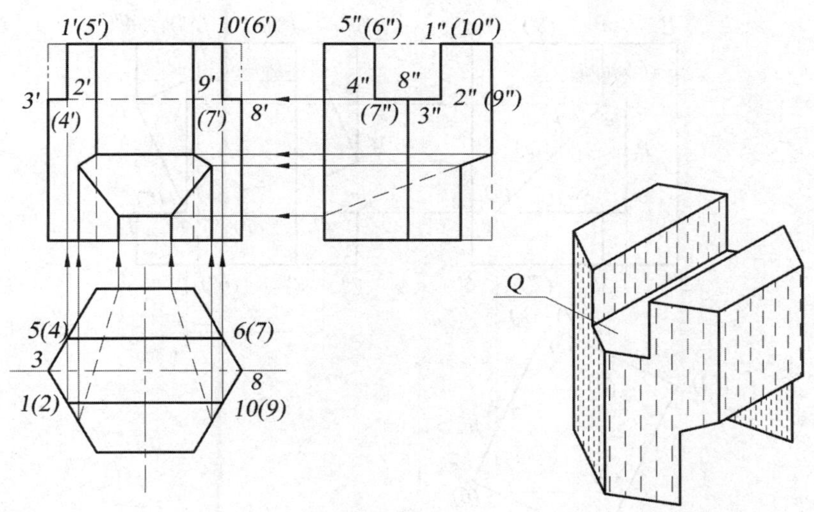

图 9-9　上、下端部开槽的正六棱柱

（a）作图过程；（b）直观图

作图过程如下：

（1）过槽底面 Q 的侧面投影直线 2″4″，向 V 面作投影线，与正面投影的左、右棱线相交于点 3′、点 8′，得槽底Ⅱ、Ⅲ、Ⅳ、Ⅶ、Ⅷ的正面投影。

（2）从 1″2″和 1（2）分别向正面作投影线得 1′2′。从 6（7）向正面作投影线得 6′7′，求得矩形Ⅳ Ⅴ Ⅵ Ⅶ的正面投影。因开槽在六棱柱上端部中间，故 4′7′线不可见，应以虚线画出。六棱柱上端左、右两棱线和棱面都被切去一部分，故其正面投影形成 1′2′3′和（6′）（7′）8′的缺口。

（3）下面所开的槽，顶面为六边形，其侧面投影为直线，虚、实线的分界点由水平投影求出。正面投影为可见的类似六边形，水平投影是由两条虚线和四条实线围成的类似六边形。槽的左、右侧面对称，其水平投影分别积聚为直线（虚线），正面投影分别为可见的类似图形，侧面投影重合为一个由三条实线和一条虚线所围成的类似图形。

完成后的正面投影和水平投影如图 9-10 所示。

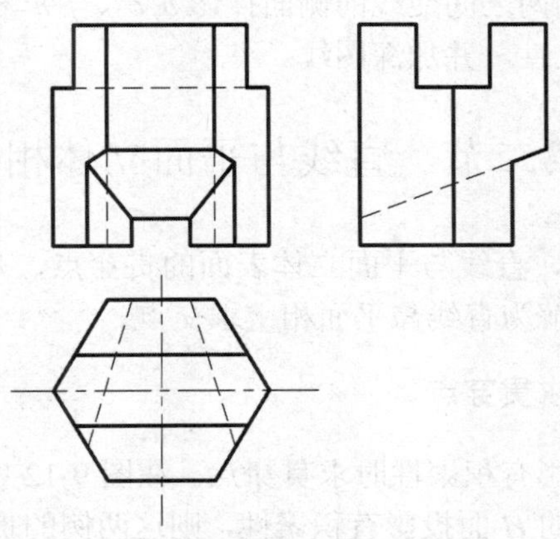

图 9-10　上、下端部开槽后的正六棱柱

【例 9-6】 图 9-11 所示为四棱柱被一个三棱柱穿孔，已知正面和水平投影，求作侧面投影。

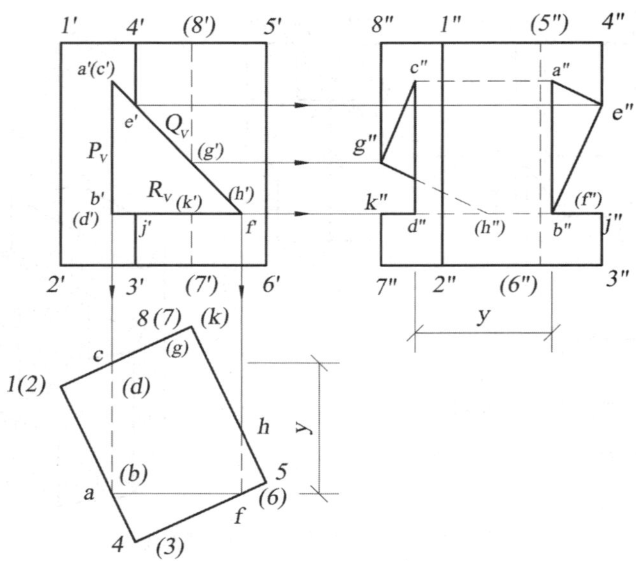

图 9-11 被穿孔的四棱柱

解

（1）四棱柱的四个棱面均为铅垂面，其水平投影积聚为一四边形，棱面上的所有截交线的水平投影也都积聚在这四边形上，穿孔三棱柱的三个棱面的正面投影积聚为三角形，截交线的正面投影也都积聚在这三角形上。这样截交线的两面投影是已知的，其第三面投影很容易作出。但截交线的空间形状比较复杂，不在这里逐一分析。

（2）穿孔三棱柱由侧平面 *P*、水平面 *R* 和正垂面 *Q* 组成。首先看侧平面 *P* 与四棱柱的交线，它与棱面ⅠⅡⅢⅣ交于直线 *AB*、与棱面ⅠⅡⅦⅧ交于直线 *CD*，与其他棱面无交线。再看正垂面 *Q*，它与棱面ⅠⅡⅢⅣ交于直线 *AE*，与棱面ⅢⅣⅤⅥ交于直线 *EF*，与棱面ⅤⅥⅦⅧ交于直线 *HG*，与棱面ⅠⅡⅦⅧ交于直线 *CG*。然后水平面 *R* 与棱面ⅠⅡⅢⅣ和棱面ⅢⅣⅤⅥ分别交于直线 *BJ* 和 *JF*，平面 *R* 与棱面ⅤⅥⅦⅧ、棱面ⅦⅧⅠⅡ分别交于直线 *HK* 和 *KD*。所截各点可由正面投影和水平投影作出其侧面投影，再由正面投影的连线顺序 *a'e'f'j'b'a'* 和 *c'g'h'k'd'c'* 连接其侧面投影。

（3）作出三个截平面两两之间交线的侧面投影 *a"c"*、*f"h"* 和 *b"d"*。

（4）分析各交线的可见性，并加深图线。

第二节 直线与平面立体相交

平面立体表面都是平面，直线与平面立体表面的贯穿点，是直线与平面的共有点。因此其求贯穿点的作图方法可理解为直线与平面相交求交点。

一、利用投影的积聚性求贯穿点

当立体表面或直线的投影有积聚性时求贯穿点。在图 9-12 中，三棱柱的 *H* 面投影有积聚性；在图 9-13 中，直线 *DE* 的 *H* 面投影有积聚性，则这两例的贯穿点，均可利用积聚性求出。

【例 9-7】如图 9-14（a）所示，已知直线 *AB* 及四棱柱的两面投影，求作贯穿点，并表明直线投影的可见性。

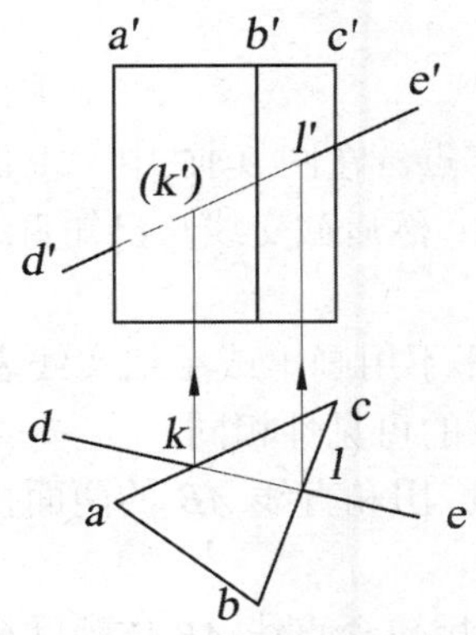

图 9-12　直线与三棱柱相交

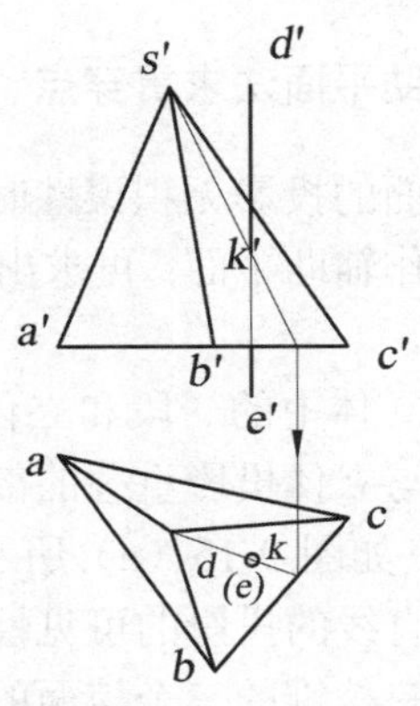

图 9-13　直线与三棱锥相交

解　从图 9-14（a）可知，四棱柱的顶面和底面都是水平面，它们的 V 面投影有积聚性；四个棱面是铅垂面，H 面投影有积聚性。利用投影的积聚性可直接求得贯穿点。作图过程如图 9-14（b）所示。

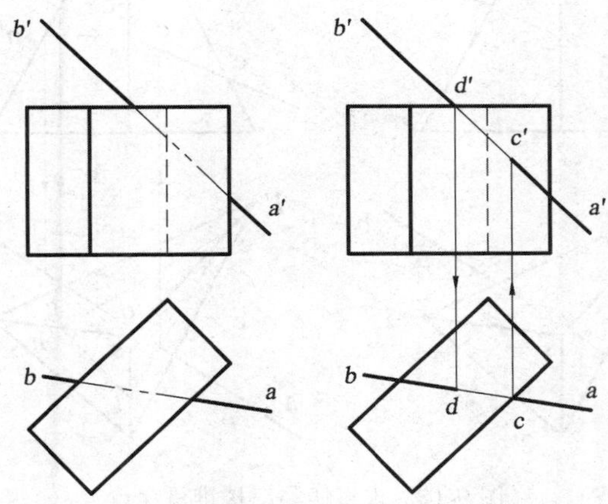

图 9-14　作 AB 直线与四棱柱的贯穿点

（1）作第一个贯穿点和表明直线一端的投影的可见性。从直线的任一端开始（现从 A 点向左），可以看出：在 H 面投影中直接显示出直线 AB 与四棱柱右前棱面的贯穿点 C 的 H 面投影 c，由 c 引投影连线，便可在直线 $a'b'$上求得点 c'。由于在 H 面投影中显示 C 点之右的直线段在四棱柱之前，所以直线 $a'b'$在点 c'之右的处于四棱柱 V 面投影范围内的一段投影为可见，画实线。

（2）作第二个贯穿点和表明直线另一端的投影的可见性。由点 C 沿 AB 继续向左，在 V 面投影中显示出直线 AB 与四棱柱顶面的贯穿点 D 的 V 面投影 d'，由点 d'引投影连线，便可在直线 ab 上求得点 d。由于直线 AB 在两贯穿点 C、D 之间的线段是不存在的，所以 CD 段的两面投影应该用橡皮擦去不画，但也可用图中所示方法保留，即用细双点划线表示的假想投影线表示。从 D 点沿直线 AB 再继续向左，由于在 V 面投影中显示出 D 点之左的直线段，在四棱柱顶面之上，已穿出四棱柱，所以虽然直线 ab 在图中与四棱柱的左后棱面相交，也是不可能存在贯穿点的；同时还可知道 ab 在点 d 之左的处于四棱柱 H 面投影范围内的一段投影为可见，画实线。

二、用辅助平面法求贯穿点

当立体表面的投影无积聚性时，用辅助平面法求贯穿点。在图 9-15 中，求贯穿点时，先包含已知直线作辅助平面；再求出辅助平面与立体截交线；然后截交线与已知直线的交点，即为所求贯穿点。

直线穿入立体中的一段和立体视为一个整体，其投影不用画出或用细实线表示。直线在贯穿点以外而与立体投影重叠的部分，其可见性与贯穿点的可见性相同。

【例 9-8】如图 9-15（a）所示，已知三棱锥 *S* Ⅰ Ⅱ Ⅲ和直线 *AB* 的两面投影，求作贯穿点，并判断直线的投影的可见性。

解 因为三棱锥的三个棱面的投影都无积聚性，所以用包含直线 *AB* 作辅助截平面的方法求解，解题过程如图 9-15（b）所示。

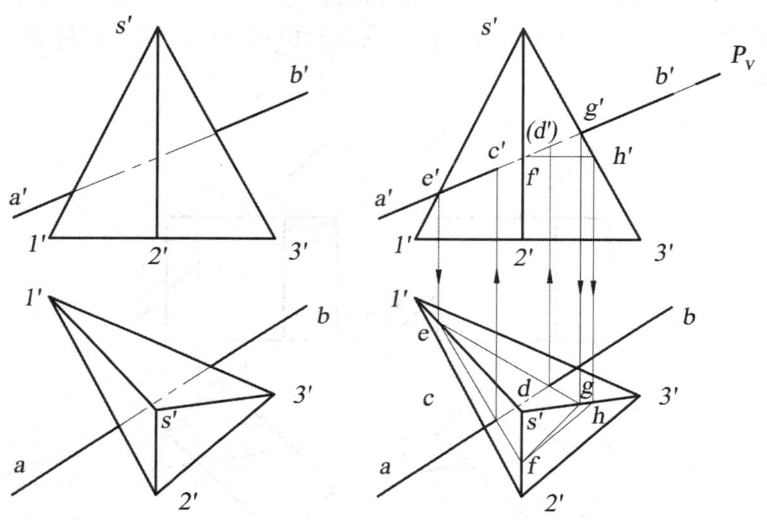

图 9-15　求直线与三棱锥贯穿点

（a）已知条件；（b）作图过程

（1）过直线 *AB* 作辅助截平面 *P*（正垂面），并作出截平面 *P* 与三棱锥的截交线。过直线 *AB* 作正垂面 P_V，P_V 与直线 *a′ b′*相重合。按求作直线与投影面垂直面相交的交点的方法，作出交点 *E*、*F*、*G*，从而作出截交线 *EFG*。请读者注意：平行于 *W* 面的棱线上的交点 *F* 的 *H* 面投影 *f*，是由 *F* 点在棱面 *S* Ⅱ Ⅲ上作底边Ⅱ Ⅲ的平行线 *FH* 求出的。

（2）作贯穿点和判断直线的投影的可见性。作出直线 *ab* 与△*efg* 的交点 *c* 和 *d*，即为所求的贯穿点 *C* 和 *D* 的 *H* 面投影，由点 *c*、点 *d* 引投影连线，即可在直线 *a′b′*上作出 *c′*、*d′*。

当直线贯穿平面立体时，还可按下述方法判别直线的投影在立体投影轮廓线范围之内的可见性：在某一投影中，若贯穿点的投影可见，在立体投影轮廓线范围内的包含这个贯穿点的一段线段的同面投影为可见；若贯穿点的投影不可见，则在立体投影轮廓线范围内的包含这个贯穿点的一段线段的同面投影也不可见。由于贯穿点 *C*、*D* 在 *H* 面投影可见的 *S* Ⅰ Ⅱ和 *S* Ⅰ Ⅲ棱面上，它们的 *H* 面投影点 *c*、点 *d* 也都可见，所以 *AB* 直线在 *C* 点之左和 *D* 点之右的 *H* 面投影，即在处于三棱锥的 *H* 面投影范围内的两段皆为可见，画实线。又由于贯穿点 *C*、*D* 分别在 *V* 面投影可见的 *S* Ⅰ Ⅱ棱面和不可见的 *S* Ⅰ Ⅲ棱面上，*C* 点的 *V* 面投影 *c′* 可见，*D* 点的 *V* 面投

影 d' 不可见，所以 AB 直线在 C 点之左和 D 点之右的 V 面投影处于三棱锥同面投影范围内的投影，前者可见，画实线，后者不可见，画虚线。

第三节　平面与曲面立体相交

一、常见曲面体的截交线

常见的曲面体有圆柱、圆锥、圆球与圆环等。它们都是由曲面或曲面与平面组成的回转体。

曲面立体截交线一般由曲线或曲线与直线所围成的平面图形，截交线上每一点都是截平面与立体表面（回转面）的共有点。在求截交线时，只需求出足够的共有点，然后依次连接即得截交线。

圆柱与圆锥的表面虽都含有平面，但在作图中，曲面上的截交线确定，则平面上的截交线也可确定。所以，下面着重讨论曲面截交线的投影特点与作图方法。

1. 圆柱

圆柱面与截平面的交线，因截平面与圆柱的相对位置不同而异：截平面平行于轴线时，截交线为两条平行直线；截平面垂直于轴线时，截交线为一圆；截平面倾斜于轴线时，截交线为一椭圆。平面与圆柱交线的轴测图、投影图和截交线的形状，见表 9-1。

表 9-1　平面与圆柱面的交线

截平面位置	平行于轴线	垂直于轴线	倾斜于轴线
截交线形状	矩形	圆	椭圆
轴测图	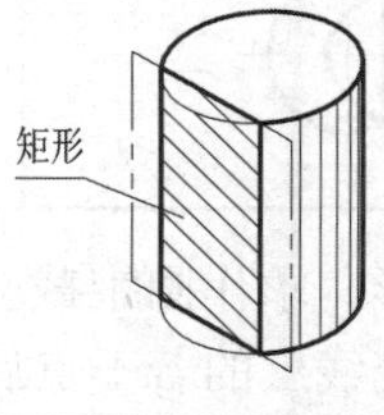 矩形	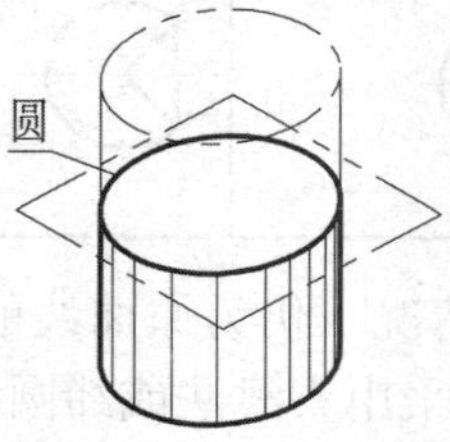 圆	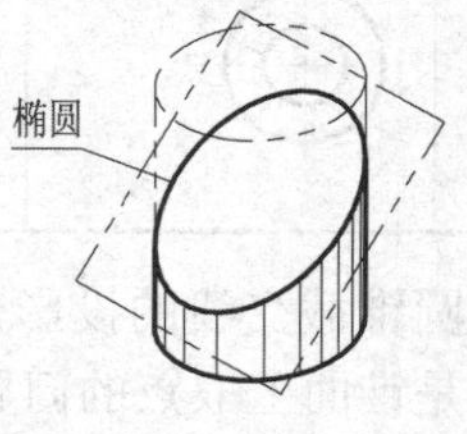 椭圆
投影图	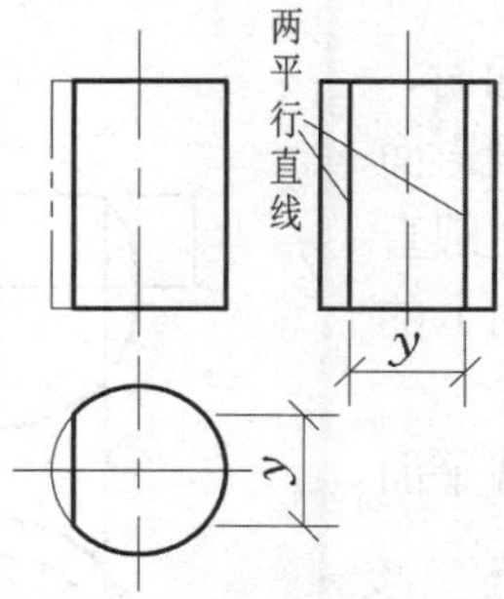 两平行直线 y y	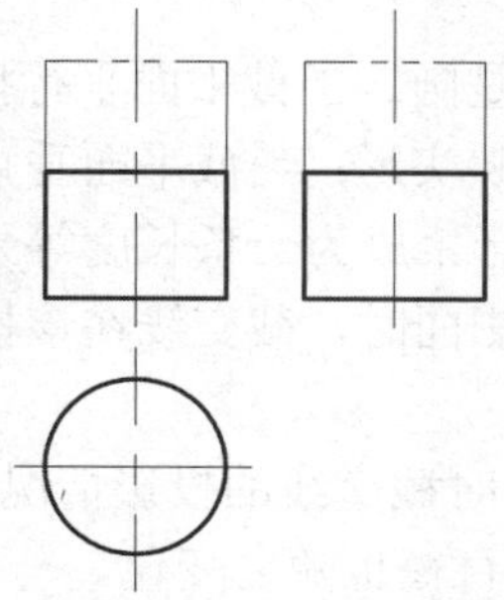	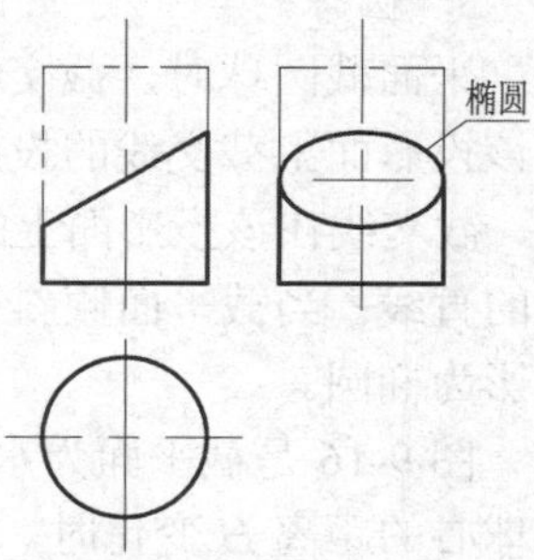 椭圆

截交线为椭圆时，椭圆的长轴随截平面与轴线间的倾角减小而增大；短轴则始终为圆柱直径。椭圆的投影一般情况下仍为椭圆。求作圆柱面交线的投影图，通常采用素线法，即画出若干素线与截平面的交点后，依次连接即可。当圆柱的轴线为投影面的垂直线时，柱面在该投影面上的投影积聚成圆，则可利用积聚性直接作图。

2. 圆锥

当平面与圆锥相交时，由于截平面与圆锥的相对位置不同，截交线的形状也不同。如表9-2所示，当截平面垂直于圆锥的轴线时，圆锥面上的截交线为圆；截平面倾斜于圆锥的轴线，且与圆锥面上的所有素线都相交时，圆锥面上的截交线为椭圆；截平面平行一条素线时，圆锥面上的截交线为抛物线；截平面平行两条素线时，圆锥面上的截交线为双曲线；当截平面通过锥顶与圆锥面相交时，圆锥面上的截交线为两条直线。在表9-2中也显示了在这五种情况下的断面形状。

表 9-2　平面与圆锥面的交线

截平面位置	垂直于轴线 $\alpha=0°$	与素线都相交 $\alpha<\theta$	过锥顶 $\alpha>\theta$	平行于一条素线 $\alpha=\theta$	平行于两条素线且与轴线平行 $\alpha=90°$
截交线形状	圆	椭圆	过锥顶两直线	抛物线	双曲线
轴测图	圆	椭圆	过锥顶两直线	抛物线	双曲线
投影图	θ 圆	α θ 椭圆 椭圆	过锥顶两直线 α θ	抛物线 θ α 抛物线	α θ

圆锥截交线的投影，一般情况下仍为原曲线的类似图形。求作圆锥截交线的投影，实质上还是锥面上取点的问题，通常采用素线法或纬圆法，得出交线上的若干点后，依次连接即可。

3. 圆球

平面截圆球时，截交线总是圆。当截平面平行投影面时，在该投影面上截交线的投影反映实形；当截平面垂直于投影面时，截交线在该投影面上的投影聚成为一条长度等于截交圆直径的直线；当截平面倾斜于投影面时，截交线在该投影面上的投影为椭圆。

图9-16是截平面为水平面时截交线的投影情况。当截平面与球心的距离H变化时，圆的直径也随之变化。

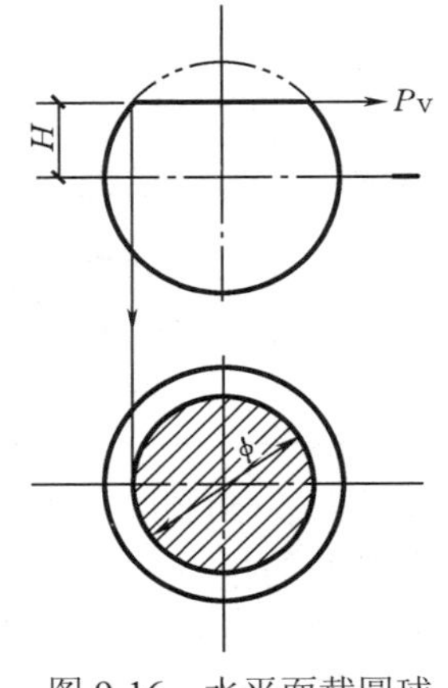

图 9-16　水平面截圆球

4. 圆环

圆环被垂直于轴线的平面所截时，截交线是两个同心圆，如图9-17；圆环被通过轴线的平面所截时，截交线是两个素线圆，如图9-18；环是四次曲面，当被其他位置平面所截时，截交线形状复杂，一般是四次曲线。

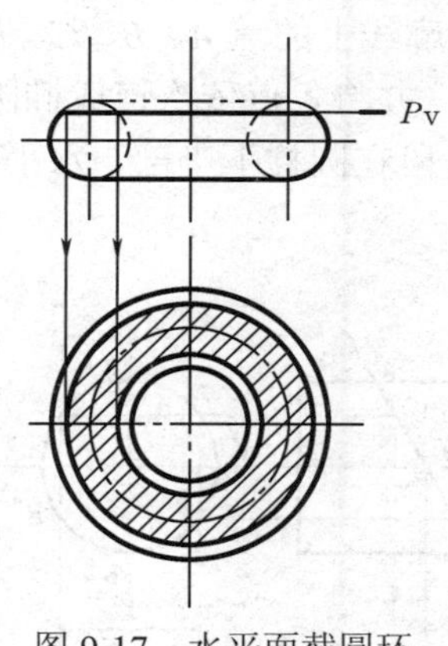

图 9-17　水平面截圆环

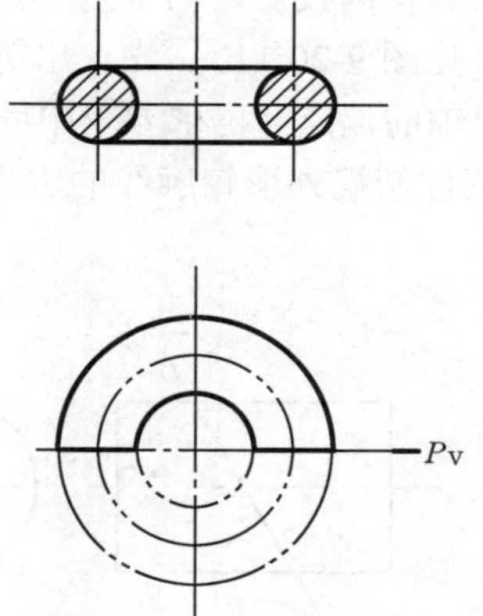

图 9-18　通过轴线的正平面截圆环

二、截交线的求法

求平面与曲面体的截交线时，首先应根据曲面体表面的性质及其与截平面的相对位置分析截交线的形状，并根据它们与投影面的相对位置分析截交线投影的形状及求法。

当截交线投影为直线段时，应定出直线端点的投影；当截交线的投影为圆时，应定出圆心及半径；当截交线的投影为非圆曲线时，应先求出截平面与曲面体表面的若干共有点，再依次连成光滑曲线。最后区别可见性。

如果曲面立体为回转体，则其截交线的求法更简单些。因为回转体是由直母线或曲线回转而成。所以求回转体的截交线时，可在回转体的表面作出直素线或平行于投影面的圆，如图 9-19 所示。因此，求回转体的截交线的基本方法如下：

（1）素线法。在回转面上取若干素线，求出它们与截平面的交点。

（2）纬圆法。在回转面上作出平行于投影面的圆，并求出它们与截平面的交点。

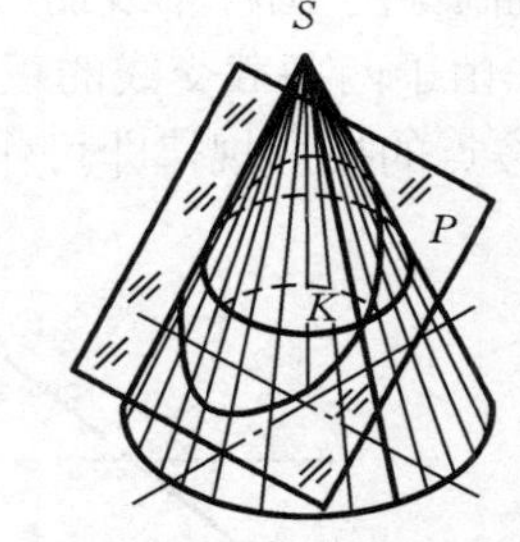

图 9-19　圆锥面上的素线和平行圆

为使所求截交线的形状准确及作图迅速，应尽可能先求出对截交线的投影起控制作用的点（称控制点），主要包括：

（1）曲面外形轮廓线上的点：根据这些点可以确定截交线的投影与曲面投影的轮廓线在何处相切，截交线投影可见部分与不可见部分在何处分界；

（2）曲面边界上的点：如当柱面、锥面的底面参与相交时，应求出底边上的点；

（3）反映截交线特征的点：如椭圆上的长、短轴端点，双曲线、抛物线的顶点；

（4）极限位置点：即截交线上的最高、最低、最左、最右、最前、最后点。

求出各控制点后，再适当补充几个中间点，即可连线得截交线。

【例 9-9】如图 9-20（a）所示，求作圆柱与正垂面 P 的截交线。

分析　因平面 P 与圆柱轴线斜交，故截交线为椭圆。其短轴为与圆柱轴线相交的正垂线，端点在圆柱最前、最后两条素线上；长轴为与圆柱轴线斜交的正平线，端点在圆柱最高、最低两条素线上。

因平面 P 的正面投影及圆柱面的侧面投影都有积聚性，且截交线是平面 P 与圆柱表面的共有线，故其正面投影应与 P_V 重合，侧面投影应与圆周重合，只需求其水平投影。

作图 见图 9-20（b）。先求出圆柱正视、俯视外形轮廓线上的点 *A*、*B*、*C*、*D*，它们也是椭圆长、短轴的端点；再求若干中间点，如 *E*、*F*、*G*、*H*，并将各点依次连成椭圆（此椭圆在 *c*、*d* 处与圆柱俯视外形轮廓线的水平投影相切）。因 *CBD* 段在圆柱下半部，水平投影不可见，故画成虚线。

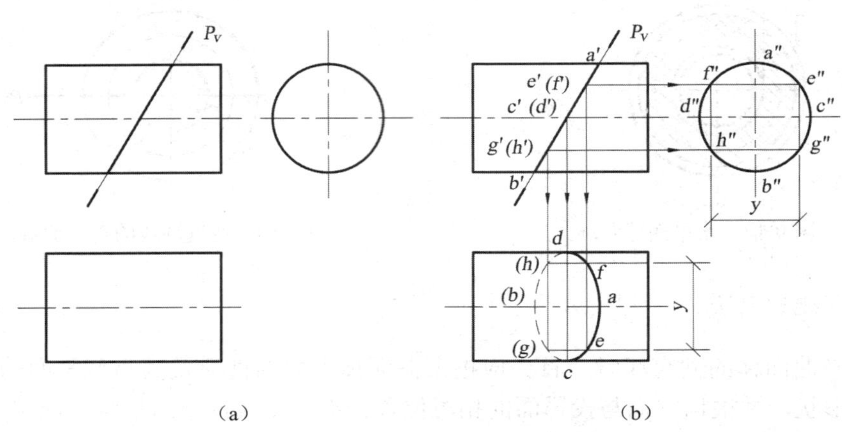

图 9-20 正垂面截圆柱

（a）已知条件；（b）作图过程

【例 9-10】图 9-21（a）所示为有两条截交线的圆柱的两个投影，试完成其第三投影。

解 图 9-21（a）中，从圆柱的两个投影中可以看出，该圆柱有两条截交线，一条是由于截平面倾斜于圆柱轴线而产生的椭圆截交线，另一条是截平面平行于圆柱轴线而产生的矩形截交线。由于两条截交线的正面和侧面投影都有积聚性，只有水平投影反映了此两条截交线的特征。按点的投影规律即可作出两条截交线的水平投影。作图方法如图 9-21（b）所示。

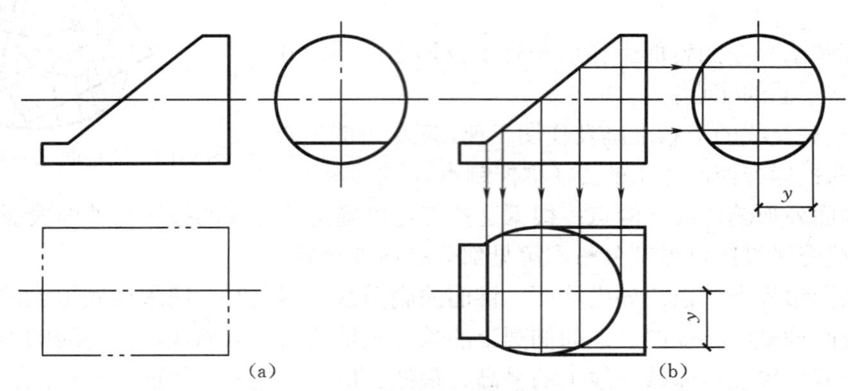

图 9-21 两条截交线的圆柱

（a）已知条件；（b）作图过程

【例 9-11】补绘图 9-22（a）所示圆柱柱间切口的投影。

分析

（1）圆柱的轴线为侧垂线，柱面的侧面投影为圆线，柱间切口由侧平面 *P*、水平面 *R* 和正垂面 *Q* 所围成，平面 *R* 与平面 *P*、*Q* 的交线是正垂线。

（2）P、Q、R 正面投影都有积聚性，所以切口的正面投影已知，只要求水平、侧面投影即可。

（3）平面 P 与圆柱轴线垂直，它与柱面交线（圆弧）和与 R 平面交线（直线）构成弓形，其侧面投影反映实形，水平投影积聚成一直线。

（4）平面 R 与圆柱轴线平行，它与柱面交线（两直素线）和与 P、Q 平面的交线（直线）围成矩形，其水平投影反映实形，侧面投影积聚成一直线。

（5）平面 Q 与圆柱轴线斜交，它与柱面交线（椭圆）其侧面投影与圆周重合（已知），只要画出水平投影即可。

具体作图见图 9-22（b）。作图时应注意：①由以上分析可以看出，关键是作出矩形和椭圆的水平投影；②由正面投影可以看出，截平面切去了部分最前、最后素线（即俯视轮廓线）。

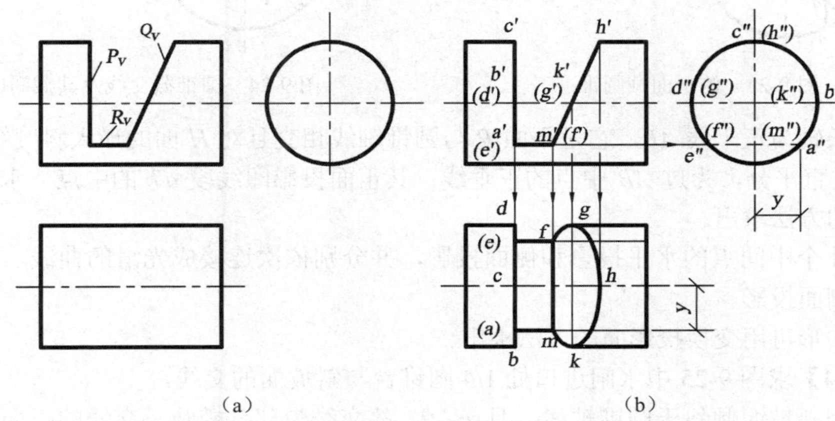

图 9-22　圆柱柱间切口

（a）已知条件；（b）作图过程

【例 9-12】如图 9-23 所示，截平面平行正圆锥的轴线，求其截交线的投影。

分析　图示截平面平行于锥轴（α=90°），故截交线是由双曲线（与锥面）和直线（与底面）围成的。由于截平面是侧平面，所以交线的正面和水平投影都积聚成直线，侧面投影则反映实形。

作图　见图 9-23。

（1）求特殊点。左轮廓线上的点 C 是最高点，底圆上的点 A、点 B 是最前、最后点，也是最低点。

（2）求中间点。可用纬圆法适当加密中间点，本例还用双点划线示出用素线法补中间点的作图方法。

（3）连点。因截平面只与左半锥面相交，所以交线的侧面投影均可见，画实线。

【例 9-13】求图 9-24 圆锥被正垂面 P 所截，求截交线及其实形。

解　平面 P 倾斜于圆锥的轴线，且与所有的素线相交，因此截交线为椭圆，因 P 面为正垂面，故截交线的正面投影与 P_V 重合，及侧面投影均为椭圆，椭圆上各点的确定可用在圆锥表面上取点的方法求出。

作图时，可先直接求出圆锥外形轮廓线上的点 A、点 B、点 C、点 D 的各投影，点 c″、点 d″是截交线侧面投影的虚实线的分界点，也是截交线侧面投影与圆锥侧面投影外形轮廓线的切点。

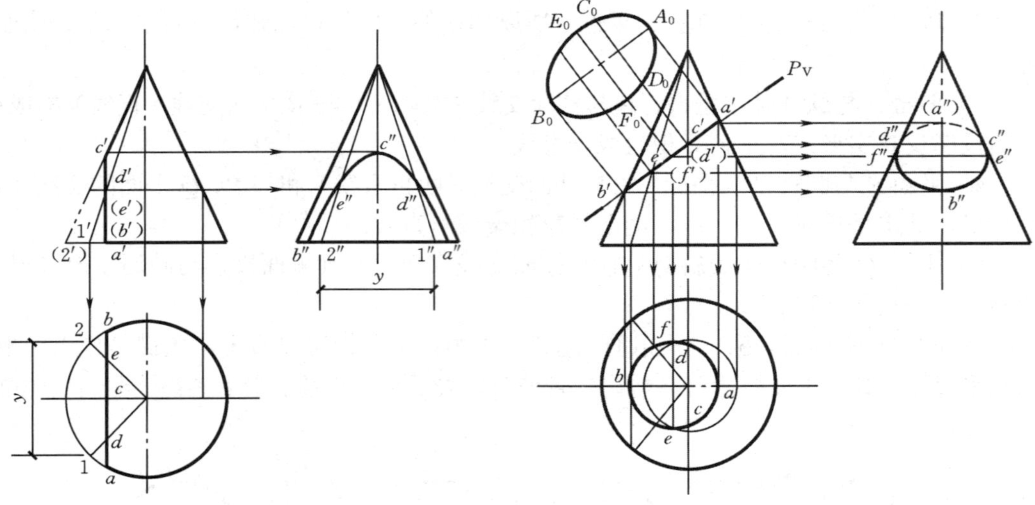

图 9-23　侧平面截圆锥　　　　图 9-24　圆锥截交线及其截断面

圆锥的长轴为正平线 *AB*，它是平面 *P* 与圆锥轴线相交且对 *H* 面的最大斜度线。短轴 *EF* 与长轴 *AB* 垂直平分，为过 *AB* 中点的正垂线；其正面投影即线段 *a'b'*的中点，水平投影可用锥面上取点的方法求出。

再求出几个中间点的水平投影和侧面投影，并分别依次连接成光滑的曲线，即得椭圆的水平投影和侧面投影。

椭圆的实形可用变换投影面的方法求出。

【例 9-14】求图 9-25 中水闸进口处 1/4 圆锥台与斜坡面的交线。

分析　因斜坡面倾斜于圆锥轴线，且$\alpha<\theta$，故交线为部分椭圆。交线的正面投影积聚在倾斜直线上，水平投影为部分椭圆。

作图　见图 9-25（b）。先求出部分椭圆的两个端点 *A*、*B* 及椭圆短轴的端点 *C*（也是最前点），再求几个中间点（如点 *D*），然后将各点的水平投影连成光滑曲线。

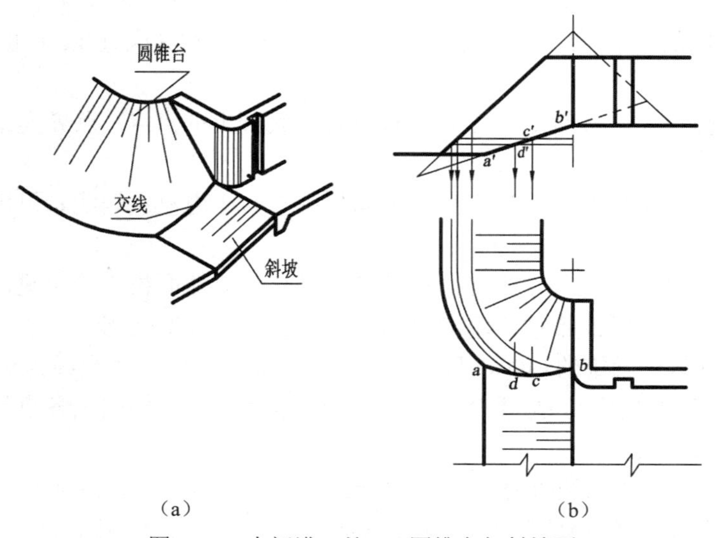

图 9-25　水闸进口处 1/4 圆锥台与斜坡面

（a）直观图；（b）作图过程

【例 9-15】如图 9-26（a）所示，已知具有切口的圆锥的 V 面投影，求作其 H 投影和 W 投影。

分析　由 V 投影可以看出，圆锥的切口是由正垂面 P、侧平面 Q 和水平面 R 三个截平面切割而形成的，截交线也应分段作出。

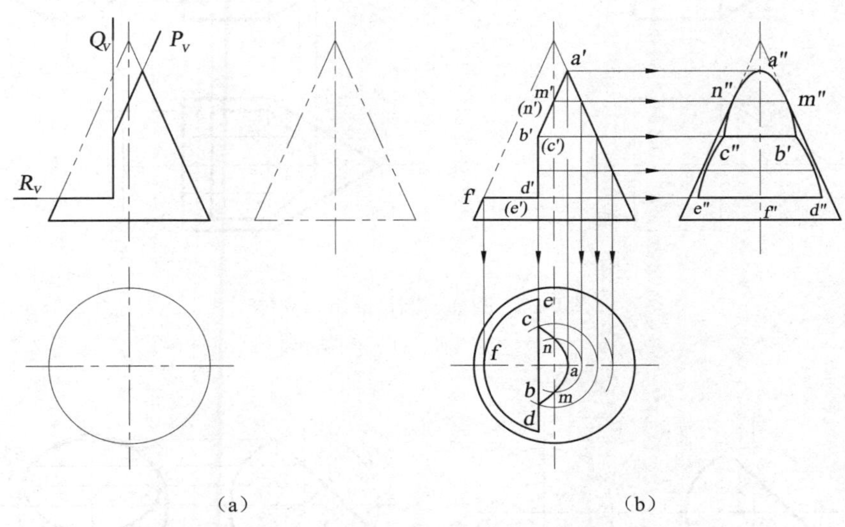

图 9-26　作具有切口的圆锥的投影

（a）已知条件；（b）作图过程

作图　过程如图 9-26（b）所示。

（1）作正垂面 P 与圆锥的截交线（抛物线）$BMANC$，其中点 A 为最高顶点，点 M 和点 N 是 W 面投影轮廓线上的点，点 B 和点 C 是最低点。

（2）作侧平面 Q 与圆锥的截交线（双曲线的两段）BD 和 CE。

（3）作水平面 R 与圆锥的截交线（圆弧）DFE。

（4）作平面 P 与平面 Q 的交线 BC，作平面 Q 与平面 R 的交线 DE。

（5）圆锥被切去部分的投影轮廓线不再画出。所有截交线均为可见，应画为实线。

【例 9-16】求作圆柱、圆锥组合体被截的截交线。

分析

（1）顶尖是由圆锥和圆柱组成的同轴回转体，顶尖轴为一侧垂线，侧面投影为一圆。

（2）切口是由水平面 P 和侧平面 Q 所围成，P、Q 两平面的交线ⅣⅤ为正垂线。

（3）平面 P 平行于轴线，它与锥面的交线（双曲线）、与柱面的交线（两平行直线）和与 Q 平面的交线围成一个封闭图形，其水平投影反映实形，侧面投影积聚成直线。

（4）侧平面 Q 垂直于轴线且只与柱面相交，其交线为圆弧，其侧面投影与圆周重合（已知），水平投影积聚成直线。

具体作图见图 9-27（b）。关键是求作 P 平面与圆锥的截交线的水平投影，并注意补切口处锥、柱的交线。

【例 9-17】作图 9-28 所示圆球面截交线的投影。

分析　平面与球面相交，交线为一圆。因平面为正垂面，所以交线的正面投影积聚成一直线；其余两投影均为椭圆。

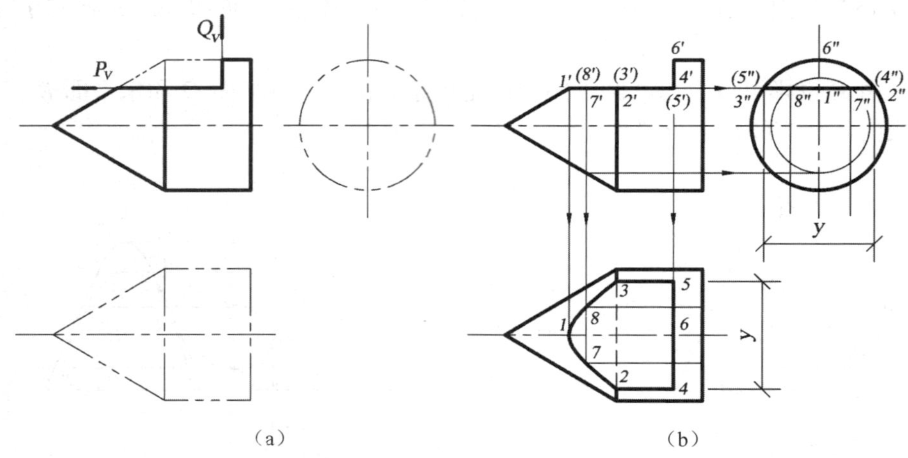

（a） （b）

图 9-27 圆柱、圆锥的组合立体

（a）已知条件；（b）作图过程

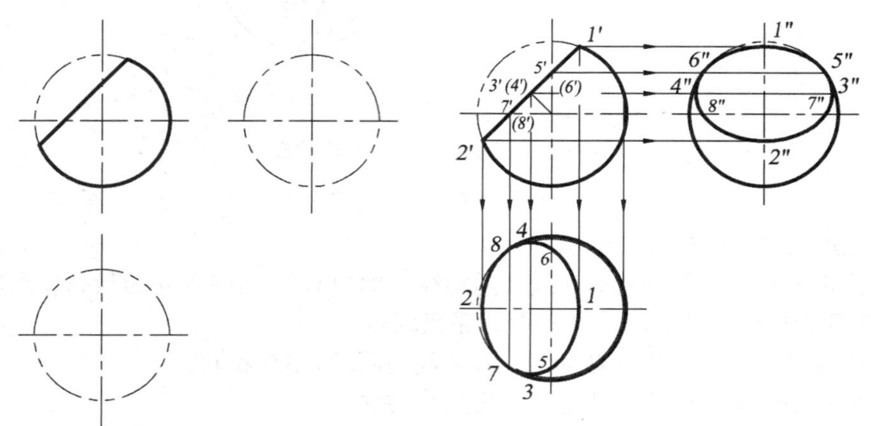

图 9-28 圆球面的截交线

作图 见图 9-28。

（1）求特殊点。三视图外形轮廓线上的点均为特殊点，正视图上的Ⅰ、Ⅱ点是交线上的最高、最低点，也是投影椭圆短轴的端点；侧视轮廓线上的点Ⅴ、点Ⅵ是交线侧面投影可见性分界点；俯视轮廓线上的点Ⅶ、点Ⅷ是交线水平投影可见性分界点。它们的正面投影已知，其他投影均可用面上取点的方法直接求出。至于投影椭圆长轴的端点Ⅲ、Ⅳ，其正面投影位于1′2′连线的中点，用纬圆法则可求出其余两投影。

（2）补中间点。用面上取点的方法适当加密中间点，本例没有示出其作图方法。

（3）连线。依次连接各点得到圆球面截交线的投影。

【例 9-18】如图 9-29 所示，轴线为铅垂线的圆环被垂直轴线的水平面 *P* 截切，求其截交线。

解 平面 *P* 垂直于轴线，它与内、外环面同时相交，截交线为两同心圆。两截交线的正面投影与 P_V 重合，且线段 1′2′及 3′4′分别为两圆的直径；截交线的水平投影为实形，其作图方法如图 9-29 所示。

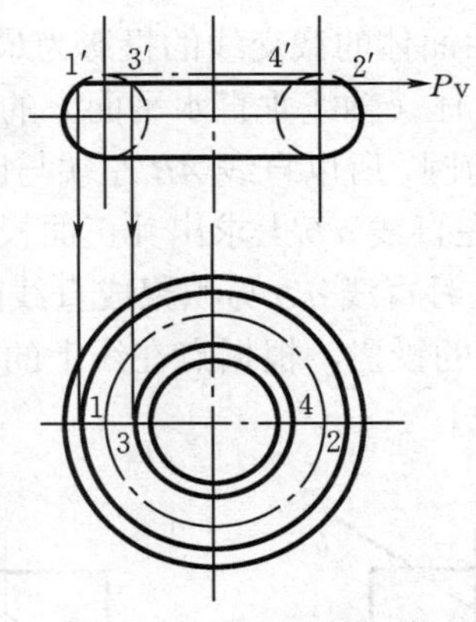

图 9-29　圆环的截交线

第四节　直线与曲面立体相交

直线与曲面立体相交求贯穿点的方法与前面所述的直线与平面立体相交求贯穿点的原理和作图方法相似。

一种方法是利用投影的积聚性作图如图 9-30 所示。当直线的投影或曲面体表面的投影有积聚性时，可以利用直线上点或曲面体表面上取点的方法找出贯穿点。

对于柱面，当其投影具有积聚性时，则可直接求得交点。例如图 9-30 求直线 *AB* 与圆柱表面的交点，因圆柱面的水平投影有积聚性，故可用直线 *ab* 与圆的交点 *k*、*l* 确定交点的位置，直接求出交点的正面投影 *k′*、*l′*。

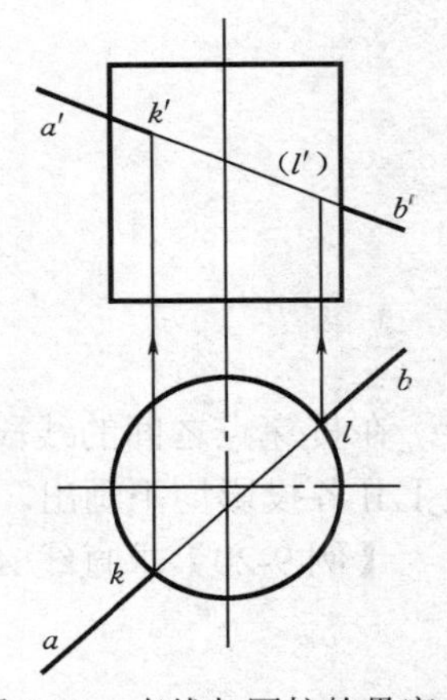

图 9-30　直线与圆柱的贯穿点

另一种方法是利用辅助平面作图，如图 9-31 所示。

（1）包含已知直线 *AB* 作一辅助平面 *P*。

（2）求出辅助平面 *P* 与回转体表面的截交线 *L*。

（3）截交线 *L* 与已知直线 *AB* 的交点 *C*、*D* 即为所求的贯穿点。

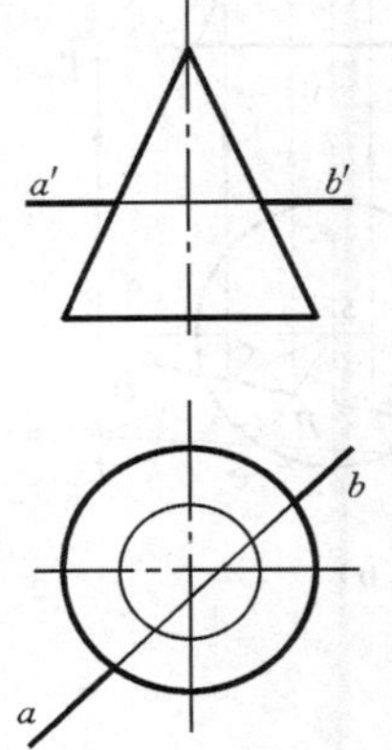

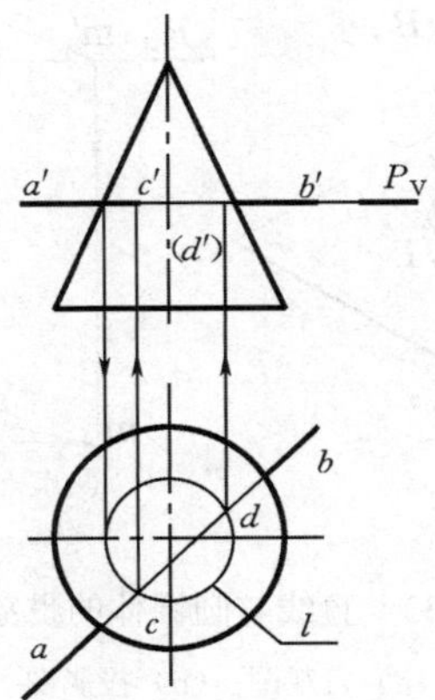

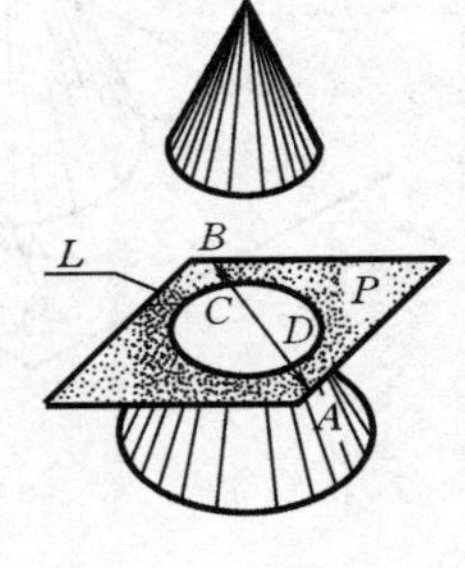

图 9-31　利用辅助平面求贯穿点

选择辅助平面时，应使其与曲面体的截交线的投影为最容易画出的直线或圆。

【例 9-19】求直线 *AB* 与圆柱体（轴线垂直水平面）的贯穿点［图 9-32（a）］。

解 圆柱体的水平投影积聚为圆，所以直线 *AB* 左端与圆柱面的交点Ⅰ的水平投影就是直线 *ab* 与圆的交点 1，再由交点Ⅰ在直线 *a′b′* 上求出其正面投影 1′。因圆柱体上底面是水平面，所以它的正面投影积聚为直线，这时直线 *a′b′* 与积聚成直线的圆柱体上底面交点 2′，即为直线 *AB* 与圆柱体上底面交点Ⅱ的正面的投影，根据点在线上的投影规律就可以由点 2′在直线 *ab* 上求出其水平投影 2［图 9-32（b）］。

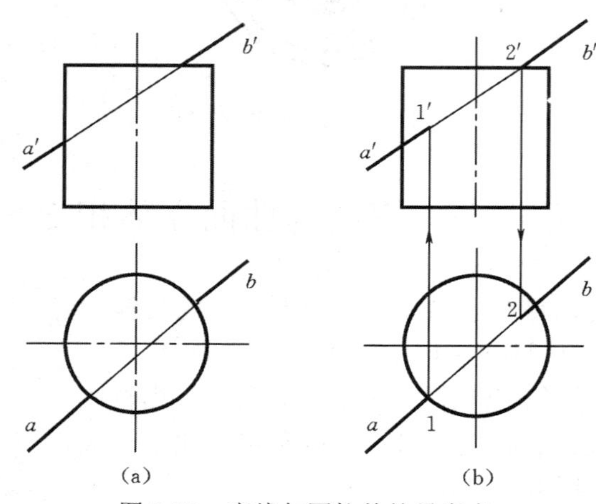

图 9-32 直线与圆柱体的贯穿点

（a）已知条件；（b）作图过程

在贯穿点之间的线段ⅠⅡ是在圆柱体内，与圆柱体结合成为一体，所以贯穿点之间的线段ⅠⅡ各投影均不画出。

【例 9-20】求直线 *AB* 与圆锥的贯穿点（图 9-33）。

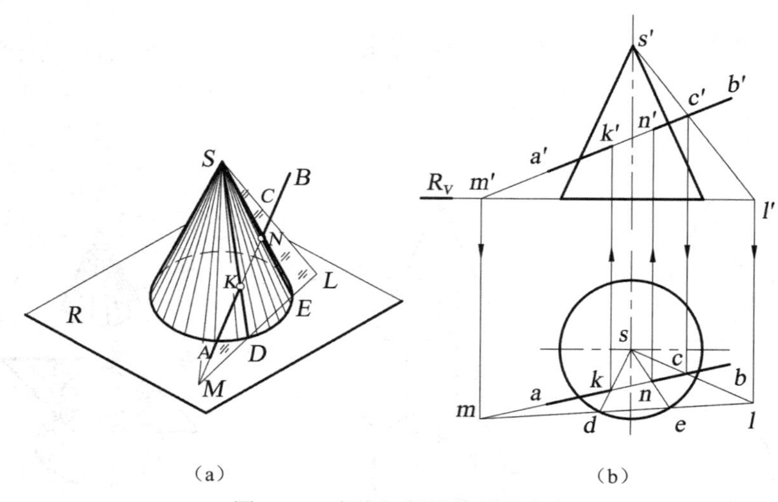

图 9-33 直线与圆锥体的贯穿点

（a）直观图；（b）投影图

分析 本例若采用过直线的正垂面或铅垂面作辅助面，交线都是非圆曲线，作图麻烦且不准确。这时可以采用过直线 AB 和锥顶点 S 的平面作辅助面，因为它与锥面的交线是两条素线 SD 和 SE。

作图

（1）先求出直线 AB 与锥底所在平面 R 的交点 M，再在 AB 线上的任取一点 C，连 SC，并求直线 SC 与平面 R 的交点 L；连 ML（$ml, m'l'$），即辅助平面 SAB 与锥底所在平面的交线。

（2）直线 ML 与圆锥底圆交于 D、E 两点。素线 SD、SE 为此辅助平面与圆锥面的交线。图中只画出了它们的水平投影 sd 和 se。

（3）直线 sd、se 和直线 ab 的交点 k、n，即贯穿点 K、N 的水平投影。在直线 $a'b'$ 上求出相应的 k'、n' 点。

（4）直线 AB 穿过圆锥面前半部，直线的投影除 K、N 段，以外的均为可见。

【例 9-21】求直线 AB 与球的贯穿点（图 9-34）。

解　若过 AB 直线作铅垂辅助面 Q，它与球的截交线为圆。此圆的正面投影为椭圆，作图不便，这时可采用变换投影面法来解决。作图步骤如下：

（1）作新投影面 V_1 平行于直线 AB，求出 AB 与球的新投影。

（2）在 V_1/H 体系中按前述方法求出贯穿点Ⅰ（1、$1'_1$）、Ⅱ（2、$2'_1$）。

（3）将投影返回至 V/H 体系中，得 1′、2′。

（4）判别可见性。

【例 9-22】求水平线 AB 与圆环的贯穿点（图 9-35）。

解　本例可采用过直线 AB 的水平面 P 作辅助面。它与圆环的截交线是两个同心圆，它们与 AB 相交，得到Ⅰ、Ⅱ、Ⅲ、Ⅳ四个贯穿点。

四个贯穿点都在上半圆环面上，故水平投影均可见。对于正面投影，只有点Ⅰ在前半外环面上，故 1′可见，2′、3′、4′均不可见。

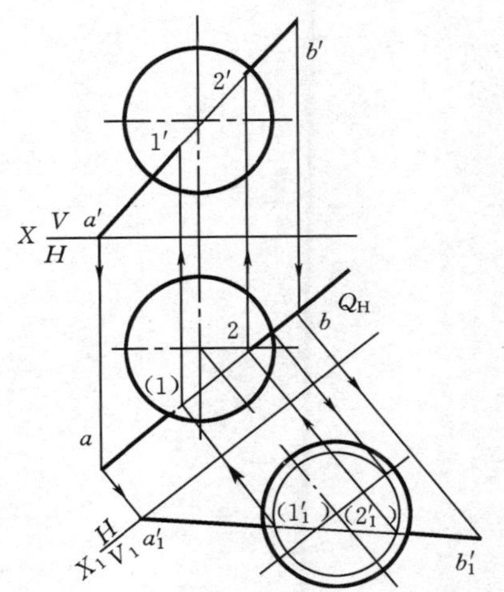

图 9-34　直线与圆球的贯穿点

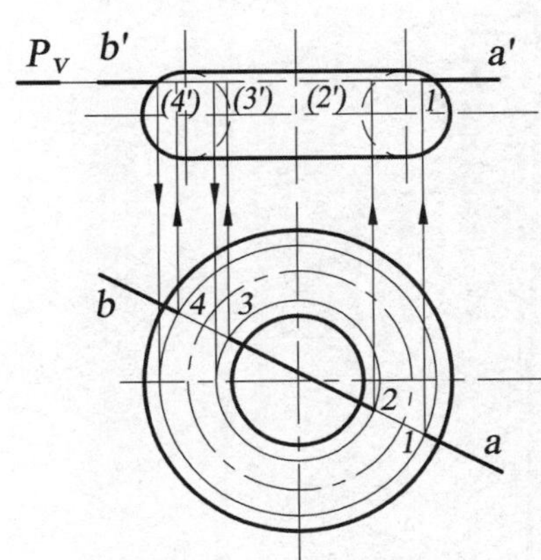

图 9-35　直线与圆环的贯穿点

【例 9-23】求直线 AB 与斜圆柱的贯穿点（图 9-36）。

分析　本例可采用过直线 AB 且平行于柱面素线的平面为辅助平面，它与柱面的交线是素线。

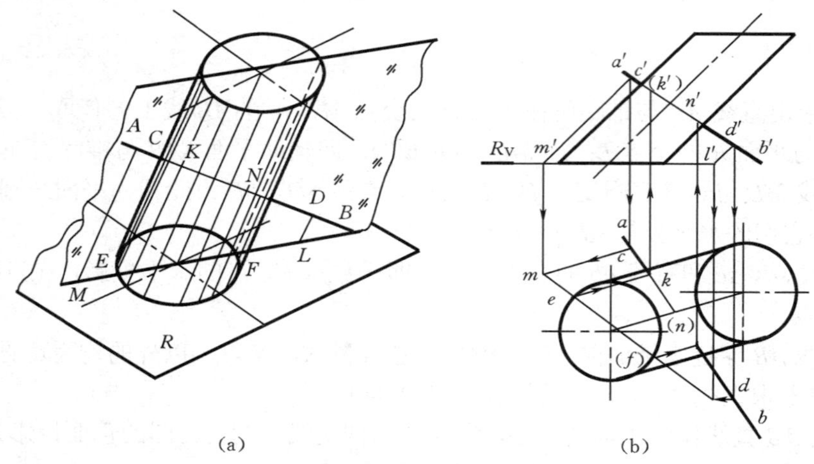

图 9-36 直线与斜柱的贯穿点

（a）直观图；（b）投影图

作图

（1）在 AB 线上取两点 C、D，过此两点作直线与柱面素线平行，求出它们与柱底平面 R 的交点 M、L，直线 ML 即辅助平面与 R 面的交线。

（2）过直线 ML 与柱底圆的交点 E、F 作两素线，此两素线即辅助平面与柱面的交线。

（3）上述素线与直线 AB 的交点 K、N 即为所求的贯穿点。

（4）判别可见性。从图中可以看出：素线 EK 的水平投影可见，正面投影不可见，所以 k 点可见，k'点不可见；素线 FN 的水平投影不可见，正面投影可见，所以 n 点不可见，n'点可见。

第十章　两立体相交

两立体相交，也称两立体相贯，它们表面的交线称相贯线。

工程形体一般是组合体，当组成它们的基本几何形体彼此相交时，就产生相贯线。绘制它们的视图时，应该画出相贯线的投影。由于立体的形状、大小及相互位置的不同，相贯线的形状也不相同。当一个三棱柱Ⅰ的所有棱线都穿过另一个三棱柱Ⅱ时，所产生的交线是两支折线，称为全贯，如图 10-1（a）所示。当两个三棱柱都只有部分棱线穿过另一个三棱柱时，所产生的交线是一支折线，称为互贯，如图 10-1（b）所示。

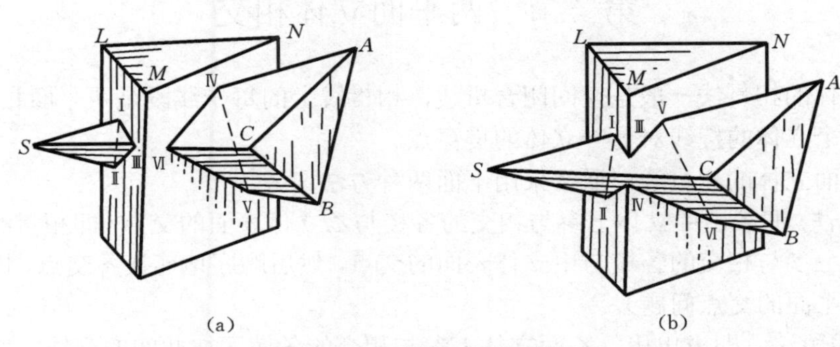

图 10-1　全贯、互贯举例

一、相贯线的性质

（1）相贯线上的点是两立体表面的共有点，相贯线也就是两立体表面的共有线，具有共有性。

（2）由于立体有一定的范围，所以相贯线一般是闭合的空间图形，具有封闭性。

二、相贯线的类型

按照立体的类型，常见的立体相贯有以下三种：

（1）平面立体与平面立体相贯，如图 10-2（a），三棱柱与四棱柱相贯。

（2）平面立体与回转体相贯，如图 10-2（b），四棱柱与半圆柱体相贯。

（3）回转体与回转体相贯，如图 10-2（c），圆柱体与半圆柱体相贯。

(a)

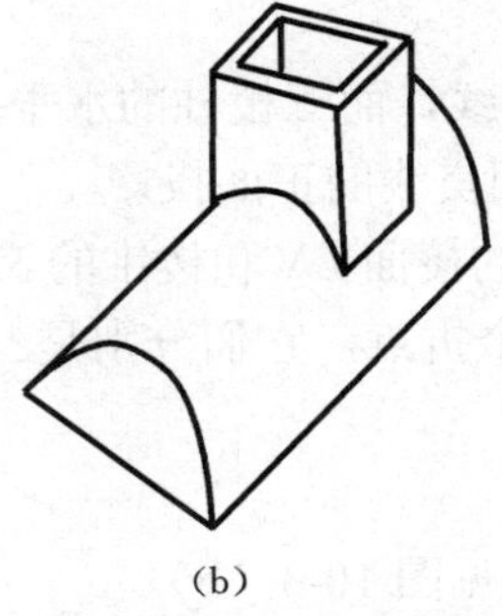

(b)

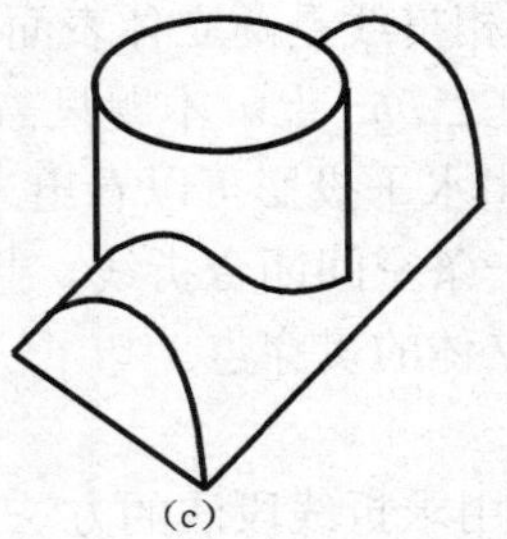

(c)

图 10-2　常见立体相贯类型

本章主要通过实例介绍两平面立体相贯、平面立体与曲面立体相贯、两曲面立体相贯及求相贯线的方法。

既然相贯线上的点是两立体表面的共有点，相贯线是两立体表面的共有线，即相贯线上的每一点，既在甲形体的表面上，也在乙形体的表面上。求相贯线的一般步骤为：

（1）根据两相交立体的表面形状不同（平面或曲面），分析相贯线的性质。平面体与平面体或曲面体相交时的表面交线，组成相贯线的各截交线段都是平面曲线或直线；两曲面立体相交时的相贯线一般是闭合的空间曲线。

（2）选定合适的方法求相贯线上的控制点和中间点。

（3）根据相贯线的性质依次连线。

（4）判断相贯线的可见性，并补全立体的投影。

第一节　两平面立体相交

两平面立体的相贯线一般是空间闭合折线，相贯线上的每一线段是两平面相应面的交线，而折点则是一个立体的棱线对另一立体的贯穿点。

求做两平面立体的相贯线，通常采用下面两种方法：

（1）折点法。即求出甲立体上参与相交的各棱与乙立体表面的交点（即相贯线上的折点），再求出乙立体上参与相交的各棱与甲立体表面的交点，然后顺序地连接各交点，即可得到相贯线（求直线与平面的交点问题）。

（2）折线段法。即求出甲、乙两立体上参与相交的各棱面彼此间的交线，并顺序地将它们连接起来，则各段交线组成的折线即是两立体的相贯线（求两平面的交线问题）。

在运用折点法作题时，所求出的各折点，其连接原则如下：

1）只有当被连接的两点既位于甲立体同一棱面，又位于乙立体同一棱面上时，方可进行连接。

2）因为相贯线在一般情况下具有封闭性，故此每个折点只应和相邻的两折点相连。另外，连点时还要判别各段折线的可见性，其判别方法为：只有位于两立体皆可见的棱面上的交线，才是可见的，画成实线；两个相交的棱面中，只要其中有一个棱面为不可见，则它们的交线即为不可见了，应画成虚线。

以上两种方法，为了避免作图的盲目性，在解题之前都必须先分析，哪些平面、哪些棱线参加相贯。下面举例说明相贯线的作图方法。

【例 10-1】试求如图 10-3（a）所示三棱柱与三棱锥的相贯线。

分析

（1）相贯线是两立体表面的共有线，而三棱柱的水平投影有积聚性，因此相贯线的水平投影积聚在△*lmn* 上。本题只需求出相贯线的正面投影。

（2）由水平投影可以看出三棱柱的棱面 *LN* 和棱锥的 *SA* 棱线都未参加相交，本例为互贯，相贯线是一条空间闭合折线。共有六个折点，它们分别是三棱柱的 *M* 棱及三棱锥的 *SB*、*SC* 棱对另一立体的贯穿点。

作图

（1）用求折线段法的方法作图，见图 10-3（b）。

由于三棱柱的棱面有积聚性，延长 *LM* 棱面（铅垂面 *P*），交 *SA* 棱于点 *D*，作出平面 *P*

与棱锥的交线△ⅠⅡD。就可确定出 M 棱的交点Ⅲ、Ⅳ，则Ⅲ-Ⅰ-Ⅱ-Ⅳ即为 LM 棱面与棱锥的截交线；同法可求出 MN 棱面与棱锥表面的截交线Ⅲ-Ⅴ-Ⅵ-Ⅳ，组合起来，即得两立体的相贯线为Ⅰ-Ⅱ-Ⅳ-Ⅵ-Ⅴ-Ⅲ-Ⅰ。

判别可见性：同时位于两立体可见表面上的交线，为可见；否则均不可见。本例中棱柱的 LM、MN 棱面和三棱锥的 SAB、SAC 棱面的正面投影均属可见，故它们的交线的正面投影 $1'3'5'$ 及 $2'4'6'$ 可见，画实线；而 $1'2'$、$5'6'$ 不可见，画虚线。

最后，补全棱线，未参与相交的棱线，因按其在图中的位置判别可见性后补出，如 SA 棱因位于最前面，画实线，而位于后面的 N、L 棱线被棱锥挡住的部分应画虚线；位于贯穿点两侧的棱线也应根据其可见性补全，因贯穿点的正面投影都可见，故 M 棱上下两段都应用粗实线画至贯穿点Ⅲ、Ⅳ处。三棱锥棱线的处理方法同上。

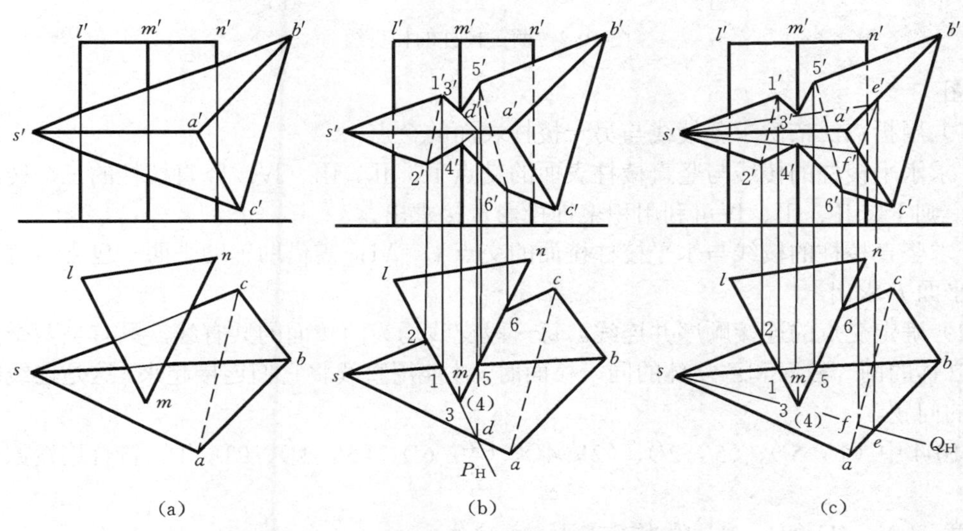

图 10-3　三棱柱与三棱锥的相贯线

（2）用折点法的方法作图，见图 10-3（c）。

该相贯线共有六个折点，它们分别是棱锥上 SB、SC 棱对棱柱贯穿点Ⅰ、Ⅴ、Ⅱ、Ⅵ，它们的投影可用线上取点的方法求出；棱柱的 M 棱对棱锥的贯穿点Ⅲ、Ⅳ，其投影可用面上取点的方法求得。将它们顺次相连即得相贯线。

因相贯线在两立体表面，故只有同时位于两个平面上的两点才能相连；又因相贯线是封闭的，故每个点应与相邻的两个点相连。如点Ⅰ、Ⅱ两个点可以相连。而点Ⅳ与点Ⅰ虽在三棱柱同一棱面上，却不在三棱锥同一棱面上，所以不能相连，点Ⅳ只能与点Ⅱ、Ⅵ相连。

判别可见性，方法同上求折线段法。

补全图线，即完成作图。方法同上。

【例 10-2】试求如图 10-4 所示水平三棱柱与竖直三棱柱的交线。

分析

（1）竖放三棱柱的 H 面投影有积聚性，因此两三棱柱相贯线的水平投影积聚在竖放三棱柱的水平投影上，为已知，本题只需求相贯线的 V 面投影。

（2）由 H 面投影看出水平三棱柱仅有两根棱线与竖直三棱柱的两个侧棱面相交，两三棱柱为互贯。它们的交线是一支封闭的空间折线。

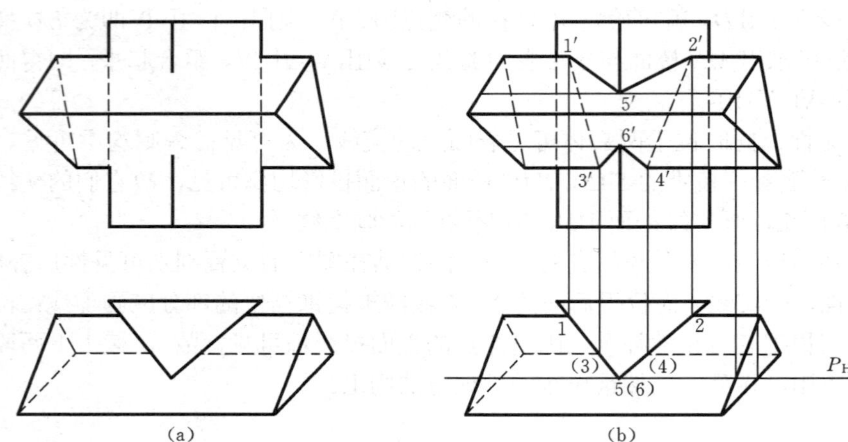

图 10-4　两三棱柱的相贯线

作图

（1）用折点法依次求各棱线与另一棱柱表面的交点。

1）求水平棱柱的棱线与竖直棱柱表面的交点Ⅰ、Ⅱ、Ⅲ、Ⅳ：竖直棱柱的三个棱面均为铅垂面，则Ⅰ、Ⅱ、Ⅲ、Ⅳ可利用积聚性投影直接求出。

2）求竖直棱柱的棱线与水平棱柱棱面的交点Ⅴ、Ⅵ：需借助辅助平面—包含竖直棱线所作的正平面 P 求出。

（2）确定交点的连接顺序并连线。每一段交线均为两棱面的共有线，只有当两个点同时位于甲立体的同一棱面和乙立体的同一棱面时，才能用直线将它们连接起来。这是连线时要特别注意的问题。

图 10-4 中（1′，5′）、（5′，2′）、（2′，4′）、（4′，6′）、（6′，3′）、（3′，1′）符合连线原则，可以连线。

注意：（2′，4′）（1′，3′）段为不可见，画虚线。

（3）检查棱线的投影，完成作图。两棱柱相交后成为一个整体，点Ⅰ与Ⅱ，Ⅲ与Ⅳ，Ⅴ与Ⅵ之间无线。

【例 10-3】试求如图 10-5 所示四棱柱与三棱锥的交线。

分析

（1）四棱柱各侧棱面由水平面和侧平面组成。

（2）由 V、H 面投影看出四棱柱的四条棱线均穿过三棱锥，两立体为全贯。交线为两支折线，其各段均为水平线或侧平线。

（3）因四棱柱的正面投影具有积聚性，则相贯线的 V 面投影为已知。

作图　依次求作四棱柱各棱面与三棱锥各棱面的交线。

（1）求四棱柱两水平棱面与三棱锥各棱面的交线。

分别将四棱柱的两个水平棱面扩大为平面 P 和 Q，P、Q 面与三棱锥棱面的交线是两个与三棱锥底面相似的三角形。

求出四棱柱上棱面与三棱锥各棱面的交线Ⅰ-Ⅱ-Ⅲ、Ⅳ-Ⅴ；

求出四棱柱下棱面与三棱锥各棱面的交线Ⅵ-Ⅶ-Ⅷ、Ⅸ-Ⅹ。

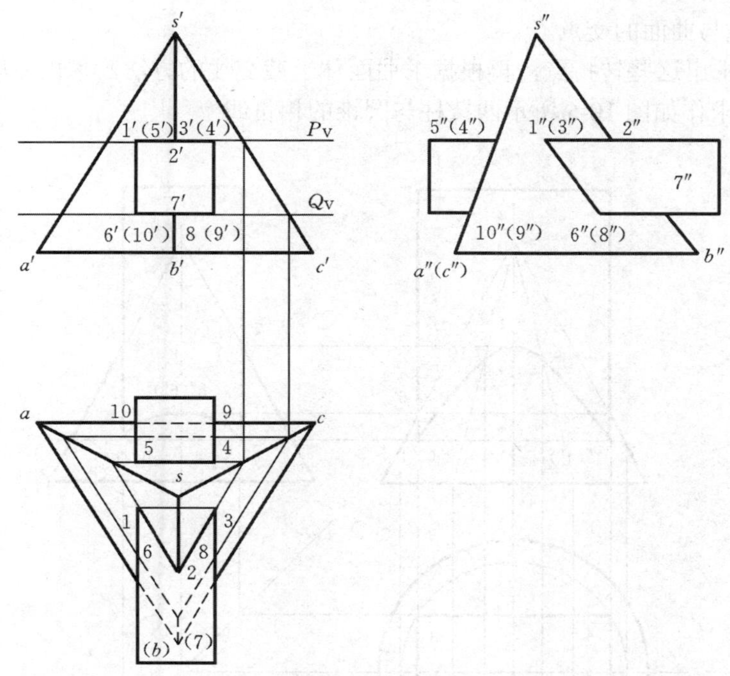

图 10-5　四棱柱与三棱锥的交线

（2）求四棱柱两侧平棱面与三棱锥各棱面的交线Ⅰ-Ⅵ、Ⅲ-Ⅷ、Ⅴ-Ⅹ、Ⅳ-Ⅸ。

注意：1-6 应平行于三棱锥的棱线 SB 的投影 sb（想想为什么？）。

（3）检查棱线的投影，判断可见性，完成作图。

注意：两立体相交后成为一个整体，因此棱线在各自交点之间无线；H 面投影中被四棱柱遮挡的部分应画虚线。

归纳：平面与平面相交的分析方法和作图要领。

（1）首先应进行形体分析。根据投影图分析两立体的相对位置；有哪些表面相交；交线的形状。

（2）两平面体的交线均可分析为“平面与平面体的截交线”，故依次求出各段交线即可，其方法为棱线法或棱面法。

（3）连线时应注意所求共有点的连线原则和连接顺序，依次将其编号是有效办法。

平面与平面相交的作图并不困难，重要的是熟练地求取棱线与相应棱面的交点，细心连接交线并判断可见性。

第二节　平面立体与曲面立体相交

平面立体与曲面立体的相贯线一般是由若干段平面曲线或平面曲线和直线所组成的空间闭合线。各段平面曲线或直线，就是平面体上各个侧面截割曲面体所得的截交线。每一段平面曲线或直线的转折点，就是平面体的侧棱与曲面体表面的交点。求平面立体与曲面立体相贯线的问题的实质就是求截交线及棱线与曲面体表面的贯穿点。因此，求作平面体与曲面体表面的交线可归结为两个基本作图问题：

（1）求平面与曲面体表面的截交线。

（2）求直线与曲面的交点。

作图时，先求出这些转折点，再根据求曲面体上截交线的方法，求出每段曲线或直线。

【例 10-4】求作如图 10-6 所示四棱柱与圆锥的相贯线

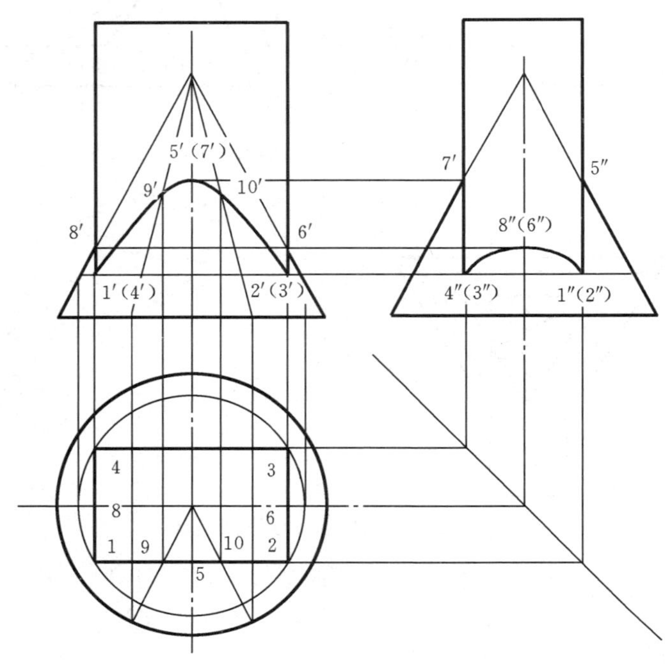

图 10-6 四棱柱与圆锥相交

分析

（1）由于四棱柱的四个棱面皆为平行于圆锥轴线的铅垂面，因此，四棱柱和圆锥的相贯线是由四段双曲线组合面而成（前、后两段及左、右两段各自对称）。四段双曲线的结合点恰是四棱柱的四条棱线与圆锥面的交点。

（2）由于四棱柱各棱面的水平投影有积聚性，所以相贯线的水平投影全部与各棱面的水平投影重合（矩形），余下只需求作相贯线的正面投影及侧面投影即可。

作图

（1）求特殊点。

1）相贯线上的四个转折点（各段双曲线上的最低点）。这四个点的水平投影 1、2、3、4 为已知（在四根棱线的水平投影处），用纬圆法（圆锥面上过该四点的水平圆）求出它们的正面投影 1′、2′、(3′)、(4′)（见图 10-6），再补出其侧面投影。

2）各段双曲线上的最高点。前、后两段双曲线上的最高点正好位于两立体左、右两部分的对称平面内，它们是圆锥面上最前、最后两根素线与四棱柱前、后两棱面的交点，可直接在侧面投影中定出，即 5″、7″，找到其正面投影 5′、(7′)。

同理，左、右两段双曲线上的最高点是圆锥面上最左、最右两根素线与四棱柱左、右两棱面的交点，可直接在正面投影中找到它们的正面投影 6′、8′，然后再求出其侧面投影 (6″)、8″。

（2）求一般位置的点。可用素线法（或纬圆法）求出前、后两段双曲线上两个处于对称位置的一般点，先在水平投影中取 9、10 两点，通过 9、10 分别作出圆锥面上的两条素线，并在两条素线的正面投影上定出 9′、10′。

（3）连点。正面投影中的双曲线 1′-5′-2′与（4′）-（7′）-（3′）前后重影，左、右两段双曲线积聚成直线；侧面投影中的双曲线 1″-8″-4″与（2″）-（6″）-（3″）左右重影，前、后两段双曲线积聚成直线。

（4）判别可见性。相贯线的 *V*、*W* 面投影都可见。相贯线的后侧面和右侧面部分的投影，与前侧面和左侧面部分重影。

【例 10-5】试求如图 10-7 所示三棱柱与半圆球表面的交线。

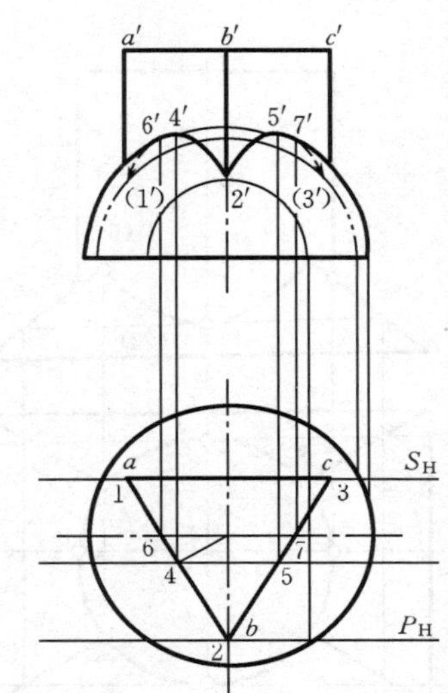

图 10-7　三棱柱与半圆球表面相交

分析

（1）三棱柱与半圆球表面的交线由三段平面曲线组成，其结合点为Ⅰ、Ⅱ、Ⅲ。三段曲线分别是三棱柱的三个棱面与半圆球表面的交线——圆弧曲线。

（2）棱面 *AC* 是正平面，它与半圆球表面的交线ⅠⅢ的 *V* 面投影反映实形。

（3）棱面 *AB*、*BC* 为铅垂面，它们与半圆球表面的交线ⅠⅡ、ⅡⅢ的 *V* 面投影为椭圆曲线。

（4）因三棱柱的水平投影具有积聚性，则两立体交线的 *H* 面投影为已知，只需求 *V* 面投影。

作图

（1）求结合点Ⅰ、Ⅱ、Ⅲ的 *V* 面投影。包含棱线 *B* 作正平面 *P* 交半圆球面于圆弧曲线，圆弧曲线与棱线 *B* 的交点为Ⅱ（2，2′）；包含棱线 *A*、*C* 作正平面 *S* 交半圆球面于圆弧曲线，圆弧曲线与棱线 *A*、*C* 的交点分别为Ⅰ（1、1′）、Ⅲ（3、3′）。

（2）求各棱面与半圆球截交线的 *V* 面投影。棱面 *AC* 与半圆球面的交线圆弧ⅠⅢ的 *V* 面投影为虚线圆弧；棱面 *AB*、*BC* 与半圆球面的交线圆弧ⅠⅡ、ⅡⅢ的 *V* 面投影为椭圆弧，需用圆球表面取点的方法求解。

1）求椭圆曲线的最高点Ⅳ、Ⅴ。在水平投影中由轴线交点向 1-2 作垂线交 1-2 于点 4；以过点 4 的正平面为辅助面，并交 2-3 于 5；作辅助面与圆球面的交线——圆弧曲线；Ⅳ、Ⅴ属于该圆弧曲线，求出 4′、5′。

2）求圆球面对 *V* 面外形轮廓素线上的点Ⅵ（6、6′）、Ⅶ（7、7′）；画出椭圆曲线。

注意：只有交线位于两立体同时可见的表面时，它的投影才可见。圆球面对 V 面外形轮廓素线上的点Ⅵ、Ⅶ是交线 V 面投影的虚、实分界点；椭圆曲线 2′6′段为实线，6′1′段为虚线；2′7′段为实线，7′3′段为虚线。

（3）画出外形轮廓素线的投影并判断其可见性。

圆球面对 V 面外形轮廓素线的终止点分别为Ⅵ、Ⅶ，其 V 面投影在 6′、7′之间无线，这是由于两立体相交后形成一个整体的缘故。

同样，Ⅰ、Ⅱ、Ⅲ分别为棱线的终止点；棱线 A、C 在圆球面对 V 面外形轮廓素线后面的部分其投影为不可见，画成虚线。

【例 10-6】试求图 10-8 所示四棱锥与圆柱的交线。

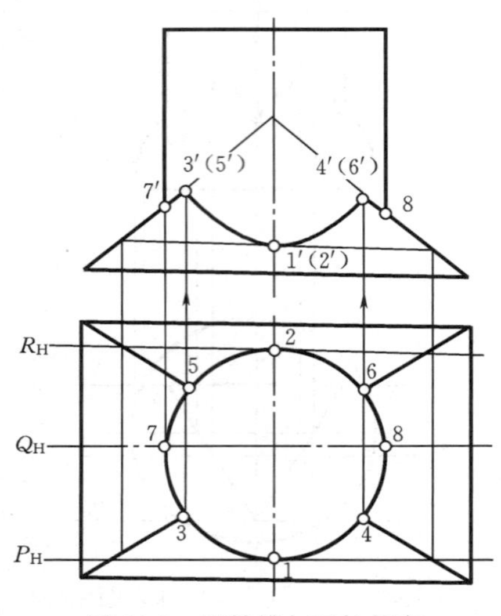

图 10-8 四棱锥与圆柱相交

分析

（1）所求相贯线由棱锥的四个棱面截割圆柱面所得的四段椭圆弧组成。四条棱线与圆柱面的四个交点就是这些椭圆弧的结合点。

（2）从水平投影可以看出，圆柱的投影具有积聚性，所以相贯线的水平投影是已知的（为圆）。相贯线的正面投影前后重影，由左右两段直线（为左右两段椭圆而成）和中间一段椭圆弧组成。

作图

（1）先找出相贯线水平投影圆上同时位于四棱锥四根侧棱上的点 3、5、4、6 的正面投影 3′、5′、4′、6′，它们是相贯线上的特殊点，可直接利用投影规律得到。

（2）用三个正平面 R、P、Q 作为辅助截平面，辅助平面 R、P 过 1、2 两个点，同时与四棱锥的前后两个棱面有交线，将交线的正面投影找到，1′、2′一定在此交线上。因四棱锥的前后两个棱面的正面投影重合，因此 1′、2′两个点重合为一点；辅助平面 Q 位于圆柱和四棱锥的前后对称面上，则 7、8 两个点的正面投影为与圆柱最左、最右两条轮廓素线与棱锥棱线的正面投影的交点处 7′、8′，这样就求出了相贯线轮廓的正面投影。

（3）再作几个正平面，求出相贯线上的一般位置点。

（4）判别可见性，完成作图。

归纳一下求作平面体与回转体表面交线的作图要点。

（1）首先要进行交线分析。平面体与回转体表面相交，交线一般是由若干段平面曲线（或直线）构成的空间闭合线。每段平面曲线（或直线）均为平面体表面与回转体表面的交线，而两线段（曲线或直线）的交点（称结合点）就是平面体的棱线与回转体表面的交点。

（2）求平面体与回转体表面交线的基本方法——辅助平面法。为使作图方便，要求辅助平面与回转面交线的投影必须是直线或圆。

（3）注意棱线与回转面外形轮廓线的画法。曲面外形轮廓素线上的点是该外形轮廓线的终止点。注意检查棱线或曲面的外形轮廓线的投影长度及可见性。

第三节　两曲面立体相交

两曲面立体相交，在一般情况下其相贯线是封闭的空间曲线，特殊情况下也可能是平面曲线或直线。相贯线上的点，是两立体表面的共有点。求作相贯线时，一般是先求出相贯线上一系列点，然后依次连成光滑曲线，并根据可见性画成实线或虚线。

相贯线的形状不仅取决于相交两曲面立体的几何形状，而且也和它们所处的相对位置有关。即使是两个形状相同的曲面立体相交，当它们的大小和相对位置不同时，其相贯线的形状也要随之变化，因此，在解决相贯线的作图时，必须首先分析清楚两相交曲面的几何形状、相对位置及其大小，并对相贯线形成的情况（一般情况、特殊情况）进行初步的判断。

从相贯线的性质可知，求作两曲面立体相贯线的作图可归结为求两曲面的共有点问题。而求共有点的作图一般情况下多采用辅助面法（即三面共点法），即相贯线上的点，也是两曲面和一个想象中的辅助面这三个面的共有点。常用的辅助面有辅助平面和辅助球面。故辅助面法又分为辅助平面法和辅助球面法。究竟选择哪一种方法，要根据所给回转面的形状及其相对位置来决定。

对于处于特殊位置的曲面体，相贯线的某个投影具有积聚性，则可不作辅助面，利用曲面投影的积聚性，采用面上取点的方法直接进行作图，求出相贯线的其他投影。

一、利用表面取点法求相贯线

相交两曲面立体中的一个，其表面的投影具有积聚性时，相贯线的这个投影即为已知，其余投影可借助素线或纬圆，采用表面取点的方法求出。按已知曲面立体表面上点的投影求其他投影的方法，称为表面取点法。

【例 10-7】求作图 10-9 所示的圆柱与圆锥的相贯线。

分析

（1）圆柱的所有素线都参加相交，相贯线是一条闭合的空间曲线；

（2）柱轴为铅垂线，柱面的水平投影有积聚性，所以相贯线的水平投影已知（在圆周上），本例只需求出正面与侧面投影；

（3）从水平投影可知，相贯体前后对称，则相贯线也对称，其正面投影前后重合。

作图　本例可采用素线法，也可用纬圆法。

（1）特殊点：两立体正面投影图轮廓素线的交点Ⅰ、Ⅱ（最低、最高点）以及圆锥前后轮廓素线对圆柱的贯穿点Ⅴ、Ⅵ的投影，均可由水平投影直接作出；圆柱前后轮廓素线对圆锥的贯穿点Ⅲ、Ⅳ，可根据水平投影用素线法补出。

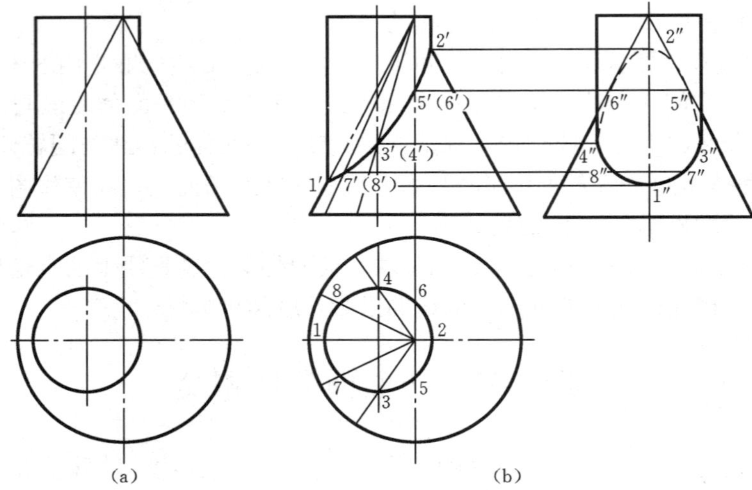

图 10-9 圆柱与圆锥相贯

（2）中间点：用素线法适当加密中间点，如图中的Ⅶ、Ⅷ。

（3）连线：相贯体前后对称，相贯线也对称，其正面投影前后重合，画实线；点Ⅲ、Ⅱ、Ⅳ位于右半柱面，相贯线的侧投影 3″、5″、2″、6″、4″不可见，连虚线；其他均可见，连实线。最后，还应补全轮廓线，侧面投影中圆柱画到 3″、4″（实线），圆锥画到 5″、6″（虚线）。

【例 10-8】求作两轴线正交的圆柱体的相贯线［如图 10-10（a）所示］。

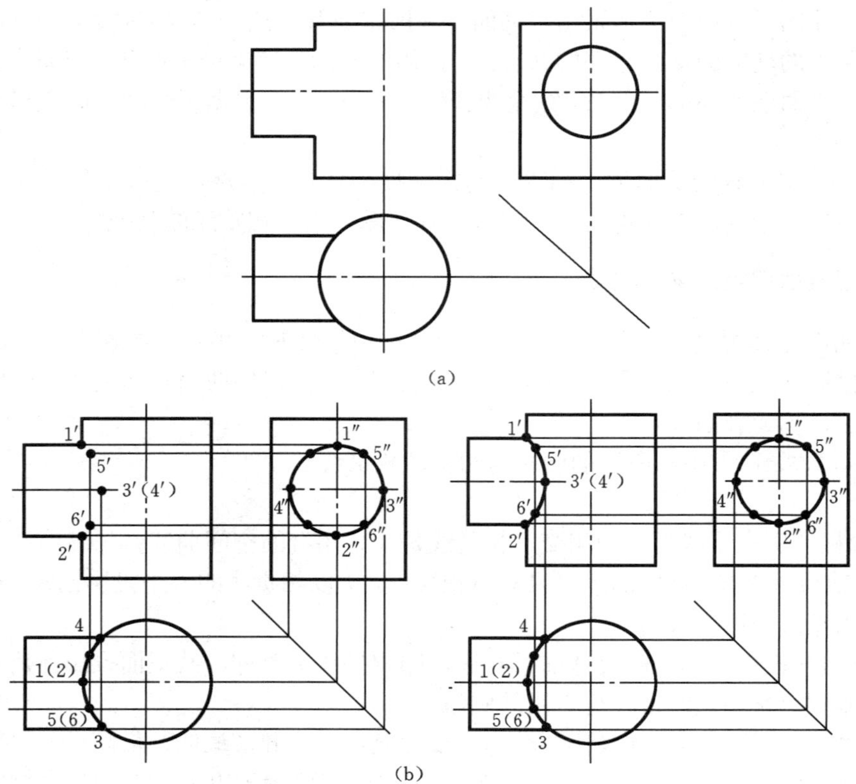

图 10-10 轴线正交的两圆柱相交

分析

（1）从图 10-10（a）中可以看出，大、小两圆柱的轴线垂直相交，大圆柱为铅垂位置，小圆柱在水平位置由左向右完全贯入大圆柱，所形成的相贯线为一组封闭的空间曲线。

（2）相贯线的水平投影积聚在大圆柱的水平投影上（即小圆柱水平投影轮廓之间的一段大圆弧）；相贯线的侧面投影积聚在小圆柱的侧面投影上（整个圆）。因此，余下的问题只是根据相贯线的已知水平、侧面投影求出它的正面投影。

（3）从水平投影可以看出，竖放圆柱前后、左右对称；从侧面投影看出，横放圆柱前后、上下对称，所以，相贯线也是前后、上下、左右对称的，在正面投影中表现为前面可见与后面不可见重合。

作图

（1）求特殊点［图 10-10（b）］。

正面投影中两圆柱投影轮廓相交处的 1′、2′两点分别是相贯线上的最高、最低点（同时也是最左点），它们的水平投影落在大圆柱最左边素线的水平投影上，点 1、（2）重影。

Ⅲ、Ⅳ两点分别位于小圆柱的两条水平投影轮廓线上，它们是相贯线上的最前点和最后点，也是相贯线上最右位置的点。可先在小圆柱和大圆柱水平投影轮廓的交点处定出 3 和 4，然后再在正面投影中找到 3′和（4′）（前、后重影）。

（2）求一般点［图 10-10（b）］。

先在小圆柱侧面投影（圆）上的几个特殊点之间，适当的位置取几个一般点的投影，如 5″、6″、7″、8″等，再按投影关系找出各点的水平投影 5、（6）、（7）、8，最后作出它们的正面投影 5′、6′、（7′）（8′）。

（3）连点并判别可见性。

在连接各点成相贯线时，应沿着相贯线所在的某一曲面上相邻排列的素线（或纬圆）顺次圆滑连接。

本例中，相贯线的正面投影可根据侧面投影中小圆柱的各素线排列顺序依次连接 1′、5′、3′、6′、2′、（7′）、（4′）、（8′）、1′各点。由于两圆柱前、后两半完全对称，故相贯线前、后相同的两部分在正面投影中重影（可见者为前半段）。

工程中最常见的两圆正交，可以是圆柱体的外圆柱面，也可以是圆柱孔的内圆柱面，所以有如图 10-11 所示的三种情况。

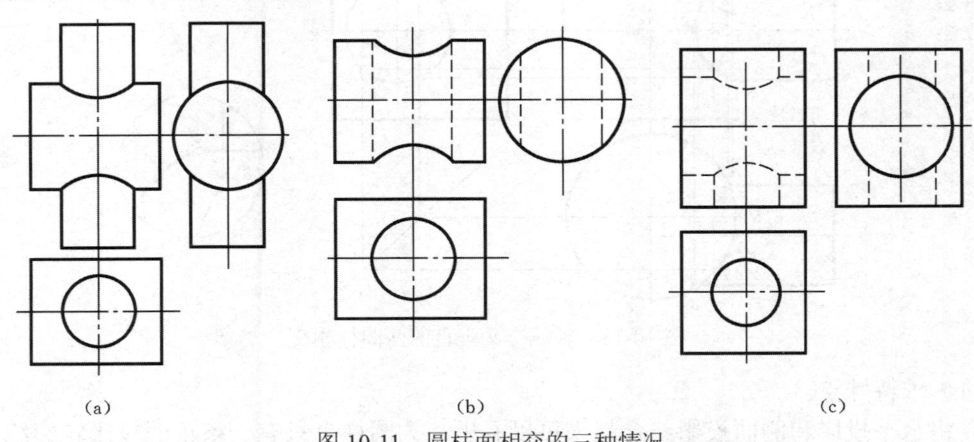

图 10-11　圆柱面相交的三种情况

（a）两外圆柱面相交；（b）外圆柱面与内圆柱面相交；（c）两内圆柱面相交

这三种情况虽然表现形式不同，但相交的条件在本质上是一样的，都是圆柱面彼此相交，而且圆柱的直径相等，其轴线的位置也完全一致。因此，交线的形状完全相同，在作图方法上也是完全一样的。

【例 10-9】求作轴线交叉垂直的两圆柱的相贯线（图 10-12）。

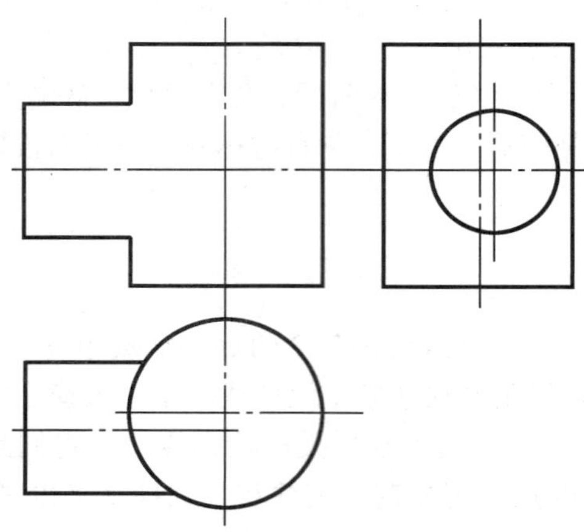

图 10-12 轴线交叉垂直的两圆柱相交

分析

（1）同例 10-8 相比，相交两圆柱的轴线虽然仍处于垂直状态，但已不在同一平面内相交。由于小圆柱的位置已前移，因此，前例中相贯线前后两对称的状态已不存在。从侧面投影中可以看出，小圆柱的投影仍在大圆柱的投影范围内，并且具有积聚性，所以相贯线的侧面投影仍是围绕在小圆柱表面一周的封闭空间曲线。水平投影中大圆柱具有积聚性，则相贯线的水平投影即为竖放大圆柱与横放小圆柱共有的一段。

（2）本例题所要解决的仍是已知正面投影和水平投影，相贯线正面投影的作图问题。

作图 如图 10-13 所示。

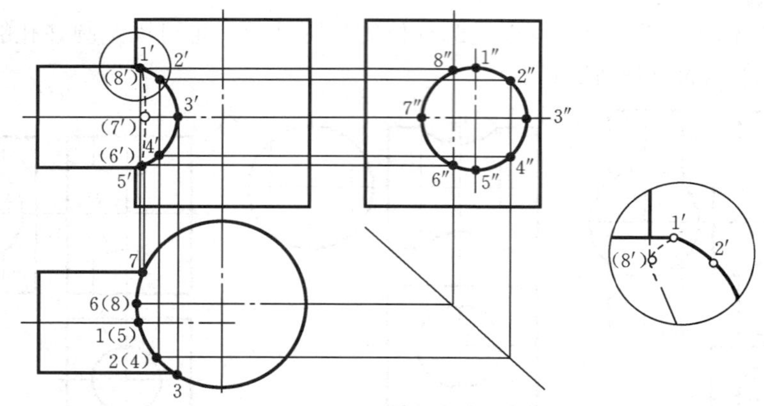

图 10-13 轴线交叉垂直的两圆柱相交

（1）求特殊点。

1）将水平投影和侧面投影结合起来可以看出，大圆柱上只有一条正面投影轮廓线（最左位置的素线）与小圆柱相交。从而在侧面投影中可以直接定出Ⅵ、Ⅷ两点，这两点是相贯线上的最左点。

2）小圆柱的上、下、前、后四条轮廓线与大圆柱相交于Ⅰ、Ⅴ（最高、最低点）和Ⅲ、Ⅶ（最前、最后点）四点。

因此，相贯线有Ⅰ、Ⅲ、Ⅴ、Ⅵ、Ⅶ、Ⅷ等六个特殊点，它们的正面投影皆可由其水平投影和侧面投影按投影关系连线交汇求出。

（2）求一般点。

在侧面投影中位于特殊点之间的空隙处选定Ⅱ、Ⅳ两点（2″、4″），按投影关系找出它们的另两个投影2′、4′和2、(4)。

（3）连线并判别可见性。

1）在正面投影中，按小圆柱上相邻两素线的排列顺序依次连接Ⅰ-Ⅱ-Ⅲ-Ⅷ各点，即可得到相贯线的正面投影。

2）判别相贯线投影可见性的原理是：当向某一投影面投影时，只有当相贯线同时位于两立体皆可见的表面上时，才属可见，否则为不可见。由于小圆柱轴线位于大圆柱轴线之前，所以，凡是相贯线上位于小圆柱正面投影轮廓之后的部分皆为不可见，这样，5′-6′-7′-8′-1′部分应画成虚线；而1′-2′-3′-4′-5′部分为可见，画成实线。小圆柱正面投影轮廓线上的1′、5′两点是相贯线正面投影的可见性分界点。

（4）补全相贯体的投影轮廓线。

在相贯线的投影完全画好后，还应将两圆柱的投影轮廓线补画完整，但只能画至与相贯线连接处为止，如图10-13中的局部放大图所示。小圆柱的投影轮廓线画到1′、5′两点处，并在该两点与相贯线的正面投影相切，全为可见的实线。大圆柱的正面投影轮廓线画到6′、8′两点处，但其中位于小圆柱投影轮廓范围内的两小段线为不可见，应画成虚线，6′至8′之间为立体内部，不应再连线。

如果把例10-8和例10-9作一比较，则不难发现，当两相交圆柱的相对位置发生变化时，其相贯线的位置也要随之改变。

逐步学会分析和理解在不同条件下相贯线的变化趋势，对解决相贯线的作图问题和提高空间想像力是有很大帮助的。

影响交线的变化因素有：

（1）直径大小对交线的影响。相对直径的大小会影响交线的形状，如图10-14所示。轴线垂直相交的两圆柱表面，当直径不等时，交线在平行于两轴线的投影面上的投影总是弯向直径大的圆柱的轴线。当直径相等时，交线的投影为直线，此时交线为两椭圆。

（2）相对位置对交线的影响。以轴线相互垂直的两圆柱为例。图10-15所示为相对位置对交线的影响，两圆柱的直径大小不变而改变它们的相对位置，请观察交线的变化。（请问：结论是什么？）

两圆柱的相对位置会影响交线的形状：

图10-15（a）中交线为两支且前后对称；

图10-15（b）中交线为两支但前后不对称；

图10-15（c）中两圆柱面同切于一正平面，上下两支交线交于切点A；

图10-15（d）、图10-15（e）中两圆柱面互交，交线只有一支。

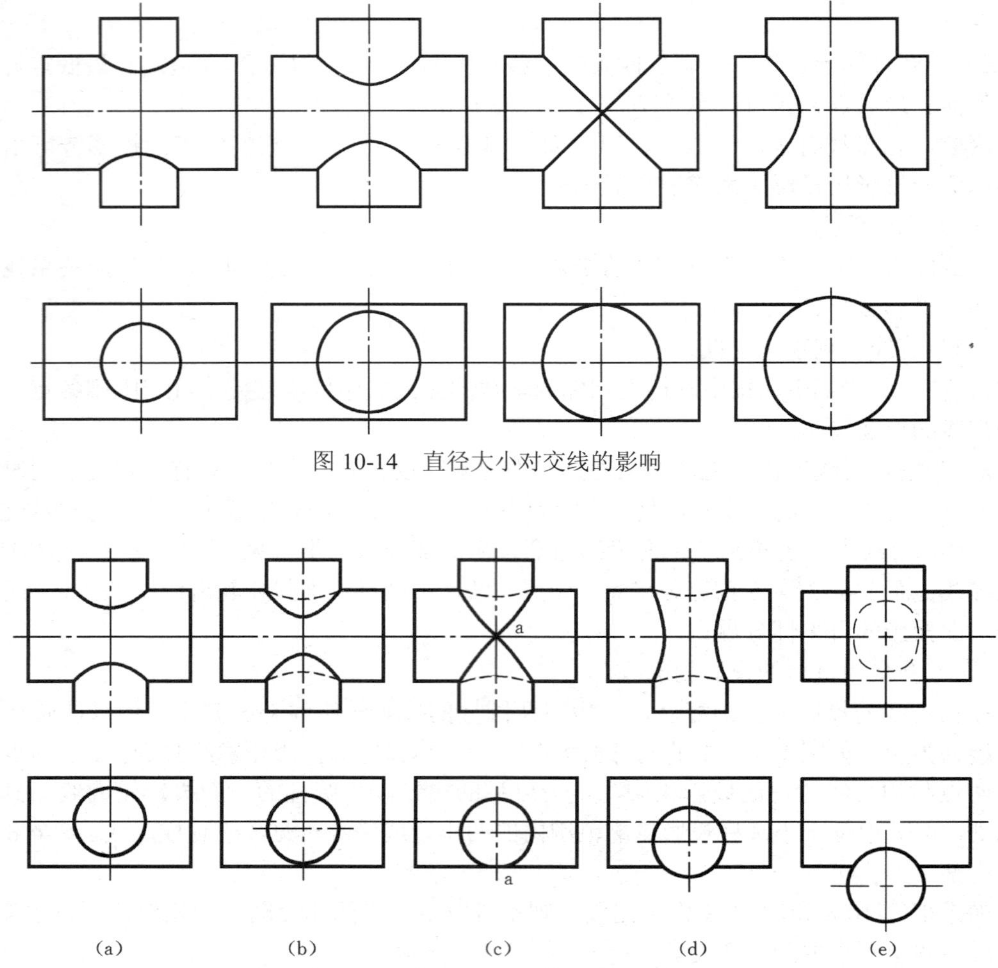

图 10-14 直径大小对交线的影响

图 10-15 相对位置对交线的影响

二、利用辅助平面法求相贯线

依据相贯线上的各点皆是相交两立体表面的共有点这一事实，完全可以按照前述求截交线时所应用的“三面共点”原理，采用某种适当形式的截面作辅助面来解决相贯线作图中求共有点的问题。

下面介绍用平面作辅助截面求解相贯线的作图方法，我们称它为“辅助平面法”，其基本作图原理是：选取一辅助截平面，并使它与给出的两个曲面都相交，然后分别求出该辅助截平面与每个曲面的交线——辅助交线。这两条辅助交线都在同一辅助截平面内，而且相交，则它们的交点必同时属于两曲面及辅助截平面所共有（即三面共点），所以它们一定是两个曲面相贯线上的点。

辅助平面法的作图原理可用简图示意如下：

辅助平面 —— 甲曲面→辅助交线 I ；相交；乙曲面→辅助交线 II —— 相交 → 交点（三面共点）

由上述作图原理可得辅助平面法的作图步骤（共分为三步）：

（1）设立辅助截平面。

（2）分别作出辅助截平面与两个已知曲面的截交线（辅助交线）。

（3）求出两条辅助交线的交点（相贯线上的点）。

显然，每设立一个辅助平面（必须完成上述三个作图步骤）就可以求出一些共有点。解题时，可以根据需要设立若干个辅助截平面，从而求出一系列属于相贯线上的点，然后把这些点用曲线圆滑地连接起来，即可得到所求的相贯线。

设有甲、乙两曲面体相贯（如图 10-16 所示），根据三面共点原理，作适当的辅助面 *P*，分别与甲（圆锥）、乙（圆柱）两立体相交，得到截交线 *A*（图中为纬圆）和 *B*（图中为矩形）。*A*、*B* 两截交线的交点 *K*、*L*、*N*、*M*，即为相贯线上的点。同样再作若干辅助面，求出更多的点，并依次连接起来，即为所求的相贯线。直立圆锥与水平圆柱相贯时，可选择垂直于圆锥轴线又平行与圆柱轴线的水平截平面 *P*，使截交线为圆及矩形（图 10-16）。两圆柱相贯时，可选择同时平行于两圆柱轴线的截平面 *Q*，使两截交线都是矩形［图 10-17（a）］。球与圆柱相贯时，可选择平行于投影面又平行于柱轴的截平面 *R*，使截交线及其投影为圆及矩形［图 10-17（b）］。

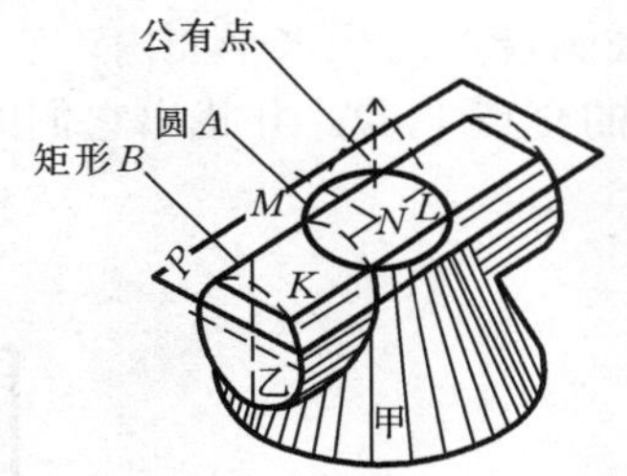

图 10-16　辅助平面法求相贯线上的点

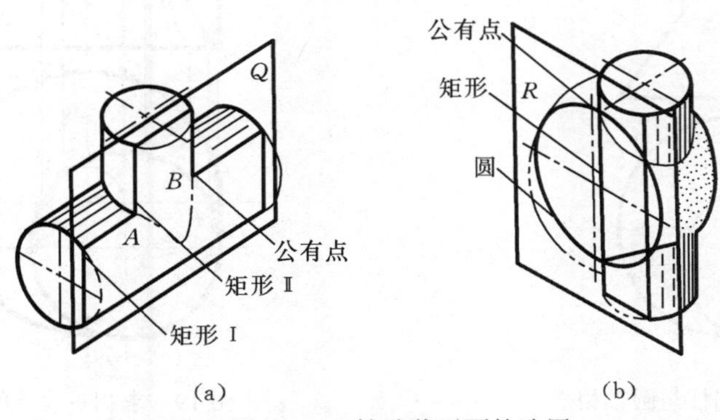

图 10-17　辅助截平面的选用

（a）同时平行于两柱轴线；（b）既平行于柱轴线又平行于投影面

用辅助平面求共有点的三个作图步骤中，第一步是至关重要的，关键是要选择好恰当的辅助截平面。应根据两曲面立体表面的性质及其相对位置选择适当的辅助面。

选择辅助截平面的原则是：辅助截平面与两个曲面的截交线（辅助交线）之投影都应是最简单易画的线（直线或圆）。因此在实际应用中往往多采用投影面的平行面作为辅助截平面。

在解题过程中，为了使相贯线的作图清楚、准确，应尽量先求出属于相贯线上的一些特殊点（如：可见与不可见分界点，最高、最低点，最前、最后点，曲面轮廓线上的点等）。这些点大多处于相贯线上的边缘位置。根据这些点可以掌握相贯线投影的大致范围，而且还可以较恰当地设立求一般点的辅助截平面的位置。

【例 10-10】求圆柱与圆锥的相贯线，见图 10-18。

分析

（1）从图 10-18 中可以看出，圆柱与圆锥偏交，它们的轴线皆为铅垂线。因此圆柱的水平投影有积聚性，相贯线的水平投影与圆柱水平投影重影（积聚在圆锥水平投影范围内的一大段圆柱面的投影上），相贯线的正面投影为一曲线。

（2）辅助截平面的选择。可选择水平面（与轴线垂直）为辅助面。这样所得到的辅助交线分别为两个水平圆。无论水平辅助截平面的位置高低，它与圆柱的辅助交线总是大小不变的圆；而它与圆锥的辅助交线（圆）则随其位置的高低不同而产生直径大小的变化（高则小、低则大）。也可采用过锥顶的铅垂面为辅助截平面。这样所得辅助交线分别为圆锥和圆柱的素线（直线），这些辅助交线的投影皆可直接画出。

作图

（1）求特殊点（图 10-19）。

1）最低点。两曲面立体的底圆皆在同一水平面内，它们的交点是相贯线上的最低点，可直接在水平投影中定出两底圆的交点 1、2。并找出它们的正面投影 1′、2′（在锥底的正面投影上）。

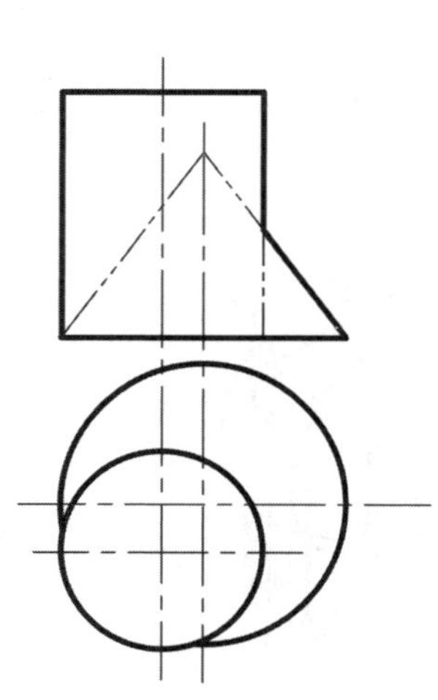

图 10-18 圆柱与圆锥相交

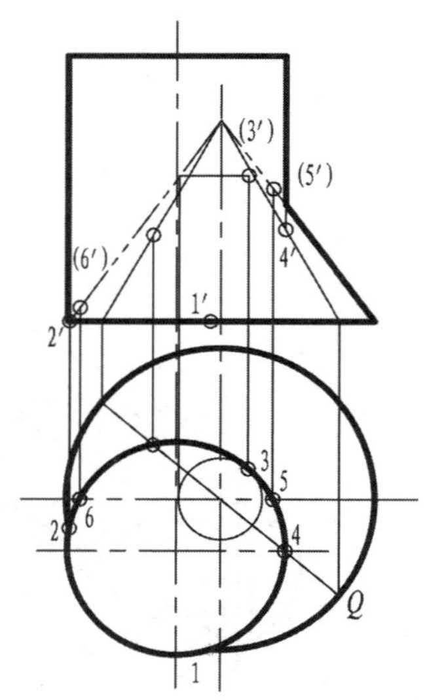

图 10-19 求相贯线上的特殊点

2）最高点。若采用水平面为辅助截面时，则根据推理可知，能求得最高点的辅助水平面所截得的两辅助交线应相切于一点（即圆锥面的辅助交线——纬圆与圆柱面的辅助交线——不变的圆内切于一点）。为找到此辅助水平面的高度位置，可先在水平投影中以圆锥的底圆中心为圆心，画一小圆与圆柱的水平投影（圆）相切。此小圆就相当于最高的辅助截平面与圆锥的辅助交线。所得到的切点 3 就是相贯线上的最高点。然后作出小圆的正面投影（圆锥的纬圆的正面投影），并在其上定出最高点的正面投影 3′。

3）相贯线上的最右点（也是相贯线正面投影的可见性分界点）。圆柱面的最右素线与圆锥表面的交点是相贯线上的最右点。可过锥顶并包含圆柱最右素线作辅助铅垂面 Q，求出 Q 面与圆锥面的交线 SA（sa、$s'a'$），在正面投影中 $s'a'$与圆柱面最右素线的交点即为所求的点 4′。

4）圆锥正面投影轮廓上的点。可用过锥顶的正平面 T 为辅助截平面。只需找出 T_H 与圆柱面相交的两素线位置，即可求出圆锥的正面投影轮廓与这两条素线在正面投影中的交点（5′）、（6′）。这两点是正面投影中相贯线的投影与圆锥正面投影轮廓线的切点（在画相贯线的正面投影时，相贯线应过这两点与圆锥的正面投影轮廓线相切）。

（2）求一般点（图 10-20（a））。

在特殊点完全求出后，在特殊点之间适当的高度间隔上再设立少量水平辅助面，求出适量的一般点。如：R 截圆柱和圆锥的交线为两个圆，它们的水平投影相交于 7、8，再由此求出 7′（8′）（在 R_V 上）。

（3）连线并判别可见性（图 10-20（b））。

在正面投影中按照圆柱水平投影上相邻素线的各交点顺序，将各点依次相连（1-7-4-5-3-8-6-2）即可得出相贯线的正面投影。

根据可见性判别原则，只有位于前半个圆柱面上的一段相贯线（Ⅰ-Ⅶ-Ⅳ）其正面投影为可见，画成实线，其余部分皆为不可见，应画成虚线。

【例 10-11】求圆柱与半球的相贯线（图 10-21）。

分析

（1）直立圆柱从半球左侧的前后对称位置完全贯入球体，水平投影有积聚，因此，相贯线是一条围绕圆柱一周封闭空间曲线。

（2）相贯线的水平投影积聚在圆柱的水平投影上，正面投影及侧面投影皆需作图求出，其中正面投影前后对称并重影。

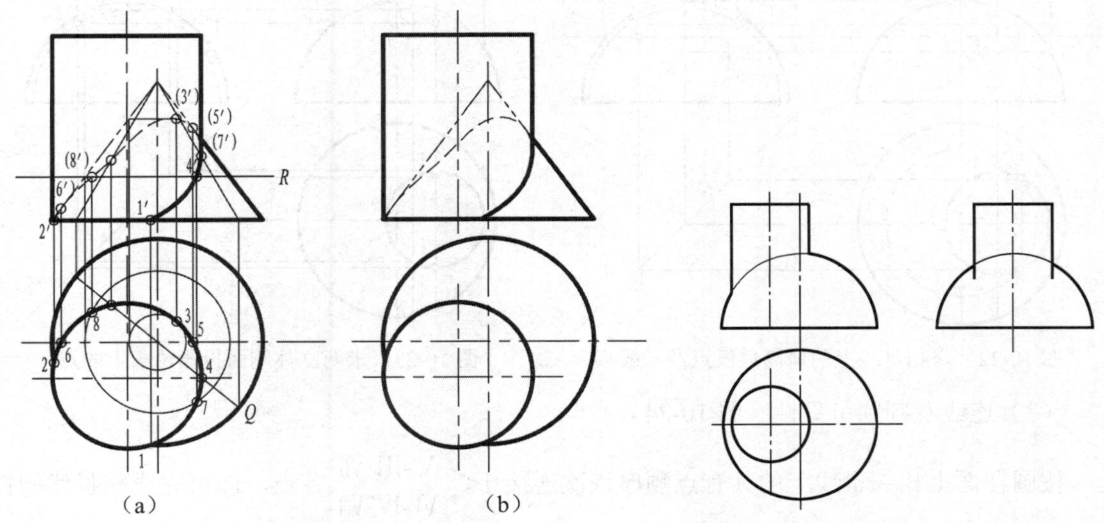

图 10-20　求一般点并连线　　　　图 10-21　圆柱与半球的相交

求解本题可采用的辅助截平面有以下几种选择：

（1）水平面。水平面与两个立体的辅助交线为两个水平圆：圆柱——不变的圆；半球——随水平面的高度下降而直径变大。两个辅助交线圆的交点即为两个立体共有点（如Ⅶ、Ⅷ）。

（2）正平面。正平面与圆柱的辅助交线——素线（铅垂线）；与半球的交线——半圆（// *V* 面）。辅助交线直线与半圆的交点为共有点（如Ⅰ、Ⅱ）。

（3）侧平面。侧平面与圆柱的交线——素线；与半球的交线——半圆。两辅助交线之交点为共有点（如Ⅴ、Ⅵ）。

对上述三种辅助面的作图进行比较，以水平面作辅助面时，作图较为简捷（可少画一条辅助交线）。但考虑到本题所求的特殊点较多（主要是各投影轮廓上的点），因此，最好根据求特殊点的需要采用各种不同位置的辅助平面综合解题。

作图

（1）求特殊点。

1）最高、最低点（图 10-22）。采用过圆柱及半球轴线的正平面 *T* 可求出最高、最低度点Ⅰ、Ⅱ。

2）圆柱面侧面投影轮廓线上的点（图 10-23）。过圆柱轴线作侧平面 P_1 得到的共有点Ⅲ、Ⅳ。这两点是相贯线侧面投影的可见性分界点。

3）半球侧面投影轮廓线的点（见图 10-23）。过半球轴线（过球心的铅垂线）作侧平面 P_2 即得到共有点Ⅴ、Ⅵ。相贯线的侧面投影过（5″）、（6″）两点与半球的侧面投影轮廓线相切。

（2）求一般点（图 10-22）。

在 2 和 3 点之间加一水平面 *R* 为辅助面，可得共有点 7、8，然后求出 7′、（8′）和 7″、8″。

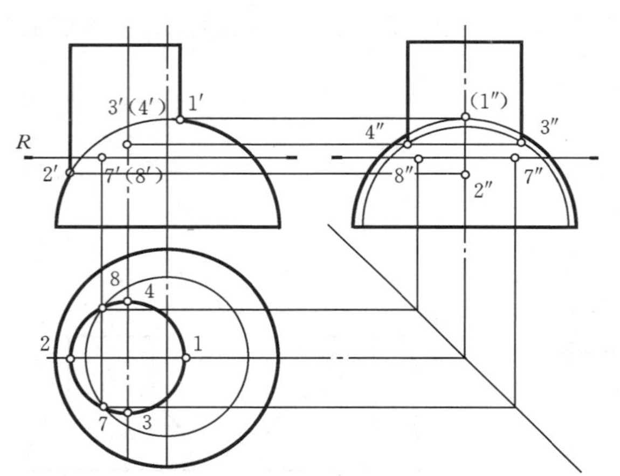

图 10-22　求相贯线上的最高最低点及一般点

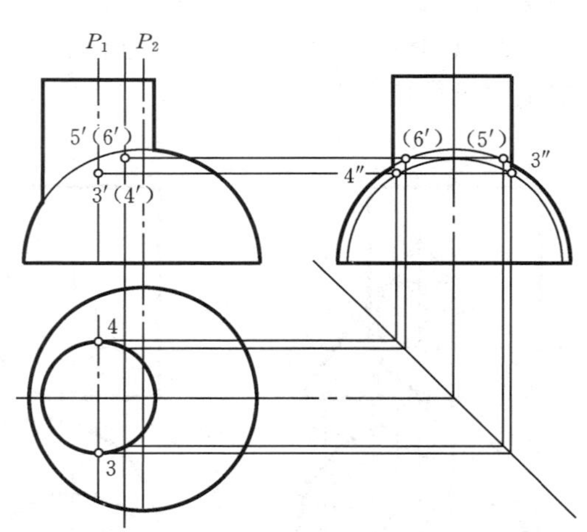

图 10-23　求两立体侧面投影轮廓上的点

（3）连线及判别可见性（图 10-24）。

按圆柱面上相邻素线上的共有点顺序依次连接 $\text{I}<\begin{matrix}\text{V-III-VII}\\ \text{VI-IV-VIII}\end{matrix}$ 各点，即可完成相贯线的投影。相贯线的侧面投影中由于 $\begin{matrix}3''\text{-}5''\\ 4''\text{-}6''\end{matrix}>1''$ 段正处于圆柱面侧面投影不可见的表面上，故该段相贯线的投影为不可见，画成虚线。

（4）将侧面投影中半球的投影轮廓线补画到（5″）、（6″）点处。

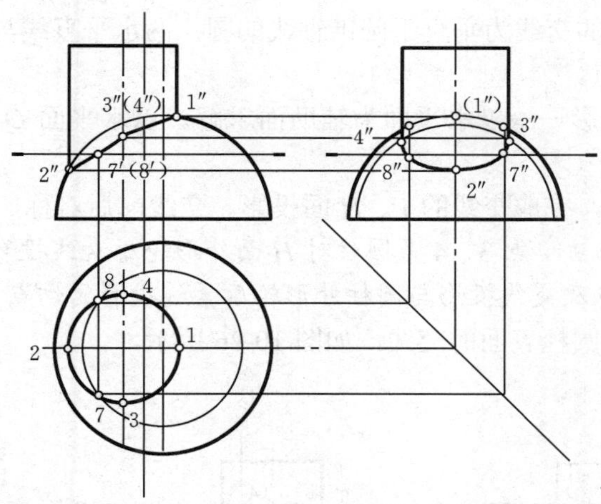

图 10-24　连线并判别可见性

【例 10-12】试求圆柱与圆锥表面的交线，如图 10-25 所示。

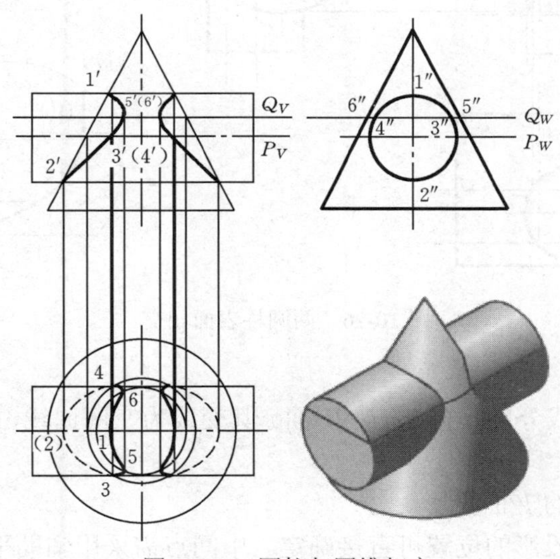

图 10-25　圆柱与圆锥相交

分析

（1）圆柱面、圆锥面的轴线分别垂直于 W、H 面。它们的交线为空间曲线，分左右两支；

（2）圆柱的侧面投影有积聚性，所以交线的 W 面投影为已知。此题需求交线的 H、V 面投影。可采用辅助平面法求解。

作图

（1）求交线上的特殊点Ⅰ、Ⅱ、Ⅲ、Ⅳ的投影。

Ⅰ、Ⅱ是圆柱对 V 面的外形轮廓素线上的点，它们分别是交线的最高点和最低点。Ⅲ、Ⅳ是圆柱对 H 面的外形轮廓素线上的点，它们分别是交线的最前点和最后点。请你想一想：Ⅲ、Ⅳ投影的位置如何确定呢？

用辅助平面法求解：以通过圆柱轴线的水平面为辅助面；以通过圆柱轴线的水平面 P 为辅助面；分别求出辅助面 P 与圆柱、圆锥表面的交线：辅助面 P 与圆柱面的交线为两水平直线；辅助面 P 与圆锥面的交线为垂直于圆锥轴线的圆；两水平直线与圆的交点Ⅲ、Ⅳ即为圆柱与圆锥表面交线上的点。

（2）求中间点的投影——以水平面为辅助面求解。以水平面 Q 为辅助面，求出中间点Ⅴ、Ⅵ。

（3）光滑连接曲线，完成交线的 V、H 面投影。交线前后对称，则 V 面投影重影。

注意：H 面投影的画法：点 3、4 是圆柱对 H 面外形轮廓素线投影的终止点，也是交线的 H 面投影可见性的分界点及交线投影与圆柱外形轮廓素线投影的切点。

【例 10-13】试求两圆柱表面的交线，如图 10-26 所示。

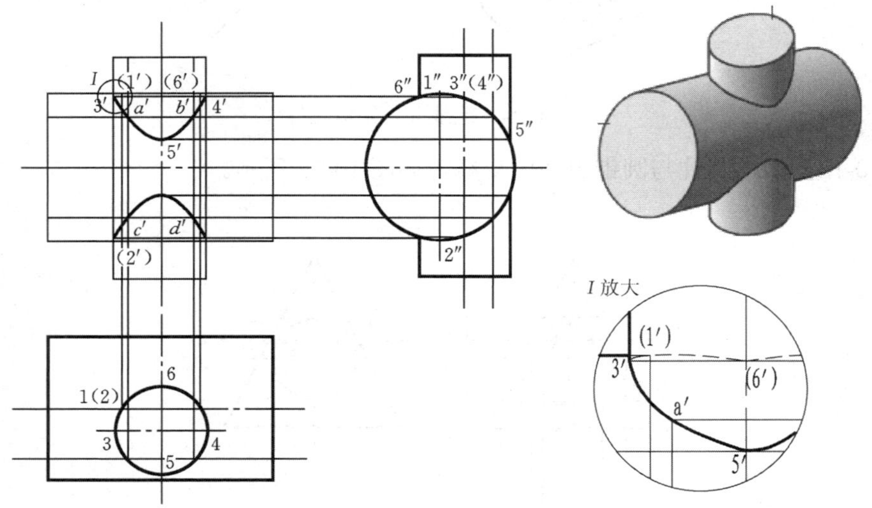

图 10-26　两圆柱表面相交

分析

（1）两圆柱面的轴线分别垂直于 H、W 面。其交线为空间曲线，分上下两支；交线的 H、W 面投影均为已知。

（2）此题需求交线的 V 面投影。

（3）交线上特殊点投影的位置可直接确定。中间点需采用辅助平面法求解。

作图

（1）求交线上特殊点的投影。水平圆柱对 V 面外形轮廓素线上的点Ⅰ、Ⅱ为交线的最高、最低点；竖直圆柱对 V 面外形轮廓素线上的点Ⅲ、Ⅳ为交线的最左、最右点；竖直圆柱对 W 面外形轮廓素线上的点Ⅴ、Ⅵ为交线的最前、最后点。

（2）求中间点的投影。以正平面 P 为辅助面，求 P 与两圆柱面的交线：P 与竖直圆柱面的交线为两铅垂线；P 与水平圆柱面的交线为两水平线；求出两组交线的交点 A、B、C、D 即为两圆柱表面交线上的点。

（3）光滑连接曲线，完成交线的 V 面投影。

注意：（1）圆柱外形轮廓素线的投影。外形轮廓素线上的点是该外形轮廓线的终止点：1、2，3、4 分别是水平圆柱和竖直圆柱对 V 面外形轮廓素线投影的终止点。

（2）判断可见性。只有当两曲面的投影均可见时，它们交线的投影才可见。Ⅲ、Ⅳ是交线 V 面投影可见性的分界点。交线位于Ⅲ、Ⅳ两点以前部分的 V 面投影才可见：3-5-4 段为可见。

（4）作图完成后要注意检查，检查的要点是：①交线的投影，检查交线是否封闭、交线的可见性、交线与外形轮廓线的关系；②外形轮廓素线的投影，检查外形轮廓素线的终止点、可见性；③1、3 分别为交线的 V 面投影与两圆柱外形轮廓素线投影的切点。

【例 10-14】求圆柱与圆环的相贯线，如图 10-27 所示。

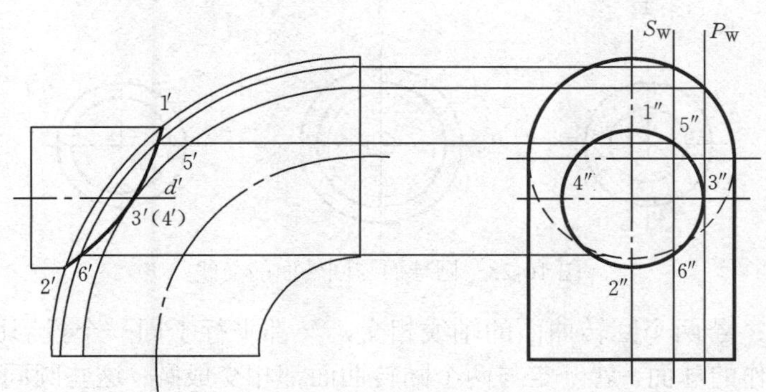

图 10-27　圆柱与圆环表面相交

分析　圆柱面、圆环面的轴线分别垂直于 W、V 面。它们的交线为空间曲线。交线的 W 面投影为已知。此题需求交线的 V 面投影。采用辅助平面法求解。

作图　如图 10-27 所示。

（1）求交线上的特殊点Ⅰ、Ⅱ、Ⅲ、Ⅳ的投影。点Ⅰ、Ⅱ在圆柱对 V 面外形轮廓素线上，它们分别是交线的最高、最低点。点Ⅲ、Ⅳ在圆柱对 H 面外形轮廓素线上，它们分别是交线的最前、最后点。它们的位置如何确定呢？分别以通过点Ⅲ、Ⅳ的正平面为辅助面，即可求出：以通过点Ⅲ（Ⅳ）的正平面 P 为辅助面，分别求出辅助面 P 与圆柱、圆环表面的交线，辅助面 P 与圆柱面的交线为两水平直线，辅助面 P 与圆环面的交线为圆弧，两直线与圆弧的交点Ⅲ、Ⅳ即为圆柱、圆环表面的交线上的点。

（2）求中间点的投影——以正平面为辅助面求解。以正平面 S 为辅助面，求出中间点Ⅴ、Ⅵ。

（3）光滑连接曲线，完成交线的 V 面投影。交线前后对称，V 面投影重影。

通过上述几个例题的求解过程可以看出，由于辅助平面法的作图原理与步骤的规律性较强，只要要领清楚，具体作图较易掌握，因此，它是求作相贯线时常用的基本方法。此外，凡是利用投影积聚性能够解决的相贯线作图，也都可以用辅助平面法实现。

采用辅助平面法解题的关键，在于如何恰当地选择好辅助平面。同一个题目，往往可以采用各种不同位置的辅助面来求解，但在作图的繁简程度以及是否可以直接得到最清晰的结果方面总会有所差别，这就要求我们能善于比较和选择，从中采取更恰当的辅助面或几种辅助面相结合的方法进行作图。只有这样，才能做到目标明确，用较少数量的辅助面求出所需的共有点。

三、利用辅助球面法求相贯线

当相交的两个回转曲面满足特定条件时，可用辅助球面法求解。为了说明球面法的作图原理和应用条件，首先需要了解球面与回转曲面相交的一种特殊情况。观察图 10-28 中球面与圆柱、圆锥、球体的相交，当圆球面与回转面共轴时，其交线是垂直于轴线的圆。若此时轴线平行于某投影面，那么，交线圆在该投影面内的投影即为一直线。

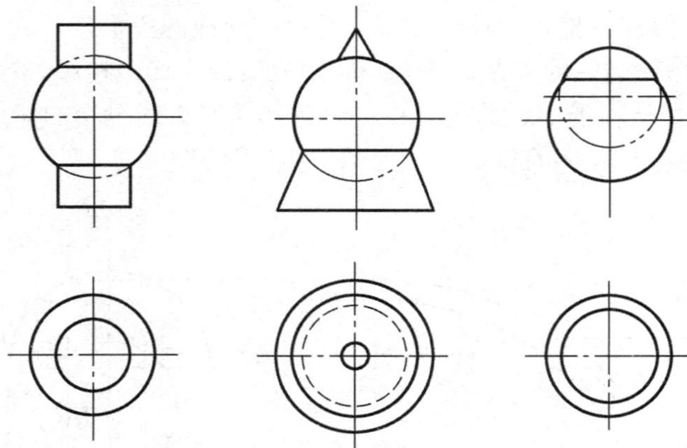

图 10-28　圆球面与回转面的交线

由此可以想到：若两个回转曲面的轴线相交，又都平行于同一个投影面时，那么，以轴线的交点为球心所作的球面，就一定与两个回转曲面都相交成圆；这些圆同属于这个球面，它们的交点就是两回转曲面的公共点。利用圆球面与回转面交线的这一性质，以圆球面为辅助面便成为可能。这就是辅助球面法求公共点的作图原理和应用条件（这里所说的“辅助球面法”仅指“同心球面法”）。

用辅助球面法求解两回转面的交线是十分方便的。当圆球面与回转面共轴时，其交线是垂直于轴线的圆。由此得出采用辅助球面法求解的条件：

（1）两相交表面均为回转面。

（2）两轴线必须相交，其交点即作为辅助球面的球心。

如何用辅助球面法求解呢？请看示例。

【例 10-15】试求圆柱与圆锥表面的交线，如图 10-29 所示。

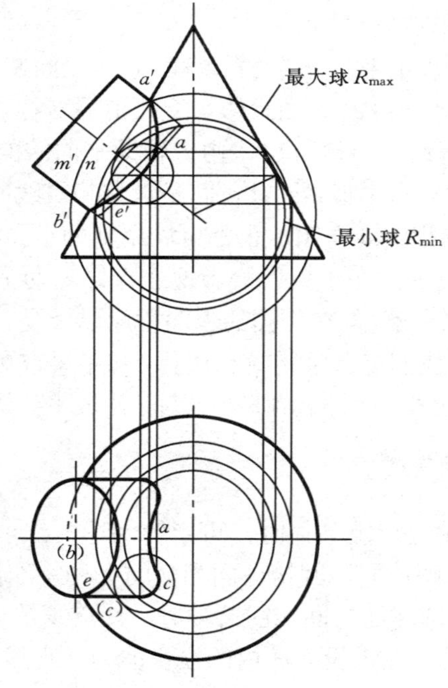

图 10-29　圆锥与圆柱表面相交

分析

（1）圆柱的轴线平行于 V 面，圆锥的轴线垂直于 H 面，两轴线相交。

（2）圆柱面与圆锥面的交线为空间曲线。但由于两曲面的投影都不具有积聚性，因此交线的 H、V 面投影均为未知。

（3）此题若采用辅助平面法求解是不方便的，但两回转面的位置关系恰好符合用辅助球面法求解的条件，故选择圆球面为辅助面。

作图

（1）求交线的 V 面投影。

1）求曲线上的特殊点 A、B 的投影：点 A、B 分别为交线的最高点和最低点；

2）用辅助球法求作中间点的投影：以圆柱与圆锥轴线的交点为球心作辅助球面。为保证辅助球能够同时与圆柱面和圆锥面均相交，辅助球面的半径必须控制在一定的范围：$R_{min} < R < R_{max}$。

R_{max}、R_{min} 的确定：一般取球心至两个回转面外形轮廓线的交点中较远的交点的距离为 R_{max}；取球心至两回转面外形轮廓线之距离中较小的一个距离为 R_{min}。

用最小辅助球求交线上的点 C：最小辅助球与圆锥面相切，切线圆的 V 面投影为一直线；最小辅助球与圆柱面交线为垂直于圆柱轴线的圆，它的 V 面投影为一直线；两直线的交点 c 即为圆柱与圆锥表面交线上点的 V 面投影。

用辅助球 1 求得交线上的点 D、E：方法同上。

3）光滑连接曲线，完成 V 面投影：交线前后对称，则 V 面投影重影。

（2）求交线的 H 面投影：用圆锥面上取点的方法求解。

1）求点 D、C、E 的 H 面投影：分别过点 d、c、e 作水平圆，即可求出。

2）求交线与圆柱对 H 面外形轮廓线素线的交点 M、N 的 H 面投影：由交线的 V 面投影确定 m（n）的位置，再求出 m、n。

3）光滑连接曲线，完成交线的 H 面投影。

注意：点 m、n 为圆柱面对 H 面外形轮廓线投影的终止点、也是交线投影可见性的分界点以及交线与圆柱面对 H 面外形轮廓素线投影的切点。

由以上求解过程看出：用辅助球面法作图，在同一个投影图中即可完成交线的投影，这是辅助球面法与其他方法的区别。

在实际作图过程中，常常是几种方法综合使用的。

四、两曲面立体相交的特殊情况

两曲面立体的相贯线，在一般情况下是封闭的空间曲线；但在某些特殊情况下，相贯线可能是平面曲线（圆或椭圆）或直线。如果此时两曲面立体对投影面恰又处于特殊位置，则它们的相贯线在该投影面上的投影就具有一定的特点和规律。了解和掌握这些特点和规律有助于判断和绘制相贯线的投影，并可使作图过程大为简化。

1. 两柱轴线平行或两锥共顶时的相贯线

两柱轴线平行或两锥共顶时，相贯线是直素线，如图 10-30 所示。

2. 两共轴相交回转体的相贯线

若两相交的回转体有一条公共轴线，则它们的相贯线一定是垂直于该轴线的圆（图 10-31）。

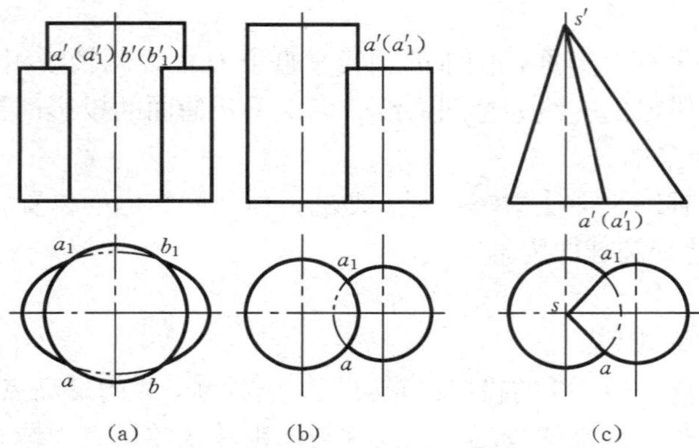

图 10-30　两柱轴线平行或两锥共顶时的相贯线

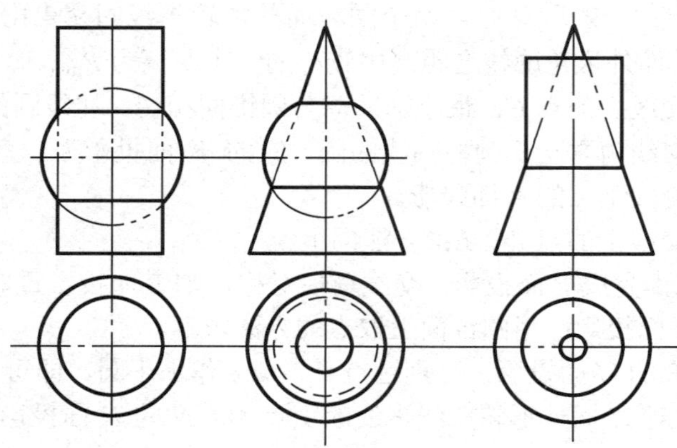

图 10-31　两共轴相交的回转体的相贯线

实际上，当两回转体的两条母线绕着共同轴线旋转时，两条母线交点的旋转轨迹——圆，就是两回转体表面的交线——相贯线。如果这两个回转面的轴线又与某投影面平行时，则相贯线在该投影面上的投影就表现为与轴线垂直的直线段，且起始于两曲面投影轮廓的交点。

3. 两个圆柱或者圆柱与圆锥公切于一个球面而相交的相贯线

两个圆柱或者圆柱与圆锥同时外切于同一球面而相交时，它们的相贯线是两个椭圆（图10-32）。

图 10-32（a）表示出两个直径相等且轴线垂直相交的圆柱，它们同时外切于同一个球面（事实上，我们一定能够以两个圆柱轴线的交点为球心，以圆柱的直径为球径作一球面，公切于两个圆柱面）。它们的相贯线是两个大小相等的椭圆。两个圆柱公共对称平面与正平面平行，两个椭圆的正面投影是两条相交且等长的直线段，水平投影重影于直立圆柱的水平投影。

图 10-32（b）表示出两个直径相等，但轴线斜交的圆柱。它们也同时外切于同一球面。它们的相贯线是两个大小不等的椭圆（短轴仍然等于圆柱直径）。其正面投影为两条相交但不等长的直线段。

图 10-32（c）、图 10-32（d）表示相交的圆柱和圆锥（正交和斜交）。它们都同时外切于同一球面，其相贯线分别是大小相等如图 10-32（c）所示和大小不等如图 10-32（d）所示的两个椭圆。这些椭圆的正面投影仍然是两条相交的直线段，但水平投影则是两个相交的椭圆。

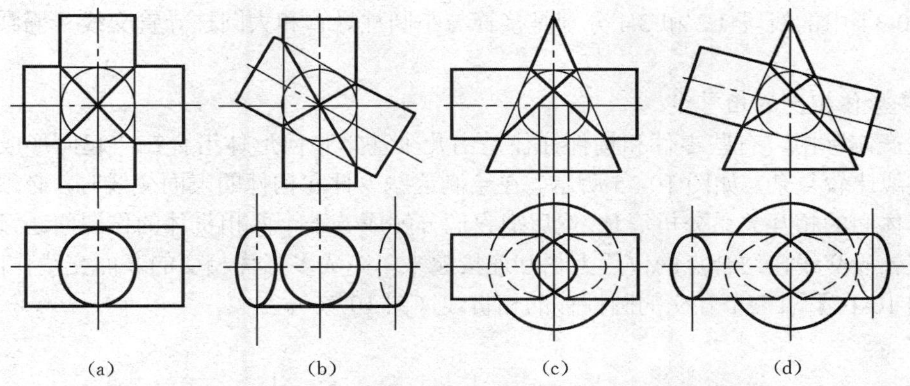

图 10-32　两个圆柱或者圆柱与圆柱公切于同一球面而相交的相贯线

上述两种曲面相交的特殊情况在实际工程中经常可以见到。以下为两个实例：

（1）圆柱面组成的屋顶交线（图 10-33）。图 10-33 中给出的屋顶都是由两个直径相等，轴线正交的半圆柱组成。屋顶的交线都是两个相等的半椭圆。它们的水平投影是屋顶水平投影轮廓线（正方形）中两条相互垂直的对角线。

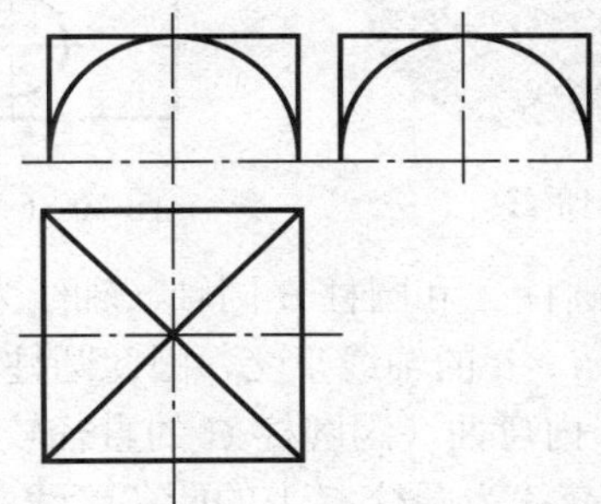
图 10-33　圆柱面组成的屋顶交线

（2）在管道施工中常会遇到导管的连接。如大、小两根圆柱导管，其轴线皆在同一正平面内，若想将两管接通，则需用一圆锥形接管连接（图 10-34）。为此，首先要作出两圆柱导管的内切球面。方法是：以接管轴线与两根导管的轴线交点 O_1'、O_2'为圆心，分别作圆与两根导管的正面投影轮廓线相切，这两个圆分别为两圆柱导管的内切球面的正投影。然后再作圆锥面同时与两个球面相切。这样就可以求出接管与两导管交线的投影了。

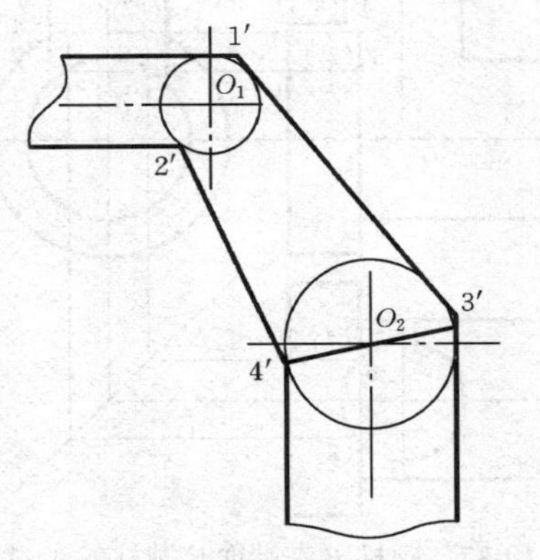

图 10-34　导管的连接

图 10-34 中的线段 1′2′和 3′4′分别是接管与小圆柱导管和大圆柱导管交线（椭圆）的正面投影。

4. 多形体相交的相贯线

在生产实际中，有些零件和构件往往是由几个基本几何形体组合在一起而形成的，它们的表面交线比较复杂，如图 10-35 所示。在绘制这些零件和构件的表面交线时，必须首先将各基本几何体间的相互关系分析清楚；然后把它们分解成若干个两相贯体的作图问题，逐个解决；最后再将各段交线在结合点的位置上相互连接起来，完成多形体相交的表面交线作图。

【例 10-16】求三个互交的圆柱体的相贯线（图 10-36）。

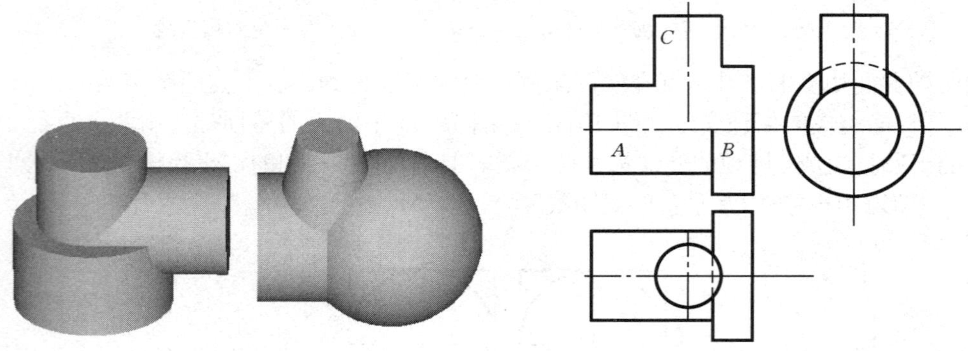

图 10-35 多形体相交的相贯线　　图 10-36 三个互交圆柱体的相贯线

分析 从立体图中可看出，圆柱 *A* 和圆柱 *B* 同轴（轴线为侧垂线），两圆柱面并不相交；圆柱 *C* 的轴线（铅垂线）与圆柱 *A*、*B* 的轴线正交，因此圆柱 *C* 与圆柱 *A*、*B* 皆相交。其交线的正面投影表现为向圆柱 *A* 和 *B* 内弯曲（因圆柱 *C* 的直径较小）；圆柱 *B* 的左端面与圆柱 *C* 的轴线平行且与圆柱 *C* 相交，其交线为圆柱 *C* 上的两条素线。

作图

（1）求圆柱 *B* 左端面与圆柱 *C* 的截交线（图 10-37）：利用圆柱 *C* 及圆柱 *B* 左端面水平投影有积聚性，定出它们交线的水平投影（3）4 和 6（7），然后再作出其侧面投影（3″）（4″）和（6″）（7″），以及正面投影 3′4′和（6′）（7′）。

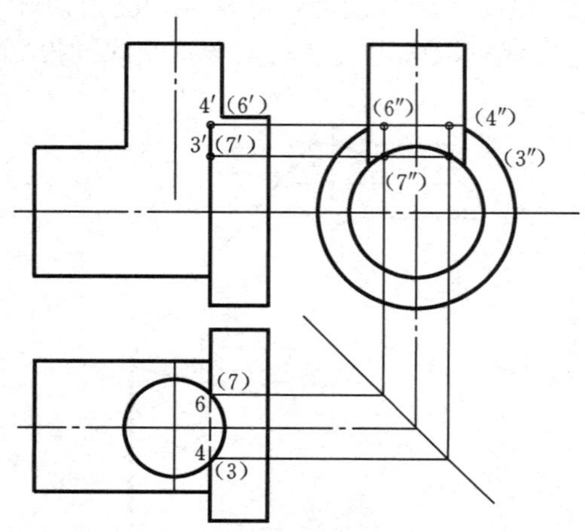

图 10-37 圆柱 *B* 左端面与圆柱 *C* 的截交线

（2）逐个求出圆柱 A、C 和圆柱 B、C 之间的相贯线（图 10-38）。从分析已知，圆柱 C 的轴线是铅垂线，圆柱 A 和 B 的轴线是侧垂线。因此，这两组相贯线都可以利用圆柱面投影的积聚性求出。圆柱面 A 和 C 的相贯线是Ⅲ-Ⅱ-Ⅰ-Ⅷ-Ⅶ；圆柱面 B 和 C 的相贯线是Ⅳ-Ⅴ-Ⅵ；圆柱 B 左端平面和圆柱面 C 的截交线是Ⅲ-Ⅳ和Ⅵ-Ⅶ。

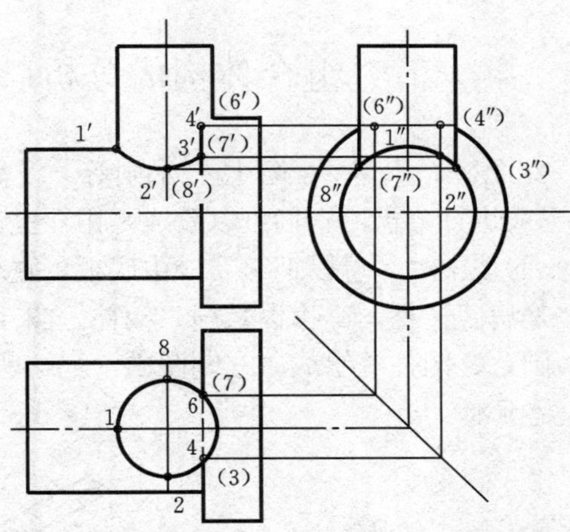

图 10-38　圆柱 A、C 及 C、B 之间的相贯线

第十一章　组合体

第一节　组合体构成分析

一般建筑物（如房屋、纪念碑、水塔、挡土墙、水闸等）及其构配件（包括基础、梁、柱、窗等），如果对它们的形成进行分析，它们可以看成是由一些简单几何体堆砌或叠加或切割而组成的。如图 11-1 所示的挡土墙，可以把它看成由底板、直墙和支撑板组成，底板是水平放置的切割四棱柱，直墙是扁四棱柱，支撑板是扁三棱柱。图 11-2 所示的水塔，它的形体可以看成是由圆锥、球体、圆台、圆柱等组成。在制图中，把这些棱柱、棱台、棱锥、圆锥、圆台等简单几何体，称为基本形体。

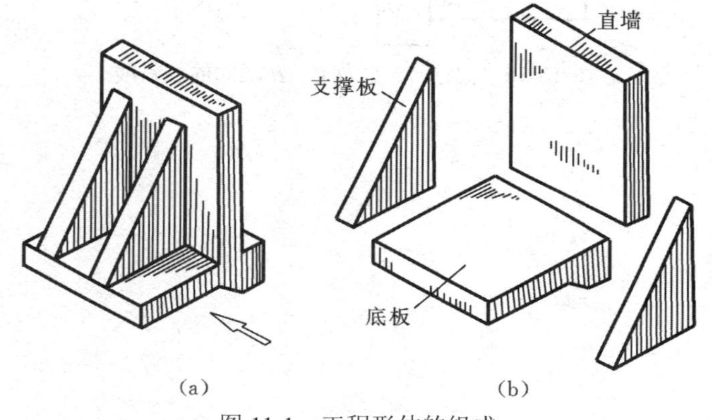

图 11-1　工程形体的组成

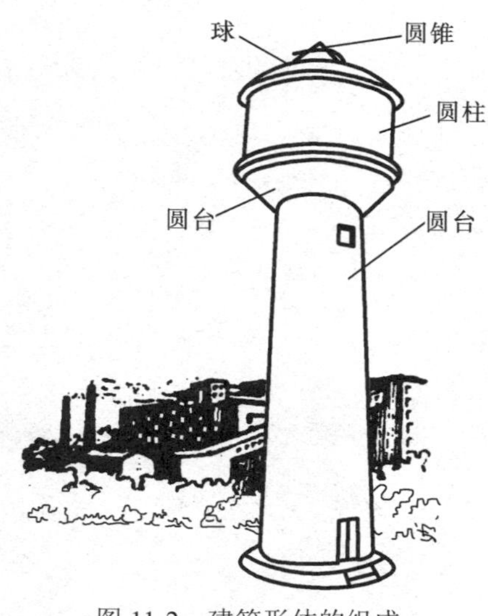

图 11-2　建筑形体的组成

本章将在学习制图的基本知识和正投影理论的基础上，进一步学习组合体三视图的投影特性、组合体画图和读图的基本方法，以及组合体的尺寸标注等问题。

任何工程建筑物，不论形体形状如何复杂，一般都是由一些基本形体组合而成的。组合体的形状变化，主要取决于组成组合体的各形体的形状，组合方式和形体邻接表面的位置关系。在画工程形体的投影图或读组合体的投影图之前，必须熟练掌握各种基本形体的投影的画法和读法，然后分析该组合形体由哪些基本形体叠加或切割而成，再根据各基本形体的相对位置，逐个画出它们的投影，从而组成组合体的投影。

一、叠加型组合形体

叠加式是组合形体的基本方式，叠加就是各组成部分重叠在一起，组成一个整体。如图11-3（a）所示的组合形体，经过分析，可看出它是由一个大长方体［图11-3（b）］，一个半圆柱［图11-3（c）］和一个小长方体［图11-3（d）］叠加而成。

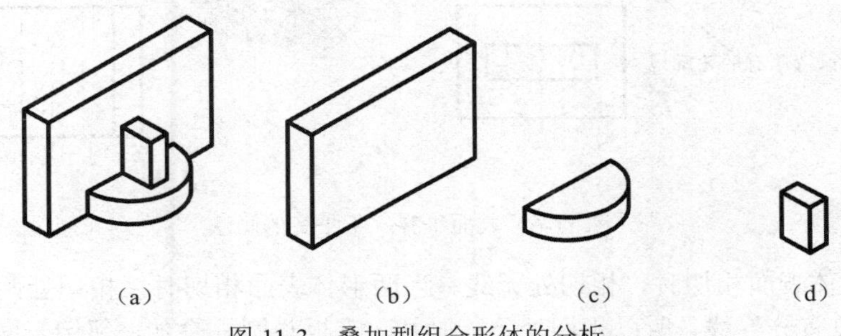

图11-3　叠加型组合形体的分析

图11-4的渡槽槽墩，由底板、墩身和支墩三部分组成。墩身包括上下两部分，下部是一四棱台，上部两端是半圆柱，中间是四棱柱，支墩是一柱体。

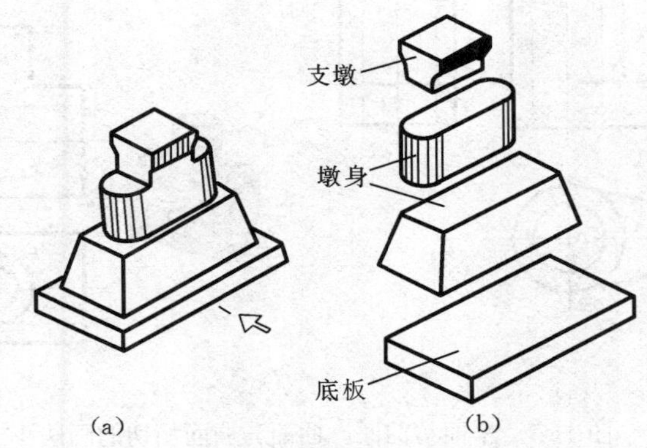

图11-4　渡槽槽墩的分析

叠加按形体表面连接关系的不同，又可分为：表面不平齐、平齐、相切、相交（图11-5）。

（1）两形体叠加时的表面过渡关系。两形体的分界面在视图中通常表现为直线和平面曲线，又称之为分界线。这种分界线一般在视图中都应画出。如图11-6（a），支板和底板叠加，邻接处表面不平齐原有轮廓线不变。但当两形体某两表面平齐时，即两表面处于同一平面上时，此时连接处就不存在分界线了，所以此处不能画线，如图11-6（b），支板和底板叠加，邻接表面平齐邻接处无线。

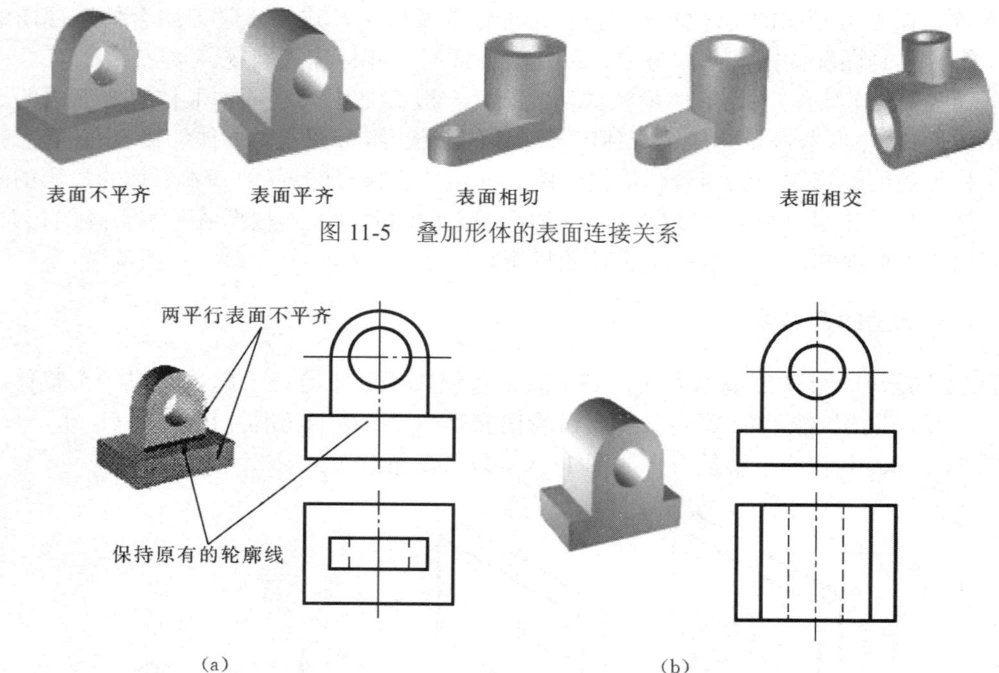

图 11-5　叠加形体的表面连接关系

图 11-6　表面平齐、不平齐的画法

（2）两形体表面相切时，相切处无线。当两形体表面相切时，相切处两表面是光滑过渡的，两者之间没有分界线，所以相切处不能画线。支板与圆柱叠加，邻接表面相切，相切处一般不画交线。如图 11-7 所示，分别给出了平面与曲面、曲面与曲面相切的画法。

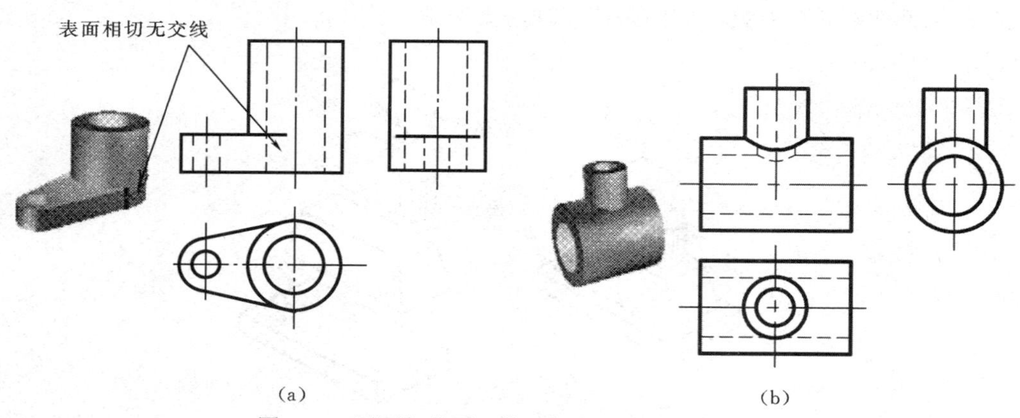

图 11-7　平面与曲面、曲面与曲面相切的画法

（3）两形体相交时，在相交处应画出交线。当两平面相交时，相交处应画出它们交线的投影。支板与圆柱叠加，邻接表面相交，相交处有交线。图 11-8 分别表示了平面与曲面及曲面与曲面相交处的画法。

应当指出，在分析形体的结构时，只有了解各部分的组合方式及表面连接方式，才能正确认识其形状。画图时，才能做到不多线也不漏线；看图时，才能顺利、正确地想象出其形状来。

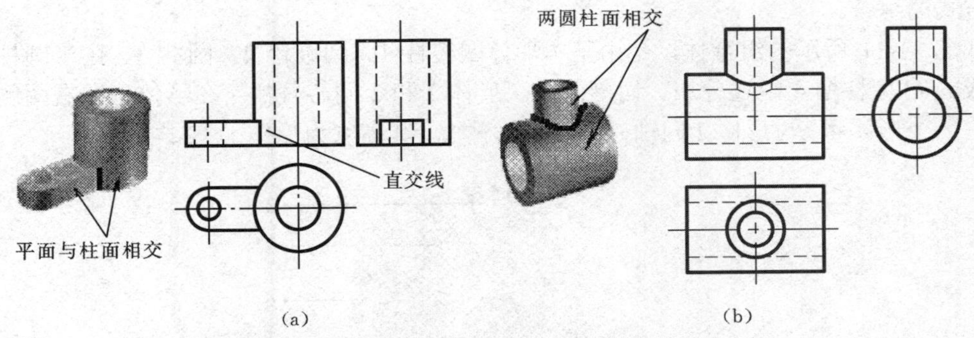

图 11-8　平面与曲面、曲面与曲面相交的画法

二、切割型的组合形体

如图 11-9（a）所示的组合体，可以看成是一个长方体，如图 11-9（b），经过两次切割而成，第一次切割是将长方体上部前后各切去一个三棱柱，如图 11-9（c），形成一个两坡屋顶的五棱柱。第二次在五棱柱左右各切去一个三棱锥，如图 11-9（d），形成一个四坡屋面形的组合体。图 11-10 是将一个长方体切割成四坡屋顶的组合体的投影变化过程，可与图 11-9 比较分析。

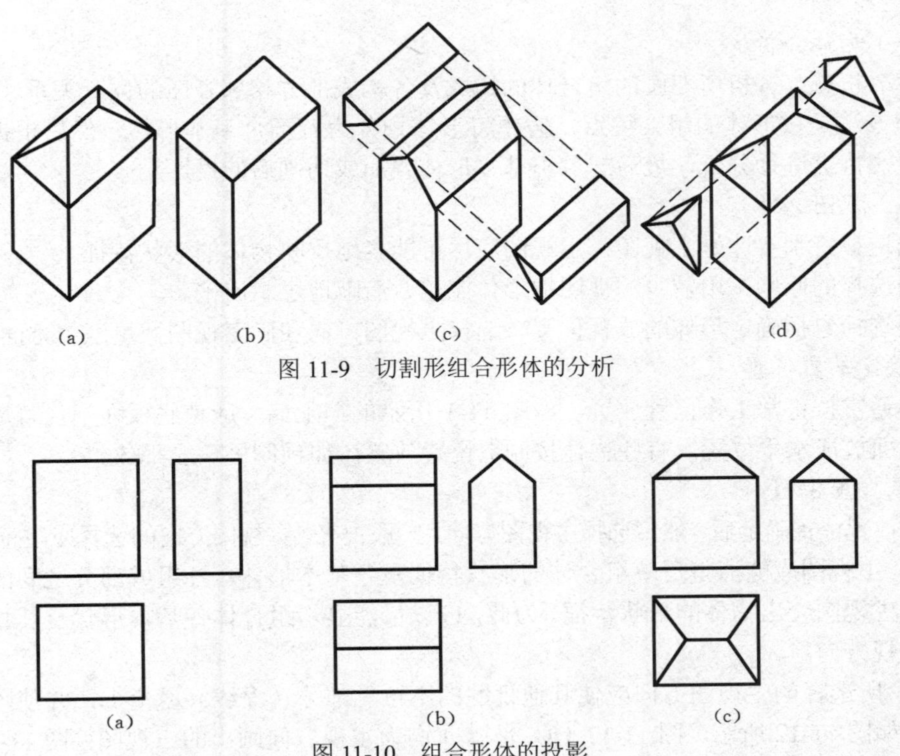

图 11-9　切割形组合形体的分析

图 11-10　组合形体的投影

将组合体分解为若干基本体的叠加与切割，并分析这些基本体的相对位置、组合方式以及相邻表面的连接关系，便可产生对整个组合体的完整概念，这种方法称为形体分析法。形体分析法是画图、读图和标注尺寸的基本方法。对于较复杂的组合形体，往往是叠加和切割两种

组合方式的综合。

如图 11-11 所示的组合体，是由基本形体四棱柱 1、圆锥台 2、圆柱 3、由半圆柱和四棱柱组成的 *U* 型柱槽 4 经过叠加、切割而成。形体 2 和 3 同心叠加；在形体 1 左右两侧的中间各挖去一个形体 4，与形体 2 同轴挖去一个形体 3，其高度为形体 1、2 之和。

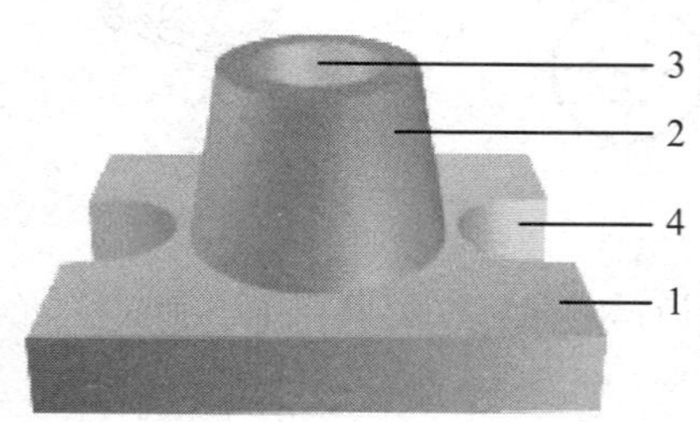

图 11-11　组合体

第二节　组合体视图的画法

画组合体视图时，一般先对组合体进行形体分析，再进行视图选择，然后动手画图。

一、画组合体视图的方法与步骤

（一）形体分析

形体分析就是分析所要画的组合体的构成及各构成部分相邻表面的位置关系。

这种方法是按形体的组合特点，假想将形体划分为若干个基本形体，然后根据各个基本形体的投影特点进行分析，最后想象出基本形体叠加或切割后的投影。

（二）视图选择

视图选择特别要选好主视图：主视图应尽可能多地反映物体的形状特征。

视图选择的原则：用较少的视图把形体完整、清晰地表示出来。

视图选择包括确定形体的放置位置、选择主视图方向和确定视图数量三个方面。

1. 确定放置位置

形体通常按正常工作位置放置，如图 11-1 所示的挡土墙，应使底板在下，直墙在上，并使底板顶面放成水平位置。有些物体按制造位置放置，如预制桩一般平放。

2. 选择主视图

物体放置位置确定后，然后选择主视图方向。一般说来，主视图方向的选择应注意以下几点：

（1）主视图应能清楚反映组合体的形状特征及各基本形体、各组成部分之间的相互位置关系——主视图突出物体的形状特征。为此，应以最能显示组合体各基本形状及其相对位置的方向为主视方向。

（2）所选择的主视图方向应使其他视图的不可见部分（虚线）尽量少，并使图幅布局匀称合理，如图 11-12 所示。图 11-12（a）是以 *A* 向为主视方向画出的三视图；图 11-12（b）是以 *B* 向为主视方向画出的同一组合体的三视图。与图 11-12（a）相比，按 *A* 向画出的图虚线最少，物体表达得真切。*A* 向的主视图为佳。

（3）合理利用图纸。图 11-12（b）所示一组视图，不仅主视图未能突出物体的形状特征，而且图纸利用也不合理。

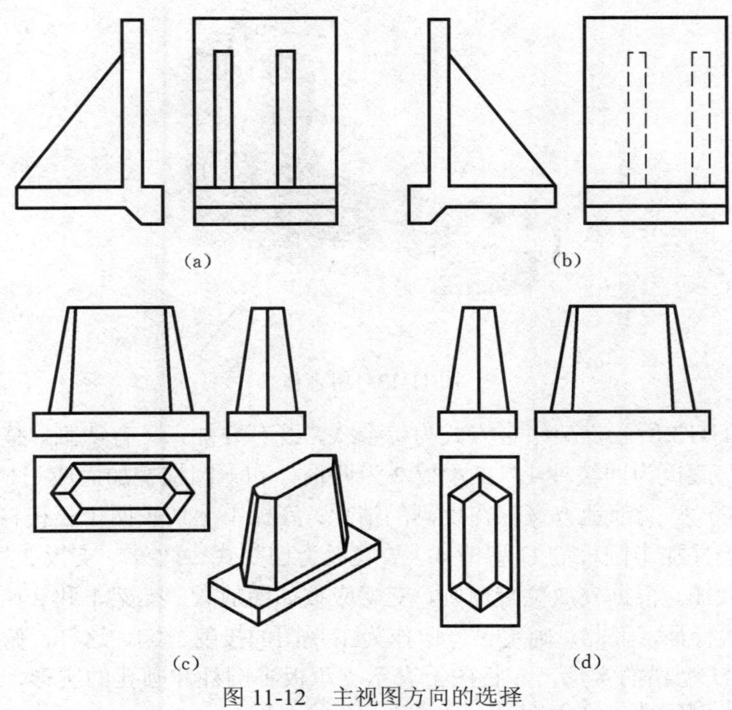

图 11-12　主视图方向的选择

（a）好；（b）不好；（c）好；（d）不好

3. 确定视图数量

主视图方向确定以后，接着再考虑组成组合体的各个基本形体的形状与相互位置关系，哪些在主视图上没有表达清楚，应使用哪个视图来解决，用几个视图可以将组合体表达清楚等。

一般说来，为了方便看图、节省画图工作量和节约图纸，应在保证完整清晰地表示形体形状、结构的前提下，尽量减少视图数量。

（三）作图步骤

在画图时，具体有以下几个步骤：

（1）根据物体的大小和复杂程度选定合适的绘图比例，图纸幅面大小；根据选定的视图个数和标注尺寸所需位置，估计各投影图所占图幅的大小，在图纸上适当安排各个投影图的位置，使各视图匀称地布置在图幅内。

（2）图面布局——画出各视图的轴线、对称中心线、基准线或其他定位线的位置。

（3）按形体分析法的分解，逐个画出各基本体的视图。先从最能反映形体特征的投影画起，几个视图联系起来画出；画图时应根据形体的相对位置，一个形体接一个形体的画，由大到小，由整体到局部，逐个画出各基本形体的视图；为了保证作图正确，布局合理，画图时应先画底稿，检查无误后再加深。

（4）检查所画视图是否完整，有无多线和漏线，修正错误，擦去多余图线，再按规定线型加深。应做到线型正确，图线光滑，图面整洁。

在作图时，应注意每部分的三个视图都必须符合投影规律，还应注意形体之间的表面连接关系，做到不多线，不少线。

（四）画图步骤举例

【例 11-1】画出下面组合体的三视图（图 11-13）。

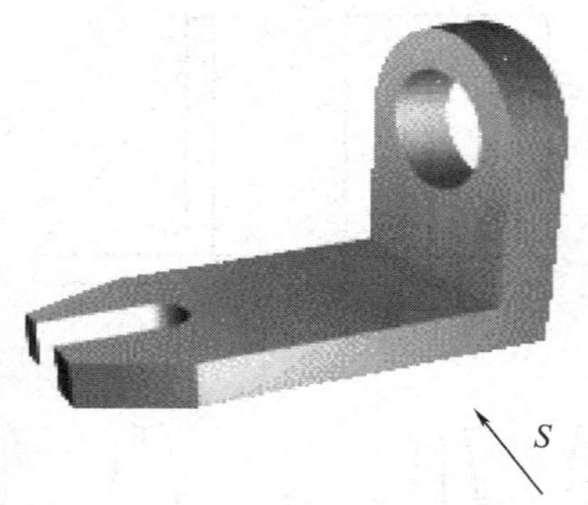

图 11-13 组合体

分析 如图 11-13 所示支架组合方式为综合式，既有叠加，又有切割。整体由底板和支承板两大部分构成，底板为四棱柱 1，支承板 2 为四棱柱和半圆柱叠加而成。1 和 2 之间为叠加的连接关系，但在一些局部地方又存在切割的情况：底板 1 上切去两个三棱柱 3 的角，中间对称开槽切割成四棱柱加半圆柱的 U 型槽 4；故底板为切割式。此外，支板 2 处挖去一圆柱 5。

首先选择主视图，根据安放位置原则，支架应按如图放置；支架 1 和 2 两个部分叠加成 L 型，这是主要形状特征，因此，确定 *S* 方向作为主视图的投射方向。这样，俯视图上表示底板切去的两个角和 U 型槽的实形，左视图上表示支承板半圆柱和圆孔的实形，整个支架表达清晰完整。所以，本例需要三个视图。

作图 如图 11-14（a）、（b）、（c）、（d）所示。

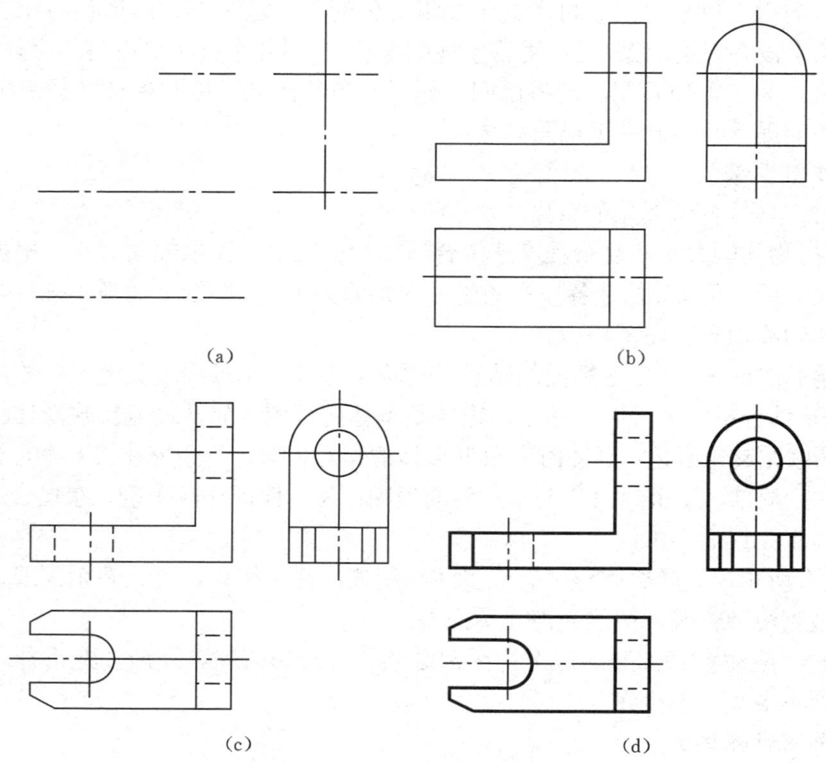

图 11-14 支架画图步骤

图 11-14（a）画作图基准线，合理确定各视图的布局，画出作图基准线、对称线。

画基准线须画出长、宽、高三个方向的基准线，它们分别是绘制物体投影图时长、宽、高三个方向的度量基准。底板前后对称，支承板半圆柱前后对称且有轴线，也应画出。

图 11-14（b）画底板和支承板；三个视图结合起来，按照“三等”原则相互对照，逐个画出各个投影。

图 11-14（c）画底板和支承板上的细部结构；从特征投影出发，补画其他投影。

图 11-14（d）校核、描深。完成作图。

【例 11-2】画出下面组合体的三视图（图 11-15）。

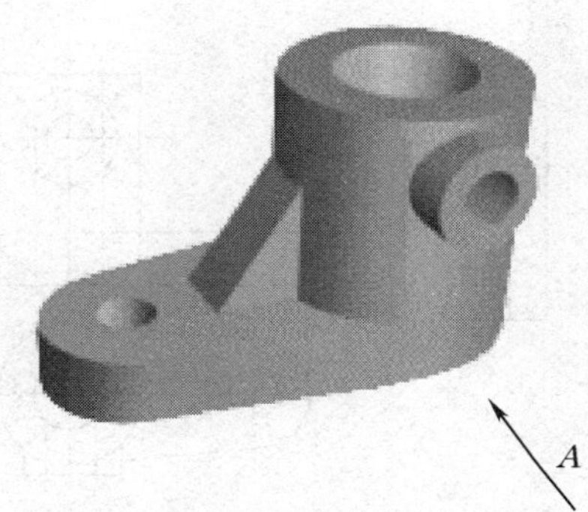

图 11-15 综合式支架组合体

分析 如图 11-15 所示支架组合方式为综合式。整体由大圆筒 1、底板 2、小圆筒 3 和肋板 4 等四大部分构成，底板 2 位于大圆筒 1 的左侧与大圆柱相切，并且两者的下底面平齐；小圆筒 3 位于大圆筒 1 的前方偏上的位置，与大圆筒为正交相贯，同时小圆筒的内孔与大圆筒的内孔也为正交相贯，肋板 4 位于底板的上面、大圆筒的左侧，与底板叠加，与大圆筒相交。

视图选择 根据安放位置结合形体特征，支座应按图示并按图中箭头所指 *A* 向作为主视图的投射方向，结合俯视图和左视图，共同来表达支架各部分的特征形状、左右位置、前后位置等。所以，需要三个视图。

作图 如图 11-16（a）、（b）、（c）、（d）、（e）、（f）所示。

图 11-16（a）画作图基准线，合理确定各视图的布局。画基准线须画出长、宽、高三个方向的基准线，它们分别是绘制物体投影图时长、宽、高三个方向的度量基准。

图 11-16（b）画大圆筒的三视图。画圆筒应先画出圆筒的中心线和轴线；画圆筒时应从它的特征投影——*H* 面投影开始画；再根据“三等”关系画出圆筒的 *V*、*W* 面投影。

图 11-16（c）画底板的三视图。底板应从 *H* 面投影开始画，这是它的特征投影；再根据“三等”关系画出底板的 *V*、*W* 面投影。

图 11-16（d）画小圆筒的三视图。小圆筒的 *V* 面投影是特征投影，应从 *V* 面投影开始画；再根据“三等”关系画出支撑板的 *H*、*W* 面投影。

图 11-16（e）画肋板的三视图。肋板的 *V* 面投影是特征投影，应从 *V* 面投影开始画；这样才能确定肋的侧面与圆柱面交线的位置。

图 11-16（f）校核、描深。完成作图。

【例 11-3】画出以下切割体的视图（图 11-17）。

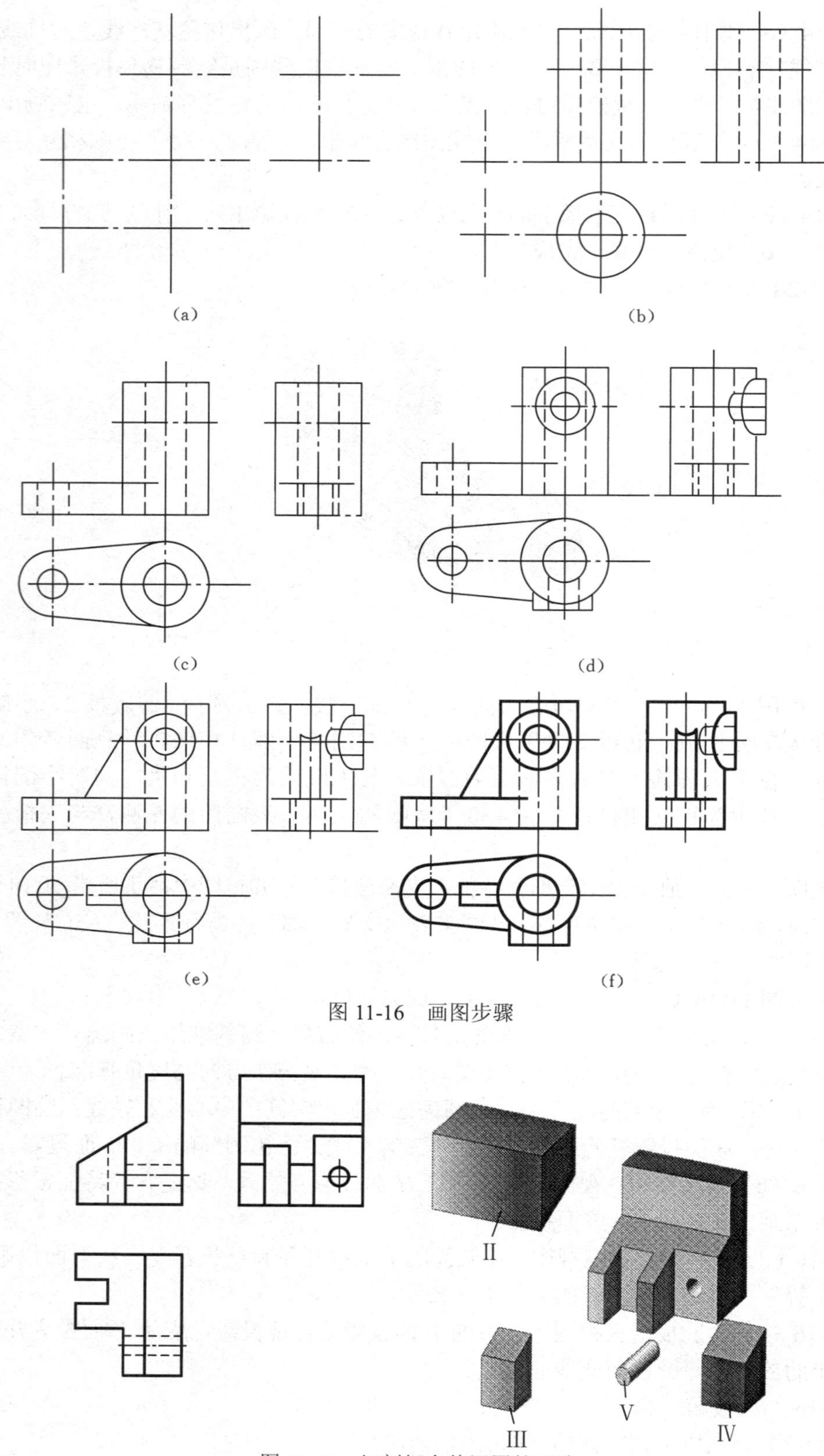

图 11-16　画图步骤

图 11-17　切割组合体视图的画法

分析 形体导块由长方体依次切去棱柱Ⅱ、Ⅲ、Ⅳ和圆柱Ⅴ形成的。

作图 画图顺序是：先画基本形体的投影，再依次进行切割，画出切割后的投影。在进行形体切割时，一般先从反映形状特征的投影开始画。掌握这个画图的顺序就能画得又快又好。

（1）画基本形体—长方体的投影。注意三个投影之间的对应关系。

（2）切去形体Ⅱ。V面投影反映形体Ⅱ的形状特征，应先画V面投影；再根据“三等”关系画出H、W面投影。

（3）切去形体Ⅲ。H面投影反映形体Ⅲ的形状特征，应先画H面投影；再根据“三等”关系画出它的V、W面投影。

（4）切去形体Ⅳ。H面投影反映形体Ⅳ的形状特征，应先画H面投影；再根据“三等”关系画出它的V、W面投影。

（5）切去形体Ⅴ。圆柱孔V的W面投影是特征投影，应从W面投影开始画，注意要先画出圆的中心线，然后再画圆；再根据“三等”关系画出它的V、H面投影，注意要先画出圆柱的轴线，然后再画圆柱的外形轮廓线。

（6）检查并完成作图。对照立体仔细检查画出的三个视图有无漏线和多线，然后按规定线型加深。

二、画图时应注意的问题

（1）每个形体均应从反映其形状或位置特征的那个投影开始画，同时将几个投影配合起来作图，以便利用投影之间的对应关系。

（2）各投影之间的对应关系无论整体和局部均遵守“三等”规律。

（3）注意分析各形体表面之间的连接关系。如上面几个例中支撑板的斜面与圆筒外表面相切，相切处不能画线，肋的侧面与圆筒外表面相交，应画出交线。

（4）画切割体不一定都从最简单的长方体、圆柱体开始，也可以将一个比较清晰的形体作为基本形体。 如导块也可以将棱线垂直于V面的六棱柱作为基本形体。

（5）切割体的分析方法更适用于带有多个斜面的物体。

根据平面投影的类似性特性，作图时充分利用这一性质对平面的投影进行分析和检查有助于正确画图和审图。

（6）形体分析法是分析问题的方法，但不能影响物体本身的整体性。如圆筒、支撑板、肋是一个整体，圆筒与之融合部分无外形轮廓线。这里最容易出错，要加倍注意。

第三节 组合体视图的尺寸标注

各工程形体的投影图，虽然已经清楚地表达了形体的形状和各部分的相互关系，但还必须注上足够的尺寸，才能明确形体的实际大小和各部分的相对位置。所以视图完成后，还要标注形体各组成部分的大小和相对位置的尺寸。

在标注组合体的尺寸时，要考虑两个问题：投影图上应标注哪些尺寸和尺寸标注在什么位置。组合体是由基本形体所组成，为了注好组合体的尺寸，应先了解基本形体的尺寸标注。

一、基本形体的尺寸标注

基本形体的尺寸标注如图 11-18 所示。

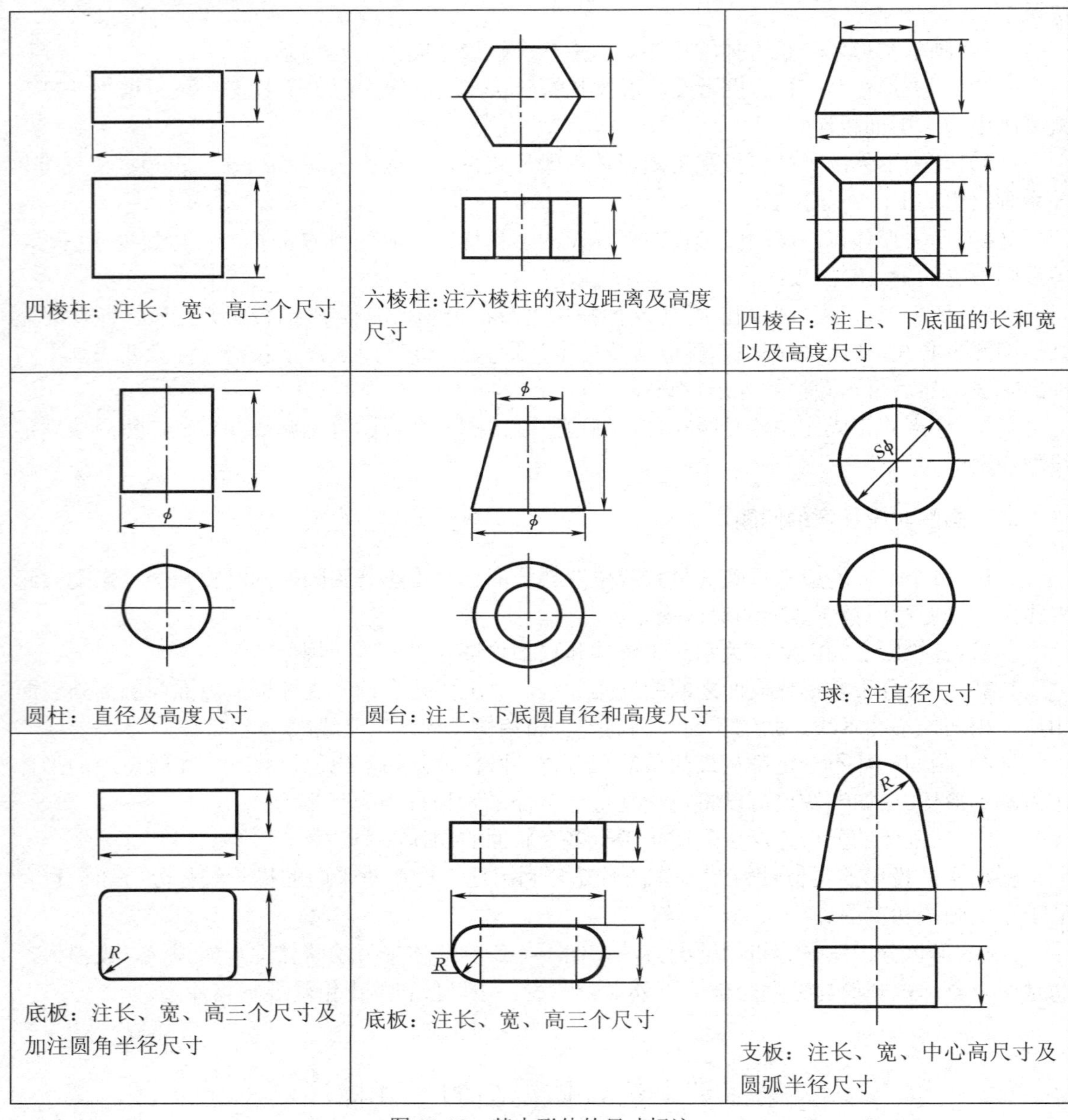

图 11-18　基本形体的尺寸标注

二、切割体的尺寸标注

任何几何形体都由长、宽、高三个方向的尺寸，所以在视图中应将这三个方向的尺寸标注齐全。基本形体形状简单，只要注出它的长、宽、高或直径，就可以确定它的大小，但应按物体的形状特点进行标注。尺寸一般注在反映该形体特征的实形投影上，并尽可能集中标注在一两个投影的下方和右方。圆应标注直径符号“ϕ”，半圆或小于半圆的圆弧应标注半径“R”，柱体和锥体应注出决定底面形状和形体的高度尺寸；对于回转体，应将这两种尺寸集中注在反映母线形状特征的视图上；圆球只要注出球体的直径，并在直径前加注“*S*”；对圆环则需注上母线圆的直径及母线圆圆心轨迹的直径，如图 11-19 所示。

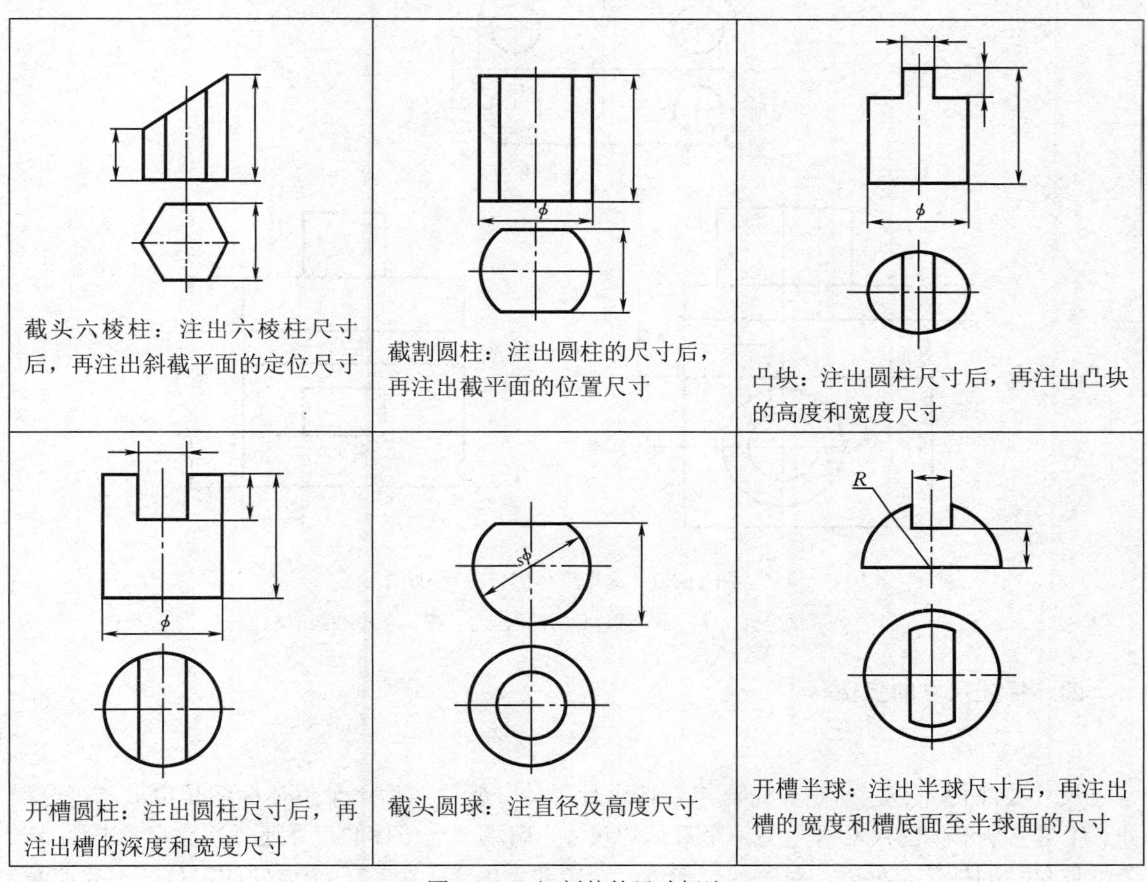

图 11-19　切割体的尺寸标注

三、组合体的尺寸标注

在组合体的视图上标注尺寸，必须标注齐全、清晰、合理、正确；同时应遵守水利水电工程制图标准的各项规定。

形体尺寸的分类根据起作用的不同可分为三种尺寸：

（1）定形尺寸——确定组成形体的各基本形体形状、大小（长、宽、高）的尺寸。

（2）定位尺寸——确定形体各部分之间相对位置关系（上下、左右、前后）的尺寸。

在标注这种尺寸时，应先确定长、宽、高三个方向的定位尺寸的起点，以便确定各基本立体在各方向的相对位置，即尺寸基准。所谓尺寸基准，是确定尺寸位置的几何元素，一般可选择形体的对称平面，组合体的底面，重要的端面和回转体的轴线作为尺寸基准。工程图上的尺寸基准是根据设计、施工、制造的要求确定的。

（3）总体尺寸——确定形体的总长、总宽、总高的尺寸。

一些常见形体的定位尺寸如图 11-20 所示。由于回转体或回转面无论在设计上还是加工过程中，一般都是以轴线定位的，所以标注这类形体的定位尺寸时，都是从基准线注到轴线上。

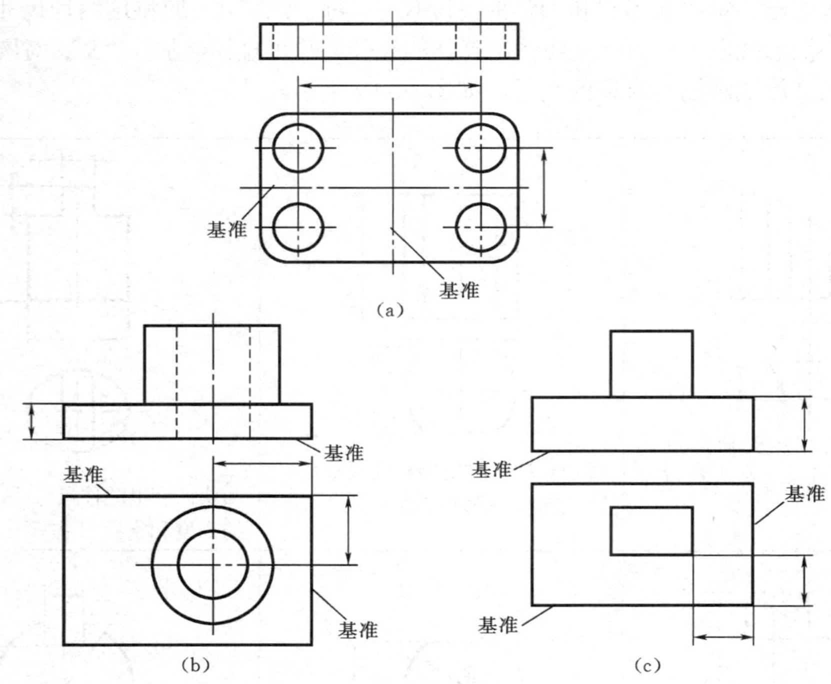

图 11-20　常见形体的定位尺寸

（a）一组孔的定位尺寸；（b）圆柱体的定位尺寸；（c）立方体的定位尺寸

四、标注尺寸的步骤

1. 要点

尺寸要注得完整，一定要先对组合体进行形体分析，然后逐个形体标注其定形、定位尺寸。注完一个形体的尺寸再注另一个形体的尺寸，切忌一个形体的尺寸还没注完，就进行另一个形体尺寸的标注。另外，对每一个形体，一定要考虑 *X*、*Y*、*Z* 三个方向的定位，不要遗漏。

2. 组合体尺寸标注的步骤

（1）形体分析。

（2）选定尺寸基准——选定长度方向尺寸基准、高度方向尺寸基准、宽度方向尺寸基准。

（3）标注定形、定位尺寸——逐个地分别注出各基本体的定形和定位尺寸。在标注定位尺寸时，若两个基本立体处于叠加、对称、平齐的位置，这两个基本体之间的相对位置尺寸就不必标注。

（4）调整标注总体尺寸。

（5）检查。包括有无遗漏尺寸和尺寸数字是否正确两个方面。

【例 11-4】在图 11-21 所示的挡土墙的视图上标注尺寸。

作图

（1）运用形体分析的方法进行形体分析，确定每个组成部分所需尺寸，见图 11-21（b）。

（2）标注定形尺寸，见图 11-21（c）。因直墙宽度尺寸⑪与底板宽度尺寸相同，故省去不重复标注。

（3）标注定位尺寸，见图 11-21（d）。直墙和底板前后平齐，不需要注定位尺寸。有了支撑板长度尺寸⑦，直墙左右位置也已确定。支撑板前后方向定位尺寸⑬、⑭必须注出。

（4）标注总体尺寸，见图 11-21（d）。总长、总宽尺寸与底板长、宽尺寸相同。注出总高尺寸⑮后，直墙高度尺寸⑫=⑮–③，可计算得出，因此不需注出。

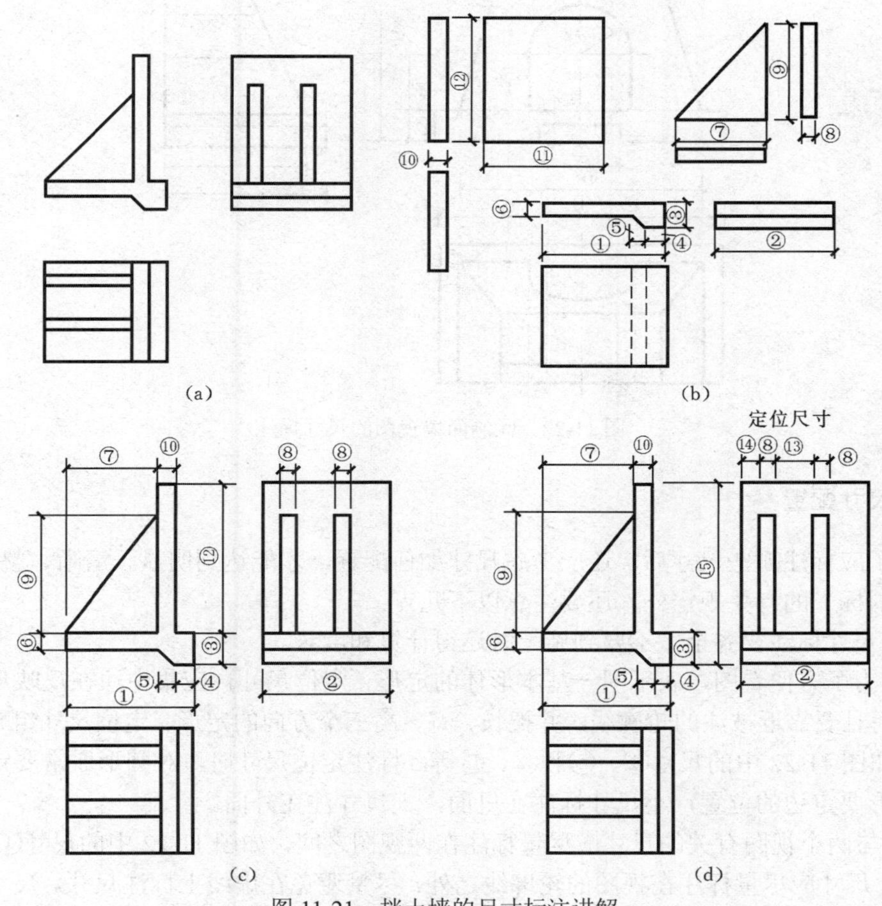

图 11-21　挡土墙的尺寸标注讲解

【例 11-5】分析图 11-22 所示涵洞面墙视图上标注的尺寸。

分析

（1）形体分析。该形体由底板及墙身两大部分组成，底板为长方形，下部有一矩形凹槽；墙身下部为偏四棱台，顶部有一长方形被侧垂面切去一个角，墙身下部有一拱形孔洞。

（2）尺寸标注。尺寸①、②、⑮分别为长、宽、高方向的总体尺寸。①、②同时为底板的长、宽尺寸；底板的高度尺寸为③；凹槽的长、高方向尺寸为④、⑤，宽度与底板相同。墙身下部下底长、宽尺寸为⑥、⑦，上底长、宽尺寸为⑧、⑨，高度为⑮–③–⑪；顶部长、宽尺寸与上底相同，高度尺寸为⑪，斜角宽、高方向尺寸为⑫、⑬。⑩为拱形孔洞的圆弧半径，⑭既是孔的高度方向定形尺寸，也是圆心高度方向的定位尺寸，它的基准是底板的顶面。孔的宽度方向尺寸有墙身确定，不需注出。

该形体左右对称，尺寸①、④、⑥、⑧、⑩的左右方向基准都是对称面，尺寸②、⑦、⑨、⑫的基准面都是前端面，高度方向是一个个形体紧叠在一起，因此除孔的圆心高度外，不需再注其他定位尺寸。

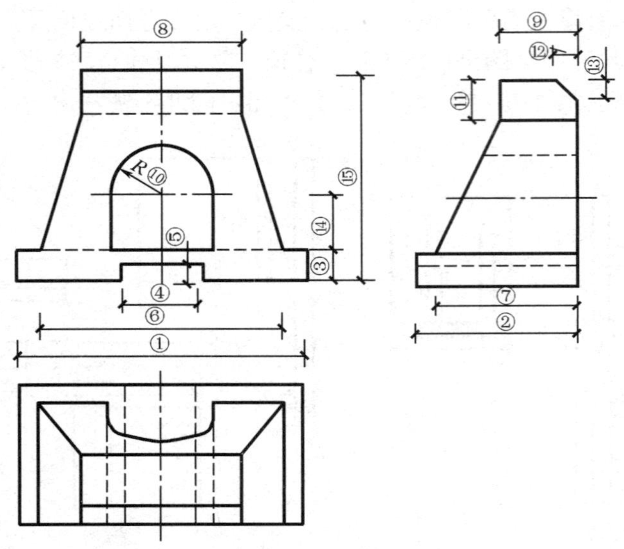

图 11-22　涵洞面墙视图的尺寸标注

五、尺寸配置

确定了应标注哪些尺寸后，还应考虑尺寸如何配置，才能达到明显、清晰、整齐的要求，除遵照“国标”的有关规定外，还要注意以下几点：

（1）尺寸标注要齐全，不要到施工时还得计算和度量。

（2）为了方便看图，表示同一基本形体的定形、定位尺寸，应集中注在反映形体特征的视图上，而且要靠近被注的轮廓线，并把长、宽、高三个方向的定形、定位尺寸组合起来，排成几行。如图 11-22 中的尺寸④、⑤和⑫、⑬等。标注定位尺寸时，对圆形通常要定圆心的位置，多边形要定边的位置，小尺寸标注在里面，大尺寸注在外面。

（3）与两个视图有关的尺寸应尽量标注在两视图之间，如图 11-22 中的尺寸①、②、③、⑭、⑮等。尺寸应尽量标注在视图的轮廓线之外，尽量避免在虚线上标注尺寸。尺寸标注的要清晰、醒目，使看图的人很容易找到所要尺寸。

（4）标注尺寸除应满足上述要求外，对于工程形体的尺寸标注还应满足设计和施工要求。而要符合设计施工要求，则要通过后续课程的学习及参加生产实践，具备一定的设计施工知识后，才能逐步做到。

（5）检查复核。

1）视图上的尺寸是施工的依据，任何疏漏和遗漏都会给施工带来麻烦，甚至酿成损失。所以标注尺寸后应认真检查、复核。尺寸数字必须正确无误和端正，同一张图幅内的数字大小应一致。

2）每个方向的细部尺寸的总和应等于该方向的总尺寸。

3）检查有无尺寸被遗漏，必要时允许适当重复标注。

第四节　组合体视图的阅读

读图就是根据物体的视图想象出空间形体的形状。看图时除了应熟练地运用投影规律进行分析外，还应掌握看图的基本知识和基本方法，通过综合的理解和分析，最终将平面图形所表达的信息读懂并进一步转化为空间立体。

一、读图应注意的问题

（1）图纸是采用多面正投影绘制的，表达形体的一组视图是相互联系、不可分割的整体，它们彼此配合，共同表达形体的结构，看图时不能将它们孤立起来，而必须以某一个视图为主，同时结合其他视图，将各投影联系起来综合分析和整理（图 11-23）。

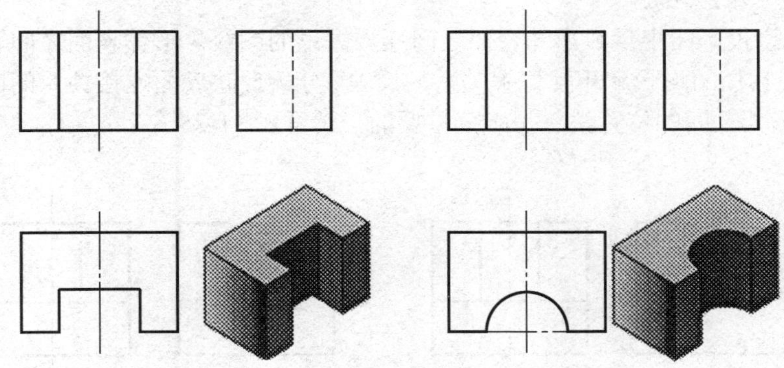

图 11-23 两个视图相同的不同组合体

图 11-23 中左右两个物体的 V、W 面投影完全相同，但 H 面投影不同，它们是形状完全不同的物体。如果仅看 V、W 面投影，就不能得出正确的结论。

图 11-24 中（a）、（b）、（c）三组视图的正视图相同，对照俯视图就可以看出它们是三个不同的形体，图 11-24 中（d）、（e）、（f）三组视图的正、俯视图都完全相同，由于右视图的形状和图线的变化，仍表示的是不同的形体。因此，看图时要仔细观察所有的投影，并把它们联系起来进行分析，才能搞清物体的形状。

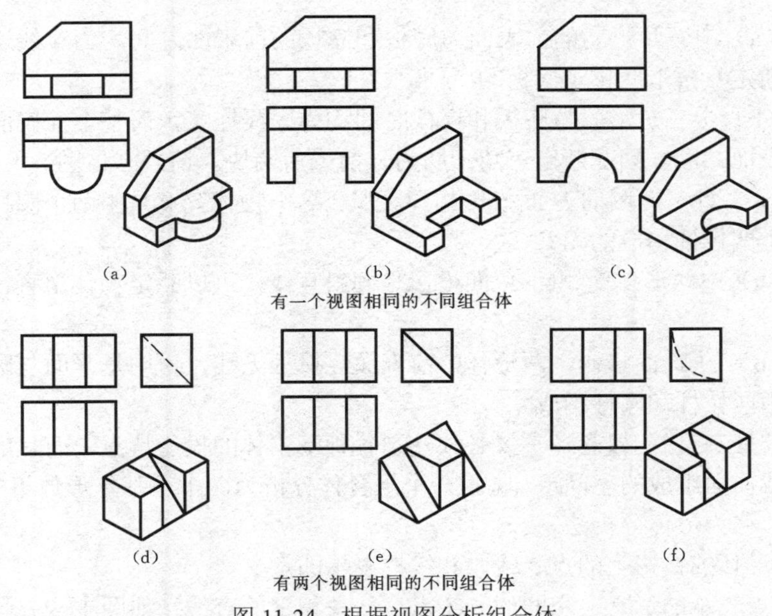

图 11-24 根据视图分析组合体

（2）要找出特征投影。什么是特征投影呢？

请比较一下前面图 11-23 中两个物体的三面投影。显然，它们所表达的内容和起的作用是不同的。H 面投影反映了物体的形状特征，对认识物体起了关键的作用。将物体的形状特征、相互位置特征反映得最充分的那个投影称为特征投影。

图 11-23 中的 H 面投影是特征投影，它集中地反映了物体的形状特征。找到这个投影，再联系其他投影进行分析，就能很快地确认物体的形状了。

看图时，要善于找出反映特征较多的投影，同时配合其他投影进行综合分析。抓住特征投影就抓住了看图的关键。

（3）要注意投影图中反映形体表面之间连接关系的图线。形体表面之间有线或无线，有实线或虚线，是它们的形状和相互位置关系的反映。分析反映表面连接关系的图线对于判断形体的形状以及形体之间的位置关系是十分重要的。请看图 11-25。

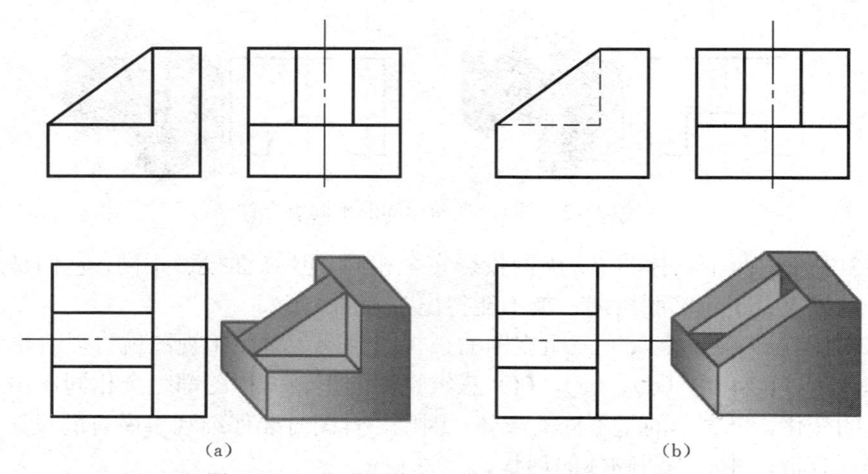

图 11-25 反映形体表面之间连接关系的图线

图 11-25（a）中三角形肋的前表面与底板和立板的前表面之间均为实线连接，说明它们不共面。由此断定三角形肋位于底板的中间。

图 11-25（b）中三角形肋与底板和立板之间均为虚线连接，而整个前表面是一个平面，说明它们的前表面共面。因此断定三角形肋为一前一后两块。请看立体图。

图 11-26（a）、（b）两图的 H 面投影相同。那么这个物体究竟是由两个圆柱构成的还是由一个圆柱、一个四棱柱构成的呢？

图 11-26（a）中两形体交线的 V 面投影是倾斜直线，可以断定物体由直径相同的两个圆柱构成。

图 11-26（b）的 V 面投影，两形体的前表面连接处无线，说明是平面与圆柱面相切，则断定这个物体由四棱柱和圆柱构成。

（4）读图时应有体的概念，不仅必须熟悉各种基本体的投影特点，而且应明确每个形体是由许多平面或曲面组成的空间形体。将一个组合体分析为若干个基本形体组成，以便于画图和读图的方法，称为形体分析法。

（5）组合形体的投影上的点、线段和线框表示的意义。

1）视图中点表示的意义：空间的一个点；一条积聚的直线，如图 11-27（a）所示。

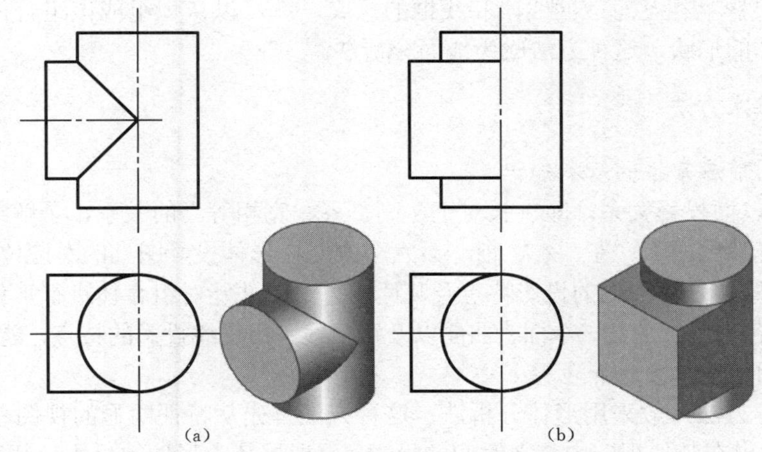

图 11-26　反映形体表面之间连接关系的图线

2）投影上的线段有三种不同的意义：①它可能是形体表面上相邻的两面的交线，亦即是形体上边的投影；②它可能是形体上某一侧面的积聚性投影，如图 11-27（b）。

3）投影上的线框，有五种不同的意义：见图 11-27（c）、（d），①它可能是某一侧面的实形投影；②它可能是某一侧面的非实形投影；③它可能是某一曲面的投影；④它可能是形体上一个空洞的投影；⑤当物体是由平面组成时，相邻两个线框表示两个不同的面、或者有平、斜之分，或者有高低之分、前后、左右之分，需要对照其他视图，才能判断它们的相对位置。如图 11-27（d）所示。*A* 和 *B* 线框代表两相交的面，交线为一铅垂线。*C* 和 *D* 为两互相平行的平面，分界线水平投影为另一侧平面的积聚投影，正面投影也积聚成线。*E* 和 *F* 在俯视图中为两个封闭的线框（即为框中框），其中 *E* 为实体四个侧表面投影的积聚线，*F* 为圆孔的积聚投影。

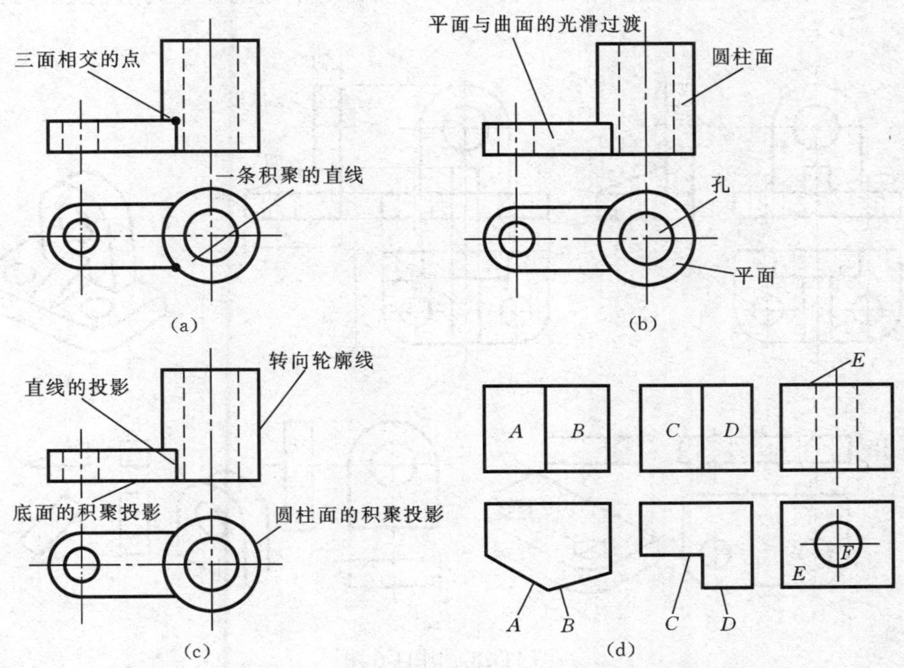

图 11-27　组合形体的投影上的点、线段和线框所表示的意义图

分析三面投影上相互对应的线段和线框的意义，就可以认识组成该组合体的基本形体的形状和整个形体的形状，这种方法成为线面分析法。

二、读图基本方法

（一）读图前应掌握的基本知识

（1）掌握三面投影关系。即“长对正、高平齐、宽相等”的关系，了解组合形体的长、宽、高三个向度和上、下、左、右、前、后六个方向在形体投影图上的对应位置。

（2）熟练掌握基本形体的投影特点及其读图方法，并能对组合体进行形体分析。

（3）掌握各种位置的线、平面、曲面以及截交线、相贯线投影的特点，能进行线面分析。

（二）读图的基本方法和步骤

读图的基本方法一般采用形体分析法：这种方法首先从特征明显的视图着手，将形体分成若干部分，找出在其他视图中与之对应的投影；再根据基本形体的投影特征，想象出各部分的形状；最后根据各部分的相互位置关系，综合起来想象出整体形状。

其次是线面分析法：当形体上带有斜面，或某些细部结构比较复杂，不宜用形体分析法看懂时，可以采用线面分析法看图。这种方法是根据对形体表面上的面、线段的空间位置和投影特点的分析，来想象形体或形体上某部分的形状。此外，还可以利用所注尺寸来帮助分析。

读图步骤总的说来一般是先概略后细致，先形体分析后线面分析，先外部后内部，先整体后局部，再由局部回到整体，最后加以综合，以获得对形体的完整形象。

下面举例说明读图的方法和步骤。

1．形体分析法

【例 11-6】根据图 11-28（a）想出物体的形状。

分析 按照三个视图的投影对应关系，从特征明显的侧视图可以看出，该形体可以分为底板、支撑板和肋三部分。如图 11-28（b）所示，各部分的视图及空间形状见图 11-28（c）。

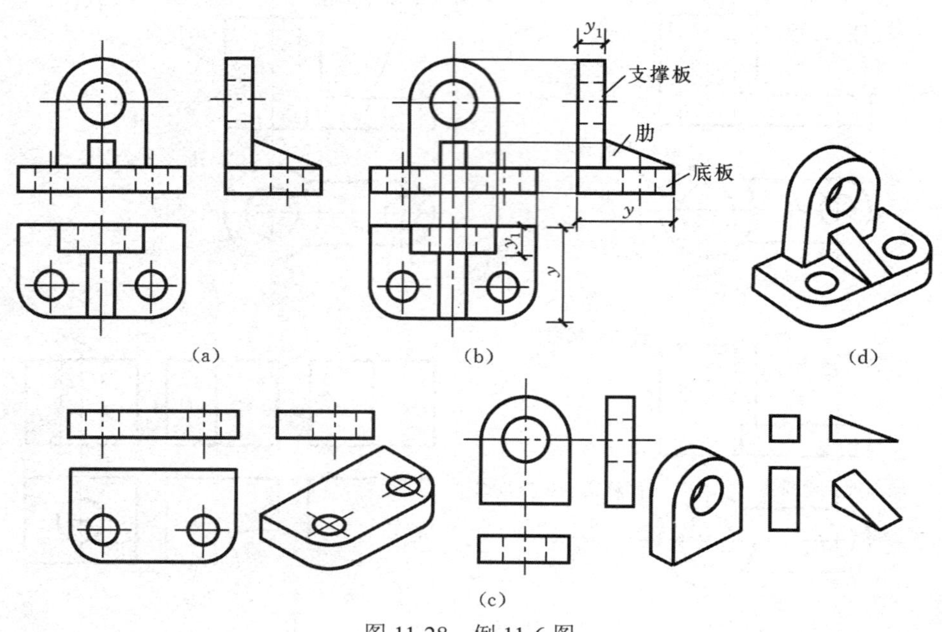

图 11-28 例 11-6 图

从图 11-28（a）可以看出它们的相对位置。底板在下面，支撑板立在底板上面，位于后面正中；肋在支撑板的前面正中。把这三部分的形状看懂，然后按照它们的相互位置合在一起，就可以想出整个形体的形状。如图 11-28（d）。

2. 线面分析法

【例 11-7】想出图 11-29 所示挡土墙的形状。

分析　由正、俯视图可以看出该挡土墙的大致形状是被切去左、前方的长方形，具体形状可用线面分析法进行分析。

如图 11-29（b）所示，正视图上有 1′、2′两个梯形线框，线框 1′对应着俯视图上的水平直线 I 及侧视图上的铅直线 1″，可知 I 面是一个正平面。线框 2′对应着俯视图上的梯形线框 2 及侧视图上的斜线 2″，可知 II 面是一个侧垂面。

图 11-29（c）所示，俯视图上的线框 3 对应着正视图上的斜线 3′与侧视图上的类似图形 3″，可知III面是一正垂面。线框 4 对应着正、侧视图上的水平直线 4′、4″，可知IV面是水平面。

图 11-29（d）所示，侧视图上还有线框 5″，对应着正、俯视图上的铅垂线 5′、5，可知V面是一侧平面。

整个挡土墙的形状是由一长方形左前方被正垂面及侧垂面切去一块而成。如图 11-29（e）。

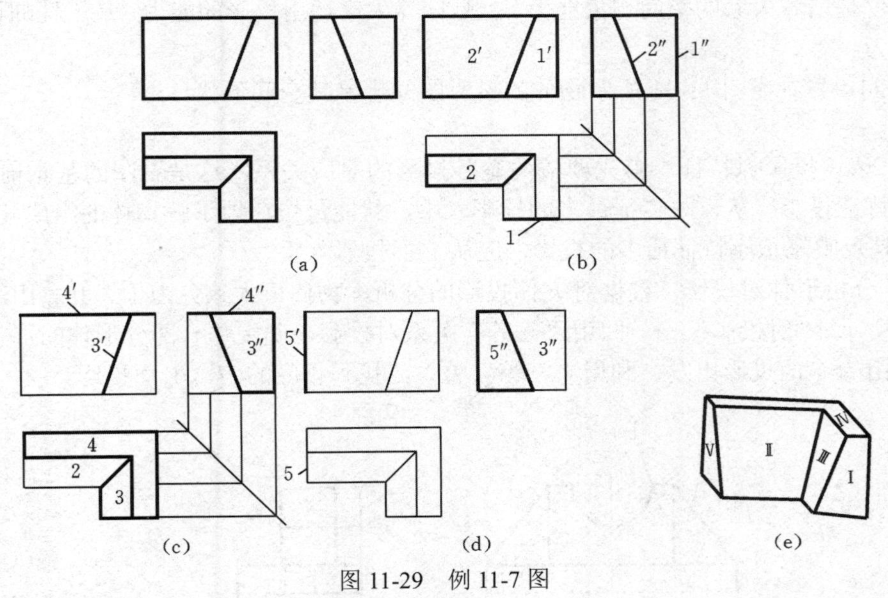

图 11-29　例 11-7 图

【例 11-8】用线面分析法分析图 11-30 所示形体。

分析

（1）封闭线框。A（a,a',a''）是一个锥表面；B（b,b',b''）是一个柱面；C（c,c',c''）是一个水平面；D（d,d',d''）是一个侧平面。

（2）线条。1、2 线条是锥面 A 的两条俯视转向线；（3,3′,3″）线条是锥面 A 与水平面 C 的交线；（4,4′,4″）锥面 A 与柱面 B 的交线；（5,5′,5″),(6,6′,6″）柱面 B 与水平面的交线；（7,7′,7″）线条是水平面 C 与侧平面 D 的交线；（8,8′,8″）线条是柱面 B 与侧平面 D 的交线。

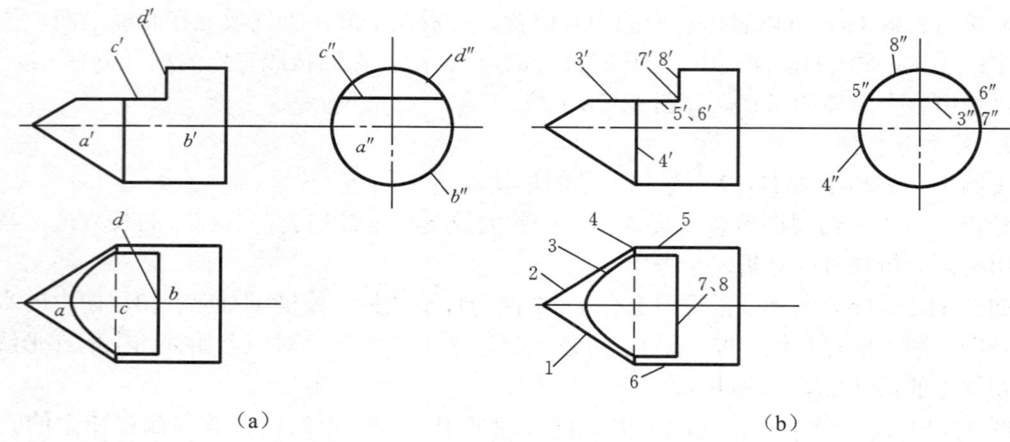

图 11-30 例 11-8 图

三、读图举例

组合体视图是工程图的表达基础，看组合体视图能力的培养是培养阅读工程图的一个重要方面，是体现由平面的“图”到空间的“物”这个空间想象能力的重要过程，该部分内容的学习不仅仅是培养大家的空间想象能力，也是培养大家运用投影的能力，是工程师设计中必须具备的能力。

【例 11-9】看懂图 11-31 所示物体的投影图并想象其空间形状。

分析

（1）认识投影抓特征。首先要搞清楚各投影的对应关系，这是看图的基本前提。“抓特征”即抓特征投影。从反映特征最多的投影入手，就能最快速地了解物体的组成和大致形状。V 面投影是反映轴承座特征最多的投影，应从 V 面投影入手。

（2）分析形体对投影。根据对 V 面投影的分析，物体可大致分为Ⅰ、Ⅱ、Ⅲ三部分。如图 11-31 所示。“对投影”——即用“三等”关系对投影，确定每一部分形体的形状。分别从Ⅰ、Ⅱ、Ⅲ的 V 面投影出发，利用“三等”关系，找到相应的 H、W 面投影。

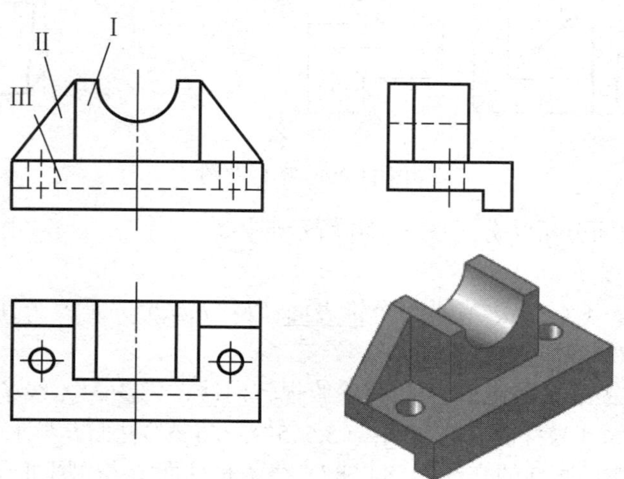

图 11-31 轴承座的看图方法

现在，你是否能够确定每一部分形体的形状了？形体Ⅰ是长方体，上部挖去半圆槽；形体Ⅱ是两个三角形肋；形体Ⅲ是“L”形弯板，上面有两个圆柱孔。

（3）综合起来想整体。在看懂每一部分形体的基础上，进一步分析它们之间的位置关系，最后综合起来想象物体的整体形状也就水到渠成了。

【例 11-10】试读懂图 11-32 所示的组合形体的投影图。

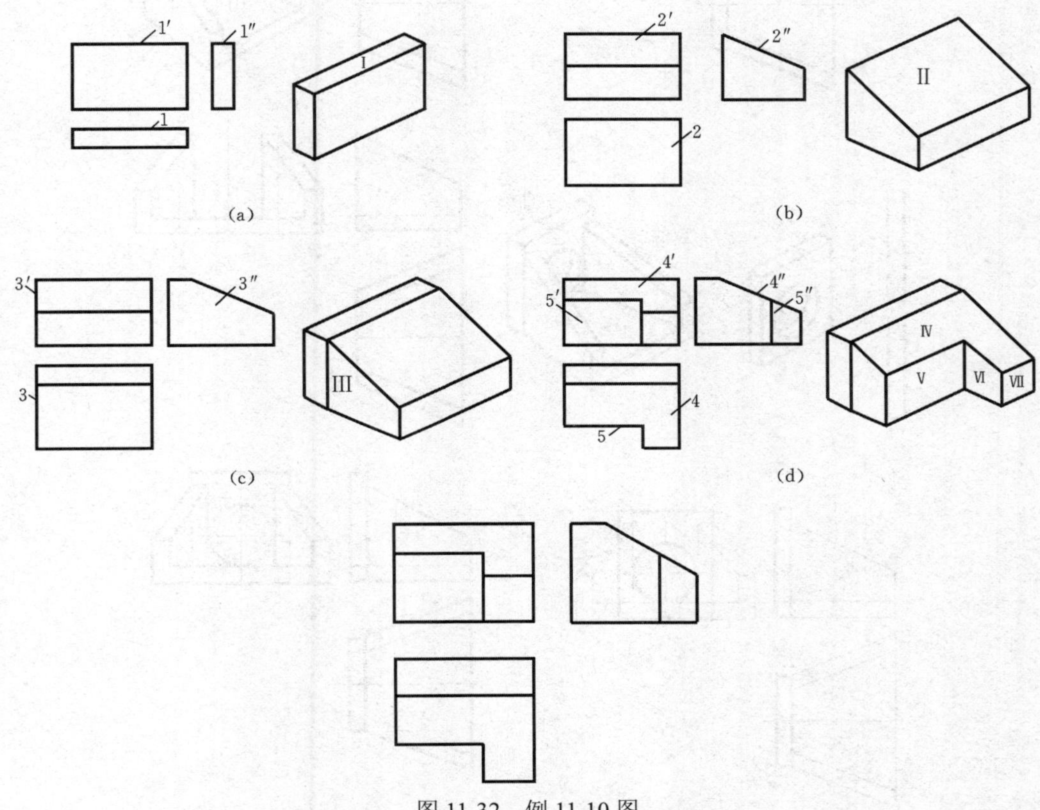

图 11-32　例 11-10 图

分析　对照 H 和 W 投影来看，可知给出的组合形体可以想象是由两个基本形体组成，在后是一个竖立的长方形如图 11-31（a），在前是一个横放的四棱柱如图 11-31（b），组合后的整体如图 11-31（c）所示。

从 H 面俯视图可知横放的四棱柱被切去左下角，余下正面切口的形状就是 V 面投影上的长方形线框，在俯视图和侧视图上都积聚成一线段，侧面切口的形状就是侧面投影图上的小四方形线框。

将每一步分析结果，用立体草图表示出来，可得到组合形体的整体形象，如图 11-31（d）所示。

【例 11-11】想象出图 11-33 所示的进水口的形状。

分析　先将形体分为左、右两部分，利用形体分析法和线面分析法想出它们的空间形状。从正视图可以看出，进水口可以分成底板，直墙和八字翼墙三个部分，直墙位于底板的右侧，两块翼墙呈八字形对称的位于底板上。这样就可以想象出进水口的整体形状。各部分的空间形状如图 11-33（b）、（c）所示，整个形体的空间形状如图 11-31（d）所示。

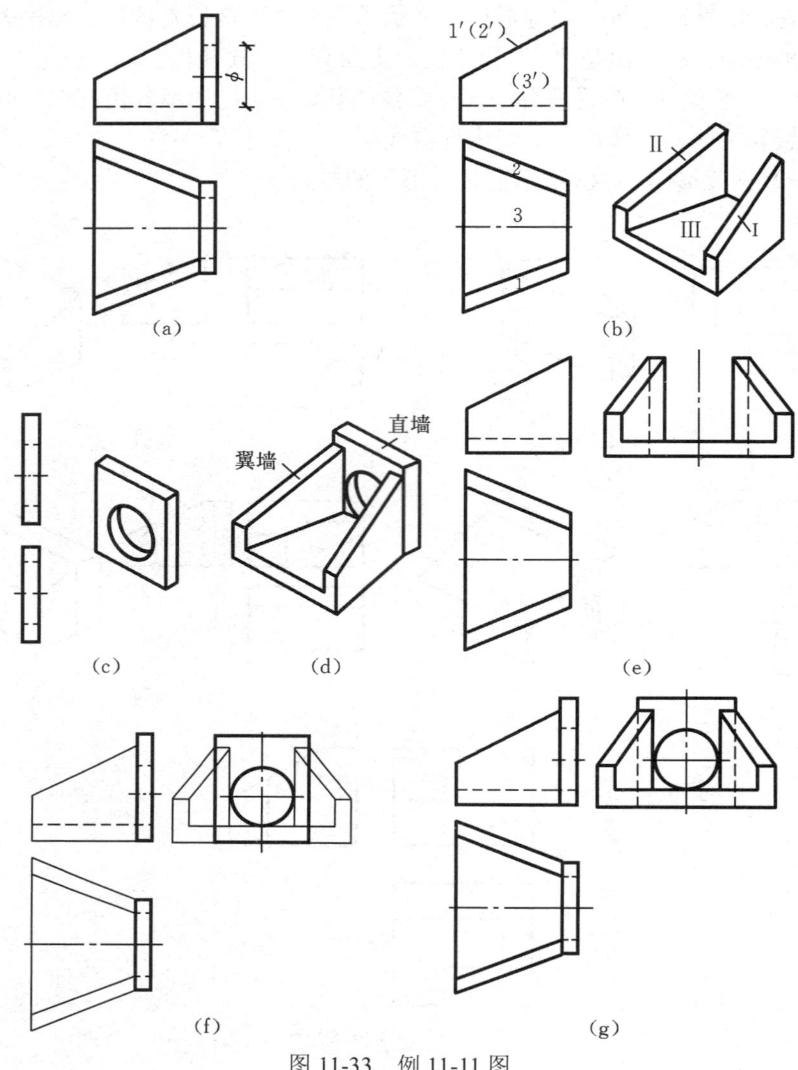

图 11-33　例 11-11 图

四、总结

看图的方法和步骤：

（1）认识投影抓特征。搞清已知投影的对应关系，找出特征投影，对物体概括了解。

（2）分析形体对投影。从特征投影入手进行形体分析，将物体分解成几部分。用“三等”关系对投影，以确定每一部分形体的形状。

（3）综合起来想整体。在搞清每一部分形体形状的基础上，分析各形体之间的位置关系及联接关系，综合起来想象物体的整体形状。

（4）面形分析攻难点。在形体分析的基础上，结合“面形分析法”分析物体表面的性质和相对位置。

看图的一般顺序是“先整体后细部”、“先主要后次要”，大致形状心中有数后，再作细部分析；当然也要掌握“先易后难”的原则。

五、根据两视图补画第三视图

为了培养读图能力，采用“根据形体已知的两个视图补画第三视图”的方法作为读图的练习。

根据两视图补画第三视图，首先要按形体分析法及线面分析法的方法看懂两视图所表达的物体，然后想象出物体的空间形状，然后逐个补画出各基本体的第三视图，最后处理虚、实线和各线段的起止。

第三视图补画完毕后，应该和自己想出的物体空间形状进行对照，检查所画的视图有没有错误。

【例 11-12】已知压块的两投影，试求第三投影（图 11-34）。

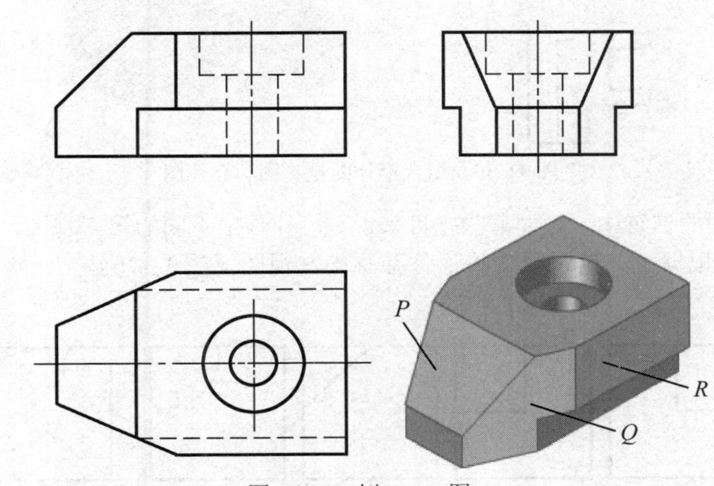

图 11-34　例 11-12 图

如何根据已知投影求作第三投影，是对组合体的看图、画图的综合训练。它要求运用看图、画图的基本知识将图看懂，再根据对投影的分析正确作图，并想象出物体的整体形状。显然，难度很大，很富于挑战性。

初步分析：压块的两个投影的轮廓基本为长方形（只是有缺角），故可假定其基本形体是长方体。（对于基本形体的假定不是唯一的。此题当然亦可将其假定为棱线垂直于 V 面的五棱柱或棱线垂直于 H 面的六棱柱。）

进一步分析：由 V 面投影可知长方体左上方切去一角，中间有一阶梯孔。由 H 面投影可知长方体前、后各切去一角。

至此已经对压块形状有了大致了解。

作细部分析：每个斜面的对应关系以及形状如何，需进一步进行面形分析，运用“投影图上一个封闭线框，一般情况反映物体上一个面的投影”的规律，按“三等”关系对投影加以确定。由此得出：

平面 P 为正垂面，p 与 p'' 为类似图形；

平面 Q 为铅垂面，q'与 q'' 为类似图形；

平面 R 为正平面，r 与 r'' 积聚成直线；

按投影规律依次画出 P、Q、R 及阶梯孔的 W 面投影。

其余表面读者可自行分析。最后完成作图。

通过上述分析，不仅从形体上，而且从面形的投影分析上都彻底地搞清楚了压块的投影图，压块的空间形状也就可以想象出来了。

图 11-35 所示为某组合形体的投影图和立体图，读者可相互对照，运用形体分析法和线面分析法进行补画和读图的训练。

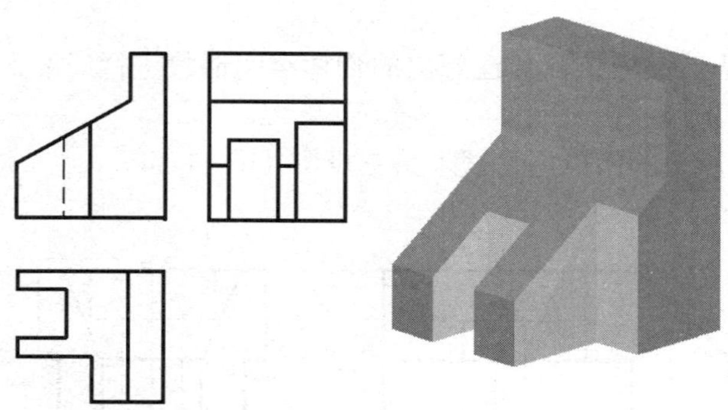

图 11-35 组合形体的投影图和立体图

在补画三视图的训练中，对于某些题目来说，可补画出不同的第三视图，构想出不同形体。

【例 11-13】根据主、俯视图构思形体并画出左视图（图 11-36）。

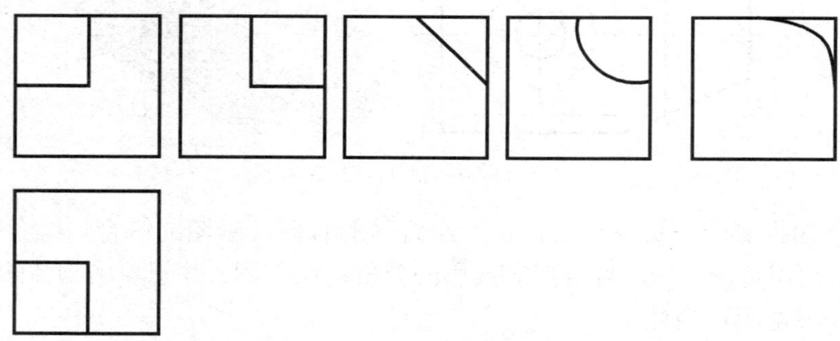

图 11-36 例 11-13 图

【例 11-14】根据主、俯视图构思形体并画出左视图（图 11-37）。

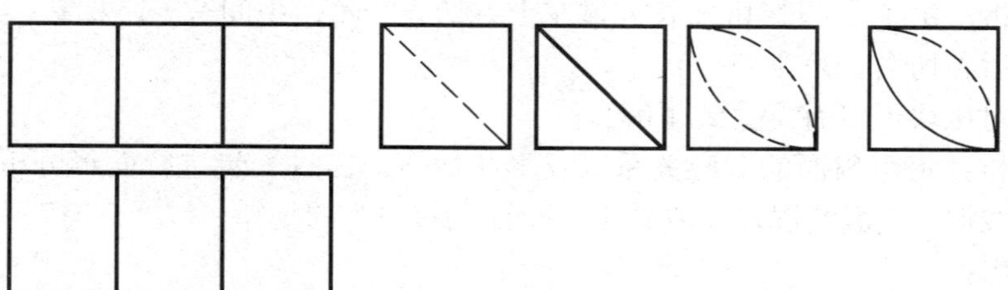

图 11-37 例 11-14 图

第十二章　轴测投影

第一节　轴测投影的基本知识

一、轴测图的形成

前面已经学过三面投影图的形成及画法，如图 12-1（a）所示，这是一个非常简单的物体——正方体的三面投影图。不难发现，每个投影图只能反映物体沿一个投影方向的形状及两个方向的尺寸，必须综合分析三个图形才能读懂该物体三个方向的形状和尺寸，立体感较差，对于没有学过正投影理论的人来讲，这样一个简单物体读起来也是有一定困难的。如果将其画成图 12-1（b）所示的形式，则很容易读懂，这就是下面将要学习的用轴测投影的方法画出的轴测投影图（简称轴测图）。

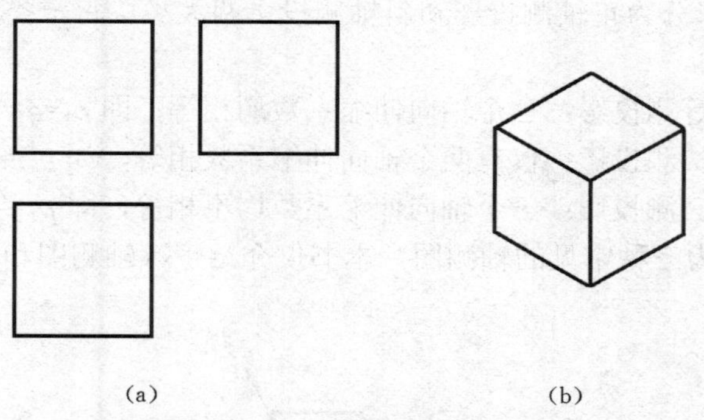

（a）　　（b）

图 12-1　正方体的投影图及轴测图

观察图 12-1（b）可知，该图形能在一个投影面上同时反映出物体长、宽、高三个方向的尺寸，立体感较强。但同时也发现原本为正方形的三个表面均发生了变形，尺寸的测量性变差，绘制过程也变得比较麻烦，因此，在工程制图中，仅将其作为一种辅助图样。

轴测投影就是将空间形体及确定其空间位置的直角坐标系，沿不平行于任一坐标面的方向，用平行投影法投射到一个投影平面 P 上而得到图形的方法，该图形就是轴测图。若投射方向线与投影平面垂直，为正轴测投影法，所得图形称为正轴测图，如图 12-2（a）所示；若投射方向线与投影平面倾斜，为斜轴测投影法，所得图形称为斜轴测图，如图 12-2（b）所示。

二、基本术语

（1）轴测投影面：得到轴测投影的单一投影面，即前述 P 平面。

（2）轴测投影轴：三根坐标轴 OX、OY、OZ 在轴测投影面 P 上的投影 O_1X_1、O_1Y_1、O_1Z_1，称为轴测投影轴，简称轴测轴，如图 12-2 所示。

（3）轴间角：两轴测轴之间的夹角称为轴间角，如图 12-2 中的$\angle X_1O_1Y_1$、$\angle Y_1O_1Z_1$、$\angle Z_1O_1X_1$。

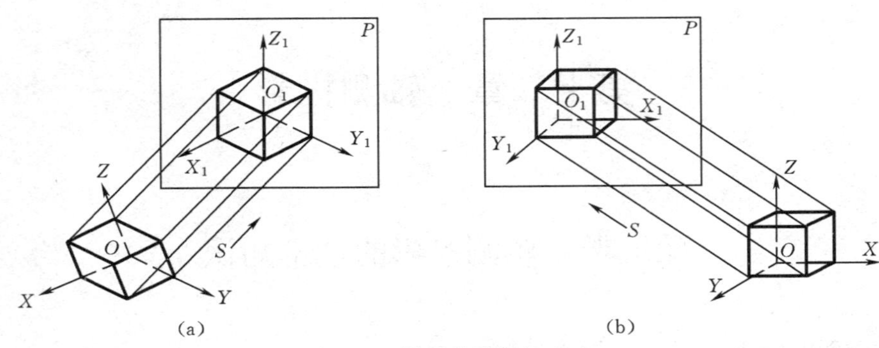

(a) (b)

图 12-2 轴测投影图的形成

（4）轴向伸缩系数：轴测轴上的单位长度与相应坐标轴上的单位长度的比值，称为轴向伸缩系数。OX、OY、OZ 轴的轴向伸缩系数分别表示为：$p_1=O_1X_1/OX$，$q_1=O_1Y_1/OY$，$r_1=O_1Z_1/OZ$。

轴间角和轴向伸缩系数是轴测投影中两个最基本的要素，不同类型的轴测图表现为不同的轴间角和轴向伸缩系数。

三、轴测投影的分类

如前所述轴测投影分为正轴测投影和斜轴测投影两大类。每一类又根据轴间角和轴向伸缩系数的不同分为三种。

（1）正（或斜）等测投影：三个轴向伸缩系数均相等，即 $p_1=q_1=r_1$。

（2）正（或斜）二测投影：仅有两个轴向伸缩系数相等，如 $p_1=r_1\neq q_1$。

（3）正（或斜）三测投影：三个轴向伸缩系数均不相等，即 $p_1\neq q_1\neq r_1$。

如图 12-3 所示，为三种常见的轴测图，本书仅介绍正等轴测图和斜二测图的画法。

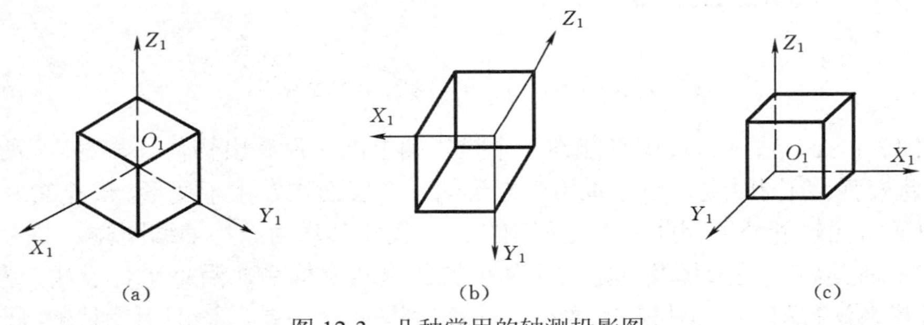

(a) (b) (c)

图 12-3 几种常用的轴测投影图

（a）正等轴测图；（b）水平斜等测图；（c）正面斜二测图

四、绘制轴测图的注意事项

（1）由于轴测投影为单面平行投影。所以它具有平行投影的特性，如：

平行性——空间相互平行的直线，其轴测投影仍相互平行。

定比性——若一点将空间一直线分为成一定比例的两段，在轴测投影中，该比例不变；空间平行两直线长度之比，在轴测投影中，比例亦不变。

从属性——空间属于某平面的线段，在轴测投影中仍属于该平面。

（2）空间与坐标轴平行的线段（可称为轴向线段），在轴测投影中，仍平行于相应的轴测轴，同时具有与该轴测轴相同的轴向伸缩系数，可直接绘制；而不平行于坐标轴的线段，其伸缩系数不能确定，因此，不能直接绘制，可先作出其两端点，再连接两端点得到。可见，“轴测”二字可理解为“沿轴测量”。

五、轴测投影图的绘制方法

（1）坐标法。根据形体表面各点间的坐标关系，画出各点的轴测投影，连接各相应点，便可得到形体的轴测投影图。它是画轴测投影图的基本方法，具体绘制步骤详见图 12-7，图中未画出不可见轮廓线，但并不影响读图，所以轴测图中一般不画虚线。

（2）叠加法。绘制叠加类组合体的轴测图时，亦采用形体分析法，将其分为几部分，然后根据各组成部分的相对位置关系及表面连接方式分别画出各部分的轴测图,进而完成整个形体的轴测图，如图 12-12 所示。

（3）切割法。绘制切割类物体（一般由基本体，多为长方体切割而成），可先画出基本体的轴测图，再逐次切去各相应部分，便可得到所需形体的轴测图，如图 12-13 所示。

（4）综合法。对于较复杂形体，可根据其特征，综合运用上述方法绘制其轴测图，如图 12-14 所示。

第二节　正等测图的画法

正等轴测图是正轴测图中的一种。此时，投射方向线与 P 平面垂直，且 OX、OY、OZ 三根坐标轴均与 P 平面夹相同的角度，三个轴向伸缩系数均相等，常简称为正等测图或正等测。

一、正等测图的轴间角和轴向伸缩系数

正等测中三个轴间角相等，均为 120°；三个轴向伸缩系数也相等，均为 0.82，为简化作图，常将轴向伸缩系数值取为 1，即 $p=q=r=1$，称为简化的轴向伸缩系数，如图 12-4 所示。

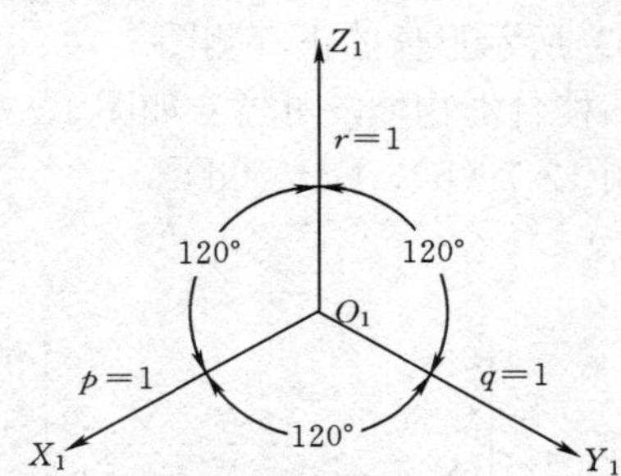

图 12-4　正等轴测图的轴间角及轴向伸缩系数

二、平面立体的正等测图

平面立体的正等测图一般均可通过本章第一节中介绍的方法完成。下面通过具体实例加以说明。

【例 12-1】绘制图 12-5（a）所示正三棱柱的正等轴测图。

解　建立如图 12-5（a）所示的坐标系；然后分别在 X_1 轴上截取 $o_1a_1=oa$，$o_1c_1=oc$，在 Y_1

轴上截取 $o_1b_1=ob$，依次连接 a_1、b_1、c_1 各点，得到正三棱柱上表面的正等测图，如图 12-5（b）所示；分别过 a_1、b_1、c_1 向下作 Z_1 轴的平行线，并依次截取棱柱高度 H，连接各截点，即可完成正三棱柱的正等轴测图，如图 12-5（c）所示；由于轴测图中一般不画虚线，所以常画成图 12-5（d）所示的形式。

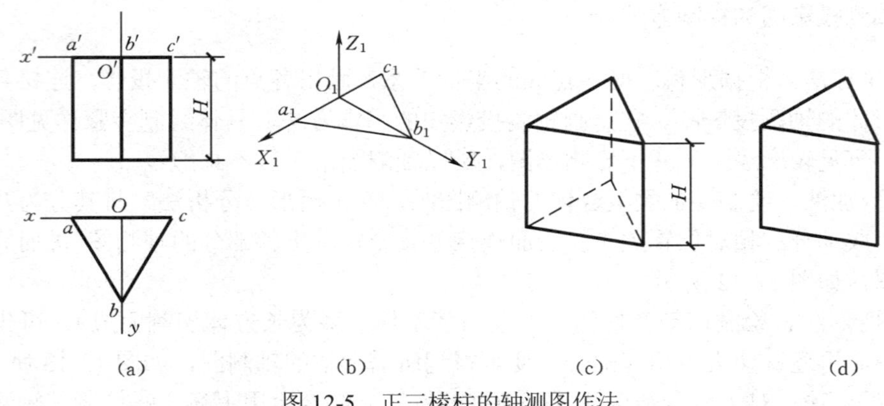

图 12-5 正三棱柱的轴测图作法

绘制轴测图时，原点 O_1 可选在形体的任意位置，但为了作图方便，往往选择在形体的某一顶点或较易确定其余主要定位点处，如图 12-6 所示。

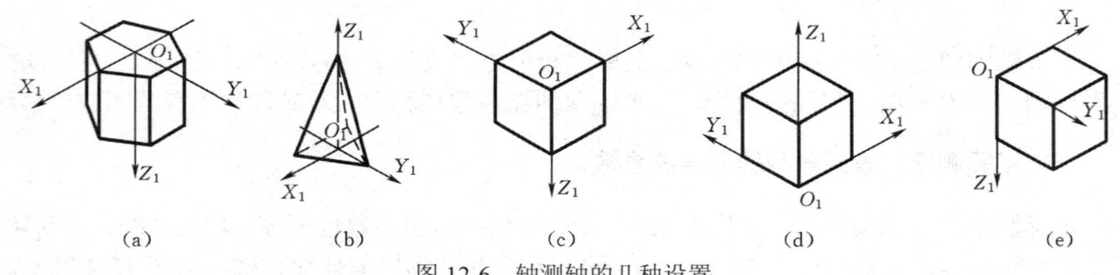

图 12-6 轴测轴的几种设置

【例 12-2】绘制图 12-7（a）所示形体的正等测图。

解 分析可知，该形体为四棱台形物体，可建立如图 12-7（a）所示坐标系，再逐步确定出各顶点位置，作图步骤详见图 12-7（b）、（c）、（d）。

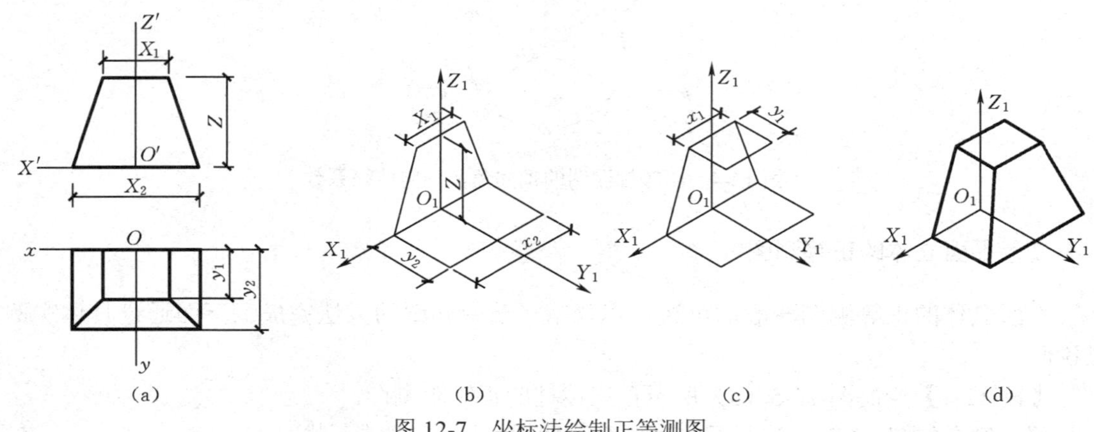

图 12-7 坐标法绘制正等测图

三、圆及曲面立体的正等测图

（一）圆的正等测图

在正等测图中，因为形体的三个坐标面均与轴测投影面 P 倾斜，所以平行于任一坐标面的圆，其轴测投影均为椭圆。

下面以平行于水平面的圆为例，介绍其正等测图的常用画法——外切菱形法。该方法是一种用四段圆弧近似代替椭圆这个非圆曲线的近似画法，与在制图基础部分介绍的四心法画椭圆有些相似。

建议初学者先绘制一个标有坐标轴的圆，并作出其外切正方形，如图 12-8（a）所示，可看出点 a、c 及点 b、d 分别位于 OX 及 OY 轴上；根据从属性可求得各点的轴测投影 a_1、b_1、c_1、d_1，依次连接可作出该外切正方形的正等测图，即为椭圆的外切菱形，菱形两对角点 1 和 2 就是四段圆弧中两段圆弧的圆心，另两圆心 3 和 4 可通过图 12-8（b）所示方法求得；分别以 1、2 为圆心，$_1a_1$ 为半径，作圆弧 a_1b_1 和 c_1d_1，再以 3、4 为圆心，$3a_1$ 为半径，作圆弧 a_1d_1 和 b_1c_1 即可完成全图，如图 12-8（c）所示。

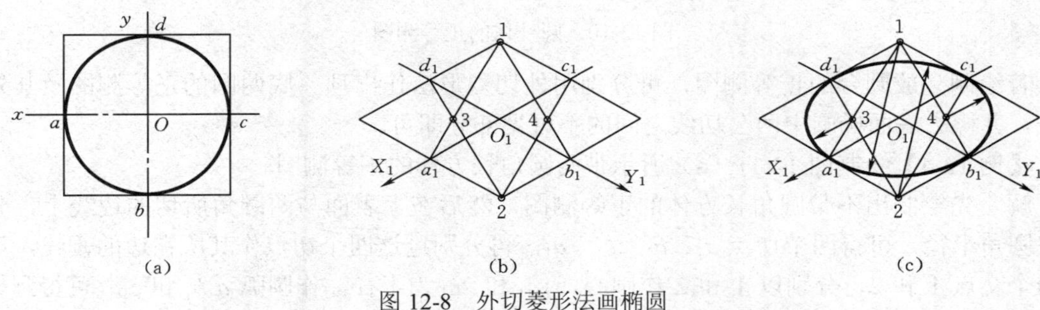

图 12-8　外切菱形法画椭圆

用同样的方法可绘制出与正平面或侧平面平行圆的正等测图，但需注意 a、b、c、d 四点所在轴，外切正方形的四条边也应平行于相应轴。与各投影面平行圆的正等测图可参见图 12-9。

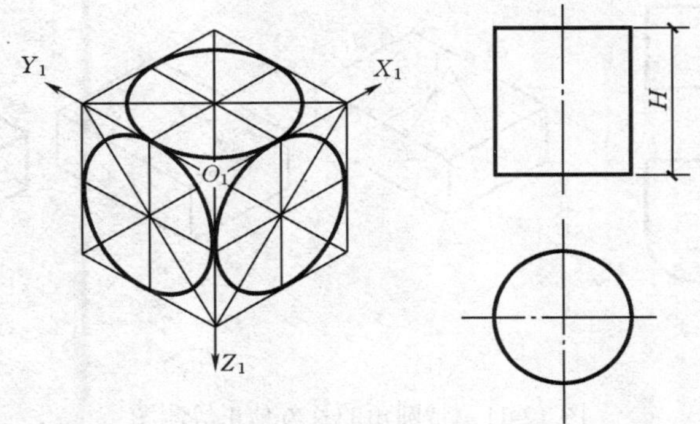

图 12-9　平行于不同投影面的圆的正等测图

（二）曲面立体的正等测图

【例 12-3】绘制图 12-10（a）所示圆柱体的正等测图。

解　先按外切菱形法作出圆柱体顶面圆的正等测图，然后用平移圆心法——即过四个圆心分别作 Z_1 轴的平行线，并依次截取圆柱高度 H，便可得到绘制底面椭圆的四个圆心，如图 12-10（b）

所示；分别作出四段圆弧，完成底面椭圆（若将 a_1、b_1、c_1、d_1 四点亦沿同一方向移动柱高 H，则可同时确定出四段圆弧的起点和终点，使作图更加准确）；最后作出两椭圆的外公切线，并擦去底面椭圆中两公切线之间的不可见部分，即可完成全图，如图 12-10（c）所示。

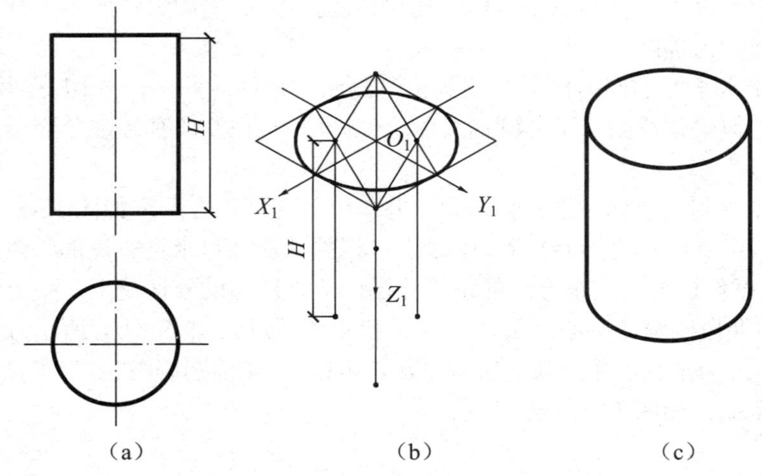

图 12-10 圆柱体的正等测图

若绘制竖放圆台的正等测图，可分别用外切菱形法作出顶、底两圆的正等测图及其外公切线，并擦去底面椭圆中两公切线之间的不可见部分即可。

【例 12-4】绘制图 12-11（a）所示带两圆角长方体的正等测图。

解 先绘制出不带圆角长方体的正等测图，然后在上表面与两圆角所切的边线上，分别截取圆角半径，可得四个切点 a_1、b_1、c_1、d_1，再分别过这四个切点作其所在边的垂线，可得到两个交点 1 和 2，分别以 1 和 2 作圆心，$1a_1$ 和 $2c_1$ 为半径，作圆弧 a_1b_1 和 c_1d_1 可得到如图 12-11（b）所示图形；接下来用平移圆心法可作出下表面的两段圆弧，右侧圆角也是通过作上下两表面圆弧的公切线完成的，如图 12-11（c）所示；经修整，完成全图，如图 12-11（d）所示。

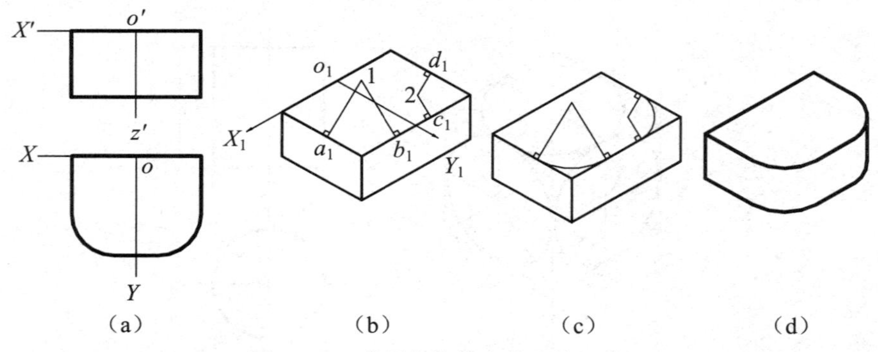

图 12-11 带圆角的长方体正等测图

四、组合体的正等测图画法

【例 12-5】绘制图 12-12（a）所示台阶的正等测图。

解 分析可知，该台阶由三部分组成，可采用叠加法绘制。首先可直接绘制出拦板，然后分别绘制两级踏步，经修整完成全图，绘制步骤详见图 12-12（b）、（c）、（d）。

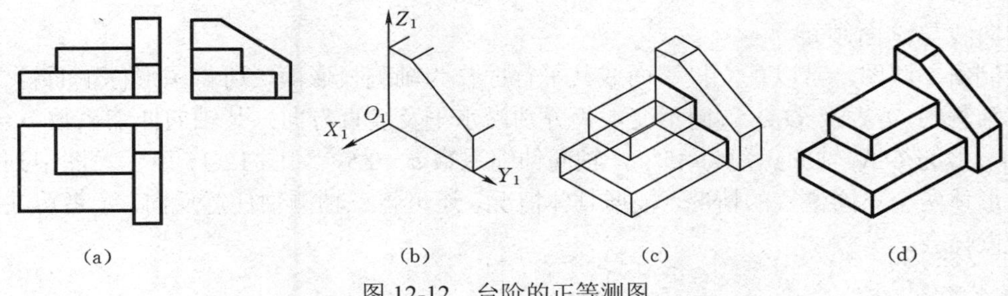

图 12-12　台阶的正等测图

【例 12-6】绘制图 12-13（a）所示形体的正等测图。

解　分析可知，该形体为一切割类物体，可采用切割法绘制。绘制步骤详见图 12-13（b）、（c）、（d）。

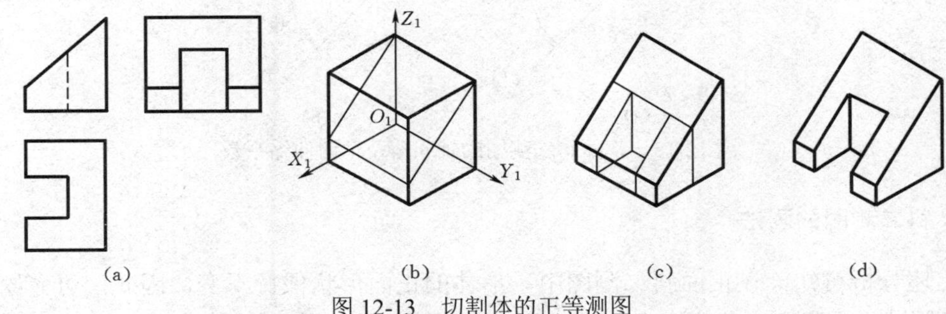

图 12-13　切割体的正等测图

【例 12-7】绘制图 12-14（a）所示形体的正等测图。

解　分析可知，该形体为一较复杂组合体，应采用综合法绘制。可先绘制出底板，再用坐标法绘制出上部形体的基本体（该例为四棱台），并确定出矩形槽底面位置，如图 12-14（b）所示；最后切出矩形通槽，经修整，可完成全图，如图 12-14（c）所示。

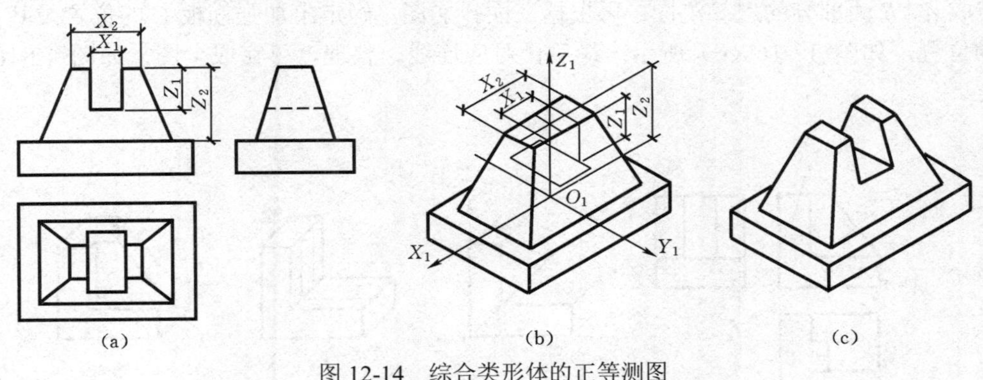

图 12-14　综合类形体的正等测图

第三节　斜二测图的画法

一、斜二测图的轴间角和轴向伸缩系数

斜二测图是斜轴测图中的一种。绘制斜轴测图一般使物体正放，主要端面平行于 P 平面，

投射方向线与 P 面倾斜。

绘制斜二测图，常以正立投影面或其平行面作为轴测投影面，所得图形称正面斜二测图。此时，轴测轴 O_1X_1 及 O_1Z_1 方向不变，仍分别沿水平及竖直方向，其轴向伸缩系数 $p_1=r_1=1$；O_1Y_1 轴一般与 O_1X_1 轴的夹角为 45°，轴向伸缩系数 $q_1=0.5$，如图 12-15 所示。图中列出了原点位于形体两个不同位置的情况，根据具体情况，还可将三轴测轴任意反向，读者可在绘图过程中慢慢体会。

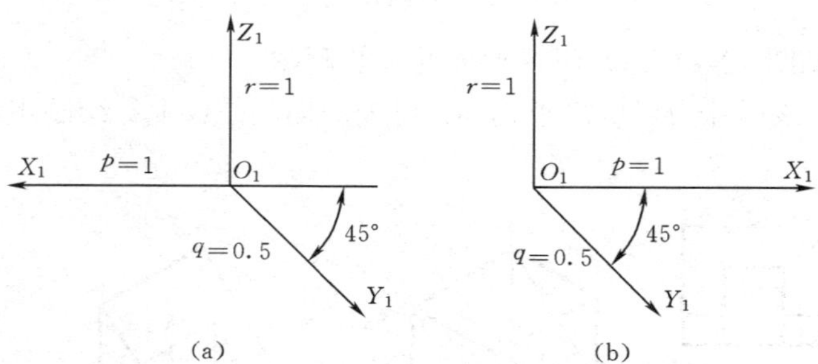

图 12-15 正面斜二测图的轴间角及轴向伸缩系数

二、斜二测图的画法

由上述分析可知，在正面斜二测图中，形体的正面形状保持不变，因此，可先绘制其正面的真实形状，再分别由各相应点作 O_1Y_1 轴的平行线，并截取形体的宽度（为实际宽度的 0.5 倍），连接各对应点即可。

【例 12-8】绘制图 12-16（a）所示挡土墙的斜二测图。

解 分析可知，底板 A 与立板 B 宽度相等，且表面平齐，可先画出该两部分的正面形状，然后过各相应点作 O_1Y_1 轴的平行线，并截取宽度的一半，如图 12-16（b）所示；连接各对应点，完成 A、B 两部分的斜二测图；再根据三面投影图，确定出加强筋板 C 的位置及其上各转折点的位置，如图 12-16（c）所示；最后作对应连线、整理，可完成全图，如图 12-16（d）所示。

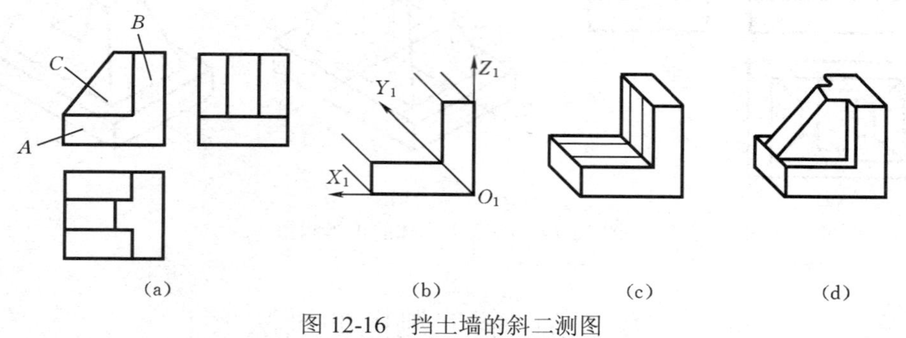

图 12-16 挡土墙的斜二测图

【例 12-9】绘制图 12-17（a）所示横放圆柱筒的斜二测图。

解 由于该圆柱筒的端面为正平面，所以其斜二测投影不变形，仍为两同心圆，可直接画出其前端面的斜二测投影，并将圆心 O_1 沿 Y_1 轴截取柱高的一半，得到后端面的圆心 O_2，如图 12-17（b）所示；然后以 O_2 为圆心分别作出后端面两圆，该两圆因柱高的不同可能会不完整，只需画出可见部分，如图 12-17（c）所示；最后作出前、后两外圆的外公切线，并加以整理，可完成全图，如图 12-17（d）所示。

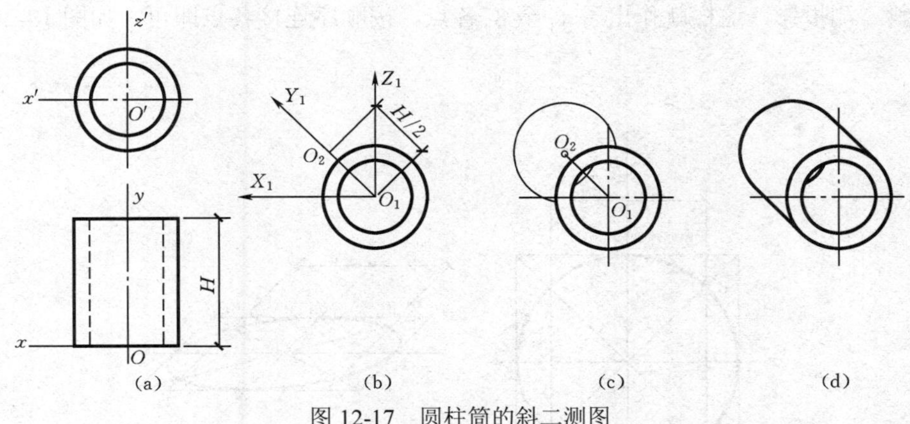

图 12-17　圆柱筒的斜二测图

【例 12-10】绘制图 12-18（a）所示带回转面形体的斜二测图。

解　本例的绘制步骤详见图 12-18。

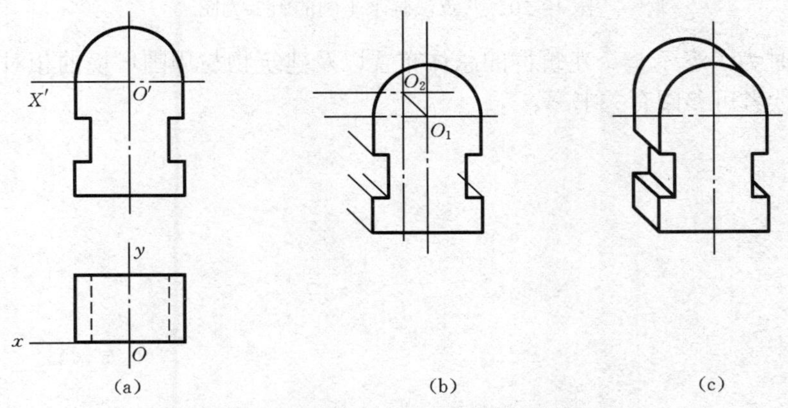

图 12-18　带回转面形体的斜二测图

前面两例题中圆或半圆均处于正平位置，其斜二测投影不变形。观察图 12-19，可知该立方体中处于水平及侧平位置的正方形表面已变形为平行四边形，与之相内切的圆也变为椭圆，在斜二测图中的椭圆一般采用八点法绘制，绘制步骤详见图 12-20。

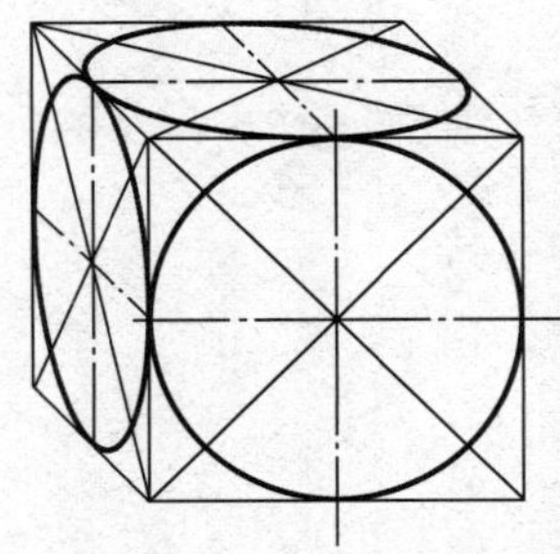

图 12-19　平行于不同投影面的圆的斜二测图

【例 12-11】绘制图 12-20（a）所示水平圆的斜二测图。

解 先作出图示水平圆的外切正方形及其对角线，并分别连接对角线与圆的两组交点，可见该两连线均与 *OY* 轴平行，设其至 *OY* 轴的距离为 a，根据轴测投影性质，很容易绘制上述各线的斜二测投影，这样就作出了 1_1 至 8_1 各点，按顺序连接各点即可，如图 12-20（b）所示。

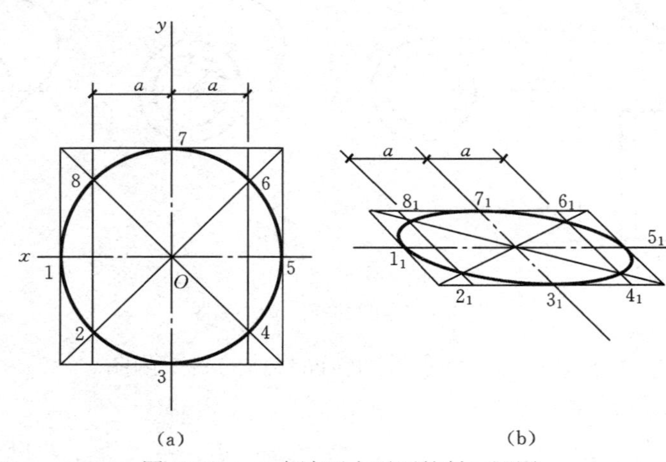

图 12-20 八点法画水平圆的斜二测图

另外，有时为了表示一个建筑群的总体布置以及建筑物与周围环境的相对位置，常采用水平斜等测，读者可参阅有关书籍。

第十三章　工程形体的表达方法

在工程实践当中，有些物体的形状和结构比较复杂，用三视图难以表达清楚。为了正确、完整、清晰地表达工程形体的内部和外部结构形状，国家标准中规定了多种表达方法。绘制图样时，选择适当的表达方法，在完整、清晰地表达形体的前提下，力图简便。本章着重介绍视图、剖视图、断面图、简化画法及规定画法等常用的表达方法。

第一节　视图

用多面正投影法绘制出物体的图形称为视图。视图主要用于表达形体的外部结构和形状，其种类有基本视图和特殊视图，其中特殊视图包括向视图、局部视图和斜视图。

一、六个基本视图

将一个正六面体的六个面作为基本投影面，将物体放在其中分别向六个投影面作正投影，所得六个视图称为基本视图，如图 13-1（a）所示。

主视图：从前向后投影所得的视图。

俯视图：从上向下投影所得的视图。

左视图：从左向右投影所得的视图。

右视图：从右向左投影所得的视图。

仰视图：从下向上投影所得的视图。

后视图：从后向前投影所得的视图。

将六个投影面展开到一个平面上，六个视图的位置如图 13-1（b）所示。展开后六个视图仍符合“长对正，高平齐，宽相等”的投影规律。

在同一张纸内按图 13-1（b）配置视图时，可不标注视图的名称。

二、特殊视图

1. 向视图

向视图是可以自由配置的视图。其表达方式为：在向视图的上方标注“×”（“×”为大写拉丁字母），在相应视图的附近用箭头指明投射方向，并标注相同的字母，如图 13-2 所示。

向视图是基本视图的一种表达方式，在向视图中表示投射方向的箭头尽可能配置在主视图上，表达后视图时，可将箭头配置在左视图或右视图上。向视图是平移后的基本视图，所以应避免视图颠倒。

2. 局部视图

当形体的大部分已经表达清楚，只有局部结构形状需要表达，而又没有必要画出完整的视图时，可将形体的局部结构向基本投影面投射，所得的视图称为局部视图。

画局部视图时应注意：

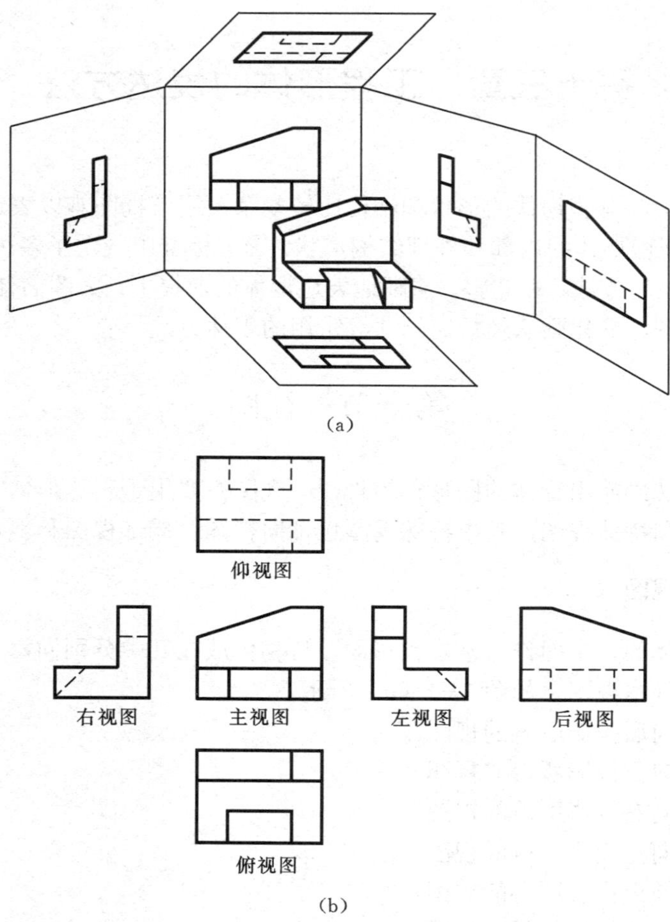

图 13-1 基本视图

（a）六个基本视图；（b）基本视图的配置

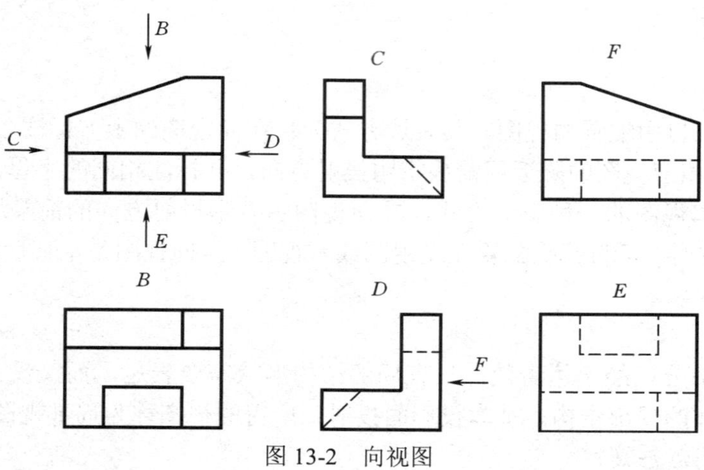

图 13-2 向视图

（1）在局部视图的上方标注视图名称“×”（“×”为大写拉丁字母），在相应视图的附近用箭头指明投射方向，并标注相同的字母，如图 13-3 所示。

（2）局部视图的断裂边界应以波浪线表示。

（3）局部视图一般按投影关系配置，如图 13-3 中的视图 *B*，也可按向视图的形式配置，如图 13-3 中的视图 *A*。

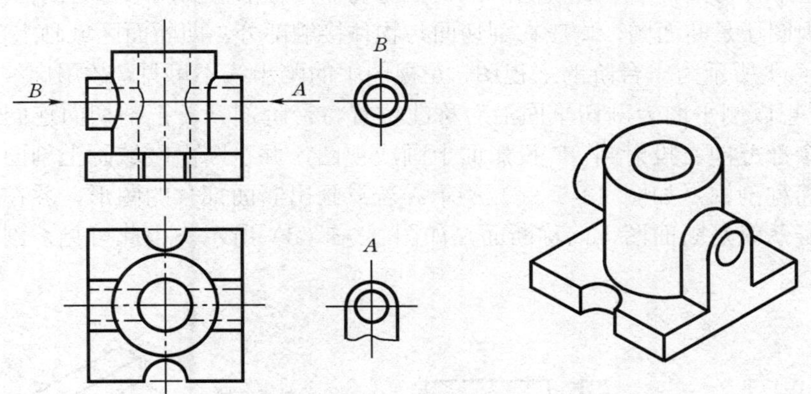

图 13-3　局部视图

3. 斜视图

当形体具有倾斜结构时，为表达倾斜部分的实际形状，将其投射在和倾斜表面平行的辅助投影面上所得到的视图称为斜视图。

画斜视图时，在斜视图的上方标注视图名称“×”（“×”为大写拉丁字母），在相应视图的附近用箭头指明投射方向，并标注相同的字母，如图 13-4（a）所示。

斜视图通常按投影关系配置，必要时也可将视图旋转，表示该视图名称的大写拉丁字母应靠近旋转符号的箭头端，如图 13-4（b）所示。也允许将旋转角度标注在字母之后，如图 13-4（c）所示。

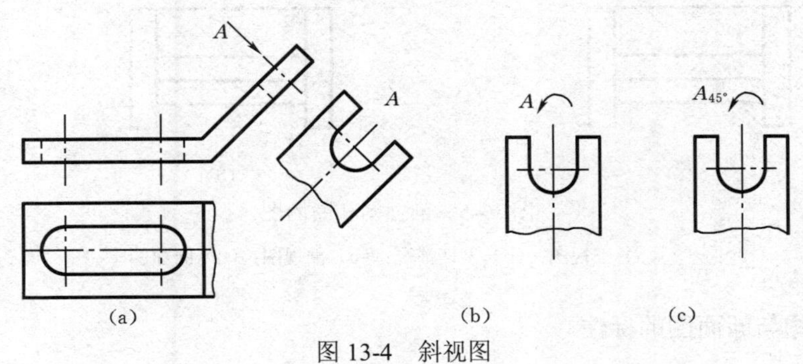

图 13-4　斜视图

第二节　剖视图与断面图

前面介绍的四种视图主要用于表达形体的外部结构，可见的线条画实线，不可见的线条规定用虚线表示。当物体的内部结构比较复杂或有遮挡部分时，视图中会出现较多的虚线，影响图形的清晰，不利于读图和标注尺寸。因此在实际工程当中常用剖视图来表达形体的内部结构。

一、基本概念

假想用剖切面剖开物体，将处在观察者和剖切面之间的部分移去，将其余部分向投影面投射所得的图形称为剖视图。若仅画出剖切面与物体接触部分的图形称为断面图。

不论剖视图还是断面图，均应在剖切面与物体接触部分，即断面区域画上剖面材料符号。

图 13-5（a）所示为一台阶的三视图，左视图中的踏步线不可见，故用虚线表示。图 13-5（b）中，假想以侧平面为剖切平面沿对称线位置将台阶剖开，把剖切面连同台阶左半部分移开，将剩余部分向右投射到 *W* 投影面上画成视图，并在断面区域画上剖面材料符号，就是剖视图，简称剖视，如图 13-5（c）所示。若只画出断面部分的图形，并在断面区域画上剖面材料符号，就是断面图，简称断面，如图 13-5（d）所示。由此可见，剖视图中包含有断面图。

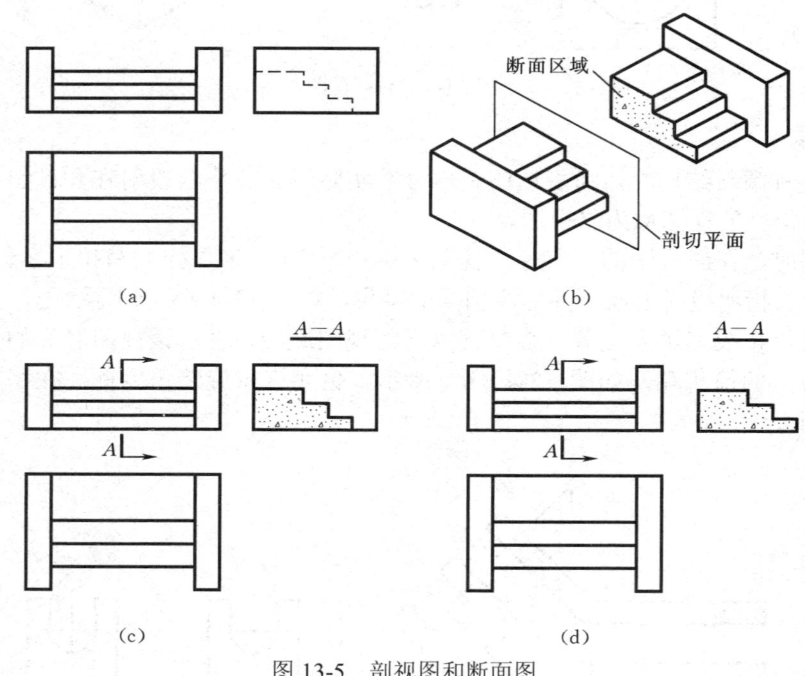

图 13-5　剖视图和断面图

（a）三视图；（b）剖切情况；（c）剖视图；（d）断面图

二、剖视图与断面图的标注

剖视图和断面图的标注由以下几部分组成：

（1）剖切位置。在相应视图上用长度约 4～6mm 的短粗实线表示剖切面起讫、转折位置，若图形具有对称平面，一般将剖切面选择在对称面处，剖切位置符号应避免与图形轮廓线相交。

（2）投射方向。用与剖切位置符号外端相交，长度约 4～6mm 的细实线箭头表示投射方向。

（3）视图名称。一般在剖视图或断面图的上方或下方用字母或数字标注视图的名称“×-×”，并在剖切位置符号附近标注相同的字母或数字。

剖视图和断面图的标注如图 13-5（c）、（d）所示。

允许省略标注的情况：

（1）当视图按投影关系配置，中间又没有其他图形隔开时，可省略箭头。如图 13-10 所示 *B-B* 剖视图，图 13-12 所示的 1-1 剖视图。

（2）当剖切面通过形体的对称或基本对称面，视图按投影关系配置，中间又没有其他图形隔开时，可完全省略标注，如图 13-6（a）所示。

三、常用剖面材料图例

画剖视图和断面图时，断面区域，即被剖到的实心部位应画上剖面材料符号，常用的剖面材料图例如表 13-1 所示。

表 13-1　常用材料图例

图例	名称	图例	名称
	自然土壤		干砌块石
	夯实土壤		浆砌块石
	液体		金属
	普通砖		砂、灰土
	混凝土		毛石
	钢筋混凝土		木材

四、剖视图的种类和画法

1. 剖视图的种类

剖视图分为全剖视图、半剖视图和局部剖视图三种。

（1）全剖视图。用剖切面完全地剖开物体所得到的剖视图，称为全剖视图。

当物体的外形比较简单，内部结构复杂时，常采用全剖视图。如图 13-6 所示涵洞，沿前后对称面将其剖开，把主视图画成全剖视图。这里省略了标注。

（2）半剖视图。当物体的形状完全对称时，在垂直于对称平面的投影面上投射所得的图形，可以对称中心线为界，一半画成剖视，另一半画成视图，称为半剖视图。

若物体的形状接近于对称，且不对称部分已另有图形表达清楚，也可画成半剖视图。

半剖视图一般用于内外结构形状都复杂的形体，标注方法和全剖视图相同。

画半剖视图时，视图与剖视图的分界线为点划线，而不是粗实线。以对称线为界，视图部分只表达形体外部形状，剖视部分只表达形体内部结构，故半剖视图中不应出现虚线。

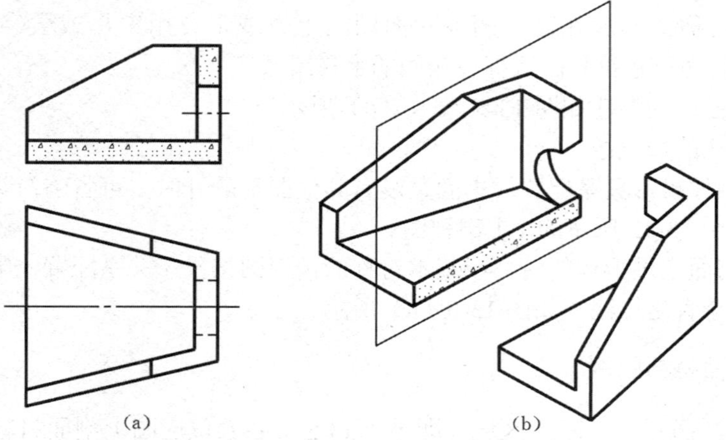
（a） （b）

图 13-6 全剖视图

（a）剖视图；（b）轴测图

如图 13-7 所示基础，形状完全对称，主视图和左视图都画成半剖视图。图 13-8 所示形体，形状接近于对称，主视图画成半剖视图，左视图画成全剖视图。这里省略了标注。

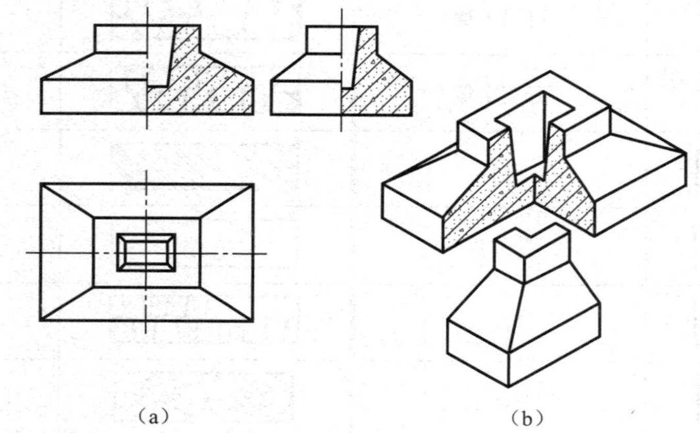
（a） （b）

图 13-7 完全对称形体的半剖视图

（a）剖视图；（b）轴测图

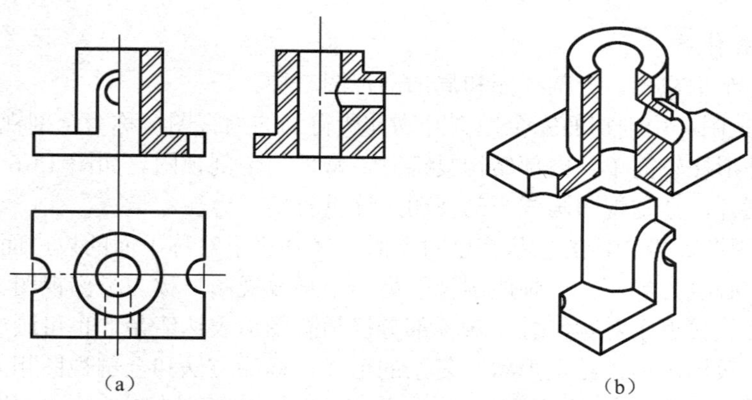
（a） （b）

图 13-8 接近对称形体的半剖视图

（a）剖视图；（b）轴测图

（3）局部剖视图。用剖切面局部地剖开物体所得到的剖视图称为局部剖视图。如图 13-9 所示的混凝土管。

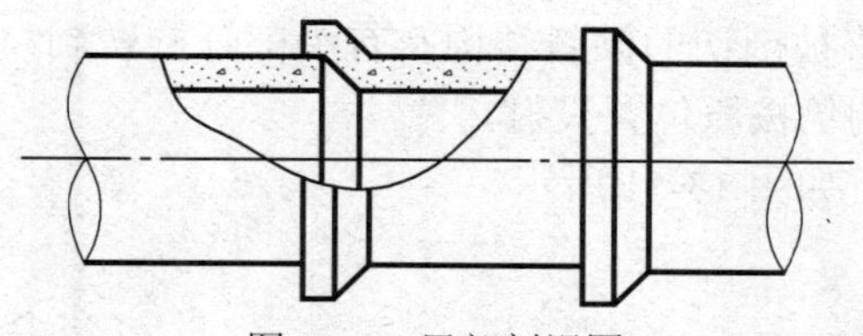

图 13-9　局部剖视图

局部剖视图是一种灵活且应用广泛的表达方法，剖开的部位表达物体的内部结构，不剖的部分则表达物体的外形。这种方法适用于内、外部结构都需要表达的不对称形体，或部分内部结构需要表达，而没有必要画成全剖视的形体。但在一个视图中，采用局部剖视图的部位不宜过多，否则会影响图形的清晰。

剖切范围以波浪线作为分界，波浪线不应与现有的图线重合或画在其延长线上，不应穿越孔洞部位，也不能超出视图之外，当剖切位置明显时，局部剖视图的标注也可省略。

2. 剖切面的种类

剖切面的种类分为单一剖切面、几个相交的剖切面（交线垂直于某一投影面）、几个平行的剖切面。根据物体的结构特点，可选择恰当的剖切方法。

（1）单一剖切面。

当剖切面平行于某基本投影面时，如前所述的全剖视图、半剖视图、局部剖视图，是最常用的剖切方法。

当剖切面不平行于任何基本投影面时，剖开物体所得的剖视图称为斜剖视图。斜剖视图用于表达物体倾斜部位的实际形状。画斜剖视图时，应标注，可按投影关系配置，也可配置在其他位置，在不至引起误解时也可将图形旋转，如图 13-10 所示的 *A-A* 剖视图。

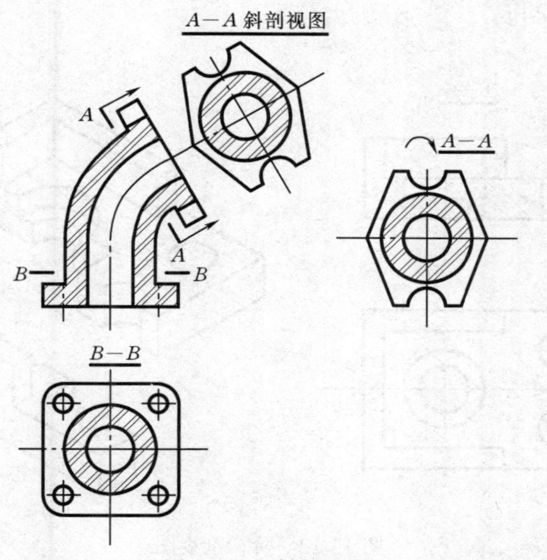

图 13-10　斜剖视图

（2）几个相交的剖切面（交线垂直于某一投影面）。

用两个相交的剖切面剖开形体所得到的剖视图称为旋转剖视图。

旋转剖视图适用于一个剖切面剖切无法表达内部结构，又具有回转轴的形体。

画旋转剖视图时，应将被剖切的倾斜结构及有关部分旋转到与选定的基本投影面平行后再进行投射，未剖到的结构仍按原位置投射。

旋转剖视图必须标注，如图 13-11 所示。

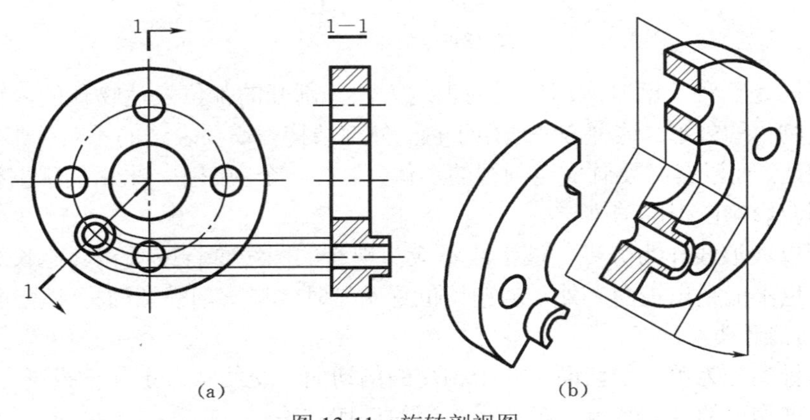

图 13-11 旋转剖视图

（a）剖视图；（b）轴测图

（3）几个平行的剖切面。

用几个互相平行的剖切面剖开形体所得的剖视图称为阶梯剖视图。

阶梯剖视图适用于有较多内部结构需要表达，用一个剖切面不能同时剖到这些内部结构的形体。

阶梯剖视图应标注，如图 13-12 所示。剖切面的转折处不应与图上轮廓线重合，当转折处地方有限时，也可省略字母。

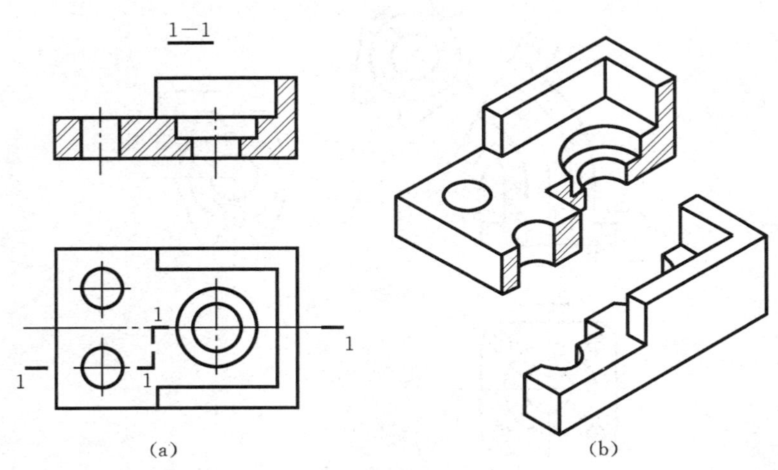

图 13-12 阶梯剖视图

（a）剖视图；（b）轴测图

画阶梯剖视图时，由于是假想剖切，剖切面转折处的界线不应画出，如图 13-13（a）所示。同时应正确选择剖切面位置，图形内不能因剖切而产生不完整要素，如图 13-13（b）所示。仅当两个要素具有公共对称轴线时，才可出现不完整要素，此时两要素应以对称轴线为界，各画一半，如图 13-14 所示。

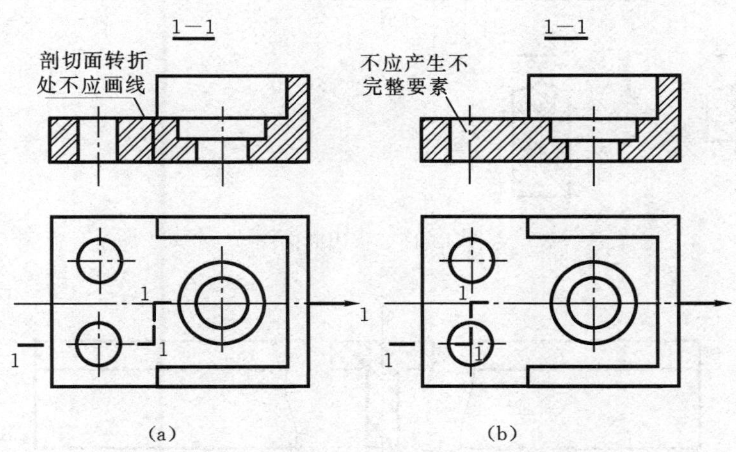

图 13-13　错误的阶梯剖视图

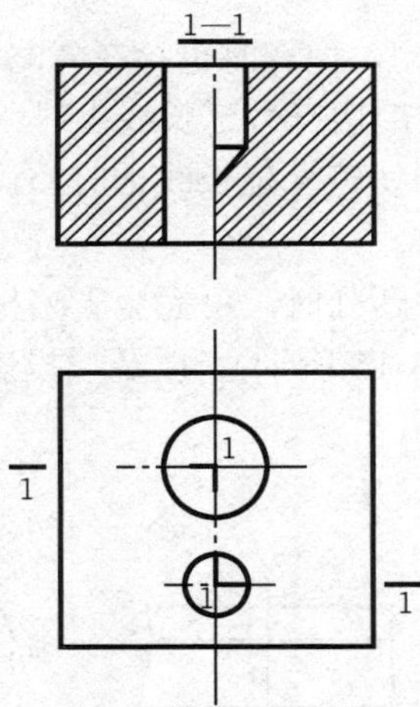

图 13-14　允许出现不完整要素的阶梯剖视图

五、断面图的种类和画法

断面图分为移出断面图和重合断面图两种。

1. 移出断面图

画在视图轮廓线之外的断面图称为移出断面图。

移出断面图的轮廓线用粗实线绘制，可配置在剖切符号的延长线上（如图 13-15 所示 1-1 断面图），也可配置在其他适当位置（如图 13-15 所示 2-2、3-3 断面图），断面图形对称时也可画在视图的中断处，如图 13-16 所示。

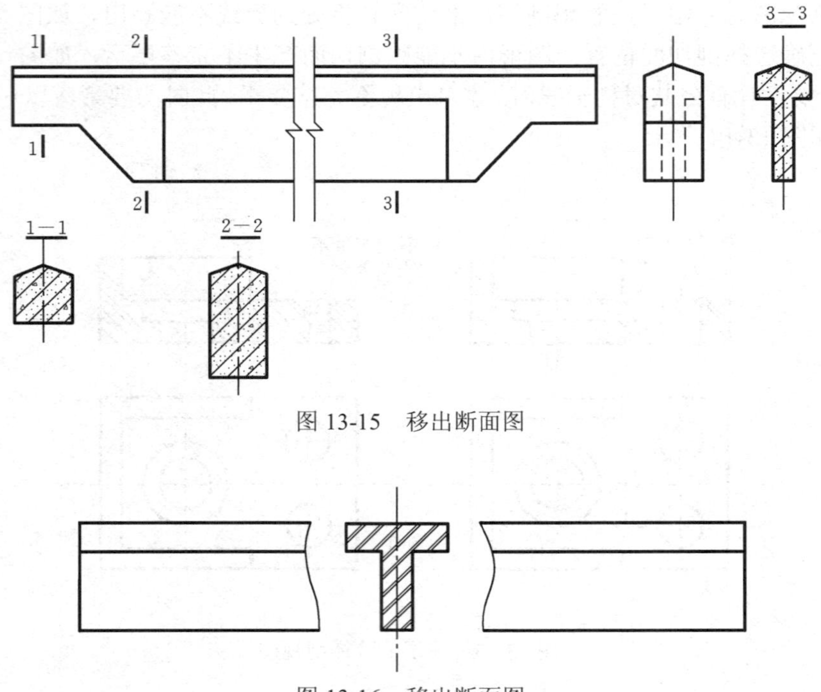

图 13-15 移出断面图

图 13-16 移出断面图

移出断面图的标注与剖视图相同，但有时也存在省略标注的情况：

（1）不对称移出断面图配置在剖切符号延长线上时，可省略名称，如图 13-17（a）所示。

（2）对称移出断面图配置在剖切符号延长线上时，可完全省略标注，仅用细点划线表示剖切位置如图 13-17（b）所示。

（3）移出断面图画在视图的中断处时，可完全省略标注，如图 13-16 所示。

（4）对称移出断面图（如图 13-15 所示），以及按投影关系配置的不对称移出断面图，如图 13-17（c）所示，可省略箭头。

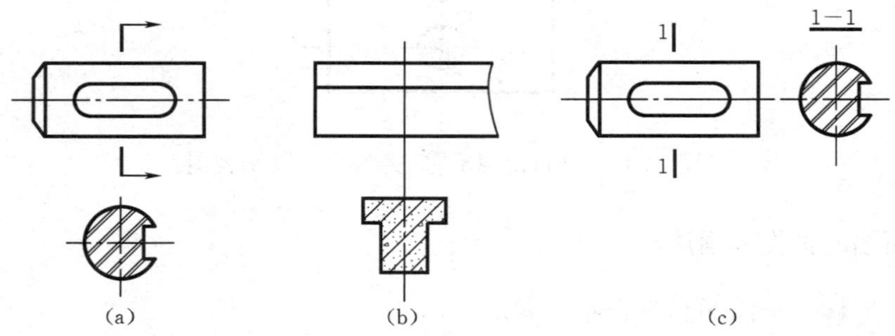

图 13-17 移出断面图的标注

2. 重合断面图

画在视图轮廓线之内的断面图称为重合断面图。

当物体断面形状简单，不影响图形清晰的情况下，可采用重合断面图。

重合断面图的轮廓线用细实线绘制，当视图中轮廓线与重合断面图轮廓线重叠时，视图中轮廓线仍连续画出，不可间断。

对称的重合断面图可完全省略标注，如图 13-18（a）所示；不对称的重合断面图，不必标注名称，但应标注剖切位置和投射方向，如图 13-18（b）所示。

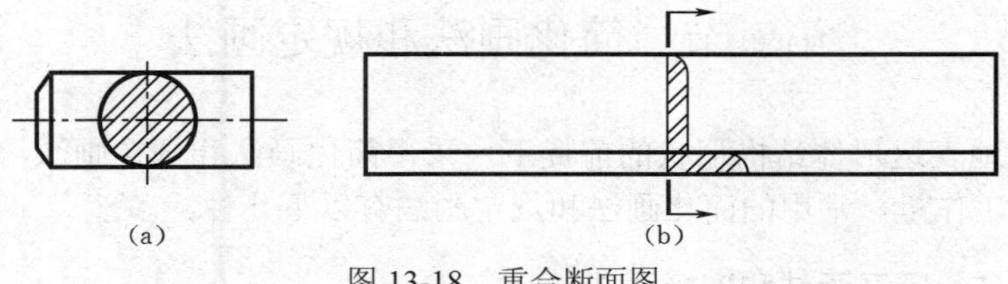

图 13-18　重合断面图

六、画剖视图和断面图应注意的问题

（1）剖视图和断面图是假想将形体剖切后得到的图形，因此，形体某一视图画成剖视后，未取剖视的视图不受影响，仍完整画出，如图 13-19 所示。

（2）画剖视图时，未剖到的可见轮廓线应画出，不要漏线，如图 13-20 所示。

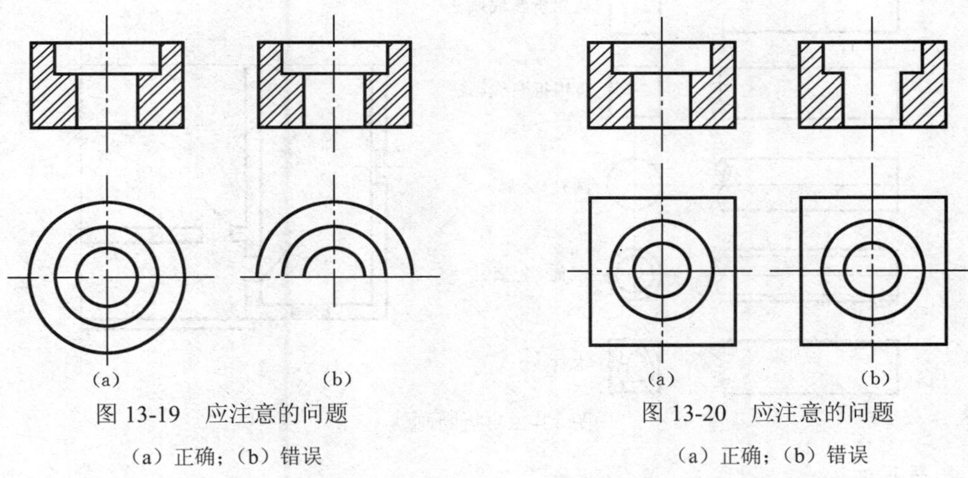

图 13-19　应注意的问题

（a）正确；（b）错误

图 13-20　应注意的问题

（a）正确；（b）错误

（3）在其他视图上已经表达清楚的结构，在剖视图上的虚线一般省略不画。同理，在剖视图上已经表达清楚的结构，在其他视图上的虚线也省略不画，如图 13-21 所示。

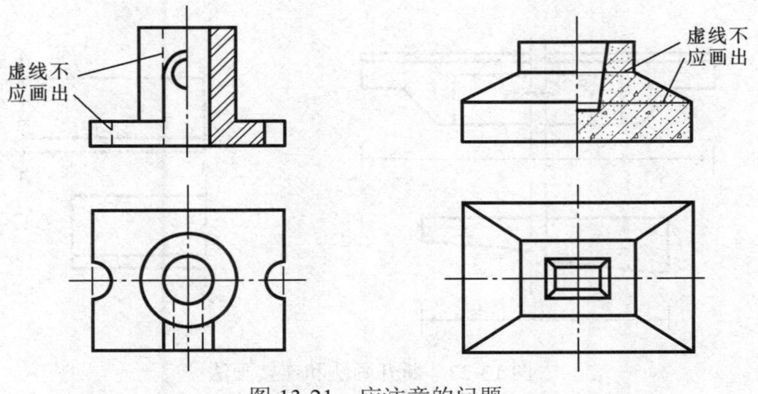

图 13-21　应注意的问题

（4）注意区分剖视图和断面图，断面图只画剖到的断面部分，而剖视图可见轮廓线都应画出，如图 13-5 所示。

第三节　简化画法和规定画法

在完整清晰地表达形体结构形状的前提下，采用简化画法和规定画法，可使绘图、看图简便，减少绘图工作量。常用的简化画法和规定画法有以下几种。

一、折断画法、断开画法和连接画法

1. 折断画法

当只需表达形体某一部分的形状时，可假想将不要的部分折断，只画出需要的部分，并在折断处画出折断线。不同形状和材料的形体，折断线的画法如图 13-22 所示。

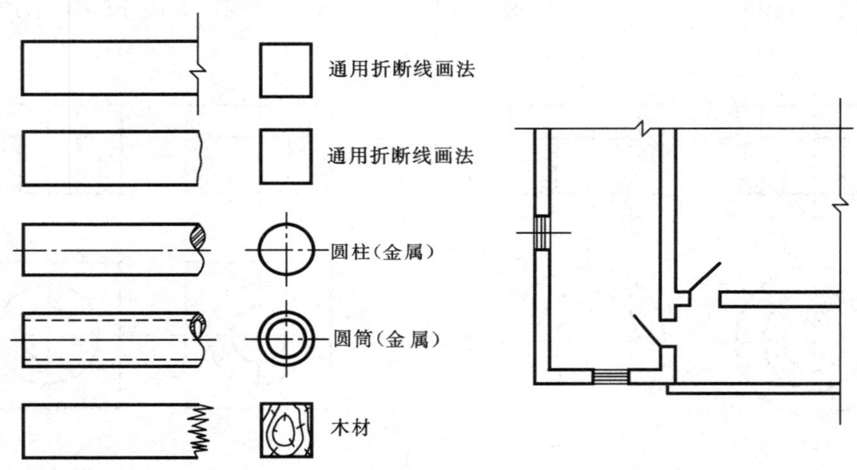

图 13-22　折断画法

2. 断开画法

对于较长，且沿长度方向的断面形状一致或按一定规律变化的形体，可断开后缩短绘制，断裂处用波浪线或折断线表示，但尺寸应按总长标注，如图 13-23（a）所示。

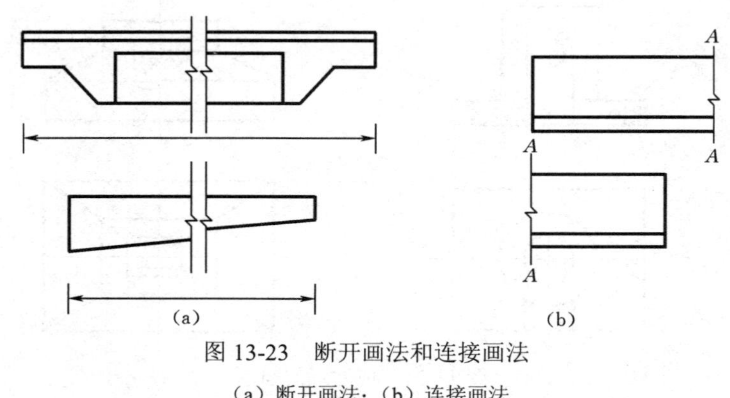

图 13-23　断开画法和连接画法

（a）断开画法；（b）连接画法

3. 连接画法

当形体较长，图纸空间有限，形体需全部表达时，可采用连接画法将其分段绘制，并标注连接符号和字母表示图形的连接关系，如图 13-23（b）所示。

二、剖面符号省略画法

在不致引起误解时，移出断面图的剖面材料符号可以省略，但剖切位置和断面图必须遵照规定标注，如图 13-24（a）所示。

三、对称图形的简化画法

在不致引起误解的情况下，对称的形体可只画一半或四分之一，并画出对称符号，如图 13-24（b）所示。

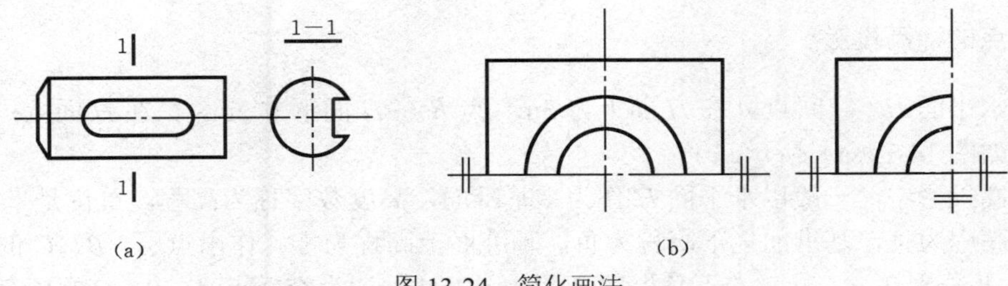

图 13-24　简化画法

四、规定画法

对于形体上的肋、支撑板、薄壁以及实心的柱、墩、桩、杆、梁、轴等，如按纵向剖切，这些结构都不画剖面材料符号，并用粗实线将其与邻接的部分隔开。若按横向剖切，则这些结构仍画剖面材料符号，如图 13-25 所示。

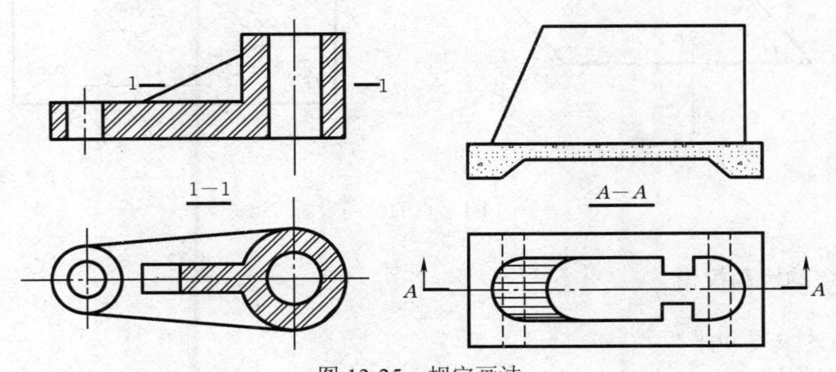

图 13-25　规定画法

第十四章　标高投影

工程建筑物是建在地面上或地面下的，与地面产生交线。而地形面往往是不规则的复杂曲面，很难用正投影的方法表达清楚，标高投影则能够很好地解决这个问题。标高投影法是在水平投影上标注高度数字表达空间形体的图示方法，由此得到的单面正投影图称为标高投影图。

第一节　点和直线

一、点的标高投影

已知水平面 H，空间点 A 在 H 面上方 3m，点 B 在 H 面下方 2m，C 在 H 面上，求作其标高投影，如图 14-1（a）所示。

在标高投影中，一般以水平面 H 作为零基准面，高度数字称为高程，单位是米（m）。基准面之上高程为正，基准面之下高程为负，基准面上高程为零。作出点 A、B、C 的水平投影 a、b、c，并分别在 a、b、c 右下角标注高程 3、-2、0，即为空间点 A、B、C 的标高投影，如图 14-1（b）所示。

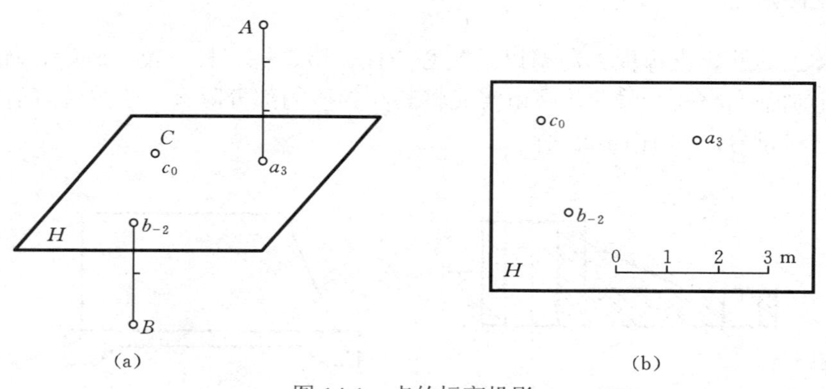

图 14-1　点的标高投影

二、直线的标高投影

1. 直线的坡度和平距

（1）直线的坡度 i：直线上两点的高差 H 与其水平距离 L 之比称为该直线的坡度，记为 i。如图 14-2（a）中，直线 AB 的坡度为

$$i = \tan\alpha = \frac{H}{L} = \frac{3-2}{4} = \frac{1}{4}$$

（2）直线的平距 L：直线上两点高差为 1 时的水平距离称为该直线的平距，记为 L。如图 14-2（a）中，直线 AB 的平距为

$$l=\frac{1}{\tan\alpha}=\frac{L}{H}=\frac{4}{3-2}=4$$

从上式可见，坡度与平距互为倒数，即

$$l=\frac{1}{i}$$

也就是说，直线的坡度越小则平距越大，直线的坡度越大则平距越小。

2. 直线的标高投影表示法

（1）直线上两点的标高投影。如图 14-2（b）所示，连接 A 和 B 两点的标高投影 a_3 和 b_2，即为直线 AB 的标高投影。

（2）直线上一点的标高投影和直线的方向，标注坡度数字和箭头，箭头指向下坡。如图 14-2（b）下图中点 A 的标高投影及直线的方向，直线的坡度 i=1:4。

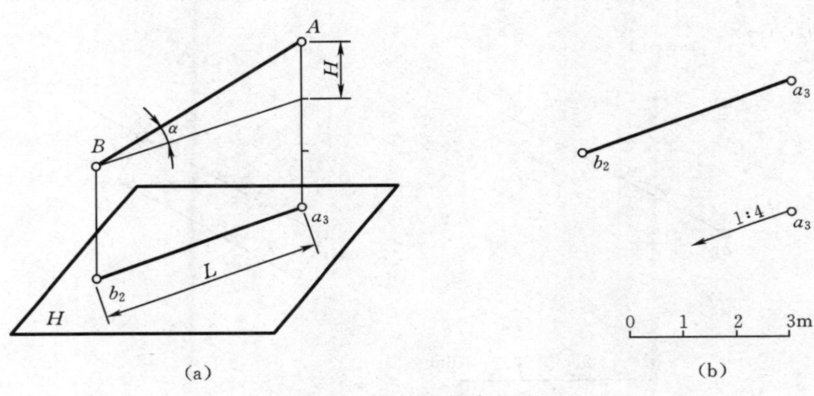

图 14-2　直线的标高投影

3. 直线上的点

【例 14-1】已知直线 AB 的标高投影，求该直线的坡度、平距及线上整数高程点，如图 14-3（a）所示。

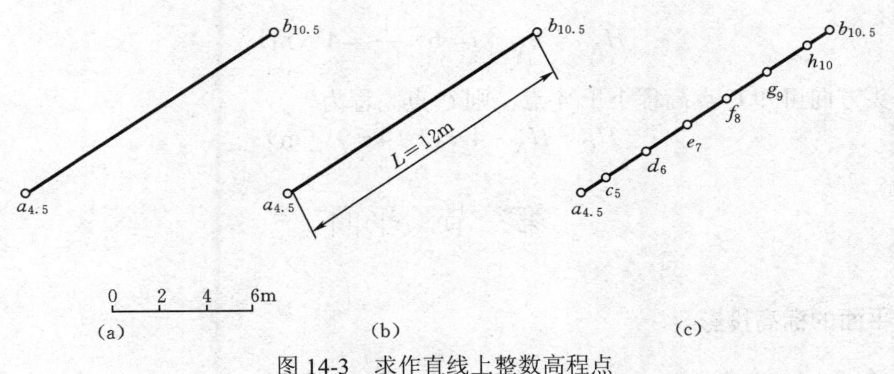

图 14-3　求作直线上整数高程点

（a）已知；（b）量取水平距离 L_{AB}；（c）定出整数高程点

解

（1）求坡度和平距。根据绘图比例尺量得 A、B 两点水平距离 L_{AB} 为 12m，如图 14-3（b）所示，则直线的坡度为

$$i=\frac{H_{AB}}{L_{AB}}=\frac{10.5-4.5}{12}=\frac{1}{2}$$

直线的平距为

$$l=\frac{1}{i}=2$$

（2）求整数高程点。A 点与高程为 5m 的点 C 之间的水平距离 L_{AC} 为

$$L_{AC}=\frac{H_{AC}}{i}=0.5\times 2=1\text{m}$$

从 A 到 B 的方向上按绘图比例量取水平距离 1m 则为 c_5。因为平距为 2，高程为 6、7、8、9、10m 各点之间的水平距离均为 2m。从 C 到 B 的方向按绘图比例依次量取 2m，则得到 d_6、e_7、f_8、g_9、h_{10}，如图 14-3（c）所示。

【例 14-2】已知直线上点 A 的标高投影，直线的坡度及方向，求直线上点 C 的高程，如图 14-4（a）所示。

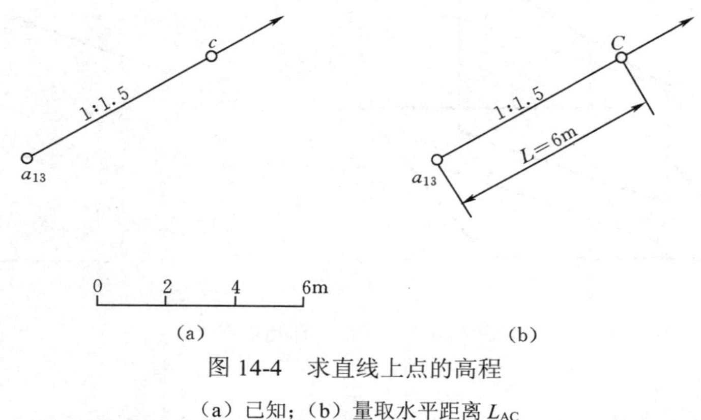

图 14-4　求直线上点的高程

（a）已知；（b）量取水平距离 L_{AC}

解　根据绘图比例尺量得 A、C 两点水平距离 L_{AC} 为 6m，如图 14-4（b）所示，则两点高差为

$$H_{AC}=L_{AC}\times i=6\times\frac{1}{1.5}=4\text{（m）}$$

由箭头方向可知 C 点高程小于 A 点，则 C 点高程为

$$H_C=H_A-4=13-4=9\text{（m）}$$

第二节　平面

一、平面的标高投影

1. 平面内的等高线

如图 14-5（a）所示，一平面 P 倾斜放置，且与基准面 H 的交线为一条高程 0m 的直线，平面 P 内高程分别为 1、2、3m 的直线为一组互相平行的水平线，其上所有点的高程均相等，且当相邻水平线间的高差相等时，它们的水平距离也相等，这组水平线称为等高线。

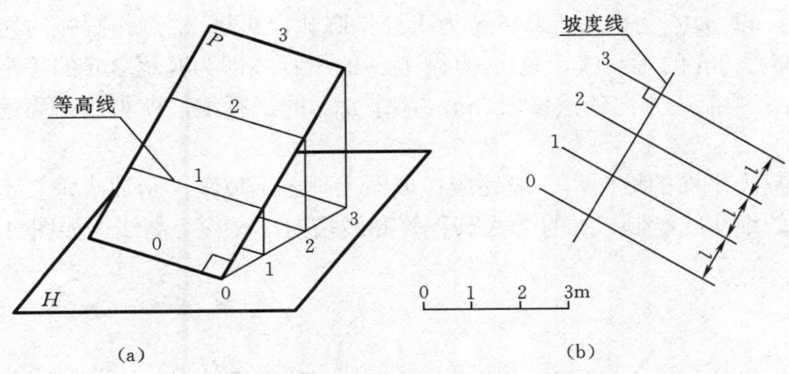

(a)　　(b)

图 14-5　平面上的等高线和坡度线

2. 平面内的坡度线

平面内与等高线垂直的直线称为坡度线，也是平面上对水平面的最大坡度线，它的坡度就是平面 P 的坡度。等高线和坡度线的标高投影如图 14-5（b）所示，可见当相邻等高线高差为 1m 时，其水平距离为 1。

二、平面的表示法和平面内的等高线作法

1. 平面的标高投影表示法

（1）平面上一条等高线和坡度线（指向下坡并标注坡度）表示平面，如图 14-6（a）所示。

（2）平面上任意一条直线和大致坡度线（虚线，指向下坡并标注坡度）表示平面，如图 14-6（b）所示。

2. 平面内的等高线作法

【例 14-3】求作图 14-6 所示平面内高程为 0、1、2 的等高线。

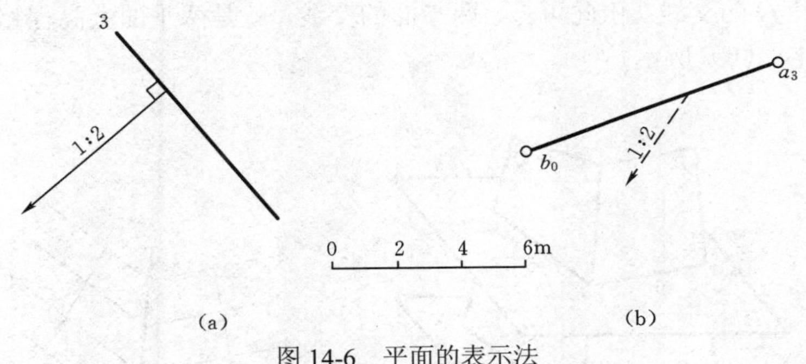

(a)　　(b)

图 14-6　平面的表示法

解

（1）图 14-6（a）所示平面，平距 l=2m，根据绘图比例尺，在坡度线指向下坡方向依次量取 2m，并作 3m 等高线的平行线，即高程分别为 2、1、0m 的等高线。

（2）图 14-6（b）所示平面，平距 l=2m，线段 AB 两端点高程分别为 0m 和 3m，故 AB 并非平面上的等高线，这里可先作高程为 0m 的等高线。

0m 等高线和 3m 等高线之间的水平距离为

$$L=\frac{H}{i}=3\times2=6\,\text{m}$$

根据绘图比例，以 a_3 点为圆心，R=6m 为半径做圆弧，再过 b_0 点作圆弧的切线，得到切点 c_0，b_0c_0 即为高程 0m 的等高线，过 a_3 点做 b_0c_0 的平行线即为高程 3m 的等高线，因为平距 l=2m，在 a_3c_0 上顺箭头方向依次量取 2m，并作 b_0c_0 的平行线，就得到了高程分别为 2、1m 的等高线。

为直观地反映平面的坡向，一般还应在坡面上画出示坡线，示坡线垂直于等高线，用长短相间且等距的细实线绘制，并且由大高程等高线指向小高程等高线，如图 14-7（a）、（b）所示。

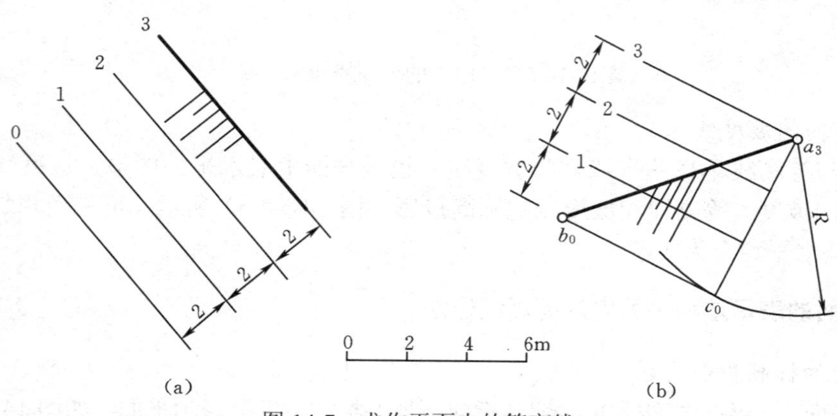

图 14-7 求作平面内的等高线

三、平面与平面相交

图 14-8（a）所示两平面 P 和 Q 相交，假如用高程分别为 3、6m 的水平面去截，则在 P 和 Q 上都能得到高程为 3m 和 6m 的等高线，3m 等高线交于 L 点，6m 等高线交于 K 点，则 KL 就是平面 P 和 Q 的交线。由此可见，两平面的交线，就是两平面上高程相同的等高线交点的连线，如图 14-8（b）所示。

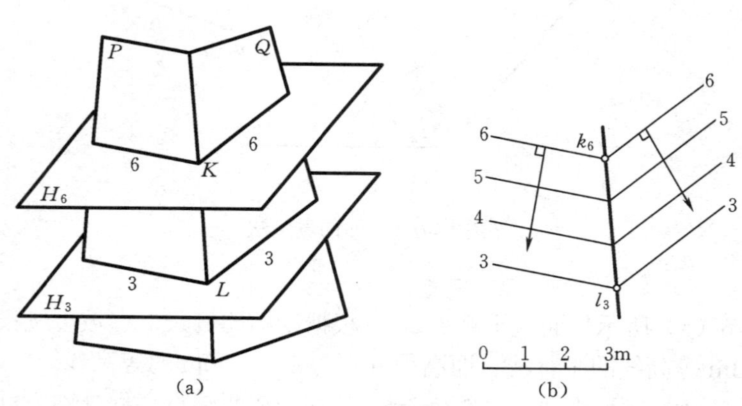

图 14-8 两平面的交线

在工程当中，把建筑物相邻两坡面的交线称为坡面交线。若坡面在地面之下，称为挖方坡面，坡面与地面的交线称为开挖线；若坡面在地面之上，称为填方坡面，坡面与地面的交线称为坡脚线。

【例 14-4】已知地面高程为 0m，坑底高程为-2m，各坡面坡度如图 14-9（a）所示，求开挖线和坡面交线。

解

（1）求开挖线。坑底形状是六边形，即为六条高程为-2m 的等高线，地面高程为 0m，因此开挖线就是六条与坑底边线平行且高程为 0m 的等高线。这里需求各边坡 0m 等高线与-2m 等高线的水平距离 L。

对于 I=1:1 的边坡

$$L_1 = \frac{H}{i} = 2 \times 1 = 2\,\text{m}$$

对于 I=1:1.5 的边坡

$$L_2 = \frac{H}{i} = 2 \times 1.5 = 3\,\text{m}$$

根据绘图比例，作出开挖线，如图 14-9（b）所示。

（2）求坡面交线。连接相邻两坡面-2m 等高线的交点和 0m 等高线的交点，就是坡面交线，共有六条。最后画出各坡面的示坡线。如图 14-9（b）所示。可以看出，当相邻两坡面坡度相等时，坡面交线是两坡面上相同高程等高线夹角的角平分线。

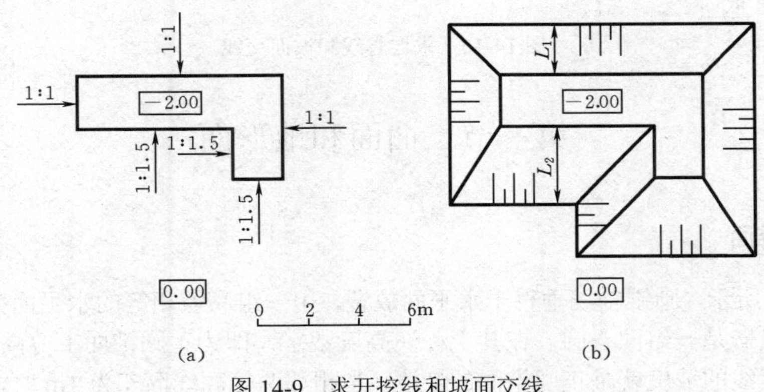

图 14-9　求开挖线和坡面交线

【例 14-5】已知地面高程为 0m，平台高程为 2m，有一斜引道从地面通向平台，平台和斜引道坡度如图 14-10（a）所示，求坡脚线和坡面交线。

解

（1）求坡脚线。即求高程为 0m 的等高线。平台边缘是高程为 2m 的等高线。0m 等高线和 2m 等高线间的水平距离为

$$L = \frac{H}{i} = \frac{2-0}{1} = 2\,\text{m}$$

根据绘图比例作出平台坡面与地面的交线。

分别以 c_2、d_2 为圆心，R=2m 为半径作圆弧，再分别过 a_0、b_0 做两个圆弧的切线，即为斜引道与地面的交线，如图 14-10（b）所示。

（2）求坡面交线。平台与斜引道的坡脚线交于 e_0、f_0 两点，分别连接 c_2e_0、d_2f_0，即为坡面交线，最后画出示坡线，如图 14-10（c）所示。

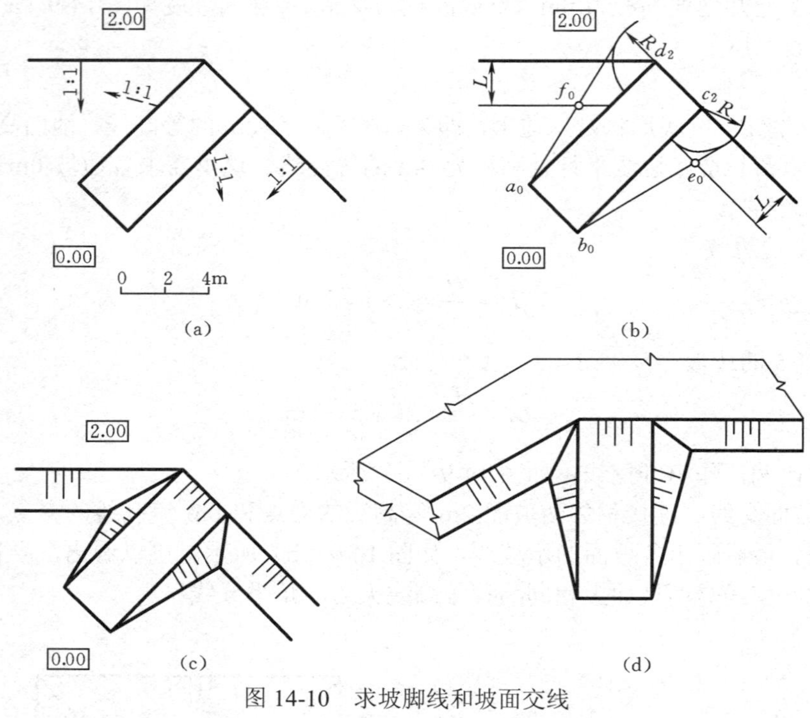

图 14-10 求坡脚线和坡面交线

第三节 曲面和地形面

一、正圆锥面

如图 14-11 所示，圆锥轴线垂直于水平面放置，用一组高差相等的水平面截切圆锥，得到的截交线水平投影是一组同心圆，在其上标注高度数字，即为正圆锥面上等高线的标高投影。圆锥上任一条素线的坡度就是正圆锥面的坡度，当相邻两等高线高差为 1m 时，相邻两同心圆半径之差为平距 1。

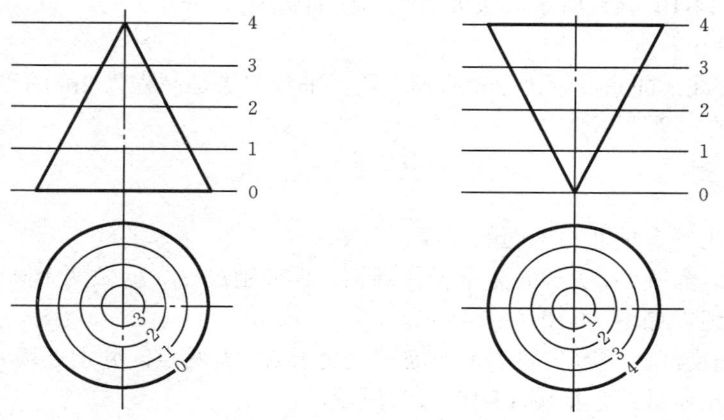

图 14-11 正圆锥面的标高投影

【例 14-6】在高程为 1m 的地面上修建一圆形平台，平台顶高程为 4m，半径为 r_1。有一斜引道从地面通向平台，平台四周坡度和斜引道两侧坡度均为 1:1，如图 14-12（a）所示，求坡脚线和坡面交线。

解

（1）求坡脚线。即求高程为 1m 的等高线。平台边缘是高程为 4m 的等高线。1m 等高线和 4m 等高线间的水平距离为

$$L=\frac{H}{i}=\frac{4-1}{1}=3\,\text{m}$$

根据绘图比例，以 a_4 为圆心，$R=r_1+3$m 为半径作圆弧，即为平台坡面与地面的交线。

分别以 d_4、e_4 为圆心，r=3m 为半径作圆弧，再分别过 b_1、c_1 做两个圆弧的切线，即为斜引道与地面的交线，如图 14-12（b）所示。

（2）求坡面交线。需注意的是，平台的坡面是曲面，而斜引道两侧的坡面是平面，坡面交线应该是一条曲线。为准确地求出坡面交线，可先求出曲线上若干点，也就是说，分别作出两坡面上高程为 2、3m 的等高线，再光滑连接相邻面上相同高程等高线的交点，即为坡面交线。圆形平台坡面上的等高线为一组半径相差为 1m 的同心圆，斜引道坡面上的等高线是一组水平距离相差为 1m 的平行直线。最后画出示坡线，如图 14-12（c）所示。

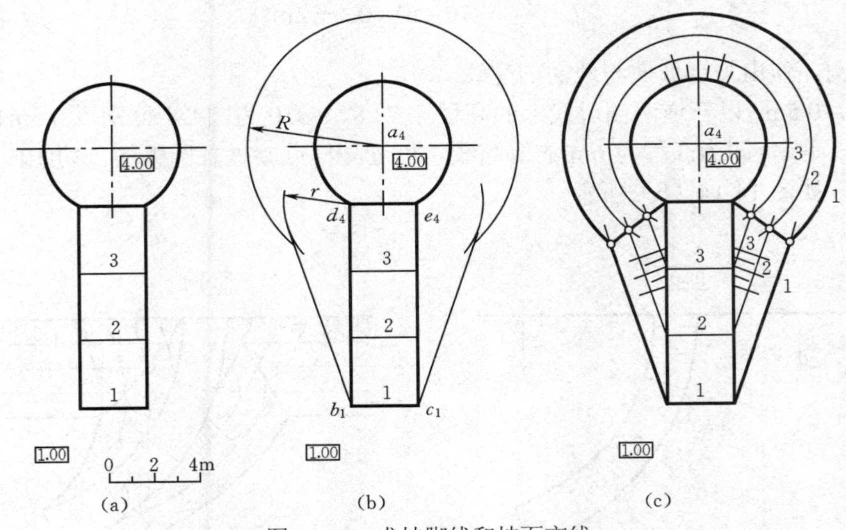

图 14-12　求坡脚线和坡面交线

二、同坡曲面

同坡曲面的形成如图 14-13（a）所示，有一空间曲导线 AD，正圆锥的轴线始终垂直于水平面，锥顶沿曲导线运动且锥顶角不变，所有正圆锥的包络面就是同坡曲面。

同坡曲面有如下特点：

（1）同坡曲面的坡度就是正圆锥面的坡度。

（2）同坡曲面上的等高线与所有正圆锥面上同高程的等高线都相切。如图 14-13（a）中同坡曲面上的 0m 等高线，就是所有正圆锥面上 0m 等高线的包络线，切点分别为 b_0、c_0、d_0，同坡曲面与正圆锥面的切线分别为 B_1b_0、C_2c_0、D_3d_0。

同坡曲面在工程中常用于道路爬坡拐弯的两侧边坡。如图 14-13（b）所示。

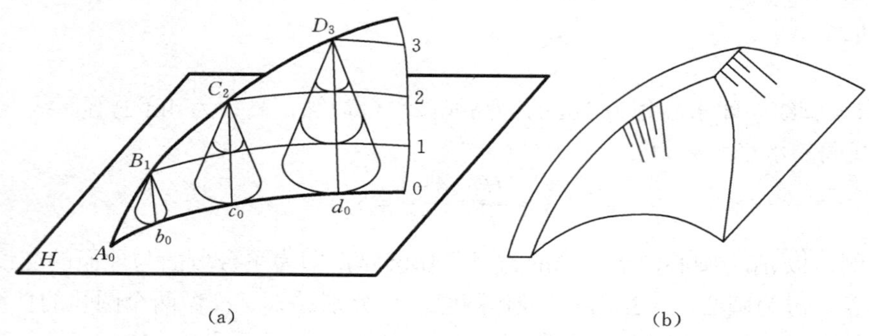

图 14-13 同坡曲面的形成

【例 14-7】已知地面高程为 6m，平台高程为 10m，有一弯曲坡道从地面通向平台，平台坡度和弯曲坡道两侧坡度均为 1:0.5，如图 14-14（a）所示，求坡脚线和坡面交线。

解

（1）求坡脚线。即求高程为 6m 的等高线。平台边缘是高程为 10m 的等高线。10m 等高线和 6m 等高线间的水平距离为

$$L=\frac{H}{i}=(10-6)\times 0.5=2\,\text{m}$$

根据绘图比例，作出平台坡面与地面的交线。

因平距 l=0.5m，以弯道两侧边线上的高程点 7、8、9、10 为圆心，分别以 0.5m、1m、1.5m、2m 为半径作圆弧，即为高程为 6m 的等高线，再过高程点 6 做各圆弧的公切线，即为弯道与地面的交线，如图 14-14（b）所示。

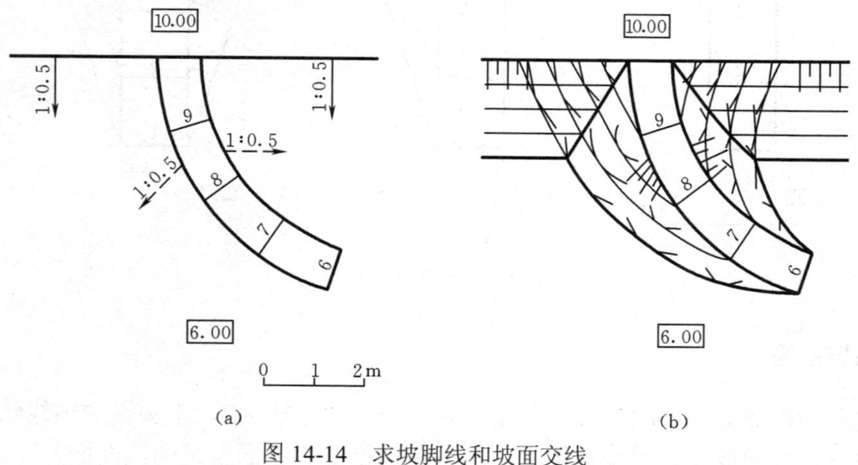

图 14-14 求坡脚线和坡面交线

（2）求坡面交线。坡面交线是一条曲线，为准确地求出坡面交线，先求出曲线上若干点，如前所述，分别作出平台坡面和弯道坡面上高程为 7、8、9m 的等高线，再光滑连接相邻面上相同高程等高线的交点，即为坡面交线。最后画出示坡线，如图 14-14（b）所示。

三、地形面

地形表面一般是不规则曲面。用一组高差相等的水平面去截切地形面，得到一组截交线，作截交线的水平投影，为一系列不规则的曲线，即为地形等高线，在其上标注高度数字，就是地形面的标高投影，也称为地形图。如图 14-15 所示。图中逢“0”、“5”的等高线画成粗实线，称为计曲线。根据等高线的间距和高度数字可判断出，等高线越密集，地势越陡，等高线越稀疏，则地势越平缓。

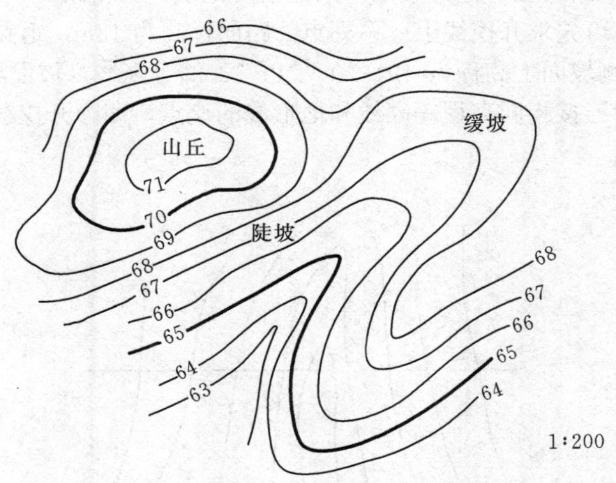

图 14-15 地形面的标高投影

地形图无法直观地反映地面的起伏情况，若用铅垂面截切地形面，则得到地形的断面形状，称为地形断面图，地形断面图可以形象地反映地面的起伏情况。如图 14-16 所示为地形 1—1 断面图的作法。

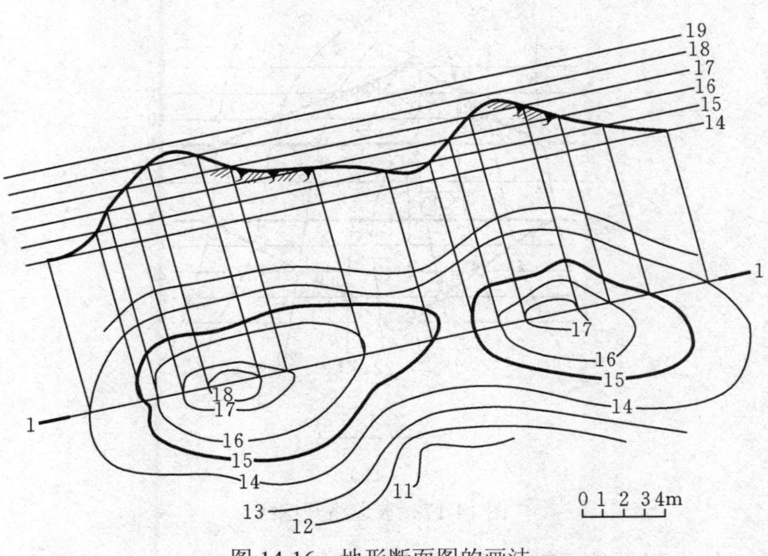

图 14-16 地形断面图的画法

第四节　标高投影在工程中的应用示例

【例 14-8】已知地形面的标高投影，要在地面上修一平直路段，道路中轴线如图 14-17（a）所示，路宽 6m，路面标高 18m，道路两侧边坡的坡度为 1:2，求道路坡面与地面的交线。

解

（1）确定道路宽度边界。已知路宽 6m，由绘图比例可定出道路边界线。由图可知路面标高低于地面标高，故路两侧为挖方坡面，只需求开挖线。开挖线是一条不规则曲线。

（2）求开挖线。可先求开挖线上一系列点。路面标高为 18m，道路边界就是高程为 18m 的等高线，作出路两侧坡面上高程为 19、20、21、22 的等高线，坡面坡度为 1:2，故相邻等高线间距为 2m，光滑连接相同高程等高线和地形线的交点，即为开挖线，如图 14-17（b）所示。最后画出示坡线。

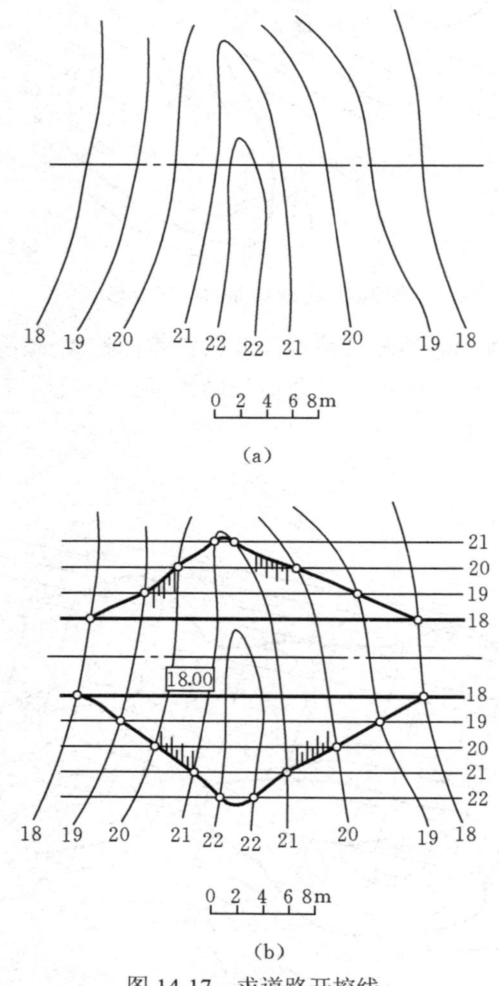

图 14-17　求道路开挖线

【例 14-9】已知地形面的标高投影，要在地面上修建一高程 21m 的平台，如图 14-18（a）所示，挖方坡度为 1:1.5，填方坡度为 1:2，求平台各坡面与地面的交线和坡面交线。

解

（1）确定填方和挖方坡面。由图 14-18（a）可看出，平台高程为 21m，高程为 21m 的地形线通过平台，则以 21m 地形线为界，上方地面高于平台，为挖方，下方地面低于平台，为填方。填方坡面均为平面，挖方坡面由平面和正圆锥面组成。

（2）求坡脚线。作出填方三个坡面上高程为 20、19、18 的等高线，填方坡面坡度为 1:2，故相邻等高线间距为 2m，光滑连接相同高程等高线和地形线的交点，得到三条坡脚线。连接相邻坡面等高线的交点即为坡面交线。相邻两坡面的坡脚线和它们的坡面交线应交于一点，如图 14-18（b）所示。

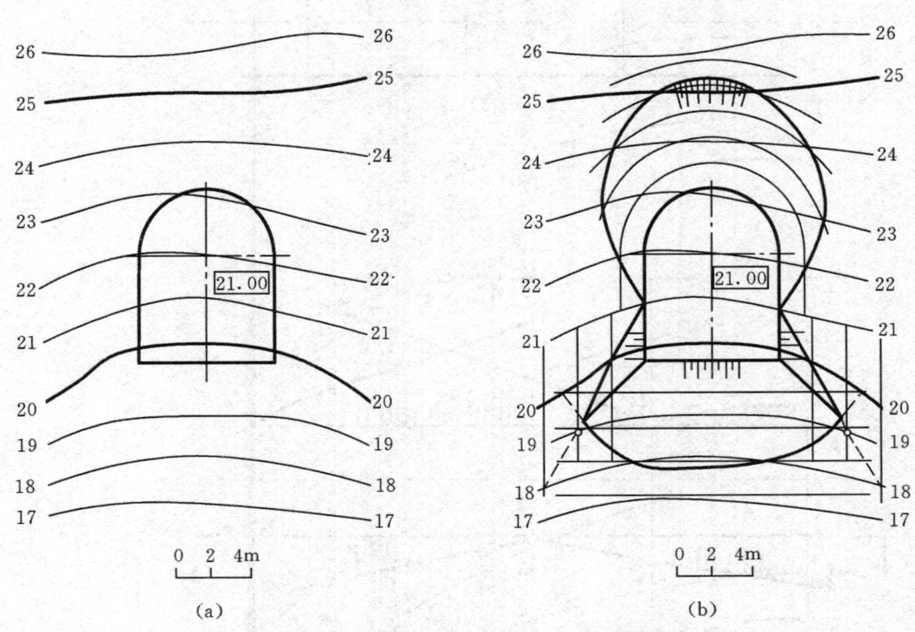

图 14-18　求坡脚线、开挖线和坡面交线

（3）求开挖线。作出挖方三个坡面上高程为 22、23、24、25 的等高线，相邻等高线间距为 1.5m，光滑连接同高程等高线和地形线的交点即为开挖线，因为平面和正圆锥面相切，因此无坡面交线。最后画出示坡线。

【例 14-10】在地面上修筑一条斜道，道路两侧挖方边坡坡度为 1:1，填方边坡坡度为 1:1.5，如图 14-19（a）所示，用断面法求道路坡面与地面的交线。

解　断面法适用于地形等高线与建筑物坡面上等高线接近平行，不易求出等高线交点的情况。

（1）作地形断面图。在斜道 31、32、33、34m 处取 4 个断面，作出 1-1、2-2、3-3、4-4 地形断面图及斜道断面图，此时需注意各断面处路面高程，判断填挖方及道路坡面坡度。

这时可得到斜道断面与地形断面的交点，如图 14-19（b）所示 1-1 断面图中的 *A*、*B* 两点，量取 *A*、*B* 两点到斜道轴线的距离，在地形图 1-1 断面处相应地定出 *A*、*B* 两点。同理在 2-2 断面处定出 *C*、*D* 两点，3-3 断面处定出 *E*、*F* 两点，4-4 断面处定出 *G*、*H* 两点。

（2）确定填方和挖方坡面。由图可看出，32m 地形等高线恰好通过路面上 32m 等高线与斜道边缘的交点，则 *D* 点为斜道上方填挖方坡面的分界点。斜道下方无法直接找到填挖方的分界点，可沿斜道下边缘做剖切，如图 14-19（b）所示在 5-5 断面处作地形断面图和斜道断面图，则得到斜道与地面的交点 K，在地形图上作出 K 点，即为斜道下方填挖方的分界点。

（3）求坡脚线和开挖线。分别依次连接 A、C、K 及 B、D，得到斜道两侧的开挖线，连接 K、E、G 及 D、F、H，得到斜道两侧的坡脚线。最后画出示坡线，如图 14-19（b）所示。

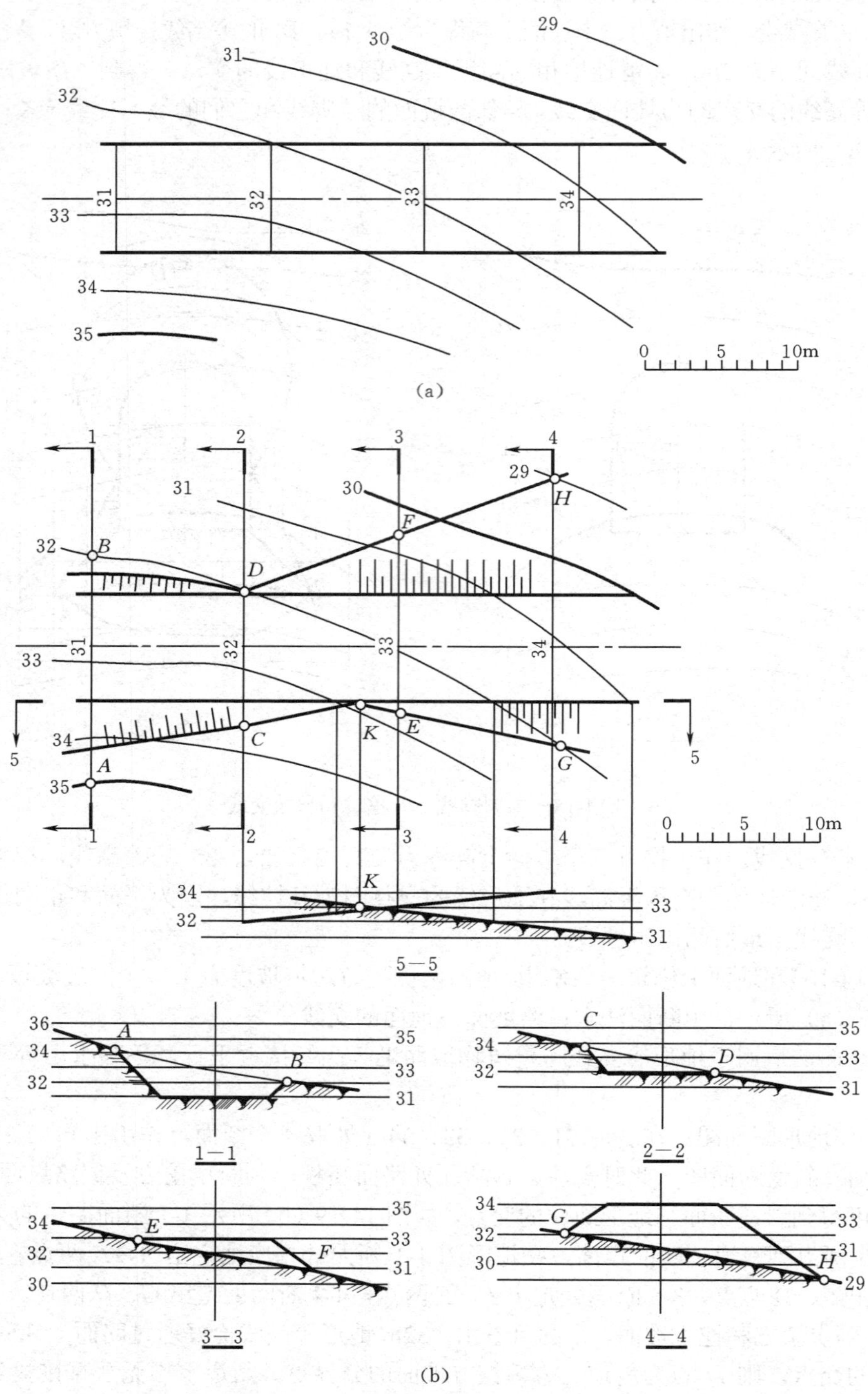

图 14-19 断面法求坡脚线和开挖线

第十五章　水利工程图

水利工程是指对自然界的水进行有效的控制和调配，达到兴利除害的目的而修建的各项工程措施的统称。水利工程中采用的各种建筑物称为水工建筑物，按所起的作用水工建筑物包括挡水建筑物（如拦河坝、拦河闸）、泄水建筑物（如溢流坝、溢洪道、隧洞）、取水建筑物（如水闸、扬水站）、输水建筑物（如渠道、渡槽）、整治建筑物（如丁坝、顺坝、护岸）及专门建筑物（如船闸、电站厂房）。在水域的适当地点集中布置若干个水工建筑物，各自发挥不同作用并协调工作的综合体称为水利枢纽，如三峡水利枢纽主要建筑物由大坝、水电站、通航建筑物等三大部分组成。

表达水利工程规划、枢纽布置和水工建筑物形状、尺寸及结构的图样称为水利工程图，简称水工图。水利工程往往综合性较强，在一套工程图中，除表达水工建筑外，一般还有机械、电气、工程勘测及水土保持等专业的内容。绘制水工图需参照行业制图标准，本章将参照现行的《水利水电工程制图标准》（SL73—95）的规定讲述水工图的表达方法。

第一节　水利工程图的表达方法

一、常用符号

水利工程图中常用符号的画法规定如下：

（1）表示水流方向的箭头符号，根据需要可按图 15-1（a）、（b）、（c）所示式样绘制。

（2）平面图中指北针根据需要可按图 15-1 中（d）、（e）、（f）所示式样绘制，其位置一般在图的左上角，必要时也可在右上角。

（3）若视图对称，为了减少幅面，节省绘图工作量，允许只画一半，标以对称符号。图形的对称符号应按图 15-1 中（g）所示式样用细实线绘制。对称线两端的平行线长度为6～8mm，平行线间距为 2～3mm。

（4）图形的连接符号应以折断线表示需连接的部位，以折断线两端靠图形一侧的大写拉丁字母表示连接编号。两个被连接的图形必须用相同的字母编号，如图 15-1（h）所示。

二、视图配置及名称

在水利工程中规定，对于河流顺水流方向观察时，左边称左岸，右边称右岸。在布置水工图时，习惯上使水流方向为自上向下或自左向右。

水工建筑物由于许多部分被土层覆盖，而且内部结构也较复杂，所以剖视、剖面应用较多。图 15-2 为陡坡结构图，采用平面图和 *A-A*、*B-B* 两个剖视图才能表达清楚。

绘制水利工程图时，应首先考虑便于读图。根据建筑物或构件的结构特点，选用适当的表达方法，在完整、清晰地表达建筑物或构件各部分形状的前提下，力求制图简便。

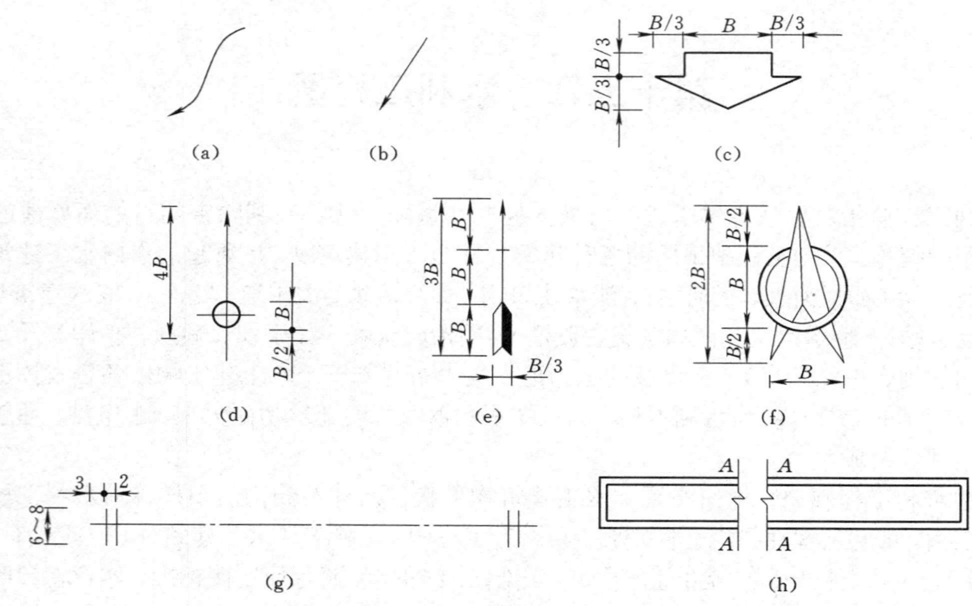

图 15-1 水利工程图中常用符号画法

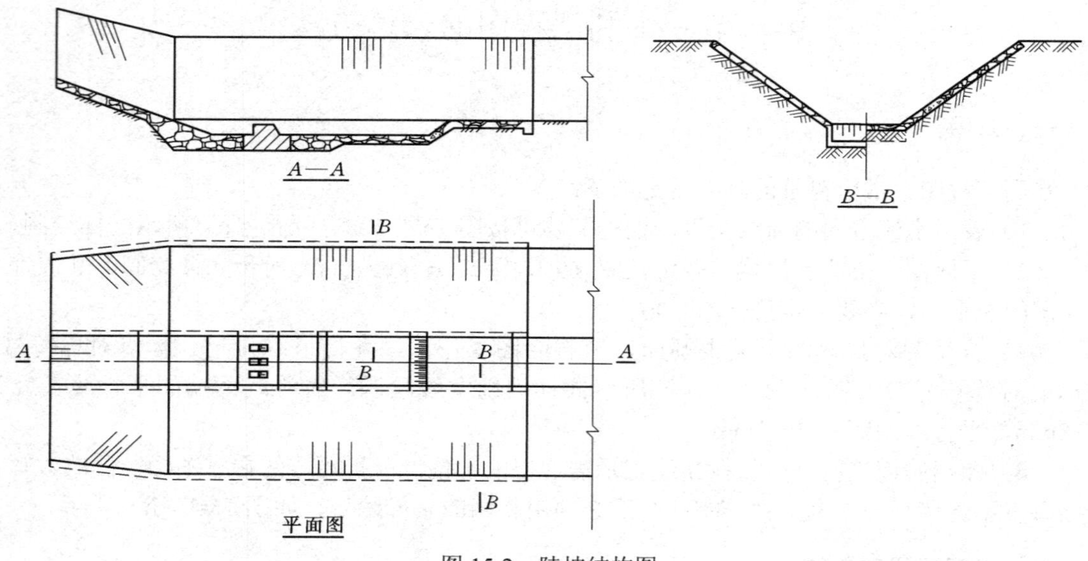

图 15-2 陡坡结构图

视图是物体向投影面投影时所得的图形，视图中一般只画出物体的可见轮廓线，必要时可画出不可见轮廓线。基本视图是物体向六个基本投影面投影所得的视图。水利工程图六个基本视图的名称规定为正视图、俯视图、左视图、右视图、仰视图和后视图。俯视图也可称为平面图，正视图、左视图、右视图、后视图也可称为立面图或立视图。

当视图与水流方向有关时，顺水流方向观察时，可称为上游立面（或立视）图。逆水流方向时，称为下游立面（或立视）图。如图 15-13 中的侧视图为上游立面图和下游立面图合并而成。

为了看图方便，图中每一个视图一般均应标注其名称，视图名称一般标注在图形的上方，并在图名下方绘一粗横线，其长度应以图名所占长度为准。

三、剖视图

剖视图（简称剖视）是假想用剖切平面剖开物体，将处在观察者和剖切平面之间的部分移去，而将其余的部分向投影面投影所得的图形，如图 15-3 所示。水工图中的剖视图除了全剖视、半剖视及局部剖视外，还常用到阶梯剖视、旋转剖及复合剖视等。剖视图一般均应标注图名。

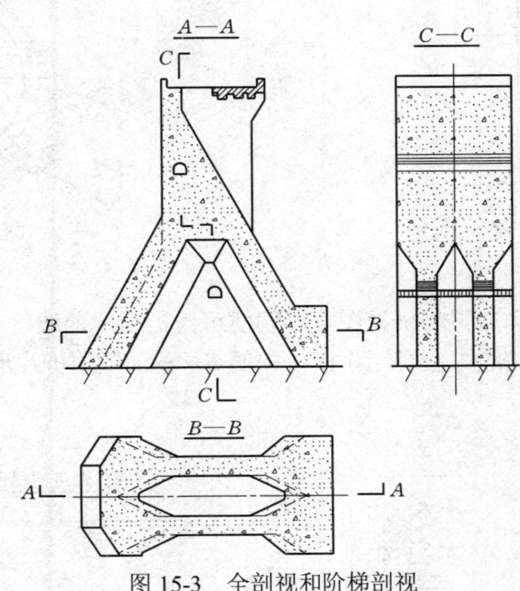

图 15-3　全剖视和阶梯剖视

1. 剖视图的剖切符号

（1）剖切符号应由剖切位置线和剖视方向线组成一直角，均应以粗实线绘制。剖切位置线的长度宜为 5～10mm，剖视方向线的长度宜为 4～6mm。剖切符号不宜与图面上的图线接触如图 15-3 所示。

（2）剖切符号的编号，宜采用阿拉伯数字或拉丁字母，按顺序由左至右，由下至上连续编号，并应注写在剖视方向线的端部。

（3）需要转折的剖切位置线，在转折处一般不标注字母或数字，如图 15-3 中的 *C—C* 剖视。但在转折处如与其他图线发生混淆，则应在转角的外侧加注相同的字母或数字，如图 15-4 中的 *B—B* 剖视。

2. 阶梯剖视

用几个互相平行的剖切平面剖开物体所得的剖视图。如图 15-3 中的 *C—C* 剖视及图 15-4 中的 *B—B* 剖视。

3. 旋转剖视

用两个相交的剖切平面剖开物体所得的剖视图。先按剖切位置剖开物体，然后将被剖切平面剖开的结构及其有关部分旋转到与选定的投影面平行再进行投影。如图 15-5 中的 *A—A* 剖视。

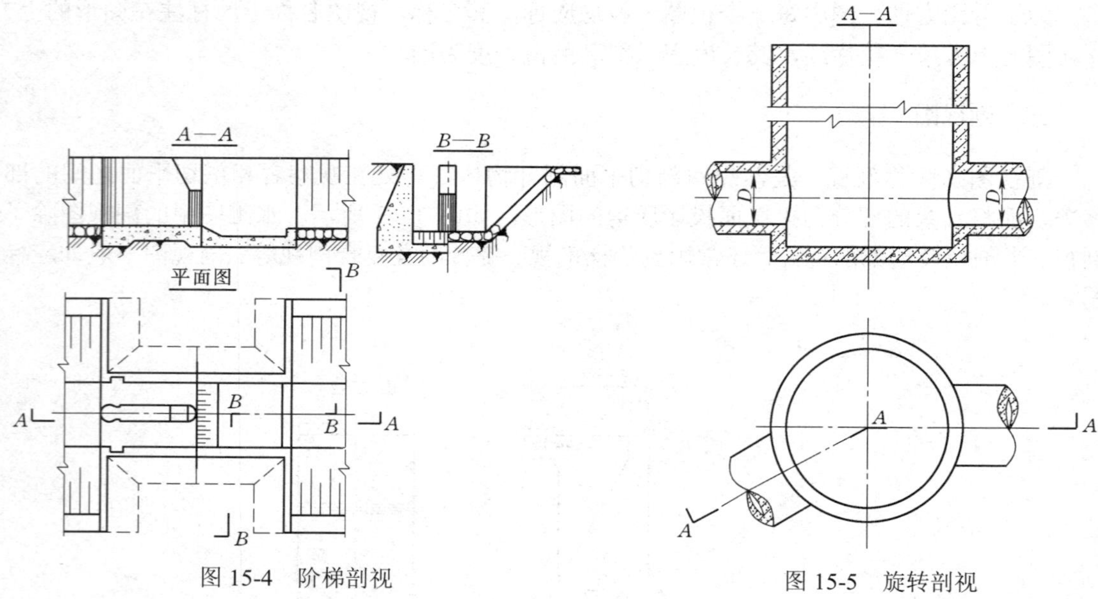

图 15-4 阶梯剖视

图 15-5 旋转剖视

4. 复合剖视

用几个剖切面剖开物体所得的剖视图，剖切线可为折线或曲线状。图 15-6 中的 B—B 剖视的曲线形剖切线为引水洞的洞中心线，图 15-7 中的 B—B 剖视的折线形剖切线为廊道的洞顶线。

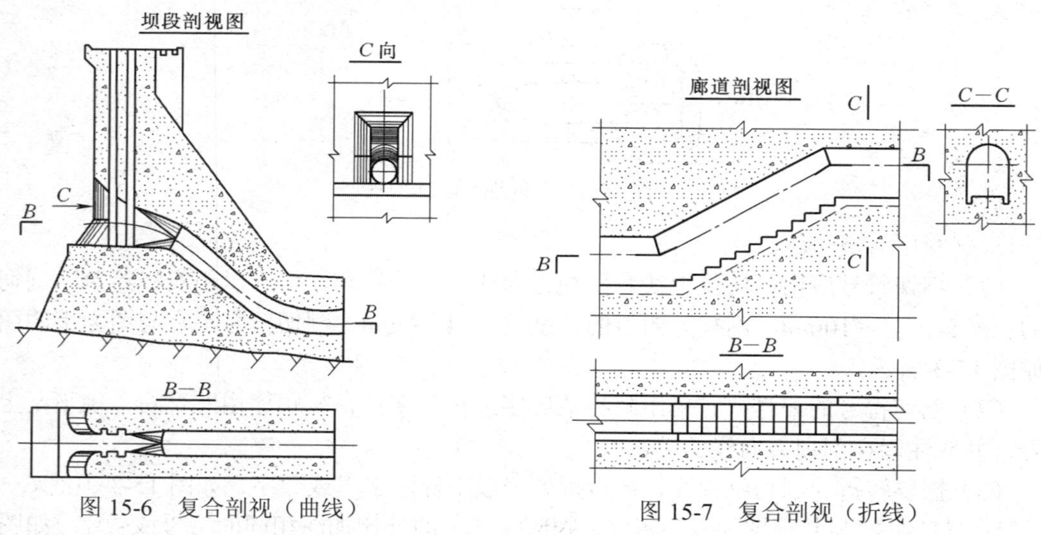

图 15-6 复合剖视（曲线）

图 15-7 复合剖视（折线）

四、剖面图

假想用剖切平面将物体切断，仅画出物体与剖切平面接触部分的图形。

剖切符号的规定与剖视图基本类似，剖面图的剖切符号可不绘制剖视方向线，但剖切编号所在的一侧应为剖切后的投影方向。

水利水电工程图中，当剖切面平行于建筑物轴线或顺河流流向时，称为纵剖面图（或纵剖视图）；当剖切面垂直于建筑物轴线或河流流向时，称为横剖面图（横剖视图），如图 15-8 和图 15-9 所示。

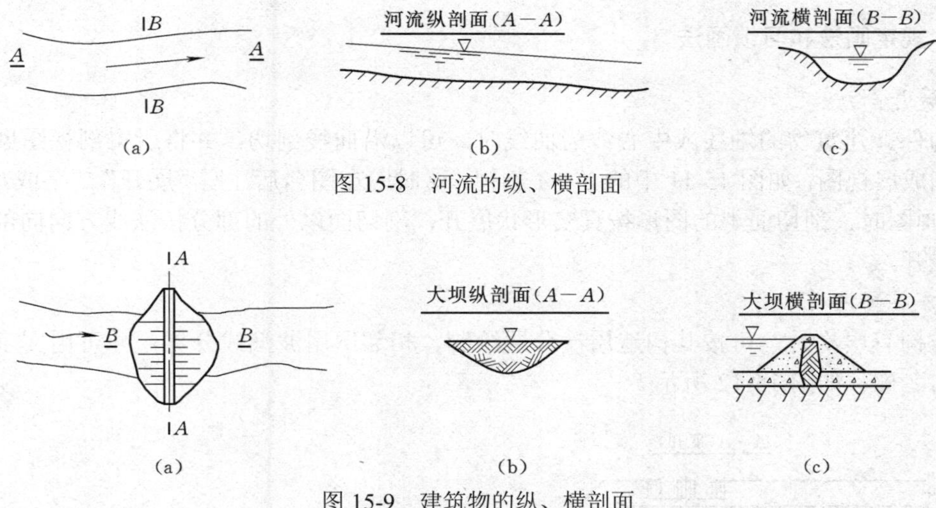

图 15-8 河流的纵、横剖面

图 15-9 建筑物的纵、横剖面

五、详图

当物体的局部结构由于图形的比例较小而表示不清楚或不便于注写尺寸时，将物体的部分结构用大于原图形所采用的比例画出的图形，称为局部放大图或详图。详图可以画成视图、剖视图、剖面图。

详图一般应标注，其形式为，在原图形中被放大部分处用细实线画小圆圈，并标注字母或数字；详图用相同的字母或数字标注其图名，并注写比例，如图 15-10 中的详图 A 所示。

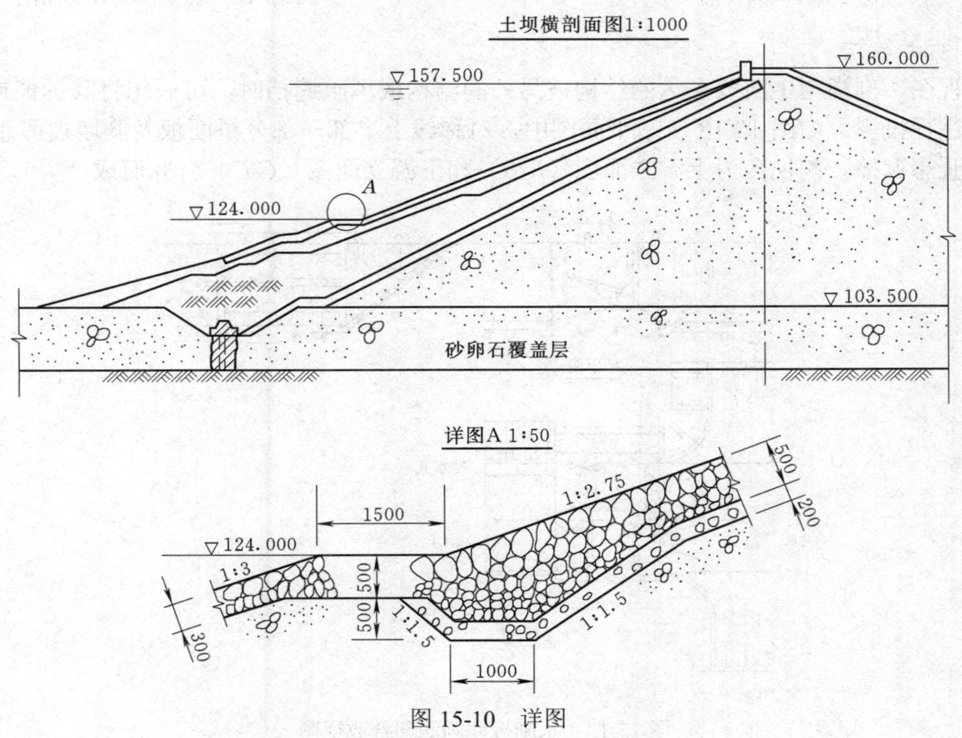

图 15-10 详图

六、规定画法和习惯画法

1. 展开画法

当构件、建筑物的轴线或中心线为曲线时，可以沿曲线剖切，并将所得剖视图展开成直线后绘制成展视图，如图 15-11 中的 A—A 剖视，这时应在图名后注写“展开”二字或写成“展视图”。画图时，剖切面上的图形按真实形状展开，剖切面以外的部分按法线方向向剖切面投影后再展开。

2. 分层画法

当结构有层次时，可按其构造层次分层绘制。相邻层用波浪线分界，并可用文字注写各层结构的名称，如图 15-12 所示。

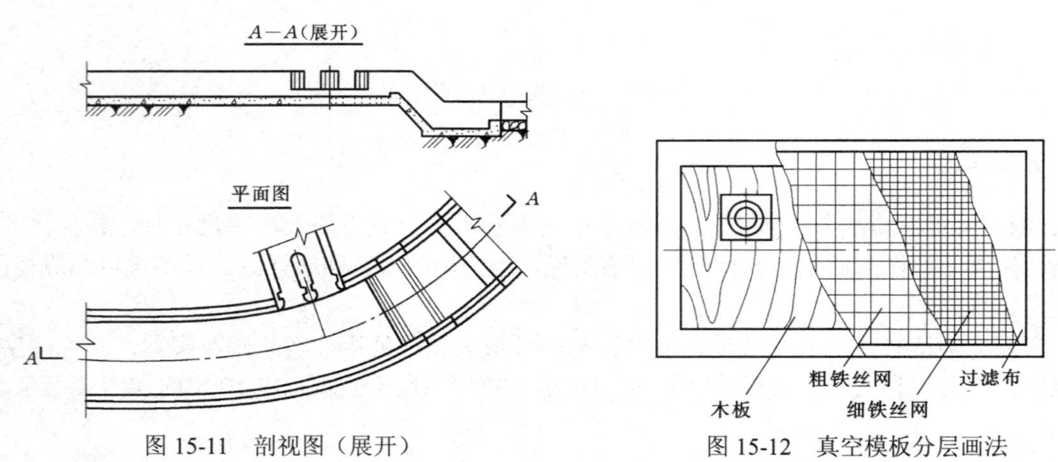

图 15-11 剖视图（展开） 图 15-12 真空模板分层画法

3. 拆卸画法

当视图、剖视图中所要表达的结构被另外的结构或填土遮挡时，可假想将其拆掉或掀掉，然后再进行投影。如图 15-13 所示平面图中，对称线上半部一部分桥面板及胸墙被假想掀卸，填土被假想掀掉。侧视图为上游立面图（B-B）和下游立面图（C-C）合并而成。

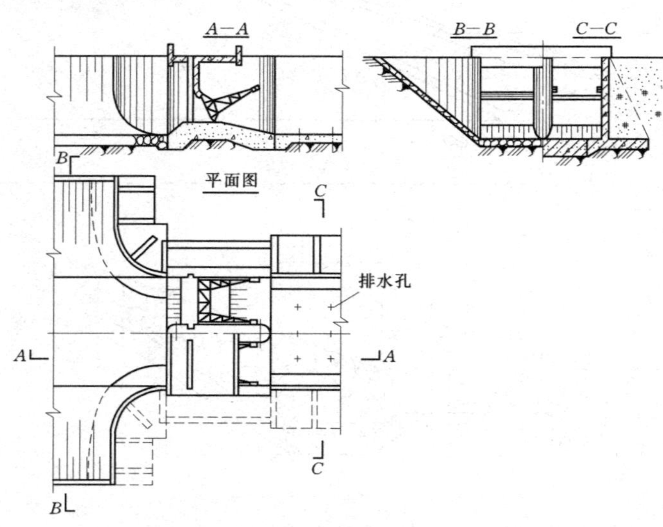

图 15-13 水闸拆卸画法和合成视图

4. 简化画法

（1）当不影响图样表达时，根据不同设计阶段和实际需要，视图和剖视图中某些次要结构和设备可以省略不画。对于图中的某些设备可以简化绘制，如图 15-14 中的发电机、水轮机、调速器及桥式起重机等。

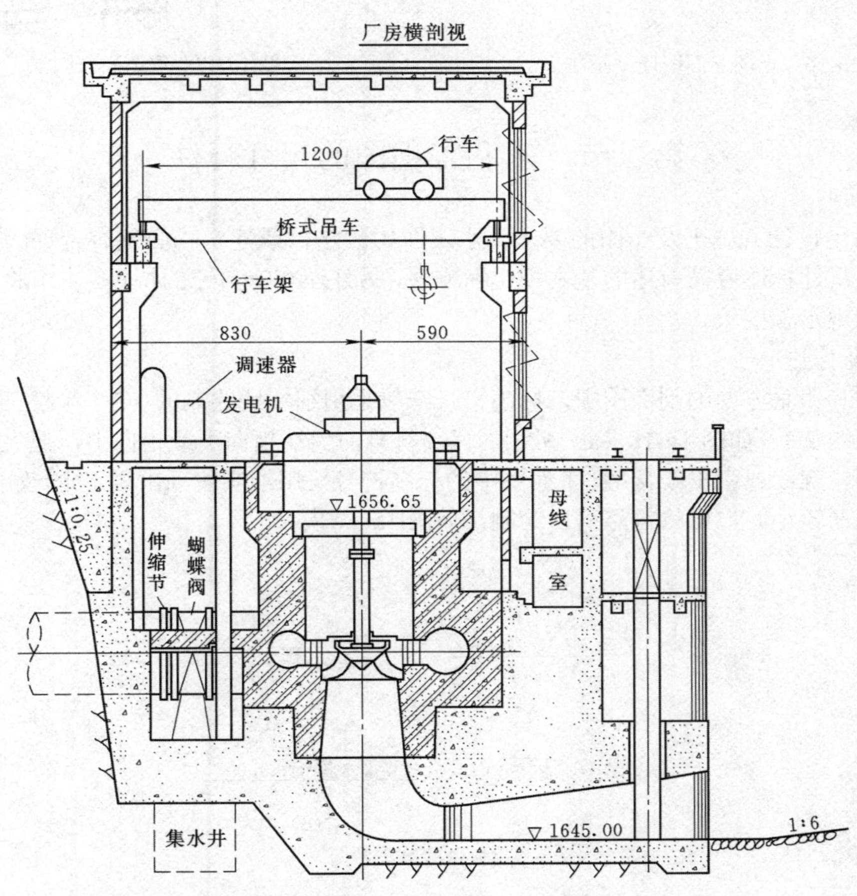

图 15-14　水电站厂房横断图

（2）对于图样中的一些细小结构，当其成规律地分布时，可以简化绘制。如图 15-15 中螺栓孔和图 15-13 中排水孔的画法，只按外形画出少数孔洞，其余的用“+”表示其中心位置。

（3）对称或基本对称的图形，可将两个相反方向的视图或剖视图或剖面各画对称的一半，并以对称线为界合成一个图形，如图 15-13 中 *B—B* 和 *C—C* 合成上、下游合成剖视图。

（4）较长的图形，允许将其分成两部分绘制再用连接符号表示相连，并用大写拉丁字母编号，如图 15-16 所示的土坝立面图。较长的构件，当沿长度方向的形状为一致或按一定的规律变化时，可以断开绘制，如图 15-17 所示的渠道纵剖面图。

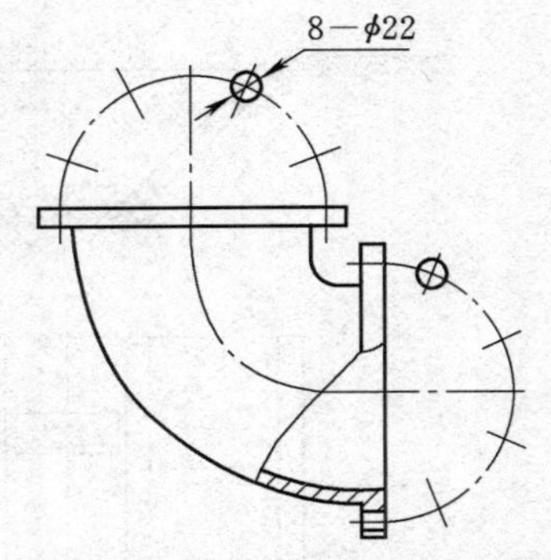

图 15-15　管接头小孔简化画法

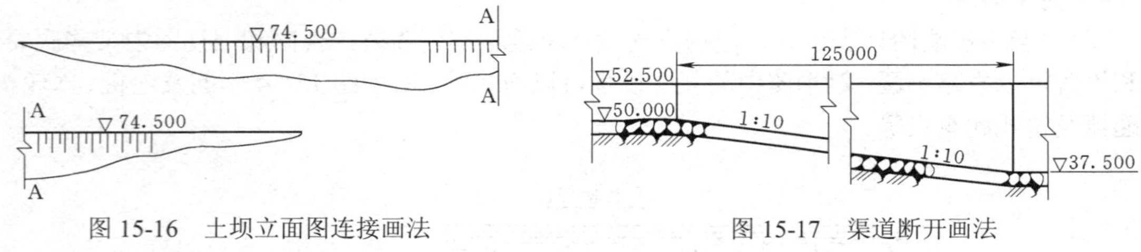

图 15-16 土坝立面图连接画法

图 15-17 渠道断开画法

第二节 水利工程图的尺寸标注

为了满足设计、施工及布图的要求，水工图中的结构或建筑物必须有合理的尺寸标注。水工图中的尺寸标注遵循前述的基本规定和方法，另外还有它自己的特点，本节将介绍水工图尺寸标注的规定和要求。

1. 标高标注

立面图和铅垂方向的剖面图中，标高符号一般采用细实线绘制的 45° 等腰三角形，高度约为数字高的 2/3，如图 15-18（a）所示。标高符号的尖端指向下或指向上，但尖端必须与被标注高度的轮廓线或引出线接触。平面图中的标高符号采用细实线画出矩形框，如图 15-18（b）所示，当图形较小时，可将符号引出绘制，如图 15-19 所示。

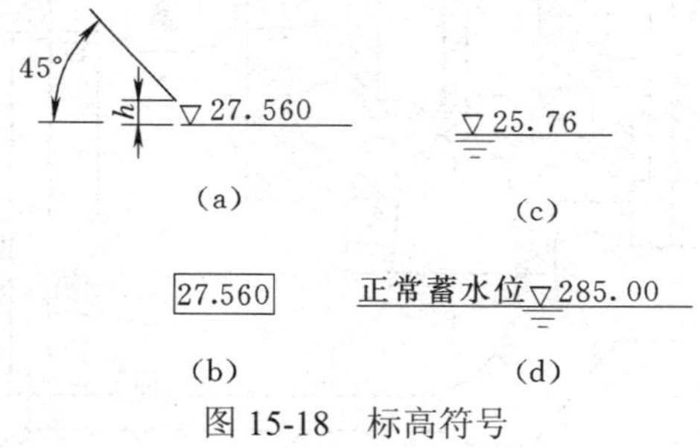

图 15-18 标高符号

水面标高（简称水位）还需在三角形所在位置的水面线以下绘三条细实线，如图 15-18（c）所示。特殊水位用文字注明，如图 15-18（d）中标出“正常蓄水位”。

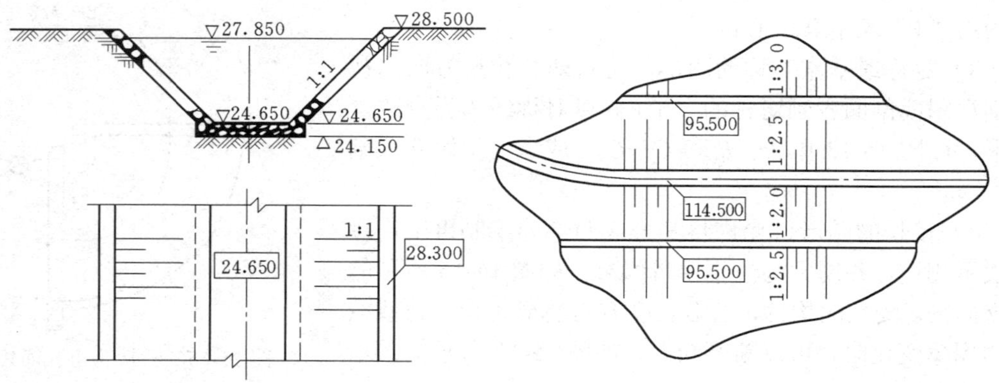

图 15-19 标高、平面坡度标注

2. 坡度的注法

坡度的标注形式一般采用 1:n 表示，当坡度较缓时，坡度可用百分数表示，如 $i=n\%$，如图 15-20（a）所示。平面的坡度是用平面上的最大坡度线，即示坡线的坡度表示，标注方法及示坡线的画法如图 15-20 所示。管路的坡度表示法所示，如图 15-20（b）所示。

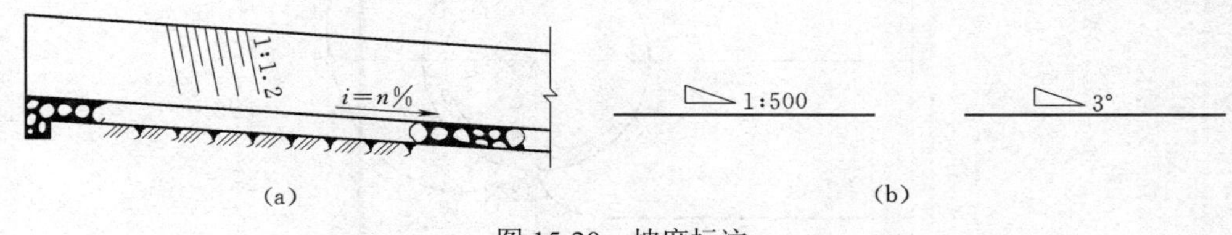

图 15-20　坡度标注

3. 桩号的注法

对于坝、隧洞、渠道等较长的水工建筑物，沿轴线的长度尺寸通常采用里程桩的标注方法，标注形式，为 $k\pm m$，其中 k 为公里数，m 为米数。起点桩号注成 0+000，反方向用“-”。当同一图中几种建筑物均采用桩号标注时，可在桩号数字前加注文字以示区别，如图 15-21 所示。

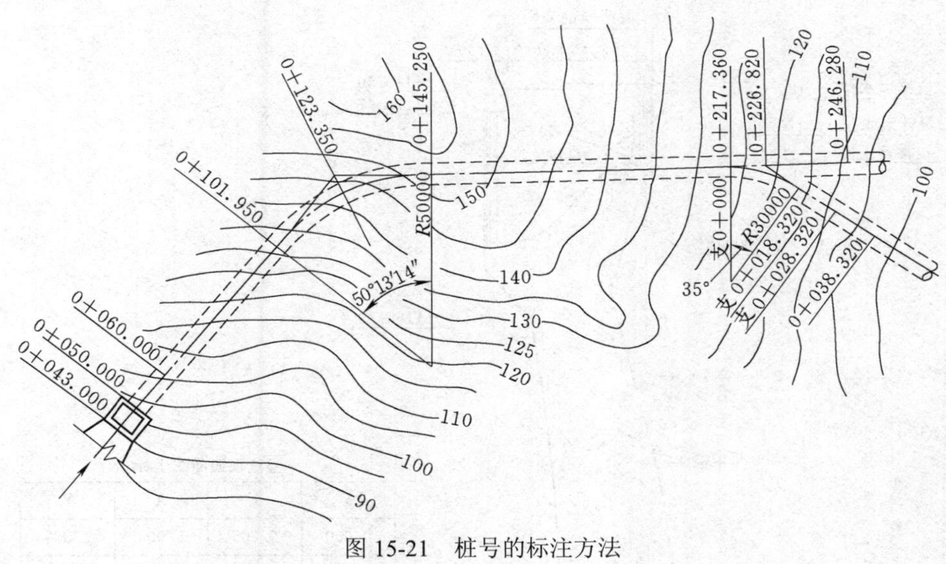

图 15-21　桩号的标注方法

4. 非圆曲线尺寸的注法

标注非圆曲线的尺寸时，一般用非圆曲线上各点的坐标值表示。当画出坐标系时，可按图 15-22 的形式标注，图中用极坐标表示，当然也可用直角坐标表示，如图 15-23 所示。当不画出坐标系时，可按图 15-24 的形式标注。

5. 简化注法

水工图尺寸标注有多种简化注法，这里只介绍多层结构及均布构件的尺寸注法。

（1）多层结构的尺寸注法，用引出线引出多层结构的尺寸，引出线必须垂直通过被引的各层，文字说明和尺寸数字应按结构的层次注写，如图 15-25 所示。

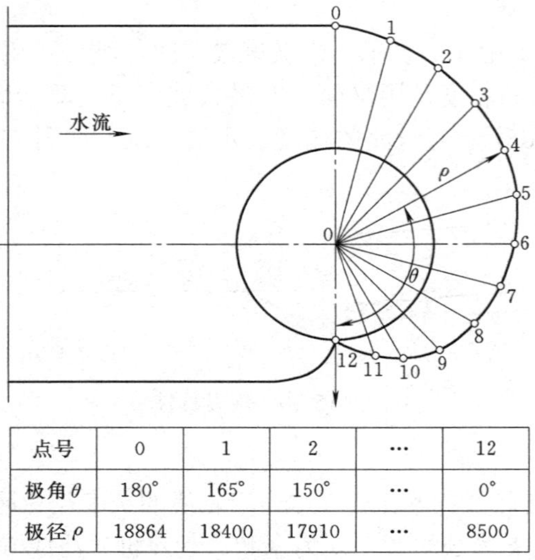

点号	0	1	2	…	12
极角 θ	180°	165°	150°	…	0°
极径 ρ	18864	18400	17910	…	8500

图 15-22 涡形曲线坐标

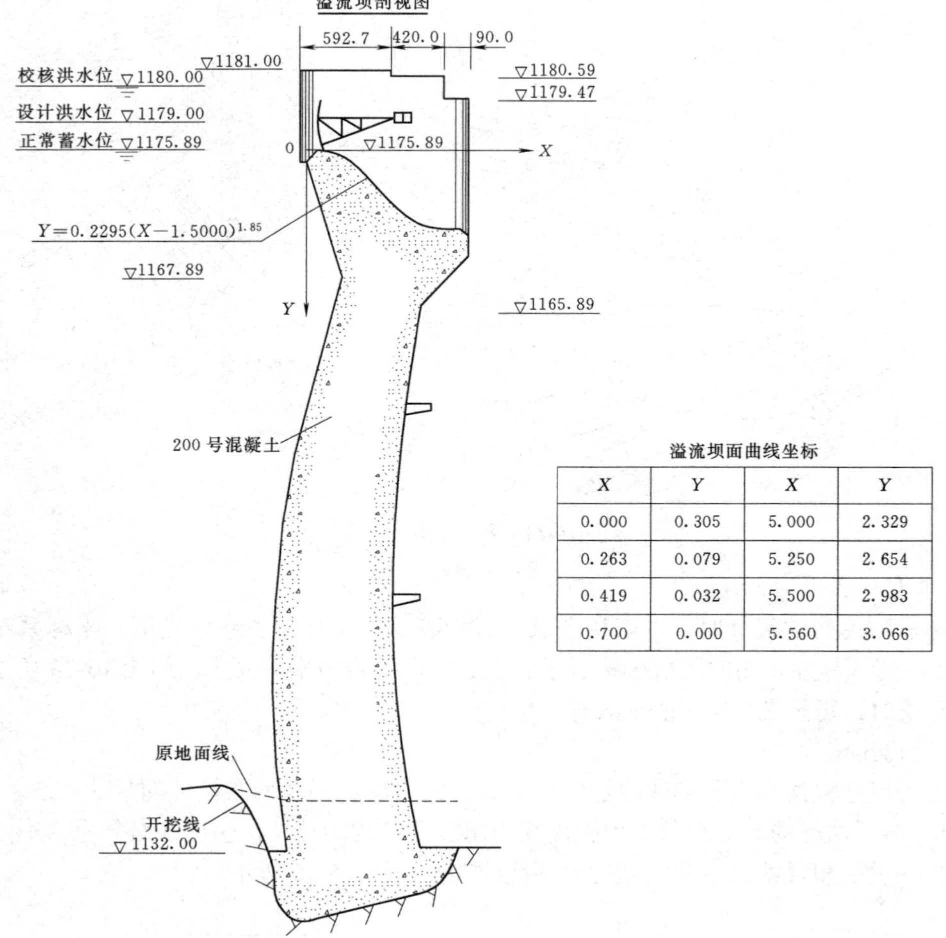

溢流坝面曲线坐标

X	Y	X	Y
0.000	0.305	5.000	2.329
0.263	0.079	5.250	2.654
0.419	0.032	5.500	2.983
0.700	0.000	5.560	3.066

图 15-23 溢流坝面曲线坐标

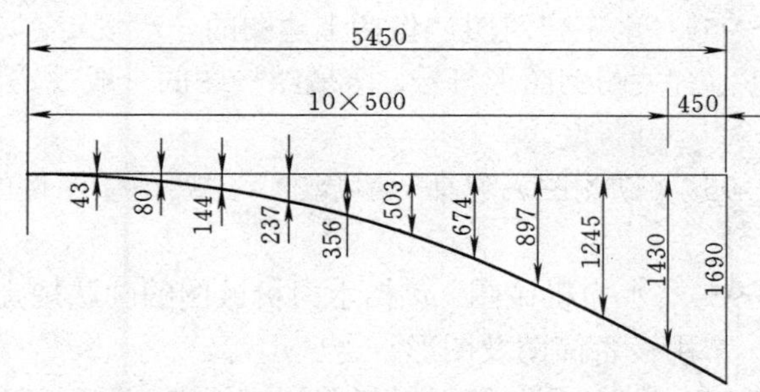

图 15-24　不带坐标系非圆曲线尺寸注法

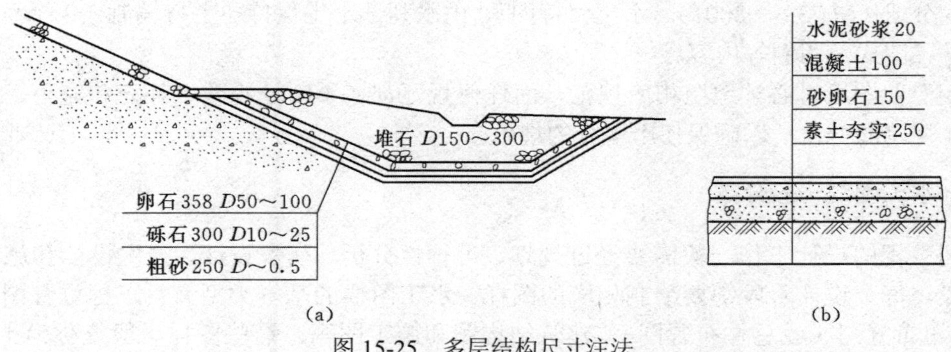

图 15-25　多层结构尺寸注法

（2）均匀分布的相同构件或构造，可只绘制或标注其中一部分构件或构造，但需用数字表示出相同构件或结构的数量，如图 15-26 所示。

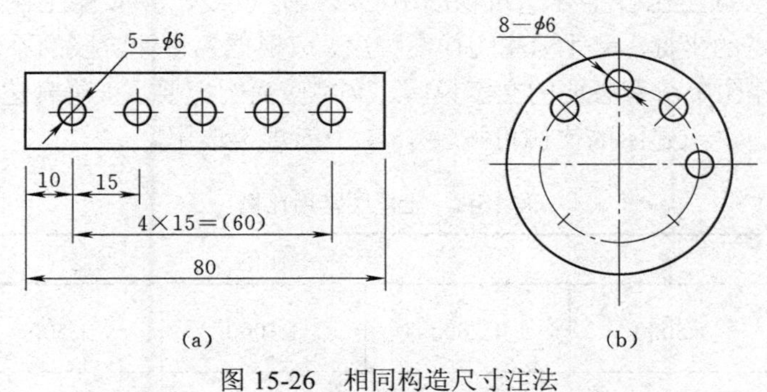

图 15-26　相同构造尺寸注法

第三节　现行专业规范及水工图的分类

一、现行规范

现行的水利水电工程制图规范由水利水电规划设计总院主持、以武汉水利电力大学为主编单位修订的（SL73—95）《水利水电工程制图标准》。

本标准按专业共分为五个分册：

第一分册（SL73.1—95）《基础制图》包括总则、一般规定、图样画法、尺寸标注等。

第二分册（SL73.2—95）《水工建筑图》包括土建图的一般规定、水工施工图、钢筋混凝土结构图、木结构图及其他有关图例图形符号、金属结构图的一般规定、型钢与焊缝标注、钢闸门图等。

第三分册（SL73.3—95）《勘测图》包括一般规定、主要地质图件的编制内容、勘测图图例、工程地质主要图式等。

第四分册（SL73.4—95）《水力机械图》包括水力机械图的画法规定、水力机械图的标注、水力机械图用图形符号、常用设备简图及图形符号应用等。

第五分册（SL73.5—95）《电气图》包括电气图画法规定、图形符号、文字符号、项目代号、接线端子和导线的标记等。

第六分册（SL73.6—2001）《水土保持图》，由水利部水土保持司主持编制。包括总则、术语和符号、图式及图例等内容。

绘制专业图纸时必须遵照相应规范，而任何规范都在不断地修改、补充和完善，所以应及时关注规范的变化，以确保使用现行的规范。

二、水工图的一般分类

水利工程的设计工作一般需要经过规划、可行性分析、初步设计、技术设计和施工设计几个阶段。每个设计阶段都要绘制相应的图样。水工图样的基本类型有：工程位置图（规划图）、枢纽布置图（或总体布置图）、建筑结构图和施工图等，这些图样一般统称为土建图。在施工过程中，有时需要对原设计进行修改，根据工程建成以后的实际情况画出的图样称为竣工图。

（一）一般规定

土建布置图中必须绘出各主要建筑物的中心线或定位线，并应标注各建筑物之间关系的尺寸和建筑物控制点的坐标。尺寸标注的详细程度，应根据各设计阶段的不同和图样所表达内容的不同而定。土建图中可有必要的文字说明，文字应简明扼要，正确表达设计意图，其位置宜放在图纸的右下方。土建图的比例可按表 15-1 中的规定选用。

表 15-1 土建图常用比例

图类	比例				
枢纽总布置图 施工总平面布置图	1:5000	1:2000	1:1000	1:500	1:200
基础开挖图 基础处理图	1:2000	1:1000	1:500	1:200	1:100
结构图	1:1000	1:500	1:200	1:100	1:50
钢筋图	1:100	1:50	1:20		
细部构造图	1:50	1:20	1:10	1:5	

图例是水工图的重要组成部分，表 15-2 列出了部分水工图样中建筑材料图例，表 15-3 列出了部分水工施工图样中建筑物平面图例，水工图的其他图例及其他专业的图例可查阅上述所列的相应现行规范。

表 15-2　建筑材料图例（部分）

序号	名称		图例	序号	名称		图例
1	岩石		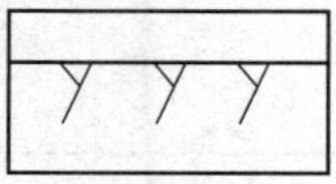 或 	6	块石	浆砌	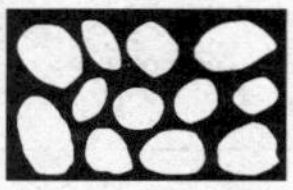
				7	条石	干砌	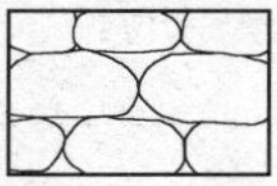
2	石材		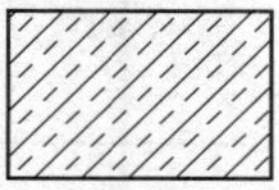			浆砌	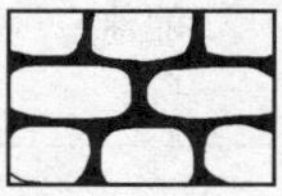
3	碎石		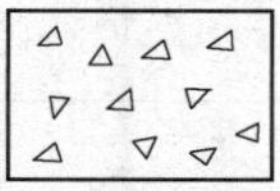	8	水、液体		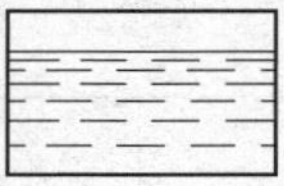
4	卵石		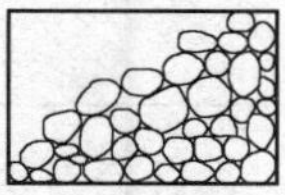	9	天然土壤		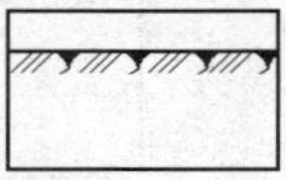
5	砂卵石 砂砾石		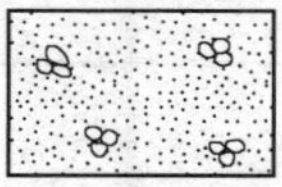	10	夯实土		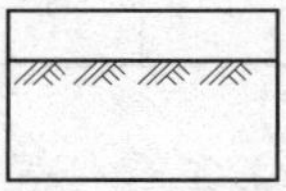
6	块石	堆石	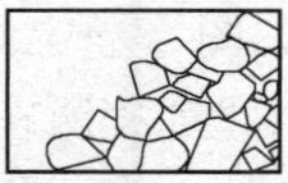	11	回填土		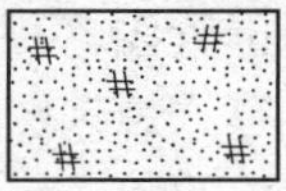
		干砌	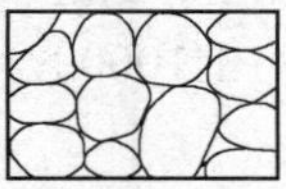	12	回填石渣		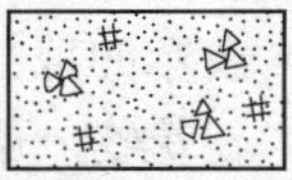

表 15-3　水工施工建筑物平面图例（部分）

序号	名称		图例	序号	名称		图例
1	水库	大型		5	水电站	大比例尺	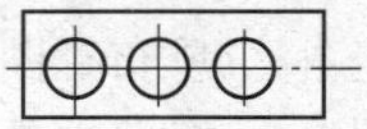
		小型				小比例尺	
2	混凝土坝		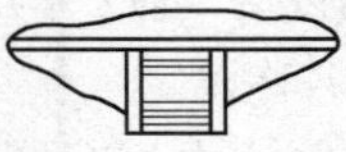	6	变电站		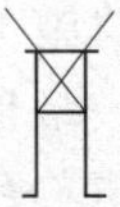
3	土、石坝		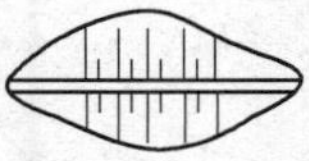	7	水力加工站、水车		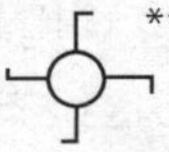 **
4	水闸		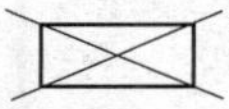 *	8	泵站		 **

续表

序号	名称		图例	序号	名称	图例
9	水文站		 Q	14	筏道	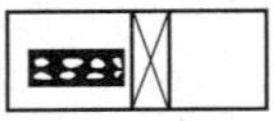
10	水位站		 G	15	鱼道	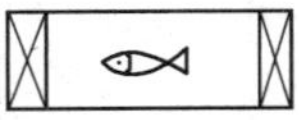
11	船闸		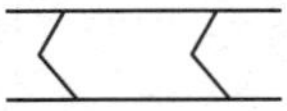	16	溢洪道	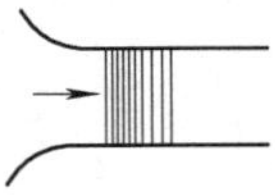
12	升船机		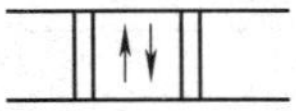	17	渡槽	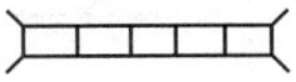
13	码头	栈桥式		18	急流槽	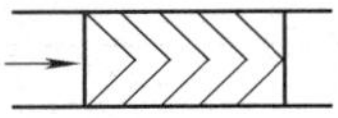
		浮式	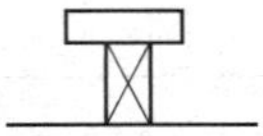	19	隧洞	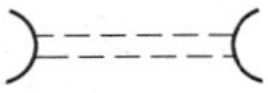

（二）工程位置图（规划图）

工程位置图（规划图）是示意性图样，包括流域规划图、灌渠规划图和水力资源综合利用规划图等。规划图主要反映水资源开发的总体布局、拟建工程所在的地理位置、工程类别；与枢纽有关的河流、公路、铁路、重要的建筑物和居民点等。工程位置图的特点是：

（1）表示的范围大，图形的比例小，一般为 1:5000～1:10000，甚至更小。

（2）建筑物一般采用示意图表示。

（三）枢纽布置图

1. 枢纽布置图的内容

水利水电工程的枢纽总布置图，一般应包括平面布置图、上下游立面图和剖面图，如图 15-27 所示。

枢纽总布置图中，应有地形等高线、测量坐标网、地质符号及其名称、河流名称和流向、指北针、枢纽中各建筑物及其名称、建筑物轴线及其方位角、沿轴线桩号、主要尺寸和高程、对外交通和绘图比例等，还应有铁路、公路、居民点及有关的重要建筑物，建筑物的主要高程和主要轮廓尺寸等，主要技术经济指标表，必要时可有主要控制点坐标表。

枢纽施工总平面布置图，一般绘有施工场区（料场、堆场等）、施工工场设施、内外交通、风水电线路布置等生产设施和生活设施，并标注其名称。

枢纽总布置图和施工总平面布置图中，除在标题栏内注写图名外，允许在图的上方或其他适当位置用较大的字号书写图名，所用字体应易于辨认。

2. 枢纽布置图的特点

（1）枢纽平面布置图必须画在地形图上。在一般情况下，枢纽平面布置图画在立面图的下方，有时也可以画在立面图的上方或单独画在一张纸上。

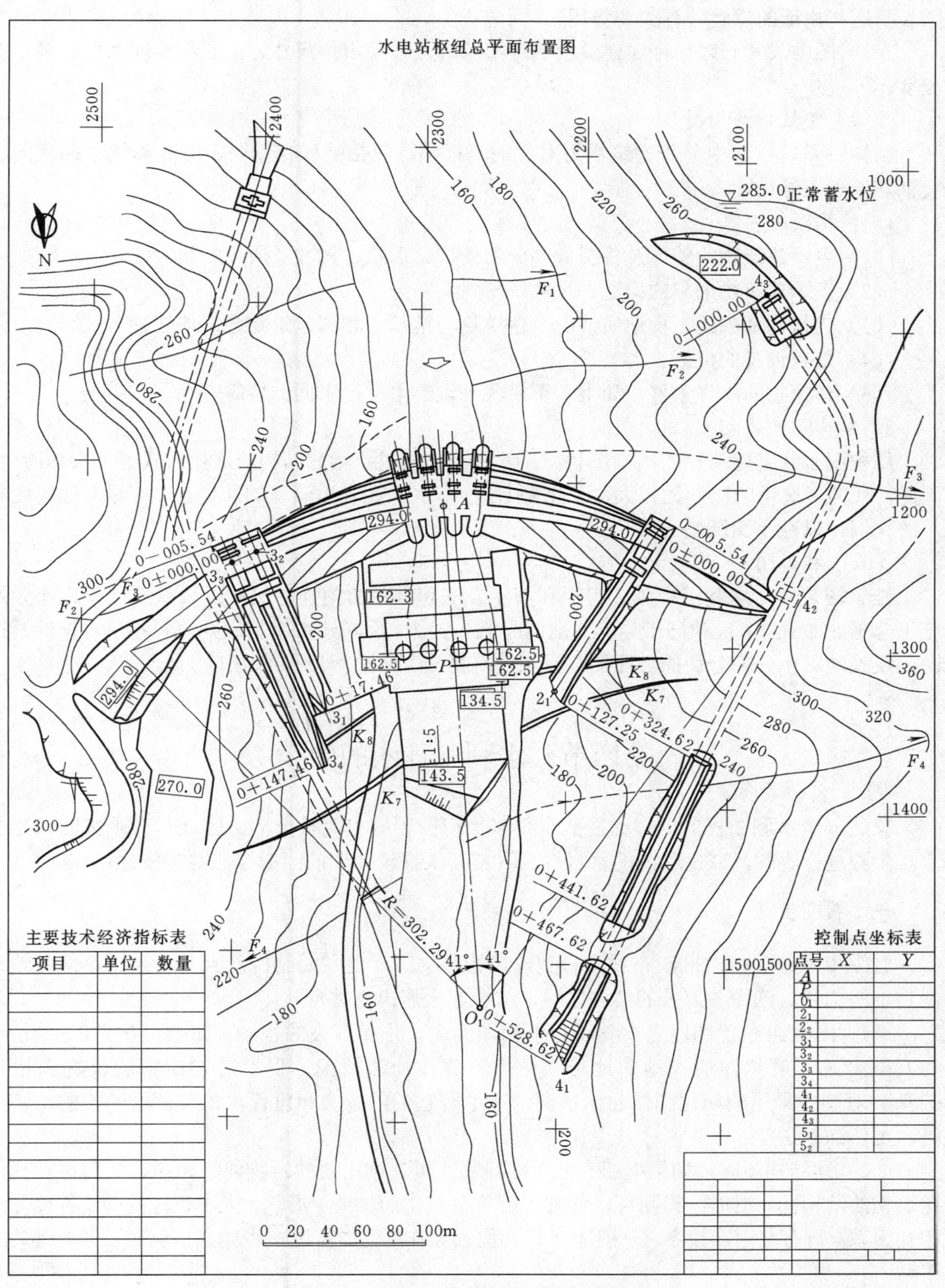

项目	单位	数量

点号	X	Y
A		
P		
0_1		
2_1		
2_2		
3_1		
3_2		
3_3		
3_4		
4_1		
4_2		
4_3		
5_1		
5_2		

图 15-27　枢纽总布置图

（2）为了使图形主次分明，结构上的次要轮廓和细部构造一般均省略不画，或采用示意图表示这些构造的位置、种类和作用。

（3）图中尺寸一般只标注建筑物的外形轮廓尺寸及定位尺寸、主要部位的高程、填挖方坡度。

（四）建筑物结构图

结构图是以枢纽中某一建筑物为对象的工程图，包括结构布置图、分布和细部构造图以及钢筋混凝土结构图。

1. 结构图的内容

（1）表示建筑物的整体及各组成部分的结构、形状、尺寸及所用材料。

（2）表示建筑物细部的构造、尺寸及材料。

（3）建筑物基础的工程地质情况及建筑物与地基、相邻建筑物之间的连接方式。

（4）附属设备的位置。

（5）建筑物的工作条件，如上、下游各种设计水位、水面曲线等。

2. 结构图的特点

结构图必须把建筑物的结构形状、尺寸大小、材料及相邻结构的连接方式等都表达清楚。因此，视图所选用的比例比较大，一般为1:5～1:200（在表达清楚的前提下，应尽量选用比较小的比例，以减小图纸幅面）。

（五）施工图

施工图是表达水利工程施工组织和施工方法和程序的图样。例如，反映施工场地布置的施工总平面布置图；反映施工导流方法的导流布置图；反映建筑物基础开挖和料场开挖的开挖图；反映混凝土分期分块的浇注图；反映建筑物施工方法和流程的施工方法图等。

第四节　水利工程图的阅读

表达一个水利工程的图样往往数量很多，视图一般也比较分散。因此，必须按照一定的方法步骤进行看图，减少看图的盲目性。看整套工程设计图的一般方法与步骤建议如下。

一、看图步骤

看图步骤一般是由枢纽布置图看到建筑物结构图，由主要结构看到其他结构，由大轮廓看到小的构件。读懂各部分的结构之后，综合起来想出整体形状。

（1）读枢纽布置图时，一般以总平面图为主，并和有关的视图（如上、下游立面图等）相互配合，了解枢纽所在地的地形、地理方位、河流情况，以及各建筑物的位置和相互关系。对图中采用的简化画法和示意图，先了解它们的意义和位置，待阅读这部分的结构图时，再作深入了解。

（2）读结构图时，如果枢纽有几个建筑物，可先读主要建筑物的结构图，然后再看其他建筑物的结构图。根据结构图可以详细了解各建筑物的构造、形状、大小、材料以及各部分的相互关系。对有些附属设备，一般先了解其位置和作用，如需进一步详细了解时，再看有关的图样。

二、读图的一般方法

阅读水利工程图应参照上述的看图步骤，然后运用，即形体分析法和线面分析法进行看图。但是，在运用投影规律进行分析时，由于视图往往不按投影关系配置，所以必须注意以下问题：

（1）首先必须弄清楚每一建筑物是用哪几张图表达的，采用了哪些视图、剖视和剖面，找出各个剖切面的位置和投影方向，搞清楚视图之间的投影关系，相互配合进行看图。同时必须注意图中的文字说明。

（2）在读图时，还需要配合标高和尺寸来找对应的投影关系。

三、工程实例图

1．甘肃某水库

该水库是一座以灌溉为主的中型水库，枢纽建筑物包括：主坝、副坝、溢洪及输水洞，输水洞在副坝中通过。

主坝为均质土坝，坝高 22m，坝长 315m，坝顶宽 6m。坝体填料为砂质粘土，上、下游坝壳填砂砾石，坝体上游坡为 1:2.25，1:2.75；下游坡为 1:1.75、1:2.25，下游坝脚设褥垫式排水体。

坝基为花岗岩，节理裂隙较发育，坝基采用三道截水槽和一道截水墙，截水墙在坝轴线位置上，嵌入基岩 1m 深，为混凝土结构。截水槽在坝轴线上游侧有二道，下游侧一道，槽深 1m，回填砂质粘土。为了控制坝基渗流，设置了粘土铺盖，铺盖长 80m，厚度由 1m 增至 1.5m。

溢洪道位于河道左岸，采用宽顶堰，净宽 16.08m，共 6 孔，堰后陡槽坡度 1:5，末端为挑流消能，基础为花岗岩，除鼻坎为混凝土结构外，其余均为浆砌石结构。

2．北京某水库

本水库是以防洪灌溉为主结合发电等综合利用的中型水利工程。正常蓄水位 217.20m，总库容 1430 万 m^3。枢纽工程由大坝、灌溉引水管、副坝等建筑物组成。坝顶高程 220.40m，最大坝高 33.4m，大坝为混凝土埋块石重力坝，坝顶总长 279.5m，溢流坝堰顶高程 212.00m，溢流前缘总长 21.20m，孔口尺寸宽×高为 10m×5.56m，共 2 孔，装有钢质弧形闸门。挑流鼻坎高程 203.39m，挑射角 30°。

在靠近上游侧坝体内设有混凝土防渗墙，墙顶平设计洪水位。坝踵处用混凝土齿墙与防渗墙连接，齿墙深 3m。此外坝基铺有厚 0.5m 的混凝土垫层。

3．北京某渡槽

该渡槽位于灌区干渠上，设计流量 4.0m^3/s，纵坡 1:580，全长 72m。本渡槽为简支梁式，槽身为钢筋混凝土结构，断面为 U 形，每节长 6m，壁厚 7cm，每节设三道拉杆。槽身两端搁置在钢筋混凝土槽托上，槽托安放在单排架或浆砌石槽墩上。槽身、槽托为预制吊装，排架和基础为现场浇注。

第十六章　钢筋混凝土结构图及钢结构图

第一节　钢筋混凝土结构图

混凝土是由水泥、砂、石子和水按一定比例配合，经搅拌、浇筑、凝固、养护而制成的建筑材料。混凝土是一种抗压能力较强的人造石材。虽然它承受压力的能力很高，但是承受拉力的能力很低，一般抗拉能力只有抗压能力的1/8～1/15。因此，为了扩大混凝土的使用范围，提高混凝土承受拉力的能力，就在混凝土的受拉区配置一定数量的钢筋，使其与混凝土集合成为一个整体。这种用钢筋和混凝土两种材料组合成的共同受力的结构，就是钢筋混凝土结构。用来表示这类结构物的外形和结构物内部钢筋配置情况的图样，称为钢筋混凝土结构图（简称配筋图）。钢筋混凝土结构图的重要内容就是表达钢筋在构件中的分布情况。

钢筋混凝土构件的制作，或者是在施工现场就地浇筑，或者是在工程现场以外的工厂（场）预制好运到现场安装（称为预制构件）。如在制作时通过对钢筋的张拉，预加给混凝土一定的压力，以提高构件的抗裂性能，则称为预应力钢筋混凝土。

一、钢筋的基本知识

1. 钢筋的等级和符号

工程上使用的钢筋多由普通碳素钢及某些低合金钢热轧而成。按其成分不同而分成不同的等级，在结构图中并分别用不同的直径符号表示：

Ⅰ级钢筋（3号钢）——1级钢筋Φ；

Ⅱ级钢筋（16锰硅）——2级钢筋Φ；

Ⅲ级钢筋（25锰硅）——3级钢筋Φ；

Ⅳ级钢筋（40硅2锰钒、45硅锰钒、45硅2锰钛）——4级钢筋Φ。

Ⅰ级钢筋制成光面，俗称光圆钢筋。Ⅱ、Ⅲ、Ⅳ级钢筋表面制成人字纹或螺纹，俗称螺纹钢筋。

2. 钢筋种类和作用

配置在混凝土构件中的钢筋，按其在结构中所起的作用可分为下列五种，见图16-1和图16-2。

（1）受力钢筋：也称主筋，在构件中主要用来承受外力。

（2）架立钢筋：主要用来固定钢箍及受力钢筋的位置，一般用于钢筋混凝土梁中。

（3）分布钢筋：这种钢筋用在板式结构中，与受力钢筋垂直，主要用来将构件中所受的外力分布在较广的范围内，以改善受力情况，并能保证受力钢筋处在正确的位置。

（4）箍筋：又称钢箍，主要用来固定受力钢筋的位置，也承受一部分外力，多用于梁和柱内。

（5）其他钢筋：如系筋、预埋锚固筋、为了吊装用的吊钩等。

图16-1为板的钢筋骨架图，图16-2为梁的钢筋骨架图。

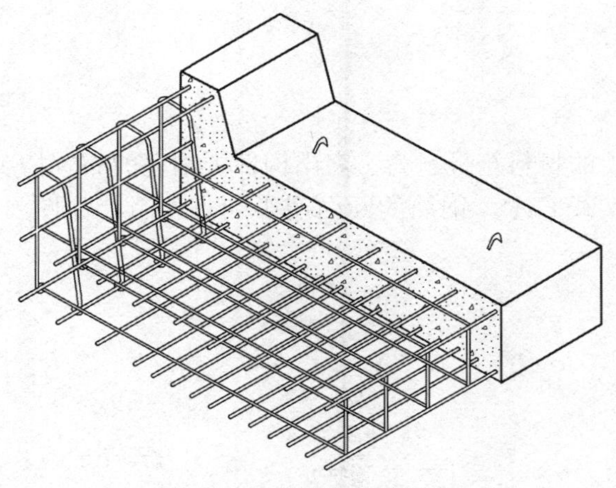

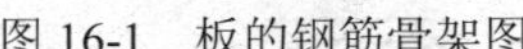

图 16-1　板的钢筋骨架图

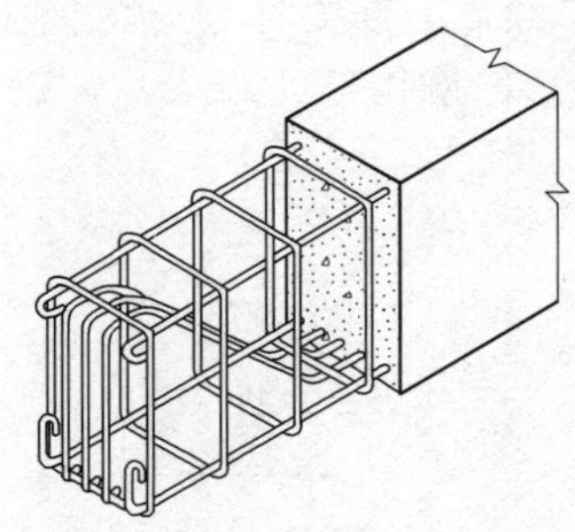

图 16-2　梁的钢筋骨架图

3. 钢筋的弯钩和弯起

（1）钢筋的弯钩：为了保证钢筋与混凝土之间有足够的粘结力，规范规定受力的光面钢筋末端必须做成弯钩，弯钩的形式与尺寸如图 16-3 所示。

（2）钢筋的弯起：根据构件受力需要，常需在构件中设置弯起钢筋，即将靠近构件下部的受力钢筋弯起，如图 16-2 所示。梁中的弯起钢筋的弯起角一般为 45° 或 60° 。钢筋在弯转处应做成圆弧段。

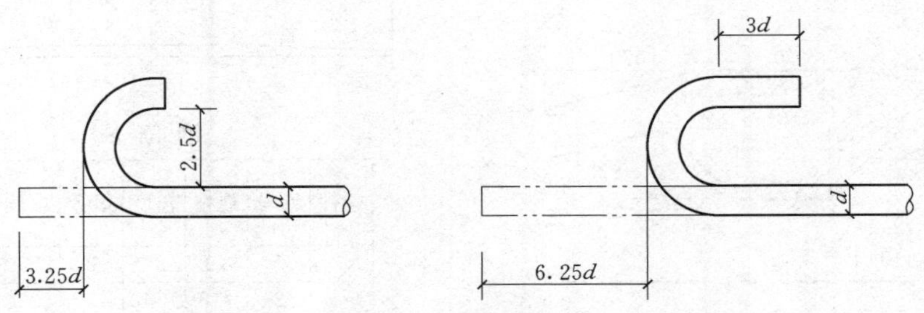

图 16-3　钢筋弯钩形式

4. 钢筋的保护层

为了防止钢筋锈蚀，保证钢筋与混凝土有良好的粘结力，钢筋必须全部包在混疑土中. 因此，钢筋表面到构件表面必须留有一定厚度的混凝土层，这一混凝土层称为钢筋的保护层。保护层还可起防火作用及增加混凝土对钢筋的握裹力。根据钢筋混凝土结构设计规范规定来确定各种构件保护层的厚度。各种结构保护层的厚度，一般为 20～60mm。

使用较小比例画图时，保护层的厚度允许估计画出。

二、配筋图的表示法

1. 配筋图的内容

在配筋图上必须把构件的外形及钢筋的布置情况等表示清楚，以供下料、绑扎钢筋骨架之用。因此，一张完整的配筋图主要包括下列几项内容：

（1）构件的外形视图和尺寸。

（2）钢筋的布置和定位。

（3）钢筋表。

（4）说明或附注。

2. 配筋图的一般规定

（1）绘制配筋图时，一般不画出混凝土的材料符号。为了突出构件中钢筋的布置情况，构件的外形轮廓用细实线表示，钢筋用粗实线表示，钢筋的断面用小圆点表示，如图 16-4 所示。

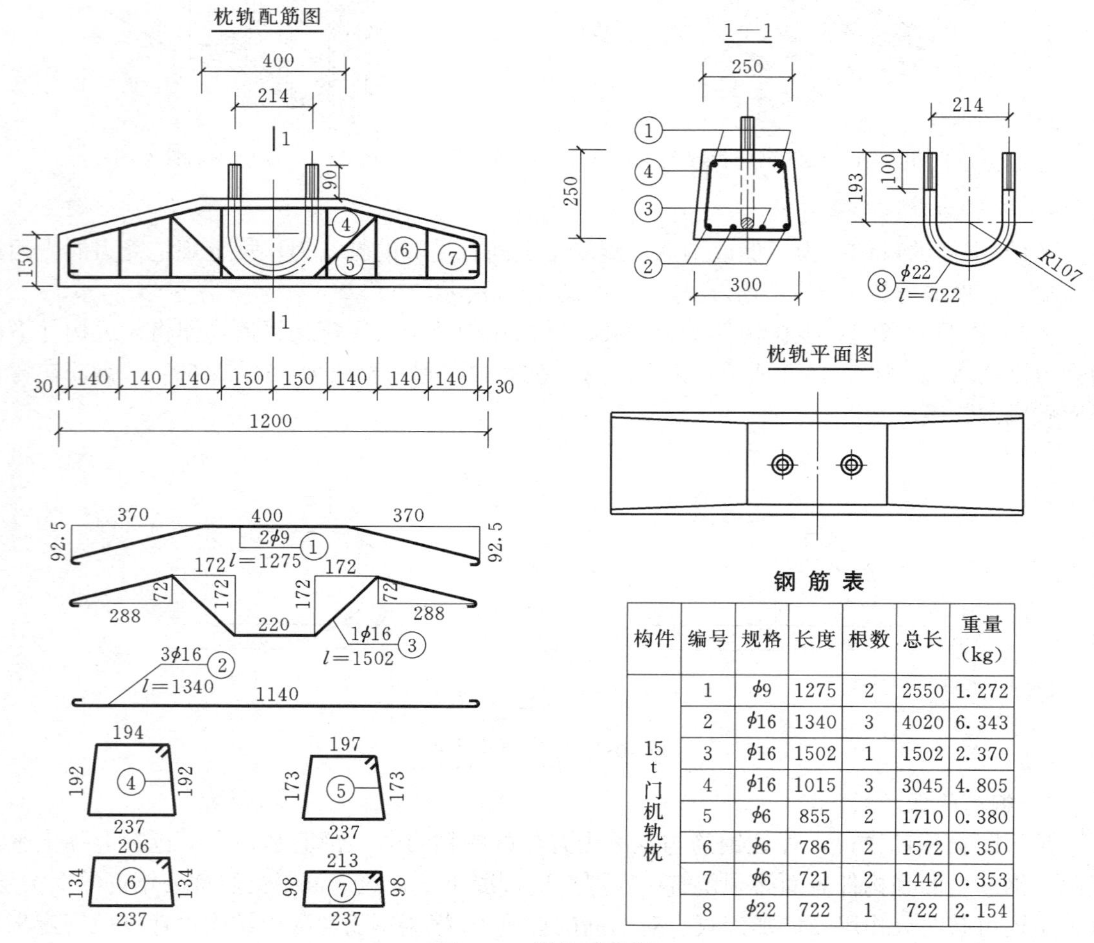

钢 筋 表

构件	编号	规格	长度	根数	总长	重量 (kg)
15 t 门机轨枕	1	$\phi9$	1275	2	2550	1.272
	2	$\phi16$	1340	3	4020	6.343
	3	$\phi16$	1502	1	1502	2.370
	4	$\phi16$	1015	3	3045	4.805
	5	$\phi6$	855	2	1710	0.380
	6	$\phi6$	786	2	1572	0.350
	7	$\phi6$	721	2	1442	0.353
	8	$\phi22$	722	1	722	2.154

图 16-4 枕轨结构图

（2）钢筋的编号。构件中的各种钢筋要给予编号，以便于识别。规格、直径、形状、尺寸完全相同的钢筋，为同类型钢筋，不论根数多少，只用一个编号。上述各项中有一项不相同的则为不同类型钢筋，应分别编号。编号时，应按照先主筋后分布筋，逐一按顺序编号，并将号码填写在直径为 6mm 左右的圆圈内，引线引到相应的钢筋上，如图 16-4 所示。

（3）钢筋直径、根数、间距的标注方法见图 16-5，如“⑤$\underline{20\phi6}$”。其中：

“⑤”——表示编号为“5”的钢筋；

“20”——表示钢筋的根数共为 20 根；

“$\phi6$”——“ϕ”表示钢筋种类为Ⅰ级钢筋的光面圆钢筋；“6”表示钢筋直径为 6mm。

图 16-5 中的“5@200”为等间距的简化标注方法。其中：

“5”——表示有 5 个间距；

“@200”——“@”是等间距的符号；“200”表示两相邻钢筋中心间距为 200mm。

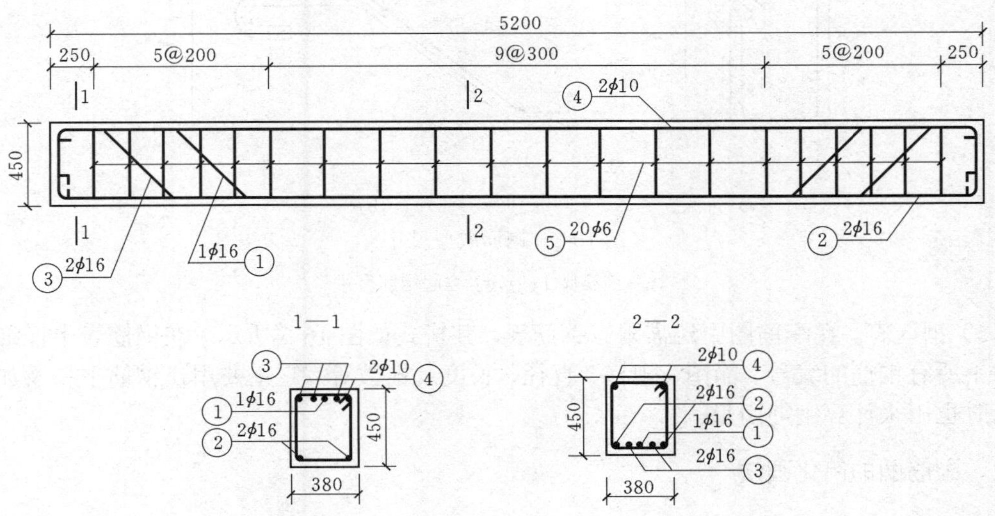

钢筋表

编号	简图	直径	单根长（mm）	根数	总长（m）	备注
1	650 550 390 45° 3060 550 45° 650 390	ϕ16	6440	1	6.44	
2	150 5140 150	ϕ16	5640	2	11.28	
3	250 550 390 45° 3860 550 45° 250 390	ϕ16	6440	2	12.88	
4	5140	ϕ10	5260	2	10.52	
5	410 480 390 320	ϕ6	1600	20	32.00	

图 16-5　混凝土梁结构图

（4）钢筋成型图的尺寸注法。在配筋图中，除了一组视图和断面图表示形状和相互位置外，还应详细表明每根钢筋加工成型后的大样，因此，需要画出每根钢筋的成型图，如图 16-4 所示。

在钢筋成型图上，必须逐段标注出尺寸，不画尺寸线和尺寸界线。弯起钢筋的倾斜部分的尺寸常用直角三角形两直角边长的方法注出，如图 16-4 所示。钢筋的弯钩有标准尺寸（如图 16-3），图上不注出，在钢筋表中另作计算。

为了简化作图，目前在水工钢筋混凝土结构图中都将成型图缩小，示意地画在钢筋表的简图一栏内，如图 16-5 钢筋表中所示。

钢筋成型图中，箍筋的尺寸一般指内皮尺寸，如图 16-6（a）所示；弯起钢筋的弯起高度一般指外皮尺寸，如图 16-6（b）所示。

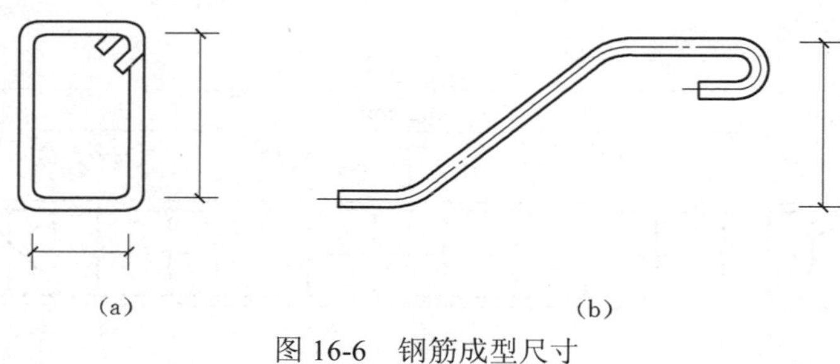

（a）　　（b）

图 16-6　钢筋成型尺寸

（a）箍筋尺寸；（b）弯起钢筋尺寸

（5）钢筋表。在配筋图中还需附有钢筋表，其格式如图 16-5 所示。在钢筋表中详细列出了构件中所有钢筋的编号、简图、规格、直径、长度及根数等。它主要用作钢筋下料及加工成型，同时也用来计算钢筋用量。

三、配筋圈的简化画法

配筋图是水工建筑设计图纸中的主要组成部分。为了提高绘图效率和图面质量，使图样简明易读，生产实践中已经对配筋图的画法作了很多改进。现结合有关标准，将配筋图的常用的简化画法介绍如下：

（1）对于型号、直径、长度和间距都相同的钢筋，可以只画出第一根和最末一根的全长，用标注的方法表示其根数、直径和间距，如图 16-7 所示。

（2）对型号、直径和长度都相同，而间距不相同的钢筋，可只画出第一根和最末一根的全长，中间用短粗线表示其位置，并用标注的方法表明钢筋的根数、直径和间距，如图 16-8 所示。

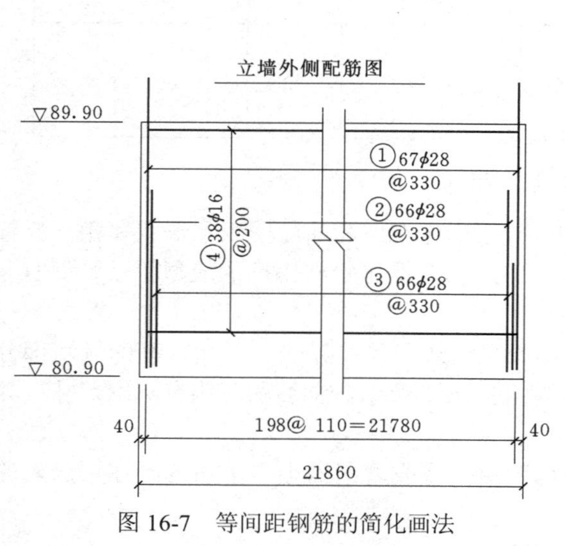

图 16-7　等间距钢筋的简化画法

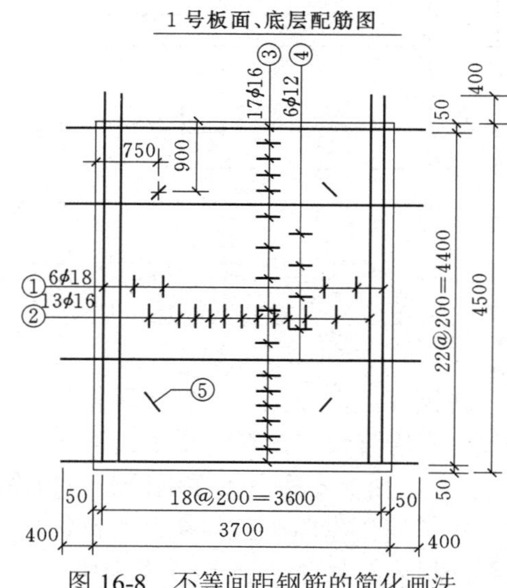

图 16-8　不等间距钢筋的简化画法

（3）当若干个构件断面的形状、大小和钢筋的布置相同，仅钢筋的编号不同时，可采用图 16-9 的画法。在钢筋表中注明各不同编号的钢筋型式、规格和长度。

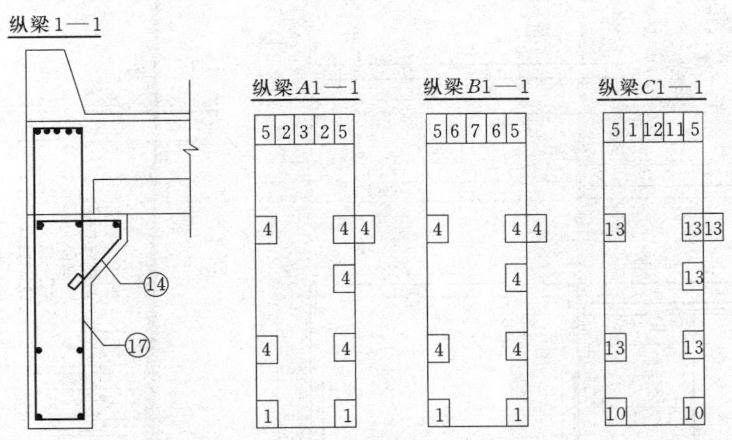

图 16-9　钢筋编号不同的简化画法

（4）当钢筋的型式和直径都相同，仅其长度呈有规律的变化时，这组钢筋允许只编一个号，而在钢筋表中注明其变化规律，如图 16-10 和表 16-1 所示。

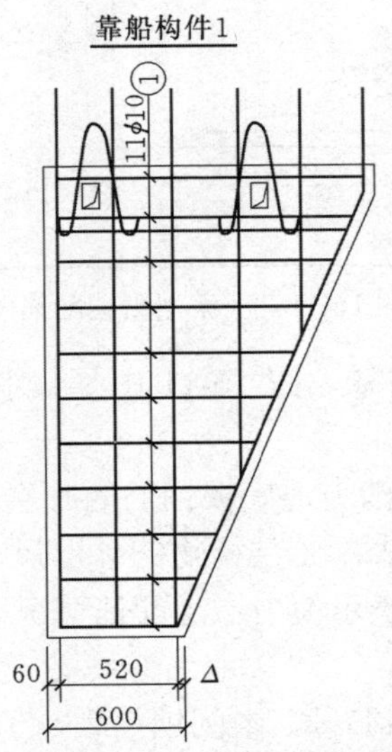

图 16-10　长度规则变化钢筋的简化画法

表 16-1　钢筋表

构件	编号	简图	规格	根数	单根长（mm）	总长（m）	备注
靠船构件	1		ϕ10	11	1910～3310	28.710	
	…	…	…	…	…	…	…

四、配筋图的阅读

阅读水利工程图的方法同样适用于阅读配筋图。必须根据配筋图的图示特点及尺寸注法的规定来阅读配筋图，才能弄清楚每一类型钢筋的位置、规格、直径、数量以及整个钢筋骨架的构造情况。现以某水闸的上游消力池配筋图为例（图 16-11）说明配筋图的阅读方法。

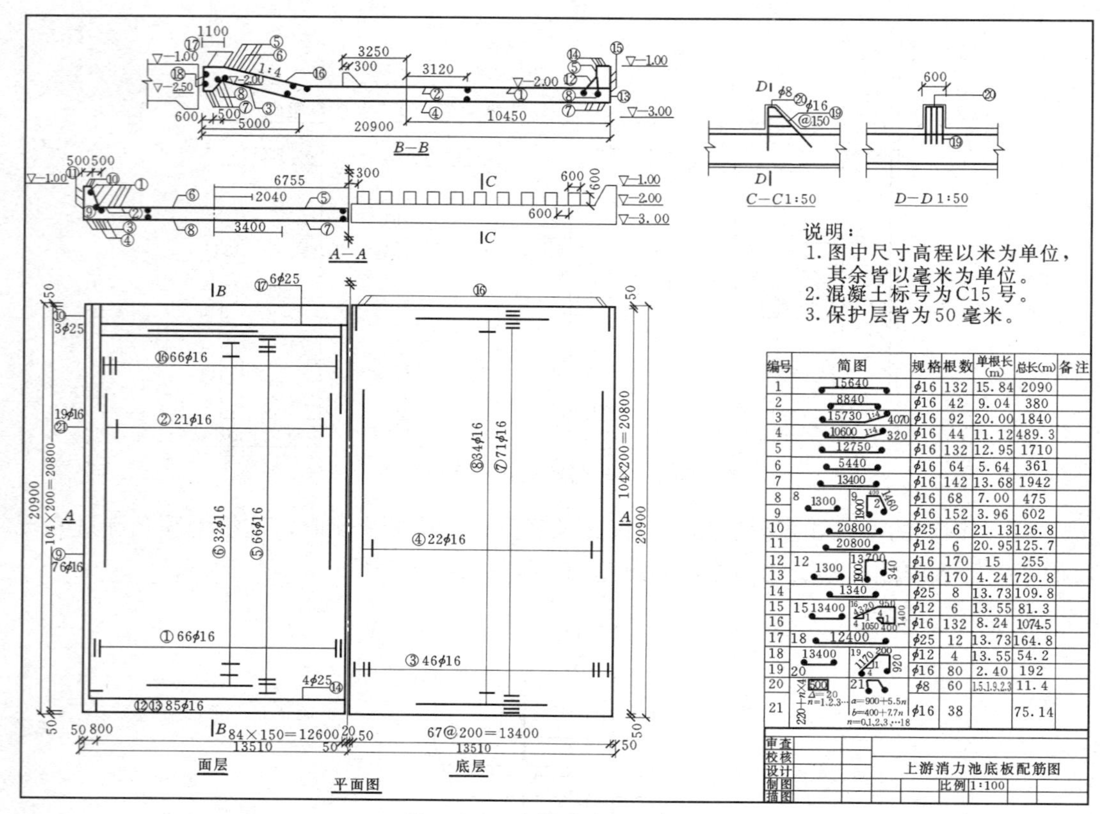

编号	简图	规格	根数	单根长(m)	总长(m)	备注
1	15640	ϕ16	132	15.84	2090	
2	8840	ϕ16	42	9.04	380	
3	15730 1:4 4070	ϕ16	92	20.00	1840	
4	10600 1:4 320	ϕ16	44	11.12	489.3	
5	12750	ϕ16	132	12.95	1710	
6	5440	ϕ16	64	5.64	361	
7	13400	ϕ16	142	13.68	1942	
8	8 1300	ϕ16	68	7.00	475	
9	9 400 1460 2 1900	ϕ16	152	3.96	602	
10	20800	ϕ25	6	21.13	126.8	
11	20800	ϕ12	6	20.95	125.7	
12	12 1300	ϕ16	170	15	255	
13	13 700 340 1900	ϕ16	170	4.24	720.8	
14	1340	ϕ25	8	13.73	109.8	
15	15 13400	ϕ12	6	13.55	81.3	
16	16 320 950 1400 1050 400	ϕ16	132	8.24	1074.5	
17	18 12400	ϕ25	12	13.73	164.8	
18	13400	ϕ12	4	13.55	54.2	
19	20 / 19 1170 200 920	ϕ16	80	2.40	192	
20	220+n×4 500 Δ=20 n=1,2,3…	ϕ8	60	1.5,1.9,2.3	11.4	
21	21 a=900+5.5n b=400+7.7n n=0,1,2,3,…18	ϕ16	38		75.14	

图 16-11　上游消力池配筋图

（1）看标题栏。从标题栏可得知，图 16-11 中是某水闸上游消力池底板配筋图，绘图比例是 1:100。

（2）分析视图。平面图表示了消力池底板钢筋的底层及面层的平面配置情况。*A*—*A* 半剖视图既表示了内部的配筋情况，又表示了结构物的外形尺寸。*B*—*B* 是沿着水流方向剖开的剖视图，表示了纵向配筋情况。为了表示消力墩的配筋情况，又采用了比例为 1:50 的 *C*—*C*、*D*—*D* 的局部剖视图。

（3）结合各个视图，按照钢筋编号，参阅钢筋表，了解各种钢筋的规格、形状和数量，分析各种钢筋的配筋情况和各种钢筋间的相对位置，看懂整个钢筋骨架的构造。在图 16-11 中，从钢筋表中可知，消力池底板的钢筋共有 21 种，由简图一栏中可看出各种钢筋的形状（其规格、直径、根数等由其他各栏反映）。进一步分析各种钢筋的配筋情况时，由平面图结合 *A*—*A* 剖视图可见：面层①号受力钢筋为每三根一组，与②号受力钢筋相间排列，其相邻钢筋的间距为 150mm；又如面层配筋之左上角处的㉑号钢筋，要起固定、架立各受力钢筋的作用，共 19 根，因构造上的需要，每根长度都不一样，相邻钢筋各相差一个等差值（见钢筋表），故采用配筋图的简化画法表示，19 根钢筋只用一个编号，由平面图还可知道其相邻钢筋的间距为 200mm。依照上述方法，将各种类型钢筋的配置情况及相对位置分析清楚以后，即可综合看懂整个钢筋骨架的构造。

第二节　钢结构图

钢结构是由各种形状的型钢经焊接或用螺栓、铆钉连接而成的结构物，在水利工程中主要用于闸门、压力钢管、厂房屋架等大型构件。

钢结构图应将型钢的类型、尺寸及相互连接关系表达清楚。表达方法除图形外，要标记国标规定的各种符号、代号、图例，如图 16-12 所示。

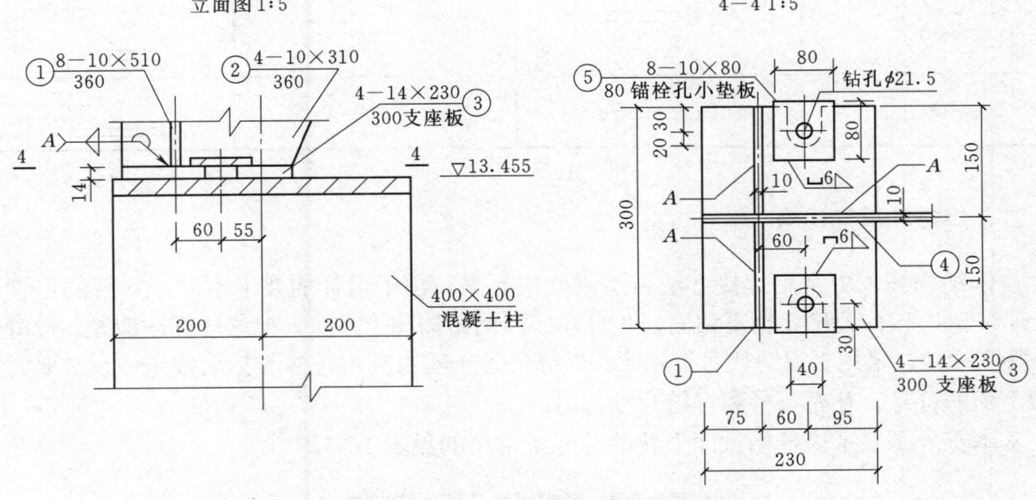

图 16-12　桁架支承连接图

一、型钢的类别及标注

型钢是由轧钢厂按标准规格（型号）轧制而成的。几种常用型钢的类型及标注方法见表 16-2。钢结构图中所有的构件必须编写序号，规格、大小完全一样的构件只能编写一个序号。序号注写在一圆（细实线）内，圆画在型钢标注引出线的尾部（圆心应在水平线的延长线上）。序号从 1 开始依次编写，序号字高应比图中所注尺寸数字高度大两号，如图 16-12 所示。

表 16-2　型钢的标注

名称	截面形状	截面代号	标注方法
等边角钢	d, b, b	∟	∟ $b\times d$ / l
不等边角钢	d, B, b	∟	∟ $B\times d\times d$ / l

续表

名称	截面形状	截面代号	标注方法
工字钢	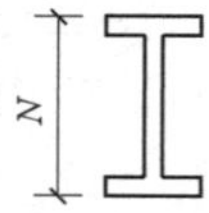 N	I	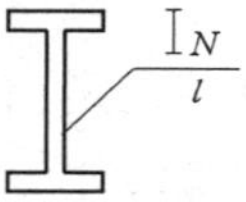 I N / l
槽钢	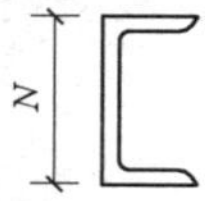 N	[	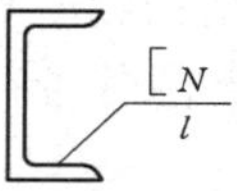 [N / l
扁钢	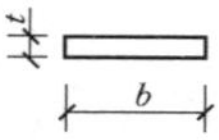 t, b	—	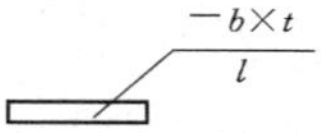 — b×t / l
钢板	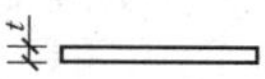 t	——	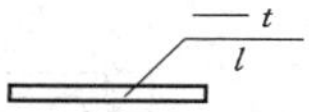 — t / l

二、焊接和焊缝代号

在钢结构施工中常用焊接方法将型钢连接起来。由于设计的要求不同，焊缝的位置、接头、焊缝型式和有关尺寸也不相同，在有焊接的钢结构图上，必须把这些标注清楚。焊缝要按“国标”规定，采用“焊缝代号”标注。焊缝代号一般由基本符号与指引线组成，必要时还可以加上辅助符号、补充符号和焊缝尺寸符号。

基本符号是表示焊缝横截面形状的符号，常用的见表 16-3。

表 16-3　基本符号及其标注方法

名称	截面形状	基本符号	标注方法
带钝边 V 型焊缝	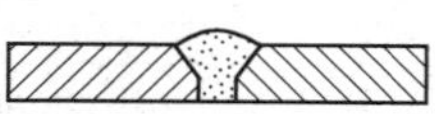	Y	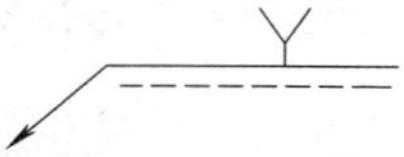
V 型焊缝	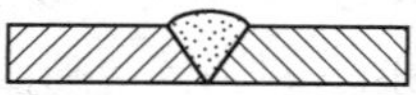	V	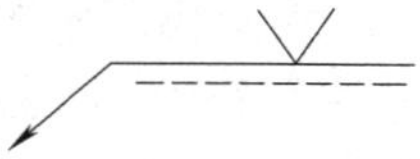
角焊缝	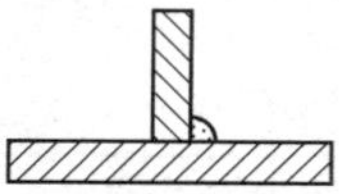		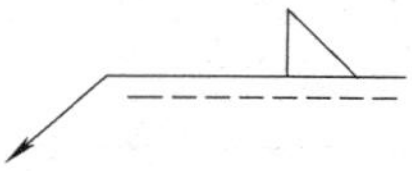
I 型焊缝		‖	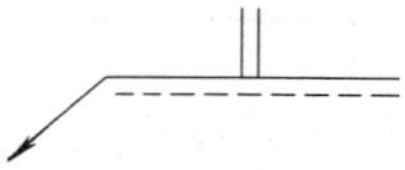

指引线由箭头线和两条基准线（一条实线，一条虚线）组成，如图 16-13（a）所示。箭头线指向焊缝，可引向上方或下方，必要时可转折一次，如图 16-13（b）所示。基准线一般应与图样底边平行，在它的上侧和下侧标注基本符号和其他符号。基准线的虚线可画在实线上侧或下侧，标注对称焊缝及双面焊缝时，可不加虚线。有时在实线的末端加一尾部符号，作为其他说明之用，如图 16-13（c）所示。

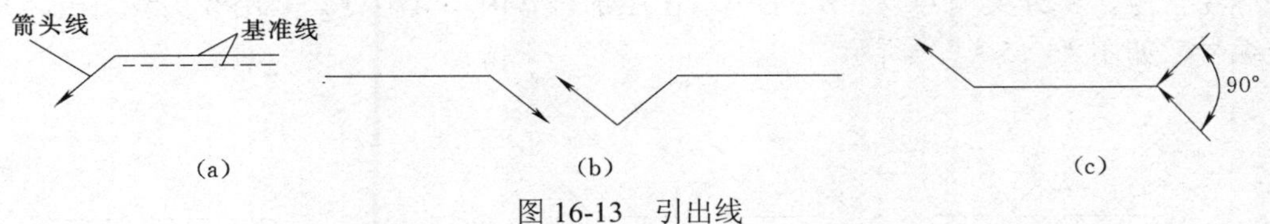

图 16-13　引出线

（a）引出线的组成；（b）箭头线的转折；（c）引出线的尾部符号

补充符号是表示焊缝某些特征的辅助要求的符号。几种常用的符号及其标注方法见表 16-4。

表 16-4　补充符号及其标注方法

名称	示意图	补充符号	说明	标注方法
带垫板符号			表示焊缝底部有垫板	
三角焊缝符号			表示三面带有焊缝	
周围焊缝符号			表示环绕工件周围焊缝	
现场符号			表示在现场或工地上进行焊接	
相同焊缝符号			表示一类焊缝型式、截面尺寸和辅助要求均相同的焊缝	
尾部符号			接在基准线尾端，供其他说明用	

焊缝尺寸一般不标注，生产要求注明焊缝尺寸时，基本符号可附带有尺寸符号及数据，常用的焊缝尺寸符号及标注方法见图 16-14。

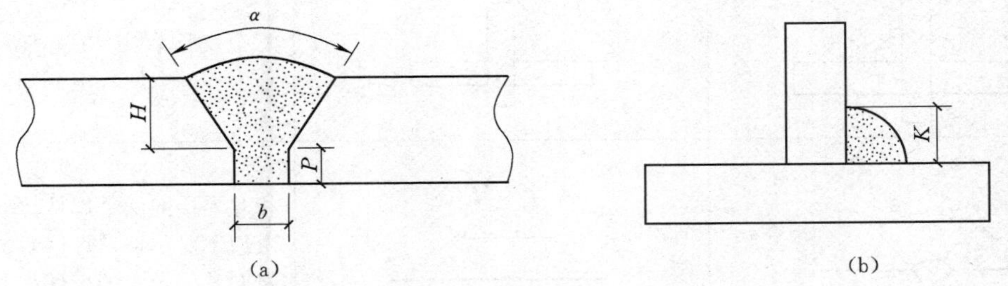

图 16-14　尺寸符号

α—坡口角度；b—根部间隙；P—钝边；H—坡口深度；K—焊角高度；l—焊缝长度

在同一图形上，当焊缝型式、断面尺寸和辅助要求均相同时，可只选择一处标注代号，并加注“相同焊缝符号”。相同焊缝符号及标注方法如图 16-15（a）所示。

在同一图形上，当有数种相同焊缝时，可将焊缝分类编号标注，在同一类焊缝中可选择一处标注代号，将分类编号 A、B、C…写在尾部符号内，其他处只要用箭头线引出，并注一分类编号，如图 16-15（b）所示。

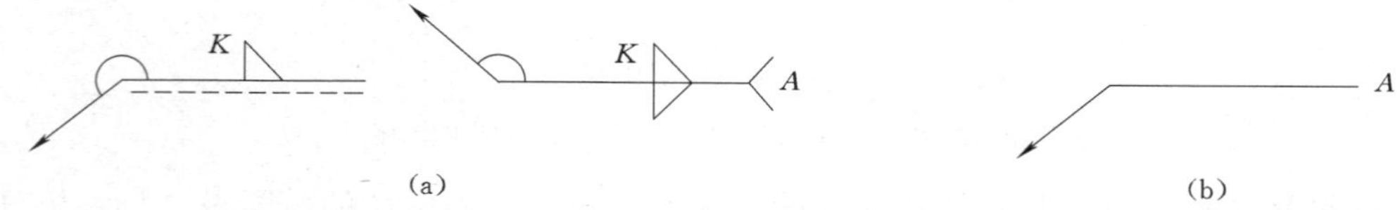

图 16-15　相同焊缝的标注

（a）一种相同焊缝的标注；（b）数种相同焊缝的标注

常用的单面焊缝及双面焊缝的标注方法见表 16-5。

表 16-5　单面焊缝及双面焊缝标注示例

示意图	标注方法	说明
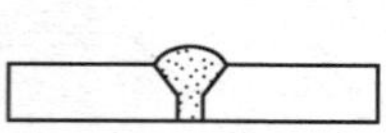	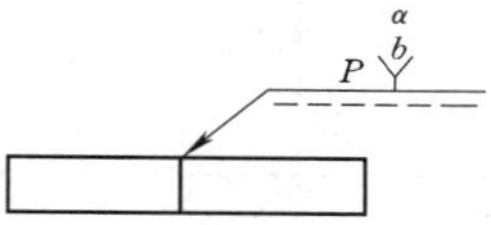	单面焊缝的标注： （1）焊缝在箭头所指的一侧时，应标注在实线的上方。 （2）焊缝在箭头所指的另一侧时，应标注在虚线的下方
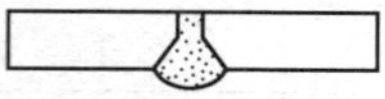	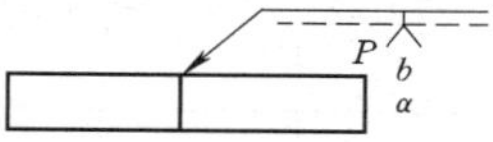	
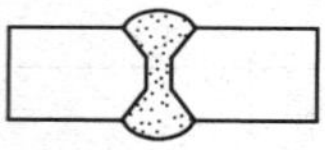	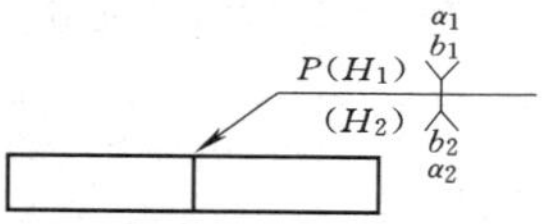	双面焊缝的标注： （1）标注标准对称焊缝及双面焊缝时，可不加虚线。 （2）双面焊缝两面焊缝尺寸不一样时，箭头所指一侧的尺寸标在基准线上方，另一侧的尺寸标在基准线下方。 （3）当两面尺寸相同时，只需在基准线上方标注
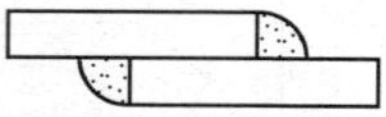	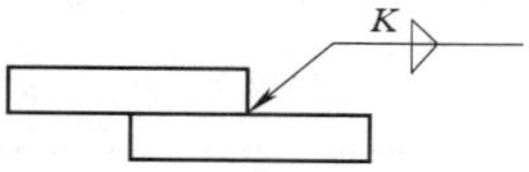	
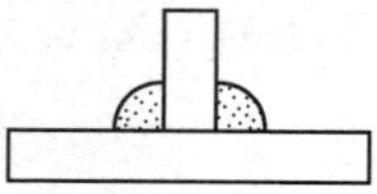	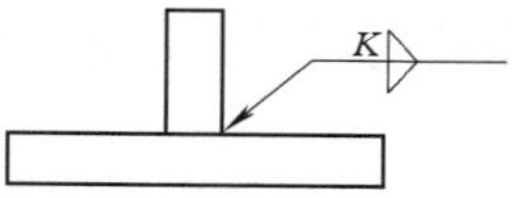	
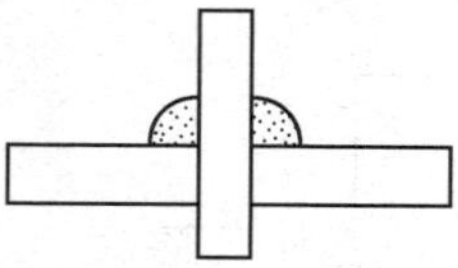	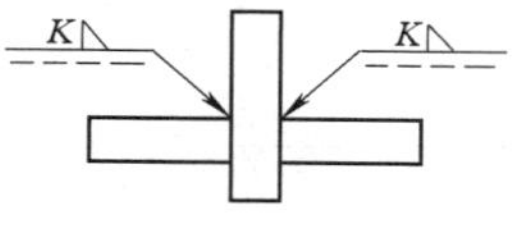	三个及三个以上的焊件焊缝，不得作为双面焊缝，应分别标注
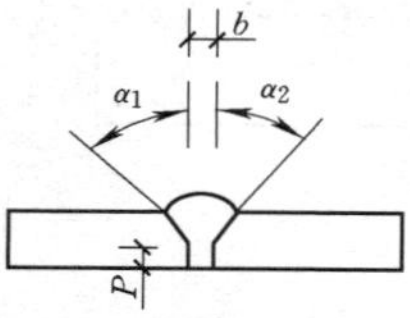	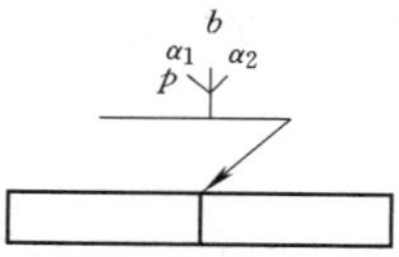	相互焊接的两个焊件，当为单面带双边不对称坡口焊缝时，箭头必须指向坡口较大的焊件

三、尺寸标注

钢结构杆件的加工和连接安装的要求较高，标注尺寸应做到准确、清楚、完整。另外，还应注意以下几点：

（1）两构件的两条很近的重心线，应在交汇处将其各自向外错开，如图 16-16 所示。

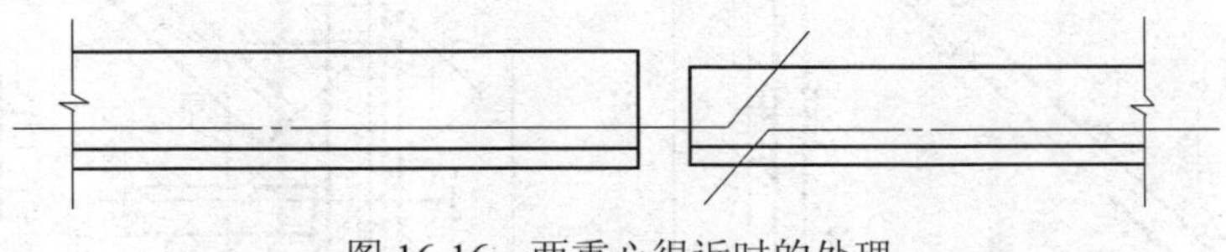

图 16-16　两重心很近时的处理

（2）切割的板材，应注明各线段的长度和位置，如图 16-17 所示。

（3）由节点板连接的各杆件，还应标明杆件端部距几何中心线交点的距离，如图 16-18 所示。

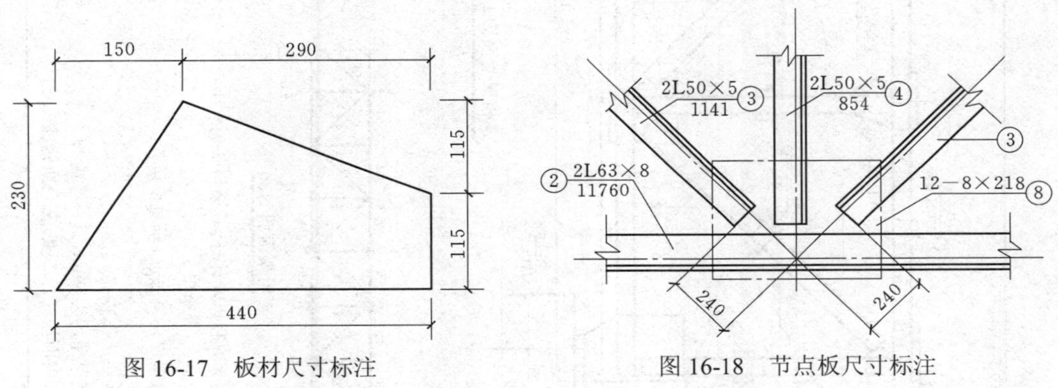

图 16-17　板材尺寸标注　　图 16-18　节点板尺寸标注

四、桁架结构图

桁架是用节点板将杆件连接而成的一种常用钢结构。在桁架结构图中，除常用的视图表达方法外，还有以下两种图示方法：

（1）桁架简图。在简图中，各杆件用单线表示，节点板用杆件的交点表示，沿杆件注明节点间的距离，简图常用 1:100 或 1:200 的比例尺画出。

（2）节点图。节点图是一放大的局部视图，用来表示汇集于该节点的各杆件及节点板的连接情况，同时也详细标注了杆件的编号、规格、大小及节点板的形状。节点图一般用 1:10、1:5 等较大的比例画出。

五、钢结构图的阅读

阅读一张钢结构图，首先应阅读图名及说明，以便尽可能了解该结构的功能；其次通过分析各视图间的关系，大致了解该结构的组成；然后根据编号及标注，弄清楚各杆件的规格、大小及数量；最后通过阅读详图，弄明白各杆件之间的连接关系，从而形成整体概念。总之，读懂一张钢结构图，除应具备一定的读图知识外，关键在于是否清楚各种符号的意义及标注规则，重点在于弄懂杆件间的连接关系。现以某桁架结构图（部分）（图 16-19）为例，说明如下：

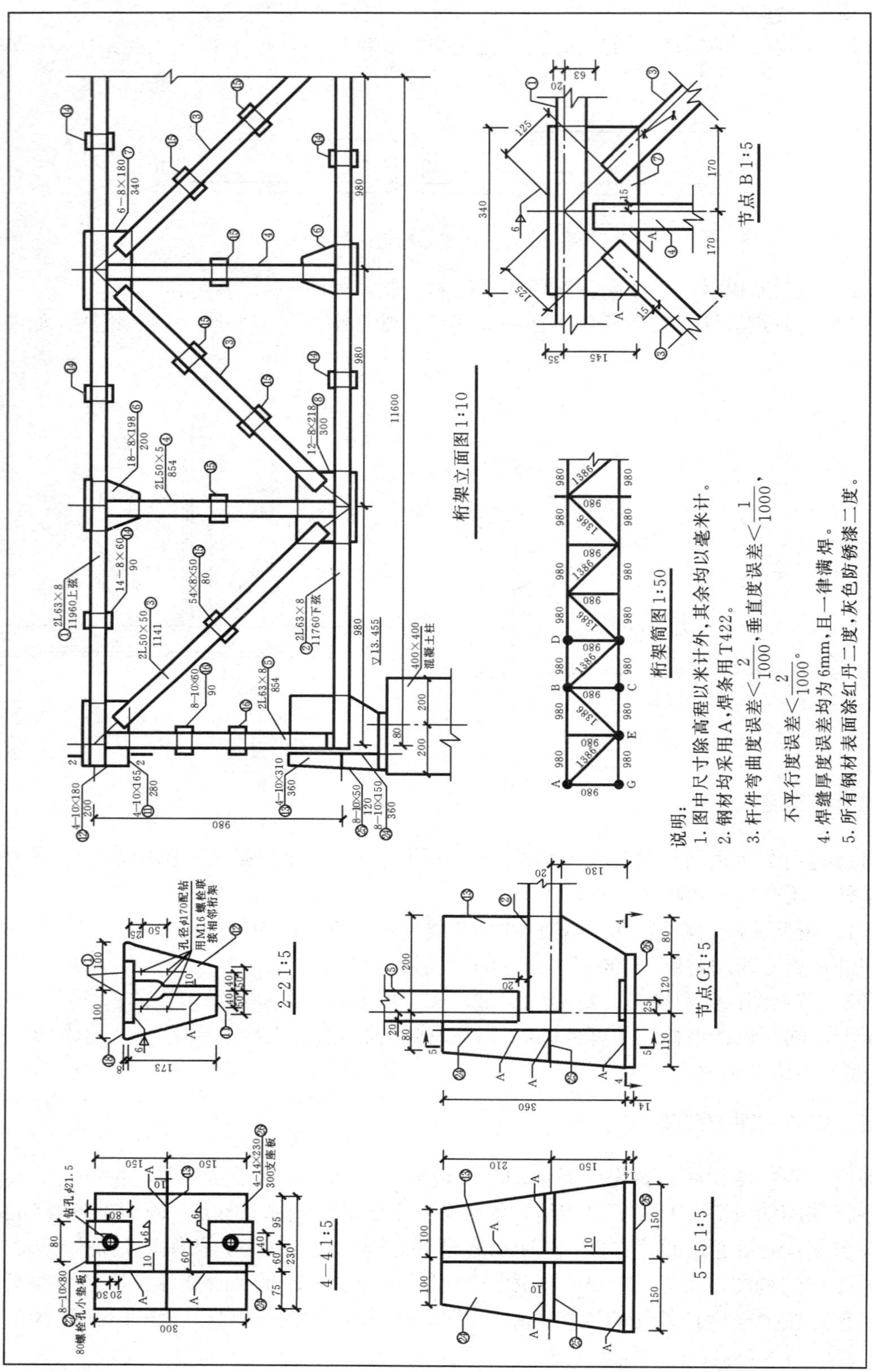

图 16-19　桁架 HT 结构详图（部分）

（1）根据图名，知道这是由杆件和节点板组成的钢结构。

（2）该桁架结构图由立面图、简图、两个节点图及三个断面图组成。根据简图和立面图可知，桁架的跨度（11800）及高度（980），通过两端下部两个节点固定在混凝土立柱上。

（3）根据编号及标注，了解各杆件的规格、大小及数量。如：编号为 3 的杆件是由两根 L50×5 的等边角钢组成，长为 11 41。

（4）进一步阅读节点图，了解连接的详细情况。

以节点 *B* 为例，从图可知，节点 *B* 是上弦杆与三根腹杆的连接点，上弦杆①是两根等边角钢 L63×8，竖杆④和左右两边的斜杆③都是由两根等边角钢 L50×5 组成的，节点板⑦是一块厚为 8 的 340×180 的矩形钢板。

根据焊缝代号可知，角钢与节点板之间都是用焊缝高为 6 的双面角焊缝焊接的。

在节点图中，详细地标注了各杆件的端面与节点中心（交于该节点各杆件几何中心线的交点）的距离，如图 16-19 中的 63、125 等，根据这些尺寸，在加工中可以将杆件准确定位。

（5）另外，从立面图可知，由两角钢组成的杆件，每隔一定距离中间还夹上连接板，以保证角钢的整体刚性。除相邻桁架间、桁架与混凝土立柱间用螺栓连接外，其他杆件均为焊接连接。

第十七章　房屋的建筑施工图和结构施工图

第一节　概述

一、房屋的基本组成

建造房屋是为满足人们的生活和工作的不同需要，如图 17-1 所示的为一幢住宅楼，其他还有如学校的教学楼、工厂的工房、农村的粮仓等各种不同功能的房屋。不论哪种建筑，虽然它们的使用要求、空间组合、外形结构、规模大小等各不相同，但是，主要组成部分一般都有基础、墙（柱、梁）、楼板层和地面、屋顶、楼梯、门、窗等。此外，还有台阶或坡道、雨篷、阳台、壁橱、雨水管、明沟或散水等一些附属构配件和设施。

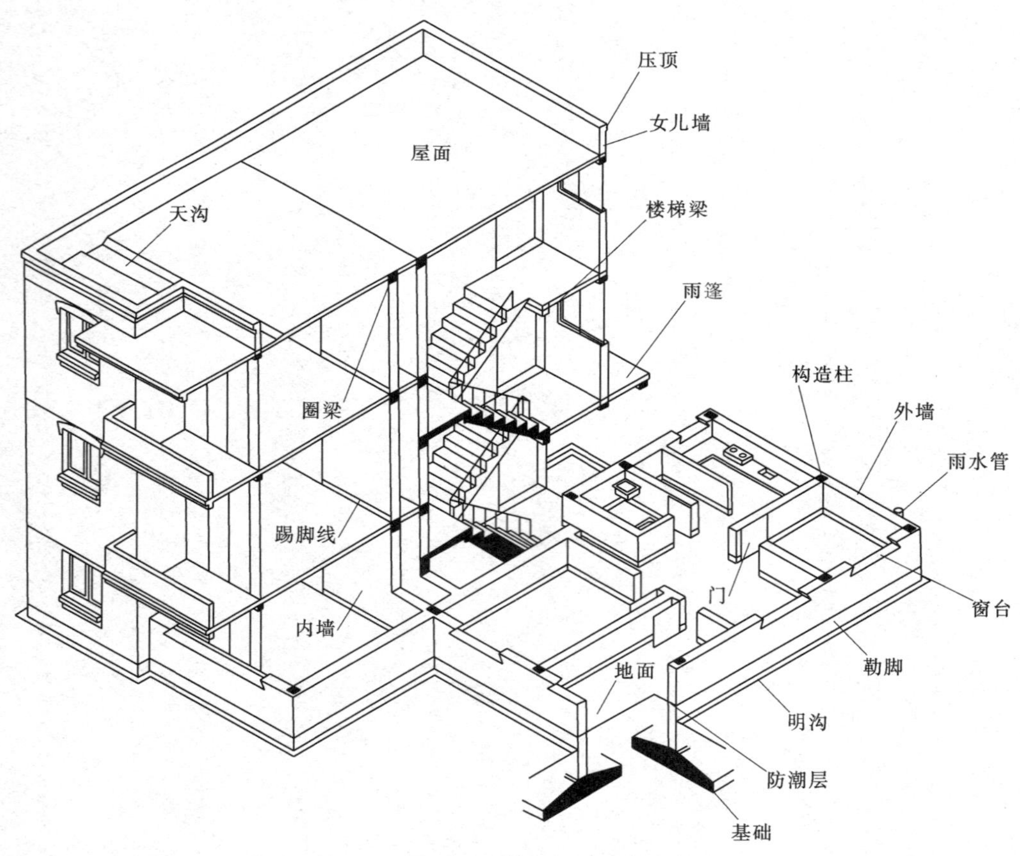

图 17-1　房屋的组成

图 17-1 所示为一幢住宅楼的轴测剖视图，从图中可以大致了解房屋的组成和各种构配件的位置及其作用。

基础与地基接触，起支撑房屋的作用，并将房屋的全部载荷传递给地基；墙是房屋的垂直构件，起抵挡风、霜、雨、雪和分隔房屋内部空间的作用。按受力情况有承重墙和非承重墙之分。承重墙除承受自身的重量外，还将所受的其他载荷传递给基础；楼板层是房屋的水平承重件，将楼板上的各种载荷传递到墙或梁上，并将房屋分隔成若干层；屋顶是房屋顶部的围护和承重构件，用于防水、保温，承受风、雪、雨、尘或设备等的重量；楼梯是房屋各楼层之间的交通设施；门主要是联系房间的内外交通。窗则是用于采光、通风和眺望，门、窗在房屋中起维护和分隔作用；此外，还有台阶、阳台、雨篷、雨水管、明沟等。

二、房屋施工图的分类

建造一幢房屋，要经过设计与施工两个阶段。在设计阶段，设计人员把想象中的房屋造型和构造状况，经过合理的布置、计算、各个工种之间的协调配合，画出全套施工图。在施工阶段，施工人员按施工图建造房屋。

房屋施工图是设计阶段的成果，它是直接用来施工建造的图样，要求表达详尽，尺寸齐全。一套完整的房屋施工图，根据其内容与作用的不同，一般分为：

（1）首页图：包括图纸目录和设计总说明。简单的图纸可以省略该项。

（2）建筑施工图（简称建施）：包括总平面图、平面图、立面图、剖视图、构造详图。主要表示建筑物的总体布局、内部结构、外部形状、细部构造和施工要求等。

（3）结构施工图（简称结施）：包括基础平面图、楼层结构平面图、屋面结构平面图及构件详图（如基础、承重墙、柱、梁、板等）。主要表示建筑物各承重构件的布置、大小及内部构造的施工方法等。

（4）设备施工图（简称设施）：包括给排水、采暖通风、电气等设备的布置平面图和详图。主要表示给排水、采暖、通风、电气等管线的构造、布置、安装要求等。

本章只介绍其中的建筑施工图和结构施工图的主要图样的内容及阅读方法。

三、国家标准对房屋施工图的有关规定

我国制定了《房屋建筑制图统一标准》、《建筑制图标准》、《总图制图标注》等标准，在绘制、阅读房屋施工图时必须严格遵守国家标准中的有关规定。需要指出的是，国家标准并非一成不变，每隔几年要进行修订，读者应关心这些标准修订的最新动向。下面介绍国家标准的几项基本规定。

1. 比例

根据图样的用途与被绘对象的复杂程度，画图时要从国家标准中选用比例，而且优先选用“常用比例”。房屋建筑图常用比例见表 17-1。

表 17-1　常用比例

图名	常用比例					
总平面图	1:500	1:1000	1:2000			
平、立、剖视图	1:50	1:100	1:200			
详图	1:1	1:2	1:5	1:10	1:20	1:50

2. 图线

房屋建筑图涉及的内容非常广泛。为了主次分明，表达清楚，一般只画可见轮廓线，并

对常用的线型有一个统一的规定，见表 17-2。

表 17-2　线型与线宽

名称	线型	线宽	使用范围
粗实线	————	b	平面图和剖视图上被剖到的轮廓线，立面图上外围轮廓线，结构图中钢筋线
中粗线	————	$0.5b$	平面图、剖视图上未剖到的可见轮廓线。立面图上的门窗、台阶、阳台轮廓线
细实线	————	$0.25b$	尺寸线、对称线、门窗格线
中虚线	----------	$0.5b$	不可见轮廓线、拟扩建的建筑轮廓线
虚线	----------	$0.25b$	不可见轮廓线，图例线
点划线	—·—·—	$0.25b$	对称线、中心线、定位轴线
细双点划线	—··—··—	$0.25b$	假想轮廓线、成型前原始轮廓线
折断线	—\/—\/—	$0.25b$	断开界线
波浪线	∽∽∽	$0.25b$	断开界线

表 17-2 中线宽 b 的大小应根据图的大小及类别选用适当值，宜从下列线宽系列中选取：2.0、1.4、1.0、0.7、0.5、0.35。

3. 标高

标高是标注建筑高度的一种尺寸形式，它有绝对标高和相对标高之分。房屋各部分的高度一般只注写相对标高。相对标高是以建筑物底层室内主要地面为零点测出的高度尺寸，尺寸数字以米为单位。相对标高的符号用细实线画出，它是一个直角三角形，高约 3mm，符号的尖端指向被注地面。绝对标高是以我国青岛附近黄海的平均海平面为零点测出的高度尺寸。对于总平面图，需注写绝对标高，其符号是全部涂黑的直角三角形，如图 17-2 所示。

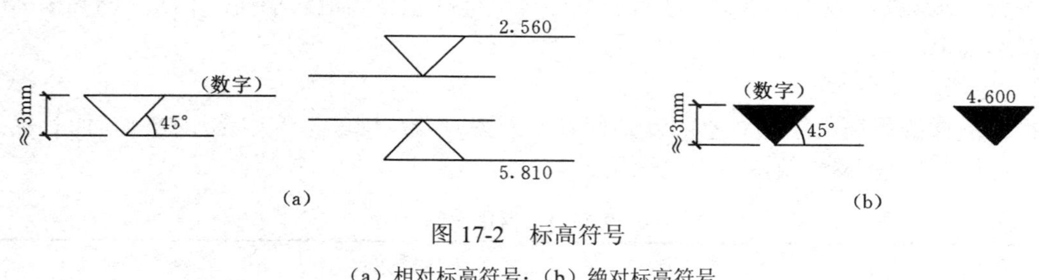

图 17-2　标高符号

(a) 相对标高符号；(b) 绝对标高符号

4. 索引符号和详图符号

在施工图中，有时会因所用比例较小而无法表示清楚某一局部或构件，需另画详图。为了方便查阅，在需要画出详图的部位引出索引符号给以索引，并在所画的详图上编注相应的详图符号。对于同一详图，其索引符号和详图符号的编号必须对应一致。详图索引符号和详图符号的注法见图 17-3。

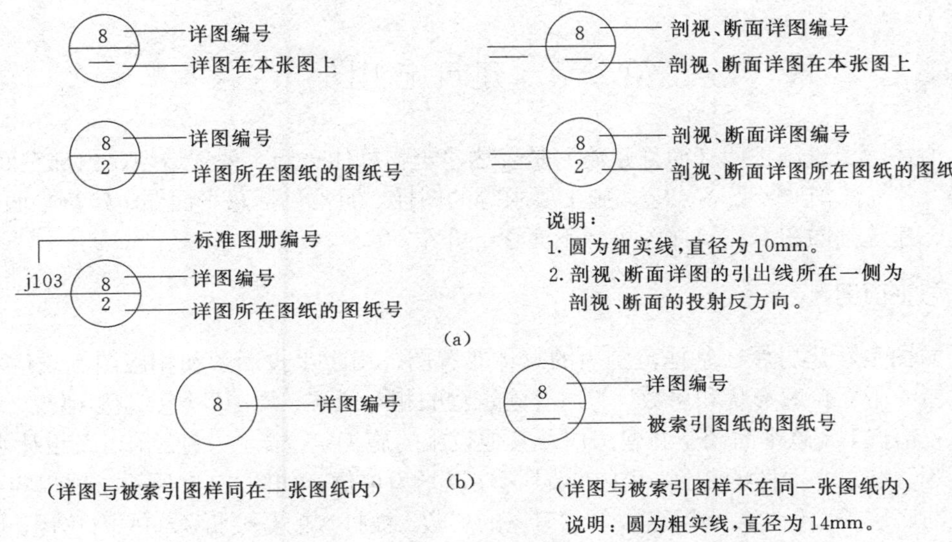

图 17-3　索引符号和详图符号

（a）索引符号；（b）详图符号

5. 图例

在房屋施工图中，平面、立面、剖视图所采用的比例较小，图样中的一些构造和配件，不可能也不必要按实际投影画出，只需用规定的图例表示。图 17-4 为《建筑制图标准》中规定的几个图例。

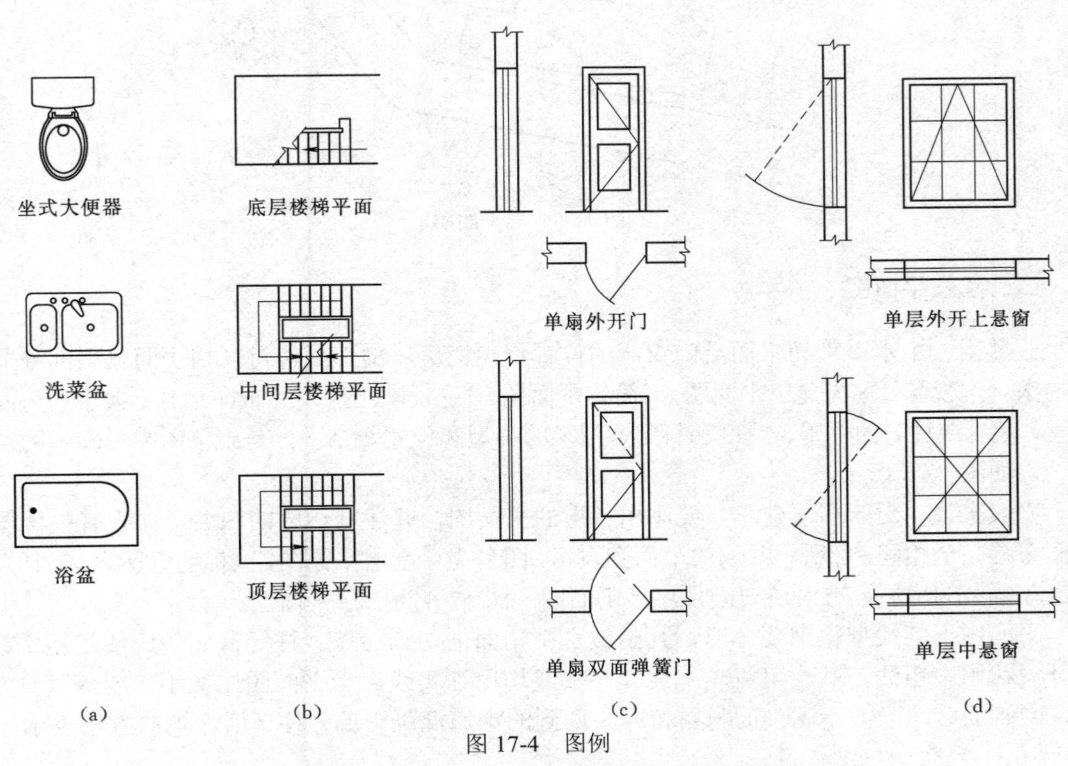

图 17-4　图例

（a）卫生设备图例；（b）楼梯图例；（c）门图例；（d）窗图例

第二节 建筑施工图

如上所述，建筑施工图（简称建施）是表达建筑物总体布局、外部造型、内部空间设计、内外装修、各细部构造及设备安装、施工要求等的图样。通常包括总平面图、建筑平面图、建筑立面图、建筑剖面图、建筑详图等。下面逐一介绍。

一、总平面图

总平面图是新建房屋在基地范围内的总体布置图，用水平投影图和相应图例表达。它表明新建房屋的平面轮廓形状和层数、与原有建筑物的相对位置、周围环境、地形地貌、道路和绿化的布置情况等。总平面图是新建房屋及其他设施的施工定位、土方施工，以及设计水、电、暖、煤气等管线总平面图的依据。图中尺寸标注以米为单位，如图 17-5 所示。用粗实线画的新建房屋的底层平面轮廓，小黑点数表示房屋的层数，被打×的是要拆除的原有房屋。图中还要画出指北针符号，以示方向。

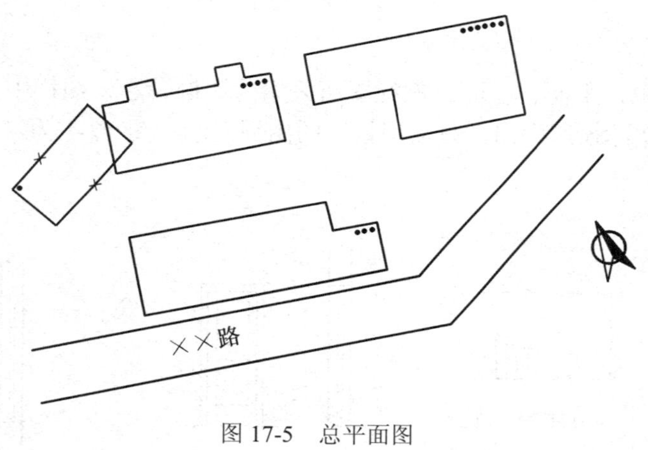

图 17-5 总平面图

二、建筑平面图

假象用一个水平剖切平面沿门窗洞的位置将整幢房屋剖切后，对剖切平面以下部分所作出的水平剖视图，称为建筑平面图，(简称平面图)。它反映出房屋的平面形状、大小和房间的布置，墙（或柱）的位置、厚度和材料，门窗的类型和位置等情况，是施工图中最基本的图样之一，如图 17-6 所示。

一般来说，对于多层建筑，要画出各层的平面图，并注写相应的图名。如果有些楼层的平面布置完全相同，可用一共同的平面图表示，图名为标准层平面图，或标明它所表达的层数。对比较复杂的房屋，有时还要画出屋顶平面图。图 17-6 为二层平面图。

平面图上的线型粗细要分明，凡是被水平切面剖切到的墙、柱等截面轮廓线用粗实线，门开启线用中粗线，其余可见轮廓线和尺寸线均用细实线。当平面图比例小于或等于 1:100 时，剖到的砖墙一般不画剖面材料符号，剖到的钢筋混凝土墙、柱，用涂黑的方法表示，如图 17-6。

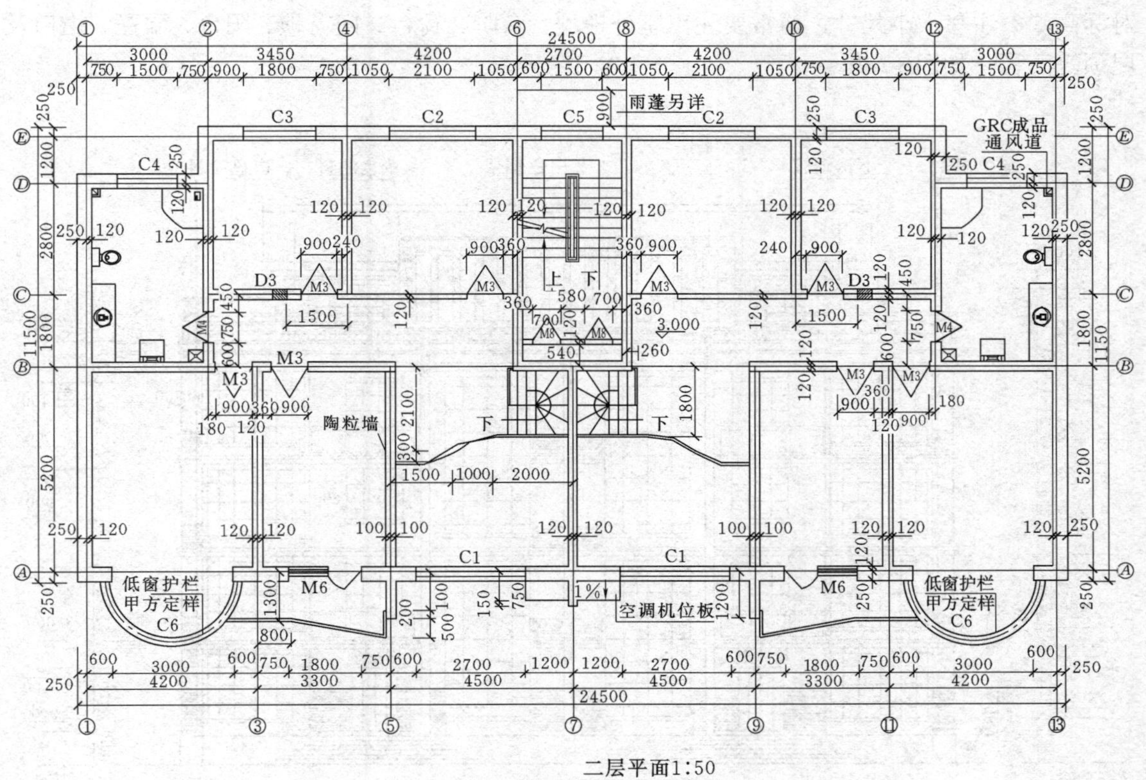

二层平面1:50

图 17-6　建筑平面图

为了便于施工时放样，在平面图中对墙和柱的轴线应进行编号，轴线与墙或柱的中心线重合，其端部用细实线画一直径约 8mm 的圆，编号注写在圆里面，如图 17-6。根据《建筑制图标准》的规定，水平方向的编号要采用阿拉伯数字：1、2、3、…，从左向右依次注写；垂直方向的编号要采用大写的英文字母：*A*、*B*、*C*…，由下而上按顺序注写（*I*、*O*、*Z* 三个字母不得用于轴线编号，以免与数字 1、0、2 混淆）。

建筑平面图通常注有有定位尺寸、定形尺寸及总体尺寸。外墙标注三道尺寸，最外一道尺寸是表示房屋的总长和总宽的尺寸，用以计算房屋的占地面积等。第二道尺寸是墙、柱轴线间的尺寸，用以说明房屋的开间和进深。第三道尺寸是表示外墙的细部尺寸，用来表示门窗洞宽度等。室内要标注墙身厚度及房间的净长和净宽、内门的宽度和位置，以及其他细部尺寸。此外，还应注出室内各处地面的高程（底层房间内地面高程定位±0.000）。

三、建筑立面图

在平行于房屋各个外墙面的投影面上所作的正投影图称为建筑立面图。它主要用来表示房屋的外部形状、门窗形式和位置、外墙面的装修要求等，如图 17-7。房屋通常有前、后，左、右四个方向的立面图，我们往往把主要出入口的立面称为正立面图，其余的称为背立面图、侧立面图。有时也按朝向来命名，称为东立面图、南立面图等。有定位轴线时，一般根据两端定位轴线号标注立面图名称，如①～⑩立面图，⑩～①立面图等。在立面图上，一般只注写相对标高，不注写大小尺寸。通常要注出室外地坪、台阶、窗台、门窗顶、阳台、雨篷、檐口及屋顶等高程，如图 17-7。

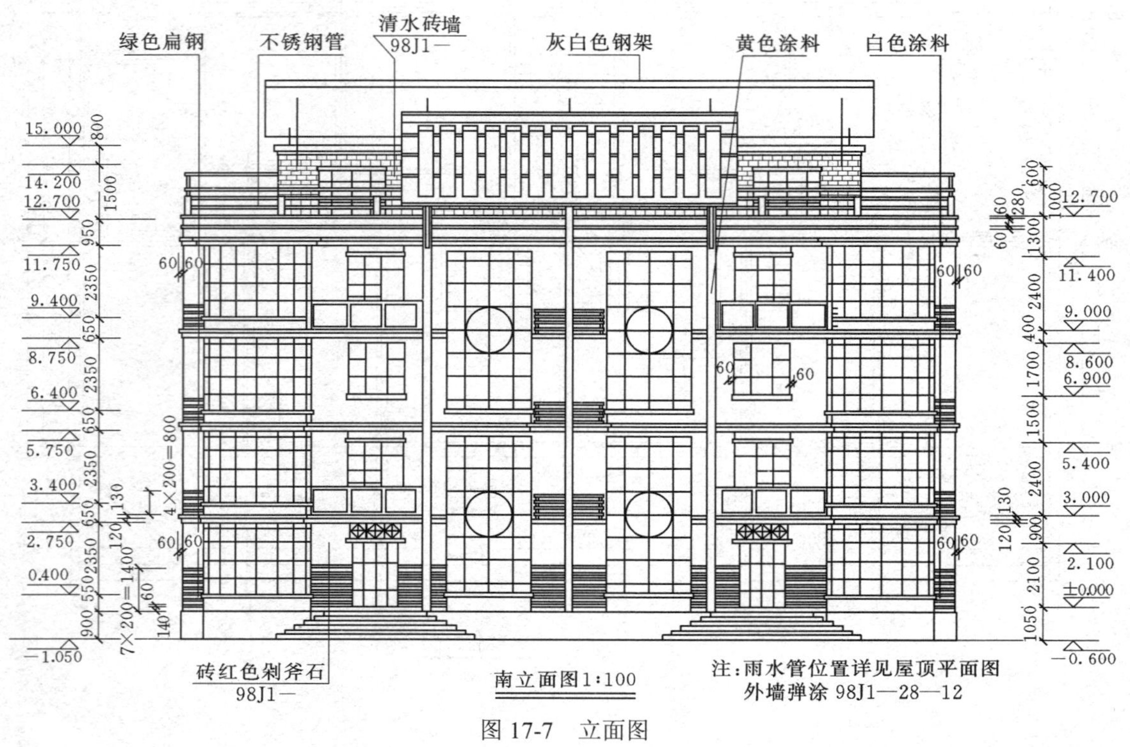

图 17-7　立面图

四、建筑剖视图

建筑剖视图是房屋的垂直剖视图，也就是用一个假想的平行于正立投影面或侧立投影面的竖直剖切面剖开房屋，移去剖切平面与观察者之间的房屋，将留下的部分按剖视方向向投影面作正投影所得的图样。它主要用来表示房屋的内部结构、分层情况、各部位之间的联系及高度等，如图 17-8 所示。

建筑剖视图的剖切位置一般选在内部结构和构造较复杂的地方，投影方向一般向左。剖视图中一般不画出地面以下的基础部分（基础的构造在结构施工图中表示）。轴线的编号必须与平面图中编号一致。

在建筑剖视图中，一般应标注室内外地坪、勒脚、窗台、门窗顶、檐口等处的标高，同时还要标注底层地面、各楼层面及楼梯平台的标高，如图 17-8。屋顶、楼层及地面的构造，应按其构造的层次顺序加以文字说明，也可写在施工总说明中。

五、建筑详图

由于房屋的建筑平面、立面、剖视图通常采用 1:100、1:200 等较小的比例绘制，对于一些细部（亦称节点）的详细构造无法完全表达清楚。因此，在施工图设计过程中，常常在建筑平面、立面、剖视图中另外用较大的比例把这些构造的形状大小和材料等详细地表示出来，这种图就是建筑详图。常见的详图有：楼梯、卫生间详图；各种构配件详图和门窗节点、檐口节点详图等。图 17-9 所示为图 17-8 所对应的外墙身详图。图 17-10 为楼梯平面图，图 17-11 为楼梯的剖视图，图 17-12 为楼梯踏步详图。

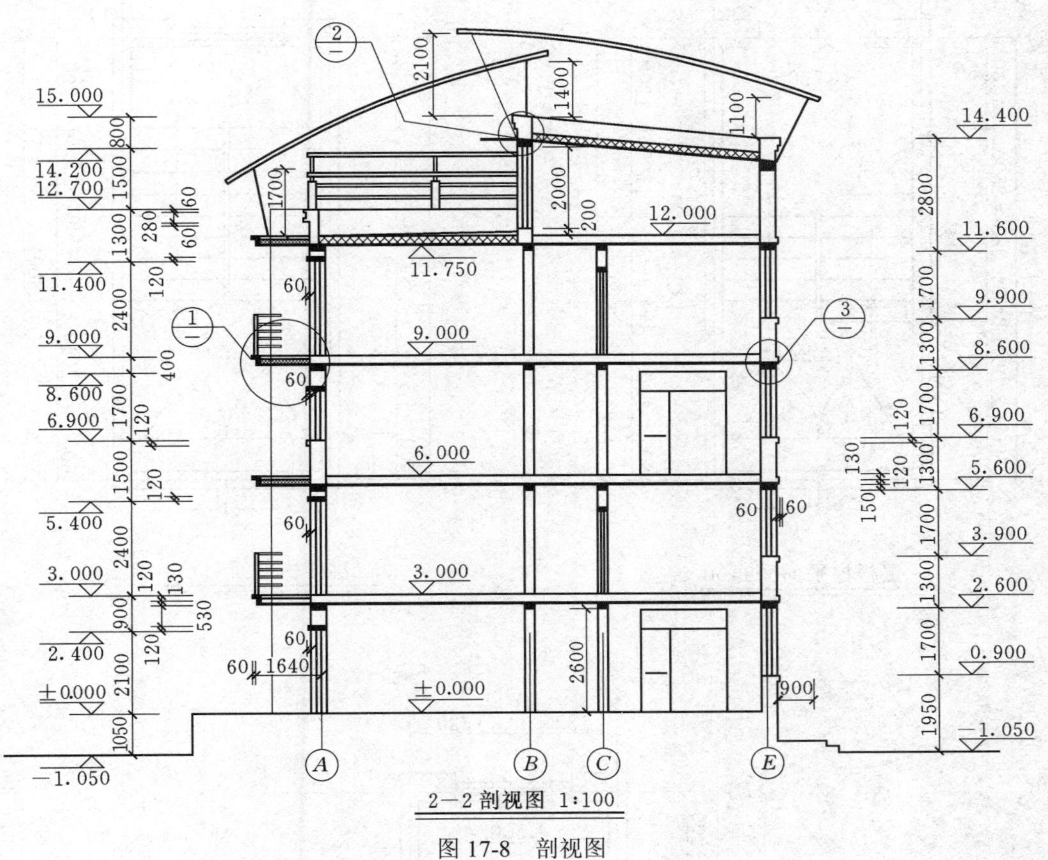

图 17-8 剖视图

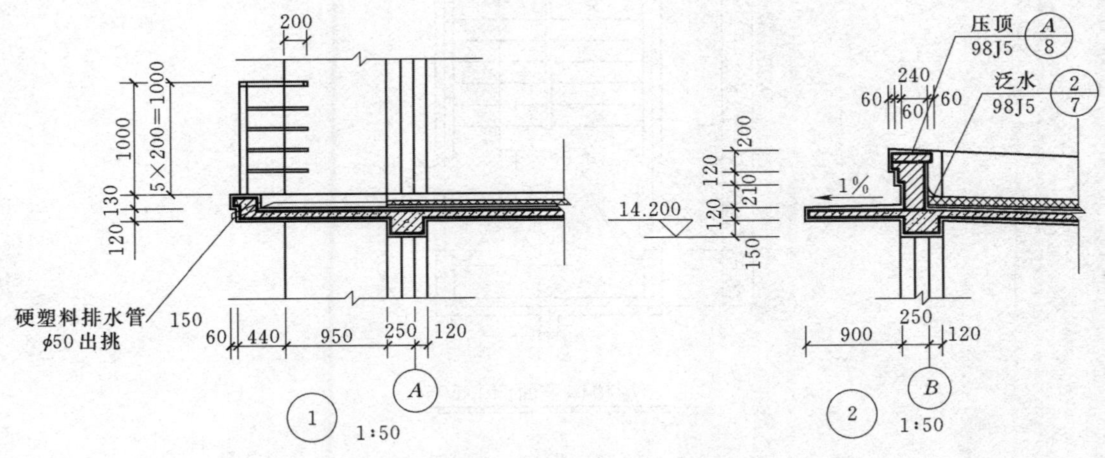

图 17-9 外墙身详图

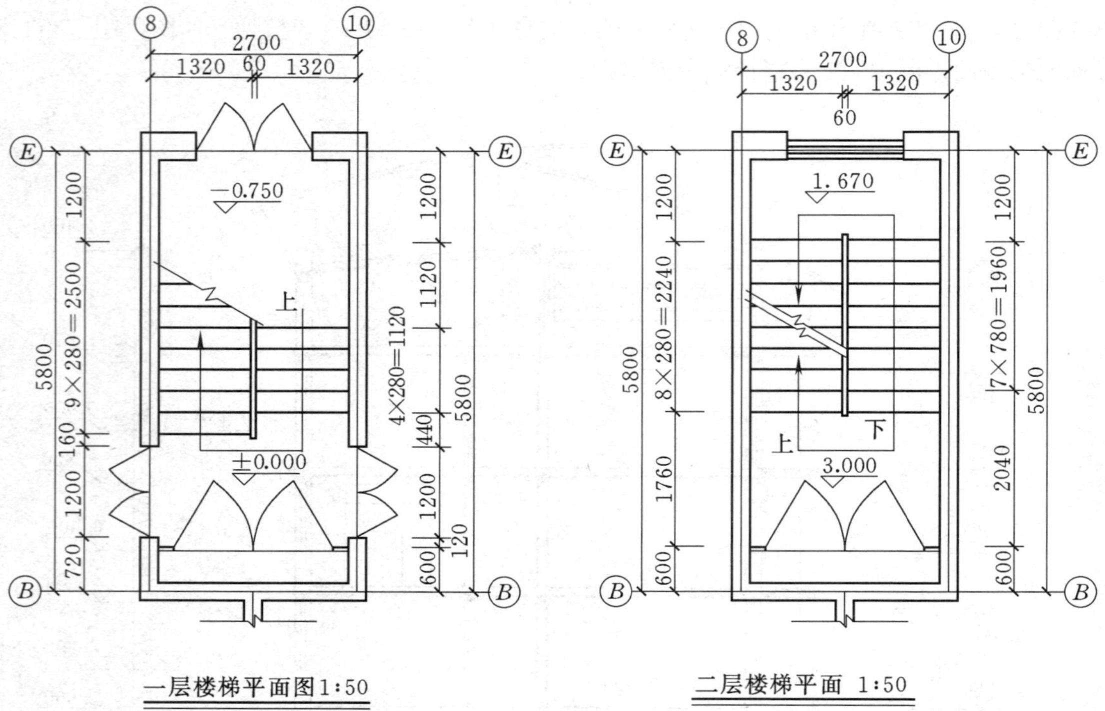

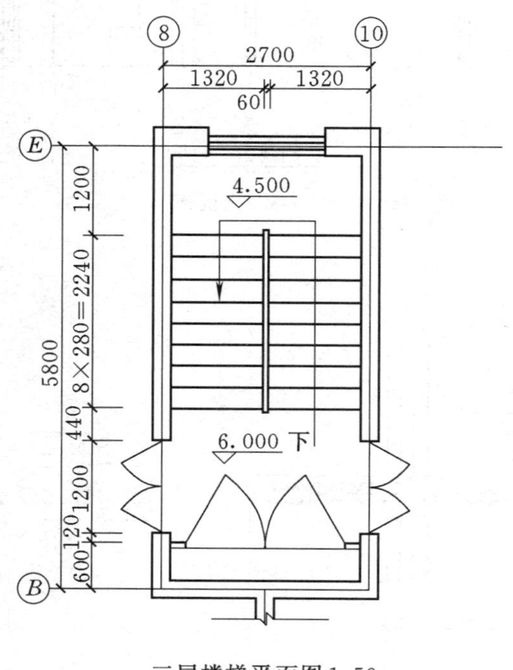

图 17-10　楼梯平面图

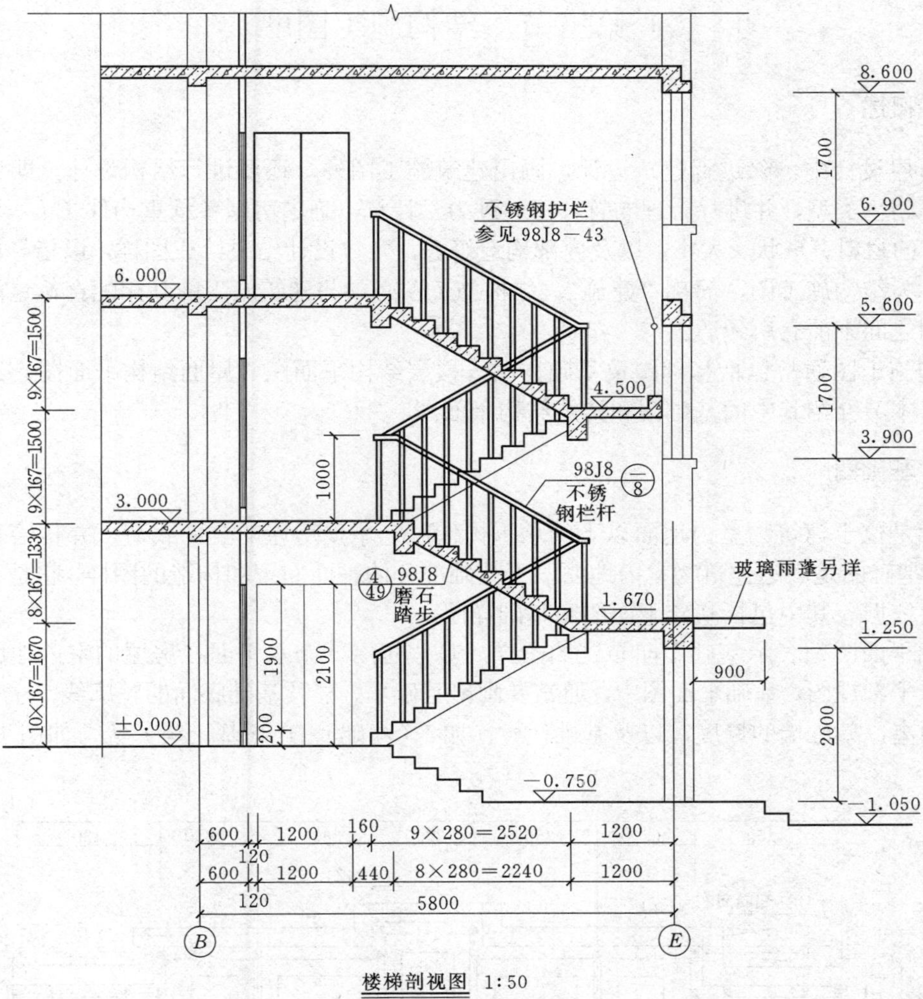

图 17-11　楼梯剖视图

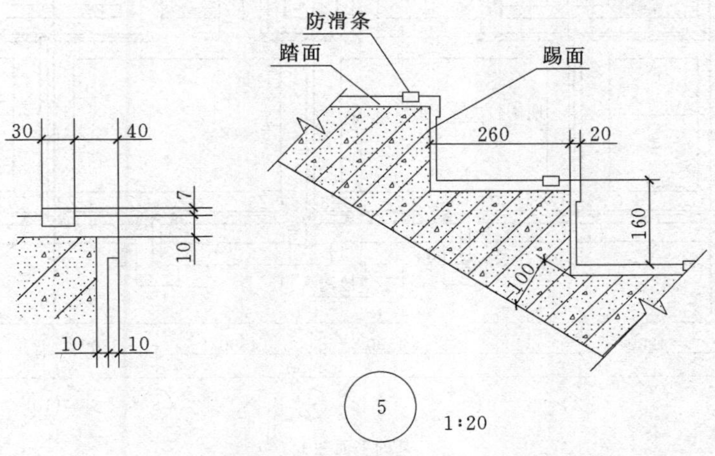

图 17-12　楼梯踏步详图

第三节 结构施工图

一、概述

在房屋设计中，除进行建筑设计，画出建筑施工图外，还要进行结构设计。即根据建筑要求选择结构类型，并进行合理布置，再通过力学计算，确定房屋各承重构件（梁、墙、柱及基础等）的材料、形状、大小，以及内部构造等等，并将设计结果绘成图样，以指导施工，这种图样称为结构施工图，简称“建施”。结构施工图必须与建筑施工图互相配合，这两个工种的施工图之间不能有所矛盾。

结构施工图通常包括基础图及基础详图、楼层结构平面图、屋面结构平面图、结构构件详图等。本节介绍其中的基础图和楼层结构平面图。

二、基础图

基础是位于建筑物室内地面以下的承重构件，它承受房屋的全部载荷，并传给基础下面的地基。基础图是表达建筑物室内地面以下基础部分的平面布置和构造的图样，它是开挖基坑和砌筑的依据。其中包括基础平面图和基础详图。

基础平面图是表示基础平面布置的图样，是假想用一个水平面在房屋的室内地面以下剖切后的水平剖视图。基础平面图中，通常要画出基础墙、柱及基础底面的轮廓线，注写基础轴线间的距离，基础墙的厚度，以及基础代号，如 J（基础）、JL（基础梁）等，如图 17-13。

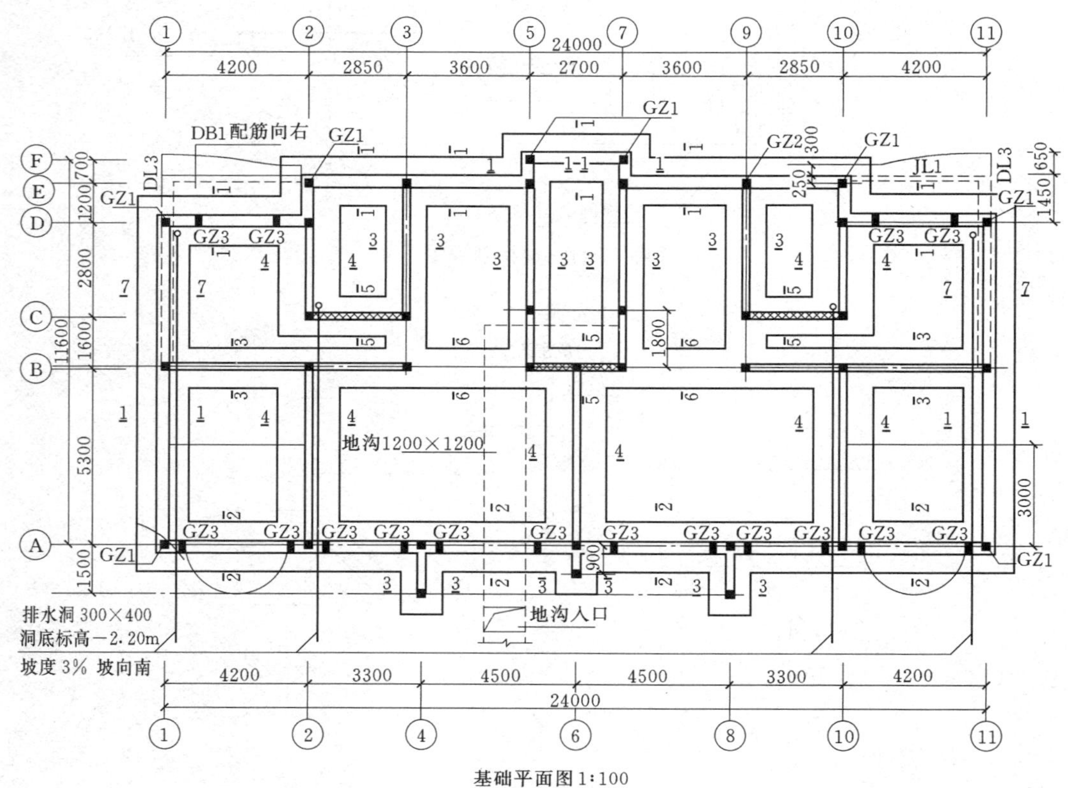

图 17-13 基础图

在基础平面图中仅表示了基础的平面布置，而基础的形状、大小、构造、材料及埋置深度等均未表示，所以需要画出基础详图，以此作为砌筑基础的依据。基础详图是垂直剖切的断面图，如图 17-14。详图的数量决定于基础变化的复杂程度。

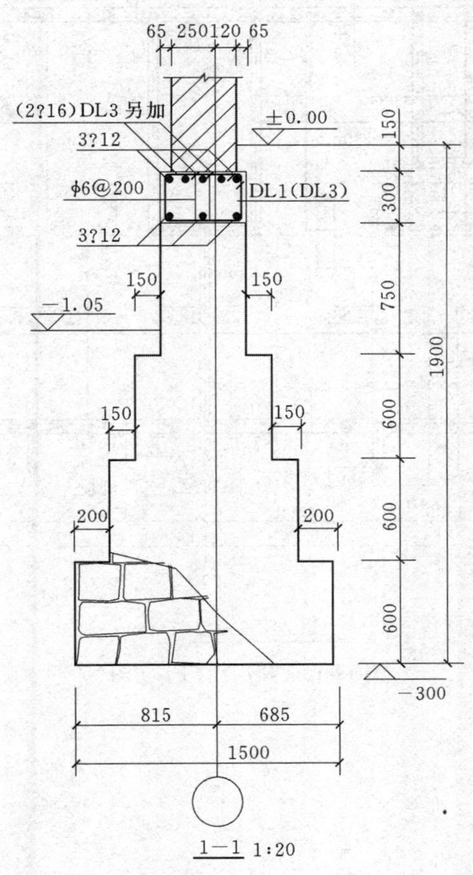

图 17-14 基础结构详图

三、楼层结构平面图

楼层结构平面图是表示每层承重构件（如梁、板、柱、墙等）的平面布置，或现浇板的构造与配筋，以及它们之间结构关系的图样，如图 17-15。

楼层结构平面图是施工时布置或安放承重构件的依据。因此，对承重构件的规格、数量、安放位置，必须注写清楚。承重构件一般采用代号表示，按《建筑制图统一标准》的规定，承重构件的代号用大写的汉语拼音字母，如 *L*（梁）、*KB*（空心版）等。

楼板有预制和现浇两种。预制板不用按实际投影分块画出，只要画一条对角线（细实线）表示楼板的布置范围，并沿对角线注写预制板的块数和型号。现浇部分应画出钢筋的配置和弯曲情况，并要注明钢筋的编号、规格和间隙。每种规格钢筋只画一根，按其立面形状画在它所安放的位置上，有时还配上一个钢筋表。为了画图方便，习惯上将楼板下的可见墙身线改画成细实线，见图 17-15。

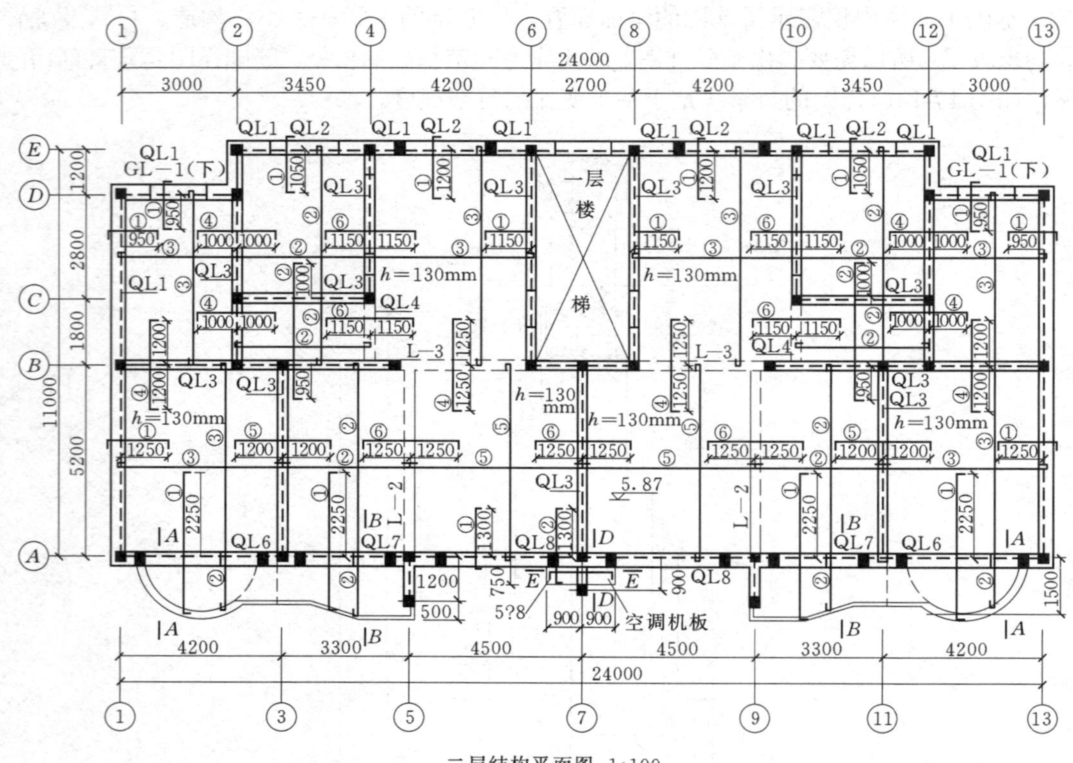

二层结构平面图 1:100

图 17-15 楼层结构平面图

第十八章　机械制图

第一节　概述

一、机械的组成

机械是机构和机器的总称。机构是若干构件的组合，它们之间由于受到一定形式的约束，因而具有确定的相对运动。机器由一种或多种机构组合而成，在生产过程中，它能把输入的能量转换成机械能。机械的种类繁多，但无论何种机械，总可以按功能分为三个组成部分：原动部分、工作部分、传动部分。图 18-1 所示牛头刨床是用来刨削零件平面的机器，适用于中小零件的加工。下面以牛头刨床为例说明机械的组成。

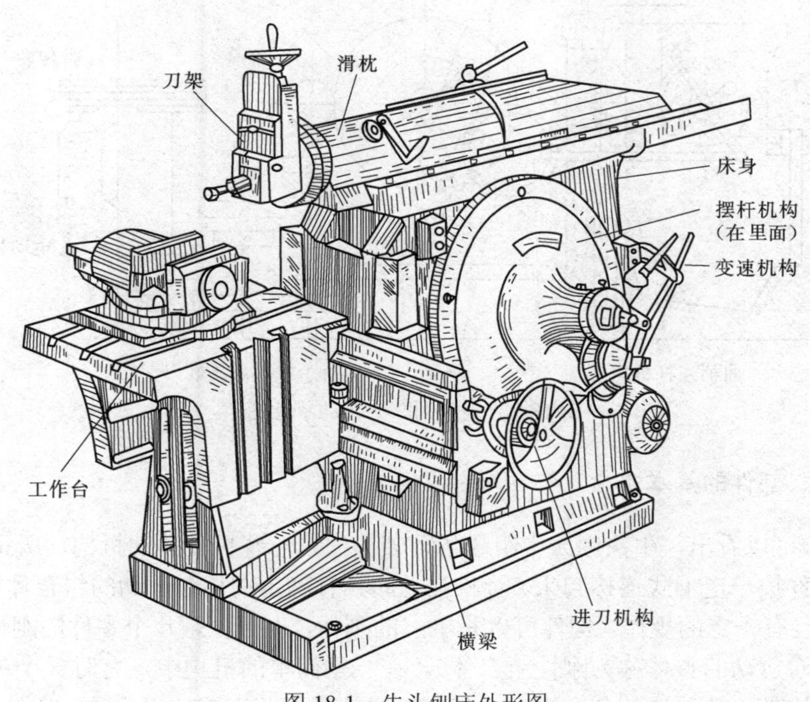

图 18-1　牛头刨床外形图

1. 工作部分

工作部分是机械中直接实现使用功能的部分，其结构形式取决于机械本身的用途。牛头刨床的工作是靠滑枕的往复直线运动和工作台的横向进给实现零件的刨削加工，所以滑枕和工作台就是其工作部分。

2. 原动部分

原动部分是驱动机械运转并供给动力的部分，简称原动机，牛头刨床用的是电动机。原动机有电动机、内燃机等，机械行业多采用电动机。电动机都是定型产品，设计时只需根据工作要求和条件选择适当的型号即可。

3. 传动部分

传动部分是将原动机输出的运动和能量传递给工作部分，因为原动机一般只具有固定的运动形式和速度，而工作部分的运动形式和速度，则因机械的功能不同而异。如牛头刨床的滑枕每分钟往复的次数是12.5～72.7次，而电动机的转速是960r/min。这就需要一个中间环节，用来传递、改变运动速度或转变运动形式。这些中间环节就叫做传动部分（或传动装置）。传动装置有液压传动、气力传动、机械传动等，如带传动、齿轮变速机构、曲柄摇杆机构、棘轮间歇机构、螺旋机构等都属于机械传动。图18-2是牛头刨床的传动示意图，图18-3是牛头刨床中所用的几种常见的典型的机械传动装置。

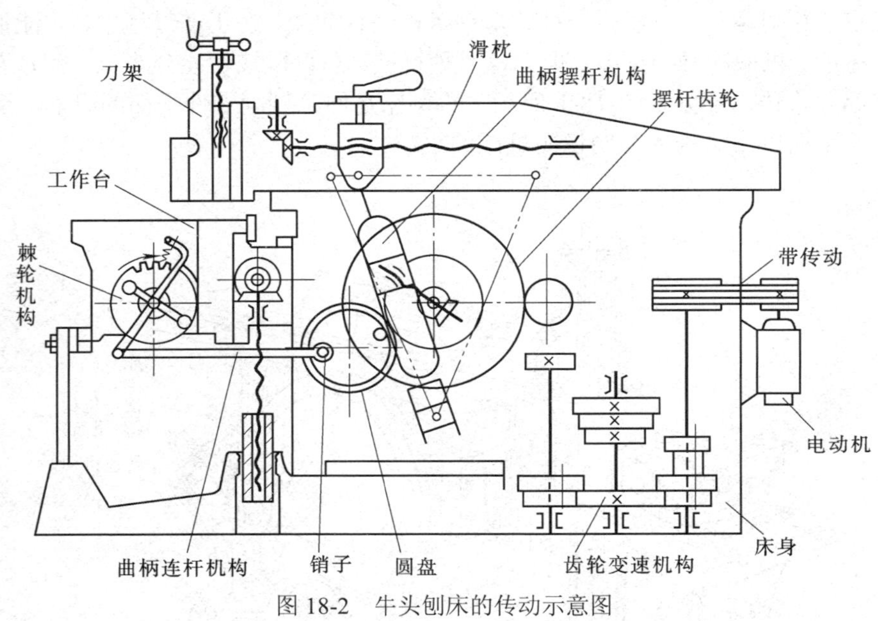

图18-2 牛头刨床的传动示意图

二、零件、部件的基本概念

从图18-2可以看出，牛头刨床中组成传动装置的是一些机械传动机构。所谓机构是指由两个以上的构件按一定形式连接起来，且相互之间具有确定的相对运动的组合体。因此，机构是运动的，并且有一定的规律。构件可以是单一的刚体，也可以是几个零件的刚性组合体（零件之间没有相对运动的整体称为刚性组合体）。在一些简单的机构中，有时一个单独的零件也是一个简单的构件。从制造的角度来看，任何机器都是由若干零件组成的，比较复杂的机器，常常是由零件和机构组成部件，再由部件和零件组成机器。

1. 零件

机器中每一个单独加工的单元体称为零件。零件按其在部件中所起的作用和标准化程度，大致可分为三类：

（1）一般零件。这类零件包括轴、盘、盖、叉架、箱体等。它们的结构形状、尺寸大小和技术要求等，都要根据其在部件中所起的作用、与相邻零件的关系以及制造工艺等确定。

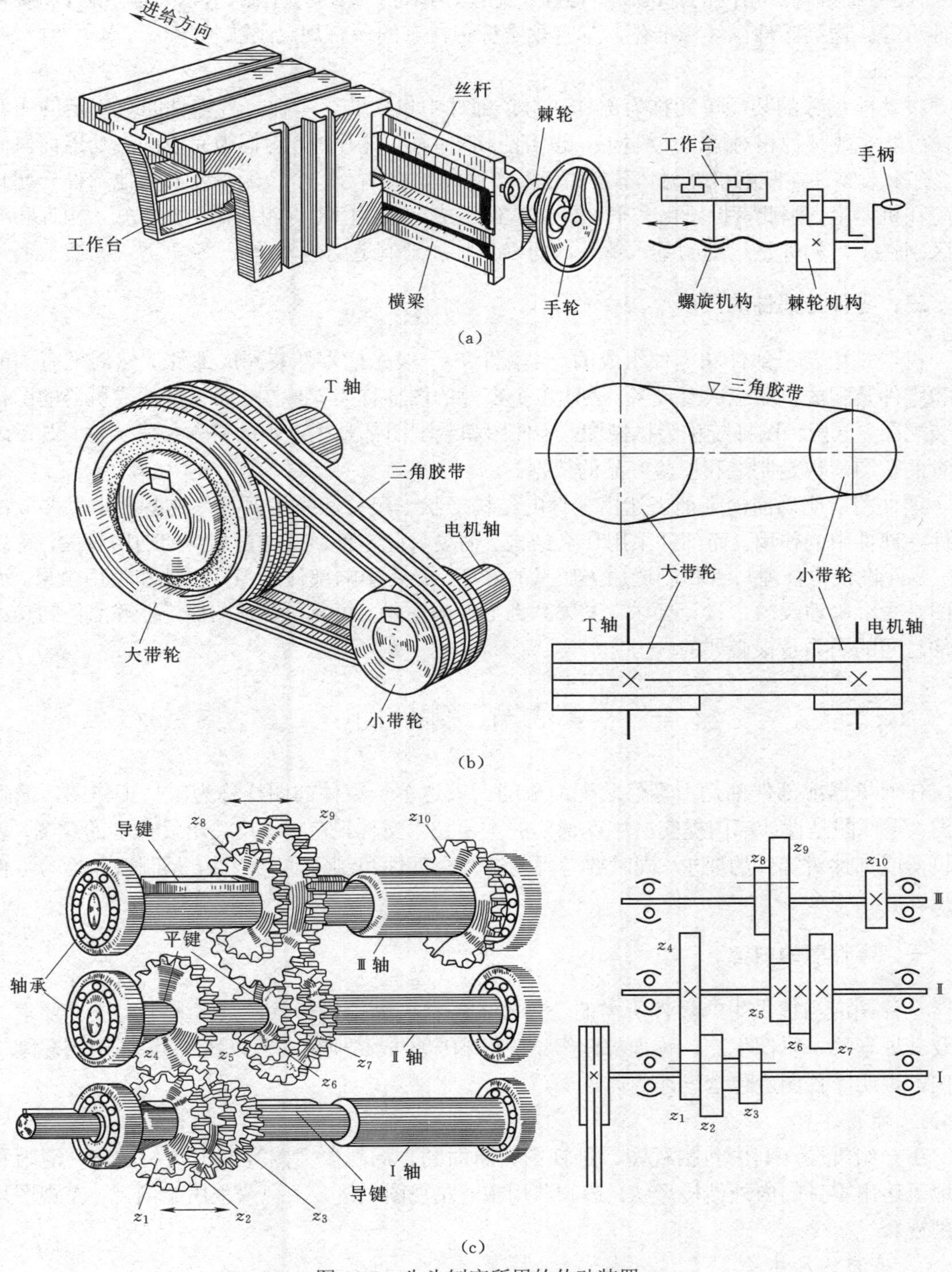

图 18-3　牛头刨床所用的传动装置

（a）螺旋进给机构；（b）带传动机构；（c）齿轮变速机构

（2）传动零件。常用传动零件有胶带轮、链轮、齿轮、蜗轮、蜗杆、丝杆等。这几种零件的主要结构已经标准化了，并有规定画法。

（3）标准件。常用的标准件有螺栓、螺柱、螺钉、螺母、垫圈、键、销、铆钉和各种滚动轴承等。这类零件已经标准化，都有规定标记，有的还有规定画法。

2. 部件

按功能划分的装配单元称为部件，每个部件中包含若干零件，各零件间有确定的相对位置，可能实现某种相对运动（机构），也可能相对静止（构件），它们为完成同一功能而协同工作。有少数零件在装配机器时，不参加任何部件而单独作为一个装配单元与其他部件一起直接装配在机器上。因此，机器由若干部件和零件组成，部件由零件组成。由此可知，构件和零件的区别在于，构件是运动的基本单元，而零件是加工制造的基本单元。

三、零件与部件的关系

机器是由若干部件和零件组成的，装配时，一般先把零件装配成部件，然后把有关的部件和零件装配成机器或成套设备。表达单个零件的图样称为零件图，表达部件或机器的图样称为装配图，这两种图样统称为机械图。零件图和装配图都是生产中的基本技术文件，既反映设计者的意图，也是制造和检验产品的依据。

零件图应明确而清晰地表达出零件的结构形状、尺寸和技术要求。这些要求主要取决于零件在部件中的作用。而部件采用什么结构、需要哪些零件，又与它本身的功用有关。可以想到，零件设计得合理与否和制造加工质量的好坏，必将影响部件的工作性能和使用效果。而零件图是否准确地反映了设计要求，又关系到零件的质量。可见，在画图前，了解部件的功用和零件之间的关系是很必要的。

第二节　零件图

任何机器或部件都是由零件装配而成的。表达单一零件的图样称为零件工作图，简称零件图。零件图是设计部门提交给生产部门的重要技术文件，它应该反映出设计者的意图，表达出机器或部件对零件的要求，同时要考虑到结构合理性和制造的可能性，是制造和检验零件的依据。

一、零件图的内容

零件图应当提供生产零件所需的全部技术资料，如结构形状、尺寸大小、质量要求、材料及其处理等，以便生产、管理部门组织生产和检验成品质量。现以图 18-4 所示阀芯零件图为例，说明零件图应包含下述内容。

1. 组视图

用一组视图（其中包括视图、剖视图、断面图、局部放大图等）正确、完整、清晰和简便地表达出零件的内外结构形状。该阀芯用主、左视图表达，主视图采用全剖视，左视图采用半剖视。

2. 完整的尺寸

零件图中应正确、完整、清晰、合理地标注零件在制造和检验时所需要的全部尺寸。如图 18-4 阀芯的主视图中标注的尺寸 Sϕ40 和 32 确定了阀芯的轮廓形状，中间的通孔为ϕ20，上部凹槽的形状和位置通过主视图中尺寸 10 和左视图中尺寸 R34、14 确定。

3. 技术要求

用规定的符号、代号、数字或简要的文字表达出制造和检验零件时应达到的各项技术指标和要求（包括表面粗糙度、尺寸公差、形状和位置公差、材料及其处理等）。如图 18-4 中注出的表面粗糙度 Ra6.3μm、3.2μm、1.6μm，以及感应加热淬火（50～55）HRC（应进行这种表面淬火的热处理，并达到这样的硬度）和去毛刺、锐边的说明等。

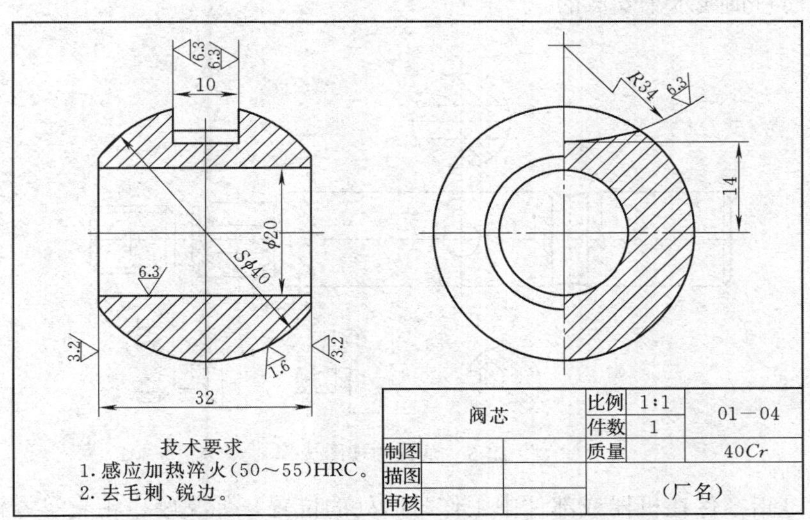

图 18-4　阀芯零件图

4. 标题栏

在零件图右下角，用标题栏填写零件名称、材料、数量、比例、图号、单位名称，以及设计、制图、审核、批准人员的签名与日期等。

二、零件图的视图选择

零件图要求将零件的结构形状完整、清晰地表达出来。要满足这些要求，首先要对零件的结构形状特点进行分析，并尽可能了解零件在机器或部件中的位置和作用，如图 18-4 所示的阀芯是球阀中的关键零件，它与阀体的外形都是球形，中间是流通流体的通孔，上部的凹槽与阀杆下部的凸块配合，以便阀杆带动阀芯转动。可见，零件的结构形状和大小是根据它在装配体中的作用以及与其他零件之间的装配关系来确定的。然后灵活地采用视图、剖视图、断面图以及其他各种表达方法，并且还要考虑尽量减少视图的数量，将零件表达清楚。由此可见，解决表达零件结构形状的关键是合理地选择主视图和其他视图，确定一个比较合理的表达方案。

（一）主视图的选择

主视图是一组视图的核心，主视图选择得是否合理，直接关系到看图和画图是否简明方便。选择主视图时，应考虑确定零件的安放位置和投射方向等两方面的问题。

1. 确定零件的安放位置

一般情况下，零件中的主视图应尽可能反映零件的主要加工位置或在机器中的工作位置。结构形状比较复杂的零件，如支架、箱壳等，多按工作位置画主视图，以便与装配图联系，校核零件形和尺寸的正确性。以回转体为主要结构的简单零件，如轴、轮盘等，多按主要加工位置画主视图。至于加工位置和工作位置多变的零件（如某些运动件），则按习惯或自然位置画主视图。同时，选择主视图时，还应考虑图纸幅面的合理利用。

加工位置是按零件在主要加工工序中的装夹位置选取主视图，主视图与加工位置一致是为了制造者看图方便，可减少差错。如轴、套、轮盘等零件的主要加工工序是在车床或磨床上进行的，因此，这类零件的主视图应将其轴线水平放置。如图 18-5 所示的泵轴，是使主视图反映加工位置而将轴线水平安放的。

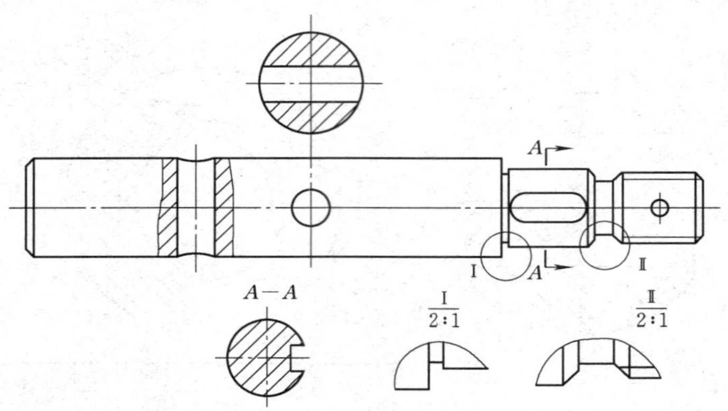

图 18-5　泵轴的视图选择

工作位置是指零件在机器或部件中工作时所处的位置，如支座、箱壳等零件，它们的结构形状比较复杂，加工工序较多，加工时的装夹位置经常变化，所以在画图时的零件安放位置是按主视图反映工作位置确定的，这样使零件图便于与装配图直接对照联系，更能深入地分析其工作原理及结构特征。如图 18-8 所示的轴承架就是这样安放后画图的。

2. 确定主视图的投射方向

当零件的安放位置确定以后，再按主视图能较好地反映零件的加工位置或工作位置，并能较明显地反映该零件各部分形状、结构特征和它们之间相对位置的一面作为主视图，从而选定主视图的投射方向。如图 18-8 所示的轴承架选取方向 *A* 作为主视图的投射方向，由此画出的主视图如图 18-9 所示。

（二）其他视图的选择

主视图确定后，还要根据零件形状的特点和复杂程度，分析零件在主视图上还有哪些结构尚未表达清楚，对这些结构应选用其他视图，并采用各种方法表达出来，使每个视图都有表达的重点，几个视图互相补充而不重复。在选择其他视图时，应优先选用基本视图以及在基本视图上作适当的剖视，在能够充分表达清楚零件结构形状和便于阅读的前提下，尽量减少视图数量，力求制图和读图简便。另外，对于由标注尺寸后已表达清楚的结构形状，可考虑不再用视图重复表达。

（三）典型零件的视图表达方案选择示例

零件的结构形状多种多样，但大体可分为回转体和非回转体两类。

1. 回转体类零件

回转体类零件一般指轴、套、盘、盖等。这类零件的结构特点是各组成部分多为同轴线的回转体，通常以加工位置将轴线水平横放的主视图表达零件的主体结构，必要时再用局部剖视或其他辅助视图表达局部结构形状。轴、套零件如图 18-5 所示的泵轴，除主视图采用了局部剖视外，又补充了断面图和局部放大图，用来表达键槽、销孔和退刀槽等局部结构。如图 18-6 所示，法兰盘是盘盖零件，其主体部分也是由回转体组成，主视图按加工位置将轴线水平横放画出，常采用两个基本视图表达，主视图采用全剖视表达内部结构，另一视图则表达外形轮廓和各组成部分，如均布的阶梯孔和前上角切割掉的圆弧凹槽等。

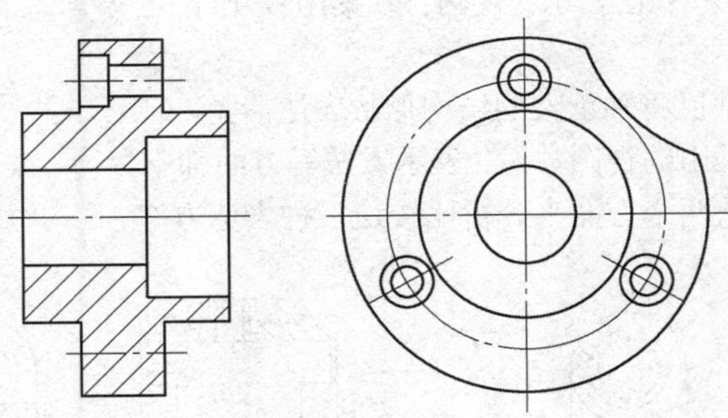

图 18-6　法兰盘的视图选择

2. 非回转体类零件

非回转体类零件一般指叉架、箱壳等零件。这类零件形状都比较复杂，加工位置多变，通常以自然位置或工作位置安放，选定投射方向，将能比较明显反映形状特征和相对位置的一面作为主视图。一般要 2～3 个或更多的基本视图，并按需要选用合适的辅助视图来表达其复杂的内外结构形状。

如图 18-7（a）所示的踏脚座，采用主视图、俯视图和右视图的表达方案，可以表达清楚踏脚座的结构形状。但是如果采用图 18-7（b）所示的另一种表达方案，除主视图、俯视图外，再用 *A* 向局部视图表达安装板左端面的形状，用移出断面表达肋的断面形状。这个表达方案显然比画出右视图的表达方案［图 18-7（a）］更为简练、清晰。

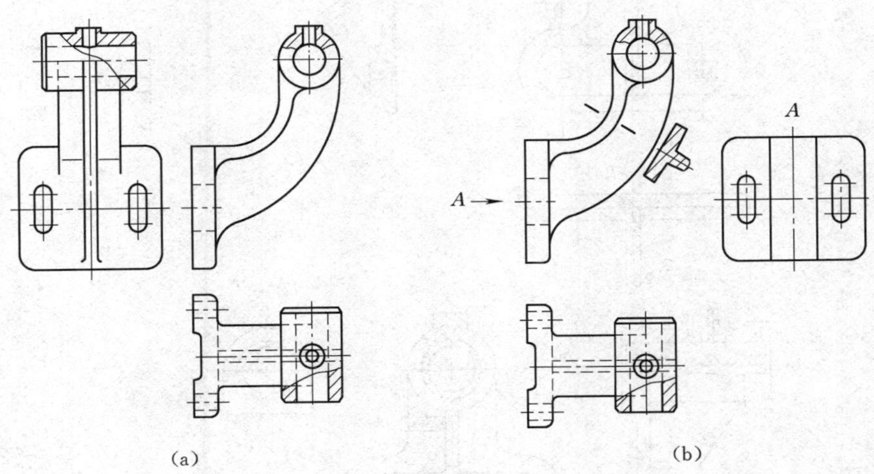

图 18-7　踏脚座的视图选择方案

图 18-8 是一个轴承架的轴测图。该轴承架由三部分构成：上部是轴承（圆筒），孔内安装回转轴，其顶部有凸台，凸台中间的螺纹孔用于安装油杯，以润滑运动轴；轴承一端与安装板连接，安装板下部有两个对称的通孔；圆筒与安装板之间是加强结构强度的三角形肋板。

零件的表达就是选择一组恰当的视图将零件的结构形状表达清楚。由于零件的结构形状有简有繁，因此表达其形状所需的视图就有多有少，同一个零件可以有不同的表达方案。如图 18-9 所示，方案 I 用了四个视图（主、左视图、*A* 向局部视图和 *B*—*B* 断面图）；方案 II 用了五个视图；方案III仅用了三个视图。

以上三种表达方案都已将轴承架的结构形状表达清楚，但三种方案在选择主视图和采用的视图数量、表示方法等方面都不尽相同而各有特点。下面从两个方面来分析比较这三种表达方案。

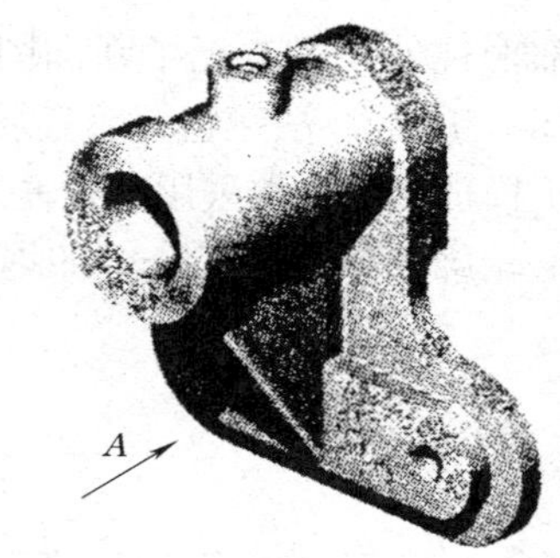

图 18-8　轴承架的轴测图

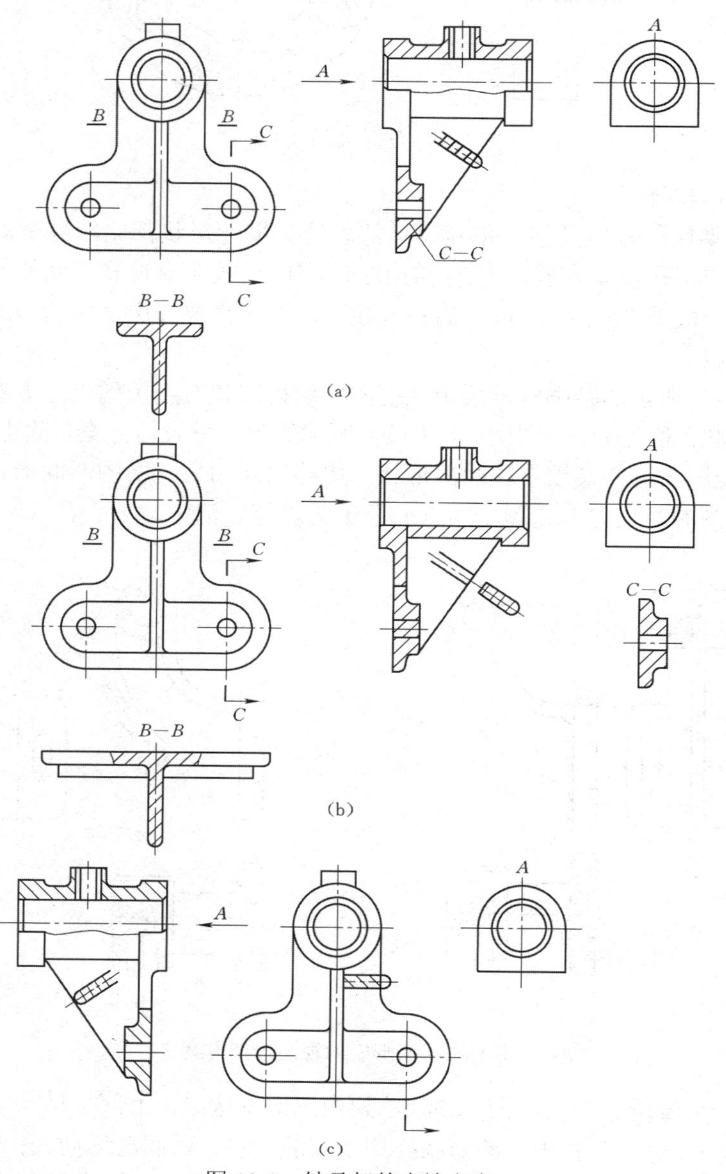

图 18-9　轴承架的表达方案

（a）方案 I；（b）方案 II；（c）方案III

（1）主视图的比较。三种方案的主视图都符合零件的主要加工位置或工作位置。方案Ⅰ、Ⅱ的主视图投射方向相同，主要反映安装板的形状特征及其与轴承、肋板的关系；方案Ⅲ的主视图突出表示轴承以及凸台、螺孔的结构形状。对于轴承架来说，轴承是它的主要结构，在主视图上直接显示轴承的结构比反映安装板的形状更为重要。所以方案Ⅲ的主视图选择比较合理。

（2）其他视图的比较。主视图确定以后，应考虑需要再画出哪几个视图才能完整、清晰地表达轴承架的结构形状。三个方案都采用 *A* 向局部视图表示轴承一端凸缘的不同外形，也都采用了两个基本视图——主视图和左视图。为了表示安装板和肋板的断面形状，方案Ⅰ补充了一个 *B*—*B* 断面图，方案Ⅱ添加了一个 *B*—*B* 全剖视图，又增加一个 *C*—*C* 断面图。比较两个方案，方案Ⅱ采用 *B*—*B* 剖视图表示安装板和肋板的断面形状，显然不如方案Ⅰ采用 *B*—*B* 断面图简明；对于安装板上的两个圆孔，方案Ⅰ在左视图中采用局部剖视表达，而方案Ⅱ则多画了一个 *C*—*C* 断面图，无此必要。所以方案Ⅰ比方案Ⅱ显得简明。但方案Ⅲ对于安装板和肋板以及安装板上圆孔的表达更为简练，因为通过主视图和左视图已将安装板和肋板的外形表示清楚了，只要用重合断面表示它们的轮廓形状和厚度即可。

综上所述，方案Ⅲ由于抓住了选择主视图这一关键，用较少的视图正确、完整、清晰地表达了轴承架的结构形状，是三种方案中的最佳表达方案。

三、零件的尺寸标注

零件图中，除有一组完整的视图表达零件的结构形状外，还需要标注一系列尺寸，以表达零件的大小。零件图中的尺寸是加工和检验零件的依据。零件图中的尺寸标注，不仅要满足前面有关章节讲述的正确、完整和清晰的要求，还应使尺寸标注合理，符合生产实际。

标注尺寸合理是指所标注尺寸既要符合设计要求，保证机器的使用性能，又要满足加工工艺要求，以便于零件的加工、测量和检验。要达到合理的要求，必须具备一定的生产实际经验和掌握有关专业知识。因此，合理标注尺寸应考虑下述几个问题。

（一）零件图上的主要尺寸必须直接注出

主要尺寸是指直接影响零件在机器或部件中的工作性能和准确位置的尺寸，如零件间的配合尺寸、重要的安装定位尺寸、连接尺寸等。如图 18-10（a）所示轴承座，轴承孔的中心高 h_1 和安装孔的间距尺寸 l_1 必须直接注出，而不应如图 18-10（b）所示，主要尺寸 h_1、l_1 没有直接注出，要通过其他尺寸 h_2、h_3 和 l_2、l_3 间接计算得到，从而造成尺寸误差的积累。

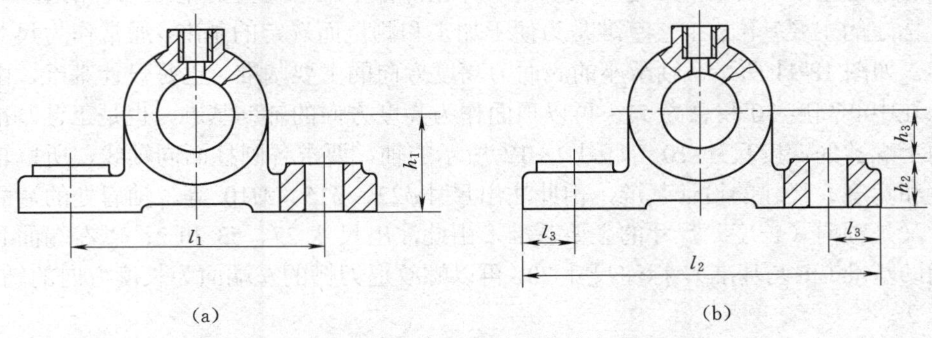

图 18-10　主要尺寸应直接注出

（a）正确；（b）不正确

（二）合适地选择基准

基准是指零件在机器中或加工及测量时，用以确定其位置的一些面、线或点。因此，在标注尺寸时，首先要在零件的长、宽、高三个方向至少各选一个基准，然后再合理地标注尺寸。

尺寸基准一般选择零件上的一些面、线或点。基准面常选择零件上较大的加工面、与其他零件的结合面、零件的对称平面、重要端面和轴肩等。如图 18-11 所示的轴承座，高度方向的尺寸基准是安装面，也是最大的加工面；长度方向尺寸以左右对称面为基准；宽度方向尺寸以前后对称面为基准。基准线一般选择轴和孔的轴线、对称中心线等。如图 18-12 所示的轴，长度方向尺寸以端面 I（重要端面）为基准，并以轴线作为直径方向的尺寸基准，同时也是高度和宽度方向的基准。

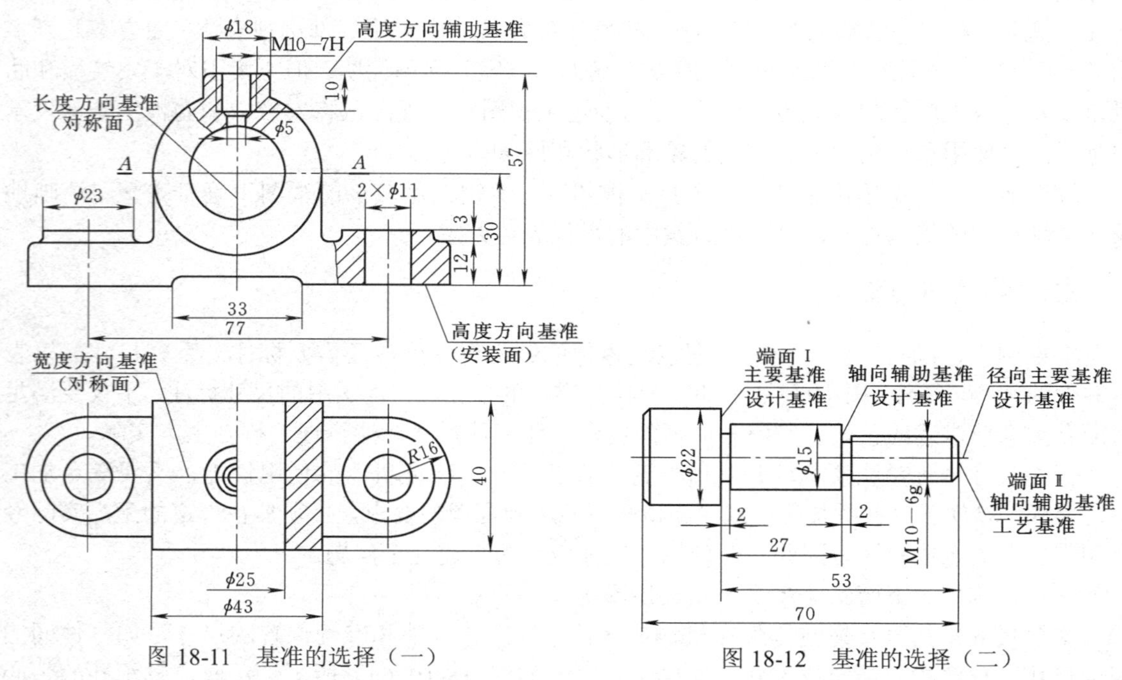

图 18-11 基准的选择（一）

图 18-12 基准的选择（二）

由于每个零件都有长、宽、高三个方向的尺寸，因此每个方向都有一个主要尺寸基准。在同一方向上还可以有一个或几个与主要尺寸基准有尺寸联系的辅助基准。基准按用途可分为设计基准和工艺基准：设计基准是用来确定零件在部件中准确位置的基准，通常选取其中之一作为尺寸标注的主要基准；工艺基准是为便于加工和测量而选定的基准，通常作为尺寸标注的辅助基准。如图 18-11 所示，轴承座的底面为高度方向的主要基准，也是设计基准，由此出发标注轴承孔中心高度 30 和总高 57，再以顶面作为高度方向的辅助基准，也是工艺基准，由此标注顶面上螺孔的深度尺寸 10。如图 18-12 所示的轴，要求各圆柱面同轴线，所以轴线为径向（高度和宽度）尺寸的设计基准，由此注出尺寸ϕ22、ϕ15、M10 等。轴肩处的端面 I 是设计基准，又是轴向（长度）尺寸的主要基准，由此注出尺寸 27、53 和 2；以右端面 II 为长度方向的辅助基准（工艺基准），标注尺寸 70，再以螺纹退刀槽的左端面为长度方向的辅助基准，标注尺寸 2。

（三）避免出现封闭尺寸链

零件同一方向上的尺寸可以首尾相接，列成尺寸链的形式，如图 18-13（a）所示的阶梯

轴上标注的尺寸 l_2、l_3、l_4；但不能如图 18-13（b）所示，长度方向尺寸 l_1、l_2、l_3、l_4 首尾相接，从一个始点开始，一个尺寸接一个尺寸，最后又回到始点，构成封闭尺寸链，这种情况应该避免。因为 l_4 是 l_1、l_2、l_3 之和，而每个尺寸在加工后都有误差，则 l_4 的误差为另外三个尺寸误差的总和，可能达不到设计要求。所以应选一个次要尺寸（例如 l_1）空出不注，以便所有的尺寸误差都积累到这一段，保证主要尺寸的精度，见图 18-13（a），没有注出 l_1，就避免了标注封闭尺寸链的情况。

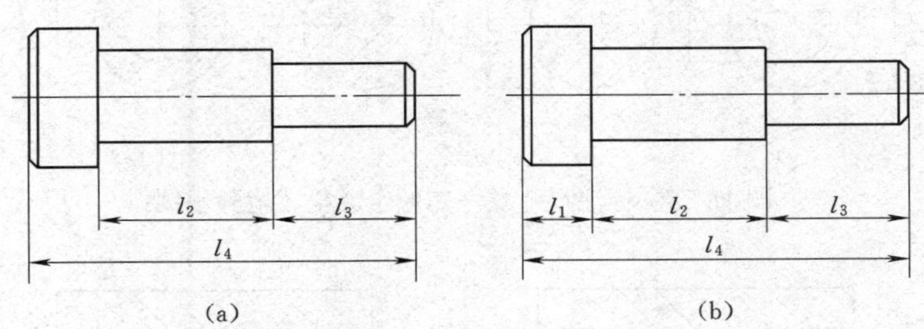

图 18-13 避免出现封闭尺寸链示例

（a）正确；（b）不正确

（四）标注尺寸要便于加工和测量

1. 考虑符合加工顺序的要求

如图 18-14（a）所示的小轴，长度方向尺寸的标注符合加工顺序。从图 18-14（b）所示的小轴在车床上的加工顺序可看出，从下料到每一加工工序①～④，都在图中直接注出所需尺寸（图中尺寸 51 为设计要求的主要尺寸）。

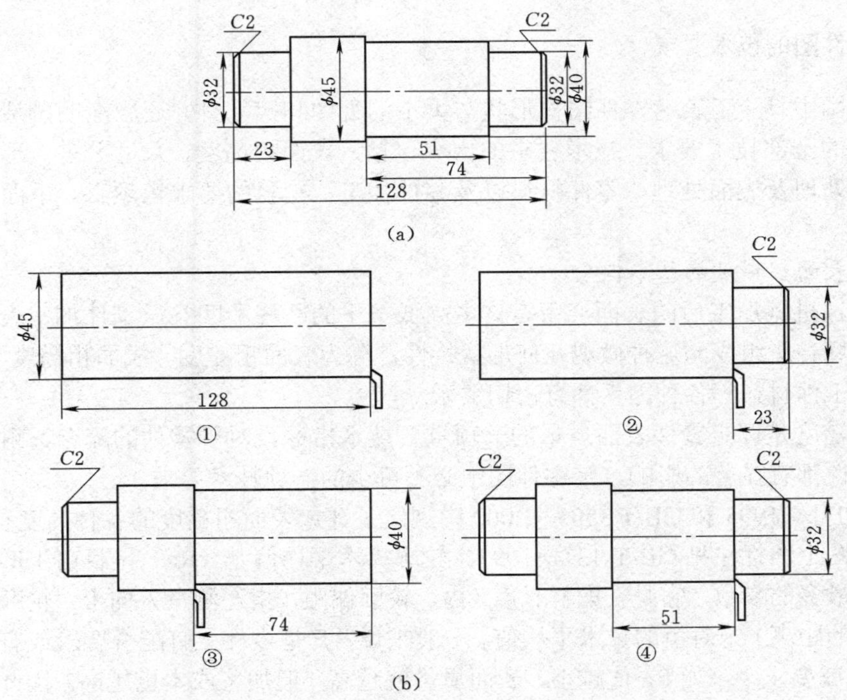

图 18-14 标注尺寸应符合加工工序

2. 考虑测量、检验方便的要求

图 18-15 是常见的几种断面形状，显然图 18-15（a）中标注的尺寸便于测量、检验，而图 18-15（b）中标注的尺寸不便于测量。同理，在图 18-16 所示的套筒中所标注的长度尺寸，请读者自行分析。

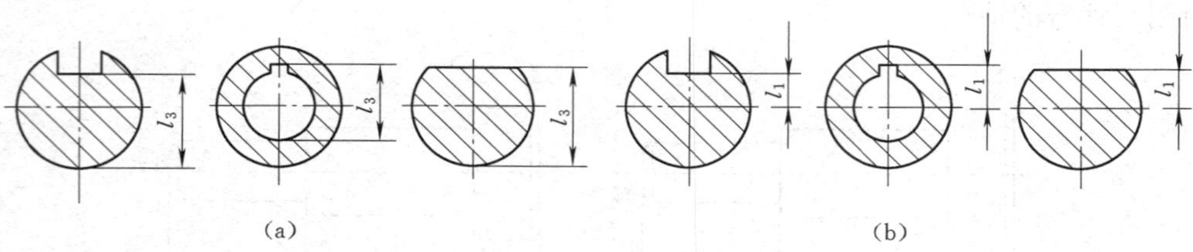

图 18-15 标注尺寸要考虑便于测量、检验示例

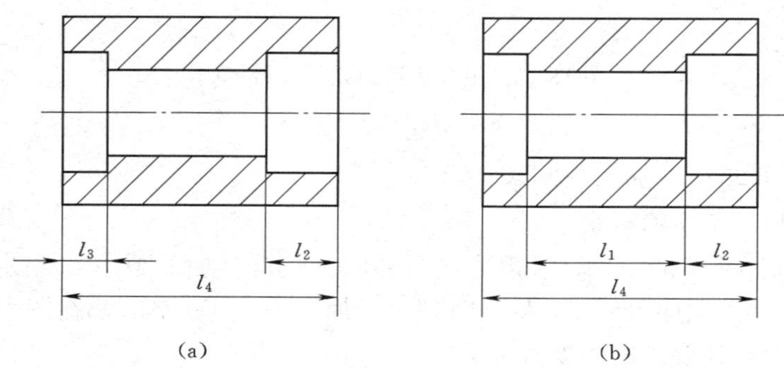

图 18-16 标注尺寸要考虑便于测量、检验示例

四、零件图的技术要求

在零件图中，除了表达零件结构形状与大小的视图和尺寸外，还应注明制造和检验零件时应该达到的全部技术要求。技术要求的内容包括：表面粗糙度，尺寸公差、形状及位置公差，材料热处理及表面处理，零件材料以及零件加工、检验的要求等项目。下面主要介绍表面粗糙度。

（一）表面粗糙度的基本概念

零件经过机械加工后的表面会留有许多高低不平的凸峰和凹谷，零件加工表面上具有的较小间距和峰谷所组成的这种微观几何形状特性，称为表面粗糙度。表面粗糙度与加工方法、所用刀具和工件材料等各种因素都有密切关系。

表面粗糙度是评定零件表面质量的一项重要技术指标，对于零件的配合、耐磨性、抗腐蚀性及密封性都有显著的影响，是零件图中必不可少的一项技术要求。

GB/T 1031—1995 和 GB/T 3505—2000 中规定了评定表面粗糙度的各种高度参数，表面粗糙度在零件图上的标注见 GB/T 131—1993。轮廓算术平均偏差（Ra）是目前生产中评定表面粗糙度用得最多的参数，它是在取样长度 l 内，轮廓偏距（指在测量方向上，轮廓线上的点与基准线之间的距离）绝对值的算术平均值。一般来说，凡是零件上有配合要求或有相对运动的表面，Ra 值就要求小。如 Ra 值越小，表面质量就越高，但加工成本也越高。因此，在满足使用要求的前提下，应尽量选用较大的 Ra 值，以降低成本。

不同表面粗糙度的外观情况，加工方法和应用举例见表 18-1，供选用时参考。

表 18-1　不同表面粗糙度的外观情况，加工方法和应用举例

Ra/μm	表面外观情况	主要加工方法	应用举例
50	明显可见刀痕	粗车、粗铣、粗刨、钻、粗纹锉刀和粗砂轮加工	粗糙度值最大的加工面，一般很少应用
25	可见刀痕		
12.5	微见刀痕	粗车、刨、立铣、平铣、钻	不接触表面、不重要的接触面，如螺钉孔、倒角、机座底面等
6.3	可见加工痕迹	精车、精铣、精刨、铰、镗、粗磨等	没有相对运动的零件接触面，如箱、盖、套筒要求紧贴的表面、键和键槽工作表面，如支架孔、衬套、带轮轴孔的工作表面等
3.2	微见加工痕迹		
1.6	看不见加工痕迹		
0.80	可辨加工痕迹方向	精车、精铰、精拉、精镗、精磨等	要求很好密合的接触面，如与滚动轴承配合的表面、锥销孔等；相对运动速度较高的接触面，如滑动轴承的配合表面、齿轮轮齿的工作表面等
0.40	微辨加工痕迹方向		
0.20	不可辨加工痕迹方向		
0.10	暗光泽面	研磨、抛光、超级精细研磨等	精密量具的表面、极重要零件的摩擦面，如汽缸的内表面、精密机床的主轴颈、坐标镗床的主轴颈等
0.05	亮光泽面		
0.025	镜状光泽面		
0.012	雾状镜面		
0.006	镜面		

（二）表面粗糙度的符号和代号

1. 表面粗糙度符号

GB/T131—1993 规定了 5 种表面粗糙度符号，如表 18-2 所示。

表 18-2　表面粗糙度的符号

符号	意义及说明
	基本符号，表示表面可以用任何方法获得。当不加注粗糙度参数值或有关说明（例如：表面处理，局部热处理状况等）时，仅适用于简化代号标注
	基本符号加一短画，表示表面是用去除材料的方法获得。如车、铣、钻、磨、剪切、抛光、腐蚀、电火花加工、气割等
	基本符号加一小圆，表示表面是用不去除材料的方法获得。如铸、锻、冲压变形、热轧、冷轧、粉末冶金等，或者是用于保持原供应状况的表面（包括保持上道工序的状况）
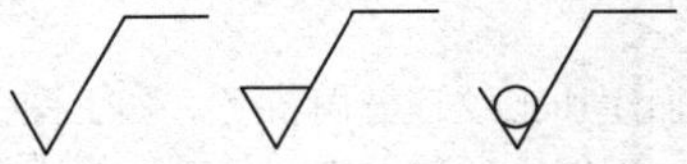	在上述三个符号的长边上均可加一横线，用于标注有关参数和说明
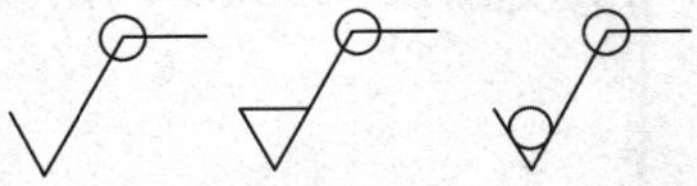	在上述三个符号的长边上均可加一小圆，表示所有的表面具有相同的表面粗糙度要求

2. 表面粗糙度代号

标注示例见表 18-3。

表 18-3 表面粗糙度代号（*Ra*）的意义

代号	意义	代号	意义
3.2	用任何方法获得的表面粗糙度，Ra 的上限值为 3.2μm	3.2max	用任何方法获得的表面粗糙度，Ra 的最大值为 3.2μm
3.2	用去除材料方法获得的表面粗糙度，Ra 的上限值为 3.2μm	3.2max	用去除材料方法获得的表面粗糙度，Ra 的最大值为 3.2μm
3.2	用不去除材料方法获得的表面粗糙度，Ra 的上限值为 3.2μm	3.2max	用不去除材料方法获得的表面粗糙度，Ra 的最大值为 3.2μm
3.2 1.6	用去除材料方法获得的表面粗糙度，Ra 的上限值为 3.2μm，Ra 的下限值为 1.6μm	3.2max 1.6min	用去除材料方法获得的表面粗糙度，Ra 的最大值为 3.2μm，Ra 的最小值为 1.6μm

在表面粗糙度符号上注写所要求的表面特征参数后，即构成表面粗糙度代号。由于 Ra 值是目前生产上使用最广泛的一种表面粗糙度高度参数，所以 Ra 值前的 Ra 字样可省略不注。如有需要，还可同时填写 Ra 的上限值和下限值，若只注写一个数值，则表示是 Ra 的上限值。表面粗糙度代号（Ra）的意义见表 18-3。

3. 加工方法、镀（涂）覆、取样长度和纹理方向等其他内容的标注

标注示例见表 18-4。

表 18-4 加工方法、镀（涂）覆、取样长度和纹理方向等的标注

标注方法示例	说明
铣 a	当某一表面的粗糙度要求由指定的加工方法获得时，可用文字标注在符号长边的横线上面
镀覆 a	镀（涂）覆或其他表面处理的要求（表示方法或标记按 GB/T 13911 和 GB/T 4054 的规定）可以注写在符号长边的横线上面；也可以在技术要求中说明
2.5 a	取样长度应标注在符号长边的横线下面。若按有关规定选用对应的取样长度时，在图样上可省略标注
a ⊥ a =	需要控制表面加工纹理方向时，可在符号的右边加注加工纹理方向符号。如上图中的符号表示纹理垂直于标注代号的视图的投影面；下图中的符号表示纹理平行于标注代号的视图的投影面

4. 表面粗糙度符号的规定画法

表面粗糙度符号的规定画法见图 18-17，图中的尺寸比例见表 18-5。

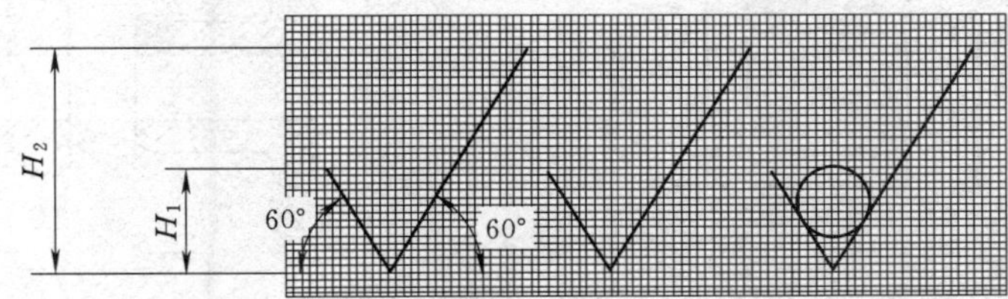

图 18-17　表面粗糙度符号的比例

表 18-5　表面粗糙度符号的尺寸　　单位：mm

轮廓线的线宽 b	0.35	0.5	0.7	1	1.4	2	2.8
数字与字母的高度 h	2.5	3.5	5	7	10	14	20
符号的线宽 d' 数字与字母的笔画宽度 d	0.25	0.35	0.5	0.7	1	1.4	2
高度 H_1	3.5	5	7	10	14	20	28
高度 H_2	8	11	15	21	30	42	60

（三）表面粗糙皮、镀（涂）覆及热处理在图样上的标注方法

在图样上，表面粗糙度、镀（涂）覆及热处理的标注示例，见表 18-6。表面粗糙度符号、代号一般标注在可见轮廓线、尺寸界线、引出线或它们的延长线上。符号的尖端必须从材料外指向表面。在同一图样上，每一表面一般只标注一次符号、代号，并尽可能靠近有关的尺寸线。当位置狭小或不便标注时，符号、代号可以引出标注。

表 18-6　表面粗糙度、镀（涂）覆及热处理标注示例

图例		图例	
说明	代号和参数的注写方向如图所示。当零件大部分表面具有相同的表面粗糙度时，对其中使用最多的一种代号可统一标注在图样的右上角，并加注“其余”两字，统一标注的代号及文字的高度，应是图形上其他表面所注代号和文字的 1.4 倍	说明	为了简化标注方法，可以标注简化代号，但必须在标题栏附近说明这些代号的意义，即图形下所写的等式。也可采用省略的注法，例如在上图的图形和说明中省略字母“*A*”和“*B*”

续表

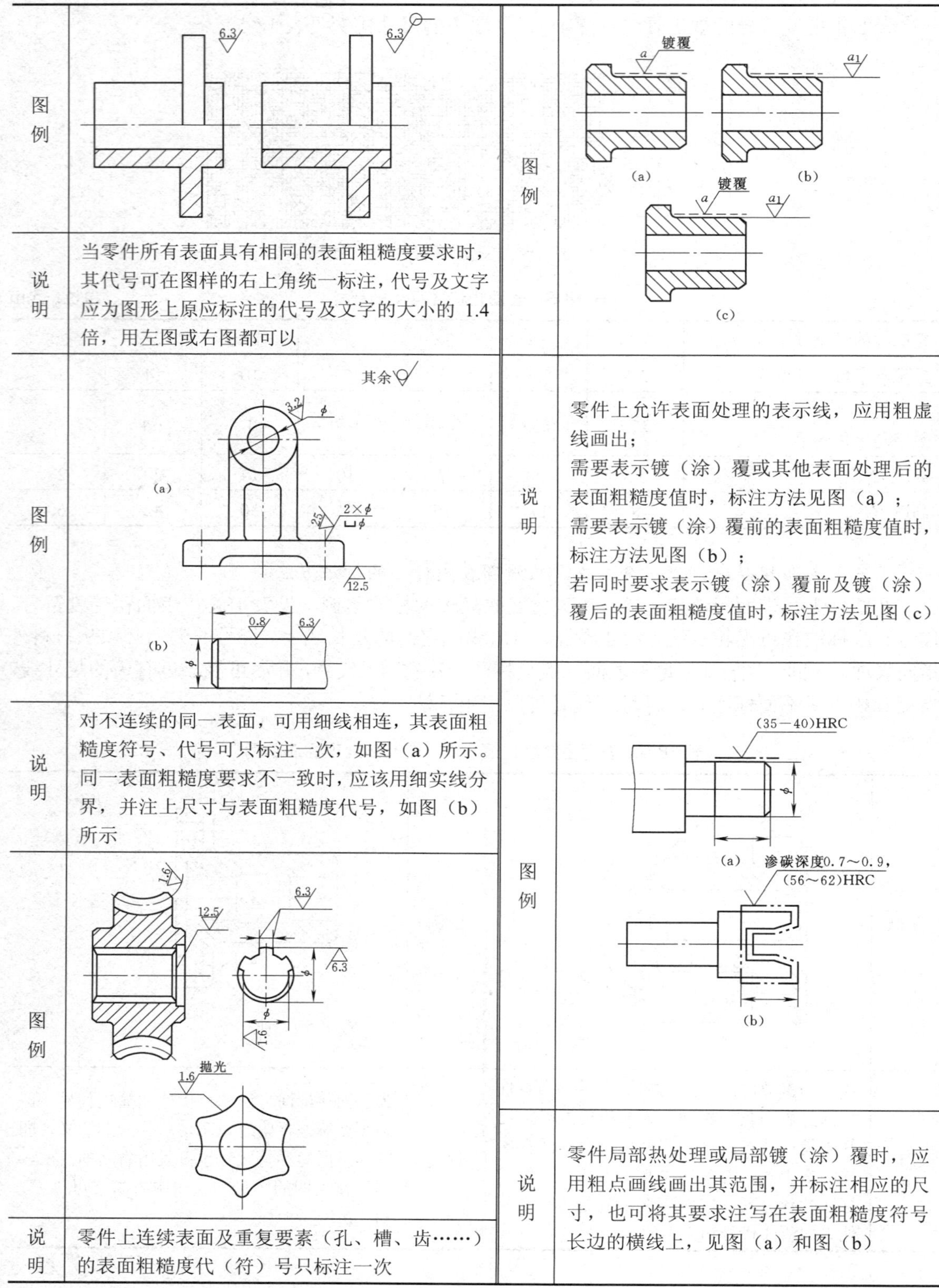

图例	
说明	当零件所有表面具有相同的表面粗糙度要求时，其代号可在图样的右上角统一标注，代号及文字应为图形上原应标注的代号及文字的大小的 1.4 倍，用左图或右图都可以
图例	(a) (b)
说明	对不连续的同一表面，可用细线相连，其表面粗糙度符号、代号可只标注一次，如图（a）所示。同一表面粗糙度要求不一致时，应该用细实线分界，并注上尺寸与表面粗糙度代号，如图（b）所示
图例	
说明	零件上连续表面及重复要素（孔、槽、齿……）的表面粗糙度代（符）号只标注一次
图例	(a) (b) (c)
说明	零件上允许表面处理的表示线，应用粗虚线画出； 需要表示镀（涂）覆或其他表面处理后的表面粗糙度值时，标注方法见图（a）； 需要表示镀（涂）覆前的表面粗糙度值时，标注方法见图（b）； 若同时要求表示镀（涂）覆前及镀（涂）覆后的表面粗糙度值时，标注方法见图（c）
图例	(a) (b)
说明	零件局部热处理或局部镀（涂）覆时，应用粗点画线画出其范围，并标注相应的尺寸，也可将其要求注写在表面粗糙度符号长边的横线上，见图（a）和图（b）

五、零件的常见工艺结构

零件的结构形状除了必须满足设计要求外，还要符合加工工艺的一些特点。所谓零件结构的工艺性是指所设计零件的结构，在一定生产条件下，是否适合制造、加工工艺的一系列特点，能否质量好、产量高、成本低地把零件制造出来，以得到较好的经济效益的问题。因此，在画零件图时，应使零件的结构既能满足使用上的要求，又要方便制造。下面是一些常见的工艺结构。

（一）铸造零件的工艺结构

1. 拔模斜度

用铸造的方法制造零件的毛坯时，为了便于将模样从砂型中取出，一般沿模样起模方向作成约 1:10～1:20 的斜度，叫做拔模斜度。因此，在铸件上也有相应的拔模斜度，如图 18-18（a）所示。但这种斜度在图样上可不予标注，也可以不画出，如图 18-18（b）所示；必要时，可以在技术要求中用文字说明。

2. 铸造圆角

为了满足铸造工艺要求，防止浇铸铁水时将砂型转角处冲坏，避免铸件在冷却时产生裂缝或缩孔，又能方便起模，在铸件毛坯各表面的相交处，都有铸造圆角（图 18-19）。铸造圆角半径一般取壁厚的 0.2～0.4 倍，也可从设计机械手册中查取。同一铸件圆角半径的种类应尽可能少。铸造圆角在图样上一般不予标注，常集中注写在技术要求中，例如：“未注铸造圆角 *R*3～5”。

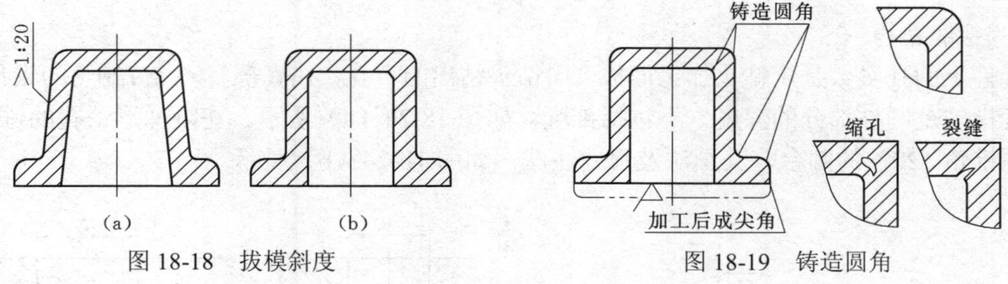

图 18-18　拔模斜度　　图 18-19　铸造圆角

3. 铸件壁厚

在浇铸零件时，为了避免因各部分冷却速度的不同而产生缩孔或裂缝，铸件壁厚应保持大致相等或逐渐过渡，如图 18-20 所示。

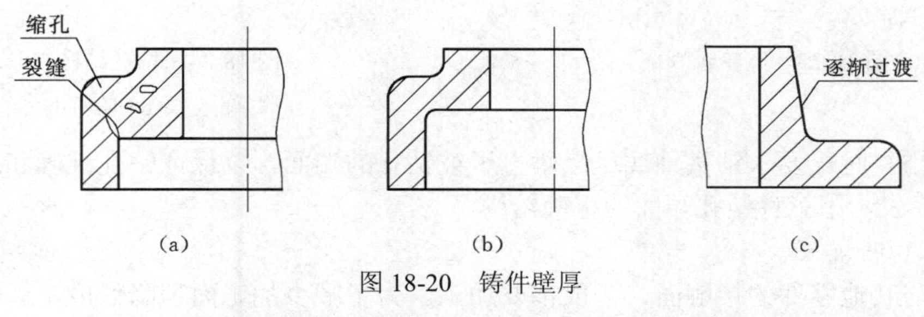

图 18-20　铸件壁厚

（a）产生缩孔或裂缝；（b）壁厚均匀；（c）逐渐过渡

（二）零件加工面的工艺结构

1. 倒角和倒圆

铸件经机械加工后，铸造圆角被切削掉，出现了尖角。如图 18-21 所示，为了去除零件的毛刺、锐边和便于装配，在轴或孔的端部一般都加工成倒角；为了避免因应力集中而产生裂纹，在轴肩处通常加工成圆角的过渡形式，称为倒圆。倒角和倒圆的尺寸系列，可查阅有关机械手册。

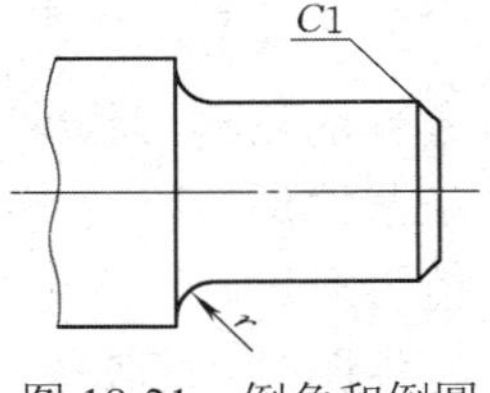

图 18-21 倒角和倒圆

2. 螺纹退刀槽和砂轮越程槽

在切削加工中，特别是在车螺纹和磨削时，为了便于退出刀具或使砂轮可以稍稍越过加工面，通常在零件待加工面的末端，先车出螺纹退刀槽或砂轮越程槽，如图 18-22 和图 18-23 所示。螺纹退刀槽和砂轮越程槽的结构尺寸系列，可查阅有关机械手册。

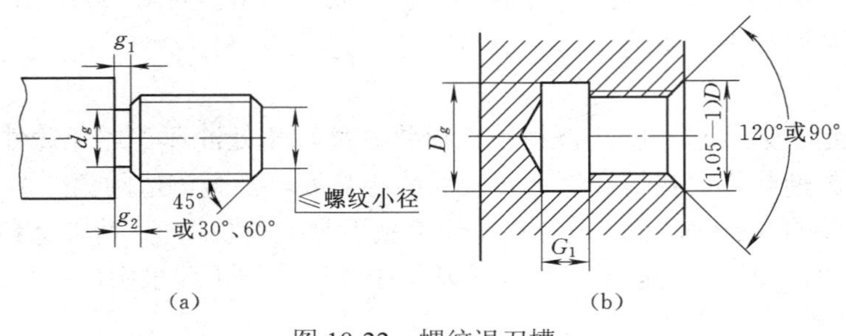

图 18-22 螺纹退刀槽

（a）外螺纹；（b）内螺纹

3. 钻孔结构

零件上的孔多数是用钻头加工而成，用钻头钻出的盲孔，在底部有一个 120° 的锥角，钻孔深度指的是圆柱部分的深度，不包括锥坑，如图 18-24（a）所示。在阶梯形钻孔的过渡处，也存在锥角 120° 的圆台，其画法及尺寸注法，如图 18-24（b）所示。

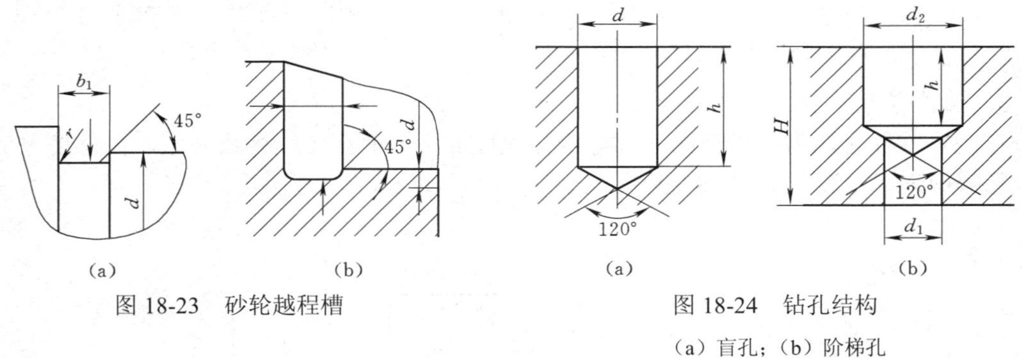

图 18-23 砂轮越程槽

图 18-24 钻孔结构

（a）盲孔；（b）阶梯孔

用钻头钻孔时，要求钻头轴线尽量垂直于被钻孔的端面，以保证钻孔准确和避免钻头折断。图 18-25 表示了三种钻孔端面的正确结构。

4. 凸台和凹坑

零件上与其他零件的接触面，一般都要加工。为了减少加工面积降低成本，并保证零件表面之间有良好的接触，通常在铸件上设计出凸台、凹坑。图 18-26（a）、（b）是螺栓连接的支承面，做成凸台或凹坑的形式；图 18-26（c）、（d）是为了减少加工面积而做成凹槽、凹腔的结构。

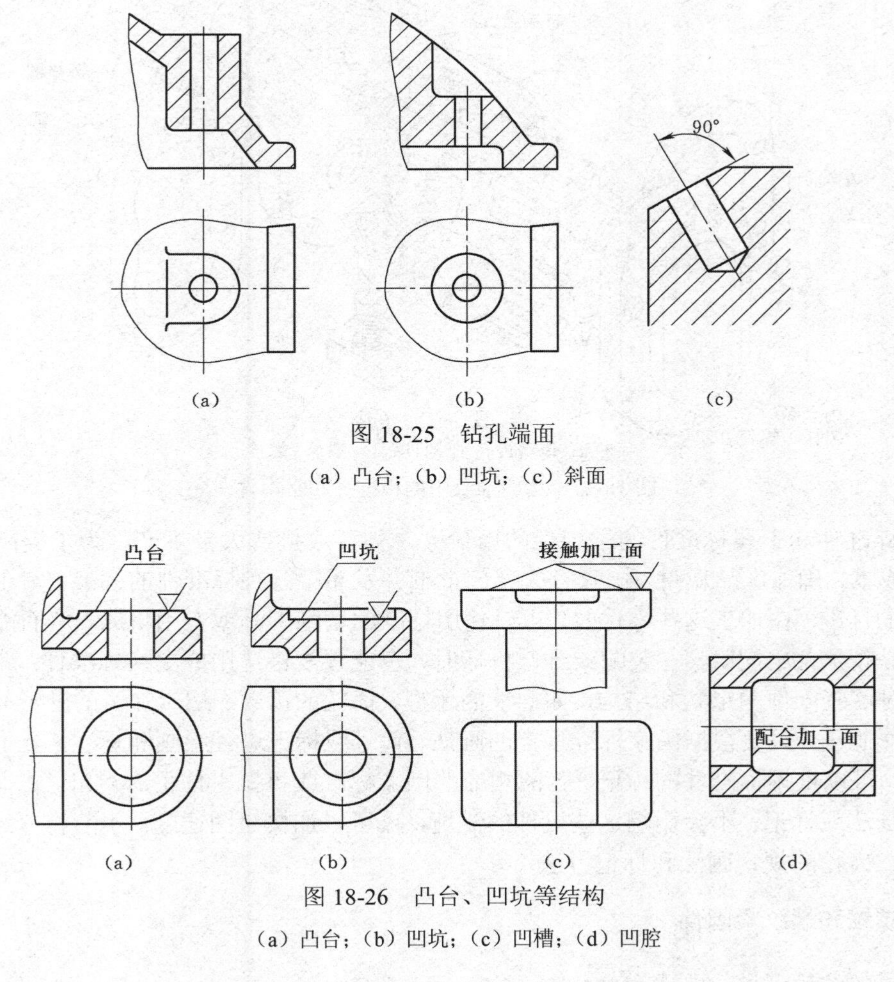

图 18-25　钻孔端面

（a）凸台；（b）凹坑；（c）斜面

图 18-26　凸台、凹坑等结构

（a）凸台；（b）凹坑；（c）凹槽；（d）凹腔

第三节　标准件和常用件

在机器或部件的装配、安装中，广泛使用螺纹紧固件或其他连接件进行紧固、连接。同时，在机械的传动、支承、减振等方面，也广泛使用齿轮、轴承、弹簧等机件。这些在机器中大量使用的机件，习惯上称为常用件。在常用件中，有的已将部分结构要素标准化、系列化；凡在结构、尺寸、画法、标记等各个方面，直到成品质量，都由国家或行业制定了标准，并要按标准设计，由专业工厂生产的常用件，称为标准件。在机械设计中，由于标准件一般都是根据标记直接采购的，所以不必画零件图。在机器或部件中，除了标准件以外，其他所有的零件，包括不属标准件的常用件在内，称为一般零件或专用零件。例如，图 18-27 是将各种零件分解画出的齿轮油泵（在机器中输油用）轴测图，螺钉、螺栓、螺母、垫圈、键、销等，属标准件；传动齿轮属常用件；泵体、端盖、传动齿轮轴、齿轮轴等，都是一般零件。

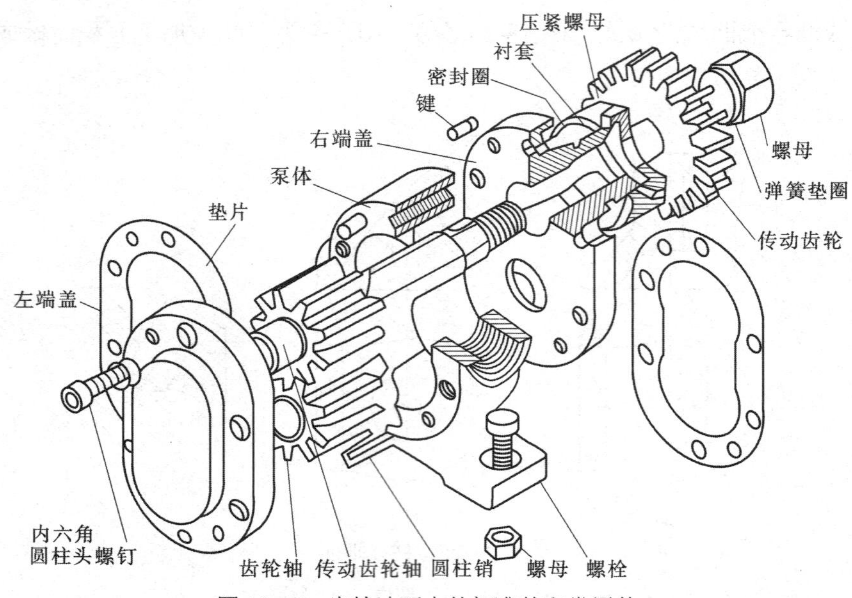

图 18-27 齿轮油泵中的标准件和常用件

由于标准件和不属标准件的常用件的用量大，需要成批或大量生产，为了提高劳动生产率，降低成本，确保产品质量，国家有关部门批准并发布了各种标准件的标准、常用件的部分结构要素的标准。在加工这些零件时，可以使用标准的切削刀具或专用机床，从而能在高效益的情况下获得产品；同时，在装配或维修机器时，也能按规格选用或更换标准件、常用件。在绘图时，对这些零件的形状和结构，如螺纹的牙型、齿轮的齿廓、螺旋弹簧的外形等，不需要按真实投影画出，只要根据国家标准规定的画法、代号或标记进行绘画和标注，至于它们的结构和尺寸，可以根据标准件的标记，查阅相应的国家标准或机械零件手册得出。由此可见，使用规定的画法或标记，不会影响这些机件的制造，还可以加快绘图速度。本节将介绍螺纹、螺纹紧固件、齿轮的规定画法和标记方法。

一、螺纹和螺纹紧固件

（一）螺纹的形成、要素和结构

1. 螺纹的形成

螺纹是在圆柱、圆锥等回转面上沿着螺旋线所形成的、具有相同轴向断面的连续凸起和沟槽。螺纹在螺钉、螺栓、螺母和丝杠上起连接或传动作用。在圆柱、圆锥等外表面上所形成的螺纹称外螺纹；在孔腔圆柱、圆锥等内表面上所形成的螺纹称内螺纹。形成螺纹的加工方法很多，图 18-28（a）表示在车床上车削外螺纹的情况。内螺纹也可以在车床上车削；对于加工直径较小的螺孔，可如图 18-28（b）所示，先用钻头钻出光孔，再用丝锥攻螺纹。由于钻头的钻尖顶角接近 120°，所以不穿通孔的锥顶角画成 120°。

从图 18-28（a）可以看出，在车削外螺纹时，由于工件和刀具的相对运动，形成圆柱螺旋线。圆柱螺旋线是一动点沿圆柱的母线方向作等速直线运动，同时，该母线绕圆柱的轴线作等角速旋转，在圆柱面上所形成的曲线。按圆柱螺旋线的形成规律，在加工螺纹时，动点的等速旋转运动是由车床的主轴带动工件的转动来实现的；而动点沿圆柱素线方向的等速直线运动，则是由刀尖的移动来实现的。螺纹的形成可看作是一个平面图形（如三角形、梯形、矩形等），沿着圆柱螺旋线运动而产生的，这个平面图形就是螺纹的牙型，例如图 18-29 所示的内、外螺纹是三角形牙型的螺纹。

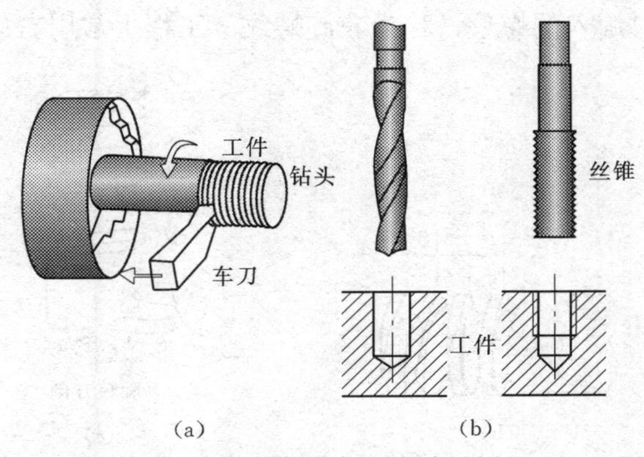

图 18-28　螺纹加工方法示例

（a）车削外螺纹；（b）加工内螺纹

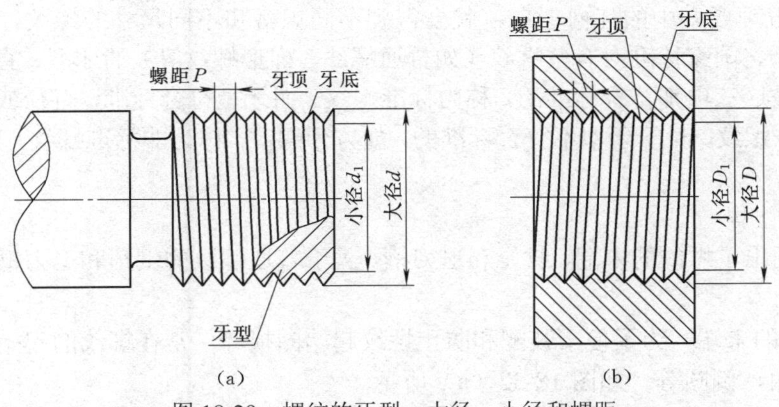

图 18-29　螺纹的牙型、大径、小径和螺距

（a）外螺纹；（b）内螺纹

2. 螺纹的要素

内、外螺纹连接时，螺纹的下列要素必须一致：

（1）牙型。在通过螺纹轴线的断面上，螺纹的轮廓形状，称为螺纹牙型。它有三角形、梯形、锯齿形和方形等。不同的螺纹牙型，有不同的用途。

（2）公称直径。公称直径是代表螺纹尺寸的直径，指螺纹大径的基本尺寸。如图 18-29 所示，螺纹大径是与外螺纹牙顶或内螺纹牙底相重合的假想圆柱面的直径，用 d（外螺纹）或 D（内螺纹）表示；与外螺纹牙底或内螺纹牙顶相重合的假想圆柱面的直径，称为螺纹的小径，用 d_1（外螺纹）或 D_1（内螺纹）表示。

（3）线数 n。如图 18-30 所示，螺纹有单线和多线之分：沿一条螺旋线形成的螺纹为单线螺纹；沿轴向等距分布的两条或两条以上的螺旋线所形成的螺纹为多线螺纹。

（4）螺距 P 和导程 P_h。螺纹相邻两牙在中径线（母线通过牙型上沟槽和凸起宽度相等的地方的假想圆柱的直径，称为中径，中径圆柱的母线称为中径线。）上对应两点间的轴向距离，称为螺距。同一条螺旋线上的相邻两牙在中径线上对应两点间的轴向距离，称为导程。单线螺纹的导程等于螺距，即 $P_h=P$，如图 18-30（a）；多线螺纹的导程等于线数乘螺距，即 $P_h=nP$，图 18-30（b）为双线螺纹，其导程等于螺距的两倍，即 $P_h=2P$。

（5）旋向。螺纹分右旋和左旋两种。如图 18-31 所示，顺时针旋转时旋入的螺纹，称为右旋螺纹；逆时针旋转时旋入的螺纹，称为左旋螺纹。工程上常用右旋螺纹。

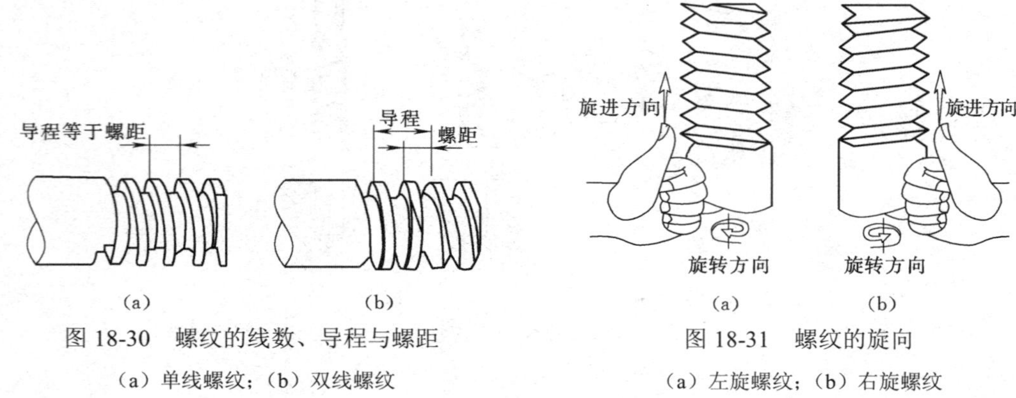

图 18-30 螺纹的线数、导程与螺距

（a）单线螺纹；（b）双线螺纹

图 18-31 螺纹的旋向

（a）左旋螺纹；（b）右旋螺纹

改变上述五项要素中的任何一项，就会得到不同规格和不同尺寸的螺纹。为了便于设计计算和加工制造，国家标准对有些螺纹（如普通螺纹、梯形螺纹等）的牙型、直径和螺距，都作了规定。凡是这三项都符合标准的，称为标准螺纹。而牙型符合标准，直径或螺距不符合标准的，称为特殊螺纹。对于牙型不符合标准的，如方牙螺纹，称为非标准螺纹，如图 18-37（b）所示的螺纹。

3. 螺纹的结构

图 18-32 画出了螺纹的末端、收尾和退刀槽。关于普通螺纹的倒角和退刀槽可查阅有关机械手册。

（1）螺纹的末端。为了便于装配和防止螺纹起始圈损坏，常在螺纹的起始处加工成一定的形式，如倒角、倒圆等，如图 18-32（a）所示。

（2）螺纹的收尾和退刀槽。车削螺纹时，刀具接近螺纹末尾处要逐渐离开工件，因此，螺纹收尾部分的牙型是不完整的，螺纹的这一段牙型不完整的收尾部分称为螺尾，如图 18-32（b）所示。为了避免产生螺尾，可以预先在螺纹末尾处加工出退刀槽，然后再车削螺纹，如图 18-32（c）所示。

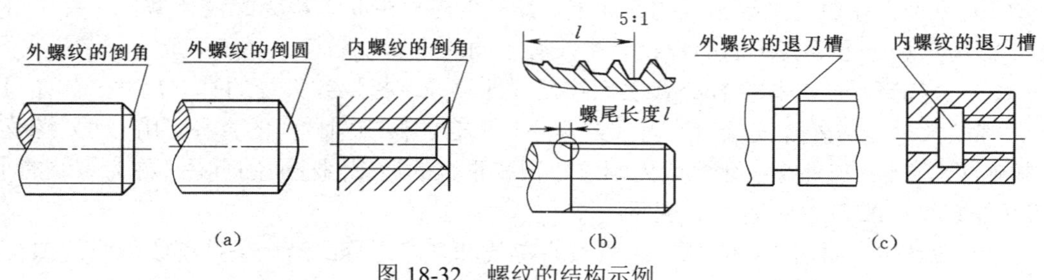

图 18-32 螺纹的结构示例

（a）螺纹的倒角和倒圆；（b）螺纹收尾；（c）螺纹的退刀槽

（二）螺纹的规定画法

GB/T 4459.1—1995《机械制图螺纹及螺纹紧固件表示法》规定了在机械图样中螺纹和螺

纹紧固件的画法。

1. 内、外螺纹的规定画法

（1）外螺纹。螺纹牙顶所在的轮廓线（即大径），画成粗实线；螺纹牙底所在的轮廓线（即小径），画成细实线，在螺杆的倒角或倒圆部分也应画出，如图 18-32（a）的左视图所示。小径通常画成大径的 0.85 倍（实际的小径数值可查阅有关标准），如图 18-33 的主视图所示。在垂直于螺纹轴线的投影面上的视图中，表示牙底的细实线圆只画约 3/4 圈，此时倒角省略不画，如图 18-33 的左视图所示。

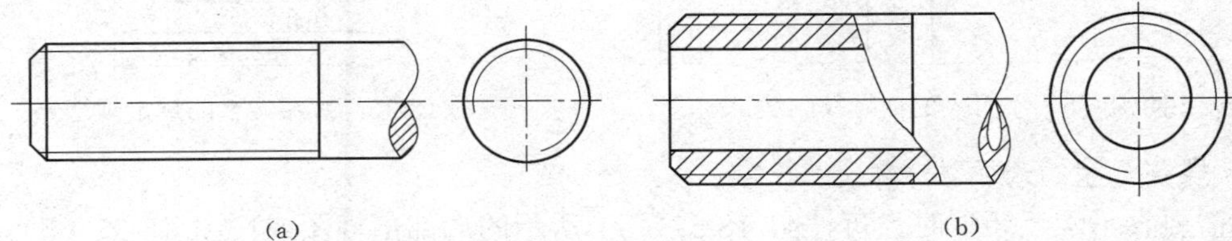

(a)　(b)

图 18-33　外螺纹的规定画法

（2）内螺纹。在剖视图中，螺纹牙顶所在的轮廓线（即小径），画成粗实线；螺纹牙底所在的轮廓线（即大径），画成细实线，如图 18-34 的主视图所示。在不可见的螺纹中，除螺孔的轴线为点画线外，所有图线均按虚线绘制，如图 18-35 所示。

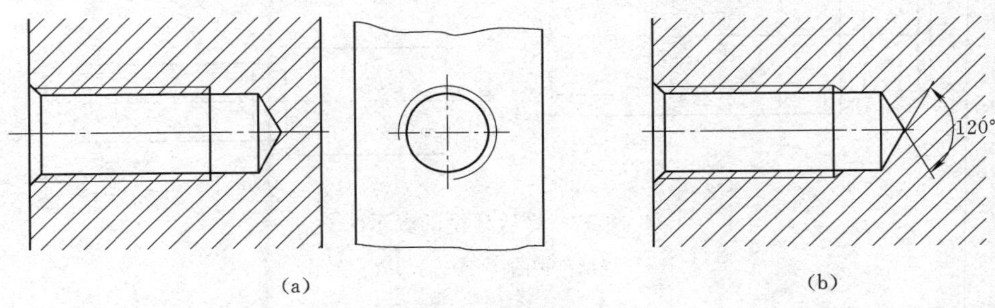

(a)　(b)

图 18-34　内螺纹的规定画法

如图 18-33（a）和图 18-34 的左视图所示，在垂直于螺纹轴线的投影面上的视图中，表示牙底的细实线圆或虚线圆，也只画约 3/4 圈，倒角也省略不画。

（3）其他的一些规定画法。完整螺纹的终止界线（简称螺纹终止线）用粗实线表示，外螺纹终止线如图 18-33 所示，内螺纹终止线如图 18-34 所示。螺纹的长度是指完整螺纹的长度，也就是不包含螺尾在内的有效螺纹长度。

螺尾部分一般不必画出；当需要表示螺纹收尾时，螺尾部分的牙底用与轴线成 30° 的细实线绘制，如图 18-33（a）和图 18-34（b）所示。

绘制不穿通的螺孔，一般应将钻孔深度和螺纹部分的深度分别画出，钻孔深度应比螺孔深度深，通常取 0.5*D*。由于钻头的刃锥角约等于 120°，因此，钻孔底部以下的圆锥坑的锥角应画成 120°，不要画成 90°，如图 18-34（b）所示。

无论是外螺纹或内螺纹，在剖视图或断面图中的剖面线都必须画到粗实线。

2. 螺纹旋合的规定画法

如图 18-36 所示，以剖视图表示内、外螺纹旋合时，其旋合部分应按外螺纹绘制，其余部分仍按各自的画法表示。应该注意的是：表示大、小径的粗实线和细实线应分别对齐，而与倒角的大小无关。

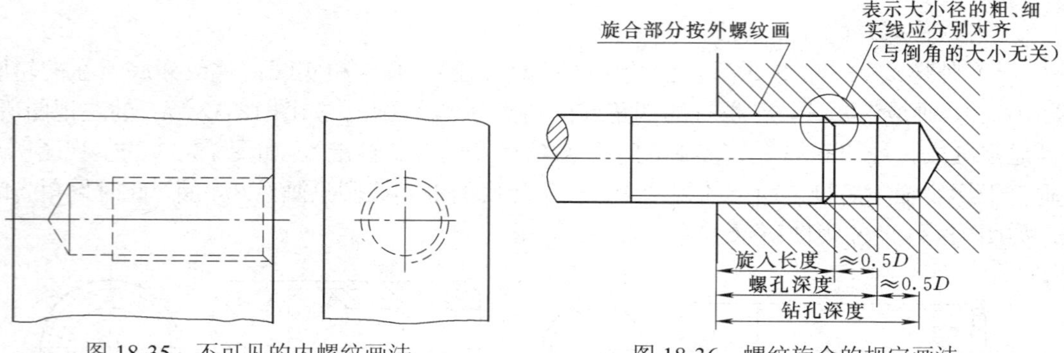

图 18-35　不可见的内螺纹画法

图 18-36　螺纹旋合的规定画法

3. 螺纹牙型的表示法

当需要表示螺纹牙型时，可按图 18-37（a）所示的局部剖视图或按图 18-37（b）的局部放大图的形式绘制。

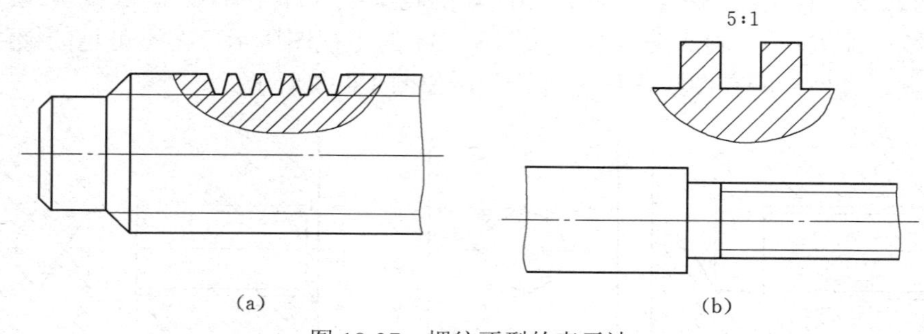

图 18-37　螺纹牙型的表示法

（a）局部剖视图；（b）局部放大图

（三）常用的螺纹紧固件及其定画法与标记

螺纹紧固件是运用一对内、外螺纹的连接作用来连接和紧固一些零部件的。常用的螺纹紧固件有螺钉、螺栓、螺柱（亦称双头螺柱）、螺母和垫圈等，如图 18-37。螺纹紧固件的结构、尺寸都已标准化，并由有关专业工厂大量生产。根据螺纹紧固件的规定标记，就能在相应的标准中，查出有关的尺寸。因此，对符合标准的螺纹紧固件，不需再详细画出它们的零件图。

紧固件的标记方法见 GB/T 1237—2000，表 18-7 是图 18-38 所示的一些常用的螺纹紧固件的视图、主要尺寸及规定标记示例。GB/T 1237—2000 规定紧固件有完整标记和简化标记两种标记方法，这里采用不同程度的简化标记，有关完整标记的内容和顺序，需用时可查阅该标准。

从表 18-7 所示的常用螺纹紧固件标记中可以看出：

（1）接近完整的标记应是：

名称　国标号及其年号　螺纹规格（或螺纹规格×公称长度）-性能等级或硬度

如表中的平垫圈所示。HV 表示维氏硬度，200 为硬度值。由于产品等级为 A 级的平垫圈的标准所规定的硬度等级为 200HV 和 300HV 级，而当性能等级或硬度符合规定时可以省略不标，所以这里也可省略不标。

图 18-38　常用的螺纹紧固件示例

表 18-7　常用的螺纹紧固件及其标记示例

名称及视图	规定标记示例	名称及视图	规定标记示例
开槽盘头螺钉	螺钉 GB/T 67—2000 M10×45	双头螺柱	螺钉 GB/T 899 M12×50
内六角圆柱头螺钉	螺钉 GB/T 70.1—2000 M16×40	I 型六角螺母	螺钉 GB/T 6170—2000 M16
开槽锥端紧定螺钉	GB/T 71 M12×40	平垫圈 A 级	垫圈 GB/T 97.1—2002 16--200HV
六角头螺栓	螺栓 GB/T 5782—2000 M12×50	标准型弹簧垫圈	垫圈 GB/T 93—1987 20

（2）采用现行标准规定的各螺纹紧固件时，国标中的年号可以省略，如表中的双头螺柱的标记。

（3）在国标号后，螺纹代号或公称规格前，要空一格。

（4）当性能等级或硬度是标准规定的常用等级时，可以省略不注明；在其他情况下则应注明。如表中的平垫圈的标记属后者，其他的标记属前者。

（5）当写出了螺纹紧固件的国标号后，不仅可以省略年号，还可省略螺纹紧固件的名称，如表中的开槽锥端紧定螺钉的标记简化为 GB/T71 M12×40。

1. 螺钉连接

螺钉按用途分为连接螺钉和紧定螺钉两类。前者用来连接零件；后者主要是用来固定零件。

（1）连接螺钉。

连接螺钉用于连接不经常拆卸，并且受力不大的零件。在图 18-27 所示的齿轮油泵中的左、右端盖和泵体，就是分别用 6 个内六角圆柱头螺钉连接的。图 18-39 所示的左端盖、垫片和泵体，都画成局部的形状。图 18-39（a）表示连接前的情况，左端盖的通孔带有圆柱形沉孔，以便螺钉的头部放入。通孔的直径应比螺钉的大径 d 稍大（孔径≈1.1d），以便装配。设计时，沉孔和通孔的尺寸可按有关标准选用。泵体上有螺孔，以便与螺钉连接。图 18-39（b）表示连接后的装配画法，按装配画法的规定将螺钉作为不剖画出。对于垫片这样的零件，在图中绘制宽度≤2mm 的狭小面积的断面时，宜以涂黑的方式代替剖面符号。从图 18-39（b）中还可以看出，凡不接触表面，如螺钉头与沉孔之间、螺钉大径与通孔之间，都画成两条线。

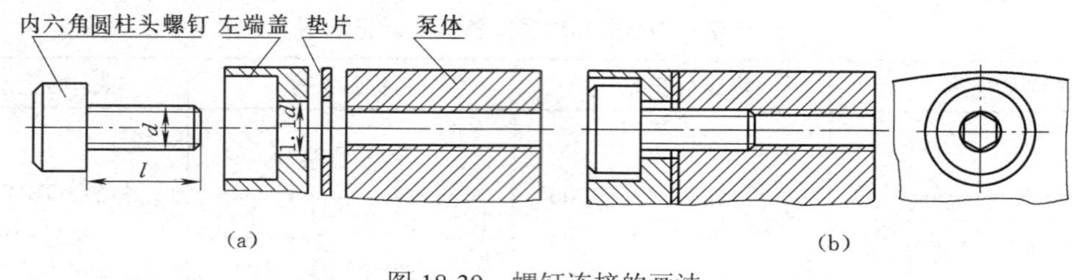

图 18-39 螺钉连接的画法

（a）连接前；（b）连接后

（2）紧定螺钉。

紧定螺钉用来固定两个零件的相对位置，使它们不产生相对运动。例如图 18-40 中的轴和齿轮（图中齿轮只画出轮毂部分），用一个开槽锥端紧定螺钉旋入轮毂的螺孔，使螺钉端部的 90°锥顶角与轴上的 90°锥坑压紧，从而固定了轴和齿轮的相对位置。

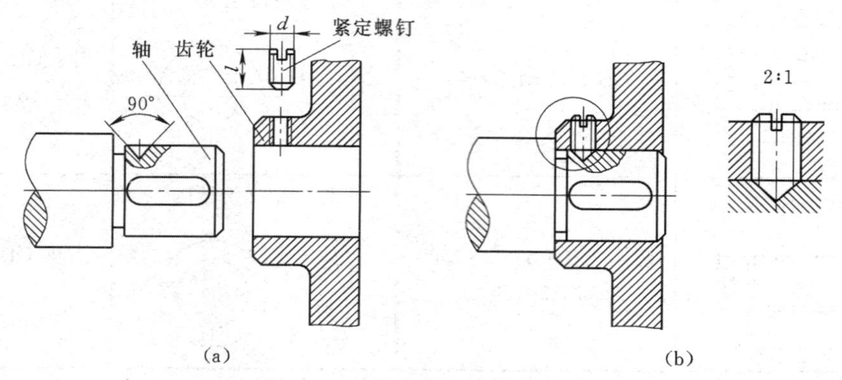

图 18-40 紧定螺钉连接的画法

（a）连接前；（b）连接后

在螺钉连接的装配图（表示机器或部件的图样，称为装配图）中，螺钉头部的一字槽，可按图 18-41 中所示的方法用加粗的粗实线绘制，并在俯视图中画成与水平线成 45°角。此外，还应说明：在装配图中，螺孔有的是通孔，如图 18-41（a）所示；有的是盲孔，如图 18-41（b）所示。后者要注意底部有 120°的锥角，应尽可能画成图 18-36 所示的形式，但按惯例也可简化画成图 18-41（b）的形式（省略不画钻孔深度大于螺孔深度的一段）。

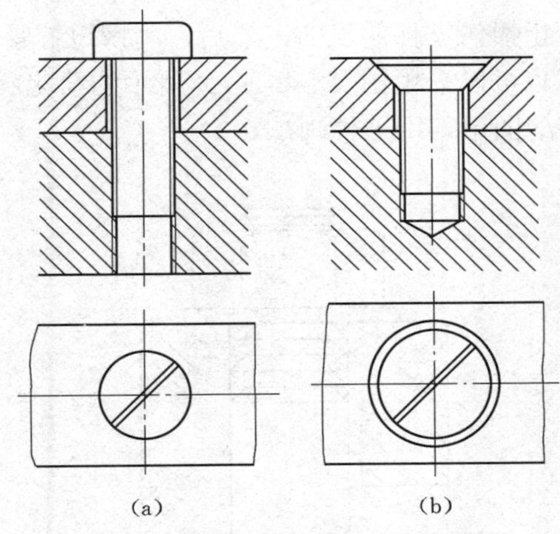

图 18-41　螺钉头部的一字槽画法

（a）盘头螺钉；（b）沉头螺钉

具体作图时，其头部按公称直径 d 的比例用近似画法画出。例如图 18-42（a）为开槽圆柱头及开槽盘头螺钉头部的近似画法；图 18-42（b）为开槽沉头螺钉头部的近似画法。

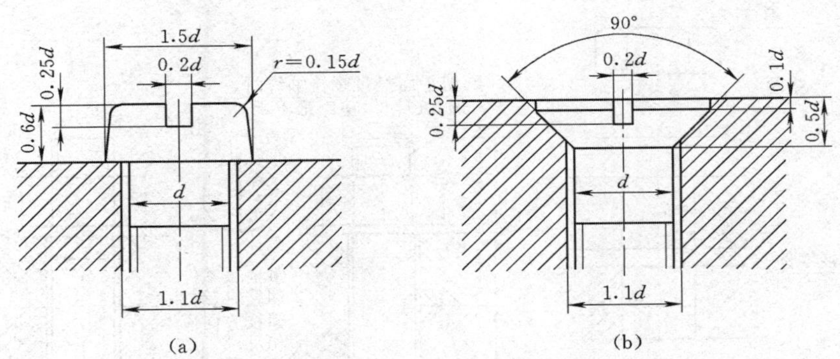

图 18-42　螺钉头部的近似画法

（a）开槽圆柱头和盘头螺钉；（b）开槽沉头螺钉

（3）螺钉的规定标记和查表。

螺钉的种类很多，各种螺钉的形式、尺寸及其标记，可查阅有关标准。螺钉的规定标记类似于螺纹，例如图 18-39 所示的螺钉，其规定标记是：螺钉 GB/T 70.1—2000M$d\times l$。它表示粗牙普通螺纹，大径为 d，长度为 l。GB/T 70.1—2000 是内六角圆柱头螺钉的国标号。又如图 18-40 所示的螺钉，其规定标记是：螺钉 GB/T 71—1985M$d\times l$；GB/T 71—1985 是开槽锥端紧定螺钉的国标号。

2. 螺栓连接

（1）螺栓连接的装配图及其画法。

螺栓用来连接不太厚的、并能钻成通孔的零件。

图 18-27 所示的齿轮油泵，就是利用两个螺栓安装在机器上的。图 18-43 为螺栓连接的示意图。图 18-44 表示用螺栓连接两块板的画法。图 18-44（a）画出了连接前的情况，被连接的两块板上钻有直径比螺栓大径略大的孔（孔径≈1.1d，设计时可按有关标准选用），连接时，先将螺栓伸进这两个孔中，一般以螺栓的头部抵住被连接板的下端面，然后，在螺栓上部套上

垫圈，以增加支承面积和防止损伤零件的表面，最后，用螺母拧紧。图 18-44（b）表示用螺栓连接两块板的装配画法；也可以采用图 18-44（c）所示的简化画法，其中，螺栓头部和螺母的倒角都省略不画，在装配图中常用这种画法。

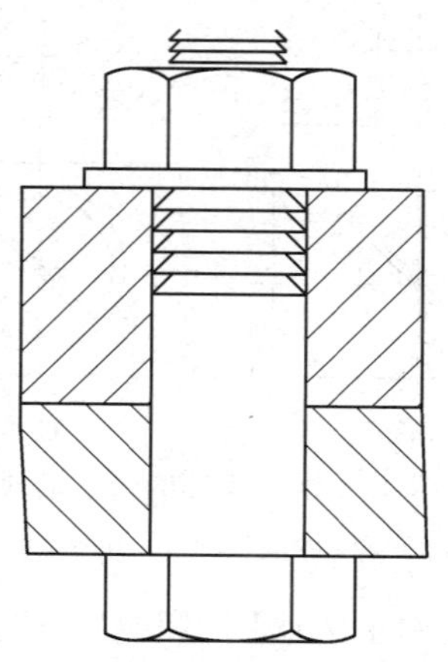

图 18-43 螺栓连接的示意图

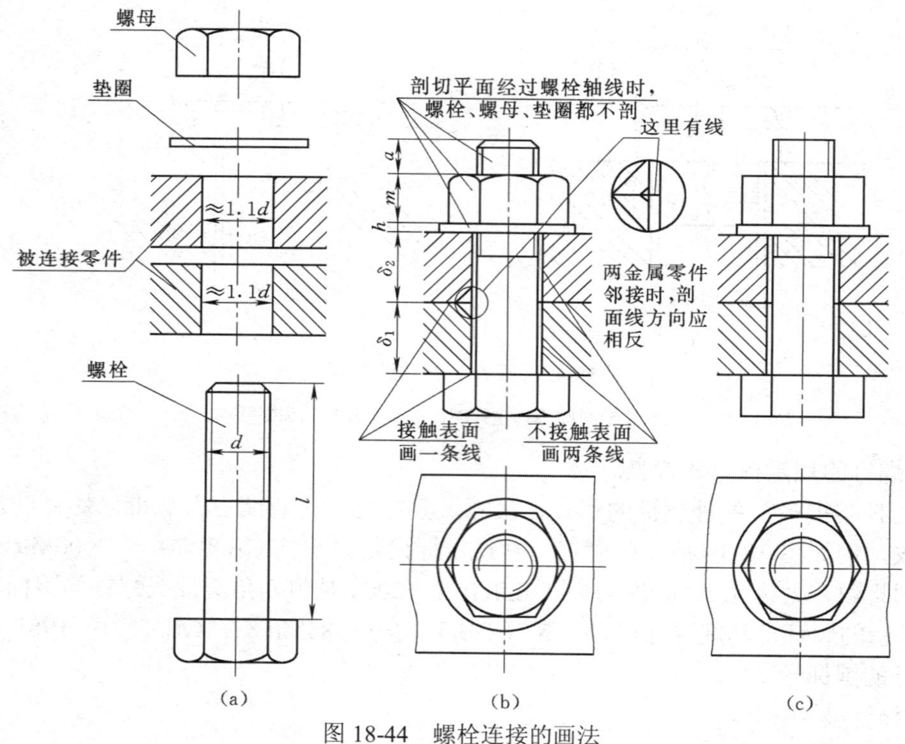

图 18-44 螺栓连接的画法

（a）连接前；（b）连接后；（c）简化画法

从上述的螺纹紧固件的装配图中可以看出，画装配图应遵守下述基本规定：

1）两零件接触表面画一条线，不接触表面画两条线。

2）两零件邻接时，不同零件的剖面线方向相反，或方向一致、间隔不等。

3）对于紧固件和实心零件（如螺钉、螺栓、螺母、垫圈、键、销、球及轴等），若剖切平面通过它们的对称轴线时，则这些零件都按不剖绘制，仍画外形；需要时，可采用局部剖视。

（2）螺栓、螺母和垫圈的近似画法。

单个螺纹紧固件的画法，可根据公称直径查阅有关标准，得出各部分的尺寸。但在绘制螺栓、螺母和垫圈时，通常按螺栓的螺纹规格 d、螺母的螺纹规格 D、垫圈的公称尺寸 d 进行比例折算，得出各部分尺寸后按近似画法画出，如图 18-45 所示。

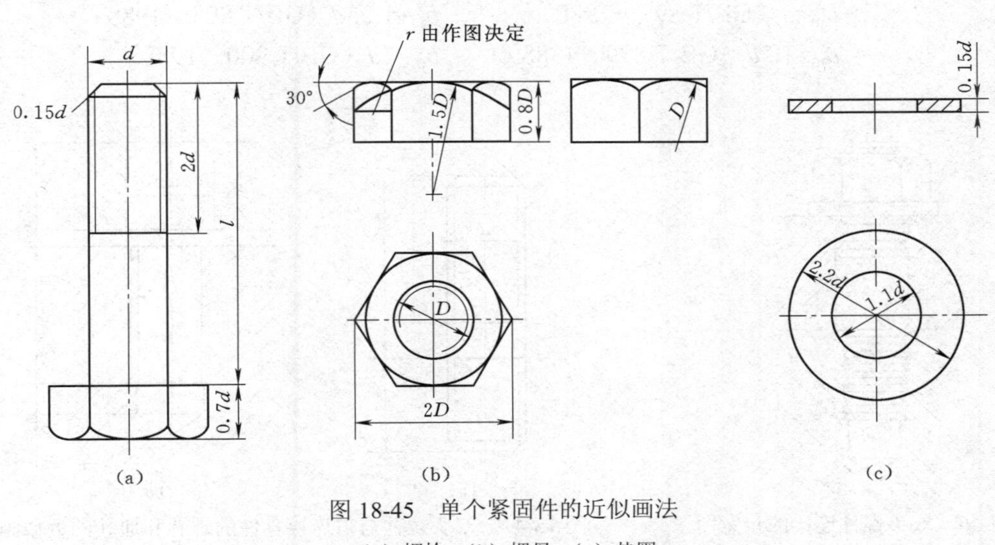

图 18-45　单个紧固件的近似画法

（a）螺栓；（b）螺母；（c）垫圈

（3）选定所用的螺纹紧固件，写出标记。

图 18-44 中的螺纹紧固件，今选用 GB/T 5780、GB/T 6170、GB/T 97.1 所列的螺栓、螺母、垫圈，需按螺纹规格或公称规格查阅有关标准，计算和选定螺栓的公称长度 L。

螺栓的公称长度 l，应查阅垫圈、螺母的表格得出 h、m，在加上被连接零件的厚度δ_1、δ_2等，经计算后选定。从图 18-44（b）可知：

$$螺栓长度\ l=\delta_1+\delta_2+h+m+a$$

其中 a 是螺栓伸出螺母的长度，一般可取 $0.3d$ 左右（d 是螺栓的螺纹规格，即公称直径）。上式计算得出数值后，再从相应的螺栓标准所规定的长度系列中，选取合适的 l 值。

图 18-45 中螺栓、螺母和垫圈的规定标记分别是：

螺栓　GB/T 5780—2000　Md×l

表示螺纹规格为 d mm，公称长度 l mm，GB/T 5780—2000 是六角头螺栓—C 级的国标号；

螺母　GB/T 6170—2000　MD

表示螺纹规格为 D mm，GB/T 6170—2000 是 1 型六角螺母的国标号；

垫圈　GB/T 97.1—2002 d

表示公称规格为 d mm（即与螺纹规格为 d 的螺栓配用）的平垫圈，GB/T 97.1—2002 是平垫圈（A 级）的国标号。

3. 双头螺柱连接

当两个被连接的零件中，有一个较厚或不适宜用螺栓连接时，常采用双头螺柱连接。图 18-46 是双头螺柱连接的示意图。先在较薄的零件上钻孔（孔径≈1.1d），并在较厚的零件上制出螺孔。双头螺柱的两端都制有螺纹，一端旋入较厚零件的螺孔中，称为旋入端；另一端穿过较薄的零件上的通孔，套上垫圈，再用螺母拧紧，称为紧固端。从图 18-46 可以看出：双头螺柱连接的上半部与螺栓连接相似，而下半部则与螺钉连接相似。

图 18-47 是双头螺柱以及被连接零件的近似画法，按双头螺柱的螺纹规格 d 进行比例折算。双头螺柱紧固端的螺纹长度为 $2d$，倒角为 $0.15d\times45°$，旋入端的螺纹长度为 b_m。b_m 根据国标规定，有四种长度：

$b_m=d$（GB/T 897—1988）　　$b_m=1.25d$（GB/T 898—1988）

$b_m=1.5d$（GB/T 899—1988）　　$b_m=2d$（GB/T 900—1988）

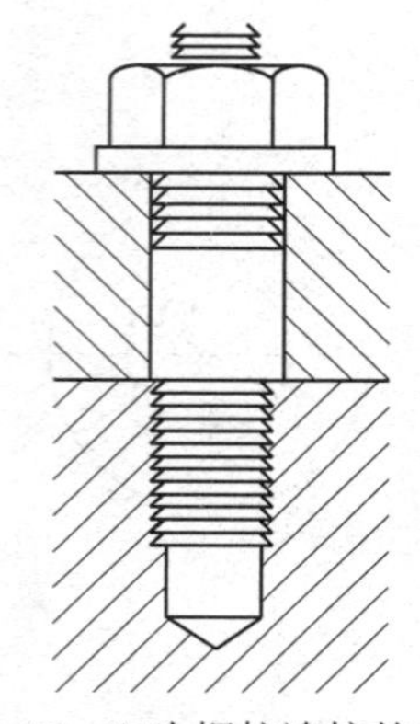

图 18-46　双头螺柱连接的示意图

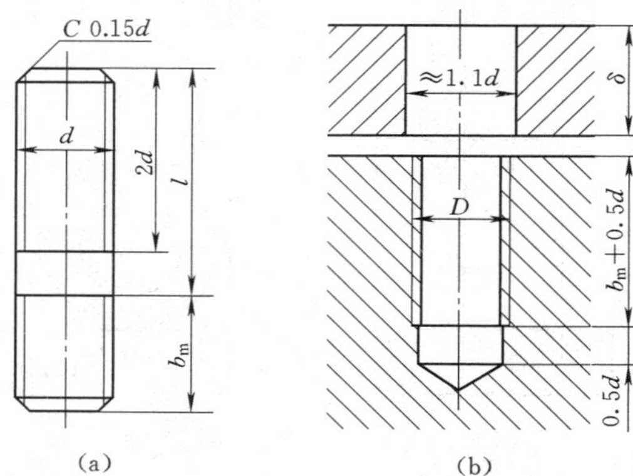

图 18-47　双头螺柱与被连接零件的螺孔和通孔的近似画法

（a）双头螺柱；（b）被连接零件上的螺孔与通孔

可根据螺孔的材料选用。通常当被旋入零件的材料为钢和青铜时，取 $b_m=d$，为铸铁时，取 $b_m=1.25d$ 或 $1.5d$；为铝时，取 $b_m=2d$。螺孔的长度为 $b_m+0.5d$，光孔长度为 $0.5d$。

双头螺柱的型式、尺寸和规定标记，可查阅有关标准。

关于双头螺柱的有效长度 l，也应通过计算选定：

$$l=\delta+h+m+\alpha$$

其中各数值与螺栓连接相似，见图 18-44（b）、图 18-46。计算得出 l 值后，仍应从双头螺柱标准中所规定的长度系列里，选取合适的 l 值。

按照近似画法画出的双头螺柱连接后的装配图，如图 18-48（a）所示。

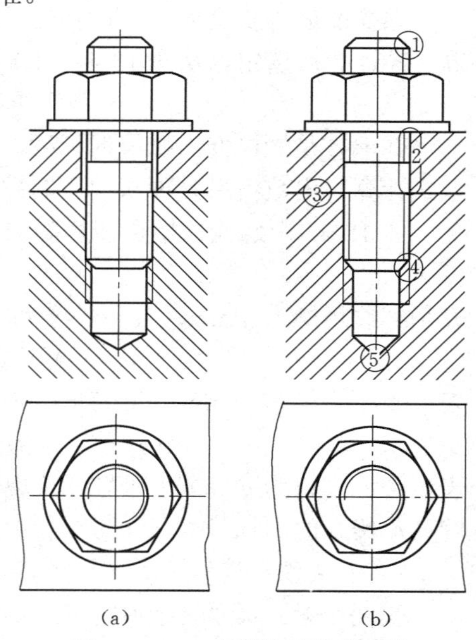

图 18-48　双头螺柱连接的画法

（a）正确；（b）错误

对比图 18-48（a）和图 18-48（b），可以看出图 18-48（b）圈出处的错误画法，具体说明如下：

（1）双头螺柱伸出螺母处，漏画表示螺纹小径的细实线。

（2）上部被连接零件的孔径，应比双头螺柱的大径稍大（孔径≈1.1d），此处不是接触面，应画两条线。同时，剖面线应画到表示孔壁的粗实线为止。

（3）两相邻零件的剖面线方向，没有画成相反或错开。

（4）基座螺孔中表示螺纹小径的粗实线和表示

钻孔的粗实线，未与双头螺柱表示小径的细实线对齐。

（5）钻孔底部的锥角，未画成 120°。

二、齿轮以及圆柱齿轮的规定画法

（一）齿轮

齿轮是广泛用于机器或部件中的传动零件。齿轮的参数中只有模数、齿形角已经标准化。因此，它属于常用件。齿轮不仅可以用来传递动力，并且还能改变转速和回转方向。例如在图 18-27 所示的齿轮油泵中，就是依靠一对齿轮的啮合传动来加压输油的。

图 18-49 表示三种常见的齿轮传动形式。圆柱齿轮通常用于平行两轴之间的传动；锥齿轮用于相交两轴之间的传动；蜗杆与蜗轮则用于交错两轴之间的传动。

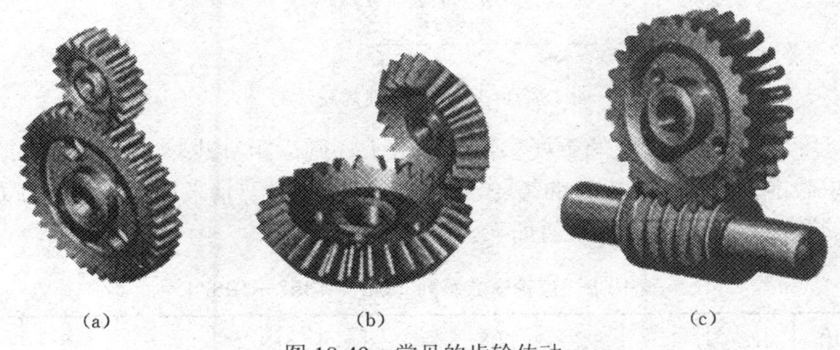

(a)　(b)　(c)

图 18-49　常见的齿轮传动

（a）圆柱齿轮；（b）锥齿轮；（c）蜗杆与蜗轮

圆柱齿轮、锥齿轮、蜗杆与蜗轮的画法，可查阅 GB/T 4459.2—2003《机械制图 齿轮表示法》。圆柱齿轮的轮齿有直齿、斜齿和人字齿等，下面主要介绍直齿圆柱齿轮的几何要素和规定画法。

（二）直齿圆柱齿轮各几何要素的名称、代号和尺寸计算

1. 名称和代号

图 18-50 是两个啮合的圆柱齿轮示意图，从图中可以看出圆柱齿轮各部分的几何要素。

（1）节圆直径 d' 和分度圆直径 d。

O_1、O_2 分别为两啮合齿轮的中心，两齿轮的一对齿廓的啮合接触点是在连心线 O_1O_2 上的点 P（称节点）。分别以 O_1、O_2 为圆心，O_1P、O_2P 为半径作圆，齿轮的传动可假想为这两个圆作无滑动的纯滚动。这两个圆称为齿轮的节圆，其直径以 d' 表示。对于标准齿轮来说，节圆和分度圆是一致的。对单个齿轮而言，分度圆是设计、制造齿轮时进行各部分尺寸计算的基准圆，也是分齿的圆，所以称为分度圆，其直径以 d 表示。

（2）分度圆齿距 p 和分度圆齿厚 s。

分度圆上相邻两齿廓对应点之间的弧长，称为分度圆齿距 p。两啮合齿轮的齿距应相等。每个齿廓在分度圆上的弧长，称为分度圆齿厚 s。对于标准齿轮来说，齿厚为齿距的一半，即 $s=p/2$。

（3）模数 m。

以 z 表示齿轮的齿数，那么，分度圆周长$=\pi d=zp$，也就是 $d=pz/\pi$。令 $p/\pi=m$，则 $d=mz$。这里，m 就是齿轮的模数，它等于齿距 p 与π的比值。因为两啮合齿轮的齿距 p 必须相等，所以它们的模数也必须相等。

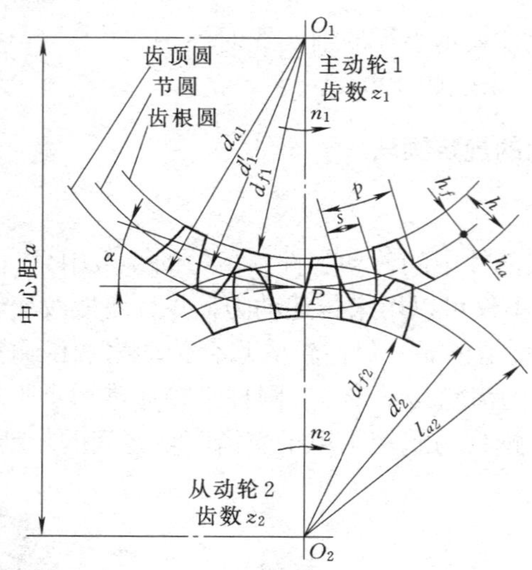

图 18-50　啮合的圆柱齿轮示意图

模数 m 是设计、制造齿轮的重要参数。模数大，则齿距 p 也增大，随之齿厚 s 也增大。因而齿轮的承载能力大。不同模数的齿轮，要用不同模数的刀具来加工制造。为了便于设计和加工，模数的数值已系列化，其数值如表 18-8 所示。

表 18-8　齿轮模数系列（GB/T 1357—1987）

第一系列	1	1.25	1.5	2	2.5	3	4	5	6	8	10	12
	16	20	25	32	40	50						
第二系列	1.75	2.25	2.75	（3.25）	3.5	（3.75）	4.5	5.5	（6.5）			
	7	9	（11）	14	18	22	28	36	45			

注　选用模数时，应优先选用第一系列；其次选用第二系列；括号内的模数尽可能不用。本表未摘录小于 1 的模数。

（4）齿形角 α。

在节点 P 处，两齿廓曲线的公法线（即齿廓的受力方向）与两节圆的内公切线（即节点 P 处的瞬时运动方向）所夹的锐角，称为齿形角。我国采用的齿形角一般为 20°。

（5）传动比 i。

传动比 i 为主动齿轮的转速 n_1（r/min）与从动齿轮的转速 n_2（r/min）之比，即 $\frac{n_1}{n_2}$。用于减速的一对啮合齿轮，其传动比＞1。由 $n_1z_1=n_2z_2$ 可得

$$i=\frac{n_1}{n_2}=\frac{z_2}{z_1}$$

（6）中心距 a。

两圆柱齿轮轴线之间的最短距离，称为中心距，即

$$a=\frac{d_1'+d_2'}{2}=\frac{m(z_1+z_2)}{2}$$

2. 几何要素的尺寸计算

如图 18-50 所示，通过圆柱齿轮齿顶的曲面为齿顶圆柱面，通过圆柱齿轮齿根的曲面为齿

根圆柱面。而齿顶圆柱面与端平面的交线，称为齿顶圆；齿根圆柱面与端平面的交线，称为齿根圆。它们的直径分别称为齿顶圆直径和齿根圆直径，以 d_a 和 d_f 表示。齿顶圆与分度圆之间的、齿根圆与分度圆之间的、齿顶圆与齿根圆之间的径向距离，分别称为齿顶高 h_a、齿根高 h_f 和齿高 h。以上这些几何要素，都与模数 m 有关，其计算公式见表 18-9。

表 18-9　直齿圆柱齿轮各几何要素的尺寸计算

基本几何要素：模数 m；齿数 z		
名称	代号	计算公式
齿顶高	h_a	$h_a=m$
齿根高	h_f	$h_f=1.25m$
齿高	h	$h=2.25m$
分度圆直径	d	$d=mz$
齿顶圆直径	d_a	$d_a=m(z+2)$
齿根圆直径	d_f	$d_f=m(z-2.5)$

只要已知齿轮的模数 m、齿数 z，就能按上表计算出各几何要素的尺寸。

（三）圆柱齿轮的规定画法

1. 单个圆柱齿轮

根据 GB/T 4459.2—2003 规定的齿轮画法，齿顶圆和齿顶线用粗实线绘制，分度圆和分度线用点画线绘制，齿根圆和齿根线用细实线绘制（也可省略不画），如图 18-51（a）所示；在剖视图中，当剖切平面通过齿轮的轴线时，轮齿一律按不剖处理，齿根线用粗实线绘制，如图 18-51（b）所示。当需要表示斜齿与人字齿的齿线的形状时，可用三条与齿线方向一致的细实线表示，如图 18-51（c）、图 18-51（d）所示。

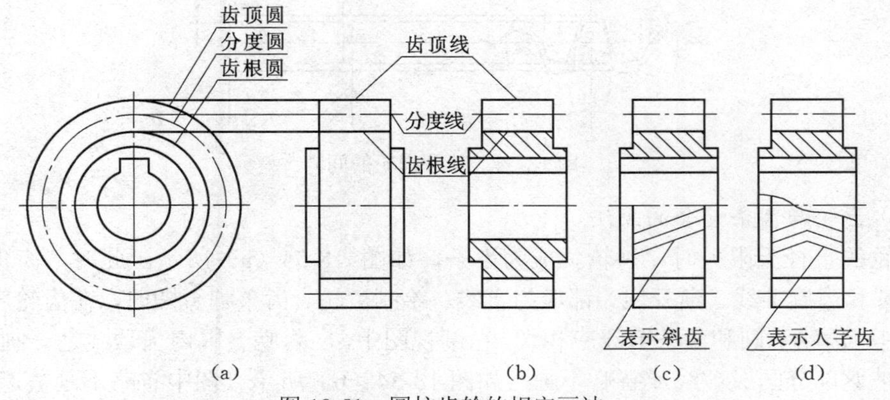

图 18-51　圆柱齿轮的规定画法

（a）直齿（外形视图）；（b）直齿（全部视图）；（c）斜齿（半剖视图）；（d）人字齿（局部剖视图）

2. 啮合的圆柱齿轮

在垂直于圆柱齿轮轴线的投影面上的视图中，啮合区内齿顶圆均用粗实线绘制，如图 18-52（a）所示的左视图；或按省略画法，如图 18-52（b）所示。在剖视图中，当剖切平面通过两啮合齿轮轴线时，在啮合区内，将一个齿轮的轮齿用粗线绘制；另一个齿轮的轮齿被遮挡的部分用虚线绘制，如图 18-52（a）的主视图所示；但被遮挡的部分也可省略不画。在平行于圆柱齿轮轴线的投影面的外形视图中，啮合区的齿顶线不需画出，节线用粗实线绘制，其他的节线仍用点画线绘制，如图 18-52（c）、图 18-52（d）所示。

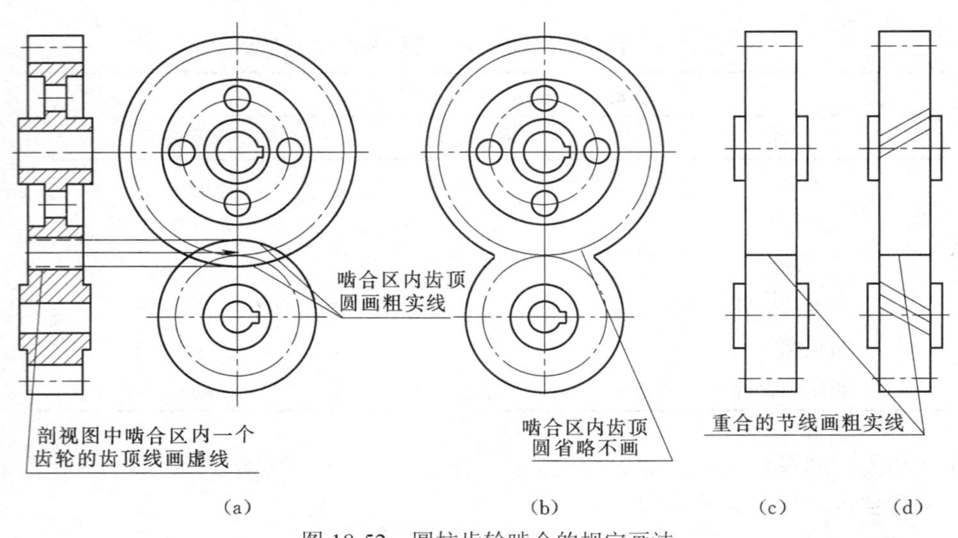

图 18-52　圆柱齿轮啮合的规定画法

（a）规定画法；（b）省略画法；（c）外形视图（直齿）；（d）外形视图（斜齿）

如图 18-53 所示，在齿轮啮合的剖视图中，由于齿根高与齿顶高相差 0.25m，因此，一个齿轮的齿顶线和另一个齿轮的齿根线之间，应有 0.25m 的间隙。

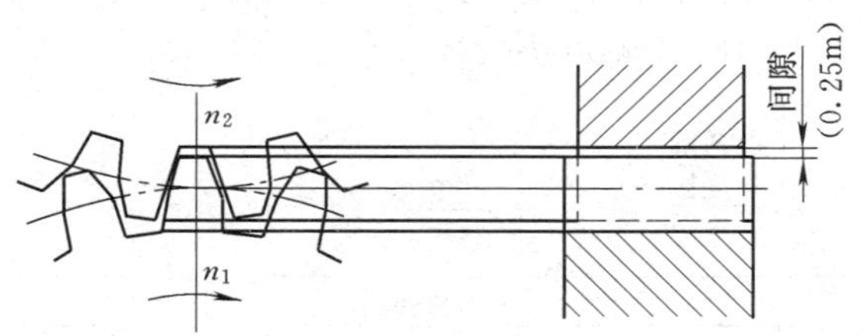

图 18-53　啮合齿轮的间隙

（四）齿轮与齿条啮合的画法

当齿轮的直径无限大时，齿轮就成为齿条，如图 18-54（a）所示。此时，齿顶圆、分度圆、齿根圆和齿廓曲线（渐开线）都成为直线。绘制齿轮、齿条啮合图时，在齿轮表达为圆的外形视图中，齿轮节圆和齿条节线应相切。在剖视图中，应将啮合区内齿顶线之一画成粗实线，另一轮齿被遮部分画成虚线或省略不画，如图 18-54（b）所示（图中省略不画被遮的部分）。在图 18-54（b）中，齿条的主视图画了一个轮齿的齿廓，其余的齿根线用细实线画出。

（五）圆柱齿轮的零件图示例

图 18-55 是一个圆柱齿轮的零件图。它的内容包括一组视图，如图中为全剖视的主视图和轮孔的局部视图；一组完整的尺寸；必需的技术要求，如尺寸公差、表面粗糙度、热处理和制造齿轮所需要的基本参数。

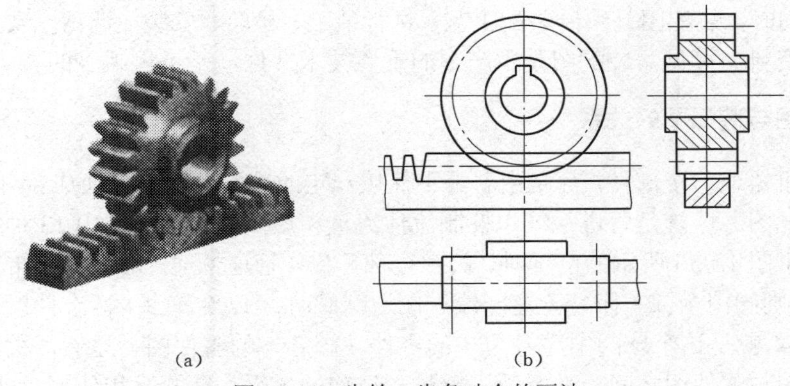

图 18-54　齿轮、齿条啮合的画法

（a）轴测图；（b）规定画法

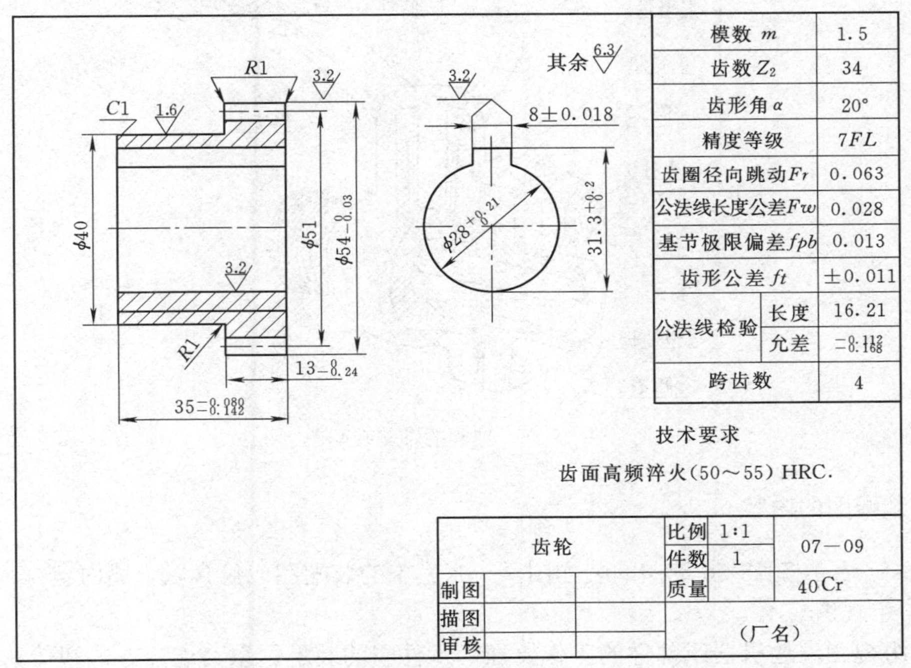

图 18-55　圆柱齿轮零件图示例

第四节　装配图

用来表达机器或部件工作原理和各零件间的装配、连接关系的图样，称为装配图。装配图应表明机器或部件的工作原理、必要的尺寸、各零件之间的相对位置、连接方式、装配关系、有关的技术要求、零件的序号与明细栏、标题栏等。表示一个部件的装配图称为部件装配图；表示一台完整机器的图样，则称为总装配图。

装配图是表达机器或部件整体结构的一种图样，它显示机器或部件的结构形状、装配关系、工作原理和技术要求。在进行产品设计时，一般先画出装配图、然后根据装配图所提供的总体结构和尺寸，设计绘制零件图；在产品制造中，则是根据装配图把加工制成的零件装配成机器或部件；同时，装配图是编制装配工艺，进行装配、检验、安装、调试以及检修机器或部件的重要参考资料。可见，装配图是生产中的重要技术文件，是不可缺少的。

一、零件图与装配图的关系

任何一台机器或一个部件，都是由若干零件按一定的装配关系装配而成。图 18-56 是一个球阀的轴测装配图。球阀是管道系统中控制流体流量和启闭的部件，共由 13 种零件组成。当球阀的阀芯处于图 18-56 所示的位置时，阀门全部开启，管道畅通。转动扳手带动阀杆和阀芯旋转 90° 时，则阀门全部关闭，管道断流。制造球阀时，必须有除了标准件以外的所有零件图，例如图 18-4 就是这个球阀中序号为 4 的零件（阀芯）的零件图。显然，机器、部件与零件之间，装配图与零件图之间，都反映了整体与局部的关系，彼此互相依赖，非常密切。

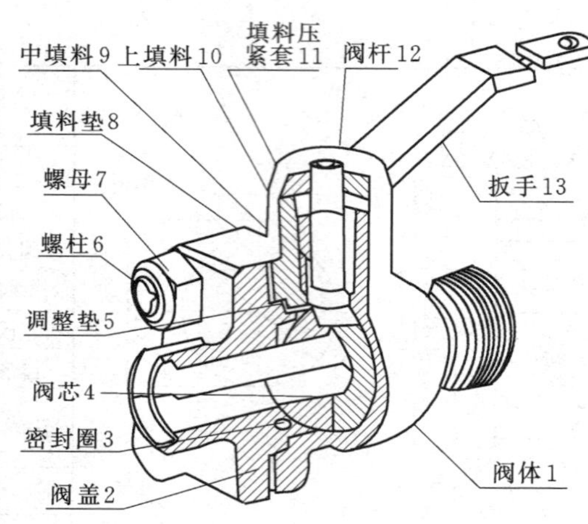

图 18-56　球阀的轴测装配图

二、装配图的内容

图 18-57 表示图 18-56 球阀的装配图，一张完整的装配图应包含以下述内容。

1. 一组视图

用一组视图表达机器或部件的工作原理、零件间的装配关系、连接方式和传动关系，以及主要零件的结构形状。如图 18-57 球阀装配图中的主视图采用全剖视，反映球阀的工作原理和各主要零件间的装配关系；俯视图表示主要零件的外形，并采用局部剖视表示扳手与阀体的连接关系；左视图采用半剖视，表达阀盖的外形以及阀体、阀杆、阀芯间的装配关系。

2. 必要的尺寸

必要尺寸包括机器或部件的规格（性能）尺寸、零件间的配合尺寸、外形尺寸、机器或部件的安装尺寸以及设计时确定的其他重要尺寸。

3. 技术要求

用文字或符号说明机器或部件的装配、检验、安装、调试、使用与维护等方面的技术要求。

4. 零件序号、明细栏和标题栏

在装配图中，必须对每个零件编写序号，并在明细栏中依次列出零件序号、名称、数量、材料等。标题栏中注写装配体名称、图号、绘图比例以及设计、制图、审核人员的签名和日期等。GB/T 10609.1—1989 对标题栏作了规定，装配图中采用的明细栏的内容、格式与尺寸等，则应按 GB/T 10609.2—1989 的规定编绘，学生作业建议采用图 18-57 中标题栏和明细栏的格式绘制。

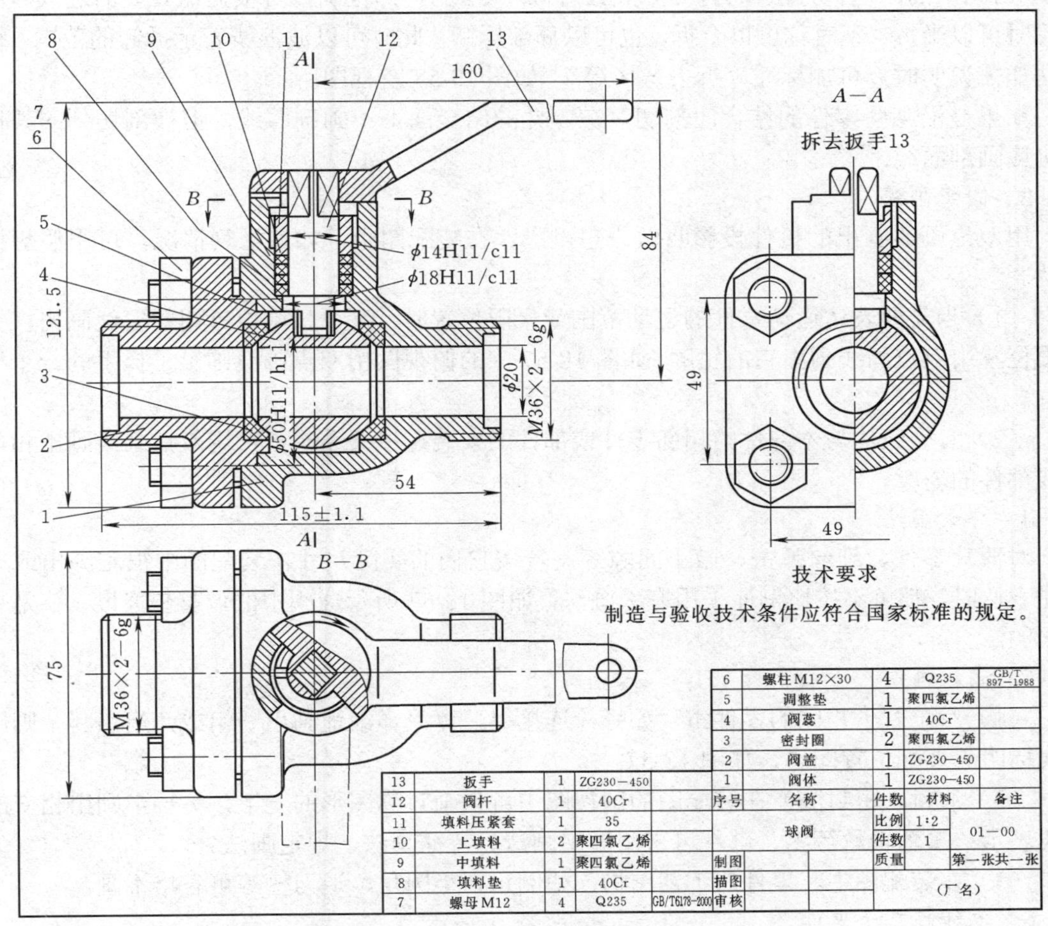

图 18-57　球阀装配图

三、装配图的特殊表达方法

机件常用的基本表表达方法，在装配图中也同样适用。但由于部件是由若干零件组成，装配图主要用来表达部件的工作原理和装配、连接关系，因此为了适应部件结构的复杂性和多样性，画装配图时，可根据表达的需要，选用下述的一些特殊表达方法。

1. 规定画法

画装配图时，螺纹紧固件的画法应遵守下述基本规定：

（1）两零件接触表面画一条线，不接触表面画两条线。

（2）两零件邻接时，不同零件的剖面线方向相反，或方向一致、间隔不等。

（3）对于紧固件和实心零件（如螺钉、螺栓、螺母、垫圈、键、销、球及轴等），若剖切平面通过它们的对称轴线时，则这些零件都按不剖绘制，仍画外形；需要时，可采用局部剖视。

2. 拆卸画法和沿结合面剖切

在装配图中，为了表达部件内部或某些被遮盖部分的装配情况，或者为了减少不必要的绘图工作量，有的视图可假想将一个或若干零件拆卸后绘制。如图 18-57 中的左视图是拆去扳手 13 后画出的，这种方法称为拆卸画法。拆卸画法的拆卸范围，可根据需要灵活选取。图形对称时可以半拆；不对称可以全拆，也可以局部拆卸，此时可以波浪线表示拆卸的范围。拆卸画法如需说明时，可加标注“拆去××等”，如图 18-57 左视图所示。

如果是沿某些零件的结合面剖切，在零件的结合面上不画剖面线，但被剖切到的其他零件仍应画剖面线。

3. 假想画法

用双点画线画出的机件投影叫做假想投影。在装配图中，如遇下列情况，可用假想投影表达。

（1）当需要表达运动零件的运动范围或极限位置时，某一极限位置用粗实线画出，另一极限位置用双点画线画出它的轮廓，如图 18-57 中的俯视图用双点画线画出了扳手的一个极限位置。

（2）必须表达与本部件的相邻零件或部件的安装连接关系时，可用双点画线画出相邻零件或部件的轮廓。

4. 夸大画法

对薄片零件、细丝弹簧、微小间隙等，若按它们的实际尺寸在装配图中很难画出或难以明显表达时，都可不按比例而采用夸大画法，如图 18-57 所示球阀中的调整垫厚度，就是夸大画出的。

5. 简化画法

（1）对于若干相同的零件组，如螺栓连接等，可只详细地画出一组或几组，其余则用点画线标明其装配位置即可，如图 18-57。

（2）油封（密封圈）在装配图的剖视图中可只画对称图形的一半，另一半则用相交的细实线表示；滚动轴承等零、部件可采用通用画法、特征画法、规定画法。

（3）在装配图中，零件的工艺结构，如倒角、小圆角、退刀槽等可省略不画。

6. 单独画某个零件

在装配图中，当某个零件的形状未表达清楚而影响对部件的工作情况、装配关系等问题的理解时，可单独画出某一零件的视图。但必须在该视图的上方注出视图名称，在相应视图的附近用箭头指明投射方向，并注上同样的字母，如图 18-58 泵盖 *B* 或标注“件×*B*”。

7. 展开画法

为了表达不在同一平面内多个平行轴的轴上零件和轴与轴的传动关系，可按传动顺序沿各轴线剖开，然后依次展开画在同一平面上，并标注“×—×展开”，如图 18-59。

四、装配图的尺寸标注

装配图和零件图在生产中的作用不同，装配图不是制造零件的直接依据。因此，标注尺寸的要求也不同，装配图中不需注出零件的全部尺寸，而只需标注出一些必要的尺寸，这些尺寸按其作用的不同，大致可以分为以下几类，以图 18-57 所示球阀装配图中的一些尺寸为例，说明如下。

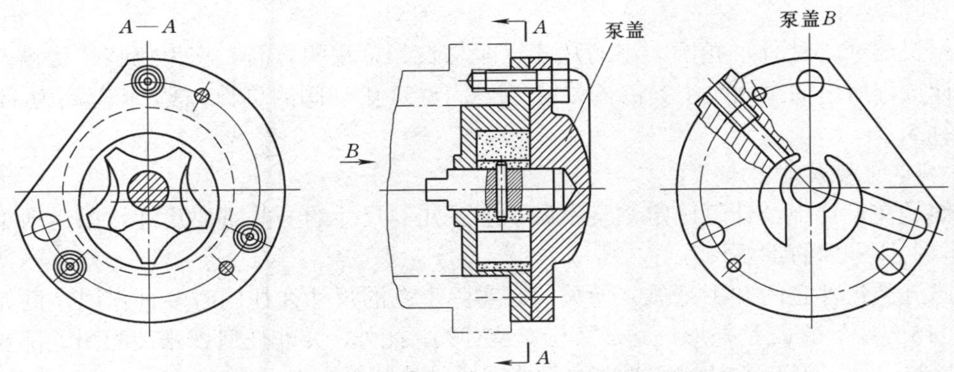

图 18-58　单独画出某个零件的视图

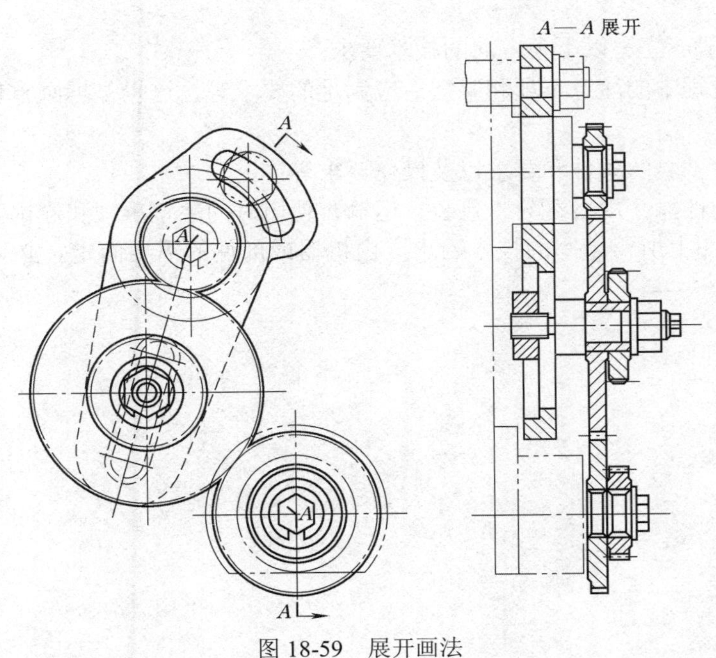

图 18-59　展开画法

1. 性能（规格）尺寸

表示机器或部件性能（规格）的尺寸，它也是设计、了解和选用机器或部件的依据，如图 18-57 中球阀的公称直径$\phi 20$。

2. 装配尺寸

用来保证部件的工作精度和性能要求的尺寸。包括保证有关零件间配合性质的尺寸、保证零件间相对位置的尺寸、装配时进行加工的有关尺寸等，如图 18-57 中阀盖和阀体的配合尺寸$\phi 50=\dfrac{H11}{h11}$等。

3. 安装尺寸

表示部件安装在机器上或机器安装在基础上所需要的尺寸，如图 18-57 中与安装有关的尺寸：84、54、M36×2-6g 等。

4. 外形尺寸

表示机器或部件外形轮廓大小的尺寸，即总长、总宽和总高。它为包装、运输、安装和厂房设计过程所占的空间大小提供了数据。如图 18-57 中球阀的总长、总宽和总高为 115±1.1、75 和 121.5。

5. 其他重要尺寸

它们是在设计中经计算确定，又不属于上述几类尺寸的一些重要尺寸。如运动零件的极限尺寸、主体零件的重要尺寸等。

上述五类尺寸之间并不是孤立无关的。实际上有的尺寸往往同时多种作用，例如球阀中的尺寸 115±1.1，它既是外形尺寸，又与安装有关。此外，并非任何一张装配图上都要全部标注上述五类尺寸。因此，对装配图中的尺寸需要具体分析，然后进行标注。

五、装配图的技术要求

装配图上一般应注写以下几方面的技术要求：

（1）装配过程中的注意事项和装配后应满足的要求等，这也是拆画零件图时拟订技术要求的依据；

（2）检验、试验的条件和要求以及操作要求等；

（3）部件的性能、规格参数、包装、运输、使用时的注意事项和涂饰要求等。

总之，装配图上所需填写的技术要求，由机器或部件的需要而定。必要时，也可参照类似产品确定。

第十九章　计算机辅助绘图

随着计算机技术的不断发展，工程设计已经离不开计算机辅助设计，AutoCAD 是目前使用最广泛的绘图软件之一。简便灵活、精确高效等特点和绝对的主导地位使其成为工程技术人员的“标准工具”，使它成为工程设计和技术交流中不可缺少的技术工具。本章以AutoCAD 2007为例介绍绘图软件的操作基础。

第一节　初识 AutoCAD 绘图软件

一、AutoCAD 软件的基本操作

（一）AutoCAD 2007 系统的工作界面

AutoCAD 2007 提供了三维建模、AutoCAD 经典两种工作界面，选择 AutoCAD 经典工作空间后，可以看到如图 19-1 所示的界面，下面将分别进行介绍。

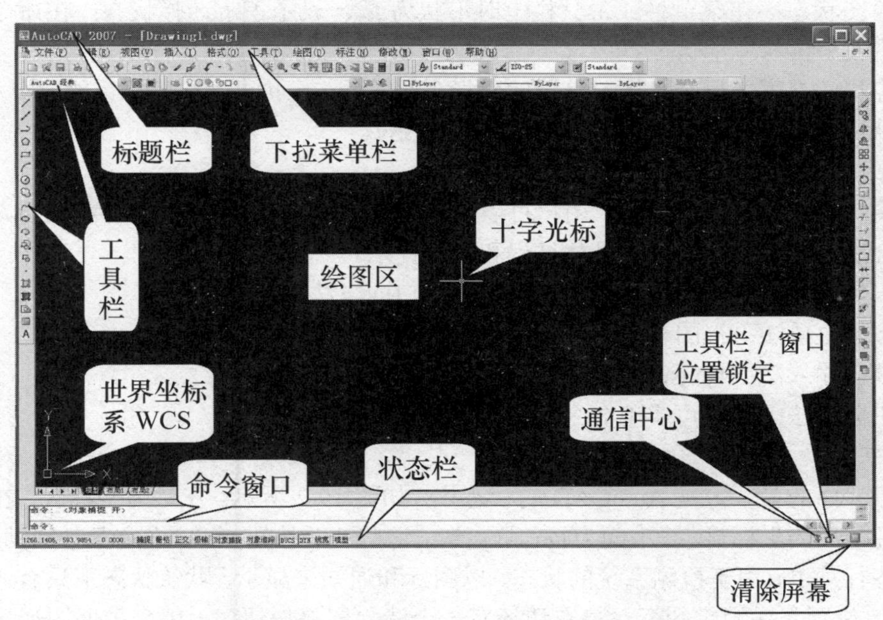

图 19-1　AutoCAD 2007 经典工作界面

1. 标题栏

标题栏是 AutoCAD 工作界面顶部的标题部分，显示正在运行的软件名称和版本以及当前打开文件的文件名等信息。

2. 下拉菜单栏

下拉菜单栏包括文件、编辑、视图、插入、格式、工具、绘图、标注、修改、窗口、帮助等下拉菜单项，在下拉菜单中包括几乎所有的 AutoCAD 命令。

在下拉菜单的菜单项中有以下几种形式需要注意：

- 菜单项后带有“ ▸ ”符号，表示该菜单项还有子菜单；
- 菜单项后带有“…”，表示该菜单项执行时会弹出对话框；
- 菜单项后带有 Ctrl + N 等类似组合字母字样，给出了该菜单项的快捷键。
- 菜单项中如果有个别字母带有下划线，该字母就是该菜单项的简化命令形式，可以在命令行中直接键入以执行该命令。

3. 工具栏

工具栏中将命令用形象、直观的图标（也称为按钮）表示，单击这些图标就可以运行相应的操作，使绘图更加高效、便捷。工具栏均可以打开或关闭。

打开工具栏时可使用快捷菜单法：光标移至任意工具栏的任意按钮上，单击鼠标右键，在弹出的快捷菜单中选择要打开的工具栏名称即可。工具条中的每个图标菜单，通常是一个命令，但如果在图标的右下角带有“▼”标志，则表示它是一组悬挂式图标菜单。只要当光标落在该图标项时按下鼠标左键数秒，该组图标菜单就会悬挂显示供用户选用，而菜单项一经选用，该项就会显示在原图标项的位置上。

4. 绘图区

绘图区是用户绘制、编辑图形的工作区域，绘图过程中所有操作结果均在此区域显示。

鼠标在绘图区的不同位置有着不同的形状，代表不同的含义。如在绘图区时形状为“十”，表示正常绘图状态；在菜单栏或工具栏上时形状为↖，表示正常选择状态；在命令窗口时形状为“I”，表示输入文本状态。

绘图窗口的左下方显示了当前使用的坐标系图标，它反映了当前坐标系的原点和 X、Y 轴的正向。默认情况下，系统采用世界坐标系（WCS）。

5. 命令窗口和文本窗口

命令窗口在程序界面的下部，用户可以通过命令行输入 AutoCAD 的各种命令及参数，而命令行也会显示出各命令操作的具体过程和信息提示。

文本窗口是放大了的命令窗口，打开文本窗口的方法有如下三种：

- 下拉菜单法：视图→显示→文本窗口。
- 键盘输入法：Textscr。
- 快捷键法：F2（可实现命令窗口与文本窗口间的切换）。

6. 状态栏

在程序界面的最下方是 AutoCAD 的状态栏，如图 19-2 所示。左边为坐标区，在该区中单击可以打开或关闭坐标显示。中间为按钮区，单击这些开关按钮，可以设定各种辅助绘图工具。右边为状态行菜单，用于检测系统的状态，以图标和通知来显示，默认状态下只有通信中心和工具栏/窗口位置是否锁定图标。最右边还有一个清除屏幕按钮□，用来扩展图形显示区域，单击此按钮将仅显示菜单栏、状态栏和命令窗口，再次单击可恢复原设置。

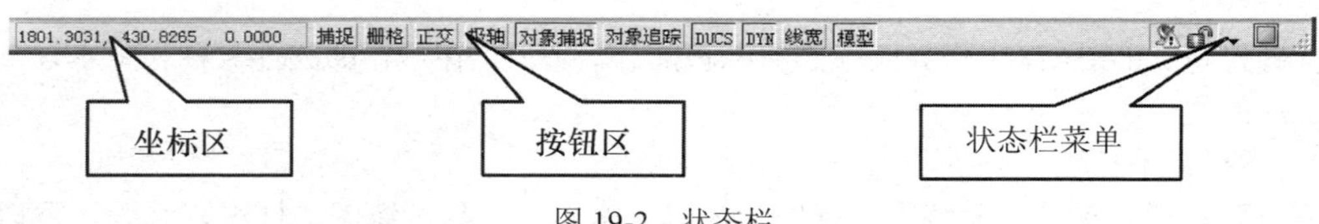

图 19-2 状态栏

（二）命令调用与数据输入

1. 命令调用

激活 AutoCAD 命令有多种方法，包括单击工具栏按钮、使用下拉菜单、输入英文命令、功能键、组合键、利用弹出式菜单、直接按回车键或空格键等。下面分别进行说明。

- 单击按钮法：如（直线按钮，在“绘图”工具栏中）；
- 下拉菜单法：绘图→直线；
- 键盘输入法：Line（简捷命令为 L）↓；
- 功能键：F1~F12（如 F8 为打开正交模式）；
- 组合键：Ctrl+大写字母（如 Ctrl+A 为全部选择）；
- 弹出式菜单（又称快捷菜单）法：用户在绘图区、状态栏和工具栏等不同位置单击鼠标右键，就会弹出与该位置和当前操作状态相关的快捷菜单。其中的内容随操作状态的不同而变化；
- 按 Enter 键或空格键，重复执行上一个命令。

当命令被激活后，命令提示行中包括默认选项、可选项和关键字，其中默认选项在方括号[ ]之外，用户可以直接输入与之相应的数据，方括号[ ]内为可选项及其对应的标示符。如调用画圆的命令，命令提示行出现如图 19-3 所示的提示：

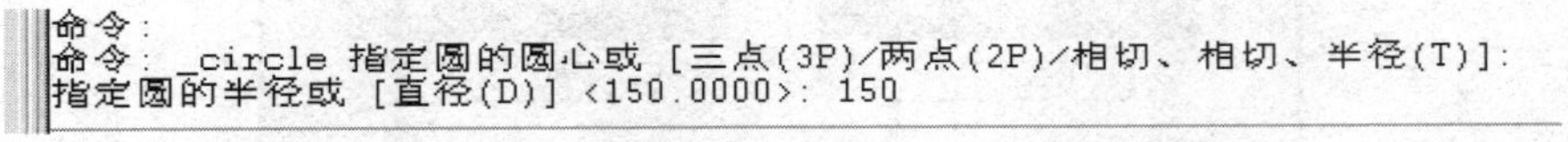

```
命令:
命令: _circle 指定圆的圆心或 [三点(3P)/两点(2P)/相切、相切、半径(T)]:
指定圆的半径或 [直径(D)] <150.0000>: 150
```

图 19-3 激活画圆命令后命令提示行显示的信息

另外，多个可选项之间用“/”隔开。每个选项后有一个圆括号“()”，括号内的数字或字母是标示符，如果要选择某一选项，只需要输入该项后面的标示符并回车即可。尖括号“< >”中给出了默认值，即为上次执行 circle 画圆命令时采用的圆半径大小。

许多命令可以透明使用，即可以在使用另一个命令时，在命令行中输入这些命令。透明命令经常用于更改图形设置或显示选项，例如GRID或ZOOM命令。要以透明的方式使用命令，请单击其工具栏按钮或在任何提示下输入命令之前输入单引号“'”。在命令行中，双尖括号(>>)置于命令前，提示显示透明命令。完成透明命令后，将恢复执行原命令。

2. 数据输入

在输入点时，可以使用定点设备指定点，也可以在命令行中输入坐标值。可以按照笛卡尔坐标（X,Y）或极坐标输入二维坐标。

（1）输入笛卡尔坐标。创建对象时，可以使用绝对或相对笛卡尔（矩形）坐标定位点。

绝对坐标基于 UCS 原点（0,0），这是 X 轴和 Y 轴的交点。已知点坐标的精确的 X 和 Y 值时，使用绝对坐标输入，以半角状态下的逗号分隔 X 值和 Y 值。

相对坐标是基于上一输入点的。如果知道某点与前一点的位置关系，可以使用相对 X,Y 坐标。要指定相对坐标，在坐标前面添加一个@符号。例如，输入@3,4 指定一点，此点沿 X 轴方向增加 3 个单位，沿 Y 轴方向距离上一指定点增加 4 个单位。

（2）输入极坐标。创建对象时，可以使用绝对极坐标或相对极坐标（距离和角度）定位点。

使用极坐标指定一点，输入以小于号“<”分隔的距离和角度。相对极坐标的输入与相对坐标输入类似，在坐标前面添加一个@符号。例如，输入@1<45 指定一点，此点距离上一指定点 1 个单位，并且与 X 轴成 45° 角。

（3）使用动态输入。启用“动态输入”时，可以在光标附近的工具栏中输入信息和显示提示信息。

通过以下方法启动“动态输入”：

- 单击状态栏上的“DYN”来打开和关闭“动态输入”；
- 按住 F12 键可以临时将其打开或关闭。

“动态输入”有三个组件：指针输入、标注输入和动态提示。通过下面的方法打开动态输入设置：

- 下拉菜单法：工具→草图设置...，然后单击“草图设置”对话框中的“动态输入”选项卡；
- 在“动态”按钮上单击鼠标右键，然后单击“设置”。

可对如图 19-4 所示“动态输入”选项卡中的内容进行设置。

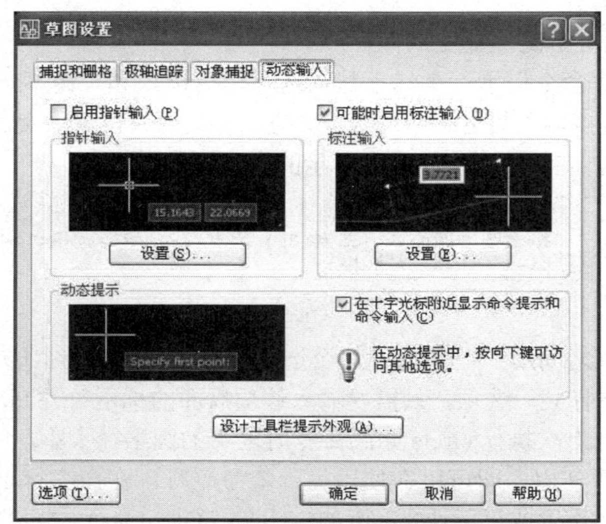

图 19-4 “动态输入”选项卡

- “指针输入”选项组：当启用指针输入且在执行命令时，十字光标的位置将在光标附近的工具栏提示中显示为坐标。此时可在工具栏提示中直接输入坐标值，而不需在命令行中输入。单击“设置”按钮，可设置坐标的显示格式，以及控制指针输入工具栏提示在何时显示。
- “标注输入”选项组：启用标注输入，当命令提示输入第二点时，工具栏提示将动态显示光标所在位置相对于上一点的距离和角度值。单击“设置”按钮，可设置工具栏提示中显示的字段数。默认显示为距离和角度两个字段。通过使用 Tab 键，可实现在两字段间的输入切换；如果在输入一个值后，直接使用回车键，则第二个输入字段将被忽略。
- “动态提示”选项组：启用动态提示时，若不勾选“在十字光标附近显示命令提示和命令输入”复选框，则工具栏提示中仅显示两个字段。在执行命令过程中，按“下箭头键”可以查看和选择选项；按“上箭头键”可以显示最近的输入。

默认状态下，启用“动态输入”后，在命令执行过程中所输入的坐标值为相对值，前面无需再输入符号“@”；欲输入绝对坐标值，应在前面输入符号“#”，如#200,100。

（三）选择对象的方法

AutoCAD 提供了多种丰富而灵活的对象选择方法，在不同使用场合下合理使用选择对象的方法能提高绘图效率。本章仅介绍以下几种：

1. 单选

这是一种默认的对象选择方式。用拾取框直接点取要选择的对象，每次只能选中一个对象，如图 19-5（a）、（b）所示。

2. 窗口选择（W）

从左到右指定角点创建窗口选择。将全部进入矩形框中的对象选中。如图 19-5（c）、（d）所示，窗口自点 1 向点 2 拉出。

3. 交叉窗口选择（C）

从右向左指定角点创建窗口选择。将全部或部分进入矩形框的对象选中。如图 19-5（e）、（f）所示，窗口自点 1 向点 2 拉出。

4. 栏选（F）

选择栏的外观类似于多段线，所有与该折线段相交的对象被选中。如图 19-5（g）、（h）所示，鼠标依次在点 1、2、3 位置单击。

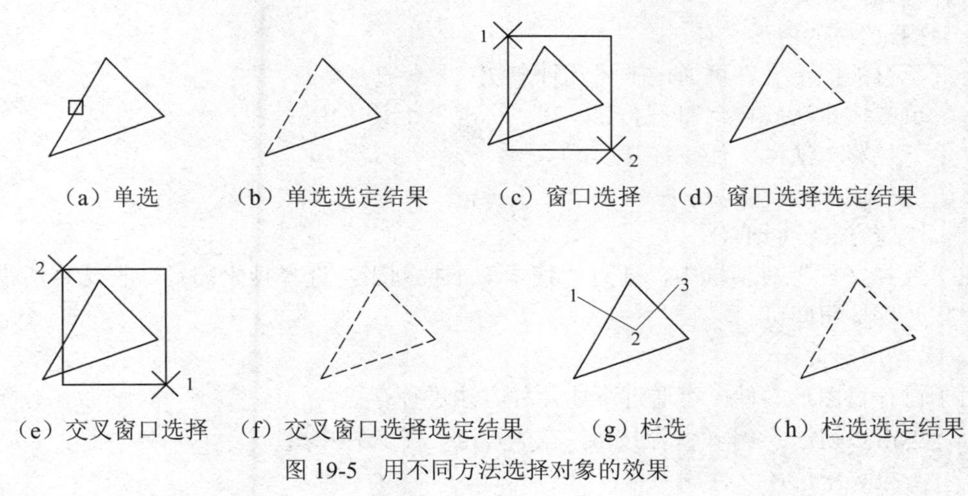

（a）单选　（b）单选选定结果　（c）窗口选择　（d）窗口选择选定结果

（e）交叉窗口选择　（f）交叉窗口选择选定结果　（g）栏选　（h）栏选选定结果

图 19-5　用不同方法选择对象的效果

5. 前一次（P）

将上一个对象选择集作为当前的选择对象。

6. 全部选择（ALL）

选取除关闭、冻结、锁定图层上的所有对象。

（四）图形文件的管理

在 AutoCAD 中，图形文件管理方法有多种，这里只介绍如何创建新的图形文件、打开已有的图形文件、保存图形文件以及关闭图形文件等操作。

1. 新建图形文件

创建新图形文件可通过下述几种方法：

- 单击按钮法：□（新建按钮，在“标准”工具栏中）；
- 下拉菜单法：文件→新建…；
- 键盘输入法：Qnew；

● 快捷方式：Ctrl+N。

执行上述命令后，弹出如图 19-6 所示的“选择样板”对话框。

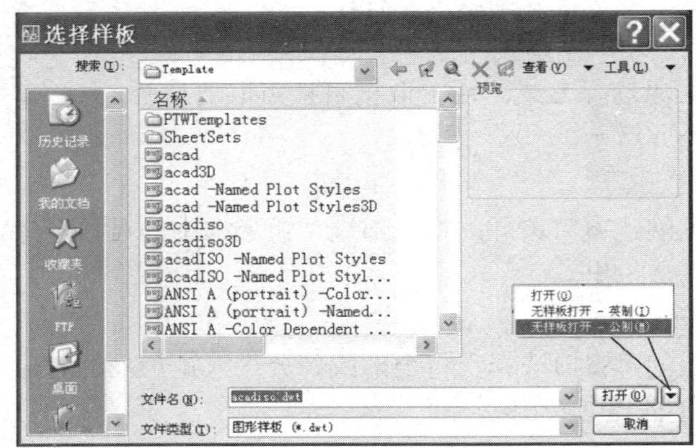

图 19-6 “选择样板”对话框

建议新建文件时均不使用样板，通过单击“打开”按钮后面的下拉黑三角，选择无样板公制打开方式，如图 19-6 所示。

2. 打开已有的图形文件

打开已有的图形文件可通过下述几种方法：

● 单击按钮法：（打开按钮，在“标准”工具栏中）；
● 下拉菜单法：文件→打开…；
● 键盘输入法：Open；
● 快捷方式：Ctrl+O。

在“选择文件”对话框中，通过“搜索”下拉列表，选择搜索路径，再选择所需文件，单击“打开”按钮即可。

3. 保存图形文件

对于已存盘图形文件，可通过下述几种方法进行存盘：

● 单击按钮法：（保存按钮，在“标准”工具栏中）；
● 下拉菜单法：文件→保存；
● 键盘输入法：Save 或 Qsave；
● 快捷方式：Ctrl+S。

执行上述命令后，按图形文件的原存储路径和名称对文件进行重新存盘。

对于未存盘图形文件，可通过下述几种方法存盘：

● 单击按钮法：（保存按钮，在“标准”工具栏中）；
● 下拉菜单法：文件→另存为…；
● 键盘输入法：Save as 或 Qsave；
● 快捷方式：Ctrl+S。

在“图形另存为”对话框中，指定图形文件的存储路径和名称。

4. 关闭图形文件

关闭图形文件可通过下述几种方法实现：

● 单击按钮法：（在当前图形标题栏的右上角）；

- 下拉菜单法：文件→关闭；
- 键盘输入法：Close。

执行本操作后，只关闭当前图形。如果自上次保存后又进行了修改，则系统提示是否保存当前的修改。

二、绘图环境的设置

（一）图幅及度量单位

1. 设置绘图界限

在 AutoCAD 中，无论采用实际尺寸绘图还是采用某种比例绘图，为了便于绘图的规范及检查，设置绘图的工作区域都是必要的。绘图界限是绘图的有效区域，可理解为图纸边界。应用时只需设置图纸的左下角点和右上角点的坐标，就可建立一个不可见的矩形绘图边界，AutoCAD 默认的绘图界限为 A3 图纸幅面，尺寸为 297mm×420mm。

设置绘图界限可采用以下几种方法：

- 下拉菜单法：格式→图形界限；
- 键盘输入法：Limits。

执行上述命令后，命令行提示：

重新设置模型空间界限：
指定左下角点或[开(ON)/关(OFF)] <0.0000,0.0000>：
指定右上角点<420.0000,297.0000>：

2. 设置绘图单位

AutoCAD 提供了适合建筑、机械等行业绘图的各种绘图单位，如英寸、英尺、毫米等，并提供了多种精度范围。因此，在绘图前，用户可以根据使用的度量单位及其精度要求设置绘图单位。

设置绘图单位可通过“图形单位”对话框来实现。可通过下述几种方法调出该对话框：

- 下拉菜单法：格式→单位...；
- 键盘输入法：Units（简捷命令为 Un）。

（二）图形对象的属性管理

一张完整的工程图样中包括图形、尺寸标注、文字说明等内容。图层是 AutoCAD 提供的一个管理图形对象的工具，使一个 AutoCAD 图形好像是由许多张透明的图纸重叠在一起而组成的，可以根据图层来对图形的几何对象、文字、标注等元素进行归类处理。

在 AutoCAD 中，每创建一个新图形，系统都会自动产生一个默认图层——“0 层”；同时指定该层的颜色（白色）、线型（Contionuous，连续）、线宽（默认值为 0.25mm）等。在创建新图层之前，所有的图形对象均绘制在 0 层上。0 层既不能被删除，也不能被重命名，但可以修改其颜色、线型等。为了满足绘图的需要，可创建若干新图层。

创建和管理图层可通过“图层特性管理器”对话框来实现。可通过下述几种方法调出该对话框：

- 单击按钮法：（图层特性管理器按钮，在“图层”工具栏中）；
- 下拉菜单法：格式→图层...；
- 键盘输入法：Layer（简捷命令为 La）。

执行上述命令后，弹出如图 19-7 所示的“图层特性管理器”对话框。

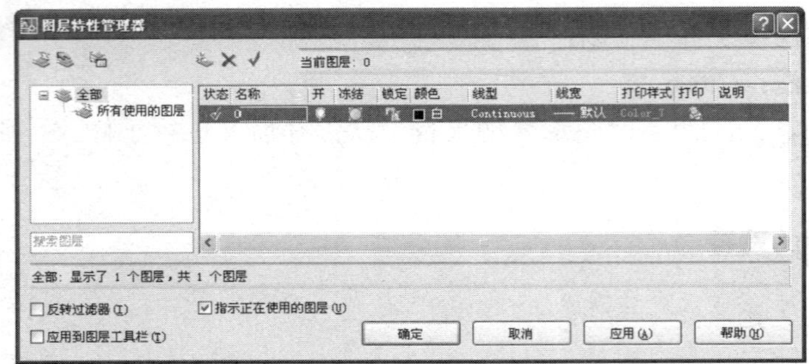
图 19-7 “图层特性管理器”对话框

1. 创建图层

“图层特性管理器”对话框中的三个按钮，分别表示新建图层、删除图层和置为当前。

需要注意的是：0 层、当前层及包含对象的图层均不能被删除。

下面介绍如何利用“图层特性管理器”对话框对图层进行设置。

（1）修改图层名称。单击“新建图层”按钮后，生成新图层图层1，此时可直接修改其名称；若在以后修改，需先将欲修改名称激活为可编辑状态。一般地，图层的命名可采用线型名与对象名相结合的方法。如“粗实线层”等是以线型名命名的，要求绘图者了解不同制图标准中对线型应用的规定。

（2）设置图层颜色。单击高亮显示图层的“颜色”对应位置，可弹出“选择颜色”对话框，选择合适颜色，即可完成高亮显示图层的颜色设置。

（3）设置图层的线型。

● 利用“图层特性管理器”对话框设置并加载线型

单击高亮显示图层的“线型”对应位置，可弹出“选择线型”对话框，此时，对话框中仅显示已加载线型（一般情况下仅有默认线型 Continuous），若无所需线型，则需单击“加载...”按钮，弹出“加载或重载线型”对话框，如图 19-8 所示，选择所需线型，如 ACAD_ISO02W100，单击“确定”按钮，返回“选择线型”对话框，这时一定要注意应使刚选择的线型 ACAD_ISO02W100 处于高亮显示状态，单击“确定”按钮，返回“图层特性管理器”对话框，即可完成亮显图层的线型设置。

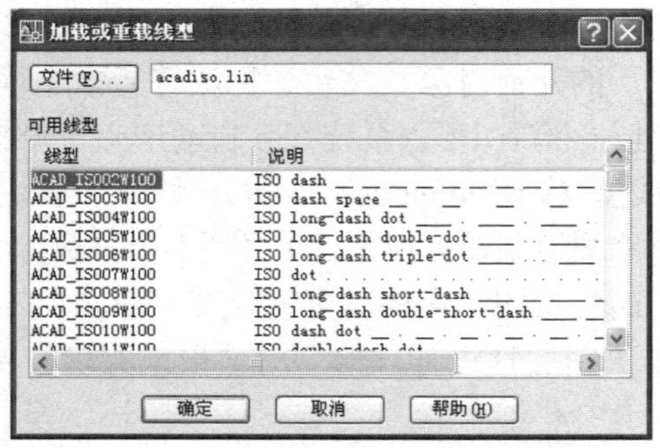
图 19-8 “加载或重载线型”对话框

● 利用“线型管理器”对话框设置并加载线型

应用下拉菜单法，会弹出“线型管理器”对话框，如图 19-9 所示，单击“加载...”按钮，同样会弹出“加载或重载线型”对话框。另外，在实际绘图过程中，经常会遇到虚线、点画线等不连续线段在屏幕上显示为连续线段的情况，这是因为线型比例值设置不合理（默认值为1），可以通过下述方法修改线型比例。单击“显示细节”按钮，修改全局比例因子（其值不能设置为0）即可。

（4）设置图层线宽。单击高亮显示图层的“线宽”对应位置，可弹出“线宽”对话框，选择所需线宽值，单击“确定”按钮，即可完成亮显图层的线宽设置。

默认情况下，屏幕上不显示线宽，可通过单击状态栏中“线宽”开关按钮设置。利用下拉菜单法，可打开“线宽设置”对话框，如图19-10所示。通过该对话框不仅能设置线宽的显示状态，还能改变屏幕上的线宽显示宽度。勾选“显示线宽”复选框，单击“确定”按钮，可以打开线宽显示；通过调整显示比例的滑块位置，可改变屏幕上的线宽显示宽度，该显示宽度不会影响打印宽度。

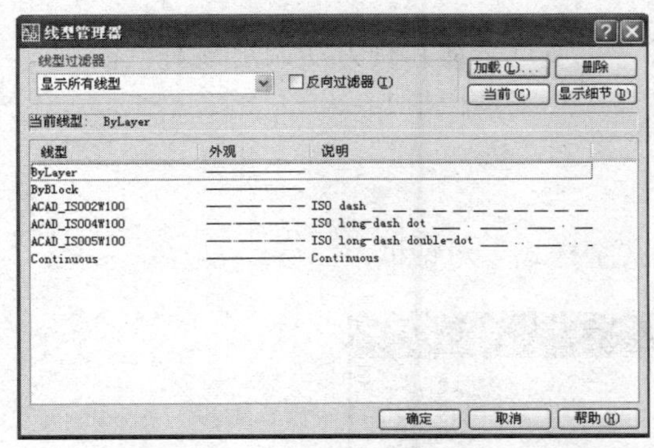

图19-9　“线型管理器”对话框

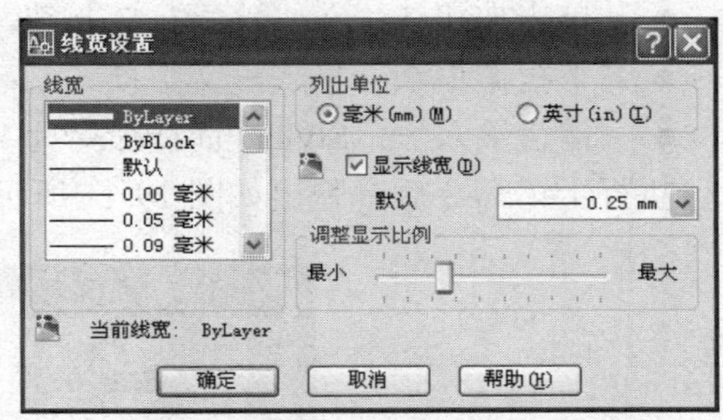

图19-10　“线宽设置”对话框

（5）设置图层的打印样式和打印。通过单击“图层特性管理器”对话框中的打印图标，可控制是否打印相应图层上的图形。打印图标的两种显示方式/分别表示打印和不打印。

2. 管理图层

（1）打开/关闭图层。其对应图标分别为/。图层的默认状态为打开状态。当图层处于打开状态时，可在该图层上绘制图形，所有的图形都显示在屏幕上，也能对该图层上的图形进行修改，还可以打印输出；当图层处于关闭状态时，可以在该图层上绘制图形或修改图形，但图层上所有的图形都不能在屏幕上显示，也不能打印输出。所以，最好不要关闭当前层。

（2）解冻/冻结图层。其对应图标分别为/。当图层处于解冻状态时，与打开状态完全相同；当图层处于冻结状态时，不能将该层设为当前层，也不能在该层上绘制图形或修改图形，图层上所有的图形既不能在屏幕上显示，也不能打印输出。当前层不能被冻结。

关闭图层与冻结图层不同的是：当对图形文件做重生成处理时，处于关闭图层上的对象参与运算；而处于冻结图层上的对象不参与运算，从而提高了重生成速度。

（3）解锁/锁定图层。其对应图标分别为/。当图层处于解锁状态时，与打开状态完全相同；当图层处于锁定状态时，可以在该图层上绘制图形，图层上所有的图形既能在屏幕上显示也能打印输出，但不能修改图形。利用锁定图层可防止意外选定并修改该图层上的对象。

（4）切换当前层。

- 直接切换当前层，可通过两种方法实现：一是利用“图层特性管理器”对话框；二是利用“图层”工具栏中的下拉列表，直接在图层高亮显示位置单击即可将该图层切换为当前图层。

- 选中不同图层中的任意一个实体，然后单击“图层”工具栏上的按钮，就可将选中实体所在的图层切换为当前图层。如果先单击按钮，再选择实体，也可将选中实体所在的图层切换为当前层。

三、文字标注及表格绘制

在工程图中，文字和表格不可缺少，如技术要求、工艺流程、明细表和门窗表等。AutoCAD 中提供了单行文字和多行文字两种文字输入方法，及表格绘制和编辑的功能。

（一）文字样式的设置

在 AutoCAD 中，可使用的字体分为两种：一种是 Windows 提供的 TrueType 字体，即 TTF 字体；另一种是 AutoCAD 特有的字体，其扩展名为.shx，这类字体最大的特点在于占用系统空间小。

在“文字样式”对话框中可以设置文字样式，可通过下述几种方法调出该对话框：

- 单击按钮法：（文字样式按钮，在“样式”工具栏中）；
- 下拉菜单法：格式→文字样式…；
- 键盘输入法：Style（简捷命令为 St）。

执行上述命令后，弹出如图 19-11 所示的“文字样式”对话框。

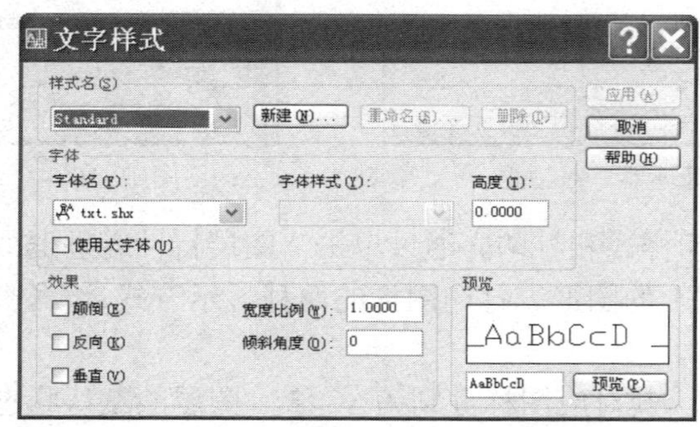

图 19-11 “文字样式”对话框

（二）文字的输入和编辑方法

1. 单行文字输入和编辑

可以使用单行文字（Text）输入命令创建一行或多行文字，通过按回车键或在所需位置单击来结束每一行。每行文字都是独立的对象，可以重新定位、调整格式或进行其他修改。调用单行文字输入命令，可通过下述几种方法：

- 单击按钮法：（单行文字按钮，在“文字”工具栏中）；
- 下拉菜单法：绘图→文字→单行文字；
- 键盘输入法：Text（简捷命令为 Dt）。

执行单行文字输入命令后，命令行做如下提示：

当前文字样式：Standard　当前文字高度：2.5000

指定文字的起点或[对正(J)/样式(S)]：J

[对齐(A)/调整(F)/中心(C)/中间(M)/右(R)/左上(TL)/中上(TC)/右上(TR)/左中(ML)/正中(MC)/右中(MR)/左下(BL)/中下(BC)/右下(BR)]：　　//根据需要选择不同选项，如图 19-12

指定高度<2.5000>：

指定文字的旋转角度<0>：

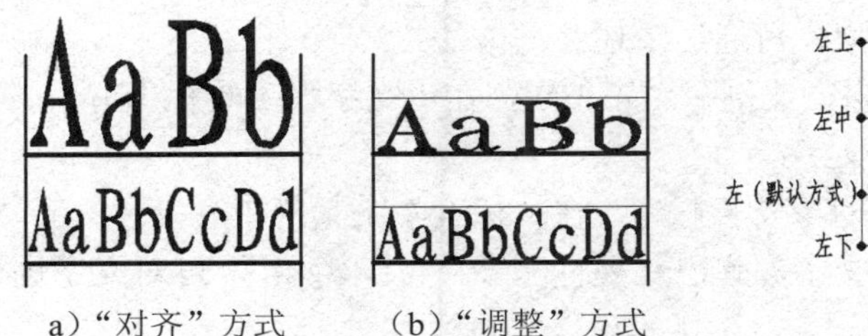

a）“对齐”方式　（b）“调整”方式　（c）其他对正方式

图 19-12　文字的对正方式

编辑单行文字，可通过下述几种方法：

- 单击按钮法：（编辑、比例、对正按钮，在“文字”工具栏中）；
- 下拉菜单法：修改→对象→文字；
- 利用“特性”选项板：（对象特性按钮，在“标准”工具栏中）；
- 双击文字法：双击要编辑的文字。

可以修改文字的内容、样式、对齐方式、高度、宽度比例、倾斜角度以及是否颠倒、反向等信息。

2. 多行文字输入和编辑

在工程图样中，对于设计说明、技术要求等文字较多且段落格式复杂的文字，一般采用多行文字输入法。相对于单行文字，多行文字有“多行文字在位编辑器”，因此具有更强的可编辑性。调用多行文字输入命令，可通过下述几种方法：

- 单击按钮法：A（多行文字按钮，在“文字”工具栏中）；
- 下拉菜单法：绘图→文字→多行文字；
- 键盘输入法：Mtext（简捷命令为 Mt）。

执行多行文字输入命令后，命令行做如下提示：

　　当前文字样式：“Standard”当前文字高度：2.5
　　指定第一角点：
　　指定对角点或[高度(H)/对正(J)/行距(L)/旋转(R)/样式(S)/宽度(W)]：

当指定了对角点之后，弹出如图 19-13 所示的多行文字在位编辑器，即可输入文字并进行文字格式的设置。这里许多功能与 Microsoft Office Word 中的功能一样，在图 19-13 中进行了标注。

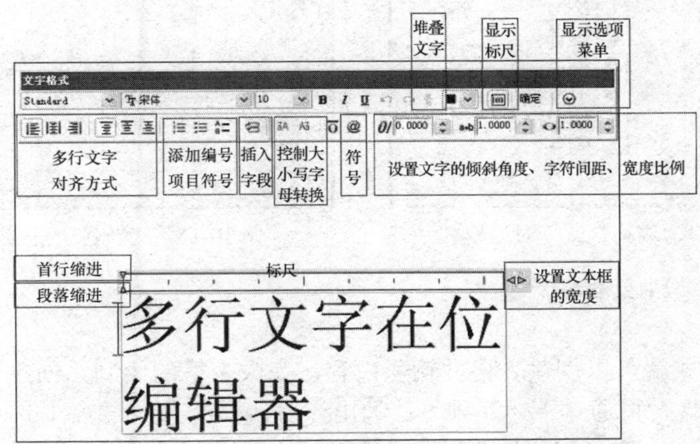

图 19-13　多行文字在位编辑器

编辑多行文字与编辑单行文字类似，可通过下述几种方法：

- 单击按钮法：（编辑、比例、对正按钮，在“文字”工具栏中）；
- 下拉菜单法：修改→对象→文字；
- 利用“特性”选项板：（对象特性按钮，在“标准”工具栏中）；
- 双击文字法：双击要编辑的文字，弹出“多行文字在位编辑器”，可对文字进行灵活的编辑、修改。

（三）特殊符号的输入

工程图样中用多行文字输入的注释中，经常用到如±、Φ、°、$等特殊符号，可直接单击“文字格式”工具栏中的@按钮，激活符号菜单进行选择。在字符列表区单击，选择所需符号，再单击 选择(S) 按钮，使其出现在“复制字符”编辑框中，单击 复制(C) 按钮，将选中的符号复制到剪贴板。关闭对话框后，可以利用 Ctrl+V 将符号粘贴到文字编辑区。

（四）创建表格样式

对于工程图样中经常用到的标题栏、钢筋表等表格，可利用 AutoCAD 2007 提供的“表格”工具方便地绘制。要创建表格，应首先设置好表格的样式，然后再基于表格样式创建表格。

创建、修改或设置表格样式可通过“表格样式”对话框来实现。可通过下述几种方法调出该对话框：

- 单击按钮法：（表格样式按钮，在“样式”工具栏中）；
- 下拉菜单法：格式→表格样式…；
- 键盘输入法：Tablestyle（简捷命令为 Ts）。

执行上述命令后，弹出如图 19-14 所示的“表格样式”对话框。

单击 新建(N)... 按钮，打开“新建表格样式”对话框，该对话框中有“数据”、“列标题”和“标题”3 个选项卡，都包括“单元特性”选项组和“边框特性”选项组，可以对相应属性进行设置，如图 19-15 所示。

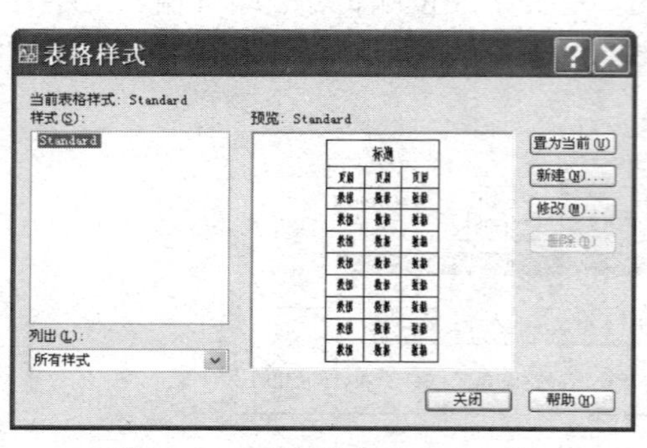

图 19-14 “表格样式”对话框

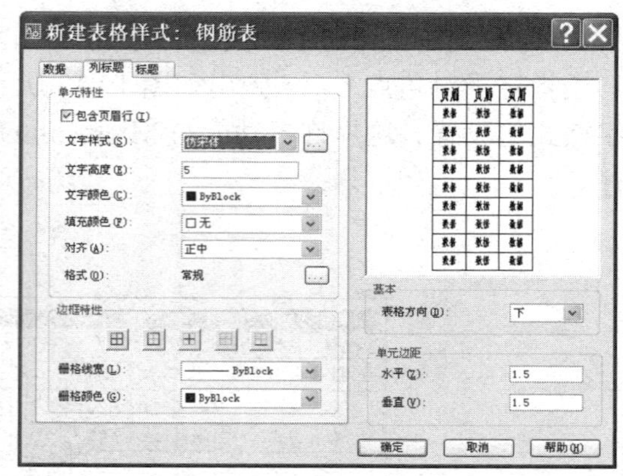

图 19-15 “新建表格样式”对话框

（五）绘制和编辑表格

1. 表格绘制

设置好表格样式就可以创建表格并输入内容，完成表格的绘制。创建表格可通过“插入表格”对话框来实现，可通过下述几种方法调出该对话框：

- 单击按钮法：（表格按钮，在“绘图”工具栏中）；

- 下拉菜单法：绘图→表格…；
- 键盘输入法：Table（简捷命令为 Tb）。

执行命令后，弹出“插入表格”对话框，进行表格样式、插入方式以及列和行设置后如图 19-16 所示。

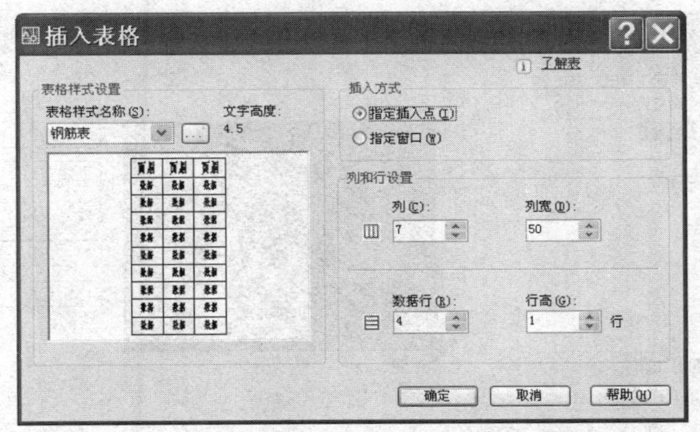

图 19-16　“插入表格”对话框的设置

2. 输入表格内容

生成表格后系统自动进入表格文字编辑状态，单元编号为“列号+行号”，其中列号为 A、B、C、D 等；行号为 1、2、3 等。按 Tab 键可切换到同一行的下一个表格单元；按 Enter 键可切换到同一列的下一个表格单元；按“↑”、“↓”、“←”和“→”键可在各表单元之间切换，如图 19-17 所示。在表格中不但可以插入文字和数字，还可以插入块、公式等。

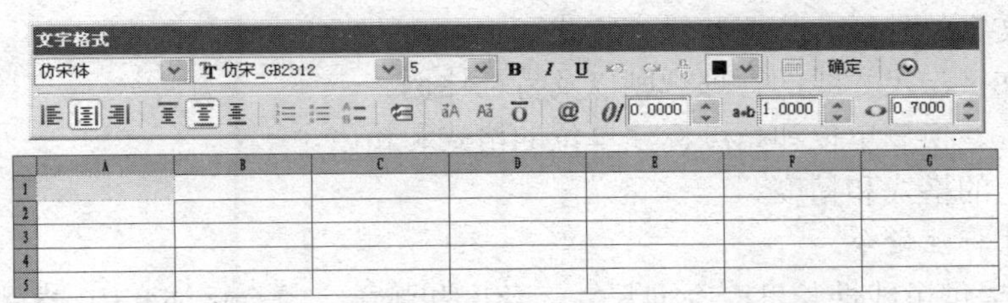

图 19-17　表格文字编辑状态

3. 编辑表格和单元格

对表可以进行灵活编辑，如修改内容或格式、插入或删除行或列，合并表单元等编辑操作，由于篇幅所限这里不作详细介绍。

四、工程图的尺寸标注

尺寸是工程图样的重要组成部分，AutoCAD 软件提供了默认设置，可以直接标注尺寸，方便快捷。然而所标注的尺寸在很多方面并不符合我国不同行业国家标准的相关规定。为此，AutoCAD 软件提供了一个重要的工具——“标注样式管理器”，利用该工具可以创建符合不同需求的尺寸标注样式。

（一）标注样式管理器

创建和管理尺寸标注样式可通过“标注样式管理器”对话框来实现，通过下述几种方法调出该对话框：

- 单击按钮法：（标注样式管理器按钮，同时存在于“样式”和“标注”工具栏中）；
- 下拉菜单法：标注→标注样式…（或格式→标注样式…）；
- 键盘输入法：Dimstyle（简捷命令为 D 或 Dst）。

激活上述命令后，调出“标注样式管理器”对话框，如图 19-18 所示。

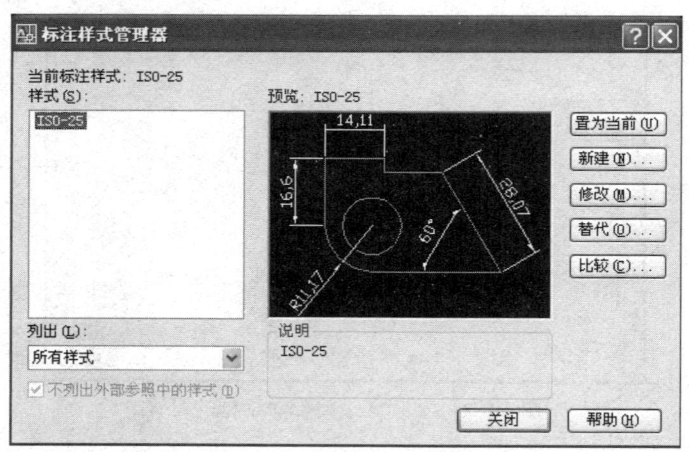

图 19-18 “标注样式管理器”对话框

用户可利用此对话框创建符合需要的新尺寸标注样式，也可以对已有的尺寸标注样式进行编辑、修改或替代等。无论是新建还是修改尺寸标注样式，都可以通过以下几个方面对尺寸标注进行控制：

- 尺寸线、尺寸界线、箭头和圆心标记的格式和位置。
- 标注文字的外观、位置和对齐方式。
- 放置文字与尺寸线的管理规则以及特征比例。
- 主单位、换算单位和角度标注单位的格式和精度。
- 公差值的格式和精度。

（二）尺寸标注命令

AutoCAD 提供了线性长度、径向尺寸、角度和弧长、复合标注和引线标注等多种命令，下面介绍这些命令的使用方法。

1. 线性长度尺寸标注

（1）“线性”命令。“线性”命令用于标注图形对象上任意两点之间的长度尺寸，可通过下述几种方法调出该命令：

- 单击按钮法：（线性按钮，在“标注”工具栏中）；
- 下拉菜单法：标注→线性；
- 键盘输入法：Dimlinear（简捷命令为 Dli）。

下面结合图 19-19，说明“线性”命令的操作方法。

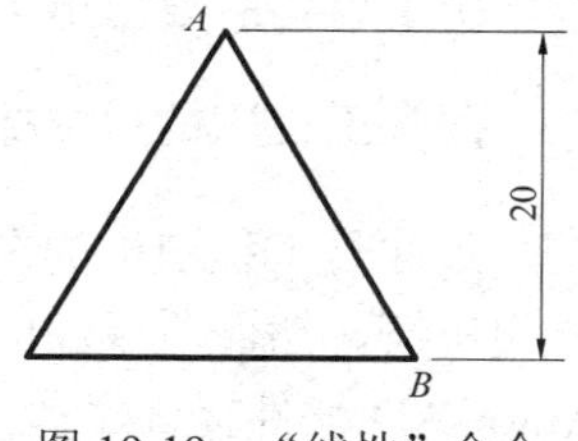

图 19-19 “线性”命令

命令：Dimlinear //在命令行输入 Dimlinear 命令并回车

指定第一条尺寸界线原点或<选择对象>：//在点 *A* 处单击，确定标注长度的第一条尺寸界线的原点

指定第二条尺寸界线原点：//在点 *B* 处单击，确定标注长度的第二条尺寸界线的原点

指定尺寸线位置或[多行文字(M)/文字(T)/角度(A)/水平(H)/垂直(V)/旋转(R)]
//在合适的位置单击，确定尺寸线的位置，如图 19-19 所示

（2）“对齐”命令。“对齐”命令用来标注倾斜线段长度方向的尺寸，此时，尺寸线与标注两点之间的连线平行。一般可通过下述几种方法调出该命令：

- 单击按钮法：（对齐按钮，在“标注”工具栏中）；
- 下拉菜单法：标注→对齐；
- 键盘输入法：Dimaligned（简捷命令为 Dal）。

该命令操作步骤及相关选项与“线性”命令相同，不再赘述。图 19-20 为“对齐”命令的标注效果。

2. 径向尺寸标注

（1）“直径”命令。“直径”命令用于标注圆或圆弧的直径尺寸，可通过下述几种方法调出该命令：

- 单击按钮法：（直径按钮，在“标注”工具栏中）；
- 下拉菜单法：标注→直径；
- 键盘输入法：Dimdiameter（简捷命令为 Ddi）。

下面结合图 19-21，说明“直径”命令的操作方法。

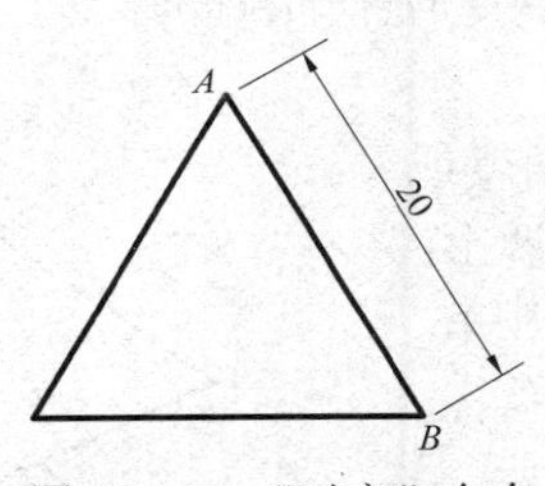

图 19-20　“对齐”命令

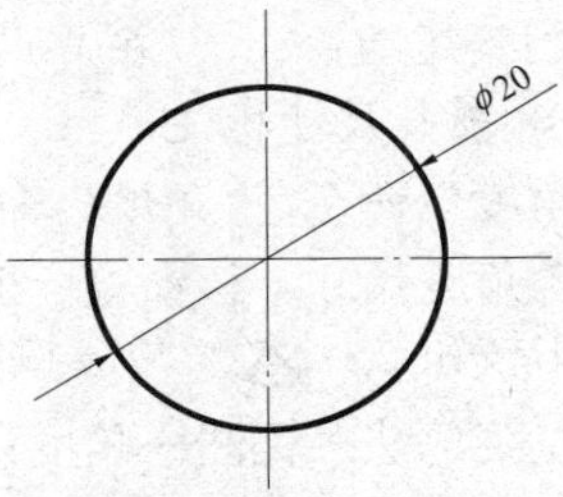

图 19-21　“直径”命令

命令：Dimdiameter　　//在命令行输入 Dimdiameter 命令并回车
选择圆弧或圆：　　//在图 19-21 中的圆形轮廓上单击
指定尺寸线位置或[多行文字(M)/文字(T)/角度(A)]：　　//移动光标指定尺寸线的位置

标注效果如图 19-21 所示。其中，尺寸线的位置因光标拾取的位置不同而有所不同。

（2）“半径”命令。“半径”命令用于标注圆或圆弧的半径尺寸，可通过下述几种方法调出该命令：

- 单击按钮法：（半径按钮，在“标注”工具栏中）；
- 下拉菜单法：标注→半径；
- 键盘输入法：Dimradius　（简捷命令为 Dra）。

下面结合图 19-22，说明该命令的操作方法及步骤。

命令：Dimradius　　//在命令行输入 Dimradius 命令并回车
选择圆弧或圆：　　//在图 19-22 中的圆弧轮廓上单击
指定尺寸线位置或[多行文字(M)/文字(T)/角度(A)]：
　　//移动光标指定尺寸线的位置。标注效果如图 19-22 所示

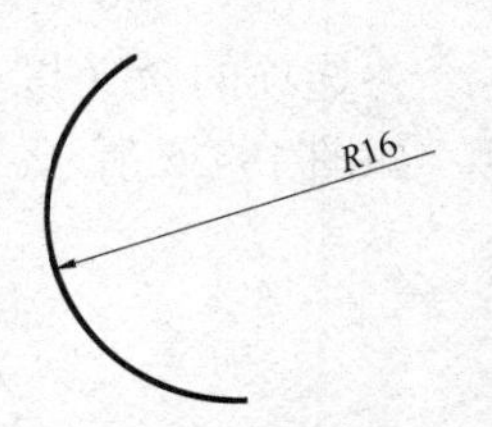

图 19-22　“半径”命令

（3）“折弯”命令。当圆弧的直径过大，在图纸当中无法显示其圆心的实际位置时，宜采用“折弯”命令标注其半径尺寸。该命令一般可通过下述几种方法调出：

- 单击按钮法：（折弯按钮，在“标注”工具栏中）；
- 下拉菜单法：标注→折弯；
- 键盘输入法：Dimjogged（简捷命令为 Djo）。

下面以图 19-23 为例，说明“折弯”命令的操作方法。

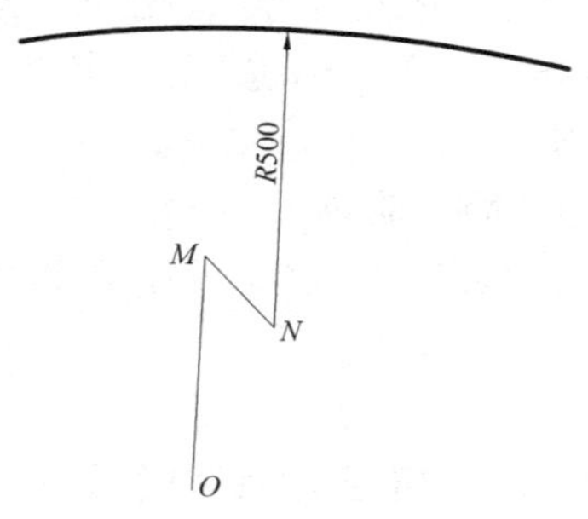

图 19-23 “折弯”命令

命令：Dimjogged //在命令行输入 Dimjogged 命令并回车
选择圆弧或圆： //在图 19-23 中的圆弧处单击
指定中心位置替代： //在点 *O* 处单击鼠标左键，用该点代替圆弧的圆心点，尺寸线将由此点引出
指定尺寸线位置或[多行文字(M)/文字(T)/角度(A)]：
//移动光标指定尺寸线的位置或选择相应选项
指定折弯位置： //在 *M* 点及 *N* 点处分别单击，以确定尺寸线的折弯角度

3. 角度和弧长尺寸标注

（1）“角度”命令。“角度”命令用于标注直线间的角度或者圆弧的包含角度尺寸。该命令一般可通过下述几种方法调出：

- 单击按钮法：（角度按钮，在“标注”工具栏中）；
- 下拉菜单法：标注→角度；
- 键盘输入法：Dimangular（简捷命令为 Dan）。

下面结合图 19-24，说明“角度”命令的操作方法。

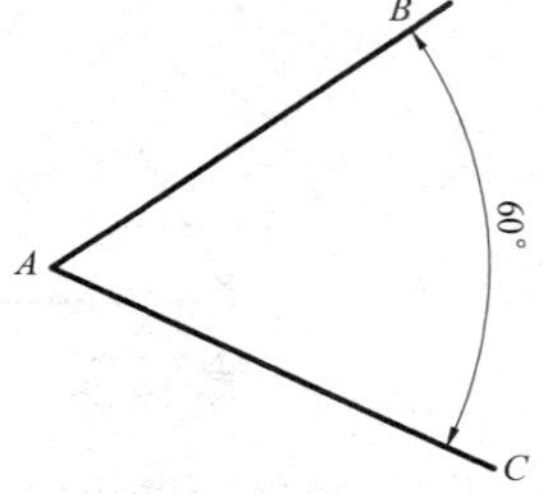

图 19-24 “角度”命令

命令：Dimangular //在命令行输入 Dimangular 命令并回车
选择圆弧、圆、直线或<指定顶点>：
//光标放在直线 *AB* 上单击，选择标注角度的第一条直线
选择第二条直线： //光标放在直线 *AC* 上单击，选择第二条直线
指定标注弧线位置或[多行文字(M)/文字(T)/角度(A)]：
//移动光标确定尺寸线的位置或者选择相应选项

各选项的含义与“线性”命令的对应选项一致。利用“角度”命令可标注圆弧或圆的角度，如图 19-25 所示。

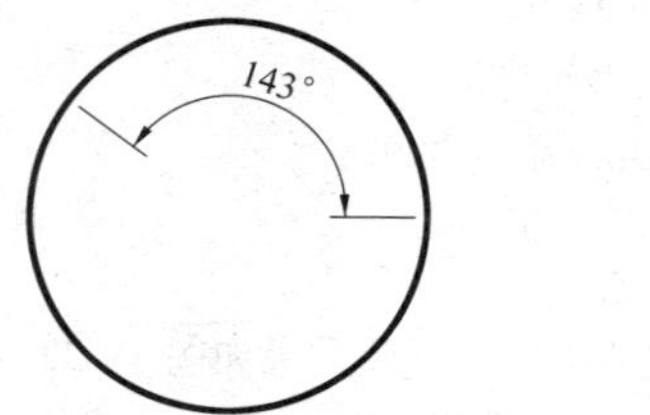

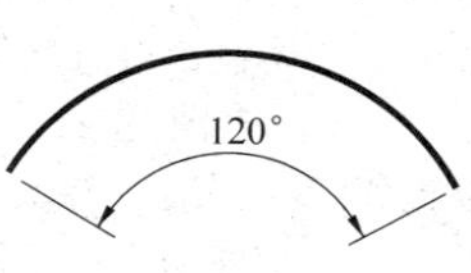

图 19-25 为圆和圆弧标注角度

（2）“弧长”命令。“弧长”命令用于标注圆弧或多段线圆弧段的弧长，可通过下述几种方法调出：

- 单击按钮法：（弧长按钮，在“标注”工具栏中）；

- 下拉菜单法：标注→弧长；
- 键盘输入法：Dimarc（简捷命令为 Dar）。

下面结合图 19-26（a），说明“弧长”命令的操作方法。

命令：Dimarc　　//在命令行输入 Dimarc 命令并回车
选择弧线段或多段线弧线段：　　//在 19-26（a）的圆弧上单击
指定弧长标注位置或[多行文字(M)/文字(T)/角度(A)/部分(P)/引线(L):
　　//移动光标确定尺寸标注的位置

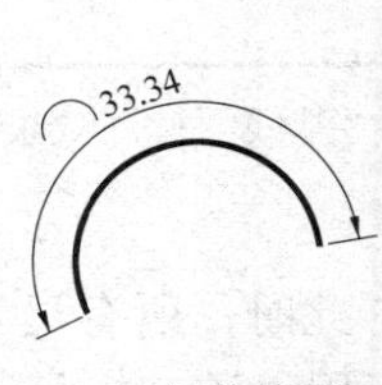

（a）操作步骤

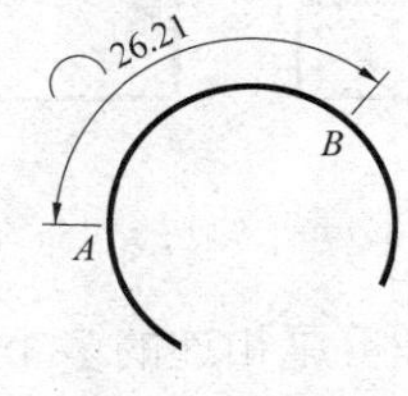

（b）部分（P）

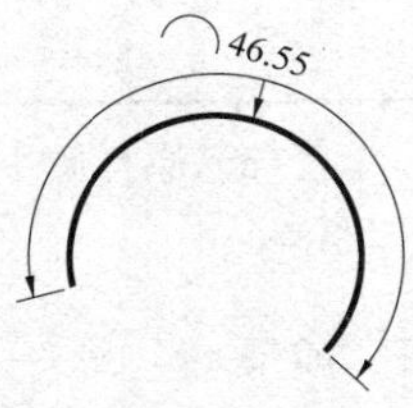

（c）引线（L）

图 19-26　“圆弧”命令

相关选项的含义如下：

1）部分（P）：用于标注所选圆弧或圆弧长的一部分长度尺寸。下面以图 19-26（b）为例说明该选项的使用方法。键入“P”，命令行提示：

指定弧长标注的第一个点：　　//在图 19-26（b）中的点 *A* 处
指定弧长标注的第二个点：　　//在图 19-26（b）中的点 *B* 处

此时图中所标尺寸值为 *A*、*B* 两点之间的弧长值。

2）引线（L）：为弧长标注添加指向圆心的引线。键入“L”，命令行提示：

指定弧长标注位置或 [多行文字(M)/文字(T)/角度(A)/部分(P)/无引线(N)]：//移动光标以确定尺寸的放置位置，结果如图 19-26（c）所示

4. 标注复合尺寸

（1）“基线”命令。“基线”命令是用上一个或选定的尺寸标注起点作为共同的尺寸基准，标注多个线性或角度尺寸的命令，如图 19-27（a）所示。在创建基线尺寸标注之前必须先标有至少一个线性或角度尺寸，如图 19-27（b）所示，可通过下述几种方法调出：

- 单击按钮法：（基线按钮，在“标注”工具栏中）；
- 下拉菜单法：标注→基线；
- 键盘输入法：Dimbaseline（简捷命令为 Dba）。

下面结合图 19-27，说明“基线”命令的操作方法。

命令：Dimbaseline↙　　//在命令行输入 Dimbaseline 命令并回车
选择基准标注：　　//选择已有标注(如图 19-27（a）中的 9.27)
指定第二条尺寸界线原点或[放弃(U)/选择(S)] <选择>：
　　//打开“对象捕捉”功能，在图 19-27（a）的点 *A* 处单击
指定第二条尺寸界线原点或[放弃(U)/选择(S)] <选择>：
　　//打开“对象捕捉”功能，在图 19-27（a）的点 *B* 处单击
指定第二条尺寸界线原点或[放弃(U)/选择(S)] <选择>：
　　//打开“对象捕捉”功能，在图 19-27（a）的点 *C* 处单击
指定第二条尺寸界线原点或[放弃(U)/选择(S)]<选择>：↙　　//回车
选择基准标注：↙　　//回车，结束命令

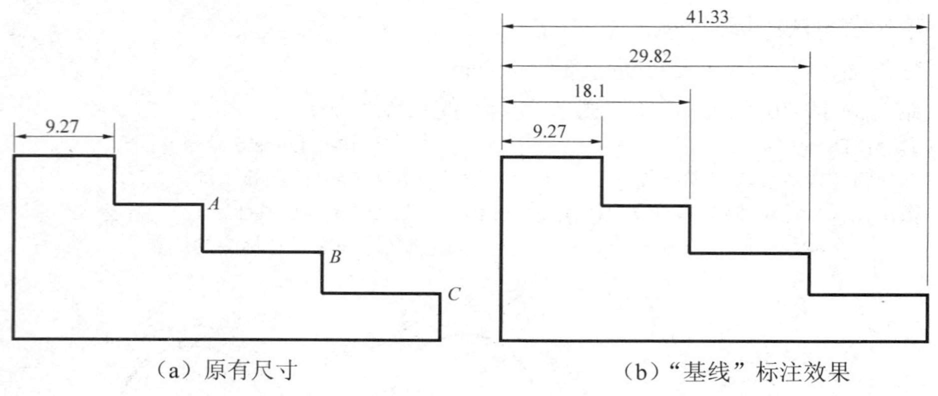

（a）原有尺寸　　（b）“基线”标注效果

图 19-27　“基线”命令

（2）“连续”命令。“连续”标注是首尾相连的多个标注。此时，所有尺寸标注的尺寸线首尾相连，如图 19-28（b）所示。与“基线”标注类似，在运用“连续”标注之前应该先标有至少一个线性或角度尺寸，如图 19-28（a）所示，可通过下述几种方法调出：

- 单击按钮法：（连续按钮，在“标注”工具栏中）；
- 下拉菜单法：标注→连续；
- 键盘输入法：Dimcontinue（简捷命令为 Dco）。

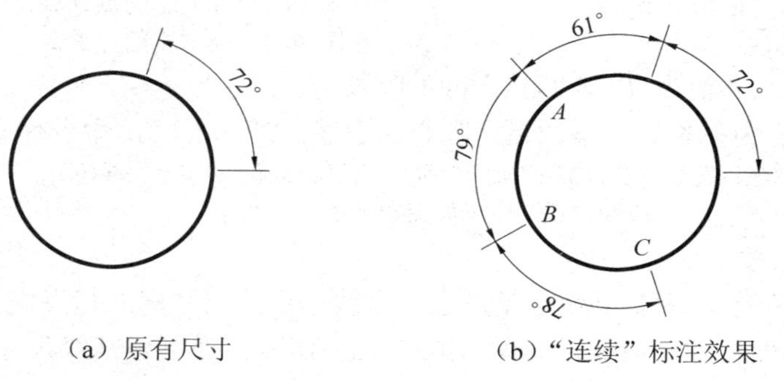

（a）原有尺寸　　（b）“连续”标注效果

图 19-28　“连续”命令

下面结合图 19-28，说明“连续”命令的操作方法。在运用“连续”标注之前要先标注第一个角度尺寸，如图 19-28（a）所示。

命令：Dimcontinue↙　　//在命令行输入 Dimcontinue 命令并回车
选择基准标注：　　//选择已有标注(见图 19-28（a）中的 72°)
指定第二条尺寸界线原点或 [放弃(U)/选择(S)] <选择>：
　　//打开“对象捕捉”功能，在图19-28（b）的点 *A* 处单击
指定第二条尺寸界线原点或 [放弃(U)/选择(S)] <选择>：
　　//打开“对象捕捉”功能，在图19-28（b）的点 *B* 处单击
指定第二条尺寸界线原点或 [放弃(U)/选择(S)] <选择>：
　　//打开“对象捕捉”功能，在图19-28（b）的点 C 处单击
指定第二条尺寸界线原点或[放弃(U)/选择(S)]<选择>：↙　　//回车
选择连续标注：↙　　//回车，结束命令

（3）“快速标注”命令。“快速标注”命令用于快速标注或修改某一组标注。多用于为某一图形对象标注一系列基线或连续标注，或者为一系列圆或圆弧创建标注，如图 19-29 所示，可通过下述几种方法调出：

- 单击按钮法：（快速按钮，在“标注”工具栏中）；
- 下拉菜单法：标注→连续；
- 键盘输入法：Qdim。

下面结合图 19-29，说明“快速”命令的操作方法。

命令：Qdim↙　　//在命令行输入 Qdim 命令并回车
选择要标注的几何体：　　//在图 19-29 中以窗口选择方式将 6 个圆全部选中
指定尺寸线位置或 [连续(C)/并列(S)/基线(B)/坐标(O)/半径(R)/直径(D)/基准点(P)/编辑(E)/设置(T)] <当前>：　　//移动光标将尺寸标注放在合适的位置上

标注结果如图 19-29 所示。

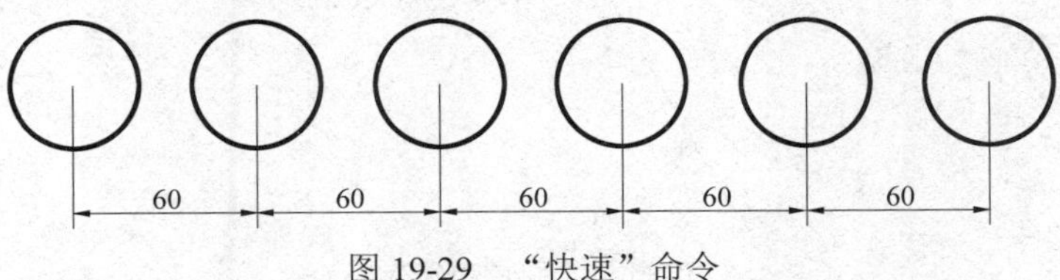

图 19-29　“快速”命令

相关选项的含义如下：

1）连续（C）：创建一系列连续标注。

2）并列（S）：创建一系列并列标注。通常用于对称实体的标注，如图 19-30 所示。

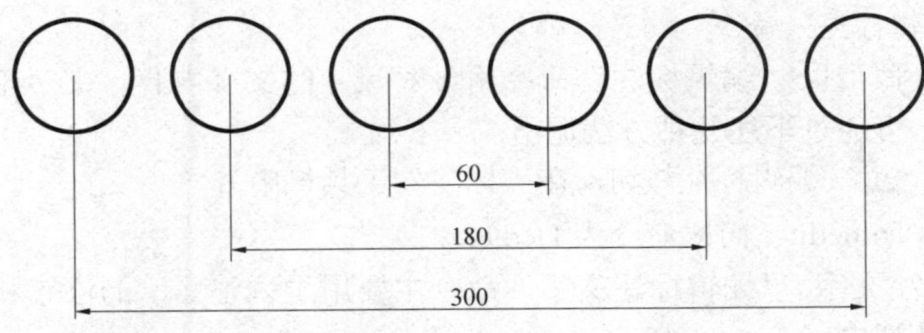

图 19-30　“并列”选项

3）基线（B）：创建一系列基线标注。

4）坐标（O）：创建一系列坐标标注。

5）半径（R）：创建一系列半径标注。

6）直径（D）：创建一系列直径标注。

7）基准点（P）：为基线和坐标标注设置新的基准点。

8）编辑（E）：用于对快速标注的选择集进行修改。

9）设置（T）：为指定尺寸界线原点设置默认对象捕捉。默认情况下，系统以“端点捕捉”作为尺寸界线的原点捕捉模式。

5. 标注引线

在绘制图形时，图中的一些说明或注释需要用引线标注。引线一般由箭头、一条直线或样条曲线和一条水平线组成，可通过下述几种方法调出：

- 单击按钮法：（快速引线按钮，在“标注”工具栏中）；
- 下拉菜单法：标注→快速引线；
- 键盘输入法：Qleader（简捷命令为 LE）。

下面结合图 19-31，说明“快速引线”命令的操作方法。

命令：Qleader↙ //在命令行输入命令 Qleader 并回车
指定第一个引线点或 [设置(S)] <设置>： //在点 *A* 处单击
指定下一点： //在点 *B* 处单击
指定下一点： //在点 *C* 处单击
指定文字宽度<0>：↙ //直接回车，若将文字宽度设置为 0，则文字宽度不受限制
输入注释文字的第一行：AutoCAD↙ //在命令行输入“AutoCAD”并回车
输入注释文字的下一行：↙ //该例中只注释一行文字，故直接回车

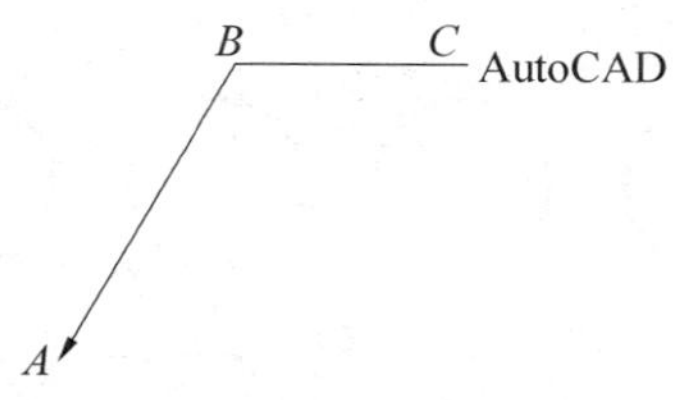

图 19-31 “快速引线”命令

（三）编辑尺寸标注

编辑尺寸标注就是对已经标注的尺寸对象组成元素进行必要的修改，AutoCAD 提供了多种尺寸标注修改与编辑的方法。下面简单列举几种。

1. 利用“编辑标注”命令

（1）编辑尺寸标注。“编辑标注”命令用于对尺寸的文字内容、文字角度以及尺寸界线等元素进行修改。可通过下述几种方法调出：

单击按钮法：（编辑标注按钮，在“标注”工具栏中）；

键盘输入法：Dimedit（简捷命令为 Ded）。

（2）编辑标注文字。“编辑标注文字”命令主要用于调整文字的位置和倾斜角度等，可通过下述几种方法调出：

- 单击按钮法：（编辑标注文字按钮，在“标注”工具栏中）；
- 下拉菜单法：标注→对齐文字（下一级菜单中的各选项）；
- 键盘输入法：Dimtedit。

下面结合图 19-32，介绍编辑标注文字命令的操作方法。

命令：Dimtedit↙ //在命令行输入 Dimtedit 命令并回车
选择标注： //在图 19-32（a）中的尺寸标注处单击
指定标注文字的新位置或 [左(L)/右(R)/中心(C)/默认(H)/角度(A)]：
//将光标移动至如图 19-32（b）所示的位置单击

相关选项的含义如下：

1）左（L）：用于将标注文字放在尺寸线的左端，如图 19-32（c）所示。

2）右（P）：用于将标注文字放在尺寸线的右端，如图 19-32（d）所示。

3）中心（C）：用于将标注文字放在尺寸线的中心位置上。

4）默认（H）：用于将编辑过的尺寸标注恢复到默认状态。

5）角度（A）：用于倾斜尺寸文字。图 19-32（e）为将文字旋转 45° 的效果。

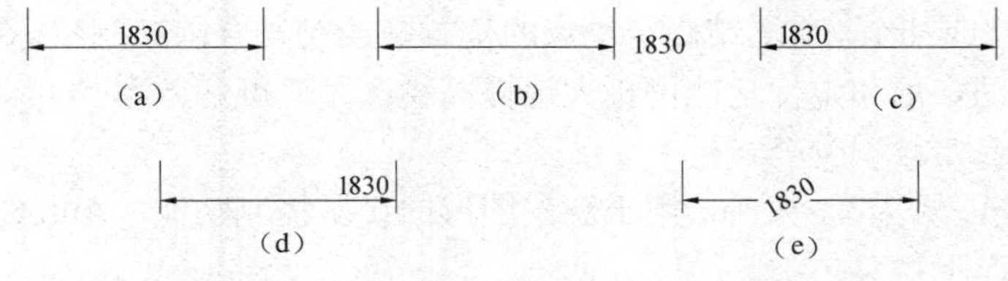

图 19-32　“编辑标注文字”命令

（a）原有标注；（b）手动调整文字位置；（c）“左”选项；（d）“右”选项；（e）“角度”选项

（3）更新标注。“更新标注”命令用于将所选尺寸对象的标注样式更改为当前标注样式，可通过下述几种方法调出：

- 单击按钮法：（标注更新按钮，在“标注”工具栏中）；
- 下拉菜单法：标注→更新。

在更新尺寸标注对象的样式之前，应当首先将所需的标注样式置为当前，执行命令后再选择需要更新的尺寸标注对象（可以选择多个），回车结束命令，即可将所选尺寸标注样式更新为当前尺寸标注样式。

2. 利用“特性”窗口编辑尺寸标注

如前所述，“特性”窗口是一个应用范围非常广泛的编辑工具，利用此工具同样可以编辑或修改尺寸标注。在选择某个已存在的尺寸标注对象后，再激活“特性”命令（可在标准工具栏中单击按钮），便可在“特性”窗口中对尺寸标注进行各种更改。

五、生成样板图

为了方便绘图，提高绘图效率，往往将绘制图形的基本作图和通用设置制作成一幅基础图形，进行标准设置，这种基础图形称为样板图。在目录 C:\Documents and Settings\用户名\Local Settings\Application Data\Autodesk\ AutoCAD 2007\R17.0\chs\Template 中（“用户名”为安装软件的计算机的用户名），为用户提供了各种样板，但是由于提供的样板与我国国家标准相差比较大，需要我们自己创建样板文件，样板图文件的扩展名为.dwt。

（一）样板图的环境设置

使用 AutoCAD 绘制样板图时，必须遵守如下准则：严格遵守国家标准的有关规定；使用标准的绘图单位和精度；设置适当图形界限，以便合理利用图纸；设置图层、文字样式和标注样式；绘制标准图幅和标题栏等。

（二）保存样板图

保存样板图的操作方法：

- 下拉菜单法：文件→另存为…；
- 键盘输入法：Saveas。

执行另存为命令后，打开“图形另存为”对话框；在“文件类型”下拉列表框中选择“AutoCAD 图形样板（*.dwt）”选项；从“保存于”下拉列表框选择文件夹，如 D:\工程设计\样板图；在“文件名”文本框中输入文件名；单击“保存”按钮，将打开“样板说明”对话框；在“说明”选项区域中输入对样板图形的描述和说明，单击“确定”按钮即可创建一个新样板图。

六、常用的辅助绘图工具

AutoCAD 为用户提供了非常方便的看图和绘图辅助工具。显示控制功能可以灵活快速地观察图形全貌、局部或某个对象；精确定位点的位置是绘制符合国家制图标准的图形的重要前提，利用计算机辅助定形和定位功能可极大地提高绘图精确度和效率。

（一）图形的显示控制命令

缩放命令 Zoom、平移命令 Pan 用于观察图形的显示控制功能。AutoCAD 将显示控制命令集中放在“视图”下拉菜单中。

1. 图形的缩放——Zoom

如何在大小不变的计算机屏幕上观察图形的全貌、局部和细节，就是图形缩放命令——Zoom 命令要实现的功能。执行 Zoom 命令并不改变图形对象的实际尺寸，仅改变图形在屏幕上的显示尺寸。该命令类似于照相机的镜头，可以放大或缩小观察区域，在近处可放大显示图形的某一部分，在远处可观察全部图形。

可通过以下方式调用该命令：

- 单击按钮法：（实时缩放、窗口缩放、缩放上一个按钮，在“标准”工具栏中）；
- 下拉菜单法：视图→缩放→选择所需选项；
- 键盘输入法：Zoom（简捷命令为 Z）。

执行命令后，系统做如下提示：

命令：Zoom↙ //在命令行输入 Zoom 命令并回车

[全部(A)/中心(C)/动态(D)/范围(E)/上一个(P)/比例(S)/窗口(W)/对象(O)] <实时>:

其中常用选项的含义如下：

- 实时：该选项为系统默认选项。使用“实时”选项时，按住鼠标左键不放，可以通过向上（图形显示放大）或向下（图形显示缩小）移动鼠标进行动态缩放。单击鼠标右键，可以显示包含其他视图选项的快捷菜单。
- 全部：该选项表示缩放显示整个图形及图形界限。
- 窗口：该选项允许以输入矩形窗口中的两个对角点的方式确定要观察的区域。系统将所选区域放大至满屏。
- 上一个：该选项将恢复上一次显示的图形。用户可连续使用该选项依次恢复以前编辑查看的图形，但连续操作不能超过 10 次。

由于滚轮鼠标的应用，缩放图形对象的操作已变得相对简单，向前转动滚轮即可放大图形，向后转动滚轮即可缩小图形。

2. 平移——Pan

Pan 命令用于在不改变图形显示比例的前提下，观察图形的不同部分。

可通过以下方式调用该命令：

- 单击按钮法：（平移按钮，在“标准”工具栏中）。
- 下拉菜单法：视图→平移→选取相应选项。
- 键盘输入法：Pan（简捷命令为 P）。

执行 Pan 命令后，十字光标将变为手形光标，如图 19-33（a）所示。按住鼠标左键，将光标锁定在当前位置，然后移动鼠标，窗口中的图形将随着光标沿同一方向移动；释放鼠标左键，则平移停止；按 Esc 键或 Enter 键均可结束平移操作。直接按住鼠标中间的滚轮，同时移动鼠标也可完成平移操作。

如果将图形平移到逻辑范围的边界，手形光标如图 19-33（b）所示。哪个方向到达了边界，就在手形光标的哪一侧显示一个边界栏，同时在状态栏上显示信息，明确指出已将图形平移到边界，并且不能继续沿该方向平移。

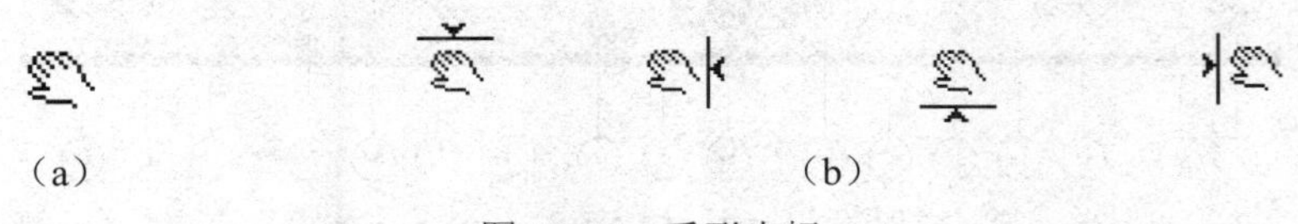

图 19-33 手形光标

（二）精确绘图的辅助工具

1. 自动对象捕捉

使用自动对象捕捉功能，首先要设置对象捕捉模式，并将自动对象捕捉功能打开。

可通过以下方法完成自动对象捕捉模式的设置，并打开或关闭自动对象捕捉功能：

- 下拉菜单法：工具→草图设置…；
- 键盘输入法：Osnap（简捷命令为 Os）。

执行上述命令后，弹出如图 19-34 所示的“草图设置”对话框，在该对话框的“对象捕捉”选项卡中列出了对象捕捉模式。选择需要捕捉的特征点为自动对象捕捉模式。

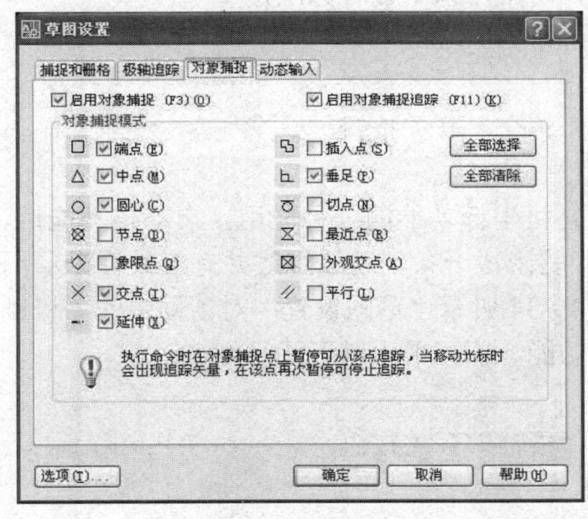

图 19-34 “草图设置”对话框

使用自动对象捕捉功能时，应使其处于打开状态。打开或关闭自动对象捕捉功能也可通过下述方法：

- 功能键法：F3；
- 状态栏法：单击“对象捕捉”开关按钮。按钮凹陷时，为打开状态；按钮凸起时，为关闭状态。

2. 临时对象捕捉

利用对象捕捉工具栏和对象捕捉快捷菜单可实现临时对象捕捉。“对象捕捉”工具栏如图 19-35 所示。

3. 栅格及间隔捕捉

栅格是一些按指定间距排列的规则点，仅显示在绘图界限范围内。间隔捕捉功能用于限制十字光标的移动，使其按照用户定义的捕捉间距移动。栅格和间隔捕捉联合使用可以显示并捕捉到符合设置要求的点。同样是在如图 19-34 所示“草图设置”对话框的“捕捉和栅格”选项卡中完成。

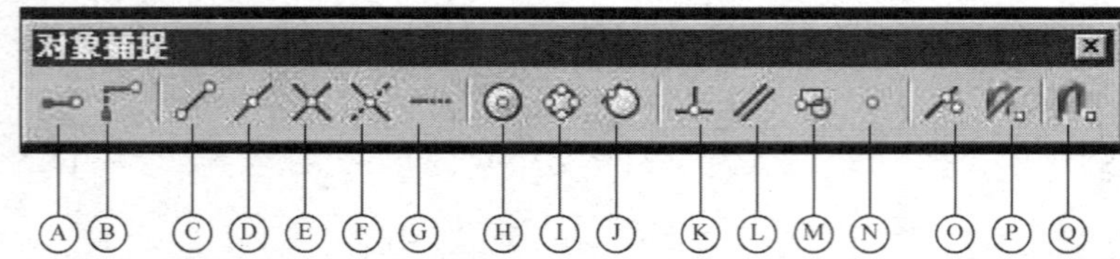

Ⓐ—临时追踪点；Ⓑ—捕捉自；Ⓒ—捕捉端点；Ⓓ—捕捉到中点；Ⓔ—捕捉到交点；Ⓕ—捕捉到外观交点；Ⓖ—捕捉延长线；Ⓗ—捕捉到圆心；Ⓘ—捕捉到象限点；Ⓙ—捕捉到切点；Ⓚ—捕捉到垂足；Ⓛ—捕捉到平行线；Ⓜ—捕捉到插入点；Ⓝ—捕捉到节点；Ⓝ—捕捉到最近点；Ⓟ—无捕捉；Ⓠ—对象捕捉设置

图 19-35 “对象捕捉”工具栏

采用下列方法打开和关闭间隔捕捉功能：

- 功能键法：F9；
- 状态栏法：单击“捕捉”开关按钮。

4. 正交工具

利用正交工具可方便地绘制出与当前坐标轴平行的直线，默认状态下沿水平或竖直方向。

打开或关闭正交工具，可采用以下几种方法：

- 键盘输入法：Ortho；
- 功能键法：F8；
- 状态栏法：单击“正交”开关按钮。

5. 极轴追踪功能

极轴追踪功能可认为是极坐标功能的一种应用。启动该功能后，当光标经过所设置极轴增量角及其倍角的方向时，将形成一条辅助追踪线并有工具栏提示，沿着这条辅助线很容易追踪到所需点。设置在如图 19-34 所示“草图设置”对话框中的“极轴追踪”选项卡中完成。

打开或关闭极轴追踪功能，还可采用以下几种方法：

- 功能键法：F10；
- 状态栏法：单击“极轴”开关按钮。

6. 对象捕捉追踪功能

对象捕捉追踪是在对象捕捉功能的基础上进行的。在使用对象捕捉追踪功能前，应先设置好对象捕捉特征点，并将对象捕捉功能打开。

打开或关闭对象捕捉追踪功能，可用下面的方法：

- 功能键法：F11；
- 状态栏法：单击“对象追踪”开关按钮。

7. 捕捉自功能

“捕捉自”功能不属于对象捕捉模式，但经常与对象捕捉功能一起使用，用于确定一个与捕捉的临时参照点有一定偏移量的点。在执行命令过程中，欲确定某点位置时，若启用“捕捉自”工具，则系统提示选择基点，并将所选基点作为临时参照点；接下来按提示输入欲确定点与所选基点间的坐标偏移量即可。

第二节 常用绘图命令

绘制图形的过程就是执行一些绘图命令的过程，要正确地绘制出所需图形，应该在理解图形构造和掌握绘图命令的基础上，明确使用哪些绘图命令可以完成自己的绘图任务。下面结合专业应用，介绍一些常用绘图命令的功能及基本操作过程。

一、直线——Line

（一）命令

Line 命令可以绘制一系列首尾相接的直线段，其中每一条直线均为各自独立的对象。绘制直线需确定两个点的位置，可以在绘图区使用十字光标选择点，也可采用输入坐标值的方式来确定点。

可通过以下方式调用该命令：

- 单击按钮法：（直线按钮，在“绘图”工具栏中）；
- 下拉菜单法：绘图→直线；
- 键盘输入法：Line（简捷命令为 L）。

执行命令后，系统做如下提示：

命令：Line↙	//在命令行输入 Line 命令并回车
指定第一点：	//指定直线的第一点
指定下一点或[放弃(U)]：	//指定直线的端点，或键入“U”取消上一点
指定下一点或[放弃(U)]：	//指定直线的端点，或键入“U”取消上一点
指定下一点或[闭合(C)/放弃(U)]：	//指定直线的端点，若键入“C”系统将用一条直线连接最后一点与起点，形成一个封闭的图形，同时结束命令

（二）实例

利用直线命令绘制标高符号。根据前面章节介绍的对象追踪设置方法，设置角度增量为45°。

绘制过程：

命令：Line↙	//在命令行输入 Line 命令并回车
指定第一点：	//在屏幕的适当位置指定点 *a*
指定下一点或[放弃(U)]：6↙	//利用对象追踪，追踪方向水平向右，距离为 6，得到点 *b*
指定下一点或[放弃(U)]：	//过直线 *ab* 中点的追踪线与 225° 极轴追踪线的交点单击，得到点 *c*
指定下一点或[闭合(C)/放弃(U)]：C↙	//选择闭合选项

重新调用 Line 命令，过点 *b* 向右画长度为 12 的水平线。

标高符号绘制完成，结果如图 19-36 所示。

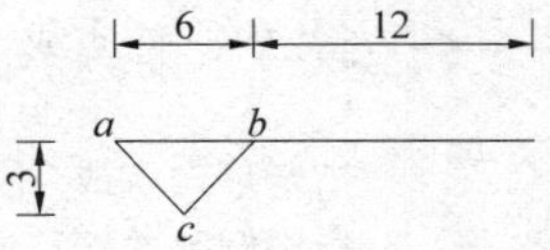

图 19-36 标高符号的绘制

二、多段线——Pline

（一）命令

多段线是由相连的多段直线或弧线组成的，但它被作为单一的对象使用，当选择组成多段线中任意一段直线或弧线时将选择整个多段线。多段线的线条可以设置成不同的线宽，用于绘制钢筋、给排水管道等图形，具有较强的实用性。

绘制多段线一般可通过下述几种方法：

- 单击按钮法：（多段线按钮，在“绘图”工具栏中）；
- 下拉菜单法：绘图→多段线；
- 键盘输入法：Pline（简捷命令为 Pl）。

执行上述命令后，命令行提示如下：

命令：_ pline

指定起点： //通过坐标方式或者光标拾取方式确定多段线第一点

系统提示当前线宽(在文本窗口显示“当前线宽为 0.0000”，第一次使用多段线命令时显示默认线宽 0，以后使用多段线命令时显示上一次使用时的线宽)

指定下一个点或[圆弧(A)/半宽(H)/长度(L)/放弃(U)/宽度(W)：

//通过坐标方式或者光标拾取方式确定多段线的第二点

指定下一点或[圆弧(A)/闭合(C)/半宽(H)/长度(L)/放弃(U)/宽度(W)]：

//通过坐标方式或者光标拾取方式确定多段线的下一点，若不再继续绘制，则按 Enter 键完成绘制

（二）实例

利用多段线绘制如图 19-37（a）所示底层钢筋，多段线宽度设置为 1。

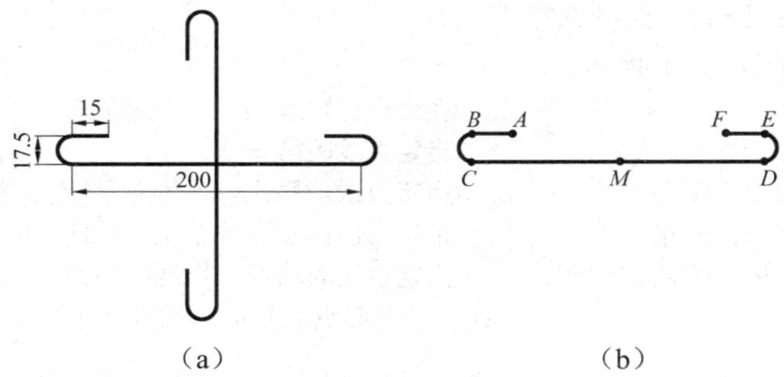

（a） （b）

图 19-37 利用多段线命令绘制钢筋

可按下述步骤绘制：

1. 绘制横向钢筋

命令：_pline

指定起点： //鼠标左键单击点 *A*

当前线宽为 0.0000

指定下一个点或 [圆弧(A)/半宽(H)/长度(L)/放弃(U)/宽度(W)]：W↙ //选择宽度选项

指定起点宽度 <0.0000>：1 //输入起点宽度值；

指定端点宽度 <1.0000>：↙ //回车，确认端点宽度与起点宽度值相同；

指定下一个点或 [圆弧(A)/半宽(H)/长度(L)/放弃(U)/宽度(W)]：15

//鼠标向左移动(需打开正交或极轴功能)，输入长度值得到点 *B*

指定下一点或 [圆弧(A)/闭合(C)/半宽(H)/长度(L)/放弃(U)/宽度(W)]：A↙ //选择圆弧选项；

指定圆弧的端点或[角度(A)/圆心(CE)/闭合(CL)/方向(D)/半宽(H)/直线(L)/半径(R)/第二个点(S)/放弃(U)/宽度(W)]：17.5 //鼠标向下移动(最好打开正交功能)，输入长度值(为圆弧直径)得到点 *C*；

指定圆弧的端点或[角度(A)/圆心(CE)/闭合(CL)/方向(D)/半宽(H)/直线(L)/半径(R)/第二个点(S)/放弃(U)/宽度(W)]：L↙ //选择直线选项；

指定下一点或[圆弧(A)/闭合(C)/半宽(H)/长度(L)/放弃(U)/宽度(W)]：200

//鼠标向右移动(需打开正交或极轴功能)，输入长度值得到点 *D*；

指定下一点或 [圆弧(A)/闭合(C)/半宽(H)/长度(L)/放弃(U)/宽度(W)]：A↙ //选择圆弧选项；

指定圆弧的端点或[角度(A)/圆心(CE)/闭合(CL)/方向(D)/半宽(H)/直线(L)/半径(R)/第二个点(S)/放弃(U)/宽度(W)]：17.5 //鼠标向上移动(最好打开正交功能)，输入长度值(为圆弧直径)得到点 *E*；

指定圆弧的端点或[角度(A)/圆心(CE)/闭合(CL)/方向(D)/半宽(H)/直线(L)/半径(R)/第二个点(S)/放弃(U)/宽度(W)]：L↙ //选择直线选项；

指定下一点或 [圆弧(A)/闭合(C)/半宽(H)/长度(L)/放弃(U)/宽度(W)]：15

//鼠标向左移动(需打开正交或极轴功能)，输入长度值得到点 F;

指定下一点或 [圆弧(A)/闭合(C)/半宽(H)/长度(L)/放弃(U)/宽度(W)]: ↙

//回车，结束命令，结果如图 19-37（b）所示

2. 绘制纵向钢筋

利用 Copy 命令，将横向钢筋复制一个；再利用 Rotate 命令，将复制出的钢筋旋转 90°；最后利用 Move 命令，将旋转后的钢筋选择中点作为基点，移至横向钢筋中点 M 处，得到如图 19-37（a）所示的图形。

三、多线——Mline

（一）命令

多线是一种由多条平行线组成的线型，可根据需要对组成多线的每一条图线进行设置。多线常用于绘制建筑图中的墙体、电子线路图等。在绘制多线之前一般需要设置多线的样式。

1. 使用“多线样式”对话框

利用“多线样式”对话框进行多线设置，打开“多线样式”对话框的方法有：

- 下拉菜单法：格式→多线样式；
- 键盘输入法：Mlstyle。

打开“多线样式”对话框后单击“新建”按钮设置多线样式。

2. 绘制多线

设置好多线样式就可以通过下述两种方法调用多线命令：

- 下拉菜单法：绘图→多线；
- 键盘输入法：Mline（简捷命令为 Ml）。

当激活多线命令后，命令行提示：

命令：_mline

当前设置：对正=上，比例=20.00，样式=STANDARD

指定起点或[对正(J)/比例(S)/样式(ST)]:

各选项的含义如下：

1）对正（J）：设置基准对正位置，包括以下三种：

- 上（T）：以多线的上方线为基准线绘制多线；
- 无（Z）：以多线的零线为基准线绘制多线；
- 下（B）：以多线的下方线为基准线绘制多线。

注意：当按顺时针方向绘制多线时，上方线为处于最外侧的线，下方线为处于最内侧的线；当按逆时针方向绘制多线时，上方线指处于最内侧的线，下方线指处于最外侧的线。

2）比例（S）：指将多线宽度放大的比例，多线的总宽度为多线样式设置中定义的宽度与比例的乘积。

3）样式（ST）：输入采用的多线样式名，缺省时为 STANDARD。

3. 编辑多线

多线的编辑是采用专门的编辑工具来完成的，在“多线编辑工具”对话框中提供了可以控制多线之间相交时的连接方式，增加或删除多线的顶点，控制多线的打断或结合的编辑工具，调用该对话框的方法如下：

- 下拉菜单法：修改→对象→多线；
- 键盘输入法：MLSTYLE。

“多线编辑工具”对话框如图 19-38 所示。该对话框中提供了 12 种编辑工具，可分别用于处理十字交叉的多线（第 1 列）、T 形相交的多线（第 2 列）、处理角点结合和顶点（第 3 列）、处理多线的剪切或接合（第 4 列）。用鼠标左键点选某一工具后会在对话框的左下角出现该编辑工具的名称。下面分别介绍各工具的功能。

（1）十字闭合：在两条多线之间创建闭合的十字交叉。

（2）十字打开：在两条多线之间创建开放的十字交叉，即打断第一条多线的所有元素以及第二条多线的外部元素。

（3）十字合并：在两条多线之间创建合并的十字交叉，操作结果与多线的选择次序无关。

（4）T 形闭合：在两条多线之间创建闭合的 T 形交叉，即修剪第一条多线或将它延伸到与第二条多线的交点处。

（5）T 形打开：在两条多线之间创建开放的 T 形交叉，即修剪第一条多线或将它延伸到与第二条多线的交点处。

（6）T 形合并：在两条多线之间创建合并的 T 形交叉，即修剪第一条多线或将它延伸到与第二条多线的交点处。

（7）角点结合：在两条多线之间创建角点结合，即修剪第一条多线或将它延伸到与第二条多线的交点处。

（8）添加顶点：选择某条多线后，自动在拾取点添加一个顶点。

（9）删除顶点：选择某条多线后，自动在拾取点删除一个顶点。

（10）单个剪切：在多线上对应位置拾取第一个点和第二个点后，自动将选中的单个线剪切。

（11）全部剪切：在多线上对应位置拾取第一个点和第二个点后，自动将多线全部剪切。

（12）全部接合：在多线上对应位置拾取第一个点和第二个点后，自动将多线结合。拾取点间必须包含断开的部分，否则无法结合。

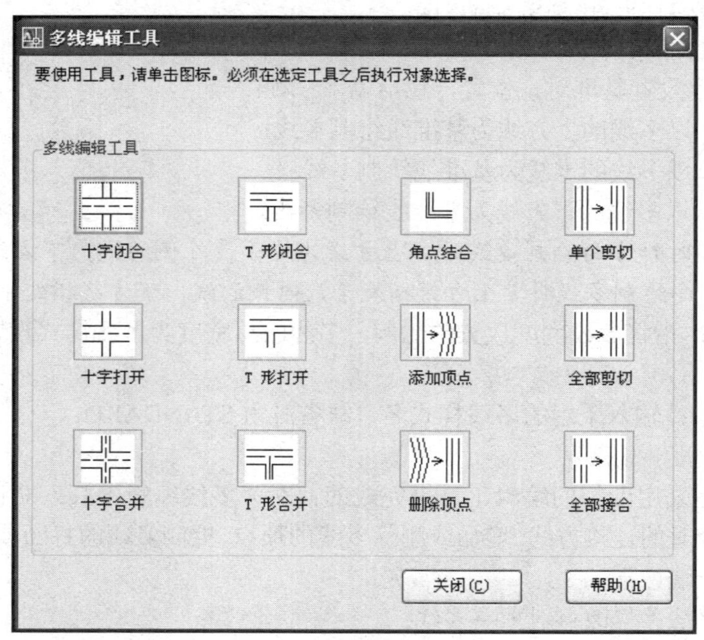

图 19-38 “多线编辑工具”对话框

（二）实例

利用多线命令绘制如图 19-39 所示墙体平面图的步骤如下：

（1）激活“多线样式”对话框，选择“新建”选项，显示如图 19-40 所示的“创建新的多线样式”对话框，输入新样式名“37 墙”。

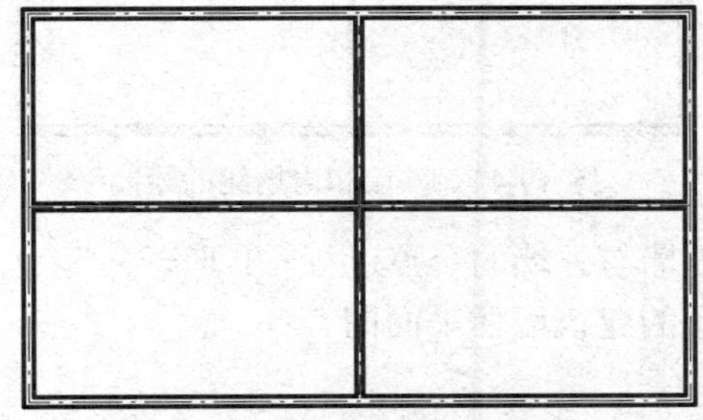

图 19-39 建筑墙体平面图

图 19-40 “创建新的多线样式”对话框

（2）单击“继续”按钮，弹出如图 19-41 所示的“新建多线样式”对话框。在该对话框中可以设置多线样式的特性和元素，两条多线元素的偏移量分别设置为 250 和-120。

（3）单击“确定”按钮，弹出如图 19-42 所示的“多线样式”对话框，在默认样式 STANDARD 基础上增加了一个新样式“37 墙”。

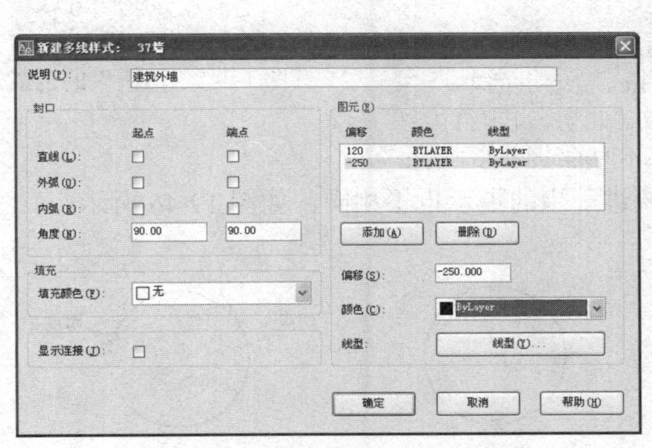

图 19-41 “新建多线样式”对话框

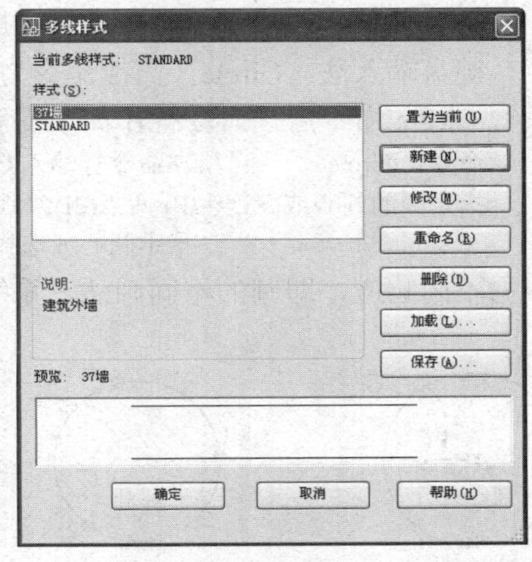

图 19-42 “多线样式”对话框

（4）按照上述步骤建立多线样式“24 墙”，其两条多线元素的偏移量分别设置为 120 和-120。

（5）将中心层置为当前层，绘制如图 19-43 所示的墙体轴线。

（6）将粗实线层置为当前层。

（7）将多线样式“37 墙”置为当前样式，并将对齐方式设置为“无（Z）”，比例设置为 1。选择“绘图→多线”命令，依次捕捉图 19-43 所示的点 *A*、*B*、*C* 和 *D*，绘制如图 19-44 所示建筑平面的外墙。

（8）将多线样式“24 墙”置为当前样式，并将对齐方式设置为“无（Z）”，比例设置为 1。选择“绘图→多线”命令，分别捕捉点 *E* 和点 *F* 以及点 *G* 和点 *H*，绘制如图 19-44 所示建筑平面的内墙。

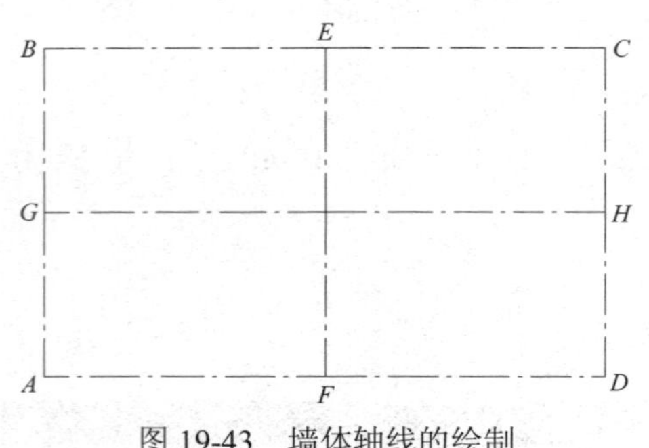

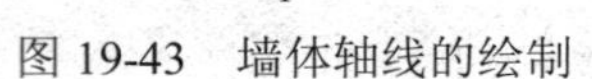
图 19-43　墙体轴线的绘制

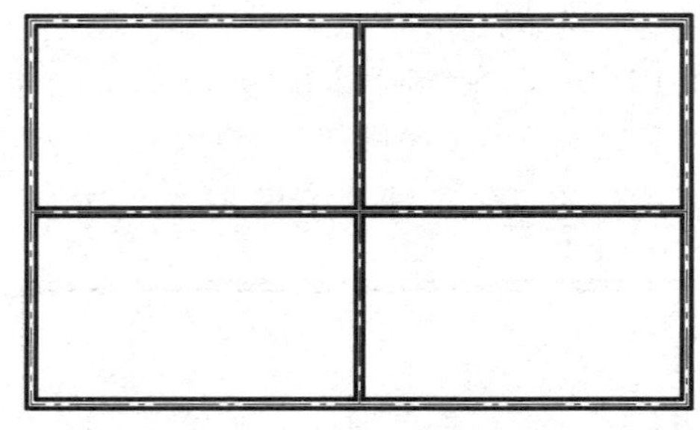
图 19-44　外墙和内墙线的绘制

（9）利用如图 19-38 所示的多线编辑工具对内墙与外墙的交点进行“T 形合并”，内墙线的交点进行“十字合并”，最终得到如图 19-44 所示的建筑墙体平面图。

四、圆——Circle

（一）命令

Circle 命令提供了 6 种不同的绘制圆的方式。图 19-45 为“绘图”下拉菜单中的“圆”的子菜单。

可通过以下方式调用该命令：

- 单击按钮法：（圆按钮，在“绘图”工具栏中）；
- 下拉菜单法：绘图→圆→选择相应的子菜单；
- 键盘输入法：Circle（简捷命令为 C）。

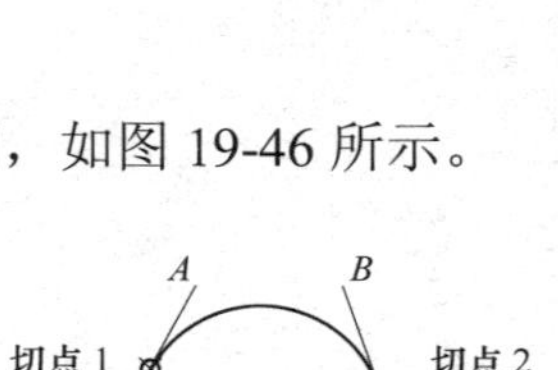

图 19-45　“圆”的子菜单

执行 Circle 命令后，命令行作如下提示：

命令：Circle↙　　　　//在命令行输入 Circle 命令并回车
指定圆的圆心或[三点(3P)/两点(2P)/相切、相切、半径(T)]:
　　　　　　　　　　　//指定圆心或选择不同的绘制圆的方法

根据不同响应，即圆的不同画法，系统进一步的提示也不相同，如图 19-46 所示。

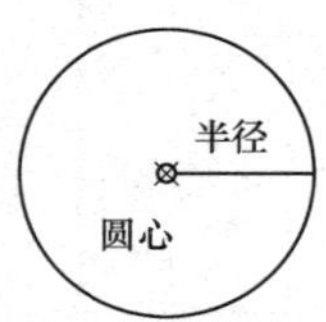

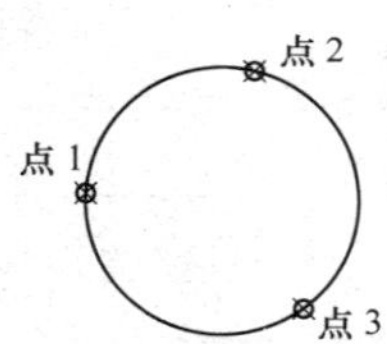

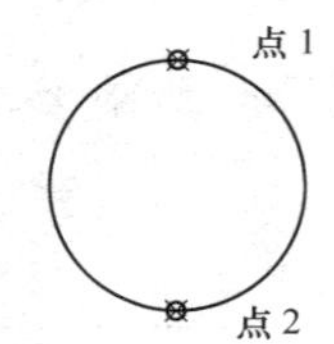

图 19-46　绘制圆的方法

（二）实例

绘制如图 19-47（a）所示三角形 *ABC* 的内切圆。

通过下拉菜单法：绘图→圆→选择“相切、相切、相切（A）”选项。

命令行提示：

命令：_circle
指定圆的圆心或[三点(3P)/两点(2P)/相切、相切、半径(T)]：_3p
指定圆上的第一个点：_tan 到　　　　//在 *AB* 边上指定切点 1
指定圆上的第二个点：_tan 到　　　　//在 *AC* 边上指定切点 2
指定圆上的第三个点：_tan 到　　　　//在 *BC* 边上指定切点 3

内切圆绘制完成，结果如图 19-47（b）所示。

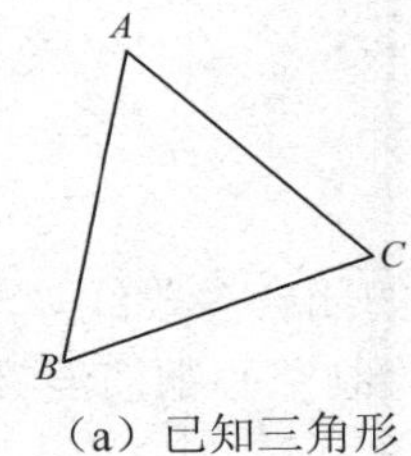

（a）已知三角形

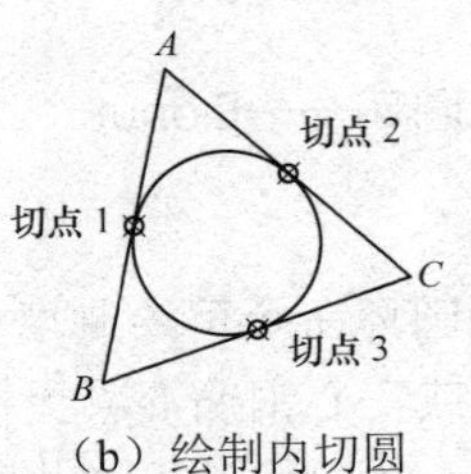

（b）绘制内切圆

图 19-47　绘制三角形内切圆

五、圆弧——Arc

（一）命令

Arc 命令提供了多种不同的绘制圆弧的方式。图 19-48 为“绘图”下拉菜单中的“圆弧”子菜单。

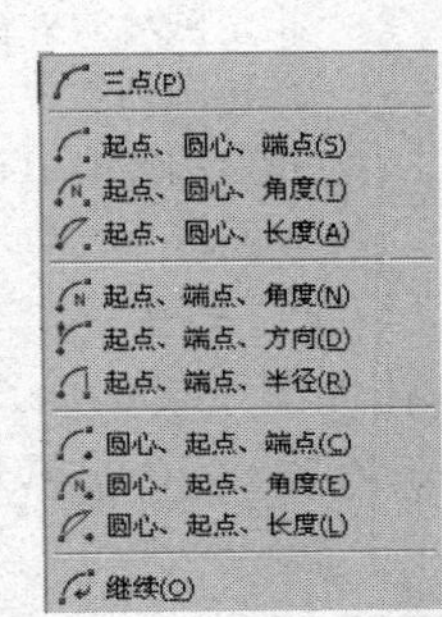

图 19-48　“圆弧”子菜单

可通过以下方式调用该命令：

- 单击按钮法：（圆弧按钮，在“绘图”工具栏中）；
- 下拉菜单法：绘图→圆弧→选择相应的子菜单；
- 键盘输入法：Arc（简捷命令为 A）。

现对绘制圆弧的几种常用方法进行简要介绍。

（1）“三点”方式（默认选项）：用指定圆弧上的三点绘制圆弧。第一点为起点，第二点为圆弧上的任一点，第三点为终点。可以按顺时针方向也可以按逆时针方向指定三个点。

（2）“起点、圆心、xxx”方式：首先指定圆弧的起点和圆心，第三个参数 xxx 可以指定端点、角度或弦长中的任一个来完成圆弧。该方式默认以逆时针方向为绘制圆弧方向，角度、弦长均可为负值。角度（指圆心角）以逆时针方向为正，顺时针方向为负；弦长输入正值，绘制劣弧，弦长输入负值，绘制优弧。

（二）实例

利用“起点、圆心、端点”方式绘制圆弧$\overset{\frown}{23}$，为如图 19-49（a）所示的门绘制开启线。

```
命令：ARC↙                                   //在命令行输入 ARC 命令并回车
指定圆弧的起点或 [圆心(C)]:                    //鼠标单击点 2
指定圆弧的第二个点或 [圆心(C)/端点(E)]: C↙      //选择圆心选项
指定圆弧的圆心:                                //鼠标单击点 1
指定圆弧的端点或 [角度(A)/弦长(L)]:             //鼠标单击点 3
```

绘制完毕，结果如图 19-49（b）所示。

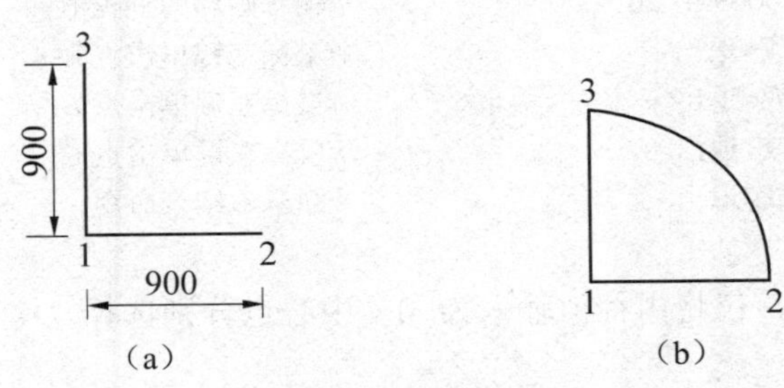

图 19-49　绘制门的开启线

六、绘制圆环——Donut

（一）命令

利用绘制圆环命令可绘制填充的环或圆，属于带有宽度的闭合多段线。填充圆可用于绘制钢筋横断面或实心钢筋混凝土柱体横断面；填充环可用于绘制空心钢筋混凝土柱体横断面。

绘制圆环一般可通过下述几种方法调用：

- 下拉菜单法：绘图→圆环；
- 键盘输入法：Donut（简捷命令为 DO）。

执行命令后，命令行提示如下：

命令：_donut

指定圆环的内径<0.5000>： //输入圆环的内径值；

指定圆环的外径<1.0000>： //输入圆环的外径值；

指定圆环的中心点或<退出>： //拾取圆环的中心点或输入坐标；

指定圆环的中心点或<退出>： //通过选择不同的中心点，可连续绘制多个相同尺寸的圆环，按 Enter 键结束绘制。

（二）实例

在如图 19-50（a）所示轴网的各交点处，分别绘制内径为 10、外径为 20 的填充环和内径为 0、外径为 20 的填充圆，结果如图 19-50（b）所示。

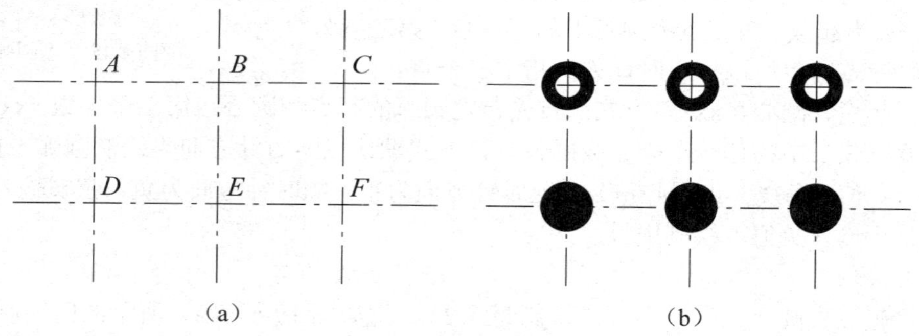

图 19-50 利用圆环命令绘制钢筋混凝土柱体横断面

可按下述步骤绘制：

1. 绘制填充环

命令：donut

指定圆环的内径<0.5000>：10 //输入圆环的内径值；

指定圆环的外径<1.0000>：20 //输入圆环的外径值；

指定圆环的中心点或<退出>： //鼠标左键单击点 *A*；

指定圆环的中心点或<退出>： //鼠标左键单击点 *B*；

指定圆环的中心点或<退出>： //鼠标左键单击点 *C*；

指定圆环的中心点或<退出>：↙ //回车，结束命令。

2. 绘制填充圆

按填充环的绘制方法，仅将内径值输入为 0，中心点分别选择 *D*、*E*、*F*，即可得到如图 19-50（b）所示图形。

七、椭圆——Ellipse

（一）命令

Ellipse 命令用于绘制椭圆和椭圆弧。

可通过以下方式调用该命令：

- 单击按钮法：（椭圆按钮，或椭圆弧按钮，均在“绘图”工具栏中）；
- 下拉菜单法：绘图→椭圆→选择相应的子菜单（见图 19-51）；
- 键盘输入法：Ellipse（简捷命令为 EL）。

图 19-51 椭圆子菜单

具体操作步骤：

命令：Ellipse	//输入 Ellipse 命令并回车；
指定椭圆的轴端点或[圆弧(A)/中心点(C)]：	//输入椭圆的第一个轴端点或椭圆中心点；
指定轴的另一个端点：	//输入该轴的另一个轴端点；
指定另一条半轴长度或[旋转(R)]：	//确定椭圆的另一条半轴长度。

（二）实例

绘制洗脸盆平面图，见图 19-52（a）。

绘制步骤如下：

（1）绘制洗脸盆外边框。利用 Line 命令绘制 600×300 的矩形，并绘制矩形对角线作为后续绘图的辅助线，结果如图 19-52（b）所示。

（2）绘制洗脸盆内边缘。利用 Ellipse 命令绘制长、短轴分别为 300、220 的椭圆。

具体操作步骤：

命令：Ellipse	//输入 Ellipse 命令并回车；
指定椭圆的轴端点或 [圆弧(A)/中心点(C)]：C	//通过指定椭圆的圆心方式绘制椭圆；
指定椭圆的中心点：	//拾取矩形对角线交点作为椭圆的中心点；
指定轴的端点：@150,0	//利用相对坐标输入椭圆长轴的一个端点；
指定另一条半轴长度或[旋转(R)]：@0,110	//利用相对坐标输入椭圆短轴的一个端点。

绘制完毕，结果如图 19-52（c）所示。

（3）绘制半径为 20 的排水孔，排水孔的圆心为矩形对角线的交点，结果如图 19-52（d）所示。

（4）删除多余图线，结果如图 19-52（e）所示。

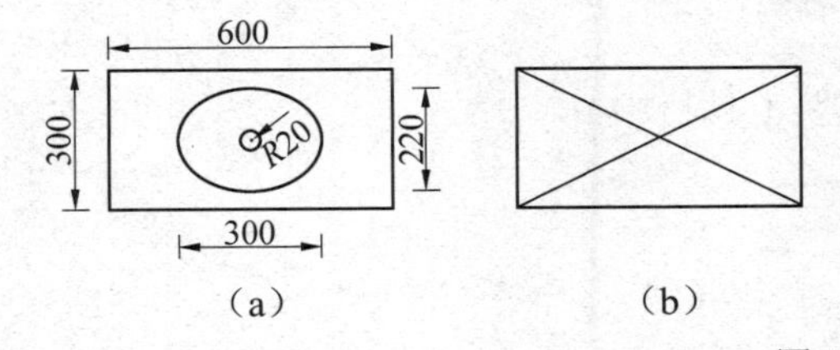

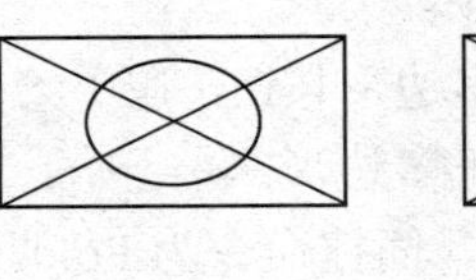

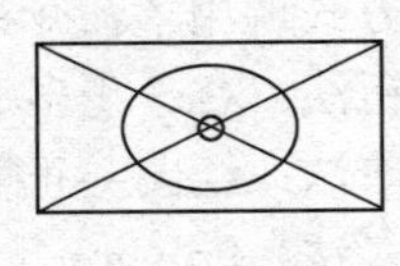

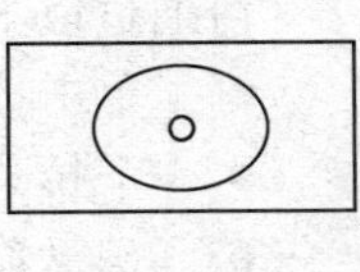

图 19-52 绘制洗脸盆

八、矩形——Rectang

（一）命令

Rectang 命令用于绘制矩形，其对象类型是“多段线”。

可通过以下方式调用该命令：

- 单击按钮法：▭（矩形按钮，在“绘图”工具栏中）；
- 下拉菜单法：绘图→矩形；
- 键盘输入法：Rectang（简捷命令为 Rec）。

执行命令后，系统做如下提示：

命令：Rectang　　　//在命令行输入 Rectang 命令并回车；
指定第一个角点或[倒角(C)/标高(E)/圆角(F)/厚度(T)/宽度(W)]:
　　　//单击鼠标左键，输入矩形的第一个角点或选择中括号中的选项；
指定另一个角点或[面积(A)/尺寸(D)/旋转(R)]:
　　　//单击鼠标左键，输入矩形的第二个角点或选择中括号中的选项。

（二）实例

利用线宽为 1 和 5 的矩形绘制箍筋。

（1）绘制线宽为 1 的矩形。

命令：rectang
指定第一个角点或[倒角(C)/标高(E)/圆角(F)/厚度(T)/宽度(W)]：W↙　　//选择线宽选项；
指定矩形的线宽<0.0000>：1　　//输入线宽值；
指定第一个角点或[倒角(C)/标高(E)/圆角(F)/厚度(T)/宽度(W)]:　　//鼠标左键单击点 *A*；
指定另一个角点或[面积(A)/尺寸(D)/旋转(R)]:　　//鼠标左键单击点 *B*。

得到如图 19-53（b）所示的图形。

（2）绘制线宽为 5 的矩形。按上述方法，将线宽值设为 5，可得到线宽为 5 的矩形。选择原默认线宽绘制的矩形，观察发现该矩形处于带线宽矩形的中心，如图 19-53（c）所示。

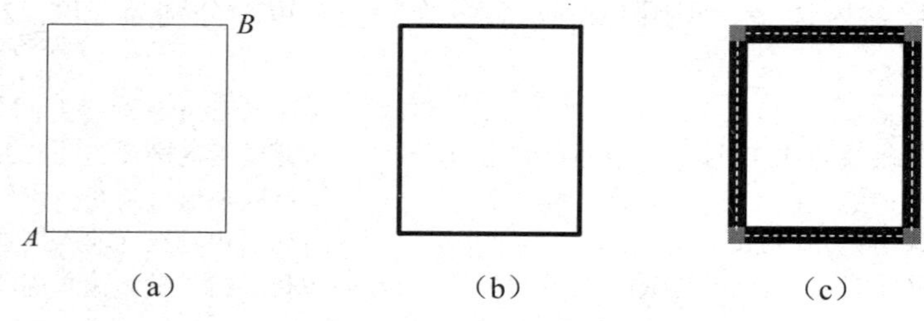

（a）　　（b）　　（c）

图 19-53　绘制带线宽矩形

九、正多边形——Polygon

绘制正多边形的边数最多达 1024 条，其对象类型是“多段线”。

可通过以下方式调用该命令：

- 单击按钮法：⬠（正多边形按钮，在“绘图”工具栏中）；
- 下拉菜单法：绘图→正多边形；
- 键盘输入法：Polygon（简捷命令为 Pol）。

执行命令后，有 3 种方式绘制正多边形：

（1）“内接于圆（I）”：绘制一个内接于假想圆的正多边形。正多边形中心到各顶点的距离等于圆的半径，如图 19-54（a）所示。

（2）“外切于圆（C）”：绘制一个外切于假想圆的正多边形。正多边形中心到各边中点的距离等于圆的半径，如图 19-54（b）所示。

（3）“边（E）”：指定正多边形的边长。当已知正多边形的边长时用该方式，如图 19-54（c）所示。

（a）内接正六边形

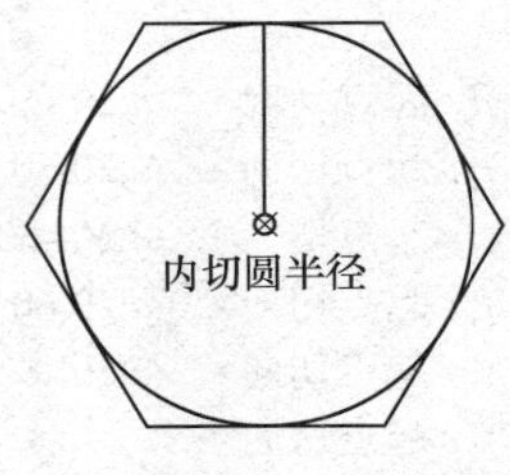

（b）外切正六边形

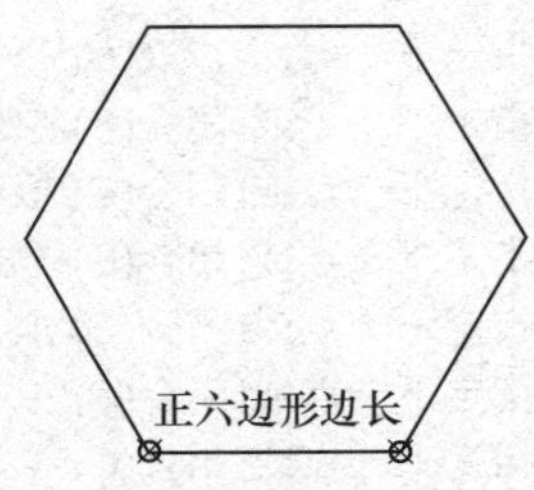

（c）已知边长绘制正六边形

图 19-54　绘制正六边形

十、样条曲线

（一）命令

样条曲线为形状不规则的曲线，可以通过指定点来创建样条曲线，也可以封闭样条曲线使起点和端点重合。

1. 绘制样条曲线

可通过以下几种方式调用绘制样条曲线的命令：

- 单击按钮法：（样条曲线按钮，在“绘图”工具栏中）；
- 下拉菜单法：绘图→样条曲线；
- 键盘输入法：Spline（简捷命令为 SPL）。

激活样条曲线命令后，命令行提示如下：

指定第一个点或[对象(O)]:　　//用指定的点创建样条曲线或将多段线编辑命令中使用样条曲线选项拟合的多段线转换为样条曲线

指定下一点或[闭合(C)/拟合公差(F)]<起点切向>: //指定下一点或首尾在连接处相切闭合样条曲线或设定样条曲线拟合公差的数值

2. 编辑样条曲线

样条曲线的形状和特征可以通过其相应的编辑命令进行修改，一般采用以下两种方式可以调用样条曲线的编辑命令。

- 下拉菜单法：修改→对象→样条曲线；
- 键盘输入法：Splinedit（简捷命令为 Spe）。

命令行提示为：

输入选项 [拟合数据(F)/闭合(C)/移动顶点(M)/精度(R)/反转(E)/放弃(U)]:

各选项的含义：

（1）拟合数据（F）：该选项用于编辑样条曲线所通过的控制点。

（2）闭合（C）：将开放样条曲线始末点连接成为连续闭合的曲线。

（3）移动顶点（M）：该选项可以移动样条曲线所通过的控制点。

（4）精度（R）：通过添加、权值控制点及提高样条曲线阶数来修改样条曲线的定义。

（5）反转（E）：该选项可以使样条曲线的方向相反。

（6）放弃（U）：该选项用于取消在编辑样条曲线时的上一步操作。

（二）实例

（1）绘制如图 19-55 所示的类似正弦曲线形状的样条曲线的过程如下：

命令： _spline

指定第一个点或 [对象(O)]:　　//在绘图区域内任选一点作为点 *A*；

指定下一点： @20,60 //输入点 *B* 相对于点 *A* 的坐标；
指定下一点或[闭合(C)/拟合公差(F)] <起点切向>：@20,-60 //输入点 *C* 相对于点 *B* 的坐标；
指定下一点或[闭合(C)/拟合公差(F)] <起点切向>：@20,60 //输入点 *D* 相对于点 *C* 的坐标；
指定下一点或[闭合(C)/拟合公差(F)] <起点切向>：@20,-60 //输入点 *E* 相对于点 *D* 的坐标；
指定下一点或[闭合(C)/拟合公差(F)] <起点切向>：@20,60 //输入点 *F* 相对于点 *E* 的坐标；
指定下一点或[闭合(C)/拟合公差(F)] <起点切向>：@20,-60 //输入 *G* 点相对于点 *F* 的坐标；
指定下一点或[闭合(C)/拟合公差(F)] <起点切向>：↙ //指定点结束；
指定起点切向：↙ //选择默认切向；
指定端点切向：↙ //选择默认切向。

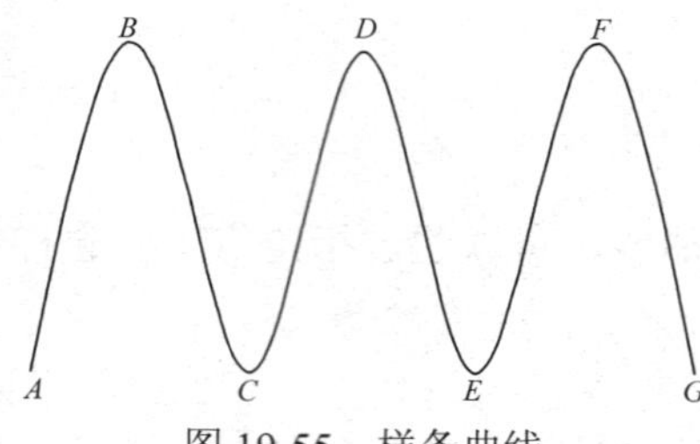

图 19-55 样条曲线

（2）利用移动顶点的命令可以将图 19-56（a）中由样条曲线命令绘制的浆砌块石符号的控制点 *A* 移动到新位置，以改变图形形状。

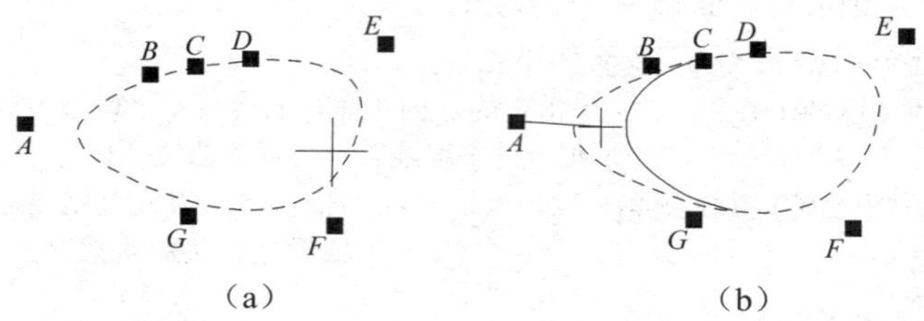

（a）　　（b）

图 19-56 利用移动顶点命令编辑样条曲线

十一、图案填充

（一）命令

在大量的建筑及水利工程图中，需要在剖视图、断面图上绘制填充图案，如图 19-57 所示，利用 AutoCAD 可非常方便地进行图案填充。

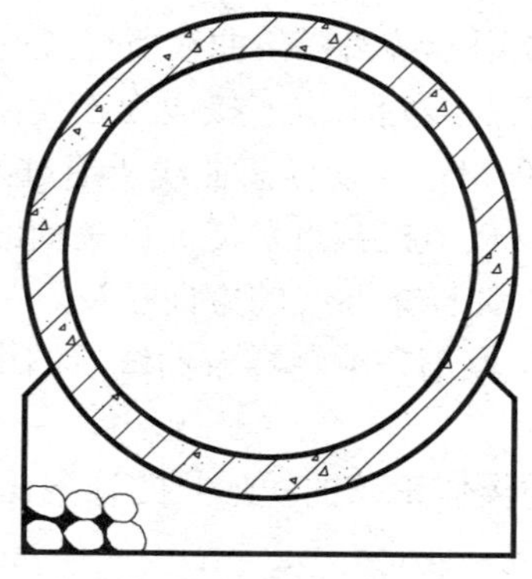

图 19-57 圆管涵洞断面填充

创建图案填充的步骤是：首先定义好填充边界，然后设置填充图案、样式、比例等参数。最后通过预览查看填充效果并进行调整，直到获得满意的图案填充。创建图案填充的方式如下：

- 单击按钮法：（图案填充按钮，在“绘图”工具栏中）；
- 下拉菜单法：绘图→图案填充；
- 键盘输入法：BHatch（简捷命令为 H）。

调用图案填充命令后，屏幕上弹出“图案填充和渐变色”对话框，如图 19-58 所示，下面对“图案填充”选项卡中的主要功能进行描述。

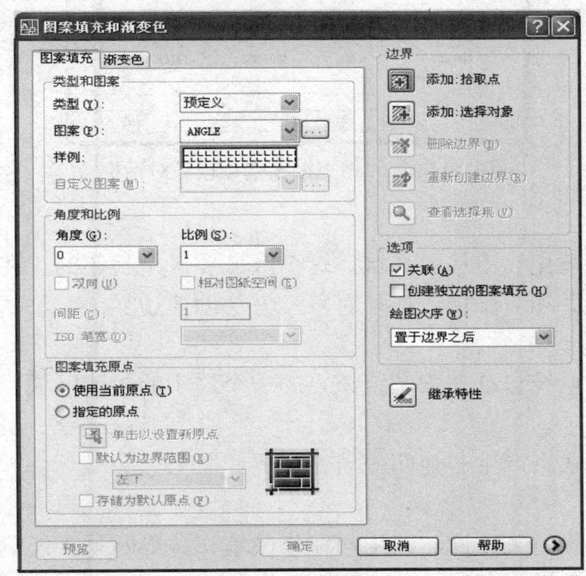

图 19-58　“图案填充和渐变色”对话框

1. 类型

图案填充类型包括“预定义”、“用户定义”和“自定义”三种。预定义图案是指已经在 ACAD.PAT 文件中定义好的图案；用户定义图案是指使用当前线型定义的图案，只有两种形式：平行直线和两组互相平行的直线；自定义图案是指定义在除 ACAD.PAT 文件外的其他文件中的图案。大多数情况下使用预定义图案即可，其包括常用的几十种图案。

2. 图案

该下拉列表框显示了当前图案名称。单击下拉箭头，弹出图案名称列表，可以选择一种填充图案，如果单击图案右侧的[...]按钮，则弹出如图 19-59 所示的“填充图案选项板”对话框。

3. 样例

显示当前的图案样式。单击显示的图案样式，同样会弹出“填充图案选项板”对话框。

4. 角度

图案自身的旋转角度。比如 ANSI31 图案是 45°方向斜线，有时需要 60°或 30°的，可以输入角度对该图案进行旋转。

5. 比例

控制图案填充的稀密，比例大于 1 相当于放大图案，图案变得稀疏；比例小于 1 相当于缩小图案，图案变得稠密。

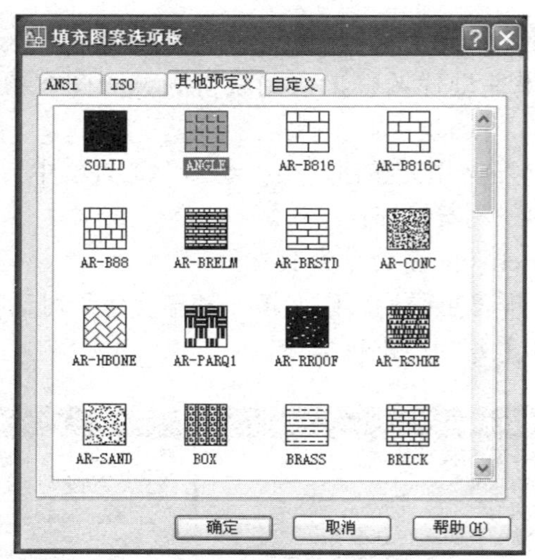

图 19-59 “填充图案选项板”对话框

6. 边界

填充图案时，应为填充设定边界区域，这个区域要求是封闭的。在定义边界时方法很多，常通过“添加：拾取点”和“添加：选择对象”方法创建边界。

7. 拾取点

通过单击某一点，系统自动搜索围绕该点的一个最小的封闭区域。

8. 选择对象

通过选择对象的方式来产生一封闭的填充边界。

9. 关联

控制填充图案与边界的关联性，即用户在修改填充边界时是否影响已经填充的图案。

10. 创建独立的图案填充

选择该选项后，再将同一个填充图案同时应用于图形的多个区域时，每个填充区域都是一个独立的对象。可单独修改某一个区域中的图案填充，而不会改变其他区域的图案填充。

11. 继承特性

将已经填充好的图案填充对象的特性应用于现在正在进行的图案填充。

（二）实例

利用图案填充命令绘制如图 19-57 所示的圆管涵洞断面材料符号，步骤如下。

1. 圆管断面混凝土符号的填充

（1）调用图案填充命令，出现如图 19-59 所示的对话框，填充图案的类型设置为“预定义”，图案名称为 AR-CONC，边界如果选择“添加：拾取点”，则在圆管内径与外径之间拾取一点；如果选择“添加：拾取对象”，则相继单击两圆。

（2）单击“预览”按钮，观察图案填充的稀密是否合适，如合适则按 Enter 键接受填充；否则按 Esc 键回到对话框重新设置填充比例，直到满意为止。

（3）重复以上步骤填充图案 ANSI31，注意两个填充图案的比例不一定相等。

2. 圆管下垫层浆砌石符号的绘制与填充

（1）利用样条曲线绘制闭合的浆砌块石符号，可以采用拷贝方式生成多个砌石。

（2）在命令行输入“Solid”并回车后填充砌石间的空隙，形成浆砌石填充。

第三节　常用编辑命令

一、移动——Move

（一）命令

该命令用于将选定的对象从原来位置移到新的位置。

可通过以下方式调用该命令：

- 单击按钮法：✥（移动按钮，在“修改”工具栏中）；
- 下拉菜单法：修改→移动；
- 键盘输入法：Move（简捷命令为 M）。

（二）实例

移动图 19-60（a）中的圆 2，使圆 2 与圆 1 成为同心圆。

命令：Move　　//在命令行输入 Move 命令并回车；

选择对象：　　//选择圆 2；

选择对象：↙　　//回车，结束选择；

指定基点或[位移(D)] <位移>:　　//单击圆心 2，作为基点；

指定第二个点或<使用第一个点作为位移>:　　//单击圆心 1，作为第二个点。

绘制结果如图 19-60（b）所示。

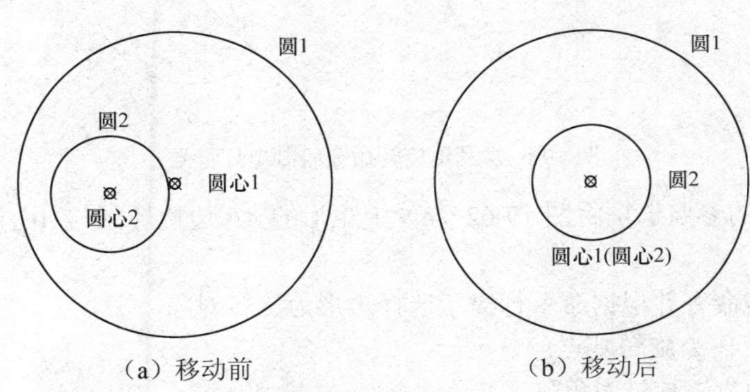

（a）移动前　　（b）移动后

图 19-60　Move 命令的应用

注意：执行移动命令时，基点一般选择物体的角点或中心点等特殊位置点。

二、复制——Copy

该命令用于将选定的对象复制到指定的位置，且原对象保持不变。复制的对象与原对象方向、大小均相同，可一次复制出多个，直到按回车键结束。

可通过以下方式调用该命令：

- 单击按钮法：（复制按钮，在“修改”工具栏中）；
- 下拉菜单法：修改→复制；
- 键盘输入法：Copy（简捷命令为 Co、Cp）。

注意：该命令的操作方法与移动命令相同，基点一般也选择物体的角点或中心点等特殊位置点。

三、旋转——Rotate

（一）命令

在 AutoCAD 中，可以很容易地实现对当前图形的旋转，旋转对象后默认为删除原图，也可以设定保留原图。调用旋转命令采用以下几种方式：

- 单击按钮法：（旋转按钮，在“修改”工具栏中）；
- 下拉菜单法：修改→旋转；
- 键盘输入法：Rotate （简捷命令为 Ro）。

执行旋转命令后，命令行提示及含义如下：

选择对象：　　//选择需旋转的图形对象；
指定基点：　　//指定一点作为旋转的基点；
指定旋转角度，或[复制(C)/参照(R)]：　　//指定旋转角度、是否保留原图以及参照角度。

（二）实例

在图 19-61（a）的基础上利用旋转命令绘制图 19-61（b）所示电灯符号的操作方法如下：调用旋转命令，根据命令行提示选择对象为圆中的两条直线，指定圆心为旋转的基点，并设定旋转角度为 45°，得到如图 19-61（b）所示的图形。

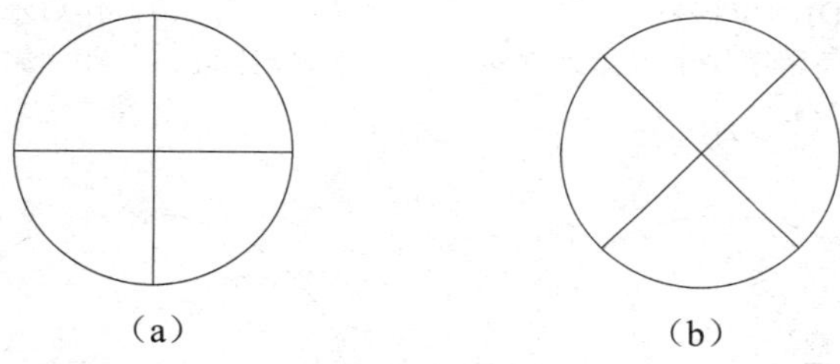

图 19-61　利用旋转命令绘制电灯符号

利用旋转命令的参照选项将图 19-62（a）中矩形的 AB 边旋转到与 AC 直线重合，操作过程如下：

（1）调用旋转命令并根据命令行提示选择矩形为旋转对象。
（2）指定点 A 作为旋转基点。
（3）选择参照方式旋转对象。
（4）在指定参照角度的提示下分别捕捉点 A 和点 B。
（5）在指定新角度的提示下捕捉点 C，得到旋转后的图形如图 19-62（b）所示。

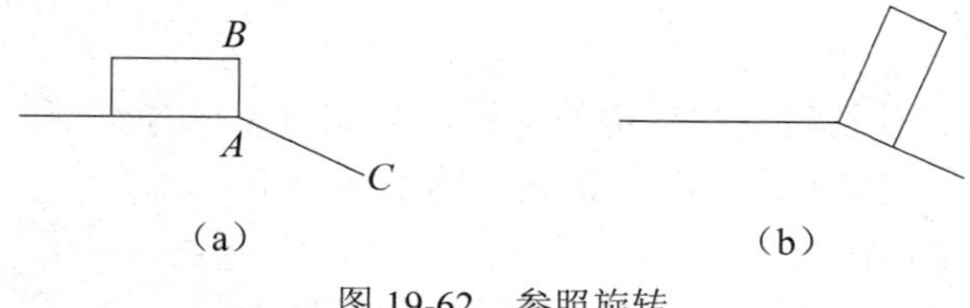

图 19-62　参照旋转

四、偏移——Offset

（一）命令

该命令可创建选取对象的平行结构，如创建所选直线的平行直线、创建所选圆的同心圆等。通常用此命令来进行辅助定位，如确定门、窗、洞口的位置等。

可通过以下方式调用该命令：

- 单击按钮法：（偏移按钮，在“修改”工具栏中）；
- 下拉菜单法：修改→偏移；
- 键盘输入法：Offset（简捷命令为O）。

执行命令后，系统做如下提示：

```
命令：Offset                                    //在命令行输入Offset命令并回车；
当前设置：删除源=否   图层=当前   OFFSETGAPTYPE=0；
指定偏移距离或 [通过(T)/删除(E)/图层(L)] <通过>：
```

各选项含义：

（1）偏移距离：直接输入偏移量。

（2）通过（T）：新建的对象将通过指定点。

（3）删除（E）：偏移后是否删除源对象。

（4）图层（L）：选择对象偏移后所在的图层是当前层还是与源对象同层。

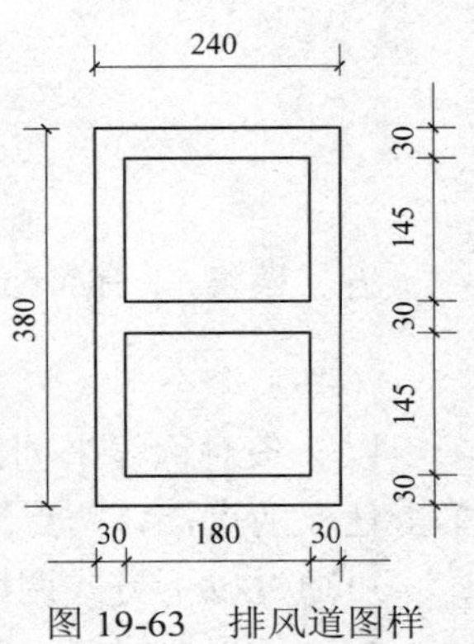

图19-63　排风道图样

（二）实例

绘制排风道平面图，见图19-63。

（1）绘制矩形生成排风道内轮廓线。

执行“矩形”命令，绘制180×145的矩形1，如图19-64（a）所示。

（2）利用偏移命令对排风道外轮廓进行定位。

具体操作步骤：

```
命令：Offset                          //在命令行输入Offset命令并回车；
当前设置：删除源=否   图层=源   OFFSETGAPTYPE=0；
指定偏移距离，或 [通过(T)/删除(E)/图层(L)] <0.0000>：30     //设置偏移距离为30；
选择要偏移的对象，或 [退出(E)/放弃(U)] <退出>：              //选择矩形1；
指定要偏移的那一侧上的点，或 [退出(E)/多个(M)/放弃(U)] <退出>：
                                      //在矩形1的外部任意指定一点，偏移生成矩形2。
```

绘制结果如图19-64（b）所示。

（3）利用Copy命令生成另一个排风道口内轮廓。

具体操作步骤：

```
命令：Copy                                  //在命令行输入Copy命令并回车；
选择对象：                                  //选择复制对象矩形1；
选择对象：↙                                 //回车结束选择；
指定基点或 [位移(D)] <位移>：               //选取点A（矩形1的左上角点）作为基点；
指定第二个点或 <使用第一个点作为位移>：@0,-175
                                            //输入点B相对于点A的坐标值；
指定第二个点或 [退出(E)/放弃(U)] <退出>：↙  //回车，结束命令。
```

生成矩形3，如图19-64（c）所示。

（4）继续对排风道外轮廓线进行定位。偏移矩形3，偏移距离30，生成矩形4。绘制过程同步骤（2），结果如图19-64（d）所示。

（5）分别过矩形2的左上角点 C 与矩形4的右下角点 D 绘制矩形5，生成排风道外轮廓线。

（6）删除辅助定位矩形2和矩形4。完成排风道平面图的绘制，见图19-64（e）。

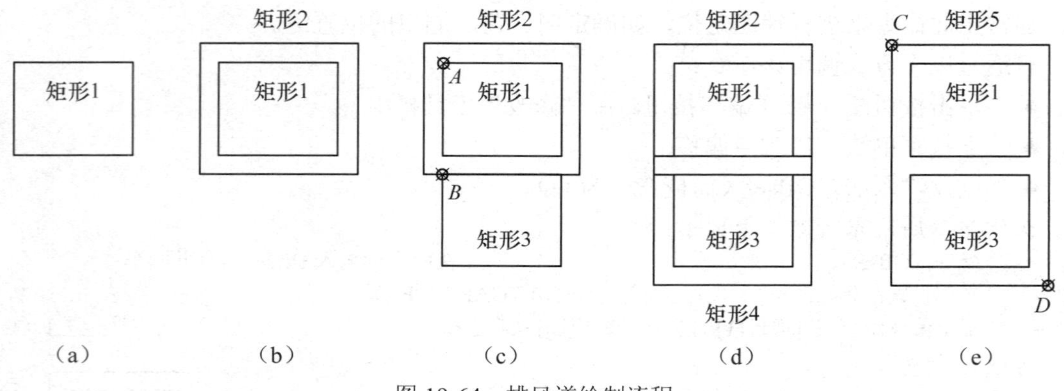

图 19-64 排风道绘制流程

五、镜像——Mirror

（一）命令

以一条对称线来创建所选对象的镜像图形。镜像线不一定为实际存在的直线，只要在屏幕上任取两点，该两点连线即可作为镜像线。

可通过以下方式调用该命令：

- 单击按钮法：（镜像按钮，在“修改”工具栏中）；
- 下拉菜单法：修改→镜像；
- 键盘输入法：Mirror（简捷命令为 Mi）。

1. 图形镜像

执行命令后，系统做如下提示：

命令：Mirror //在命令行输入 Mirror 命令并回车；
选择对象： //选择要进行镜像的对象；
指定镜像线的第一点： //在屏幕上单击一点作为确定镜像线的第一点；
指定镜像线的第二点： //在屏幕上单击一点作为确定镜像线的第二点；
要删除源对象吗？[是(Y)/否(N)] <N>：↙ //是否要删除被镜像的对象，系统默认为 N。

2. 文字镜像

文字镜像后是否可识读，取决于系统变量 MIRRTEXT 的设置。MIRRTEXT=1 时，文字不可读（字符将被反转）。MIRRTEXT=0 时（系统默认值），文字只是位置被镜像，文字本身仍保持不变，可以直接键入 MIRRTEXT 进行设置。

（二）实例

利用 Mirror 命令完成如图 19-65（a）所示炉灶的右半部分。

具体操作步骤：

命令：Mirror //在命令行输入 Mirror 命令并回车；
选择对象： //选择如图 19-65（a）所示左半个炉灶；
指定镜像线的第一点： //选择点 A；
指定镜像线的第二点： //选择点 B；
要删除源对象吗？[是(Y)/否(N)] <N>：↙ //采用默认设置，直接回车。

设置 MIRRTEXT 值分别为 1、0，绘制结果见图 19-65（b）、（c）。

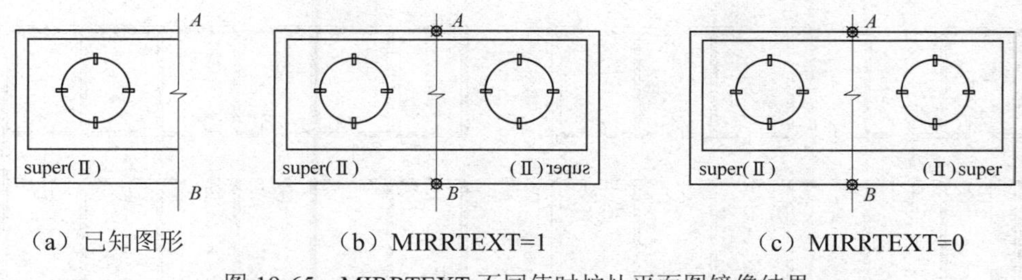

（a）已知图形　（b）MIRRTEXT=1　（c）MIRRTEXT=0

图 19-65　MIRRTEXT 不同值时炉灶平面图镜像结果

六、阵列——Array

（一）命令

在绘图过程中，有一些大小、形状完全相同，并且按照某一规律排列的图形，对此 AutoCAD 提供了阵列命令。可采用以下几种方式调用：

- 单击按钮法：▦（阵列按钮，在“修改”工具栏中）；
- 下拉菜单法：修改→阵列；
- 键盘输入法：Array（简捷命令为 Ar）。

执行阵列命令后，弹出“阵列”对话框，如图 19-66 所示。阵列方式包括矩形阵列和环形阵列。

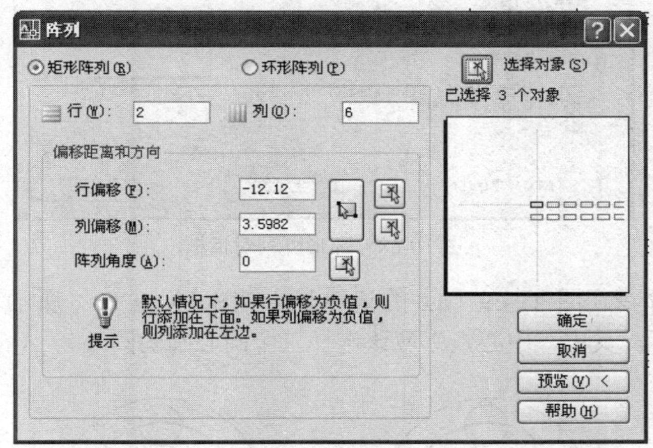

图 19-66　“阵列”对话框

（二）实例

1．矩形阵列

矩形阵列是指由选定对象按指定行数和列数的方式阵列创建新对象。

例如，将图 19-67（a）中的窗子进行矩形阵列，得到图 19-67（b）的矩形阵列。设置矩形阵列对话框如图 19-66 所示。

其中设置矩形阵列为 2 行 6 列；单击“选择对象”按钮，回到图形窗口选择窗子作为阵列对象；输入行偏移值或选择“行偏移”按钮后在图形窗口中指定点 *A* 和点 *B*，以两点间的垂直距离为行偏移值；输入列偏移值或选择“列偏移”按钮后在图形窗口中指定点 *B* 和点 *C*，以两点间的水平距离为列偏移值；也可以选择“拾取两个偏移”按钮回到图形窗口后分别拾取点 *A* 和点 *C*，即同时指定了行偏移量和列偏移量。

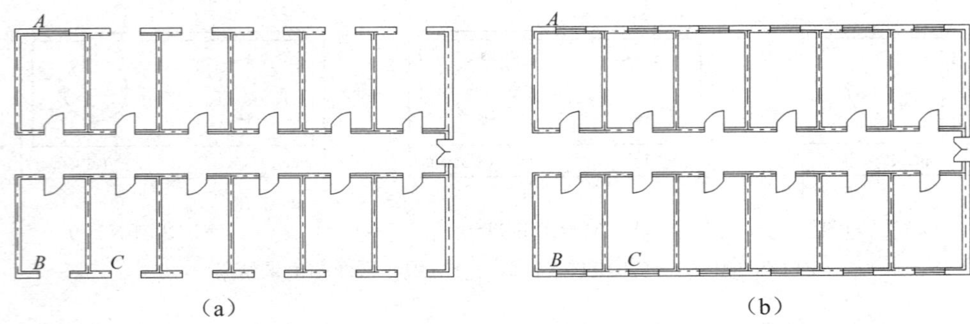

（a）　　（b）

图 19-67　窗子的矩形阵列

2. 环形阵列

环形阵列是指以围绕圆心复制选定对象的方式来创建阵列，环形阵列对话框如图 19-68 所示。

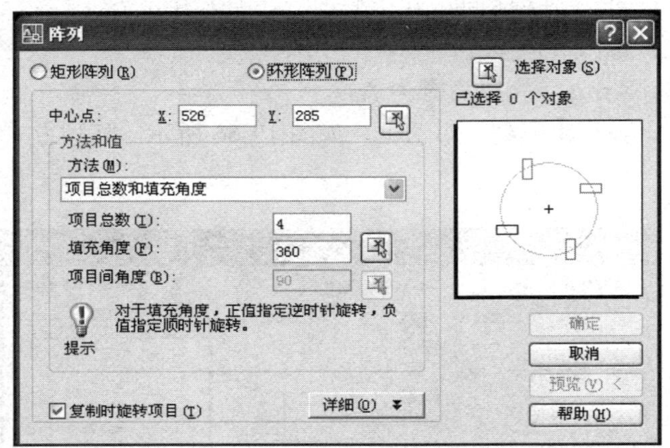

图 19-68　环形阵列对话框

利用环形阵列命令在图 19-69（a）的基础上绘制图 19-69（b）所示水龙头手柄，对话框设置如图 19-68 所示。其中“中心点”应该选择三个同心圆的圆心。

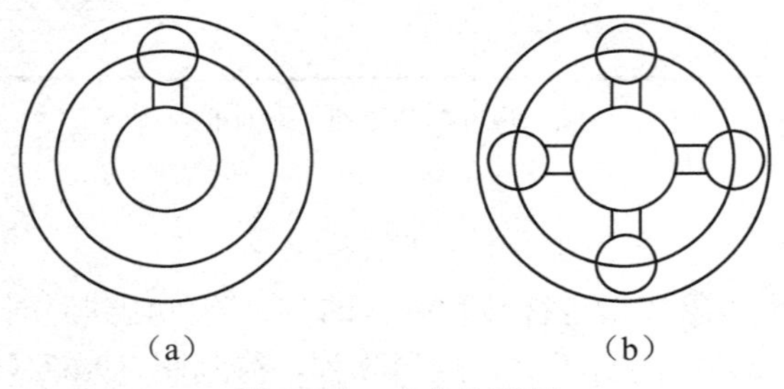

（a）　　（b）

图 19-69　水龙头手柄

七、倒角——Chamfer

（一）命令

倒角是在两条非平行直线之间或多段线之间通过直线连接成角的命令。调用该命令的方式如下：

- 单击按钮法：（倒角按钮，在“修改”工具栏中）；
- 下拉菜单法：修改→倒角；
- 键盘输入法：Chamfer （简捷命令为 Cha）。

执行倒角命令后，命令行提示：

(“修剪”模式) 当前倒角距离 1 = 0.0000，距离 2 = 0.0000
选择第一条直线或 [放弃(U)/多段线(P)/距离(D)/角度(A)/修剪(T)/方式(E)/多个(M)]:
选择第二条直线，或按住 Shift 键选择要应用角点的直线

（二）实例

利用倒角命令实现图 19-70（a）转变到图 19-70（b）的方法如下：调用倒角命令并选择距离选项，根据命令行的提示输入第一个倒角距离为 10，第二个倒角距离为 20，选择第一条直线为 *AD*，第二条直线为 *AB* 后得到点 *A* 处的倒角；再重新调用倒角命令，倒角距离的设置不变，依次选择直线 *BC* 和 *AB* 后得到点 *B* 处的倒角。

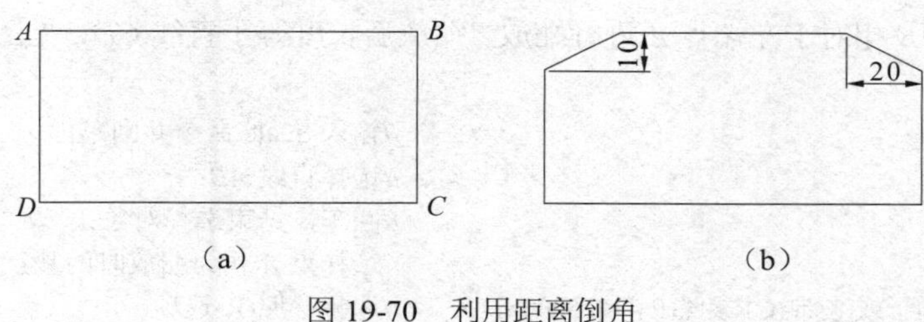

图 19-70　利用距离倒角

八、圆角——Fillet

Fillet 命令用于将两个对象以给定半径的圆弧平滑地连接，主要用于在直线、圆弧、多段线及样条曲线之间建立圆角。

可通过以下方式调用该命令：

- 单击按钮法：（圆角按钮，在“修改”工具栏中）；
- 下拉菜单法：修改→圆角；
- 键盘输入法：Fillet（简捷命令为 F）。

执行命令后，系统做如下提示：

命令：Fillet　　　　//输入 Fillet 命令并回车；
当前设置：模式=修剪，半径=0.0000；
选择第一个对象或[放弃(U)/多段线(P)/半径(R)/修剪(T)/多个(M)]:
　　　　//选择被倒圆角的第一个对象或选择其他选项；
选择第二个对象或按住 Shift 键选择要应用角点的对象：
　　　　//选择被倒圆角的第二个对象，完成修改并结束命令。

九、缩放——Scale

（一）命令

该命令用于改变选定对象的大小。对象在放大或缩小时，其 X、Y、Z 三个方向保持相同的放大或缩小倍数。

可通过以下方式调用该命令：

- 单击按钮法：（缩放按钮，在“修改”工具栏中）；

- 下拉菜单法：修改→缩放；
- 键盘输入法：Scale（简捷命令为 Sc）。

执行命令后，系统做如下提示：

命令：Scale	//输入 Scale 命令并回车；
选择对象：	//选择要缩放的对象；
选择对象：↙	//回车，结束选择对象；
指定基点：	//指定缩放时的基点；
指定比例因子或[复制(C)/参照(R)] <1.0000>：	//输入放大或缩小的倍数，比例因子大于 1 时，图形放大；比例因子小于 1 时，图形缩小。

“参照（R）”选项的含义：首先以当前大小或通过指定一条直线的两个端点确定一个参照长度，然后再指定所需的新长度，系统自动计算比例缩放的倍数。

（二）实例

（1）将图形放大 2 倍，结果如图 19-71（a）所示，绘制过程略。其中点 *A* 为缩放时的基点。

（2）将直线 *AB* 相对于左端点 *A* 进行缩放，缩放后长度等于直线 *CD*，见图 19-71（b）、（c）。

绘制过程如下：

命令：Scale	//输入 Scale 命令并回车；
选择对象：	//选择直线 *AB*；
选择对象：↙	//回车，结束选择对象；
指定基点：	//选择点 *A* 作为缩放时的基点；
指定比例因子或[复制(C)/参照(R)] <0.5000>：R	//选择参照(R)选项；
指定参照长度<136.8526>：	//选择点 *A*；
指定第二点：	//选择点 *B*；
指定新的长度或[点(P)] <68.4263>：P	//通过取点方式在屏幕上指定新的长度；
指定第一点：	//选择点 *C*；
指定第二点：	//选择点 *D*。

绘制结束，结果如图 19-71（c）所示。

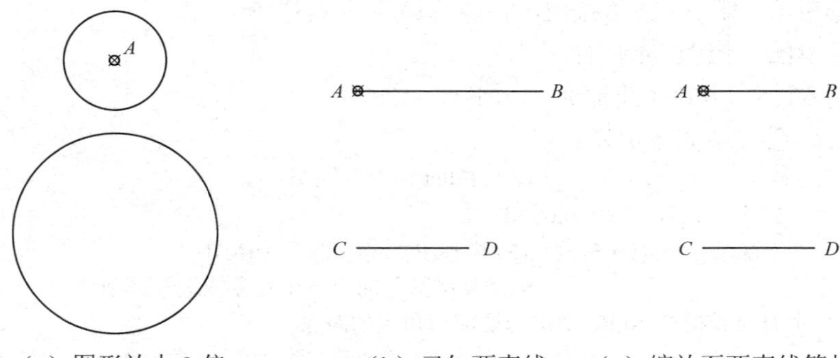

（a）图形放大 2 倍　（b）已知两直线　（c）缩放至两直线等长

图 19-71　Scale 命令的应用

十、修剪——Trim

（一）命令

该命令可以指定一个或多个对象作为边界，精确地修剪与之相交对象的某一部分。

可通过以下方式调用该命令：

- 单击按钮法：-/--（修剪按钮，在“修改”工具栏中）；

- 下拉菜单法：修改→修剪；
- 键盘输入法：Trim（简捷命令为 Tr）。

执行命令后，系统做如下提示：

命令：Trim　　//输入 Trim 命令并回车；
当前设置：投影=UCS，边=无
选择剪切边...
选择对象或 <全部选择>：　　//选择一个或多个边界；
选择对象：↙　　//回车，结束选择剪切边；
选择要修剪的对象，或按住 Shift 键选择要延伸的对象，或[栏选(F)/窗交(C)/投影(P)/边(E)/删除(R)/放弃(U)]：　　//选择一个或多个要修剪的对象；
选择要修剪的对象，或按住 Shift 键选择要延伸的对象，或[栏选(F)/窗交(C)/投影(P)/边(E)/删除(R)/放弃(U)]：↙　　//回车结束命令。

（二）实例

将图 19-72（a）修剪成图 19-72（d），修剪过程如图 19-72（b）、（c）所示。

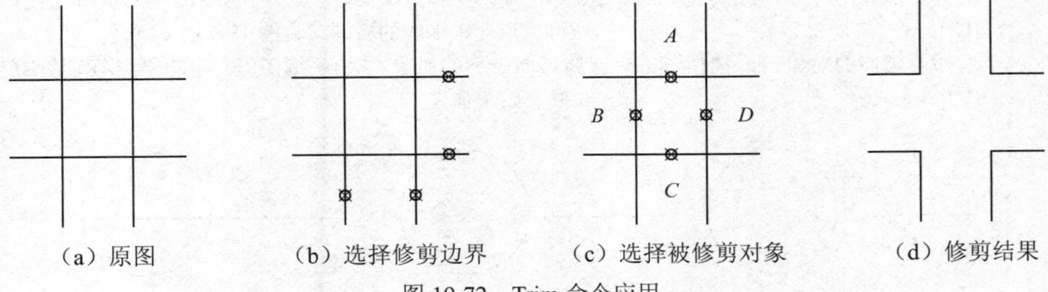

（a）原图　（b）选择修剪边界　（c）选择被修剪对象　（d）修剪结果

图 19-72　Trim 命令应用

具体操作过程：

命令：Trim　　//输入 Trim 命令并回车；
当前设置：投影=UCS，边=无
选择剪切边...
选择对象或 <全部选择>：　　//选择四条边作为修剪边界；
选择对象：↙　　//回车，结束选择剪切边；
选择要修剪的对象，或按住 Shift 键选择要延伸的对象，或[栏选(F)/窗交(C)/投影(P)/边(E)/删除(R)/放弃(U)]：　　//鼠标左键单击点 *A*；
选择要修剪的对象，或按住 Shift 键选择要延伸的对象，或[栏选(F)/窗交(C)/投影(P)/边(E)/删除(R)/放弃(U)]：　　//鼠标左键单击点 *B*；
选择要修剪的对象，或按住 Shift 键选择要延伸的对象，或[栏选(F)/窗交(C)/投影(P)/边(E)/删除(R)/放弃(U)]：　　//鼠标左键单击点 *C*；
选择要修剪的对象，或按住 Shift 键选择要延伸的对象，或[栏选(F)/窗交(C)/投影(P)/边(E)/删除(R)/放弃(U)]：　　//鼠标左键单击点 *D*；
选择要修剪的对象，或按住 Shift 键选择要延伸的对象，或[栏选(F)/窗交(C)/投影(P)/边(E)/删除(R)/放弃(U)]：↙　　//回车结束命令。

十一、延伸——Extend

（一）命令

该命令用于将对象的一个端点或两个端点延伸到被称为“边界”的另一个对象上或另一个对象的延伸线上，与 Trim 命令正好相反。

可通过以下方式调用该命令：

- 单击按钮法：--/（延伸按钮，在“修改”工具栏中）；
- 下拉菜单法：修改→延伸；
- 键盘输入法：Extend（简捷命令为 Ex）。

该命令各选项的意义及操作与 Trim 命令的选项类似，不再重述。

（二）实例

对图 19-73（a）所示图形执行延伸命令，具体操作步骤如下：

命令：Extend　　　　　　　　　　　　　//输入 Extend 命令并回车；
当前设置：投影=UCS，边=无
选择边界的边…
选择对象或 <全部选择>：　　　　　　　//选择圆作为延伸边界；
选择对象：↙　　　　　　　　　　　　　//回车；
选择要延伸的对象，或按住 Shift 键选择要修剪的对象，或[栏选(F)/窗交(C)/投影(P)/边(E)/放弃(U)]：
　　　　　　　　　　　　　　　　　　　//点选水平线的右端（见图 19-73（b））；
选择要延伸的对象，或按住 Shift 键选择要修剪的对象，或[栏选(F)/窗交(C)/投影(P)/边(E)/放弃(U)]：　　　　　　　　　　　　　　　　//再次点选水平线的右端（见图 19-73（c））；
选择要延伸的对象，或按住 Shift 键选择要修剪的对象，或[栏选(F)/窗交(C)/投影(P)/边(E)/放弃(U)]：↙　　　　　　　　　　　　　　//回车结束命令。

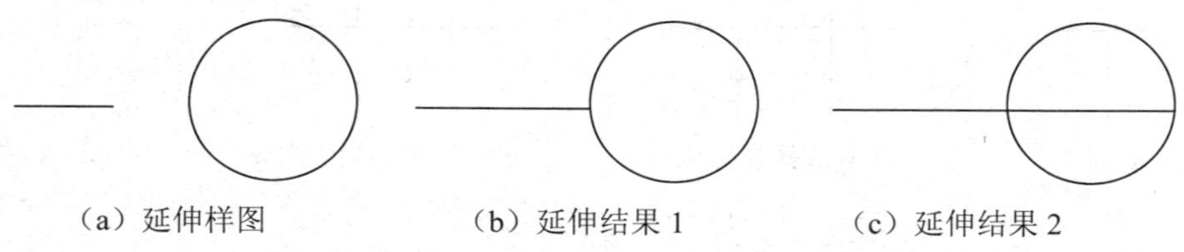

（a）延伸样图　　（b）延伸结果 1　　（c）延伸结果 2

图 19-73　Extend 命令应用

十二、拉伸——Stretch

（一）命令

拉伸命令可以用来调整对象大小、改变对象形状或改变对象所在位置。执行该命令时，可以使用“交叉窗口”方式或者“交叉多边形”方式选择对象，然后依次指定位移基点和位移矢量，将会移动全部位于选择窗口之内的对象，而拉伸（或压缩）与选择窗口边界相交的对象。

调用拉伸命令采用以下几种方式：

- 单击按钮法：[拉伸按钮图标]（拉伸按钮，在“修改”工具栏中）；
- 下拉菜单法：修改→拉伸；
- 键盘输入法：Stretch （简捷命令为 S）。

执行该命令后，命令行提示及含义如下：

以交叉窗口或交叉多边形选择要拉伸的对象...
选择对象：　　　　　　　　　　　　　　//选择需要拉伸的图形对象；
指定基点或 [位移(D)] <位移>：　　　　　//指定基点或输入位移坐标；
指定第二个点或<使用第一个点作为位移>：//指定第二点，或按 Enter 键使用以前的坐标作为位移。

（二）实例

利用拉伸命令拉伸如图 19-74 所示水闸底板长度的步骤如下：

（1）调用拉伸命令。

（2）如图 19-74（a）所示，以交叉窗口方式选择部分闸底板为拉伸对象。

（3）在“指定基点或<位移>”的命令行提示下捕捉水闸的右下角点 *A*。

（4）在“指定位移的第二点”提示下输入：@2000,0，得到如图 19-74（b）所示拉伸后的底板。

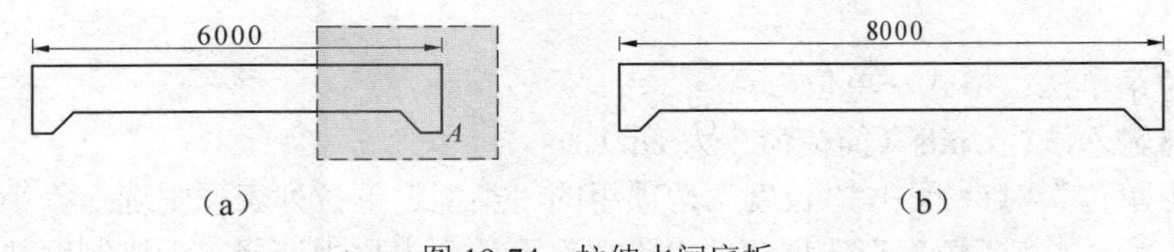

图 19-74　拉伸水闸底板

十三、夹点编辑方法

夹点指图形对象上可以控制对象的位置、大小的关键点。当使用鼠标单击指定对象时，对象的关键点上将出现蓝色小方框，如图 19-75 所示为一些常见图形对象的夹点。在某一夹点上单击，该夹点会变成红色，可以通过操作这些红色夹点，而无需输入任何命令，实现对图形对象的快速拉伸、移动、旋转、缩放和镜像。

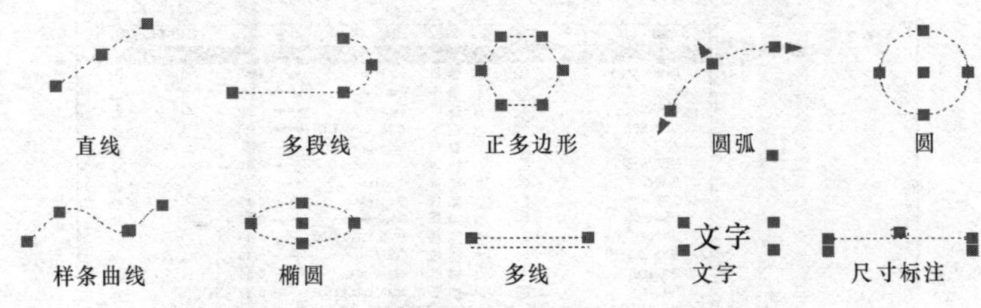

图 19-75　常见对象的夹点位置

第四节　工程图样的完整绘制

一张完整的工程图样，除包括图形外，还应包括尺寸标注、文字说明等内容。下面将以完整绘制建筑工程图和水利水电工程图为例进行说明。

一、绘制建筑工程图

（一）设置图形界限

国家标准对图纸的幅面大小作了严格规定，每一种图纸幅面都对应唯一的尺寸。在绘制图形时，设计者应根据图形的大小和复杂程度合理选择图纸幅面。如设置 A3 图纸的图形边界，A3 图纸的幅面为 420mm×297mm。设置图形界限的操作方法：

- 下拉菜单法：格式→图形界限；
- 键盘输入法：Limits。

执行图形界限命令，命令行提示如下：

重新设置模型空间界限：
指定左下角点或[开(ON)/关(OFF)]<0.0000,0.0000>：↙　　//使用默认值，直接回车；
指定右上角点<420.0000,297.0000>：↙　　//使用默认值，直接回车。

选择“视图→缩放→全部”命令，使设定的绘图界限全部显示在绘图区域内。

打开“栅格”按钮，绘图界限范围内显示栅格点。

（二）设置绘图单位和精度

设置图形单位和精度可通过“图形单位”对话框来实现，可通过下述几种方法调出该对话框：

- 下拉菜单法：格式→单位…；
- 键盘输入法：Units（简捷命令为 Un）。

在“图形单位”对话框中，“长度”选项组的“类型”下拉列表框中选择“小数”选项，设置“精度”为 0；在“角度”选项组的“类型”下拉列表框中选择“十进制度数”选项，设置“精度”为 0；系统默认逆时针方向为正，设置完毕后单击“确定”按钮。

（三）设置图层

图层是组织图形的有效手段。通过合理创建和使用图层，不仅节省了存储空间，而且便于图形管理和输出。具体图层设置可参照前面内容。在“图层特性管理器”对话框中，按照图 19-76 所示的要求创建各图层。

图 19-76 设置绘图文件的图层

（四）设置文字样式

AutoCAD 默认为用户提供了一个名为 Standard 的文字样式，其字体文件为 txt.shx，但此样式不符合我国国家标准。因此，要根据我国的国家标准设置几种常用的样式，如表 19-1 所示。

表 19-1 文字样式设置内容

样式名	字体名	使用大字体	字体样式	高度	效果	
					宽度比例	倾斜角度
Standard	txt.shx	〔〕	/	0.0000	1.0000	0
仿宋体	仿宋_GB2312	/	常规	0.0000	0.7000	0
书写斜体	gbeitc.shx	√	gbcbig.shx	0.0000	1.0000	0
书写直体	gbenor.shx	√	gbcbig.shx	0.0000	1.0000	0

注：1. 表中 Standard 为默认样式名；

2. “使用大字体”复选框，只在字体扩展名为“.shx”时有效。〔〕表示未选中，√表示选中，斜线表示无效；

3. 高度设为 0，在输入文字时，可根据需要指定文字高度。

在工程图绘制中，对不同用途的文字，依据国家和行业标准，建议选用如下形式：

少量注释：仿宋_GB2312 或 gbenor.shx /gbcbig.shx，高度 10 或 7 号字；

大量注释：gbenor.shx /gbcbig.shx，高度 10 或 7 号字；

图形名称：仿宋_GB2312，高度 7 号字；

尺寸标注：默认设置 Standard，高度 2.5 或 3.5 号字；

标题栏：仿宋_GB2312，高度 5 或 3.5 号字。

（五）设置尺寸标注样式

尺寸标注主要用来标注图形中的尺寸，对于不同类型的图形，尺寸标注的要求也不尽相同。AutoCAD 提供了一个默认的符合 ISO 标准的标注样式 ISO-25，然而所标注的尺寸在很多方面并不符合我国不同行业标准的相关规定，需在 ISO 标准的基础上定制符合我国国标的尺寸样式，如表 19-2 所示。

表 19-2　标注样式设置内容

样式名	直线			符号和箭头			文字	
	尺寸线	尺寸界限		箭头			文字外观	文字位置
	基线间距	超出尺寸线	起点偏移量	第一项	第二项	箭头大小	文字高度	从尺寸线偏移
Standard	3.75	1.25	0.625	实心闭合	实心闭合	2.5	2.5	0.625
建筑标注	8	2	2	建筑标记	建筑标记	2	3.5	1
水工标注	8	2	2	实心闭合	实心闭合	3.5	3.5	1

注：表中未列出参数，需根据实际情况进行调整，具体内容请参见第六章。

（六）绘制建筑平面图

对于如图 19-77 所示的平面图，采用多线绘制命令进行绘制，具体绘制步骤见图 19-78。

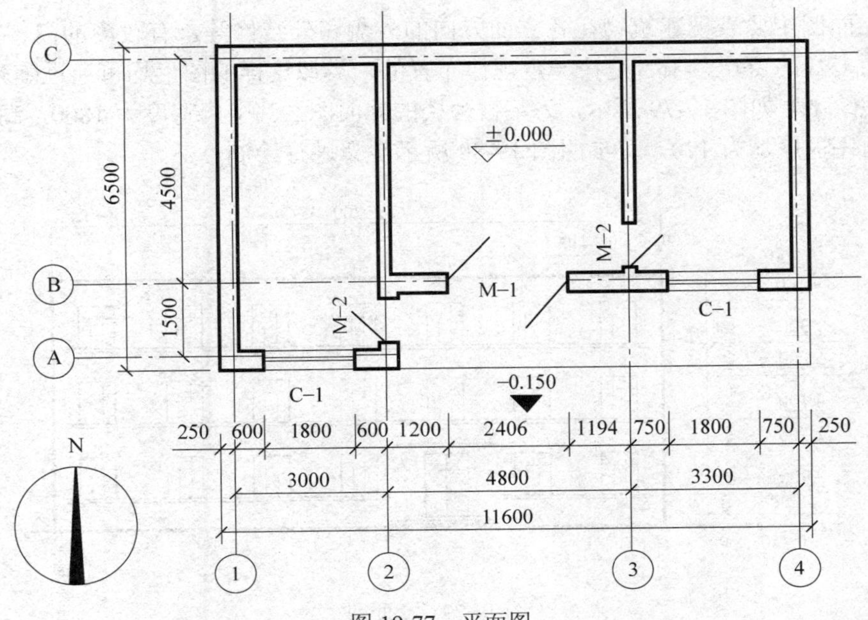

图 19-77　平面图

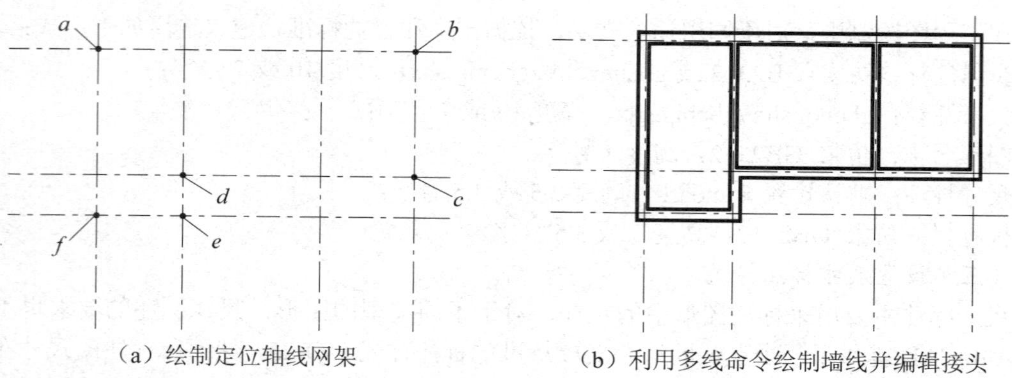

（a）绘制定位轴线网架　　（b）利用多线命令绘制墙线并编辑接头

图 19-78　平面图的绘制步骤

（1）将中心线层设为当前层，利用直线命令和偏移命令绘制出各轴线，如图 19-78（a）所示。

（2）将粗实线层设为当前层，首先利用所设“37 墙”，采取“无”（即“Z”）对齐方式，将比例设为 1，分别按顺时针方向，依次捕捉点 *a* 至点 *f* 绘制出闭合的外墙线；再利用所设“24 墙”绘制出各道内墙线；然后利用多线编辑命令（Mledit），采用“T 形合并”工具，对接头处进行编辑，如图 19-78（b）所示。

（3）利用分解（Explode）命令，将各条多线分解，再用 Trim（修剪）命令，分别将定位线 1、2、3 及 A 按对应尺寸进行偏移，以偏移线为剪切边，修剪出窗洞和门洞，完成全部图形绘制。

（4）利用缩放（Scale）命令，将图形按 1/100（即 0.01）的比例因子进行缩放。

（5）应用设置好的样式为图形加注文字、标注尺寸、插入所需图块，完成如图 19-77 所示平面图的绘制。

（七）绘制建筑立面图

建筑立面图主要表现建筑物在各立面方向的外貌和外装修等，有较多的门、窗、阳台等构配件，而多数的窗户、阳台是按一定规律布置的，类似这样的图形均可通过阵列（Array）命令方便地绘出。如图 19-79 所示，为某宿舍楼的立面图，其中门宽度为 1800，高度为 2700；窗台板、雨篷板厚均为 120。可参照图 19-80 所示步骤进行绘制。

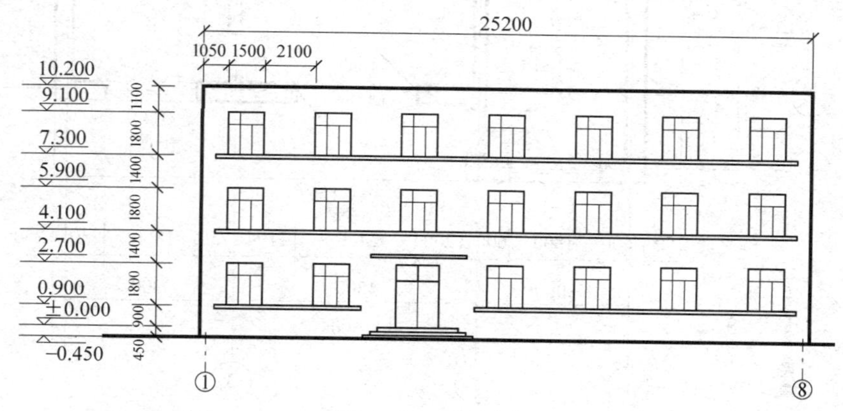

图 19-79　立面图

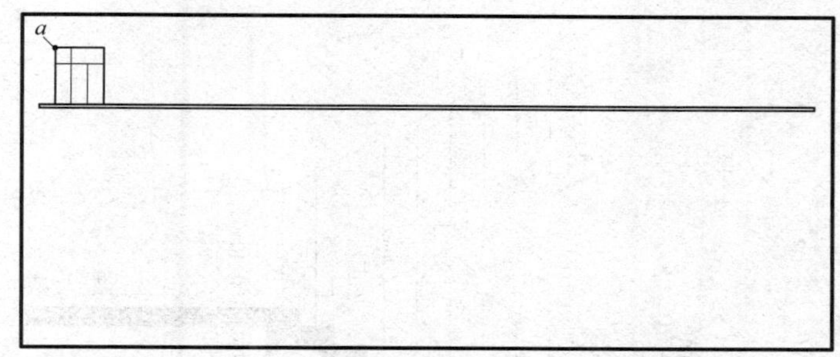

（a）绘制外轮廓线及重点图形

（b）利用阵列命令生成全部窗户及窗台

图 19-80　立面图绘制步骤

（1）将粗实线层设为当前层，绘制 10650×25200 的矩形，即为建筑物外轮廓线；再将中实线层设为当前层，按尺寸绘制左上角处的窗洞及整体窗台；然后在细实线层上绘制出窗户细节，如图 19-80（a）所示。

（2）分别利用 Block 命令，将图 19-80（a）中的窗户和窗台创建为图块。

（3）利用阵列命令按 3 行 7 列（行偏移值为-3200，列偏移值为 3600）生成全部窗户，再按 3 行 1 列（行偏移值为-3200，列偏移值任意）生成全部窗台，如图 19-80（b）所示。

（4）将一层西侧第三个窗户删除，修整一层窗台，绘制台阶、门及雨篷；再绘制一条特粗线（1.4*b*）作为地平线，完成全部图形绘制。

（5）利用缩放（Scale）命令，将图形按 1/100（即 0.01）的比例因子进行缩放；最后为图形标注尺寸、插入所需图块，完成立面图的绘制，得到如图 19-79 所示的立面图。

（八）绘制建筑剖面图

建筑剖面图主要表现建筑物内部垂直方向的高度、楼层分层、各部位间的联系等，如楼梯的形式及简要的结构等。如图 19-81 所示，为某楼梯剖面图的一部分，其中梯板厚度为 100，可参照图 19-82 所示的步骤进行绘制。

（1）将细实线层设为当前层，绘制楼梯的“基本图形”，如图 19-82（a）所示。

（2）利用复制命令将“基本图形”以点 *a* 为基点，复制到点 *b*，共复制出 10 级。

过 *a*、*c* 两点绘制一条直线，并将该直线以点 *c* 为基点复制一条至点 *d*，再分别过点 *d* 和点 *e* 绘制一段短线作为扶手转弯，如图 19-82（b）所示（注意：应将该图形水平镜像出一份待用）。

（3）分别过点 *a* 和点 *c* 绘制一段水平直线，并向下偏移 100，生成楼板；再将直线 *ac* 向下偏移 100，生成梯板，如图 19-82（c）所示。

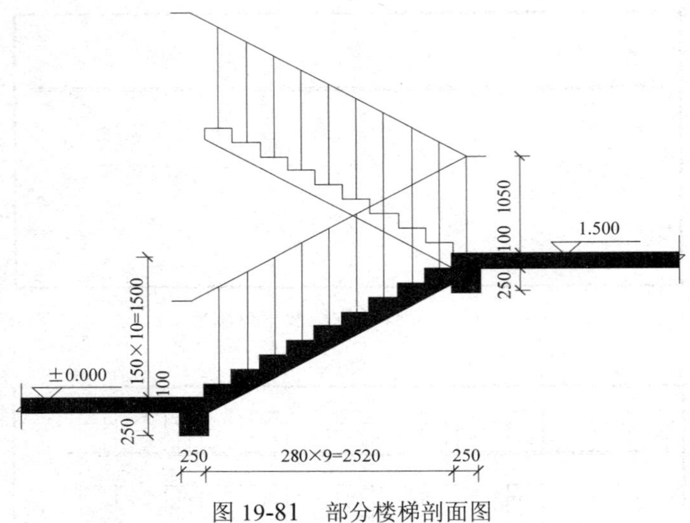

图 19-81 部分楼梯剖面图

（4）修整图 19-82（c）所示图形，并绘制梯口梁轮廓及楼板两侧折断线；然后将组成楼梯轮廓的各线转换至粗实线层，再对其进行填充，即可完成第一梯段的绘制，如图 19-82（d）所示。

（5）将步骤（2）中镜像出的图形，删除最上一级台阶及栏杆轮廓线，得到第二梯段的基本形状，如图 19-82（e）所示。

（6）参照步骤（3）生成梯板，修整完成第二梯段的绘制，如图 19-82（f）所示。

（7）将图 19-82（f）所示的第二梯段以点 f 为基点，复制到图 19-82（d）所示第一梯段的点 d 处。

步骤 8：利用缩放（Scale）命令，将图形按 1/50（即 0.02）的比例因子进行缩放；最后为图形标注尺寸、插入所需图块，完成剖面图的绘制，得到如图 19-81 所示的图形。

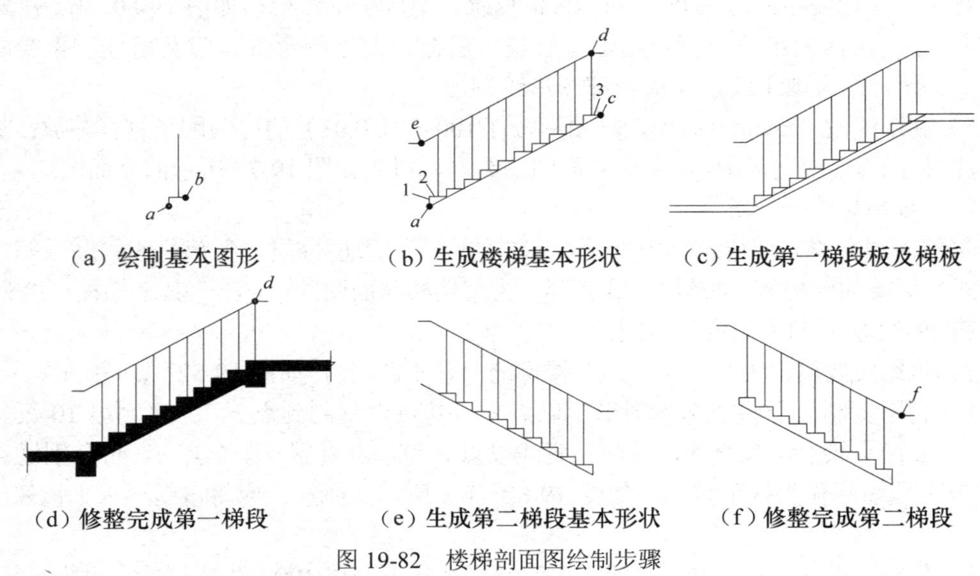

图 19-82 楼梯剖面图绘制步骤

（九）绘制建筑详图

为便于施工，对于建筑平、立、剖面图中未表达清楚的细部，可采用较大比例单独绘制，称为建筑详图。如图 19-83 所示为某屋面详图，可参照图 19-84 所示的步骤进行绘制。

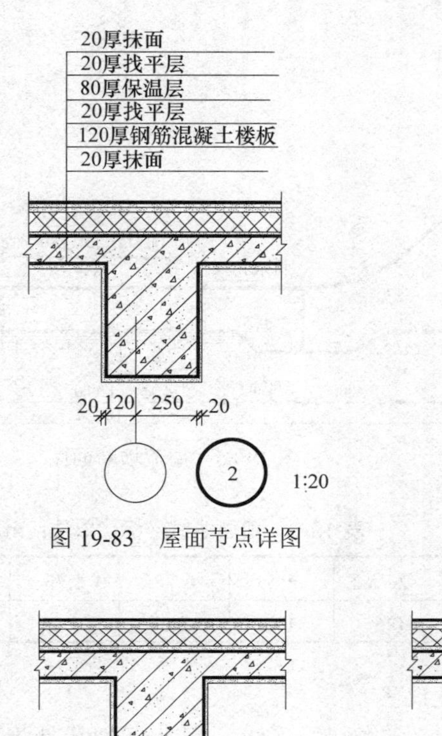

图 19-83　屋面节点详图

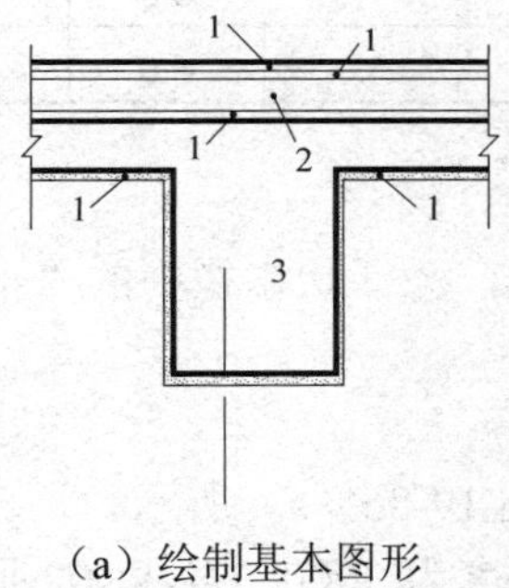

（a）绘制基本图形

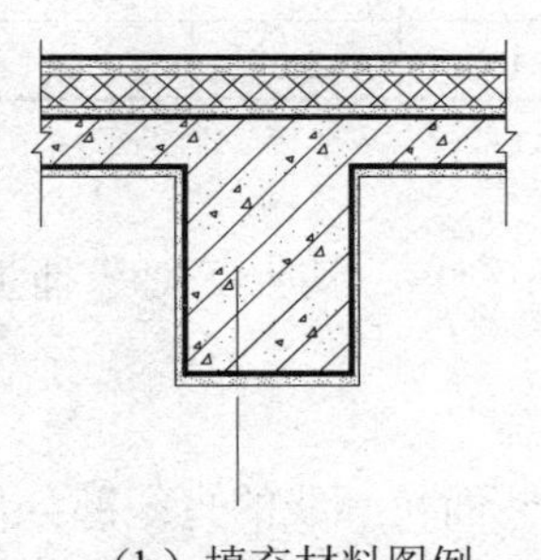

（b）填充材料图例

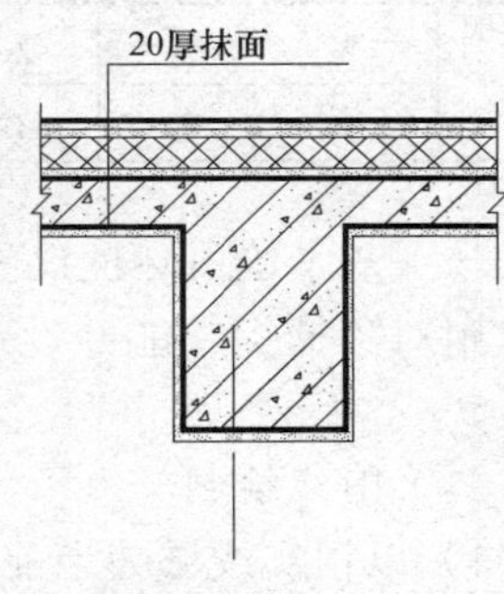

（c）标注第一层材料

图 19-84　屋面节点详图绘制步骤

（1）合理使用图层，绘制“基本图形”，如图 19-84（a）所示。

（2）利用缩放（Scale）命令，将图形按 1/20（即 0.05）的比例因子进行缩放；在标注 1 的封闭范围内填充 AR-SAND，比例为 0.02；在标注 2 的封闭范围内填充 ANSI37，比例为 0.8；在标注 3 的封闭范围内分别填充 AR-CONC 和 ANSI31，比例分别为 0.04 和 1.2，如图 19-84（b）所示。

（3）在左下方标注 1 的适当范围内绘制引出线，并用单行文本（字高为 3.5）标注第一层材料名称，如图 19-84（c）所示。

（4）将第一层材料名称及水平引出线，阵列出 6 行 1 列，行间距为 5，并调整竖直引出线；最后为图形标注尺寸、插入所需图块，完成详图的绘制，得到如图 19-83 所示的图形。

二、绘制水利水电工程图

水工结构形式复杂多样，完整绘制水工图是指在满足现行《水利水电工程制图标准》SL 73.1—95～SL 73.5—95 的前提下，完成图线的绘制、剖面材料符号的填充，以及尺寸的标注和文字注写等。下面以某溢流坝断面图的绘制为例，介绍利用 AutoCAD 绘制完整水工图的主要方法及步骤。对于图层、文字和尺寸标注的设置与上面相同。

图 19-85 为某溢流坝断面图，坝面曲线坐标如表 19-3 所示。

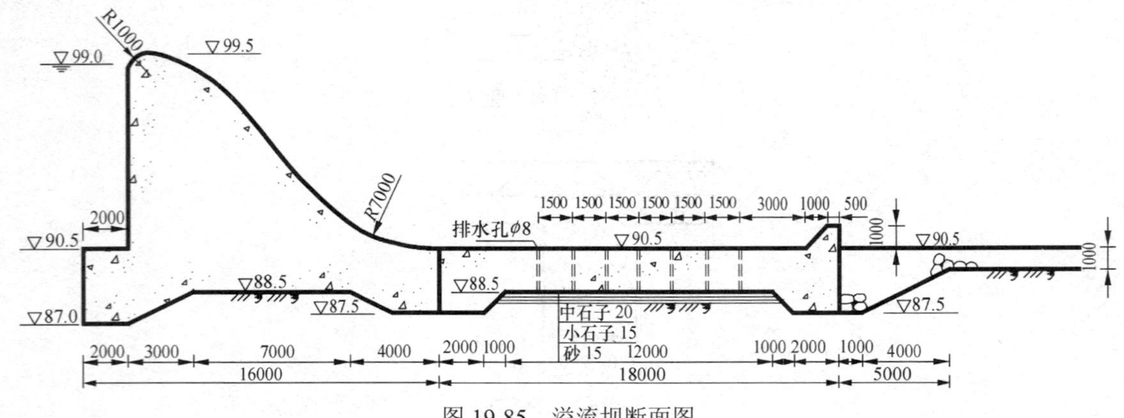

图 19-85　溢流坝断面图

表 19-3　坝面曲线坐标（单位：m）

O→X, ↓Y	X	1	2.75	3.5	4.75	5.75	6.5	7.2	8.0	9.0
	Y	0	0.5	1.0	2.0	3.0	4.0	5.0	6.0	7.0

（一）基本绘图环境设置

启用对象捕捉功能并设定端点、交点、切点等对象捕捉模式，激活状态栏中的“正交”模式。

（二）图线绘制

（1）以粗实线层为当前层绘制断面轮廓线的直线部分，如图 19-86（a）所示。

（2）在粗实线层上绘制溢流坝部分曲线，其中直线 *AB* 的长度为 9000，直线 *AC* 是为绘制小圆弧而作的辅助切线。绘制小圆弧的方法是采用“相切、相切、半径”的方式绘制圆，两条切线分别为 *AB* 和 *AC*，半径为 1000。然后利用修剪命令，以两条切线为剪切边，修剪掉不需要的圆弧段，再利用修剪命令，以圆弧为剪切边将点 *A* 与圆弧和直线 *AB* 的切点间的线段剪切掉，并删除直线 *AC* 后得到图 19-86（b）。为方便绘制坝面样条曲线，移动坐标轴原点到点 *A*，如图 19-86（c）所示，调用绘制样条曲线的命令，根据命令行的提示输入曲线坐标值后得到图 19-86（c）。

以下为绘制样条曲线命令的执行过程：

命令：_spline
指定第一个点或 [对象(O)]：1000,0
指定下一点：2750,500
指定下一点或 [闭合(C)/拟合公差(F)] <起点切向>：3500,1000
指定下一点或 [闭合(C)/拟合公差(F)] <起点切向>：4750,2000
指定下一点或 [闭合(C)/拟合公差(F)] <起点切向>：5750,3000
指定下一点或 [闭合(C)/拟合公差(F)] <起点切向>：6500,4000
指定下一点或 [闭合(C)/拟合公差(F)] <起点切向>：7200,5000
指定下一点或 [闭合(C)/拟合公差(F)] <起点切向>：8000,6000
指定下一点或 [闭合(C)/拟合公差(F)] <起点切向>：9000,7000
指定下一点或 [闭合(C)/拟合公差(F)] <起点切向>：↙

指定起点切向：↙

指定端点切向：↙

绘制以上样条曲线的另一种方法是先在文本编辑器中编辑好曲线坐标值，在激活样条曲线命令后，当命令行提示指定第一点时将编辑器里的各坐标值整体拷贝即可。

坝面大圆弧的绘制方法比较简单，根据已知条件，可采用“起点、端点、半径”的方式，以点 D 为起点，样条曲线末端为端点，半径为 7000 绘制圆弧，如图 19-86（d）所示。

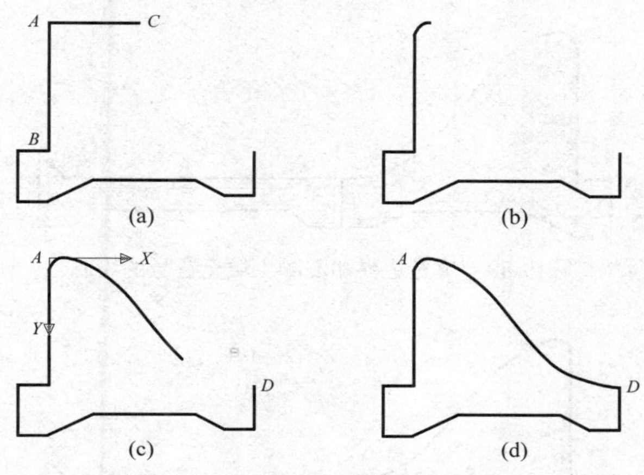

图 19-86 溢流坝轮廓线绘制过程

（3）以细实线层为当前层绘制反滤层，由中石子、小石子和砂组成的反滤层及其结构层次注写线均以细实线绘制，并采用偏移方法绘制平行线，其中反滤层由消力池底板轮廓线偏移后需进行延伸操作并修改线型特征为细实线后得到，如图 19-87 所示。

（4）以虚线层为当前层绘制排水孔，首先绘制最靠近下游的排水孔，如图 19-87（a）所示，其他排水孔采用阵列方法得到，阵列设置如图 19-88 所示，最终绘制的排水孔如图 19-87（b）所示。

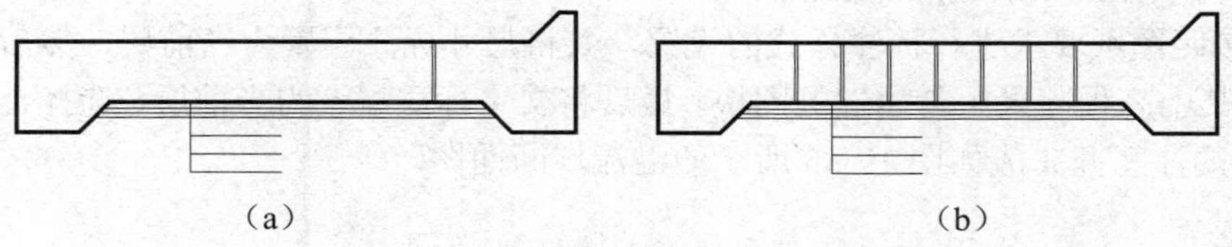

图 19-87 反滤层及排水孔的绘制

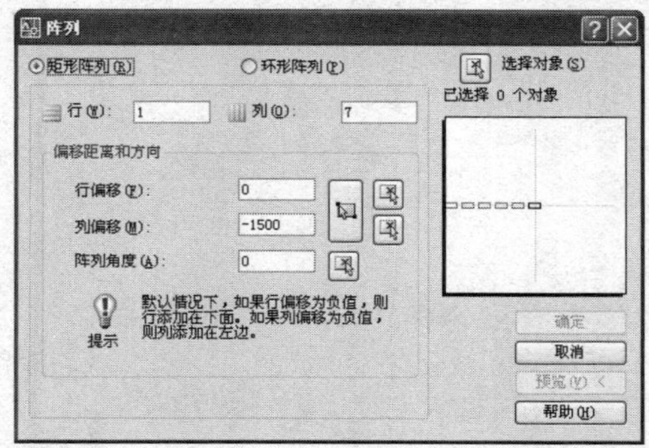

图 19-88 排水孔阵列设置对话框

（三）材料符号的填充与绘制

（1）混凝土符号的填充。溢流坝和消力池均为混凝土材料，填充前可利用偏移命令将轮廓线向内偏移一段距离，再利用倒角距离为 0 的倒角命令实现快速修剪，得到图 19-89 所示的图形。将图案填充层置为当前层，利用图案填充命令，选择 AR-CONC 图案进行填充，填充结果如图 19-89 所示，在填充完成以后将内侧偏移得到的轮廓线删除后即为最终的填充结果，如图 19-90 所示。

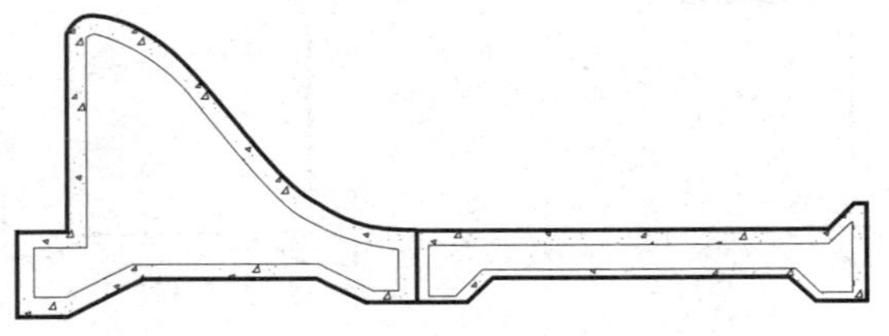

图 19-89　填充边界和混凝土填充符号的绘制

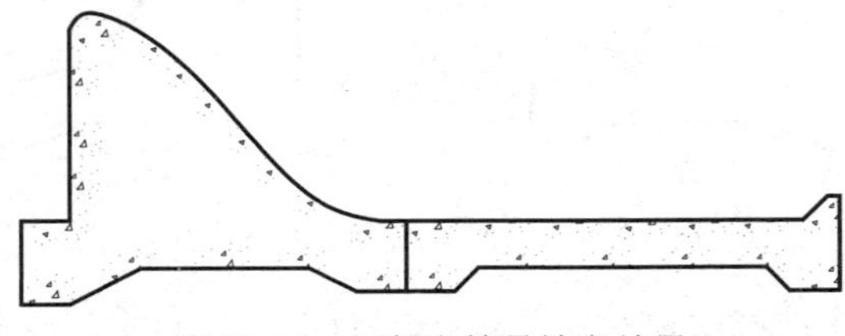

图 19-90　混凝土符号填充结果

（2）浆砌石符号的绘制。AutoCAD 中没有预定义浆砌石符号，所以在表示海漫部分浆砌石符号时需要重新绘制。砌石符号可以采用样条曲线的命令绘制后进行多重拷贝得到，砌石之间可采用实体填充 Solid 命令进行填充。

（3）天然土壤符号的绘制。AutoCAD 中同样没有预定义天然土壤符号，可采用直线、样条曲线及实体填充命令绘制天然土壤符号。

（4）按照图纸要求进行标注样式的设置，并将尺寸标注层置为当前层，然后对主要尺寸进行标注，其中高程应采用带属性的图块。最后将文字标注层置为当前层，选择合适的文字样式进行文字的注写并完成如图 19-85 所示的溢流坝断面图。

参考文献

[1] 焦永和，林宏主编．画法几何及工程制图．北京：北京理工大学出版社，2003．

[2] 何铭新，钱可强主编．机械制图．北京：高等教育出版社，1997．

[3] 李爱华，杨启美，万勇主编．工程制图基础．北京：高等教育出版社，2003．

[4] 高俊亭，毕万全主编．工程制图．北京：高等教育出版社，2003．

[5] 许良乾，殷佩生主编．画法几何及水利工程制图．北京：高等教育出版社，2002．

[6] 吴机际主编．园林工程制图．广州：华南理工大学出版社，2003．

[7] 朱育万主编．画法几何及土木工程制图．北京：高等教育出版社，2001．

[8] 何斌，陈锦昌，陈炽坤主编．建筑制图．北京：高等教育出版社，2001．

[9] 乐荷卿主编．土木建筑制图．荆州：武汉理工大学出版社，2003．

[10] 同济大学、上海交通大学《机械制图》编写组编，何铭新，钱可强主编．机械制图．第五版．北京：高等教育出版社，2004．

[11] 华中理工大学等院校编，朱冬梅，胥北澜主编．画法几何及机械制图．第五版．北京：高等教育出版社，2000．

[12] 中国纺织大学工程图学教研室等编．画法几何及工程制图．第四版．上海：上海科学技术出版社，1999．

[13] 丁宇明，黄水生主编．土建工程制图．北京：高等教育出版社，2004．

[14] 王彦惠主编．计算机辅助设计（土木、水利类专业适用）．郑州：黄河水利出版社，2009．